Mit digitalen Extras: Exklusiv für Buchkäufer!

Ihre digitalen Extras zum Download:

- Werte- und Kompetenzerfassung mit ValCom® und Auswertung
- Web Based Trainings
- Videos mit John Erpenbeck und Werner Sauter
- Reflexionsbögen
- Checklisten

http://mybook.haufe.de/

Buchcode: LHO-8943

Future Learning und New Work

John Erpenbeck/Werner Sauter
unter Mitarbeit von Roman Sauter

Future Learning und New Work

Das Praxisbuch für gezieltes Werte- und Kompetenzmanagement

1. Auflage

Haufe Group
Freiburg · München · Stuttgart

Bibliografische Information der Deutschen Nationalbibliothek

Die Deutsche Nationalbibliothek verzeichnet diese Publikation in der Deutschen Nationalbibliografie; detaillierte bibliografische Daten sind im Internet über http://dnb.dnb.de/ abrufbar.

Print: ISBN 978-3-648-15128-0 Bestell-Nr. 10662-0001
ePub: ISBN 978-3-648-15129-7 Bestell-Nr. 10662-0100
ePDF: ISBN 978-3-648-15130-3 Bestell-Nr. 10662-0150

Werner Sauter/John Erpenbeck
Future Learning und New Work
1. Auflage, August 2021

www.haufe.de
info@haufe.de

Produktmanagement: Dr. Bernhard Landkammer
Lektorat: Juliane Sowah

Inhaltsverzeichnis

Vorwort

Neue Formen und Methoden des Arbeitens – *New Work* – begegnen uns allenthalben: im Berufsleben, in alten und neuen Berufen, in Unternehmen und Organisationen. Vernetzung, Komplexität, Digitalisierung, Agilität, Selbstorganisation sind die einschlägigen Stichworte. Hinter all diesen Formen steckt stets erweitertes oder auch ganz neues, oft disruptives, zerstörend-verstörendes Wissen. Dahinter stecken neue Fähigkeiten, selbstorganisiert und kreativ zu handeln, neue Kompetenzen und neue, sie begründende Werte.

Wissen, Kompetenzen und Werte können von den Mitarbeitern[1] nur handlungswirksam angeeignet werden. Pauken und Auswendiglernen hilft da wenig, ein zukunftsweisendes Lernen – *Future Learning* – ist erforderlich. Diese neue Lernwelt muss dabei ein Spiegelbild der Praxis sein, wenn die Mitarbeiter auf die zukünftigen Herausforderungen des New Work vorbereitet werden sollen. Future Learning und New Work bilden nicht mehr und nicht weniger als die Zukunft des Lernens und Arbeitens ab. Dass beides zusammenwirkt, ist klar – wie es zusammenwirkt, noch weitgehend unklar (vgl. Foelsing, Schmitz 2021a). Ein weites Feld, unüberschaubar, unerfassbar.

Wir selbst haben mehrfach versucht herauszufinden, wie wir künftig, in einer Welt fühlender Computer, kluger Clouds und sinnsuchender Netze, lernen werden. Unsere Vision von einem Lernen in der Zukunft haben wir so zusammengefasst (vgl. Erpenbeck, Sauter 2013, 2015b):

Ohne Lernen im Prozess der Arbeit geht gar nichts.

Future Learning ist von der eigenen Werte- und Kompetenzentwicklung nicht mehr zu trennen und erfolgt bevorzugt im Prozess der Arbeit selbst. Trainings- und Weiterbildungsangebote werden bei Bedarf unterstützend und ergänzend aktiv gesucht und zeitnah einbezogen, bilden aber nicht das Zentrum des Lernens.

Ohne Lernen via Cloud-Computing geht gar nichts.

Future Learning setzt eine Vernetzung von menschlichen Lern- und Kooperationspartnern und von Human Computern als Lernpartner voraus – über Kanäle, die es ermöglichen, nicht nur Sachwissen, sondern auch emotionale Bewertungen zu kommunizieren. Der Gebrauch von Clouds, in denen unsere Programme und Daten

1 Wir verwenden im gesamten folgenden Text wegen der besseren Verständlichkeit die männliche Sprachform. Er ist aber ebenso an alle Personen weiblichen oder diversen Geschlechts gerichtet.

überwiegend gespeichert sind, und die immer intelligentere Nutzungs- und Verarbeitungsangebote machen, wird immer wichtiger.

Ohne Lernen in semantischen Netzen, ohne semantische Erwägungen geht gar nichts.

Je schneller die Bestände von Informationswissen wachsen, je schneller die Denk- und Arbeitsanforderungen sich ändern, desto wichtiger wird es, die Bedeutungen von Sachverhalten, Eigenschaften, Relationen, Prozessen, Entwicklungen, Entdeckungen und Erfindungen abzuschätzen und zu vergleichen. Auf der Ebene des Fühlens, Denkens und Sprechens kommt damit der Kommunikation von Bedeutungen, also der Semantik, eine neue, schnell wichtiger werdende Rolle zu.

Ohne Kompetenzen als Fähigkeiten zum selbstorganisierten, kreativen Handeln geht gar nichts.

Wissen steht heute schnell und zunehmend zur Verfügung. Es ist, wenn man es zu gewichten und zu werten versteht, die Basis des Handelns, nicht mehr. Das Wissen ändert sich aber zu schnell, um sich damit »auf Vorrat« auf die Zukunft vorzubereiten. Wer heute viel weiß, weiß morgen zu wenig oder auch zu viel Überflüssiges, was auf das Gleiche hinausläuft. Die eigentliche Handlungsfähigkeit wird durch Kompetenzen hergestellt. Dabei bilden zu eigenen Gefühlen umgewandelte Werte die eigentlichen Kompetenzkerne.

Ohne Werte als Ordner selbstorganisierten Handelns geht gar nichts.

Wer nicht Werte in sein Handeln einschließt, wer nicht bereit ist, seine emotionalen Wertungen immer wieder neu und erfolgreich zu verankern, der wird schon morgen, spätestens übermorgen beim Lernen Schiffbruch erleiden, auf die Klippen des angehäuften Wissensschotters auflaufen. Ohne Gefühle, ohne emotionale Veränderungen gibt es zukünftig kein wirkungsvolles Lernen.

In den letzten Jahren haben wir uns tiefgehend mit den Grundlagen von Wertungen, der Rolle von Werten in Organisationen und Teams sowie der Mitarbeiter beschäftigt (Erpenbeck 2018, Erpenbeck, Sauter 2018a, 2019). In einer kürzlich erschienenen, historisch und soziologisch breit angelegten Studie »Die Wertegesellschaft« haben wir die dominierende Rolle von Werten in der gesellschaftlichen Entwicklung herausgearbeitet (Erpenbeck, Sauter 2020b). Wir haben umfangreiche Forschungsarbeiten darauf verwandt, die Werte- und Kompetenzerfassung zu einem alltagstauglichen Instrument der Personal- und Organisationsentwicklung zu machen und Konzepte der gezielten Werte- und Kompetenzentwicklung im Prozess der Arbeit und in Praxisprojekten auf allen Ebenen der Organisationen zu entwickeln und zu erproben.

Future Learning ist eine der wichtigsten Strategien der Zukunft, weil sich der Charakter der Arbeit grundlegend geändert hat. Oft wird diese fundamentale Änderung heute unter dem Sammelbegriff *New Work* zusammengefasst. Es ist die Antwort auf den Erdball bedrängende Probleme, die man pauschal mit den Stichworten *Urbanisierung, Digitalisierung, Globalisierung, Klimawandel* und *demografischer Wandel* benennen kann. »New Work kennzeichnet die heutige Erwerbsarbeit, die durch zukunftsorientierte Veränderungen aufgrund der digitalen Transformation geprägt ist.« (Fraunhofer IAO 2019)

Für betriebliche und überbetriebliche Bildungsanbieter eröffnen sich dadurch neue, attraktive Marktchancen, sofern sie ihre Geschäftsmodelle radikal verändern. Notwendige Voraussetzung für Future Learning ist dabei die Akzeptanz des Werte- und Kompetenzmanagements bei den Mitarbeitern und Führungskräften. Dieses Vertrauen kann allerdings nur in einem längerfristigen Veränderungsprozess schrittweise aufgebaut werden.

In allen Überlegungen, die wir in dieser Einführung skizzieren, taucht die Werteentwicklung als ein Kernproblem auf, besonders schön in den inzwischen fast klassisch zu nennenden Texten des »Erfinders« der New Work, Fritjof Bergmann (2004, 2005). Zugespitzt könnte man sein gesamtes Anliegen als Vorschlag sehen, Arbeit neu zu werten, neue Lebenswerte einzuführen und umzusetzen. Bei allen Autoren, die sich mit New Work ausführlich beschäftigen, spielt der Werteaspekt eine wichtige Rolle.

Werte- und Kompetenzentwicklung sind deshalb untrennbar miteinander verknüpft. Folglich entwickeln wir in diesem Fachbuch einen integrierten Ansatz des Werte- und Kompetenzmanagements auf allen Ebenen der Organisation, indem Werte- und Kompetenzerfassung sowie die daraus abgeleiteten Entwicklungsmaßnahmen in einer ganzheitlichen Konzeption verknüpft werden, bei der Arbeiten und Lernen zusammenwachsen.

Damit sind wir beim zentralen Anliegen dieses Buches. Es geht uns nicht darum, Neues und wieder Neues zum Future Learning hinzuzufügen oder neue Facetten des New Work zu entfalten. Es geht uns allein darum, alles, was wir inzwischen zum gezielten Werte- und Kompetenzmanagement entwickelt und in der Praxis erfahren haben, Unternehmen und Organisationen, aber auch Schulen und Universitäten handhabbar zugänglich zu machen. Deshalb haben wir dieses Werk konsequent anwendungsorientiert als Praxisbuch gestaltet.

Die theoretisch-wissenschaftlichen Grundlagen für dieses Werk haben wir gemeinsam in einer Vielzahl von Projekten und Publikationen entwickelt. Diese Konzepte verknüpfen wir in diesem Praxisbuch mit unseren Erfahrungen in vielen Praxisprojekten, die Werner Sauter und für den Bereich der Erfassungssysteme Roman Sauter gesammelt haben.

Wir gehen zunächst von den Veränderungen in unserer Gesellschaft, von der Wissens- zur Kompetenz- und Wertegesellschaft, aus, um dann die Trends in den Organisationen und ihre Auswirkungen auf die Werte und damit die Organisationskultur zu untersuchen. Im nächsten Schritt analysieren wir die Veränderungen hin zu New Work und die Konsequenzen für das Future Learning. Dabei spielt der Paradigmenwechsel von curricularen Wissens- und Qualifikationszielen zu individuellen Werte- und Kompetenzzielen eine zentrale Rolle.

Eine gezielte Entwicklung der Werte und Kompetenzen erfordert Werte- und Kompetenzmodelle, die als Basis für die professionelle Erfassung dieser Zielgrößen dienen. Wir untersuchen, welche Möglichkeiten sich hierfür anbieten und entwickeln konkrete Vorschläge. Danach zeigen wir auf, wie eine gezielte Entwicklung der Werte und Kompetenzen auf der Ebene der Organisation, der Teams und der Mitarbeiter gestaltet werden kann. Wir beschreiben eine Vielzahl von praktischen Anwendungsfeldern dieser Ansätze im *Corporate Learning*, in der betrieblichen Bildung, um schließlich ein Geschäftsmodell des Future Learning zu entwickeln und die erforderlichen Veränderungsprozesse zu beschreiben. Nachdem wir einen konkreten Vorschlag zur Implementierung des Future Learning zur Diskussion gestellt haben, wagen wir am Schluss einen Blick in die Zukunft des Corporate Learning.

In unserer ausführlichen Praxis-Toolbox finden Sie eine Vielzahl von grundlegenden Entwicklungsempfehlungen für Werte und Kompetenzen sowie spezifische Empfehlungen zum Aufbau aller Einzelwerte und -kompetenzen aus unseren Werte- und Kompetenzmodellen. Ein umfangreiches Glossar rundet unser Handbuch ab.

Damit wollen wir einen bescheidenen, aber inhaltlich nicht unwichtigen Beitrag zur Weiterentwicklung von Future Learning und New Work leisten.

Berlin, im August 2021
John Erpenbeck, Werner Sauter

1 Unternehmen und Organisationen in der Wertegesellschaft

Einstieg

Von der Informationsgesellschaft zur Wissensgesellschaft, von der Wissensgesellschaft zur Kompetenzgesellschaft und weiter zur Wertegesellschaft verläuft die gesellschaftliche Entwicklung, ohne andere Entwicklungsziele, andere Megatrends zu negieren.

Der Begriff der Informationsgesellschaft, der ab den 1980er-Jahren breit genutzt wurde, ist Ausdruck des Megatrends, dass weltweit riesige Datenmengen, Big Data, quantitativ und – nach entsprechender Auswertung – qualitativ immer wichtiger werden.

Die Wissensgesellschaft, wie sie ab Ende des 20. Jahrhunderts diskutiert wird, kennzeichnet den Megatrend der kulturellen Einbindung jeglicher Information in ein Netz von Wissen und Meinen, Verifizieren, Werten und Verwerten. Sie benutzt die digitale Kommunikation vor allem, um Sachverhalte und Fakten darzustellen.

Die Kompetenzgesellschaft, die sich ab Anfang dieses Jahrhunderts als sozialer Megatrend entwickelt hat, wird geprägt durch das Merkmal, mithilfe des Wissens selbstbestimmt, selbstorganisiert, kreativ und innovativ zu handeln. Diese geht nahtlos in die Wertegesellschaft über.

Die Wertegesellschaft, die sich aktuell immer mehr durchsetzt, nutzt die digitale Kommunikation mit einer neuen Ausrichtung. Auch sie ist natürlich auf die Darstellung von Sachverhalten und Fakten aus, aber oft schon mit dem Ziel, wertende Urteile und Meinungen zu ergänzen. Das lässt sich leicht an Fake News, Videowerbungen, Influencer-Einwirkungen und parteiischen Kommentaren festmachen. Sie nutzt dabei alle audiovisuellen Möglichkeiten, Musiksympathien, Farbgestaltungen oder Sympathieträger aller Art.

Dass wir in einer Wissensgesellschaft leben, ist klar. Sie ist geprägt von durchgreifender Digitalisierung, Wissensexplosion und Bildungsexpansion. Ganz allgemein ist mit dem Begriff *Wissensgesellschaft* die wachsende Bedeutung von Wissen in fast allen Lebensbereichen der modernen Gesellschaft gemeint, vor allem auch in der Wirtschaft. Besonders die Europäische Kommission verwendete das Konzept im Rahmen ihrer Strategie, die Europäische Union zum wettbewerbsfähigsten und dynamischsten wissensbasierten Wirtschaftsraum zu machen. Aus Sicht der Europäischen Union und der

OECD sind jene Länder besser für die Herausforderungen der Wissensgesellschaft gerüstet, in denen größere Anteile der Jugendlichen eine Hochschulbildung beginnen und abschließen (vgl. Europäische Union 2006).

Eine solche Sicht ist zugleich selbstverständlich und fragwürdig. Wir sind überall, im Alltag wie im Beruf, in der Freizeit wie in der Studienzeit, von Wissen eingeschlossen. Sach- und Fachwissen bilden die Basis jeden Handelns. Wenn das Wissen falsch oder ungenau wäre, das in den Bau eines Flugzeugs oder eines Kraftwagens einfließt, würden wir uns niemals in ein derartiges Gefährt setzen. Insofern sind wir froh, in einer Wissensgesellschaft zu leben.

Der Futurist R. Buckminster Fuller schätzte, dass sich die menschliche Informationsmenge bis Ende des vorletzten Jahrhunderts etwa alle hundert Jahre verdoppelte, bis 1945 erfolgte dies aber bereits alle 25 Jahre. Und 1982 verdoppelte sie sich alle 12 bis 13 Monate. Aktuell schätzen Experten, dass sich die menschliche Informationsmenge aufgrund von Entwicklungen wie *künstliche Intelligenz*[2] und *Internet of Things*[3] zukünftig alle 12 Stunden verdoppeln wird (vgl. Sorokin 2019).

Informationen sind aber noch kein Wissen. Wissen ist das Ergebnis der Verarbeitung von Informationen durch das Bewusstsein und kann als verstandene Information bezeichnet werden (vgl. Bullinger, Wörner, Prieto 1997). Wissen sichert jedoch noch keine Handlungsfähigkeit. Wir betonen hier und schon lange: Wissen ist keine Kompetenz (vgl. Arnold, Erpenbeck 2014). Kompetenzen entstehen erst, wenn Erfahrungen als Werte verinnerlicht werden.

Information ist der Rohstoff, Wissen der Stoff, Kompetenzen das Ziel betrieblicher Bildung und Werte deren Kerne als Ordner selbstorganisierten Handelns.

1.1 Trends

Das Internet der Dinge, die Vernetzung von Gegenständen mit dem Internet und darauf aufbauende cyberphysische Systeme sind in modernen Fabriken heute Realität. Die Verbindung zwischen Maschinen, Werkzeugen, Werkstücken und Mitarbeitern hat große Fortschritte gemacht. Die digitale Aufrüstung mit neuen preiswerten Sensoren und deren drahtlose Anbindung geht stetig voran. Immer mehr Produktionsschritte können durch Multisensor-Fusion in Echtzeit überwacht werden.

2 Künstliche Intelligenz (KI) entsteht durch algorithmische Verfahren, die menschliche kognitive Fähigkeiten imitieren und Handlungsweisen nachbilden, um eigenständig Probleme bearbeiten zu können.

3 Vernetzung von Gegenständen, z. B. Kühlschränke, Heizungen oder Kfz, mit dem Internet, damit sie selbstständig in der Lage sind zu kommunizieren und Aufgaben, z. B. automatische Bestellungen oder Warnungen erteilen, zu übernehmen.

Sechs neue Megatrends werden die Entwicklung der Arbeitswelt, und damit auch der Lernwelt, in den kommenden zehn Jahren entscheidend beeinflussen (vgl. Kagermann, Wahlster 2021 a):

- Industrielle KI
- Edge Computing bis zur Edge Cloud: dezentrale Datenverarbeitung, z. B. als Basis für Echtzeitverarbeitung, Mobile Computing und Internet of Things
- 5G-Mobilfunkstandard in Fabriken mit Lösungen in Echtzeit
- Team-Robotik: Zusammenwirken von Menschen und Robotern in hybriden Teams
- Autonome Intralogistik-Systeme: interne Warenströme optimieren
- Vertrauenswürdige Dateninfrastrukturen

Wir erleben einen tiefgreifenden gesellschaftlichen Strukturwandel, in dessen Verlauf sich in den letzten dreißig Jahren die klassische, die industrielle Moderne, die insbesondere durch Gleichförmigkeit geprägt war, in eine neue Form der Moderne verwandelt, die der Soziologe Andreas Reckwitz (5. Aufl. 2020) als Spätmoderne bezeichnet. Diese nimmt mehr und mehr die Form einer Gesellschaft der Singularitäten an, die den Individualismus auf die Spitze treibt. Diese Singularisierung bezeichnet die sozialen Prozesse in ihren Besonderheiten und Einzigartigkeiten, in denen Nichtaustauschbarkeit, Unvergleichlichkeit und Superlative von Individuen, Teams oder Organisationen erwartet, fabriziert, positiv bewertet und erlebt werden (nach ebenda S. 19 f.).

Die Entwicklung der historischen, gegenwärtigen und zukünftigen Arbeits- und Lernformen spiegelt diese gesellschaftliche Entwicklung wider. Sie wird meist in vier Perioden eingeteilt, die man plakativ wie folgt illustrieren kann (vgl. BMAS 2015, 2017, Brater, 3. Aufl. 2020):

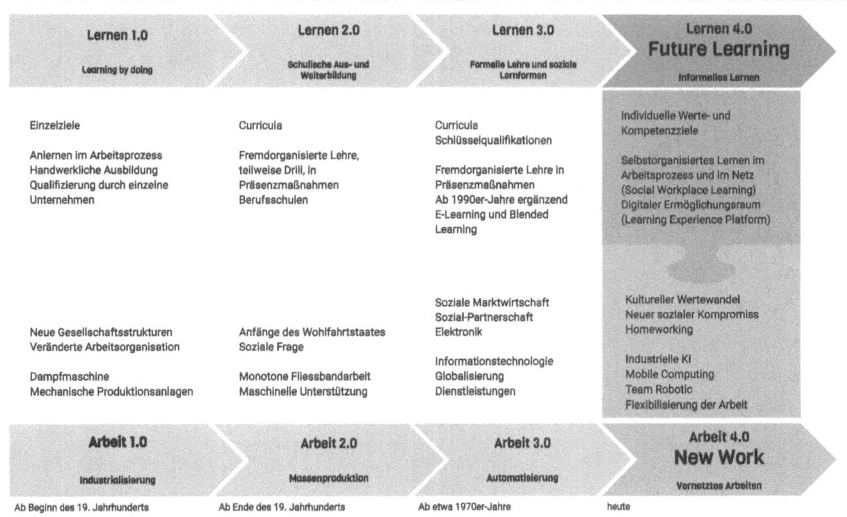

Abb. 1: Entwicklungsstufen des Arbeitens und Lernens (nach BMAS 2015, 2017, Brater, 3. Aufl. 2020)

Die Entwicklungsstufen des Arbeitens werden vor allem durch folgende Merkmale geprägt (ebenda):

- **Arbeiten 1.0** bezeichnet die beginnende Industriegesellschaft und die ersten Arbeiterorganisationen. Mit der Einführung der Dampfmaschine und mechanischer Produktionsanlagen verändern sich mit Beginn des 19. Jahrhunderts nicht nur die Produktionsweise, sondern auch die Organisation von Arbeit und die entsprechenden Gesellschaftsstrukturen. Viele Arbeitskräfte wurden nur angelernt. Neben der handwerklichen Ausbildung entstand ein Wildwuchs an betriebsinternen Anlern- und Ausbildungsmaßnahmen.
- **Arbeiten 2.0** kennzeichnet die beginnende Massenproduktion und die Anfänge des Wohlfahrtsstaats am Ende des 19. Jahrhunderts. Die Industrialisierung bringt neue soziale Probleme mit sich und wirft grundlegend neue soziale Fragen auf. Gleichzeitig wurde das berufliche Lernen »industrialisiert«, indem Ausbildungsberufe geschaffen wurden, die im Verbund mit neu gegründeten Berufsschulen einheitliche, vergleichbare und übertragbare Qualifikationen entwickelten.
- **Arbeiten 3.0** umfasst die Zeit der Konsolidierung des Sozialstaats und der Arbeitnehmerrechte auf Grundlage der sozialen Marktwirtschaft. Arbeitgeber und Arbeitnehmer verhandeln sozialpartnerschaftlich auf Augenhöhe miteinander. Seit den 80er-Jahren des 20. Jahrhunderts wird die Produktion durch den Einsatz von Informationstechnologie und Elektronik weiter automatisiert, der Anteil von Dienstleistungen nimmt stark zu, die Globalisierung wird zu einem entscheidenden Faktor. Die Aus- und Weiterbildung wurde weiter verschult, seminaristische Weiterbildungsmaßnahmen dominierten die Personalentwicklung. Nach und nach setzten sich auch soziale Lernformen, später dann E-Learning- und Blended-Learning-Lösungen in Teilbereichen durch.
- **Arbeiten 4.0** zeichnet ein neues Leitbild von Arbeit, das sich erst nach und nach durchsetzt. Es zeigt neue Perspektiven und Chancen für Gestaltungen in der Zukunft auf. Arbeit 4.0 knüpft an die aktuelle Diskussion über die vierte industrielle Revolution (Industrie 4.0) an, rückt aber die Arbeitsformen und Arbeitsverhältnisse in der gesamten Arbeitswelt ins Zentrum (vgl. Bitkom 2018). Die Arbeit wird agiler, vernetzter, digitaler und flexibler sein. Es handelt sich um einen erneuten grundlegenden Wandel der Produktionsweise und den Beginn neuer Aushandlungsprozesse zwischen Individuen, Sozialpartnern und dem Staat. Entsprechend verändern sich die betrieblichen Lernkonzeptionen fundamental. Curricula mit formellen Lernzielen und Inhalten, die für alle gleich sind, werden durch individuelle Werte- und Kompetenzziele, fremdgesteuerte Lehrarrangements durch selbstorganisierte, personalisierte Lernprozesse am Arbeitsplatz ersetzt. Die bisherigen Lehrer, Trainer und Dozenten werden Lernbegleiter, die Personalentwicklung wandelt sich zum Werte- und Kompetenzmanagement.

»Industrie 4.0 wird auch das Arbeiten und die Ausbildung revolutionieren. Mitarbeiter werden nicht nur Teil dieser Entwicklung, sie werden sie vorantreiben.

In der Smart-Factory[4] gilt es, weniger mechanische als koordinierende und kreative Aufgaben zu übernehmen und sich fortlaufend weiterzubilden, smarte und flexible Weiterbildungskonzepte sind erforderlich.« (IDG 2017)

New Work ist das Ergebnis des Arbeitens 4.0.

Ein Lernen, das auf die Entwicklung von Fähigkeiten hinausläuft, koordinative und kreative Aufgaben zu übernehmen und sich selbstorganisiert und kreativ weiterzuentwickeln, ist aber nichts anderes als Future Learning.

New Work erfordert zwangsläufig und unumgehbar Future Learning, ein Lernen 4.0.

Werte- und Kompetenzentwicklung werden somit der Entwicklung anderer Innovationsfaktoren im Unternehmen gleichgestellt. Das Corporate Learning wird zu einem Kernbereich der Unternehmensperformanz, für die Werte- und Kompetenzmanagement die Voraussetzung bilden.

Damit ist das Lernen in den Organisationen kein abgegrenzter Bereich mehr, das in besonderen Räumen zu genau definierten Zeiten unter Leitung eines Trainer oder Dozenten stattfindet, sondern wird nach und nach in den Prozess der Arbeit und in das Netz integriert. Damit werden Arbeiten und Lernen zusammengeführt, Lernen wird zum Social Workplace Learning.

1.2 Organisationskultur

»Meiner Meinung nach sollte man (bei VW) kritisieren, dass nicht die Kultur vorhanden war, unrealistische Ziele ablehnen zu dürfen oder eigene Fehler offen zu benennen und aus diesen zu lernen. Die Manager ließen lieber die Software manipulieren, als ihrem Chef zu beichten, dass die vorgegebenen Abgaswerte nicht zu erreichen sind. Das Resultat dieser Fehlerkultur ist Milliarden Euro schwer und bedrohte die Existenz des Autobauers. [...] Die Organisationskultur wird für VW die größte Herausforderung beim Thema New Work werden.« (Schermuly 2019, S. 302)

Kompetenzen und Werte fließen direkt in die Organisationskultur ein. Doch Kultur ist im sozialwissenschaftlichen Bereich einer der am schwierigsten zu erfassenden und zu definierenden Begriffe (vgl. Treichel, Mayer 2011). Nur so viel ist sicher:

»Der Begriff der Kultur ist ein Wertebegriff.« (Weber 1989)

---

4 In der Smart Factory (»Intelligente Fabrik«) tauschen Menschen, Maschinen und Ressourcen miteinander Informationen aus, sodass sie sich selbst organisieren kann.

Kultur bezeichnet im weitesten Sinne alles, was der Mensch selbst gestaltend hervorbringt im Unterschied zu der von ihm nicht geschaffenen und nicht veränderten Natur. Jede Organisation muss dabei zwei Herausforderungen meistern: die Anpassung an die Umwelt und die Sicherung des internen Zusammenhalts.

Organisationskultur ist ein System von gemeinsamen Werten sowie Normen und Denkhaltungen, die die Entscheidungen sowie das Handeln der Mitarbeiter auf allen Ebenen einer Organisation prägen und die sich als »gemeinsames mentales Modell« erweist (vgl. Homma, Bauschke, Hofmann 2015).

Damit unterscheidet die Organisationskultur eine Organisation von anderen (vgl. Schermuly 2019, S. 296). Es geht also um die kollektiv geteilten Selbstverständlichkeiten und Grundannahmen, die nicht mehr hinterfragt werden und das Wahrnehmen, das Denken, die Gefühle und das Handeln der Mitarbeiter leiten (vgl. ebenda).

Organisationskultur ist dementsprechend, wie es Edgar Schein zusammenfasst, ein Muster gemeinsamer Grundprämissen, das die Gruppe bei der Bewältigung ihrer Probleme externer Anpassung und interner Integration erlernt hat, das sich bewährt hat und somit als bindend gilt und das daher an neue Mitglieder als rational und emotional korrekter Ansatz für den Umgang mit Problemen weitergegeben wird (vgl. Homma, Bauschke, Hofmann 2015).

Diese Kultur bewirkt Praktiken, die sich in Artefakten, Institutionen und Lebenswelten zeigen (vgl. Stalder 2016). Ein eingängiges Organisationskultur-Modell von Schein fasst die wichtigsten Ebenen und Erscheinungsformen der Kultur in der Organisation so zusammen:

Ebene der Organisationskultur	Erscheinungsformen in der Organisation
Artefakte	sichtbare und fühlbare Strukturen, z. B. Sprache, Kleidung, Rituale, aber auch Produkte oder Gebäude
Werte	Ordner des selbstorganisierten Handelns, Kerne von Kompetenzen
Grundannahmen	ungeschriebene Gesetze der Organisation, die meist nicht wahrgenommen werden

Tab. 1: Ebenen der Organisationskultur (nach Schein 2017, S. 18 f.)

Es ist unschwer zu sehen, dass alle diese Ebenen eng mit Werten verknüpft sind und erst wirksam werden, wenn sie von den Handelnden in den Unternehmen und Organisationen verinnerlicht werden und in ihre jeweiligen Handlungsfähigkeiten, in ihre Kompetenzen, einfließen.

Werte und Kompetenzen prägen maßgeblich die Organisationskultur.

Eine wirklich wirksame Organisationskultur ist also ohne Kompetenz- und Wertemanagement nicht denkbar.

In den kommenden zehn Jahren arbeiten in den Organisationen mindestens vier unterschiedliche Generationen von Mitarbeitern zusammen. Ab etwa 2030 werden die Babyboomer nach und nach durch die Generation Alpha (2013–2025) mit voraussichtlich grundlegend veränderten Motiven und Werten ersetzt.

Die aktuell arbeitenden Generationen unterscheiden sich in Hinblick auf ihre Motive und Werte, aber auch ihre Anforderungen an die Arbeit, grundsätzlich deutlich voneinander. In Anlehnung an unser Wertemodell kann man sie wie folgt charakterisieren (nach Hamann 2021, S. 113 ff., Abschn. 4.1).

Lernergeneration	**Babyboomer**	**Generation X**	**Generation Y – Millennials**	**Generation Z**
Jahrgänge	**1946–1964**	**1965–1980**	**1981–1996**	**1997–2012**
Grundlegende Motive	Leistung Karriere	Zufriedenheit Karriere	Zufriedenheit Freundschaft	Begeisterung Unabhängigkeit
Wichtigste Werte:				
Genusswerte	Gesundheit	individuelle Freiheit	Bildung	Kreativität
Nutzenwerte	Sicherheit	Lebensstandard	Anerkennung	Sicherheit
Ethische Werte	Verantwortung	Verantwortung	Ideale	Privatleben
Soziale Werte	Norm und Gesetz	Beziehungen	Netzwerk	Einfluss
Anforderungen an die Arbeit	hohes Engagement, ausgeprägte Hierarchien, klare Strukturen	Work-Life-Balance, Trennung Privat- und Berufsleben, autonomes Handeln, flache Hierarchien, informelles Arbeitsumfeld	reichlich Raum für Privatleben, Vermischung von Privat- und Berufsleben (Work-Life-Blending), flache und flexible Hierarchien, Fachkarrieren, fördernde Arbeitsumgebung, Karrierechancen	hoher Standard der Arbeitsmittel, strikte Trennung von Berufs- und Privatleben, ausgiebige Erholungsphasen, klare Abgrenzungen und Strukturen, geringe Bindung an Organisationen, kollegiale Arbeitsatmosphäre

Tab. 2: Vergleich der Mitarbeitergenerationen (nach Hamann 2021, S. 113 ff.)

Diese Klassifizierung kann nur eine Grundstruktur widerspiegeln, da die Abgrenzung sich an bestimmten Generationsmerkmalen orientiert und die Individuen, unabhängig von dieser Zuordnung, sehr unterschiedlich handeln können. Insbesondere bei der Generation Z, die am Anfang ihrer Berufstätigkeit steht, können sich noch deutliche Veränderungen ergeben.

Es wird deutlich, dass die Führungsaufgaben zunehmend komplexer werden, weil die Führungskräfte Mitarbeiter mit sehr unterschiedlichen Motiven und Werten zu führen haben.

2 New Work – die Zukunft ist ungewiss

»Nicht der Mensch soll der Arbeit dienen, sondern die Arbeit dem Menschen.«
Frithjof Bergmann, Philosoph und Sozialwissenschaftler

Einstieg

Den zukunftsvagen Begriff der New Work hatte zuerst der österreichisch-amerikanische Philosoph Fritjof Bergmann in die Debatte eingebracht, gleichermaßen von sinnentleerter kapitalistischer Lohnarbeit wie vom sinnüberfrachteten Arbeitsdirigismus sozialistischer Lebensformen abgestoßen. Ausgehend vom Begriff der individuellen Freiheit kritisiert er, dass darunter oft nur Entscheidungsfreiheit zwischen Alternativen verstanden werde, aber keine Handlungsfreiheit (vgl. Bergmann 2005).

Das kapitalistische »Jobsystem« sei an sein Ende gelangt, die Menschheit könne sich heute von der Knechtschaft durch Lohnarbeit befreien. Als zentrale Werte der New Work sieht er Selbstständigkeit, Freiheit und Gemeinschaftlichkeit an. Es gehe um »Arbeit, die man wirklich, will« (vgl. Bergmann 2004).

Die zentralen Werte zur Verwirklichung von New Work in der Arbeitswelt der Zukunft lassen sich auf die fünf Prinzipien *Freiheit*, *Selbstverantwortung*, *Sinn*, *Entwicklung* und *soziale Verantwortung* ausweiten (vgl. Väth 2016). Wichtig ist vor allem, dass New Work immer den Zusammenhang mit einer neuen Arbeits- und Lebenskultur herstellt. Kultur ist aber, wie beispielsweise Max Weber immer wieder betonte, ein Werteausdruck. Es geht also darum, dass Werte, und zwar neue Werte, in der gesamten Organisation verinnerlicht und gelebt werden (vgl. Bergmann 2017).

Inzwischen gibt es ein umfangreiches Schrifttum zu New Work, das viele wesentliche Punkte exzellent herausarbeitet (vgl. Hackl, Wagner, Attmer, Baumann, Zünkeler 2007, Brommer, Hockling 2019). Darin klingen immer wieder Grundthemen an, die auch für unsere Thematik wesentlich sind.

Da ist zunächst die bemerkenswerte Tatsache, dass trotz Digitalisierung und Algorithmisierung beim Future Learning wie bei New Work in vielen Untersuchungen und Betrachtungen der Mensch im Vordergrund steht, und zwar nicht nur in gemeinschaftlicher Form, sondern auch als sich entwickelndes, kreatives, selbstorganisiert handelndes Individuum (vgl. Hübler 2018). Der Selbstorganisationsaspekt führt dabei direkt zum Kompetenzverständnis hin, wenn man Kompetenzen als Fähigkeiten, kreativ und selbstorganisiert zu handeln, begreift (vgl. Breidenbach, Rollow 2019).

Das Menschliche bleibt auch bei der Digitalisierung das Wichtigste (vgl. Karl 2020).

Eine solche Betonung individueller Selbstorganisation ist allerdings nur sinnvoll, wenn man den Mitarbeitern, Führungskräften, Personalverantwortlichen, Lernbegleitern oder Unternehmern eine hohe Souveränität zugesteht, ja, sie von ihnen fordert (vgl. Berend, Brohm-Badry 2020). Erst dann kann man revolutionäre Entwicklungen in der neuen Arbeitswelt verstehen und durchsetzen und wirklich neue Impulse für diese Arbeitswelt schaffen (vgl. Väth, Vollmoeller 2016). Wir verstehen unser Vorgehen, Werte- und Kompetenzmanagement als Grundlage von Future Learning und damit von New Work einzusetzen, als einen solchen Impuls.

Das ganze Feld von Future Learning und New Work wird von zwei großen Grundeinsichten fundiert:

Erstens wird es ohne eine Veränderung und Entwicklung der Fähigkeiten der Mitarbeiter und Führungskräfte, selbstorganisiert und kreativ Prozesse und Projekte zu gestalten, also ohne **individuelle und kollektive Kompetenzen**, weder ein zukunftsgerichtetes Lernen noch ein zukunftsfähiges Arbeiten geben. Im Gegensatz zu vielen anderen wichtigen Zukunftsaufgaben wissen wir bei Werten und Kompetenzen aber ziemlich gut, wie man sie erfassen, fördern und entwickeln kann. Eine Fülle von Untersuchungen, unsere eigenen eingeschlossen, gibt darüber valide Auskunft.

Zweitens wurde in unserem Umkreis unwiderleglich herausgearbeitet, dass **Werte die Kerne von Kompetenzen** darstellen, dass also jede Kompetenzentwicklung voraussetzt, dass Werte auf der Unternehmens- und Teamebene wie auch auf Ebene der einzelnen Mitarbeiter erfasst und gezielt entwickelt werden (vgl. Fischer 2019).

2.1 Disruption

Agfa, Fuji oder Kodak haben jahrzehntelang riesige Umsätze mit Filmen für Fotoapparate gemacht, die sie nach den Aufnahmen für die Kunden entwickelt haben. Ende der 1990er-Jahre wurde dieser Markt durch die Digitalfotografie radikal verändert. Lag der Anteil der Digitalkameras an verkauften Kameras im Jahr 2000 bei rund 12 Prozent, stieg dieser Wert 2010 auf fast 100 Prozent. Zwischenzeitlich werden digitale Kameras immer mehr durch Smartphones mit leistungsfähigen Kameras verdrängt, die ihre Bilder in der Cloud speichern.

Ähnliche Entwicklungen gab es, als Segelschiffe durch Dampfschiffe, Pferdekutschen durch Automobile oder Schallplatten durch CD und später Streamingdienste ersetzt wurden.

Die 1997 von Clayton Christensen entwickelte Theorie der Disruption postuliert, dass jedes noch so erfolgreiche und etablierte Unternehmen eines Tages von einem solchen disruptiven Prozess betroffen wird (vgl. Christensen 1997).

»Unter Disruption (engl. Bruch, Unterbrechung) wird ein Prozess verstanden, bei dem ein bestehendes Geschäftsmodell oder ein gesamter Markt durch eine stark wachsende Innovation abgelöst beziehungsweise ›zerschlagen‹ wird.« (Gründerszene-Lexikon 2019)

Gemeint ist der Bruch linearer Entwicklungen unseres Wissens, unserer Wertevorstellungen, von heute weitgehend digital ablaufenden Informationsverarbeitungsprozessen oder des betrieblichen Handelns, das vor immer neuen Herausforderungen steht.[5]

Dabei schälen sich deutliche Bezüge zum Werte- und Kompetenzmanagement im Future Learning und New Work heraus (vgl. im Folgenden Erpenbeck, Heyse 2019, S. 11–34).

Keine technische Revolution hat die Arbeits- und Lernwelt so radikal verändert wie Digitalisierung und Vernetzung. Disruptive Innovationen finden gehäuft statt. Diese Innovationen verdrängen und zerstören erbarmungslos bisherige Technologien, Vertriebsmodelle und Märkte.

Während es sich bei einer Innovation um eine Erneuerung handelt, die den Markt nicht grundlegend verändert, sondern lediglich weiterentwickelt, bezeichnet die disruptive Innovation eine komplette Umstrukturierung beziehungsweise Zerschlagung des bestehenden Modells.

Disruption in diesem Verständnis berührt nicht nur Technologien und wirtschaftliche Faktoren. Auch Erkenntnisse aus der Gehirn- und Verhaltensforschung, Einsichten aus den Bereichen Datenschutz und Sozialökonomie, aus der modernen Bildungsforschung und Bildungsökonomie sind zu berücksichtigen (vgl. Borell 2015).

Sich im disruptiven Wettbewerb in Zeiten der Digitalisierung zurechtzufinden, heißt oft: navigieren im Nebel. Und dieses Navigieren bedarf tief verankerter, handlungsleitender Werte, die auf Erfahrungen und Überzeugungen beruhen. Um damit umzugehen, muss parallel zum Kompetenzmanagement ein ausgeprägtes, durchdachtes

5 Aus der großen Literaturfülle, die neben der Disruption direkt auf Arbeit 4.0, Agilität und Digitalisierung Bezug nimmt, haben wir auf folgende Werke zurückgegriffen: Borell 2016; Keuper, Schomann, Sikora, Wassef 2018; Dru 2020; Potter 2021; Li 2019; Valentin 2021; Inam 2020; Stiegler 2019; Cooper 2021; Markides 2021; Williams 2020; Tilman, Jacoby 2019; Harper 2019.

Wertemanagement entwickelt werden, das ein vernünftiges, die disruptiven Umbrüche gestaltbar machendes Performanzmanagement einschließt (vgl. Erpenbeck, Sauter 2018 b).

Disruptive Innovationen schaffen Komplexität. Dies setzt eine andere Entwicklungsarbeit, eine neue Wertschöpfungslogik, angepasste Kompetenzen, eine andere Ertragslogik und meist auch veränderte Strukturen und Abläufe voraus (vgl. Matzler u. a. 2016, S. 83).

Die Bewältigung der gestiegenen und veränderten Anforderungen im Arbeitsleben erfordert eine Stärkung der Resilienz.

»Resilienz beschreibt die erfolgreiche Bewältigung arbeitsbezogener Herausforderungen, insbesondere im Kontext der Disruption.« (Soucek u. a. 2019)

Durch die Stärkung der psychischen Widerstandskraft trägt sie wesentlich zur psychischen Gesundheit der Mitarbeiter, aber auch der Krisenfestigkeit von Teams und Organisationen bei. Dabei ist festzuhalten, dass Kompetenzentwicklung schon per se das Potenzial in sich trägt, mit Disruptionen besser fertig zu werden als klassische, auf Wissensweitergabe und Qualifikation ausgerichtete betriebliche Bildungsmodelle, da sie auf die Entwicklung von Fähigkeiten gerichtet ist, in offenen Problemsituationen kreativ und selbstorganisiert zu handeln. Solche Situationen sind bestimmend für disruptive Innovationsprozesse.

Sich im disruptiven Wettbewerb in Zeiten der Digitalisierung zurechtzufinden, bedarf tief verankerter, handlungsleitender Werte, die auf Erfahrungen und Überzeugungen beruhen (vgl. Malik 2015). Um damit umzugehen, muss parallel zum Kompetenzmanagement ein ausgeprägtes, durchdachtes Wertemanagement entwickelt werden.

Werte- und Kompetenzmanagement bedingen sich gegenseitig.

2.2 New Work heute

»Wir sind jetzt in einer Welt, in der sich alles um Menschen dreht, […] in der jede Verbindung, die sich nicht absolut an Menschen ausrichtet, keinen Erfolg haben wird […].«

Bill McDermott, CEO von ServiceNow (vormals CEO von SAP)

Sehr eindrucksvoll hat Ibrahim Evsan, einer der wichtigen Webgründer in Deutschland, New Work als Sammelbegriff über zukunftsweisende und sinnstiftende Arbeit mit Bedeutung und einem höheren Zweck definiert und das wirklich Neue an der New Work benannt: »Als Arbeitswelt, in der sich Menschen selbst verwirklichen und ihre Potenziale entfalten können. Als neue Art, Leben und Arbeiten zu verbinden. Als Zukunft der Arbeit und neue Kultur der Menschen. Als Verwirklichung und Selbstverwirklichung werteorientierten Handelns, Entwicklung ›digitaler Kompetenzen‹, von Wir-Gefühl und Teilhabe an der Gemeinschaft.« (Evsan 2021)

Alles klar wertegegründete Zielvorstellungen: »Die Arbeitswelt erfährt seit einigen Jahren einen grundlegenden und strukturellen Wandel. New Work ist der Inbegriff für diese Transformation. Besonders in diesen Zeiten wo wir durch die Pandemie ins Homeoffice befördert wurden. Die Auslöser für die New Work Entwicklung sind aber vielfältiger. Die Digitalisierung, Konnektivität, die Pandemie und Globalisierung sowie der demographische Wandel sind unter anderem die Ursachen für den Wandel der Arbeitswelt. Immer drängender stellt sich die Frage, wie wir mit dem Megatrend New Work umgehen.« (ebenda o. S.)

Für unser Herangehen wurde entscheidend, dass wir die Wege in die neue Arbeitswelt, in die New Work vor allem durch eine agile Werte- und Kompetenzentwicklung gebahnt sehen (vgl. Sauter, Sauter, Wolfig 2018). Was damit gemeint ist, haben wir so zusammengefasst:

»Das Verständnis von Lernen verändert sich in der agilen Arbeitswelt radikal. Die klassischen Vorstellungen von einer ›Wissensvermittlung‹, bei der Wissen über herkömmliche (Rede) oder moderne (Netz-) Kommunikationskanäle in die Köpfe der Nutzer übertragen wird, oder gar einer ›Werte- und Kompetenzvermittlung‹, ist nachweislich falsch. Selbstorganisierter Werte- und Kompetenzaufbau ist eine konstruktive Leistung jedes Einzelnen. Dieser Prozess kann jedoch durch den Aufbau eines bedarfsgerechten Ermöglichungsraumes mit professioneller Lernbegleitung initiiert und gefördert werden.« (ebenda S. 239)

Zwischenzeitlich hat sich die Bedeutung des Begriffes *New Work* grundlegend gewandelt. Häufig wird er mit Trends rund um digitale Transformation, Arbeiten 4.0 oder Wertewandel zu einer eher diffusen Wolke zusammengefasst. New Work ist damit heute ein Sammelbegriff, der zusammenführt, welche Veränderungen die Arbeit erfährt.

New Work wird vor allem durch folgende Merkmale geprägt (vgl. Evsan 2021):
- Die Veränderungen der Arbeitswelt sind in vollem Gange und enden niemals.
- Der klassische »Nine-to-Five-Job« wird schon sehr bald in den meisten Branchen der Vergangenheit angehören.

- Die Bindung an feste Arbeitsorte sowie standardisierte Zeiten und Organisationsstrukturen löst sich immer weiter auf.
- Die Arbeit der Zukunft ist flexibel und projektbasiert.
- Immer mehr Menschen sind freiberuflich tätig (*Solopreneurship*).
- Die alten Strukturen aus Hierarchien, Planung und Fehlervermeidung erweisen sich als unpassend für die schnelllebige Welt.
- Mitarbeiter benötigen einen zwanglosen Austausch von Informationen.
- Die Digitalisierung unterstützt und befreit die Menschen von Routineaufgaben und bietet mehr Funktionen durch Applikationen.
- Die Digitalisierung öffnet die Möglichkeiten der Kommunikation untereinander.
- Dies erhöht die Innovationskraft in den Unternehmen, aber auch in der Gesellschaft exponentiell, sorgt aber gleichzeitig auch für Unruhe.
- Die Grenzen zwischen Arbeit und Freizeit verwischen. Auch das sorgt für Unruhe.

Diese Aufgabe richtig zu lösen, bedeutet New Work.

New Work ist kein Programm, kein Prozess, sondern eine Frage der Haltung, der Kultur und der Führung.

Es geht um eine moderne Führung, die von Augenhöhe und Wertschätzung, mehr von Coaching und weniger von Ansage geprägt ist. New Work berücksichtigt das Gleichgewicht der Interessen.

Somit bedeutet New Work, ein innovatives und werteorientiertes Arbeitsumfeld zu schaffen.

Die wesentlichen Eckpfeiler dieser neuen Arbeitswelt sind nach einer Studie des Fraunhofer-Instituts für Arbeitswirtschaft und Organisation (IAO 2019):

- Wertebasierung und Sinnstiftung durch Arbeit,
- agile Organisationsformen und Selbstorganisation,
- zeitliche Flexibilisierung der Arbeit,
- projektbasierte Organisationsformen,
- örtliche Flexibilisierung von Arbeit,
- veränderte Führungsstrukturen,
- neue Machtverteilung.

In einer aktuellen Studie wurde festgestellt, dass in etwa der Hälfte der untersuchten Organisationen New Work bereits umgesetzt ist (vgl. Hays 2021).

Am stärksten ist New Work in mittelgroßen Unternehmen auf dem Vormarsch, während sich im öffentlichen Sektor die Führungsstrukturen aufgrund der traditionellen Hierarchien nur langsam wandeln (vgl. im Folgenden ebenda).

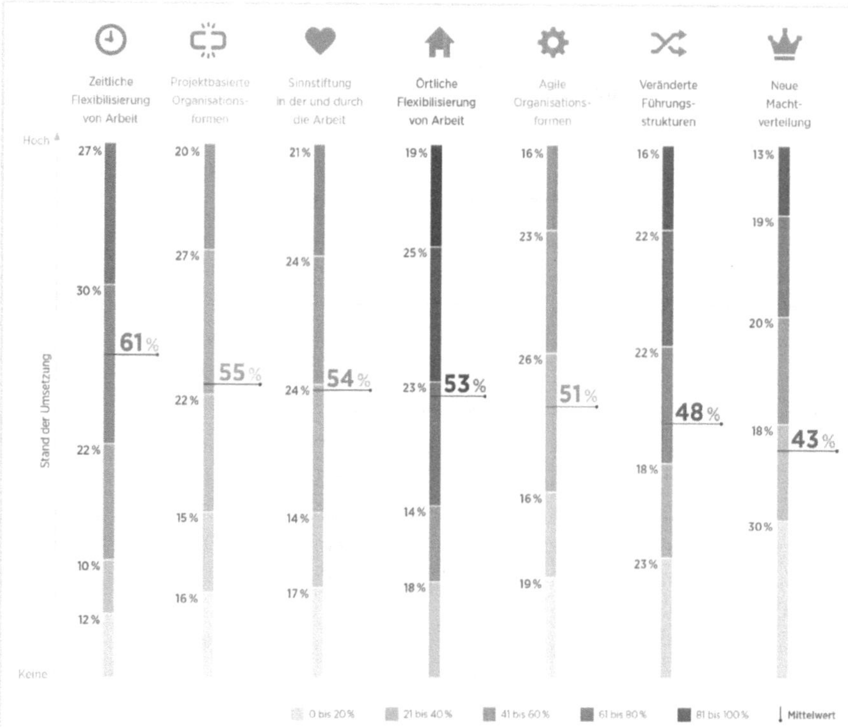

Abb. 2: Umsetzung von New Work (Quelle: Hays 2021)

Die **zeitliche Flexibilisierung** der Arbeit ist nach Angaben der Befragten die häufigste Ausprägung von New Work in den Unternehmen. Da nicht alle Mitarbeiter gleichermaßen die Möglichkeit haben, zeitlich, aber auch örtlich flexibel zu arbeiten, können Spannungen durch Neid entstehen. Die aktuelle Coronapandemie hat jedoch dazu geführt, dass gerade die zeitliche und örtliche Flexibilisierung einen enormen Schub erfuhr. Während Homeoffice viele Jahre lang eine Arbeitsform für bestimmte Beschäftigtengruppen mit »Sonderstatus« war, ist daraus innerhalb kürzester Zeit eine Option für sehr viele geworden. Die Organisationen haben dabei überwiegend flexible Arbeitszeiten, Vertrauensarbeitszeiten und Wahlarbeitszeiten eingeführt und Homeoffice, auch durch geeignete Endgeräte, ermöglicht. Virtuelle Kooperationsformen werden stärker genutzt, weil externe, verschlüsselte Zugriffe auf Firmennetze eingerichtet und virtuelle Kooperationsräume geschaffen wurden. Eine Rückkehr in die alte Welt der reinen Präsenzkultur sehen wir eher als unwahrscheinlich an. Es ist vielmehr wahrscheinlich, dass mehr und mehr Beschäftigte zukünftig in Mischformen arbeiten werden.

Viele Mitarbeiter haben nach wie vor ein Problem damit, im **Parallelbetrieb von Linie und Projekt** zu arbeiten. Hierbei erzeugen Rivalität, aber auch strategische, kulturelle und organisatorische Rahmenbedingungen Reibungen. Neben den Strukturen müssen sich hier auch die Werte aller Beteiligten verändern.

In einer zunehmend digitalisierten Arbeitswelt benötigen die Mitarbeiter Ordner, die ihnen eine Orientierung für ihr selbstorganisiertes Handeln geben. Deshalb gewinnen Werte und ihre Entwicklung immer mehr an Bedeutung.

Nur wenn Werte verinnerlicht, interiorisiert, zu eigenen Emotionen und Motivationen gewandelt werden, bewirken sie den angestrebten Kompetenzaufbau. Bloß gelernte, nicht interiorisierte Werte sind wertlos. Das Wertemanagement durchschlägt den gordischen Knoten dieser Wirkungslosigkeit. Es geht davon aus, dass Werte der Mitarbeiter nur in Kompetenzentwicklungsprozessen der Praxis, mit Coaching und Mentoring, manchmal, wenn auch seltener, in Trainingsprozessen interiorisiert werden. Es stellt diese Prozesse in den Vordergrund und nutzt sie. Die Wertehaltung, die mein Arbeits-, gar mein Lebensproblem löst, wird tief in meinen Emotionen verankert. Die Werte einer Organisationskultur, die von den Mitarbeitern emotional tief verankert werden – »Wir, das Unternehmen« – führen von Erfolg zu Erfolg.

Sowohl die Führungskräfte als auch die Mitarbeiter hinterfragen im Regelfall die **sinnstiftende Wirkung ihrer Arbeit** bisher wenig. Im Zuge der Nachhaltigkeitsdebatte entsteht aber vor allem bei jüngeren Arbeitnehmern ein verstärkter Wunsch nach der Sinnhaftigkeit ihrer Arbeit. Die Coronakrise hat zudem dazu geführt, dass solidarisches und nachhaltiges Handeln, aber auch die Zusammenarbeit und der Zusammenhalt in Teams in den meisten Unternehmen verstärkt wurden. Auch die gesellschaftliche Verantwortung der Unternehmen wurde stärker hinterfragt.

Agiles Arbeiten fällt vor allem älteren Führungskräften noch schwer. Hinzu kommt, dass kulturelle und organisatorische Hürden die Umsetzung agiler Arbeitsweisen bremsen. **Veränderte Führungsstrukturen** werden von etwa Zweidrittel der Führungskräfte abgelehnt, weil sie der Meinung sind, die Mitarbeiter würden überfordert, wenn sie stärker in die Entscheidungsfindung miteinbezogen werden. Dagegen glauben nur 44 Prozent der Mitarbeiter, dass sie überfordert wären, wenn die Führungskräfte Macht an sie delegieren würden.

Die Hürden für **veränderte Machtstrukturen** liegen vor allem im Bereich der Organisationsstrategie sowie der Organisations- und Führungskultur. Aufgrund der Coronapandemie wurden agile Arbeitsformen, auch mit neuen technischen Mitteln, in über 80 Prozent der Organisationen umgesetzt. Die Mehrzahl der Führungskräfte lernte, ihre Mitarbeiter mehr »loszulassen« und die Entscheidungsfindung stärker in deren Hände zu geben oder auf Teams zu übertragen. Insgesamt hat Corona dazu geführt, dass bestehende Prozesse enthierarchisiert und Strukturen stärker hinterfragt werden.

Aus den Ergebnissen der Studie können folgende Empfehlungen für die Entwicklung hin zu New Work gegeben werden (ebenda S. 34):

- klarer Rahmen, der von der Organisation vorgegeben wird,
- transparente Regelungen, die flexibel anpassbar sind,
- offene Kommunikation der Veränderungen in der gesamten Organisation unter Einbeziehung aller Mitarbeiter,
- gezielte Werte- und Kompetenz-Entwicklung der Führungskräfte,
- kleine Schritte anstatt des »großen Wurfes«,
- Förderung der Vielfalt.

2.3 Megatrend New Work – zukunftsweisend und sinnstiftend

»Wenn die Arbeit uns nicht mehr braucht, wofür brauchen wir dann die Arbeit?«
zukunftsInstitut 2021

Eine aktuelle Studie der Unternehmensberatung Deloitte (2021) kommt zum Ergebnis, dass wir in einer chaotischen Welt leben, die nicht berechnet werden kann. Um Umsatzwachstum und Gewinnerzielung mit Respekt und Unterstützung für die Umwelt und das Stakeholder-Netzwerk zu verbinden, müssen sich die Unternehmen auf menschliche Prinzipien und Werte stützen. Erst dadurch sind sie in der Lage, sich in disruptiven Prozessen ständig immer wieder neu zu erfinden.
Die digitale Transformation führt dazu, dass Maschinen immer mehr Aufgaben übernehmen. Wenn diese aber Arbeiten besser als ein Mensch übernehmen können, was bleibt dann noch für die Menschen übrig?

Seit Anfang 2020 waren alle Organisationen durch die Coronapandemie gezwungen, radikal veränderte Arbeitsweisen ohne Zeitverzögerung umzusetzen. Dabei wurde deutlich, dass die bereits vorhandenen Megatrends weiter verstärkt wurden.

Megatrends sind globale und mehrdimensionale Veränderungen, die sich oft langsam, aber sehr mächtig und nachhaltig über einen langen Zeitraum entwickeln und sich mit hoher Dynamik auf alle Lebensbereiche auswirken (nach zukunftsInstitut 2021).

New Work beschreibt einen radikalen Veränderungsprozess, der bei der Sinnfrage beginnt und dazu führen wird, dass sich die Arbeitswelt von Grund auf verändert. Denn Arbeit steht im Dienst des Menschen: Wir arbeiten nicht mehr, um zu leben, und wir leben nicht mehr, um zu arbeiten. In Zukunft geht es um die gelungene Symbiose von Leben und Arbeiten (vgl. ebenda).

New Work kann deshalb als Megatrend beschrieben werden.

Die aktuelle Coronakrise zeigt, dass die Unternehmen, die am besten auf diese Herausforderung vorbereitet waren, die Arbeit so organisierten, dass schnelle Entscheidungen möglich waren. Dabei nutzten sie die Anpassungsfähigkeit und Mobilität ihrer Mitarbeiter konsequent. Hinzu kamen die flexible Anpassung der Investitionen und die konsequente Nutzung der entsprechenden Technologie.

Es geht also darum, die Widerstandsfähigkeit, den Mut, das Urteilsvermögen und die Flexibilität aller Mitarbeiter zu fördern. Besonders wichtig ist es, die Kreativität, die in Krisen freigesetzt wird, um zu überleben, für den Erfolg der Organisation in der Zukunft zu nutzen.

Die Organisationen benötigen in der Zukunft dynamische Lösungen für New Work, mit denen die menschlichen Stärken der Mitarbeiter gezielt entwickelt werden können. Dazu sind vor allem folgende Anforderungen zu erfüllen (vgl. ebenda):

- die Disruption als Chance nutzen, um die Handlungs- und Entscheidungsfreiheit der Mitarbeiter zu erweitern, damit sie flexibel und selbstorganisiert handeln und lernen können,
- Work-Life-Blending, die körperliche, geistige, finanzielle und soziale Gesundheit der Mitarbeiter über eine durchdachte Arbeitsgestaltung direkt im Arbeitsprozess und nicht in begleitenden Programmen ermöglichen,
- mithilfe der Technologie die Arbeit so verändern, dass die Menschen ihre Kompetenzen optimal einsetzen können, z. B. durch Kollaborationstools, durch Kuratierung von Wissen oder Entscheidungshilfen mittels künstlicher Intelligenz,
- die gezielte Werte- und Kompetenzentwicklung selbstorganisiert und kollaborativ ermöglichen, um das Potenzial aller Mitarbeiter freizusetzen,
- über den Bereich Human Resources in organisationsübergreifenden, laufenden Prozessen das *Was*, *Warum*, *Wer* und *Wie der Arbeit* dynamisch neu gestalten.

Voraussetzungen für diese Re-Architektur der Arbeit sind:

- gemeinsamer Rahmen von Werten und Normen, die das Handeln aller bestimmen,
- gezielte Entwicklung der Organisationskultur zu einer Wohlfühlkultur,
- die Ermunterung und Möglichkeit zur selbstorganisierten Gestaltung des Arbeitens und Lernens durch die Mitarbeiter,
- die gezielte, technologiegestützte Entwicklung der Teams, um deren Performanz zu steigern,
- die Werte- und Kompetenzentwicklung der Führungskräfte als Veränderungsmanager, als Netzwerkorganisatoren, als Moderatoren und als Entwicklungspartner ihrer Mitarbeiter und Teams,
- agile Gestaltung der Arbeits- und Lernprozesse in der gesamten Organisation,
- konsequente Nutzung neuer Technologien durch die Verknüpfung von Mensch und Maschine,
- flexible Anpassung der Organisationsstrukturen zu Netzwerkorganisationen und der Arbeitsprozesse mit hoher Kreativität und Agilität,

- bedarfsgerechte Entwicklung der Arbeitsumgebungen unter Einbeziehung des Homeoffice und der Arbeitsverhältnisse, z. B. in Projekten, mit Freelancern, mit Zeitarbeitsfirmen oder Interimsmanagern,
- verbesserte Unternehmensleistungen, um insbesondere den Wert *Familie* zu fördern, z. B. durch Unterstützung für die Pflege von Angehörigen.

Diese Re-Architektur der Arbeit ist möglich. Dies zeigt sich in der aktuellen Krise, in der viele Personalbereiche spontan disruptive Herausforderungen bewältigt und neue, auch strategische Aufgaben übernommen haben. Es zeigt sich, dass Organisationen, die in der Lage waren, ihre Mitarbeiter, Teams und Führungskräfte auf gemeinsame Werte auszurichten, ihre Performanz steigern konnten. Deshalb sollte das Human Resources Management die Chance nutzen, seine Mission neu zu gestalten und die Initiative und Führung bei der Neugestaltung der Arbeits- und Lernwelt unter Nutzung innovativer Technologien in ihrer Organisation zu übernehmen (vgl. ebenda S. 49 ff.).

2.4 Agiles Handeln in der Welt des New Work

«Agiles Arbeiten ist heute bei über 90 % der Unternehmen angekommen, häufig aber nicht konsequent umgesetzt. Eine breit angelegte Studie ergab folgendes Bild über die Anwendung agiler Ansätze in der Praxis:« (Hochschule Koblenz 2020)

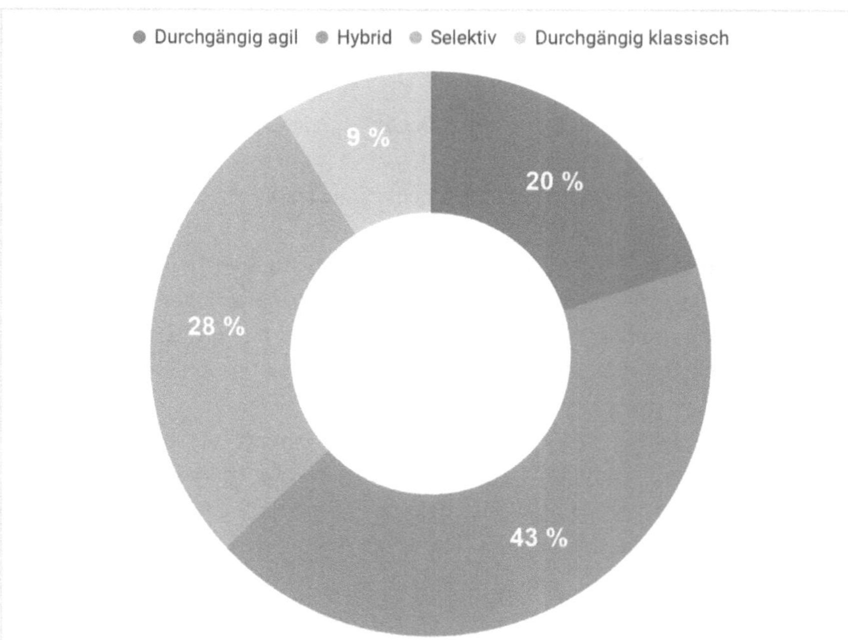

Abb. 3: Anwendung agiler Ansätze in den Unternehmen (Hochschule Koblenz 2020)

Was heute unter dem Begriff *Agilität* zusammengefasst wird, war auch schon vor Jahren größtenteils vorhanden, wurde aber noch nicht als Formenkreis wahrgenommen, der Lern- und Arbeitsprozesse insgesamt beeinflusst, der neue Werte und Kompetenzen erfordert und unser Verständnis von Future Learning und New Work massiv verändert.

Agilität ist das Merkmal, das in den Arbeitsprozessen der New Work und in den Lernprozessen des Future Learning immer mehr gefordert wird.

»Unter Agilität verstehen wir die Fähigkeit, sich kontinuierlich an seine komplexe, turbulente und unsichere Zukunft anzupassen.« (vgl. Häusling, Fischer 2016, S. 30)

Agilität ist ein Merkmal, das in den Arbeits- und Lernprozessen der modernen Wirtschaft immer mehr gefordert wird. Die neue industrielle Revolution, charakterisiert durch Begriffe wie *Vernetzung*, *Digitalisierung* und *Komplexität*, erfordert neue, fundamentale Werte, die von jedem einzelnen Handelnden verinnerlicht, interiorisiert, werden müssen, um in seinem Handeln wirksam zu werden.

Mit 84 Prozent ist Scrum weiterhin der meistgenutzte agile Ansatz auf Teamebene. Danach folgen Kanban, DevOps, Lean und Design Thinking (vgl. Toolbox Kap. 10.4.2). Hybride Formen, d. h. Kombinationen aus agilen und traditionellen Arbeitsformen, werden am stärksten genutzt, weil die Rahmenbedingungen, z. B. Zielvorgaben, mangelnde Akzeptanz im Umfeld oder Budgets, keine konsequente agile Bearbeitung zuließen. 85 Prozent der der Anwender agiler Methoden geben an, dass mit diesem Vorgehen Verbesserungen bei Ergebnissen und Effizienz eingetreten sind.

Am stärksten werden agile Methoden im IT-Bereich eingesetzt, im Nicht-IT-Bereich liegt der Bereich Logistik und Supply Chain mit 43 Prozent (geplant 59 Prozent) vorne. Es folgen mit abnehmenden Raten Finanzen, Produktion, HR, Marketing, Einkauf und Vertrieb.

Der Druck, häufiger agil zu arbeiten, kommt vor allem aus dem täglichen Geschäftsbetrieb sowie aus der Notwendigkeit, kundenorientierter zu arbeiten. Der Grund dafür ist, dass es mit traditionellen hierarchischen Strukturen und Wasserfallprojekten immer weniger möglich ist, mit den hohen Geschwindigkeiten von Innovations- und Technologiezyklen sowie den Anforderungen und Herausforderungen der digitalen Plattformökonomie fertigzuwerden. Disruption geschieht oft sehr schnell, unerwartet und plötzlich, was dazu führt, dass Unternehmensstrategien und Geschäftsmodelle immer häufiger angepasst werden müssen. Als größte Herausforderung bei der Etablierung agiler Methoden erweist sich die Organisationskultur (vgl. Lünendonk 2020, S. 18).

Es entwickelt sich eine agile Arbeitswelt, die grundlegend neue Handlungsweisen und Werte aller Mitarbeiter und somit digitale Kompetenzen erfordert. Der Wettbe-

werb der Zukunft wird deshalb ein Kompetenzwettbewerb mit agilen Arbeits- und Lernmethoden sein.

2.4.1 Das agile Manifest

Im Jahr 2001 trafen sich 17 Hauptfiguren der agilen Entwicklungsszene, die als Leitlinie agiler Projekte das agile Manifest verabschiedeten.

Manifest für agile Softwareentwicklung[6]

Wir erschließen bessere Wege, Software zu entwickeln, indem wir es selbst tun und anderen dabei helfen. Durch diese Tätigkeit haben wir diese Werte zu schätzen gelernt:

Individuen und Interaktionen	mehr als Prozesse und Werkzeuge
Funktionierende Software	mehr als umfassende Dokumentation
Zusammenarbeit mit dem Kunden	mehr als Vertragsverhandlung
Reagieren auf Veränderung	mehr als das Befolgen eines Plans

Das agile Manifest hatte seinen Fokus sehr stark auf die Softwareentwicklung. Heute wird versucht, die gesamte Wertschöpfungskette einer Organisation nach diesen Prinzipien zu gestalten. *Modern Agile*[7] ist solch ein Ansatz, der zum Ziel hat, das Manifest allgemeingültig umzusetzen.

Modern Agile ist durch folgende Prinzipien geprägt:

- **Macht Menschen großartig:** Organisationen legen den Fokus verstärkt auf die eigenen Mitarbeiter und versuchen, ihnen die bestmöglichen Voraussetzungen zu schaffen, um ihre Aufgaben zu erledigen. Dies stärkt die intrinsische Motivation und führt zu engagierten Individuen, die ihr Bestes für den gemeinsamen Erfolg geben.
- **Liefert fortlaufend Wertvolles aus:** Eine schnelle Lieferung eines Mehrwerts für interne wie auch externe Kunden fördert das Vertrauen und die Zusammenarbeit. Somit ist es möglich, partnerschaftlich an Themen zu arbeiten und das Feedback von Kunden flexibel in die Arbeit einfließen zu lassen. Dies führt zu besseren Ergebnissen, da der Kunde genau das bekommt, was er will.
- **Macht Sicherheit zu einer Grundvoraussetzung:** Damit Menschen ihre ganzen Stärken ausspielen und für ihre Organisation einsetzen können, müssen sie sich in ihrem Umfeld auch sicher fühlen. Selbstorganisiertes Arbeiten im direkten Kontakt mit dem Kunden erfordert mutiges Auftreten. Dies ist nur möglich, wenn der

6 http://agilemanifesto.org/iso/de/manifesto.html.
7 http://modernagile.org/.

Mitarbeiter sicher ist, auch in schwierigen Fällen die volle Rückendeckung seiner Kollegen und der gesamten Organisation zu haben.

- **Experimentiert und lernt zügig:** In sich immer schneller verändernden Umgebungen ist es notwendig, sich entsprechend weiterzuentwickeln. Dies ist nur möglich, wenn die Mitarbeiter experimentieren und kontinuierlich lernen können. Dadurch sind sie immer auf dem aktuellen Stand und lernen mit neuen Herausforderungen flexibel und pragmatisch umzugehen.

Modern Agile ist nur einer der möglichen agilen Ansätze, jedoch ist das Ziel immer dasselbe:

Die Menschen und ihre Kommunikation in den Mittelpunkt zu stellen, um schnelles und eigenverantwortliches Lernen zu ermöglichen, damit die Herausforderungen flexibel mit den bestmöglichen Ergebnissen erfüllt werden.

2.4.2 Agilität in der Organisation

Die Entwicklung agiler Arbeitssysteme hat revolutionäre Konsequenzen für das Corporate Learning, die betriebliche und berufliche Aus- und Weiterbildung. Je schneller sich Handlungsziele, Handlungsmethoden und das explodierende Wissen ändern, desto mehr werden Menschen gefragt sein, die in diesem Chaos der offenen Möglichkeiten neue Ideen entwickeln und über Fähigkeiten verfügen, darin selbstorganisiert und kreativ zu handeln. Diese Fähigkeiten bezeichnet man als Kompetenzen (vgl. Erpenbeck, Grote, Sauter, v. Rosenstiel 2017).

Die agile Arbeitswelt wird deshalb eine Kompetenzwelt sein, in der Werte als Handlungsanker für selbstorganisierte Prozesse mit digitalisierten Systemen dienen.

In der unternehmerischen Praxis haben sich zwischenzeitlich eine Vielzahl von agilen Methoden wie *Scrum, Kanban, Pulse, Design Thinking, DevOps, Holokratie, Lean Startup oder* das *kollegial geführte Unternehmen* (vgl. Sauter, Sauter, Wolfig 2018, S. 21 ff., Toolbox Kap. 10.4.2) durchgesetzt. Viele weitere Ansätze und Bewegungen, wie beispielsweise *Responsive Org*[8], *Teal Organization*[9] oder *Soziokratie*[10], die auf dem Prinzip der Agilität basieren, führen diese Methoden konsequent weiter.

---

8 Responsive Organization*:* Organisation, die schnell lernt und reagiert, indem sie den offenen Informationsfluss optimiert, Experimente und Lernen in schnellen Zyklen fördert und sich als Netzwerk von Mitarbeitern, Kunden und Partnern organisiert, die durch gemeinsame Ziele motiviert sind (vgl. Sauter, Sauter, Wolfig 2018, S. 21).

9 Teal Organization*:* Organisation, die durch Selbstführung, evolutionären Sinn und Ganzheitlichkeit geprägt ist (vgl. ebenda S. 21).

10 Soziokratie*:* Organisationsform auf Basis des systemischen Ansatzes, in der konsequent Selbstorganisation umgesetzt werden kann (vgl. ebenda S. 21).

Nur wenn jeder Mitarbeiter die Möglichkeit hat, sich mit seinen Werten und Kompetenzen in die Organisation einzubringen und dies auch will, kann es gelingen, dass eine Organisation flexibel auf alle internen und externen Anforderungen reagiert. Dies bedeutet jedoch gleichzeitig, dass die Entscheidungsverantwortung an die Mitarbeiter übertragen wird und sich das Management deutlich zurücknimmt. Organisationen, welche bisher durch die Hierarchie geprägt wurden, benötigen deshalb ein Netzwerk, in welchem sich die Mitarbeiter völlig frei und unabhängig austauschen können (vgl. Kotter 2012). Nur Netzwerkorganisationen, in welchen Informationen und Erfahrungswissen frei zwischen verschiedenen Hierarchieebenen, Abteilungen und Geschäftsbereichen ausgetauscht werden können, sind in der Lage, die notwendigen Anpassungen zu leisten.

Gleichzeitig ist es notwendig, dass alle Mitarbeiter die Möglichkeit haben, sich im Arbeitsprozess laufend weiterzuentwickeln, damit sie die neuen Herausforderungen bewältigen können. Voraussetzung dafür ist eine kulturelle Veränderung, in der die Mitarbeiter und ihre Interaktionen mit dem Ziel in den Mittelpunkt gestellt werden, sich kontinuierlich auszutauschen und voneinander lernen zu können.

Um sicherzustellen, dass auch alle Mitarbeiter an denselben Zielen arbeiten und ihre Entscheidungen im Sinne der Organisation treffen, braucht es eine übergreifende **Vision**, mit der sich die Mitarbeiter auch identifizieren können. Wenn die Mitarbeiter diese Vision verstehen und verinnerlichen, können sie auch die Entscheidungen treffen, die notwendig sind, um gemeinsam in die gewünschte Richtung zu gehen.

2.4.3 Agiles Handeln

Wir haben es aktuell mit einer dramatischen Veränderung der menschlichen Produktivkräfte zu tun. Ab der Mitte des vorigen Jahrhunderts vollzog sich der gewaltigste Entwicklungsschub der Produktivkräfte in der Menschheitsgeschichte. Der Revolution der Werkzeuge folgte eine sich ständig beschleunigende Revolution der Denkzeuge. (vgl. Rosa 2005) Diese Revolution ist so folgenreich, dass wir von einer neuen Epoche, dem digitalen Zeitalter, sprechen. Sie erfordert Menschen mit Fähigkeiten, Entwicklungen selbstorganisiert und kreativ zu gestalten (vgl. Erpenbeck, Sauter 2017).

Das agile Projektmanagement wird durch folgende Merkmale geprägt (vgl. im Folgenden ebenda S. 23 ff., vgl. Schermuly 2019):

- **Agile Werte** und **agile Kompetenzen** bilden das Fundament.
- **Agile Prinzipien** bestimmen die Grundsätze des Handelns.
- **Agile Praktiken** sind Verfahren agilen Handelns.
- **Agile Methoden** bilden eine Gesamtstruktur agiler Praktiken.

Entscheidend für den Erfolg agiler Methoden in der Praxis sind die Mitarbeiter, die diese Methoden anwenden. Auch wenn eine agile Methode optimal implementiert wurde, das Team aber die notwendigen Werte nicht verinnerlicht hat, wird das mögliche Potenzial dieses Ansatzes nicht ausgeschöpft. Es ist sogar davon auszugehen, dass die erzielten Effizienzsteigerungen bald wieder auf das ursprüngliche Niveau sinken.

Die Kernelemente einer agilen Organisationsstruktur sind (vgl. Schiffer 2019):

- **Squad:** die kleinste Einheit, meist sechs bis neun Mitglieder, die sich auf eine bestimmte Leistung oder einen Kunden ausrichtet,
- **Tribe:** Zusammenfassung mehrerer Squads,
- **Chapter:** Mitarbeiter mit gleicher Funktion,
- **Guild:** Gruppe von Mitarbeitern in einer agilen Struktur, die dieselbe Fachkompetenz oder dieselben Interessen haben.

Nur Mitarbeiter, Teams und Organisationen, die sowohl die Werte und Kompetenzen als auch die Prinzipien, Praktiken und Methoden agilen Arbeitens und Lernens interiorisiert haben, werden eine kulturelle Veränderung und damit eine Steigerung der Performanz erreichen.

2.4.3.1 Agile Werte

Übertragen auf unser Wertemodell (vgl. Kapitel 4.1) sind beispielsweise im Scrum Framework vor allem folgende agile Werte von Bedeutung:

Agile Werte am Beispiel Scrum	Ausprägungen
Verantwortung	*Mut: Bereitschaft, Entscheidungen zu treffen und neue Wege zu gehen* In agilen Teams übernehmen einzelne Mitarbeiter oder Teams als Ganzes die gesamte Verantwortung für die Umsetzung. Wenn man Entscheidungen treffen muss, die bisher von den jeweiligen Führungskräften getroffen wurden, erfordert dies im ersten Schritt Mut, diese Verantwortung zu übernehmen. Führungskräfte in hierarchisch geprägten Unternehmen müssen bereit sein, Verantwortung auf ihre Mitarbeiter zu übertragen. Deshalb sind verbindliche Vereinbarungen notwendig, die das Vertrauen aller Beteiligten genießen. Die Mitarbeiter müssen deshalb lernen, persönlich oder im Team Verantwortung zu übernehmen.
Kreativität	*Fokus: Konzentration auf die vereinbarten Praxisaufgaben und -projekte, um zielorientiert und kreativ zu arbeiten und zu lernen* Die Mitarbeiter sollten sich jeweils auf eine wertschöpfende Tätigkeit konzentrieren und parallel laufende Tätigkeiten (Multitasking) so weit wie möglich reduzieren. Sie sollen dadurch Zeit und Muße finden, um zielorientiert und kreativ zu arbeiten. Dabei sollten sie von den Führungskräften unterstützt werden, die ihnen die notwendigen Freiräume sichern.

Agile Werte am Beispiel Scrum	Ausprägungen
Respekt	*Die Mitarbeiter achten ihre Entwicklungspartner und betrachten sie als gleichwertig.* Da Teams in agilen Organisationen eine zentrale Rolle spielen, ist gegenseitige Achtung eine zwingende Voraussetzung, besonders in bereichsübergreifenden Zusammensetzungen. Damit kann das in hierarchisch organisierten Unternehmen weit verbreitete Silodenken inklusive seiner vielen Vorurteile überwunden werden. Erst dadurch wird es möglich, bei der Entwicklung von Lösungen unterschiedliche Perspektiven zu berücksichtigen.
Netzwerk	*Commitment: Bereitschaft, auf Veränderungen zu reagieren, sich mit Kollegen auszutauschen und sein eigenes Wissen zu teilen* Diese Offenheit muss auch auf der Ebene der Teams und der Organisation gelebt werden, um die entsprechende Kultur aufzubauen. Nur dann ist eine **lernende Organisation** denkbar (vgl. Senge, 11. Aufl. 2017). Diese Vision soll allen Mitarbeitern einer Organisation das gemeinsame Lernen ermöglichen und diese Prozesse aktiv fördern. Daraus entwickelt sich die Organisation kontinuierlich selbst weiter. Lernen wird damit zum integralen Bestandteil der Organisation und liegt primär in der Eigenverantwortung der Mitarbeiter. Die Führungskräfte unterstützen diesen natürlichen Lernprozess als Mentor, d. h. als Entwicklungspartner, ihrer Mitarbeiter. Die Mitarbeiter benötigen Transparenz über alle relevanten Informationen, aber auch gemeinsame Werte, um Entscheidungen im Sinne der Unternehmensstrategie treffen zu können. Deshalb sollten sie möglichst freien Zugang zu allen Informationen, aber auch zum Erfahrungswissen ihrer Kollegen erhalten. Deshalb gewinnt das soziale, kollaborative Lernen der Mitarbeiter im direkten Kontakt oder im Netz deutlich an Bedeutung.
Gemeinnutz	*Wertschätzung: Jeder Mitarbeiter gibt sein Bestes im Sinne des Teams und der Organisation.* Das agile Leitbild geht von dem wertschätzenden Menschenbild aus, dass jeder Mensch zu jeder Zeit sein Bestes gibt, vertrauensvoll mit der ihm übertragenen Verantwortung umgeht und versucht, immer im Sinne und besten Interesse seines Teams und der Organisation zu agieren. Damit steigt auch die Wahrscheinlichkeit, wertschätzende Reaktionen zu erfahren.
Individuelle Freiheit	*Vertrauen: Jedem Mitarbeiter wird grundsätzlich Vertrauen entgegengebracht.* Es ist kaum möglich, Verantwortung zu übertragen und selbstorganisierte Entscheidungen und Handlungen der Mitarbeiter zu ermöglichen, wenn man ihnen keine persönlichen Freiräume zugesteht. Diese Anforderung muss auf allen Ebenen gesichert sein.

Tab. 3: Agile Werte am Beispiel Scrum mit Erweiterungen (vgl. Schwaber, Sutherland 2017)

2.4.3.2 Agile Kompetenzen

Basierend auf diesen Werten lassen sich, angelehnt an unser Kompetenzmodell (siehe Kapitel 4.2), die Kompetenzen und Handlungsprinzipien bzw. Praktiken ableiten, die Mitarbeiter kennzeichnen, die zukünftig erfolgreich agieren können:

Agile Kompetenzen	Ausprägungen
Erfahrungsorientiertes Handeln	*Handelt auf Basis gefestigter Erfahrungen und Werte und baut diese kontinuierlich aus.* Dies erfordert kontinuierliche Reflexionen und laufende, flexible Anpassungen an Veränderungen, um die Arbeitsprozesse zu optimieren. Die Mitarbeiter kommunizieren offen und direkt ohne Rücksicht auf Rang, Hierarchie und Formalismus, tauschen ihr Erfahrungswissen laufend aus und entwickeln es gemeinsam weiter.
Selbstorganisiertes Handeln	*Gestaltet mit vollem Einsatz und kreativ das eigene Handeln.* Die Mitarbeiter tragen die uneingeschränkte Umsetzungsverantwortung. Die Führungskraft gibt im Rahmen der strategischen Orientierung die Schwerpunkte der Arbeit und die Ziele vor. Das Team entscheidet, welches Teammitglied die einzelnen Aufgaben übernimmt und wie die Arbeit umgesetzt wird. Auf Basis der Rückmeldungen der Kunden wird der Prozess der Leistungserstellung laufend optimiert. Definitions of Done (DoD) geben dabei die Regeln vor, die im Bearbeitungsprozess zu beachten sind.
Problemlösendes Handeln	*Initiiert und realisiert alleine sowie mit anderen Prozesse zur Bewältigung von Herausforderungen.* Dies setzt eine konsequente Fokussierung auf die internen und externen Kunden und deren Bedürfnisse voraus. Durch interdisziplinäre Teams werden verschiedene Sichtweisen zusammengeführt. Durch Visualisierung, enge Zeitvorgaben (Timeboxing), Zyklisierung und Regelmäßigkeit (Sprint Iteration und Daily Stand-up), regelmäßige Priorisierung, gemeinsame Orientierung (Vision), Definition von Arbeitspaketen (Backlog), Verdeutlichung durch User Stories, hohe Planungsdiziplin (Planning), regelmäßige Reflektion (Retrospektive) und Bewertung durch die Kunden (Review) können Probleme effizient gelöst werden.
Konsequentes Handeln	*Handelt mit starkem Willen an Zielen orientiert und mit hoher Durchsetzungskraft.* Agiles Arbeiten orientiert sich konsequent an den Mitarbeitern. Jeder Mitarbeiter übernimmt dabei Verantwortung für sein Handeln. Deshalb wird eine konsequente Aufgabenverteilung vereinbart: *Scrum Master* übernehmen die Verantwortung für die Methoden, *Product Owner* vermitteln die Vision und priorisieren Aufgaben, *Umsetzungsteams* entwickeln die Produkte und treffen Entscheidungen und *Changeverantwortliche* koordinieren die ganzheitliche und nachhaltige Transformation in die Organisation.

Agile Kompetenzen	Ausprägungen
Handeln mit Expertise	*Handelt mit fachübergreifendem Verständnis vorausschauend und erreicht dadurch hervorragende Ergebnisse.* Dabei ist jeder Mitarbeiter für die Qualität seiner Arbeit, orientiert an Akzeptanzkriterien, persönlich verantwortlich. In Abstimmung mit seinen Partnern und Kunden priorisieren die Mitarbeiter ihre Tätigkeiten und steigern dadurch die Effektivität.

Tab. 4: Agile Kompetenzen sowie Prinzipien und Praktiken am Beispiel Scrum (vgl. Schwaber, Sutherland 2017)

2.4.3.3 Agile Prinzipien

In der Praxis haben sich eine Reihe von Prinzipien agiler Arbeitsweisen bzw. Handlungsgrundsätze entwickelt, die sich als notwendige Voraussetzung für eine erfolgreiche Umsetzung erwiesen haben (ebenda). Diese Prinzipien unterstützen die Verinnerlichung von Werten und sorgen dafür, dass diese tatsächlich gelebt werden:

Agile Prinzipien	Ausprägung
Kontinuierliche Reflexion und laufende Anpassung	Laufende Rückmeldung der Kunden und Optimierung der Arbeitsprozesse
Frühe Lieferung des Geschäftswerts	Konsequenter Fokus auf den Kunden
Qualität im Kern	Jeder Mitarbeiter ist für die Qualität persönlich verantwortlich.
Die Mitarbeiter stehen im Mittelpunkt	Agiles Arbeiten orientiert sich konsequent an den Mitarbeitern.
Selbstorganisation	Die Mitarbeiter planen und gestalten ihre Arbeits- und Lernprozesse in Abstimmung mit der Führungskraft und ihrem Team selbst.
Direkte und offene Kommunikation auf Augenhöhe	Die Mitarbeiter kommunizieren offen und direkt ohne Rücksicht auf Rang, Hierarchie und Formalismus am Arbeitsplatz und im Netz.
Übernahme von Verantwortung	Jeder Mitarbeiter übernimmt Verantwortung für sein Handeln.
Konstanter Wissensaufbau	Die Mitarbeiter tauschen ihr Erfahrungswissen laufend aus und entwickeln es im Rahmen der Learning-Experience-Plattform gemeinsam weiter.
Interdisziplinäre Teams	Teams mit Mitgliedern aus verschiedenen Bereichen der Wertschöpfungskette führen zu besseren und kreativeren Ergebnissen.

Agile Prinzipien	Ausprägung
Einfachheit	In agilen Prozessen werden, möglichst in Abstimmung mit den Kunden, die notwendigen Tätigkeiten in Hinblick auf den Wertschöpfungsprozess priorisiert.
Konstante Geschwindigkeit	Mittels des Pull-Prinzips wird ein konstanter Fluss durch die Wertschöpfungskette ermöglicht.
Flexibilität	Organisationen, die schnell und flexibel auf neue Anforderungen reagieren können, sind im Vorteil.

Tab. 5: Prinzipien agilen Arbeitens (nach Schwaber, Sutherland 2017)

2.4.3.4 Agile Praktiken

Agile Werte und Prinzipien bestimmen die agilen Praktiken, die wiederum die Bausteine der agilen Methoden bilden. Vor allem in der Einführungsphase ist es notwendig, agile Praktiken aktiv zu initiieren, damit die Mitarbeiter deren Nutzen selbst erfahren.

Diese agile Praktiken sollten entsprechend in den agilen Lernprozessen angewandt werden.

Agile Praktiken	Ausprägung
Visualisierung	Alle relevanten Informationen werden visualisiert. Die Mitarbeiter erhalten in ihrem digitalen Ermöglichungsraum die notwendige Infrastruktur.
Timeboxing	Enge Zeitvorgaben fördern die Zielfokussierung.
Sprint Iteration	Zyklisierung erzeugt Regelmäßigkeit und fördert die Akzeptanz. Ein Sprint oder eine Iteration ist eine praktische Anwendung des Timeboxing.
Priorisierung	Das Management nimmt die Arbeitspakete von den Kunden auf und ordnet sie.
Vision erarbeiten	Die Vision gibt dem Team eine gemeinsame Orientierung.
Backlog	Das Team arbeitet konsequent die Arbeitspakete ab, die im Backlog definiert sind. Ein Backlog ist eine Liste oder ein Themenspeicher von eindeutig definierten Anforderungen oder Arbeitspaketen, die das Team bearbeiten will.
User Story	Anforderungen werden mittels Kundengeschichten dargestellt, die aus Anwendersicht den Nutzen verdeutlichen.

Agile Praktiken	Ausprägung
Planning	Agile Arbeit ist durch eine hohe Planungsdisziplin geprägt.
Daily Stand-up	Im Daily Stand-up (Daily Scrum), d. h. in kurzen, täglichen Treffen, synchronisiert sich das Team und tauscht relevante Informationen aus.
Retrospektive	Die Teammitglieder reflektieren regelmäßig über den Arbeitsprozess und ihre Zusammenarbeit.
Review	In einer Produktpräsentation werden dem Kunden oder Auftraggeber nach einem Sprint die Lösungen vorgestellt und von ihm bewertet.
Methodenverantwortlicher – Scrum Master – Flow Master	Scrum Master oder Flow Master moderieren die Meetings und coachen das Team mit dem Ziel, die agilen Werte, Prinzipien, Praktiken und Methoden durch die Teammitglieder zu verinnerlichen.
Produktverantwortlicher – Product Owner	Vermittelt die Vision, priorisiert die Aufgaben und steht als Ansprechpartner für Produktthemen zur Verfügung.
Umsetzungsteam	Entwickelt die Produkte und trifft die Entscheidungen.
Changeverantwortlicher	Koordiniert die ganzheitliche und nachhaltige Transformation der Organisation.
Akzeptanzkriterien	Kriterien, die als Anhang zu den User Stories aufgenommen werden, stellen sicher, dass das Produkt auch allen Anforderungen genügt.
Definition of Done (DoD)	Die DoDs geben dem Team die Regeln vor, die im Bearbeitungsprozess zu beachten sind.
Osmotische Kommunikation	Gleichen Informationsstand für alle Beteiligten sichern
Epic	Zusammenfassung von gleichartigen Anwendungsfällen

Tab. 6: Agile Praktiken (vgl. Schwaber, Sutherland 2017)

2.4.3.5 Agile Methoden

Basierend auf den agilen Werten, Prinzipien und Praktiken nehmen die agilen Methoden die darunterliegenden Prinzipien auf und fügen sie zusammen. Dabei werden agile Prinzipien und Techniken zu einem schlüssigen Prozess kombiniert.

Die wichtigsten agilen Methoden sind (vgl. Sauter, Sauter, Wölfig 2018, S. 24 ff., Toolbox 10.4.2):

Agile Methoden	
Scrum	Projektmanagementmethode mit klar definierten Regeln, die sehr leicht erlernt und umgesetzt werden können[11]. Sie ist geprägt durch flache Hierarchien, Selbstorganisation, Sprints, Pragmatismus, Prototyping, rasches Feedback, Iteration und eine klare Rollenverteilung im Scrum Team, bestehend aus Product Owner (Produktverantwortlicher), Scrum Master (Prozessbegleiter) und selbstorganisiertem Umsetzungsteam. Mit dieser strukturierten Vorgehensweise ist es möglich, in einem iterativen Prozess, d. h. mit fortlaufenden Wiederholungen, Lösungen zu entwickeln, die unternehmensweit eine hohe Akzeptanz ermöglichen.
Kanban	Methode, die das Ziel hat, Arbeitsprozesse zu optimieren und die Kommunikation zu fördern. Es ist eine sehr einfache und flexible Methode, um die Arbeit auf allen Ebenen der Organisation mithilfe der visuellen Darstellung zu gestalten. Damit können Überlastung, fehlende oder falsche Priorisierung, unklare Verantwortlichkeiten, falsche Planung oder mangelhafte Kommunikation weitgehend reduziert werden.
DevOps[12]	Entwicklung (**Dev**elopment) und Betrieb (**Op**eration**s**) werden zusammengeführt, um Menschen, Prozesse und Technologien zu integrieren, damit hochwertige Lösungen entstehen. Prozesse werden mithilfe von Technologien in mehreren Zyklen automatisiert und optimiert. Voraussetzung ist eine Kultur, die leistungsfähige Entwicklungsteams ermöglicht. Teams können dadurch besser auf die Anforderungen ihrer Kunden reagieren, das Vertrauen in ihre eigenen Anwendungen steigern und Geschäftsziele schneller erreichen.
Pulse[13]	Methode auf der obersten Ebene, die, ähnlich wie Kanban, die visuelle Darstellung eines Projektportfolios ermöglicht. Das Ziel ist dabei, einen Überblick über alle Projekte einer Organisation oder einer Abteilung zu erhalten. Dabei werden für jedes Projekt dessen Abhängigkeiten mit den verschiedenen Abteilungen farblich dargestellt und bewertet.
Design Thinking	Modell für die Orientierung und grobe Strukturierung von kreativen Prozessen. Design Thinking basiert auf dem Prinzip der iterativen Entwicklung. Der Prozess ist zwar klar definiert, jedoch gibt es in jedem Schritt Rückkopplungs- und Feedbackmechanismen. Das Ziel von Design Thinking ist, anders als bei den übrigen agilen Methoden, die Menschen und ihre Bedürfnisse in den Mittelpunkt zu stellen und mittels Entwicklungsschleifen schnell kreative und praktikable Lösungen zu generieren (vgl. Uebernickel u. a. 2016).

11 vgl. http://www.scrumguides.org/.

12 vgl. https://azure.microsoft.com/de-de/overview/what-is-devops/.

13 https://parmatur.com/agile-pulse-model/.

Agile Methoden	
Holokratie	Systemik, die Entscheidungsfindungen mit hoher Transparenz und partizipativen Beteiligungsmöglichkeiten in großen Netzwerken und komplexen Organisationen eine günstige Struktur gibt. Holokratie kann sinnvoll sein, wenn die Organisation sich in einer unsicheren Umwelt mit wechselnden Anforderungen bewegt, das Leistungsportfolio breit diversifiziert ist und eine Gesamtsteuerung auf Basis weniger Leitlinien möglich wird.
Lean Start-up	Entwicklungsorientierte Innovationsmethode, bei der eine Geschäftsidee, ein Produkt oder eine Dienstleistung so schnell wie möglich auf den Markt gebracht wird, um mit dem Feedback des Kunden Rückschlüsse für die weitere Produktentwicklung zu ziehen.

Tab. 7: Agile Methoden (vgl. Uebernickel 2016, S. 24 ff.)

2.4.4 Das agile Mindset

Agilität ist mehr als nur eine Ansammlung von Methoden. Im Kern geht es vielmehr um eine Haltung bzw. ein *Mindset,* welches durch agile Praktiken unterstützt und gefördert wird. Diese Einstellung basiert auf einem Gerüst an interiorisierten, agilen Werten, welche den Kompetenzaufbau sowohl einfordern als auch unterstützen.

2.4.4.1 Agile Mitarbeiter

Die agile Arbeitswelt benötigt Mitarbeiter, die sich in diesem veränderten Umfeld sicher bewegen und sich selbstorganisiert und kontinuierlich gemeinsam mit Entwicklungspartnern, im Arbeitsprozess und im Netz weiterentwickeln. Hierbei spielt das Mindset eine zentrale Rolle. Dabei können zwei Ausprägungen unterschieden werden (vgl. Dweck, Legget 1988):

- **Fixed Mindset – Leistungszielorientierung***:* Menschen mit dieser Orientierung sehen das Endergebnis als den wichtigsten Erfolgsfaktor an. Deshalb orientieren sie sich in besonderem Maße an Beurteilungen oder Rückmeldungen von Führungskräften und bauen vor allem auf ihre eigene Intelligenz, die sie als vorgegeben betrachten.
- **Growth Mindset – Entwicklungszielorientierung***:* Diese Mitarbeiter betrachten die Bewältigung einer Herausforderung sowie die eigene Werte- und Kompetenzentwicklung in einem kontinuierlichen Prozess des lebenslangen Lernens als den wichtigsten Erfolgsfaktor.

Menschen mit diesen beiden Ausprägungen unterscheiden sich deutlich.

	Leistungszielorientierung	Entwicklungszielorientierung
Herausforderung	Vermeidet Herausforderungen, weil er sie eher als Risiko sieht.	Begrüßt Herausforderungen, sieht sie als Chance.
Hürde	Gibt schnell auf.	Entwickelt nachhaltig Lösungen und lässt sich auch von Rückschlägen nicht abhalten.
Aufwand	Empfindet Aufwand als zwecklos und aussichtslos.	Sieht den Aufwand als Weg zur Könnerschaft.
Kritik	Ignoriert konstruktive Kritik.	Fordert Kritik und lernt daraus.
Erfolg anderer	Fühlt sich vom Erfolg anderer bedroht.	Greift Erfolgsrezepte anderer aktiv auf.
Ergebnis	Ist rasch mit dem Erreichten zufrieden und nutzt sein volles Potenzial nicht; entwickelt ein Gefühl, dass alles in der Welt vorgegeben wäre.	Entwickelt sich zu immer höheren Ebenen des Erfolgs und baut dadurch das Gefühl von Selbstbestimmung auf.

Tab. 8: Vergleich von Menschen mit Leistungs- bzw. Entwicklungszielorientierung

In einer agilen Welt werden sich deshalb Menschen mit einer Entwicklungszielorientierung besser durchsetzen können und sich persönlich weiterentwickeln. Diese Orientierung kann in verschiedenen Handlungsbereichen durchaus unterschiedlich sein und sich im Laufe der Zeit verändern.

Dabei hat die Arbeit entwicklungszielorientierter Menschen einen hohen Stellenwert und ist eine wichtige Quelle ihrer Zufriedenheit. Aus diesem Grund ist es für Organisationen wichtig, den Menschen Bedingungen wie mehr Selbstbestimmung, flexiblere Organisationsstrukturen, Gruppen- und Projektarbeit oder flachere Hierarchien zu bieten, damit sie motivierter sind und ihre volle Leistung im Arbeitsprozess erbringen können. Identifizieren sich die Mitarbeiter mit den Unternehmenszielen, ist eine Kontrolle nicht mehr notwendig, da der Mitarbeiter Verantwortung und Eigeninitiative entwickelt. Grundsätzlich ist davon auszugehen, dass Menschen kreativ und in der Lage sind, selbstständig organisatorische Probleme zu lösen.

In der agilen Organisation entwickelt sich eine *Organisationskultur auf Augenhöhe*, in die sich der agile Mitarbeiter individuell einbringen kann, ohne auf Hierarchie, formale Rollen oder politische Spiele achten zu müssen. Dies bedeutet auch, dass die Führungskräfte ihre »Elternrolle« abgeben und die Mitarbeiter als ebenbürtige Partner anerkennen müssen[14]. Damit bewegen sich die Mitarbeiter aus ihrer Komfortzone hinein in eine Entwicklungszone, die durch Sicherheit, Offenheit und konstruktives

14 https://corporate-rebels.com/guest-blog-paradigm-shift/.

Feedback geprägt ist und so zu ständigem Hinterfragen und kontinuierlicher Veränderung einlädt. Die Organisation kann sich damit den ständigen Veränderungen immer wieder aufs Neue anpassen und sich über die kontinuierliche Weiterentwicklung der Mitarbeiter laufend neu erfinden.

2.4.4.2 Agile Führungskräfte

Die zentrale Herausforderung auf dem Weg zur agilen Organisation ist die Entwicklung von agil denkenden und handelnden Führungskräften und Mitarbeitern und damit die selbstorganisierte und personalisierte Werte- und Kompetenzentwicklung.

Agile Führung ist keine klar umrissene Führungstheorie, sondern vielmehr ein unscharfes, sich laufend weiter entwickelndes Konzept. Dies wird aus folgender Gegenüberstellung deutlich (vgl. Grote, Goyk 2018):

	Klassische Führung ca. 1950er–1970er-Jahre	**Moderne Führung ca. 1980er–2010er-Jahre**	**Agile Führung heute**
Umfeld	Stabilität	Komplexität	Disruption
Organisation	Arbeit in Abteilungen	Denken in Prozessen	interdisziplinäre Teams
Führungsrolle	Vorgesetzter	Führungskraft	Mentor (Entwicklungspartner)
Führungshaltung	Kommando und Kontrolle	Einbindung und Partizipation	Vertrauen und Freiraum
Information	partiell und lokal	mehr Transparenz	umfassende Transparenz
Kooperation	Loyalität als Wert	Möglichkeit des Widerspruchs	gezielte Kontroverse
Generation	X	X – Y	Y
Führungsfokus	Defizite der Mitarbeiter	Stärken der Mitarbeiter	gezielte Entwicklung der Mitarbeiter
Arbeitsgestaltung	tayloristisch	ganzheitlich	situativ-fließend
Umgang mit Fehlern	Vermeidung	in Ausnahmefällen möglich	Innovationserfordernis

Tab. 9: Entwicklung der Führungsperspektive im Zeitablauf

Auch in agilen Organisationen haben Führungskräfte damit eine zentrale Rolle. Da die Mitarbeiter sich aber nunmehr selbst organisieren, Entscheidungen treffen und über alle Hierarchieebenen hinweg kommunizieren, ändert sich die Rolle der Führungskräfte gegenüber tradierten Organisationen grundlegend. Während die Führungskraft bisher die disziplinarische sowie die Produkt-, die Methoden- und die Umsetzungsverantwortung trug, werden diese Aufgaben in agilen Organisationen auf mehrere Schultern verteilt.

Die Führungskräfte in einer agilen Organisation übernehmen die Rolle des Entwicklungspartners (Mentors) ihrer Mitarbeiter.

Diese gemeinsame Entwicklungsarbeit hat zum Ziel, die optimale Erfüllung der heutigen und zukünftigen Aufgaben zu ermöglichen (vgl. Sauter 1994, S. 145 ff.). Dies bedeutet, dass die Führungskräfte nicht im Neuen stets das Alte sehen oder versuchen, die Zukunft mit den Mitteln der Vergangenheit erschließen zu wollen (vgl. Arnold 2021, S. 12).

Führungskräfte in agilen Organisationen entwickeln mit ihren Mitarbeitern eine gemeinsame Vision, vereinbaren gemeinsame Ziele und Kompetenzentwicklungsmaßnahmen, fördern die Entwicklung gemeinsamer Werte und eine positive Unternehmenskultur. Deshalb kommt der Entwicklung der Führungskompetenzen eine zentrale Bedeutung zu.

2.4.5 Selbstorganisiertes Handeln

Der weltbekannte Stuttgarter Natur- und Sozialwissenschaftler Herrmann Haken hat die vielleicht wirkungsmächtigste Selbstorganisationstheorie, die »Lehre vom Zusammenwirken«, geschaffen. »Eine neue Forschungsrichtung, [...] die sich mit Systemen, die aus sehr vielen Teilen bestehen, befasst, und die erklären sollte, wie durch das Zusammenwirken sehr vieler Teile Strukturen auf makroskopischer Ebene entstehen können. Praktisch alle in den Wissenschaften untersuchten Objekte können als Systeme aufgefasst werden, die aus sehr vielen Teilen, Elementen beziehungsweise Untersystemen bestehen. Diese Teile können etwa Atome, Moleküle, biologische Zellen, Neuronen, Organe, aber auch ganze Tier- und Menschengruppen sein.

Die Frage, die sich stellte, war: Liegen dem Entstehen makroskopischer Strukturen immer die gleichen Gesetzmäßigkeiten zugrunde, unabhängig von der Natur der einzelnen Teile? Angesichts der Verschiedenartigkeit der Teile, etwa Atome oder Menschen, mag diese Fragestellung absurd erscheinen. Wie sich aber in den letzten Jahren deutlich zeigte, gibt es tatsächlich solche Gemeinsamkeiten. Diese treten dann zutage, wenn wir uns auf qualitative Änderungen auf makroskopischer Ebene beschränken. Das sind aber gerade die interessantesten Situationen, treten hier doch dann jeweilig erstmals die neuen Strukturen zutage. Wie sich darüber hinaus zeigte, lassen sich diese Gesetzmäßigkeiten durch ganz wenige Konzepte wie Instabilität, Ordner bzw. Ordnungsparameter, Versklavung erfassen und in eine präzise mathematische Form gießen.« (Haken & Wunderlin 1991, S. 30)

Wir wissen heute, dass wir erst anfangen, chaotische Erscheinungen, Komplexitäten und Selbstorganisation tiefgründiger zu verstehen (vgl. Mitchell 2008). Wo es sich um Selbstorganisation im, von und mit Menschen handelt, sind immer Werte im Spiel. Die Entdeckung solcher Ordner der Selbstorganisation, ob real-physisch oder geistig-gedanklich, ist eine der großen Errungenschaften der *Lehre vom Zusammenwirken*. Sie ist der eigentliche Schlüssel zur Werteproblematik.

Die Teile schaffen ihren Ordner, der Ordner »versklavt« oder vereinnahmt die Teile. Menschliches Zusammenwirken ist immer selbstorganisiert, ob es sich um die Familie, den Verein, die Glaubensgemeinschaft, das Unternehmen oder um politische Abläufe handelt. Die Beschreibung der Ordner erinnert klar an den menschlichen Umgang mit Werten: Sie werden innerhalb gesellschaftlicher Wandlungen und Entwicklungen von Menschen geschaffen, um kollektive Bewegungen überhaupt erst zu ermöglichen. Gleichzeitig »versklaven« sie, vor allem in den zu Regeln, Normen und Gesetzen, Gebräuchen und Traditionen verfestigten Formen, die Menschen und drängen sie dazu, gemäß diesen Formen zu handeln.

Für die Gestaltung zukunftsorientierter Arbeits- und Lernkonzeptionen sind die Erkenntnisse der Selbstorganisationstheorie und Neurobiologie fundamental (vgl. Erpenbeck 2017):

- Um in einer zunehmend agileren Welt zu handeln, benötigen wir mehr denn je Fähigkeiten, selbstorganisiert und kreativ zu handeln. Digitalisierung, Werte- und Kompetenzentwicklung gehören zusammen.
- Die Menschen sind von Natur aus fähig, selbstorganisiert und kreativ – also kompetent – zu handeln.
- Die Modellierung des Gehirns durch die Selbstorganisationstheorie zeigt, dass Informationen immer zugleich mit emotionalen Bewertungen, mit Werten, zusammen gespeichert werden. Deshalb muss Wissen durchgehend über eigene Erfahrungen emotional »imprägniert«, es muss von »Wissen an sich« zu »Wissen für uns« werden.
- Digitale Medien ermöglichen ganz neuen Formen des Umgangs mit anderen Menschen. Wissen kann im Netz inhaltlich wie emotional bei der kollaborativen Bearbeitung realer Herausforderungen entwickelt und geteilt werden. Damit ist Kompetenzentwicklung im Netz möglich.

Der Mensch wird seinen Alleinvertretungsanspruch auf das Denken verlieren. Zukünftige **humanoide Computer** fungieren nicht mehr nur als technischer Gehilfe, Gerät, Instrument, sie werden zum persönlichen Lernpartner im Werte- und Kompetenzentwicklungsprozess (vgl. Erpenbeck, Sauter, 2013). Nicht nur ihr Wissen, auch ihre Erfahrungen, Meinungen und emotionsanalogen Wertungen sind gefragt.

Die modernen Informationstechnologien werden auch zukünftig die Mittel, die neuen Entwicklungen zu beherrschen, liefern. Der Lernpartner Computer kann das Erfahrungswissen aus früheren Entscheidungen des Lerners extrahieren, sodass er im Laufe der Zeit auch dessen emotionale und motivationale Wertungen verinnerlichen und in seine Vorschläge einbeziehen kann. Es wird dadurch möglich sein, agile Kompetenzentwicklung mithilfe des Lernpartners Computer auf einem bisher nicht möglichen Niveau zu gestalten.

Grundsätzlich können zwei Ausprägungsstufen des eigenverantwortlichen Lernens unterschieden werden:

- **Selbstgesteuertes Lernen:** Innerhalb eines fremdorganisierten Lernweges zum Wissensaufbau und zur Qualifizierung, der z. B. mittels E-Learning definiert ist, können die Lerner selbst festlegen, wann, wo, wie lange, wie oft, mit wem, mit welchem Lerntempo, mit welcher Lernmethode und in welcher Reihenfolge sie lernen möchten. Die Lernziele und -inhalte sind z. B. durch ein Curriculum vorgegeben und werden häufig mit einem Test überprüft. Manchmal werden die Lerner durch einen E-Tutor begleitet. Damit kann selbstgesteuertes Lernen ein erster Schritt zur Selbstorganisation im Lernen sein, wenn die Mitarbeiter bisher fremdgesteuerte Lehrformen gewohnt sind.
- **Selbstorganisiertes Lernen:** Die Lerner definieren ihre individuellen Lernziele selbst und planen ihre Lernprozesse nach ihren Bedürfnissen, die sich aus dem Prozess der Arbeit oder in Praxisprojekten ergeben. Dabei nutzen sie aktiv die Möglichkeiten, die ihnen innerhalb eines unternehmensinternen Ermöglichungsraumes zur Verfügung gestellt werden, insbesondere Systeme zur Werte- und Kompetenzerfassung. Die Ziele und Inhalte ihrer Lernprozesse leiten sich jeweils aus den Herausforderungen in der Praxis oder in Projekten ab und sind damit Werte- und Kompetenzziele. Der Aufbau von Wissen und von Qualifikationen erfolgt bei Bedarf, on demand, mithilfe der Lernmöglichkeiten im Ermöglichungsraum.

Natürlich können unsere Mitarbeiter selbstorganisiert lernen, sonst wären sie in den Organisationen fehl am Platz. Schließlich erwartet man heute im Arbeitsleben nahezu ohne Ausnahme von ihnen, dass sie ihre Aufgaben im Rahmen der Zielvereinbarungen selbstorganisiert lösen. Deshalb wirkt eine Lernkultur der Fremdorganisation kontraproduktiv.

Der Begriff der Lernkultur umfasst dabei deutlich mehr als die Lernmethode.

Lernkultur ist ein kollektives Wahrnehmungs- und Handlungsmuster, das den Lernern Orientierung für ihre Lernprozesse bietet (nach Schlutz 1999, S. 16, Krapf 2017).

Die Lernkultur ist damit das Ergebnis des organisationalen Lernens (vgl. Argyris, Schön 1999).

Organisationales Lernen zielt auf eine Verbesserung und Routinierung der gemeinsamen Kompetenzen, mit neuartigen und komplexen Herausforderungen erfolgreich umgehen zu lernen (nach Arnold 2017, S. 63).

Lernen wird zur *Kulturentwicklung*. Es wird somit vor allem durch folgende Elemente geprägt (vgl. Siebert 2019, S. 70 f.):

- die Tradition des Lehrens und Lernens in der Organisation,
- Werte, die als Ordner selbstorganisierten Handelns und Lernens Orientierung geben,
- die Wertschätzung, die dem Lernen in der Organisation entgegengebracht wird,
- strategische Vorgaben für die Werte und Kompetenzen der Mitarbeiter, der Teams und der Organisation,
- die Didaktik, die Herausforderungen mit den Menschen verknüpft,
- die Methodik, die die Lernprozesse prägt,
- die Umgangsformen und die Streitkultur,
- die Rolle und das Selbstverständnis der Mitarbeiter im Lernprozess,
- die Rolle und das Selbstverständnis der Führungskräfte, z. B. als Entwicklungspartner der Mitarbeiter,
- die Rolle und das Selbstverständnis des betrieblichen Bildungsbereiches und der Lehrenden bzw. Lernbegleiter,
- das Image, das Innovationspotenzial und die Akzeptanz der Lernkonzeption,
- das Ausmaß der Verknüpfung von Arbeiten und Lernen (*lernende Organisation*),
- die Integration neuer Medien und deren Akzeptanz in den Lernprozessen,
- das soziale Lernen in Netzwerken,
- der Ermöglichungsraum und dessen Akzeptanz.

Damit der Übergang zu selbstorganisierten Lernsystemen die Mitarbeiter, aber auch die Bildungsplaner und heutigen Trainer, nicht überfordert, bietet sich ein schrittweises Vorgehen an. Deshalb empfehlen wir als ersten Schritt, einen fremdorganisierten Lernrahmen mit Empfehlungen oder Vorgaben für die individuelle Lernplanung sowie mit didaktisch-methodisch aufbereiteten Inhalten und Kommunikationsinstrumenten zur Verfügung zu stellen. Innerhalb dieses Lernrahmens kann der Mitarbeiter seine Lernprozesse aber selbst steuern. Dabei wird er von seinem Lernpartner und einem Lernbegleiter unterstützt. Er kann damit sukzessive in die Freiheit der Selbststeuerung und der Selbstorganisation entlassen werden. Damit wandert das Lernen immer mehr an den Arbeitsplatz, die Lernverantwortung geht schrittweise auf den Mitarbeiter über.

Die Gestaltung und Einführung zukunftsorientierter Lernkonzeptionen mit Selbstorganisation ist kein technisches Problem, sondern eine didaktisch-methodische Herausforderung.

2.5 Digitale Zusammenarbeit

Wir erfahren die Digitalisierung tagtäglich im allgegenwärtigen Einsatz von Computern, Smartphones, Apps oder Technologien wie die künstliche Intelligenz (KI). Die Digitalisierung begann aber schon viel früher.[15]

Das Wort »digital« leitet sich aus dem lateinischen »digitus«, Finger, ab. Menschen zählen und rechnen schon seit Menschengedenken mit den Fingern. Der jahrtausendealte Abakus, der sich für die vier Grundrechenarten eignete, gilt als das erste digitale Rechengerät. Im 17. Jahrhundert folgten dann die ersten mechanischen Rechenmaschinen durch Wilhelm Schickard (1623), Blaise Pascal (1642) und Gottfried Wilhelm Leibniz (1673). Mitte des 19. Jahrhunderts entstanden in größerer Stückzahl praxistaugliche mechanische Rechenmaschinen. Ab Ende des 19. Jahrhunderts folgten Lochkartenmaschinen. So entwickelte Herman Hollerith für die erste amerikanische Volkszählung 1890 eine Lochkartenanlage.

Seit den vierziger Jahren des letzten Jahrhunderts entstanden elektromechanische Maschinen wie der Bell-Rechner, der Harvard Mark oder der Rechner von Konrad Zuse, die noch raumfüllende Ausmaße hatten. Seit den siebziger Jahren ersetzten elektronische (digitale) Rechner die logarithmischen (analogen) Rechner (nach Bruderer 2021).

Die digitale Transformation der letzten zwei Jahrzehnte hat fundamentale Veränderungen in unserer Gesellschaft bewirkt. Auf der einen Seite entstanden internationale, mächtige Organisationen wie Google, Facebook oder Amazon. Andererseits entwickelten sich gemeinnützige und selbstorganisierte Netzwerke, sogenannte *Commons* wie Wikipedia oder die Open-Data-Bewegung, die einen enormen Einfluss in unserer Gesellschaft haben. Die **Kultur der Digitalität** bestimmt immer mehr unsere Kommunikation im persönlichen, betrieblichen oder politischen Bereich.

Es haben sich Netzwerke als eine Form eines neuen Gesellschaftstyps herausgebildet, die nach und nach die traditionellen, hierarchischen Organisationsmodelle ablösen und erweitern. Wichtige gesellschaftliche Funktionen werden heute in Netzwerken organisiert, die eine eigene Dynamik besitzen. Durch die Entwicklung des Internet wird dieser Trend zur Netzwerkgesellschaft befördert. Dies hat tiefgreifende Konsequenzen für unsere Denk- und Handlungsweisen, unsere Kultur (vgl. Stalder 2016).

New Work wurde vor allem durch zwei Entwicklungen ausgelöst:

- Der Beginn dieser neuen Zeitrechnung war die Erfindung und Verbreitung des Personal Computer ab 1981 mit dem IBM-PC und 1984 mit dem Apple Macintosh. Ab diesem Zeitpunkt war es einem Individuum sehr viel leichter möglich, mit großen

15 Vgl. https://www.lernhelfer.de/schuelerlexikon/mathematik/artikel/rechenhilfsmittel-chronologie.

Organisationen zu konkurrieren. Dinge, die früher den Einsatz von vielen Menschen forderten, konnten nun ganz einfach von einem Computer übernommen werden. Dies war der Startschuss zu einer Reihe von Entwicklungen, die es ermöglichten, standardisierte Aufgaben nicht mehr manuell, sondern automatisch erledigen zu lassen und so den Menschen von diesen Tätigkeiten zu befreien.
- Der nächste und noch bedeutendere Schritt in diese Richtung geschah über die **Vernetzung der Computer durch das Internet**. Auf diese Weise war es Individuen wie Organisationen nun möglich, mit dem Rest der Welt in Kontakt zu treten und dadurch ihre Produkte und Dienstleistungen ohne großes Vertriebsnetz in der ganzen Welt zu vermarkten.

Wer heute lern- und arbeitsmäßig mithalten will, muss vor allem Aspekte der Digitalisierung voll berücksichtigen.[16]

Digitalisierung ist die Verarbeitung, Speicherung und Weitergabe von Informationen in Datenverarbeitungssystemen.

Erst die Digitalisierung erlaubte es, Texte und Bilder blitzschnell und weltweit ohne massive Verluste auszutauschen, sie in Datenverarbeitungssystemen zu vervielfältigen, zu nutzen, zu bearbeiten, zu erschließen und zu archivieren. Insofern leben wir in der Tat in einem digitalen Zeitalter, in einer Welt zunehmender Digitalisierung. Die Menschheit treibt die Digitalisierung unaufhaltsam immer weiter. Betrug der Anteil der Digitalisierung an der Wertschöpfung in Deutschland 2015 etwa 20 Prozent, wurde er für 2020 bereits auf circa 80 Prozent geschätzt (vgl. Jäger 2015).

Es ist nur zu verständlich, dass von Unternehmen und Bildungseinrichtungen angesichts des Skizzierten immer deutlicher und dringender digitale Kompetenzen, jedoch meist im Sinne von Wissen und Qualifikationen im Umgang mit digitalen Systemen, eingefordert werden. Wir halten eine solche Forderung nicht für zielführend, da sie das zweifellos wichtige Wissen, die unbedingt notwendigen Qualifikationen, um mit digitalen Geräten und Einrichtungen sinnvoll umzugehen, auf eine Stufe mit den Fähigkeiten, kreativ und selbstorganisiert mithilfe digitaler Systeme Herausforderungen zu lösen, auf eine Stufe stellen.

Es gibt keine digitalen Kompetenzen.

Genauso wie es auch keine analogen Kompetenzen gibt. Es ist unglücklich, Kompetenzen nach den Arbeitsgegenständen zu benennen, für die sie gebraucht werden

16 Eine Fülle von Beiträgen umfasst Themen wie Digitalisierung und Leadership, Verwaltung, Produktion, Geschäftsprozesse, Facility Management, Recht, Energiewirtschaft, Finanzindustrie, Informationsmedien, Marketing, Projektmanagement, Kundenbeziehungen, Big Data usw. Zusammenfassend wird Digitalisierung beispielsweise behandelt in ayway media (Hrsg.) 2016; Specht 2018; Lange 2019; Lender. 2019; Klenk, Nullmeier 2020; Schallmo, Lohse 2020; Kistner 2020.

(vgl. dagegen Oberländer, Beinicke, Bipp 2020). Sonst gäbe es eine Schraubenzieher-, eine Hammer- oder eine LKW-Kompetenz. Es gibt überhaupt keine digitalen Fähigkeiten bei Menschen, bestenfalls bei Computern. Wenn man Kompetenzen als Fähigkeiten versteht, selbstorganisiert und kreativ zu handeln, manifestiert sich sofort die Fragwürdigkeit des Begriffs.

Aber es gibt **Kompetenzen,** die in Digitalisierungsprozessen immer wichtiger werden, wie

- *selbstorganisiertes Handeln,*
- *ganzheitliches Handeln,*
- *entscheidungsorientiertes Handeln,*
- *problemlösendes Handeln oder*
- *erfahrungsorientiertes Handeln.*

Solche und mehr ins Detail gehende Kompetenzen wurden vom *Europäischen Referenzrahmen für digitale Kompetenzen (DigComp)* unter folgenden Rubriken zusammengestellt:[17]

- **Informations- und Datenkompetenz**: Fähigkeiten zur Suche, Auswertung und Verwaltung von Daten
- **Kommunikations- und Kooperationskompetenz**: Fähigkeiten zu Interaktion, Austausch, Mitarbeit, Zusammenarbeit mittels digitaler Technologien, Netiquette
- **Kompetenz zur Erzeugung und Gestaltung digitaler Inhalte**: Entwicklung, Integration, Neuausarbeitung, Programmierung
- **Kompetenz zur Bewahrung von Sicherheit**: Geräteschutz, Personenschutz, Gesundheitsschutz, Umweltschutz
- **Kompetenz zum Problemlösen**: Bedürfnisermittlung, kreativer Gebrauch von digitalen Systemen, Bewältigung von komplexen Herausforderungen mit digitalen Systemen
- **Kompetenz für Analyse und Reflexion**: Medienanalyse, Medienverstehen, Medienreflexion

Betrachtet man diese ausgewählten »Kompetenzbereiche«, so ist sofort klar, dass sie auf tieferliegende individuelle Fähigkeiten zurückgreifen, die es den Kompetenten ermöglichen, auch im digitalen Bereich erfolgreich kreativ und selbstorganisiert zu handeln. Beispielsweise setzt der Bereich *Informations- und Datenkompetenz* – vordergründig auf die Fähigkeiten zur Suche, Auswertung und Verwaltung von Daten bauend – grundlegender angesiedelte Fähigkeiten voraus:

- **erfahrungsorientiertes Handeln**: Sachverhalte und Probleme selbstorganisiert gründlich durchdringen, zutreffend beurteilen und bedarfsgerecht handeln

17 https://digcomp.enterra.de/.

- **ganzheitliches Handeln:** die Folgen von Entscheidungen selbstorganisiert voraussehend erkennen und entsprechend handeln
- **systematisch-methodisches Handeln:** Handlungsziele selbstorganisiert systematisch-methodisch verfolgen
- **Handeln mit Expertise:** selbstorganisiert und neuestes Fachwissen einbeziehend handeln

Nach Schermuly (2019, S. 52 ff.) sind fünf Megatrends im Rahmen der digitalen Transformation von Bedeutung:

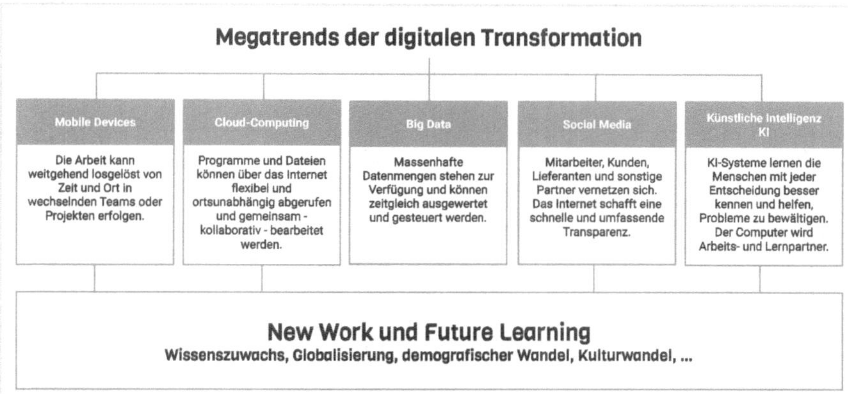

Abb. 4: Megatrends der digitalen Transformation (nach Schermuly 2019)

Die Mitarbeiter benötigen deshalb eine zunehmende Medien(nutzungs)kompetenz, die häufig als *Digital Literacy* bezeichnet wird.

Digital Literacy ist die Kompetenz zum souveränen und selbstbewussten Umgang mit den Herausforderungen der Digitalisierung (vgl. Schmidt-Hertha, Tippelt 2017, S. 388).

Dazu gehören der Umgang mit dem digitalen Information Overflow, die Kommunikation und Kollaboration in sozialen Netzwerken, aber auch die Nutzung technischer Geräte. Damit ist Digital Literacy eine Querschnittskompetenz, die sich sowohl auf die private Sphäre als auch die Arbeitstätigkeit richtet (ebenda S. 401). Dies mündet in der Kompetenz, die von der UNESCO als *Futures Literacy* bezeichnet wird. Diese ermöglicht es den Menschen, die Rolle der Zukunft für ihr Handeln besser zu verstehen.[18]

Die Möglichkeit, Informationen schnell zu übermitteln, führt zu einer virtuellen Nähe mit Freunden, Kollegen, Partnern oder Kunden und erzeugt dadurch einen globalen Marktplatz. Dies bedeutet aber auch, dass Organisationen, die bis dato einen natür-

18 https://en.unesco.org/futuresliteracy.

lichen Schutz ihrer Entwicklungen, Produkte und Märkte hatten, diesen viel schneller verlieren können. Es macht zwar immer noch einen Unterschied aus, ob die Konkurrenz in der nächsten Stadt oder am anderen Ende der Welt sitzt, jedoch spielt dieser Faktor bei immer mehr Produkten und Dienstleistungen eine immer geringere Rolle.

Im besonderen Maße gilt dies für Softwareprodukte. Da diese nur aus digitaler Information bestehen, wird keine Logistik benötigt, um sie an den Kunden zu bringen. Diese Skalierbarkeit und die relativ einfache Möglichkeit der Erzeugung bewirkte für die Softwarebranche ein extrem hohes Wachstum. Alles, was man braucht, um Software zu entwickeln und in weiterer Folge zu vermarkten, sind kompetente Menschen mit einem Computer und einer Internetverbindung. Dies hat eine Demokratisierung der Wirtschaft, weg von großen Konzernen und hin zu kleineren Unternehmen zur Folge.

Diese erste Stufe der Digitalisierung zeigt schon sehr klar, wie sich unsere Rahmenbedingungen, d. h. unsere Gesellschaft und die Arbeitswelt, drastisch verändern. Viele Berufe, die noch vor zehn oder 20 Jahren ganz alltäglich waren, sind mittlerweile ausgestorben. Gleichzeitig entstehen grundlegend neue Berufsbilder. Dieser Prozess wird sich noch deutlich beschleunigen (vgl. Eichhorst, Buhlmann 2015).

Grund dafür ist, dass die nächsten großen Transformationen schon begonnen haben. Ein erster Schritt, um digitale Entwicklungsansätze auch in die physikalische Welt zu übertragen, sind beispielsweise 3-D-Drucker. Dadurch ist es möglich, in kürzester Zeit Prototypen zu erstellen und zu testen, ohne auf lange Vorlaufzeiten für die Erzeugung einer Produktionsmaschinerie Rücksicht nehmen zu müssen. Ergänzt wird die Möglichkeit des schnellen Prototypings durch die komplette Digitalisierung von mechanischen Prozessen. Die Produkte von 3-D-Druckern weisen zwischenzeitlich eine so hohe Qualität auf, dass sie klassische Verfahren vollständig ersetzen können.

Einer der im Moment am häufigsten genannten Begriffe im Zusammenhang mit der Digitalisierung ist das *Internet of Things (IoT)*. Das Ziel hierbei ist, alle elektronischen Systeme miteinander zu vernetzen, um einen durchgängigen Informationsfluss und -austausch sicherzustellen. Da zwischenzeitlich praktisch alle Dinge in unserer Umgebung »intelligent« sein können, ist es möglich, völlig neue Verbindungen herzustellen und diese auch zu nutzen (vgl. Kopetz 2011).

Ein typisches Beispiel ist die umfassende Vernetzung des Eigenheims (*Smart Home*), um jederzeit und von überall die Kontrolle zu haben. Für unsere Wirtschaft von größerer Bedeutung ist jedoch die Möglichkeit, alle Maschinen in einer Fabrikhalle miteinander zu verbinden, um automatisierte Produktionsprozesse weiter zu optimieren. Ein weiteres Anwendungsfeld ist die komplette Vernetzung einer Stadt zur Smart City, um beispielsweise den Verkehrsfluss effizienter und umweltverträglicher gestalten zu können.

Eine immer größere Bedeutung gewinnt hierbei die Sammlung und Verknüpfung der beinahe unbegrenzten Informationen. Unter der Bezeichnung *Big Data* (Mayer-Schonberger, Cukier 2015) entstehen innovative Konzeptionen, um diese Informationen miteinander zu verbinden und gezielt zu nutzen.

Die Automatisierung wird unsere Arbeitswelt weiter revolutionieren. Roboter ermöglichen es, schwierige, gefährliche oder schweißtreibende Arbeiten ohne zeitliche Begrenzung und Qualitätsverlust zu erledigen. Im Pflegesektor unterstützen Roboter die Arbeit der Pflegekräfte. Pakete werden mittels Drohnen zugestellt. In hochgefährlichen Situationen, beispielsweise bei Bränden, können Computer Leben retten und gleichzeitig die Gefahr für die Feuerwehrleute drastisch reduzieren.

Mit der Technologie der künstlichen Intelligenz (KI) wird schon seit mehreren Jahrzehnten versucht, seit einigen Jahren mit zunehmendem Erfolg, menschliches Denken nachzubilden. Während der Einsatz dieser Technologie in Schach- oder Go-Spielen vor allem Aufmerksamkeit erzeugen soll, ergeben sich für die Arbeitswelt tiefgreifende Veränderungen. Alle Tätigkeiten, die keine kreativen oder sozial-dynamischen Fähigkeiten benötigen, können grundsätzlich zukünftig mittels Computer oder Roboter erledigt werden. So zeigt sich beispielsweise bereits heute ein KI-gestütztes System bei der Analyse von Verträgen einem Team von Rechtsanwälten überlegen.[19] Die Digitalisierung potenziert dadurch die Folgen der Einführung des Computers. Nach einer, wenn auch umstrittenen, Studie der Oxford Universität (Frey & Osborne 2017) sind in den Vereinigten Staaten 47 Prozent aller gegenwärtigen Arbeitsplätze mit einem hohen Risiko behaftet zu verschwinden.

Die digitale Revolution verändert die Struktur unserer Wirtschaft fundamental. Waren es früher die Großkonzerne, die den Fortschritt initiiert hatten und damit das Wachstum der Wirtschaft sicherten, übernehmen immer mehr Start-up-Unternehmen diese Rolle. Deswegen wenden sich die Investoren und besonders kompetente Universitätsabsolventen immer mehr diesem agilen Bereich der Wirtschaft zu.

Diese jungen Kleinstunternehmen stellen dabei die Spielregeln der Wirtschaft völlig auf den Kopf. Um Investoren zu gewinnen, ist es nicht mehr notwendig, einen umfassenden, gut durchdachten Businessplan und einen Prototyp oder einen vertraglich gebundenen Kunden vorzuweisen. Eine gute Idee kann genügen, solange diese nahezu unbegrenzt vervielfältigbar, also skalierbar, ist. Dann sind Investoren bereit, Kapital zu geben, auch wenn noch kein ausformuliertes Geschäftsmodell vorhanden ist.

Diese Start-up-Kultur ist dadurch geprägt, dass der Respekt vor großen, etablierten Unternehmen schwindet. Die Erfahrung zeigt, dass es möglich ist, im kleinen Rahmen

19 https://t3n.de/news/ki-schlaegt-anwaelte-analyse-963741/.

und mit geringem Personalaufwand Innovationen zu entwickeln, die mit niedrigen Markteintrittsbarrieren vermarktet werden können. Ein markantes Beispiel dafür ist die extrem schnelle und erfolgreiche Entwicklung des Corona-Impfstoffes Biontech durch ein ursprünglich relativ kleines Institut in Mainz.

Zunehmend entwickeln sich durch die Vernetzung von mehreren Unternehmen in der Wirtschaft digitale und unternehmerische **Ökosysteme**[20] **(Ecosystems)** mit neuen Produkt-Service-Systemen, die es ermöglichen, über branchenübergreifende und interdisziplinäre Kooperationen den eigenen Wertschöpfungsanteil zu steigern (vgl. Gottwald 2017). Digitale Plattformen unterstützen dabei die Kommunikation zwischen den Unternehmen und den Kunden.

Ökosysteme (Ecosystems) im Organisationsbereich sind die Gemeinschaft aller Akteure einer Branche mit den Faktoren Menschen, Organisationen und Institutionen in ihrem Umfeld (vgl. ebenda).

Digitale Ökosysteme sind um digitale Plattformen wie Airbnb, den Apple App Store oder den Amazon Marketplace entstanden und gewinnen immer mehr an Bedeutung. Mit Delivery Hero wurde das erste Unternehmen in den DAX aufgenommen, dessen Hauptgeschäft auf einem digitalen Ökosystem basiert.[21]

Digitale Ökosysteme sind soziotechnische Systeme, in deren Zentrum eine digitale Plattform steht, die die Teilnehmer vernetzt. Teilnehmer sind Organisationen, Menschen und digitale Systeme, die sich von der Teilnahme einen gegenseitigen Nutzen versprechen.

Der Vorteil dieser Entwicklung ist, dass die Wirtschaft heute sehr viel breiter aufgestellt ist und der mögliche Untergang eines Konzerns nicht mehr die gravierenden Auswirkungen für den Arbeitsmarkt und damit für die Gesellschaft hat, wie es noch vor einigen Jahrzehnten der Fall war. Auf der anderen Seite wird unsere Welt dadurch sehr viel unbeständiger, unsicherer, komplexer und ambivalenter.

2.6 Arbeitsplatz der Zukunft – Digital Workspace

Die Coronapandemie hat dazu geführt, dass sich Homeoffice und hybride Arbeitsmodelle mit einer Mischung aus Präsenzarbeit und verteilten Arbeitsumgebungen rasant verbreiten. Dieser standortunabhängige Geschäftsbetrieb basiert auf einem ganzheitlichen digitalen Arbeitsplatz und ist geprägt durch virtuelles Führen, digitale Meetings, kolla-

20 Im Altgriechischen bedeutet *oikós* »Haus« und *sýstema* »das Verbundene«.
21 https://www.iese.fraunhofer.de/blog/digitale-oekosysteme-umfrage/.

boratives Arbeiten im Netz oder ortsunabhängigen Zugriff auf Anwendungen. Innovative Technologien eröffnen grundlegend neue Möglichkeiten, Wissen ist in der Cloud zeit- und ortsunabhängig abrufbar, digitale Signaturen sichern Urheber von Inhalten zuverlässig ab und Videokonferenzen und Chatrooms ermöglichen eine problemlose Kommunikation über räumliche Distanzen hinweg. Die Grenzen zwischen kollaborativem Arbeiten, cloudbasierten Prozessen und Wissensmanagement verschwimmen immer mehr. (vgl. Hofmann, Piele, Piele 2021)

Der Arbeitsplatz der Zukunft schöpft alle digitalen Möglichkeiten aus, um die Arbeits- und Lernprozesse aller Mitarbeiter bestmöglich zu unterstützen. Arbeitsplattformen werden vollständig digitalisiert und mobil über eine Bedieneroberfläche nutzbar. Sie stellen über eine einzige Oberfläche alle für die Arbeit notwendigen Funktionen und Anwendungen zur Verfügung und ermöglichen eine übergreifende Zusammenarbeit.

Der Arbeitsplatz der Zukunft – Digital Workplace – ist eine durchgängig digitalisierte und mobile Arbeitsplattform, die alle technologischen Möglichkeiten unabhängig von Ort und Zeit konsequent nutzt, um die Mitarbeiter so gut wie möglich bei ihrer Arbeit zu unterstützen und eine übergreifende Zusammenarbeit zu ermöglichen.

Eine aktuelle Studie von Deloitte (2021) zeigt deutlich, dass sich fundamentale Veränderungen in Bezug auf das Verständnis von Arbeit, den Arbeitsort, die Arbeitsbedingungen sowie die Unternehmensorganisation ergeben. Starre und funktionale Hierarchien wandeln sich zu teamorientierten und netzwerkbasierten Organisationsmodellen. Dies schlägt sich in den Wünschen der befragten Mitarbeiter mit Büroarbeitsplätzen nieder:

- 83 Prozent möchten auch mobil arbeiten können, mehr als die Hälfte ein bis drei Tage in der Woche im Homeoffice.
- Die Mehrheit wünscht sich die Möglichkeit, jeweils den für die aktuelle Aufgabe geeignetsten Arbeitsort (*Activity Based Working*) zu wählen.

Dies eröffnet die Chance, die Räume deutlich effizienter zu nutzen, wenn die Arbeitsplatzkonzepte am flexiblen Bedarf der Mitarbeiter ausgerichtet werden. Voraussetzung dafür ist, dass die Mitarbeiter als wesentliche Nutzer in den Mittelpunkt rücken und sie im Veränderungsprozess aktiv miteinbezogen werden.

Nach wie vor nutzt die überwiegende Mehrheit der Büronutzer feste Arbeitsplätze.

- Gerade mal 53 Prozent der Arbeitgeber setzen moderne Arbeitsplatzkonzepte um.
- Erstaunlich ist, dass heute lediglich 14 Prozent der Befragten über die notwendige technische Ausstattung für Digital Workplace verfügen (ebenda).

Deshalb ist die IT-Infrastruktur auf die neuen Erfordernisse anzupassen, z. B. durch sicheren und mobilen Zugriff auf Unternehmensdaten oder den Einsatz mobiler Endgeräte. Dieser Handlungsbedarf zeigt sich vor allem bei kleineren und mittleren Unternehmen.

Viele Organisationen haben zwar zwischenzeitlich Konzepte für flexible Arbeits- und Lernzeiten umgesetzt, es fehlt aber häufig an entsprechenden Regelungen für mobiles Arbeiten und Lernen. Das größte Hindernis scheint jedoch in der Organisationskultur zu liegen, weil flexibles Arbeiten von vielen Führungskräften nicht unterstützt oder gar abgelehnt wird.

Veränderungsprozesse im Bereich der Arbeitsplätze sind immer auch als Prozess der gezielten Werteentwicklung und des Kulturmanagements zu gestalten.

Zeitgemäße Arbeitsplatzkonzepte können in ihrer Ausprägung innerhalb der Organisationen je nach Arbeitsweisen und Organisationskultur unterschiedlich sein. Entscheidend ist, dass die Mitarbeiter ein reibungsloses Arbeiten erfahren. Dies kann beispielsweise durch Services und Annehmlichkeiten innerhalb des Büros, z. B. Empfangsdienste, digitale Assistenten und kostenloses Obst und Getränke, Büro-Apps zur Raumbuchung oder Navigationssysteme, aber auch außerhalb, z. B. durch Mobilitätskonzepte, um die Erreichbarkeit zu verbessern, ermöglicht werden. Die Arbeitsumgebung ist damit auch eine Chance im zunehmenden Wettbewerb um Fach- und Führungskräfte sowie Nachwuchskräfte.

Die Befragung von Deloitte (ebenda) zeigte, dass durch mobile und flexible Arbeitsplatzkonzepte positive Effekte auf die Produktivität der Mitarbeiter zu erwarten sind. Dennoch mangelt es weiterhin in vielen – besonders kleineren – Unternehmen an der Infrastruktur und klaren Regelungen dazu. Deshalb sind insbesondere folgende Hürden zu überwinden:

- fehlende Flexibilität in den Arbeitszeiten und -orten,
- keine klaren Regeln und Normen,
- tradierte Organisationskultur, vor allem mangelhafte Unterstützung oder gar Ablehnung innovativer Arbeitsplatzkonzepte durch Führungskräfte,
- mangelhafte technische Ausstattung, insbesondere in unteren Gehaltsstufen.

3 Future Learning – selbstorganisierte Werte- und Kompetenzentwicklung

Einstieg

Die industrielle Revolution hat uns die »Fließbandtheorie« der Bildung beschert. Lernen findet danach an besonderen Orten zu bereits lange vorab minutengenau geplanten Zeiten, meist im Frontalunterricht mit vorgegebenen Curricula für alle gleich statt. Es ist leicht, sich über dieses Modell lustig zu machen. Die meisten Experten sind der Ansicht, dass es trotz aller vergangenen Leistungen heute bankrott ist. (vgl. Harari 2018, S. 350 ff.)

Wie sieht aber die Alternative des Future Learning aus?

Die Revolution des Lernens wird durch zwei Sachverhalte ausgelöst, die beide mit der exponentiellen Entwicklung moderner Informationstechnik zusammenhängen.

Erstens ist die moderne Informationstechnik zum Treiber der technologischen Entwicklung auf fast allen Gebieten geworden und führt zu Entwicklungsgeschwindigkeiten von Technik und Industrie, Kultur und Politik, die mit klassischem Vorratslernen überhaupt nicht mehr zu beherrschen sind.

Zweitens liefert die moderne Informationstechnologie zugleich die Mittel, die neuen Entwicklungen doch und wieder zu beherrschen.

Die Unternehmensstrategien verändern sich mit wachsender Geschwindigkeit. Kleine, autonome Teams, die crossfunktional besetzt sind, agieren in kurz getakteten Zyklen und in permanenter Abstimmung mit Kunden oder Lieferanten, die Arbeitsmethoden werden zunehmend agiler. Dies hat fundamentale Konsequenzen für die betriebliche Bildung, das Corporate Learning. Unternehmen benötigen Mitarbeiter, die auch zukünftige Herausforderungen in zunehmend digitalisierten, agilen Arbeitsprozessen im Rahmen selbstorganisierter, eigenverantwortlich handelnder Teams kompetent und kreativ lösen können. Dabei besitzen sie den Freiraum, innerhalb vereinbarter Regeln zu üben und zu experimentieren und ihr Erfahrungswissen in Netzwerken weiterzuentwickeln.

Future Learning bewegt sich laut einer repräsentativen Untersuchung (Rump u. a. 2019), im »magischen Dreieck« von didaktischer Vielfalt und vielfältiger Didaktik, von Vernetzung und Austausch sowie von persönlicher Entfaltung. Die didaktische Vielfalt schließt Lernreisen (*Learning Journeys*), Erlebnis- und Erfahrungslernen sowie weitere vielfältige Lernformate ein. Vernetzung und Austausch bauen auf kollaboratives Lernen und Learning Communities sowie eine zunehmende Bedeutung informellen Lernens auf. Die persönliche Entfaltung benötigt Eigenverantwortung, Entwicklung des Mindsets und das qualitative Wachstum der Persönlichkeit. Dieses magische Dreieck schließt unübersehbar in jedem Eckpunkt Elemente von Werte- und Kompetenzentwicklung ein, ist ohne diese nicht denkbar.

Deshalb muss parallel zum Kompetenzmanagement ein ausgeprägtes, durchdachtes Wertemanagement entwickelt werden, das ein vernünftiges, die disruptiven Umbrüche gestaltbar machendes Performanzmanagement einschließt (vgl. Erpenbeck, Sauter 2018 b).

Future Learning ist identisch mit der selbstorganisierten Werte- und Kompetenzentwicklung im Prozess der Arbeit und im Netz.

Future Learning hat zum Ziel, den gezielten, selbstorganisierten Aufbau von Werten und Kompetenzen zu ermöglichen, damit die Mitarbeiter und Teams sich kontinuierlich an ihre komplexe, turbulente und unsichere Zukunft anpassen können (nach Häusling, Fischer 2016, S. 30).

»Future Learning ist eine der zentralsten Strategien der Zukunft. Unternehmen, die nicht in Future Learning investieren, werden über kurz oder lang existenziell bedroht sein«, formuliert Jutta Rump (Rump u. a. 2019, Folie 26) vom Institut für Beschäftigung und Employability das unwiderlegliche Fazit ihrer Untersuchung, dem wir uns nur anschließen können.

Future Learning kann nicht in tradierten LEHRsystemen, z. B. in Seminaren oder Workshops, »vermittelt« werden, auch wenn dies immer wieder behauptet wird. Die pädagogische Forschung zeigt uns klar auf, dass Kompetenzen und die erforderlichen Werte nur bei der Bewältigung von realen Herausforderungen in agilen Arbeitsprozessen selbstorganisiert durch die Mitarbeiter aufgebaut werden können (vgl. Erpenbeck et. al. 2017, Reinmann 2017).

In der Mehrheit der Organisationen dominieren jedoch immer noch tradierte Lehrkonzepte, obwohl dieses Vorratslernen in Seminaren mit einem Wirkungsgrad von weniger als zehn Prozent dem veränderten Bildungsbedarf von heute nicht einmal annähernd gerecht wird. Immer mehr Unternehmen erkennen jedoch, dass sie einen Paradigmenwechsel in der betrieblichen Bildung benötigen, wenn sie mit den Herausforderungen der digitalen Transformation zurechtkommen wollen. Für große Organisationen ist es zwischenzeitlich fast eine Selbstverständlichkeit, sich zum nachhaltigen Handeln und der sozialen Verantwortung zu bekennen. Aus diesem Grunde erfordert die zukunftsorientierte Gestaltung der betrieblichen Bildungssysteme eine werte- und kompetenzorientierte Mitarbeiterentwicklung.

3.1 Future Learning für eine ungewisse Zukunft

Nach wie vor erstellen viele Personalentwicklungsabteilungen auf Basis von Bedarfserhebungen Angebotskataloge, die meist vielfältige Seminare, aber auch immer mehr E-Learning-Angebote umfassen. Zunehmend wird der Frontalunterricht im Seminarraum in den digitalen Raum, in Webinare, verlagert, was ihn jedoch nicht besser macht. Diese Angebote werden mit einem Team von internen und externen Dozenten und Trainern umgesetzt. Die Mitarbeiter melden sich, häufig über ihre Führungskräfte, für diese Maßnahmen an. Die Ziele und Inhalte sind meist für alle Teilnehmer gleich vorgegeben, der Erfolg wird oft mittels Wissenstests überprüft. Die »Evaluation« erfolgt auf Basis von Beurteilungsbögen, die am Ende der Maßnahmen von den Teilnehmern ausgefüllt werden, mit sogenannten »Happyness Sheets«, die zwar die Stimmung im Seminar, aber nicht den Lerntransfer in die Praxis bewerten.

Insbesondere der Megatrend Digitalisierung verändert die Arbeitswelten, die Unternehmens- und Wissenskulturen und die dazugehörigen Führungsverständnisse. Der Bildungsbereich wandelt sich entsprechend. Die Schweizer Pädagogen Christoph Meier und Sabine Seufert benutzen hierfür das anschauliche Bild des *Lernlandschaftsarchitekten* (vgl. Meier, Seufert 2012, S. 21). Zu seinen Aufgaben gehört insbesondere die Mitgestaltung der Rahmenbedingungen für die selbstorganisierte, personalisierte Werte- und Kompetenzentwicklung der Mitarbeiter und Führungskräfte. Dazu ist ein strukturiertes Vorgehen zur Beschreibung, Bewertung und zum Nachweis individueller Werte- und Kompetenzen notwendig. Das Ziel ist, das vorhandene Entwicklungspotenzial zu erkennen und bestmöglich zu nutzen und die eigenen Werte und Kompetenzen, orientiert an individuellen Werte- und Kompetenzzielen, zu erweitern. Entsprechende Entwicklungsprozesse sind vom Bildungsbereich für die Teams und die gesamte Organisation zu initiieren.

Auch Bildungsplaner werden zunehmend an Zielen im Bereich der Wettbewerbsfähigkeit der Unternehmen gemessen werden. Future Learning erfordert deshalb einen Paradigmenwechsel.

Tradiertes Lernen	Future Learning
ist immer auf die Erfüllung vorgegebener Ziele (Curricula) gerichtet, also *fremdorganisiert.*	basiert auf der *Selbstorganisationsfähigkeit* im Prozess der Arbeit. Dies erfordert individuelle Werte- und Kompetenzziele, die der Mitarbeiter selbst formuliert.
zielt auf *vorgegeben Inhalte oder Methoden,* z. B. Arbeitsaufgaben, Fallstudien etc. (objektbezogen).	zielt auf die *Entwicklung des Mitarbeiters* als Ganzes (subjektbezogen), der seine Herausforderungen für die eigene Entwicklung gemeinsam mit der Führungskraft selbst festlegt.

Tradiertes Lernen	Future Learning
ist auf festgelegte Kenntnisse, Fähigkeiten und Fertigkeiten verengt.	ist ganzheitlich, d. h. es bezieht sich auf die Fähigkeit eines Mitarbeiters zur selbstorganisierten *Bewältigung von Herausforderungen* in agilen, auch zukünftigen Arbeitsprozessen.
zielt auf *standardisierte, formelle Lernziele*, die mit Tests u. ä. überprüft werden können.	zielt auf den personalisierten *Aufbau der erforderlichen Werte und Kompetenzen* und damit auf die *Performanz*, die anhand der Arbeitsergebnisse bewertet wird.
findet in »künstlichen« *LEHRräumen* in Präsenz oder digital statt.	findet in *agilen Arbeitsprozessen am Arbeitsplatz oder im Netz* (*LERNräume*) statt (Workplace Learning).
nutzt *pädagogische Methoden*, z. B. Frontalunterricht, fragend-entwickelnde Unterrichtsmethode, formelles E-Learning.	nutzt Systeme und Methoden agiler Arbeits- und Lernprozesse.
erfolgt individuell oder *kooperativ*, z. B. in Fallstudien.	erfolgt vor allem in *kollaborativen Entwicklungsprozessen* am Arbeitsplatz oder im Netz (Social Workplace Learning).

Tab. 10: Tradiertes Lernen und Future Learning im Vergleich

Der Wandel vom tradierten Lernen zum Future Learning verändert die Rollen aller Beteiligten:

- Die **Mitarbeiter und Teams** sind selbst verantwortlich für ihre Lernprozesse, die sie selbstorganisiert gestalten.
- Die **Teilnehmer** unterstützen sich gegenseitig im Rahmen des Co-Coaching.
- Die bisherigen **Trainer und Dozenten** wandeln sich zu Lernbegleitern, die selbstorganisiertes Lernen ermöglichen.
- Die **Führungskräfte** übernehmen die Rolle als Entwicklungspartner, Mentor, ihrer Mitarbeiter.

3.2 Future Learning in einer neuen Arbeitswelt

»Wir lernen von anderen, aber mit einsamen Gehirnen.«
Rolf Arnold

Lernen findet zunehmend agil in den Arbeitsprozessen statt und ist durch folgende Grundsätze gekennzeichnet (vgl. Dräger, Müller-Eiselt 2015):

A lternierende Phasen von Lernen, Anwenden und Anpassen **G** emeinsame Werte- und Kompetenzziele und selbstorganisierte Kollaboration im Team **I** terative Sprints mit Reflektion und Adjustierung der Kompetenzziele **L** ernprojekte aus realen Arbeitsprozessen mit direkter Anwendungsorientierung

Das Verständnis von Arbeiten und Lernen verändert sich damit radikal.

Die agilen Arbeitsmethoden bestimmen die Gestaltung der agilen Entwicklungsprozesse.

Das Verständnis von Future Learning bildet die Basis, auf der unsere weiteren Überlegungen beruhen. Die betriebliche Lernkonzeption kann nur dann ihre Aufgabe erfüllen, wenn sie ein Spiegelbild der Praxis bildet. Deshalb leiten sich die Kennzeichen agiler Werte- und Kompetenzentwicklung im Future Learning direkt aus den Merkmalen agilen Arbeitens ab (vgl. Sauter, Sauter, Wolfig 2018).

New Work	Future Learning
Neue Werte Das agile Mindset und die agile Pyramide bilden das Fundament: • Nachhaltigkeit • Mut • Respekt • Offenheit und Transparenz • Commitment und Selbstverpflichtung • Veränderungsbereitschaft	**Werte- und Kompetenzziele** • strategische Ziele als Rahmen des Handelns • Mission der Werte als Orientierungsrahmen des Handelns • eigenverantwortliche Definition der individuellen Werte- und Kompetenzziele durch die Mitarbeiter und Teams • personalisierte und kollaborative Entwicklung im Prozess agiler Arbeit • regelmäßige Darstellung und Bewertung der Projektzwischenstände, bei Bedarf Anpassung der Werte- und Kompetenzziele • dynamische Lernprozessgestaltung auf Basis laufender Rückmeldungen und Reflexionen
Innovationskultur Kultur des Scheiterns und der Teamarbeit	**Agile Entwicklungskultur** Übertragung herausfordernder Arbeitsaufgaben und Projekte mit hoher Fehlertoleranz auf die Mitarbeiter und Teams. Die Bearbeitung dieser Herausforderungen wird durch folgende Werte bestimmt: • **Kreativität**: Konzentration auf die vereinbarten Praxisaufgaben und -projekte, um zielorientiert und kreativ zu arbeiten und zu lernen • **Individuelle Freiheit:** Jedem Mitarbeiter wird grundsätzlich Vertrauen entgegengebracht. • **Gemeinnutz:** Jeder Mitarbeiter gibt sein Bestes im Sinne des Teams und der Organisation und gibt wertschätzendes Feedback. • **Verantwortung:** Bereitschaft, Entscheidungen zu treffen und neue Wege selbstorganisiert zu gehen

New Work	Future Learning
	• **Respekt:** Die Mitarbeiter achten ihre Entwicklungspartner und betrachten sie als gleichwertig. • **Netzwerk:** Bereitschaft, auf Veränderungen zu reagieren, sich mit Kollegen auszutauschen und sein eigenes Wissen zu teilen
Autonomie • dezentrale Entscheidungskompetenz • Transparenz • Selbstmanagement • Zusammenarbeit in Netzwerken • Pull and Flow	**Selbstorganisierte, agile Mitarbeiterentwicklung** • konsequenter *Fokus auf die Mitarbeiter*: Das Lernsystem – Learning-Experience-Plattform – passt sich den Lernern an. • Jeder Mitarbeiter ist für seinen Entwicklungserfolg *selbst verantwortlich.* • Der *Lernbegleiter* moderiert die Workshops und coacht die selbstorganisierten, personalisierten Entwicklungsprozesse. • Der *Bildungsbereich (Werte- und Kompetenzmanagement)* gestaltet den *Ermöglichungsraum* und koordiniert als *Changeverantwortlicher* die ganzheitliche und nachhaltige Transformation der Entwicklungsergebnisse in die Organisation. • eigenverantwortliche Festlegung von *Werte- und Kompetenzzielen* durch die Mitarbeiter auf Basis der entsprechenden Erfassungen mit Beratung des Prozessbegleiters • Die *Führungskraft* initiiert die Entwicklung der gemeinsamen Vision, priorisiert die Aufgaben und steht als Mentor, manchmal auch als Coach, zur Verfügung. Ihr Führungshandeln ist symbolisch, inspirierend-sinnstiftend, authentisch, vertrauensvoll sowie werte- und kompetenzfördernd. • *Vereinbarung von herausfordernden Aufgaben* mit der Führungskraft oder im Team, die nach dem *Pull-Prinzip* flexibel bearbeitet werden • Die Mitarbeiter *planen und gestalten* ihre personalisierten *Entwicklungsprozesse* in Abstimmung mit der Führungskraft und ihrem Team selbst. • Die Prozesse zur Bewältigung der Herausforderungen erfolgen in kollaborativer Form mit Entwicklungspartnern und -gruppen (Umsetzungsteams) unter Beachtung der Definition of Done (DoD). • *iterative Entwicklung von Lösungen* in Design-Thinking- oder Lean-Start-up-Prozessen: verstehen, beobachten, Synthese, Ideen entwickeln, Prototyp erstellen und testen • Die Mitarbeiter *kommunizieren offen und direkt* ohne Rücksicht auf Rang, Hierarchie und Formalismus (z. B. *Working Out Loud*). • Die Mitarbeiter tauschen ihr Erfahrungswissen, auch im Netz, laufend aus und entwickeln es gemeinsam weiter (*kompetenzorientiertes Wissensmanagement*). • *kontinuierliche Reflexion* und *laufende Anpassung* der Entwicklungsschritte in agilen Prozessen im Team

New Work	Future Learning
Wertschöpfung frühzeitige Lieferung eines Geschäftswertes	**Agiler Aufbau von Werten, Kompetenzen und Performanz** durch • eine gemeinsame Entwicklungsvision im Team, • kontinuierliche Mitarbeiterentwicklung bei der Bewältigung *realer Herausforderungen*, • *Visualisierung* aller relevanten Informationen, • *Frontloading,* d. h. gemeinsame, verbindliche Planung der nächsten Sprints, • *Timeboxing*, das über enge Zeitvorgaben die Zielfokussierung fördert, • *Sprint Iteration*, bei der durch Zyklisierung die Entwicklungsprozesse regelmäßig verinnerlicht werden, • *Priorisierung* durch regelmäßige Überprüfung der Entwicklungsprozesse im Team, • *Backlog* als Arbeitsbasis, auf der das Team die Entwicklungspakete konsequent abarbeitet, • *kompetenzorientiertes Wissensmanagement* über die Weitergabe und gemeinsame Weiterentwicklung des eigenen Erfahrungswissens, • Erfolgsmessung anhand der erreichten *Performanz,* • *lebenslanges Lernen* im Prozess der Arbeit und im Netz.
Mitarbeitermotivation • Eigenverantwortung • Kundenorientierung • kontinuierliche Verbesserung • Autonomie • Sinn • Können	**Entwicklungsmotivation** • Die *Anforderungen* an die Mitarbeiterentwicklung und der *Sinn der Aufgaben* werden mittels *User Stories* dargestellt, in denen auch die *Akzeptanzkriterien* definiert werden. • Erfassen der *aktuellen Bedürfnisse* und des *Entwicklungsstands* des Mitarbeiters • eigenverantwortliche *Definition der Werte- und Kompetenzziele* • selbstorganisierte, personalisierte Bewältigung aktueller Herausforderungen im Arbeitsprozess • regelmäßige Reflexion und Feedback • *soziale Entwicklungsprozesse* durch Co-Coaching und Coaching
Lösung komplexer Herausforderungen schnell und flexibel alleine und im Team auf komplexe Probleme reagieren	**Bearbeitung schwieriger Praxisaufgaben und -projekte** (vgl. Erpenbeck, Sauter 2007, S. 27 ff.) **Ausgangspunkt:** Herausforderungen, die nicht rein kognitiv, »algorithmisch« lösbar sind. Diese führen zu **kognitiven Dissonanzen**, d. h. zu inneren Widersprüchen, Erfahrungen und Informationen, die zur persönlichen Einstellung bzw. zu Bewertungen in der Vergangenheit im Widerspruch stehen. **Labilisierung**: Im emotionalen Sinn Erleben und Bewältigen von Dissonanzen, so dass Zweifel, Widersprüchlichkeit und Verwirrung aufgelöst werden. Es entstehen neue Lösungsmuster für kognitive Konflikte.

New Work	Future Learning
	Werteinteriorisation: In einem emotional-motivationalen Prozess der Mitarbeiter oder der Teams werden aufgrund der Erfahrungen Werte verinnerlicht, interiorisiert. **Kompetentes Handeln:** Die Interiorisation neuer Werte ermöglicht neue Handlungsantizipationen und neues Handeln in vergleichbarer kognitiver Unsicherheit.
Qualitätsverbesserung Agile Teams liefern konstant hohe Qualität.	**Abgestimmter, zielorientierter Werte- und Kompetenzaufbau sowie Performanzentwicklung** • Agile Lerner entwickeln ihre Werte und Kompetenzen in Hinblick auf ihre *individuellen Performanzziele*. • *Daily Stand-up*, in dem das Team sich synchronisiert und relevante Informationen austauscht • *Review*, d. h., nach den einzelnen Sprints stellen die Mitarbeiter im Team ihre Lösungen zur Diskussion. • *Retrospektive*, d. h. die Mitarbeiter reflektieren regelmäßig ihre Entwicklungsschritte und ihre Zusammenarbeit im Team.
Effektivitäts- und Effizienzsteigerung • Arbeiten an den richtigen Dingen • Fokussierung	**Steigerung der Entwicklungseffizienz** • Vereinbarung geeigneter Arbeitsaufgaben oder Projekte im Team oder mit der Führungskraft auf Basis der Werte- und Kompetenzerfassungen • fokussierte Bearbeitung dieser Herausforderungen
Prototyping • schnell sichtbare Ergebnisse • prototypisches Testen von Ideen und Konzepten • Einholen von Feedback	**Pilotprojekte** • schnell sichtbare Ergebnisse und Erfahrungen im Rahmen von Praxis- und Projektaufgaben bzw. Pilotprojekten • Überprüfung bzw. Anwendung von entwickelten Lösungen und Methoden • laufendes Feedback durch Anwender, Experten und Entwicklungspartner
Selbstorganisiertes Arbeiten • Der Prozess zur Entwicklung von Lösungen erfolgt selbstorganisiert. • Maker Movement • Do-it-yourself-Kultur unter Einsatz digitaler Technik	**Selbstorganisiertes Lernen** • Die personalisierte Entwicklungsplanung und die Bearbeitung der Herausforderungen erfolgt selbstorganisiert durch die Mitarbeiter oder Teams. • Sie legen in Abstimmung mit dem Team oder einer Führungskraft Ziele und Inhalte, aber auch Lern- und Sozialformen, Medien und Zeiten sowie Lernorte selbst fest. • Sie nutzen die digitale Technik, die in agilen Arbeitsformen eingesetzt wird, um ihre Entwicklungsprozesse zu optimieren.

Tab. 11: Agile Arbeits- und Entwicklungsformen

Alle diese Methoden eignen sich aufgrund der großen Unbestimmtheit, Dissonanzdichte und damit hohen emotionalen Labilisierung hervorragend für die Werte- und Kompetenzentwicklung und als Bestandteile eines bedarfsgerechten Werte- und Kompetenzmanagements. Diese Anforderungen bestimmen damit die grundlegende Struktur der betrieblichen Entwicklungskonzeption im Future Learning.

Daraus ergeben sich wiederum die Elemente der agilen Entwicklungsprozesse, die sich am Deming-Kreis (Deming 1950) orientieren.[22]

Agile Arbeitsprozesse Deming-Kreis	Agile Entwicklungsprozesse
Plan: Identifizierung einer möglichen Verbesserung und Planung der Umsetzung in einem Versuchsaufbau und/oder Pilotprojekt	• Werte- und Kompetenzerfassung • eigenverantwortliche Formulierung der Entwicklungsziele, mit Beratung durch den Prozessbegleiter • Vereinbarung geeigneter Herausforderungen (Praxis- und Projektaufgaben), in denen der selbstorganisierte Werte- und Kompetenzaufbau erfolgen wird, mit der Führungskraft oder im Team • selbstorganisierte, iterative Planung der personalisierten Entwicklungsprozesse, evtl. mit Beratung durch das Team (Frontloading), den Prozessbegleiter oder die Führungskraft
Do: Umsetzung der Verbesserung im kleinen Rahmen. Schnelligkeit, Flexibilität und geringer Aufwand sind von großer Bedeutung.	• selbstorganisierte Gestaltung und Umsetzung der Entwicklungsprozesse in kollaborativen Entwicklungsprozessen mit Lernpartnern und dem Prozessbegleiter • Timeboxing • Sprint Iteration • Priorisierung • Backlog
Check: Überprüfung und Messung, ob die Verbesserung die gewünschten Ergebnisse erzielte und tatsächlich eine Verbesserung zum Ausgangspunkt zur Folge hatte.	• regelmäßige Überprüfung der Werte- und Kompetenzziele sowie der Performanz • Retrospektive und Review über Daily Stand-ups, Jour fixe, Lerntagebücher, Austausch in Webinaren oder Workshops – *inkrementell,* d. h. nach und nach erweiternd, oder *iterativ*, d. h. verfolgen eines Gesamtplans mit einzelnen Teilschritten • kompetenzorientiertes Wissensmanagement • Co-Coaching und Coaching
Act: Wurde eine Verbesserung erzielt, wird sie standardisiert und in der gesamten Organisation ausgerollt.	• Standardisierung von Lernarrangements für die gezielte Werte- und Kompetenzentwicklung • Standardisierung von Lösungen für die Werte- und Kompetenz-Entwicklung in Praxisaufgaben und -projekten • evtl. Ausrollen in der Organisation

Tab. 12: Agile Entwicklungsprozesse

22 William Edwards Deming (1900–1993), Physiker und Statistiker, beschäftigte sich vor allem mit der prozessorientierten Sicht auf die Tätigkeiten von Unternehmen. Er gilt auch als einer der Begründer des Qualitätsmanagements.

Die Idee des Deming-Kreises ist es, sich mittels kontinuierlicher Verbesserung jeden Tag ein klein wenig weiterzuentwickeln, zu lernen und sich bzw. den Prozess zu verbessern.

3.3 Ziele des Future Learning – Werte und Kompetenzen

Es besteht große Einigkeit darüber, dass die Arbeitswelt und damit das Corporate Learning nach der aktuellen Coronakrise nicht mehr so sein werden wie vorher. Unsere Welt wird noch unberechenbarer sein und die Unsicherheit sowie die Komplexität werden weiter zunehmen. Die digitale Transformation wird sich beschleunigen, Arbeitsformen wie Homeoffice oder E-Learning-Formate werden sich immer mehr durchsetzen und viele Meetings werden ins Netz verlagert.

Die Digitalisierung ist einer der wichtigsten Antreiber für zukünftige Veränderungen.

Die Konsequenzen dieser Entwicklung sind weitreichend. In Zukunft werden Fähigkeiten benötigt, sich in vernetzten Lebens- und Arbeitswelten zu bewegen, in denen man die konkreten Formen und die damit verbundenen Herausforderungen heute noch gar nicht kennt. Es gilt, mit den neuen Risiken der digitalen Welt umzugehen. Deshalb ist es notwendig, neue Technologien auch im Rahmen von beruflicher Bildung aufzugreifen und als unterstützende Elemente sinnvoll einzubauen.

Die Digitalisierung und die damit einhergehenden agilen Arbeits- und Lernmethoden stellen dabei immer höhere Anforderungen an die Selbstorganisationsfähigkeiten der Mitarbeiter, aber auch der Personalentwickler selbst. Da die meisten jedoch in Arbeits- und Lernsystemen sozialisiert wurden, die durch Fremdsteuerung geprägt waren, benötigen sie zunehmend Ordner, also Werte, die ihnen Orientierung für ihr selbstorganisiertes Handeln geben. Kompetenzen basieren – anders als Wissen – auf eigenen Erfahrungen, auf verinnerlichten (interiorisierten) Werten als Ordner selbstorganisierten Handelns.

Future Learning bedeutet eine Abkehr vom Vorratslernen auf Basis von wissens- und qualifikationsbezogenen Curricula.

Im Future Learning steht nicht mehr der fremdorganisierte Aufbau und die Überprüfung von Fachwissen sowie von Qualifikationen im Vordergrund, sondern die selbstorganisierte Entwicklung von Werten und Kompetenzen im Arbeitsprozess.

Wissen, Qualifikation und Kompetenz werden im alltäglichen Sprachgebrauch oftmals gleichbedeutend verwendet. Fertigkeiten, Wissen im engeren Sinne oder Qualifikationen sind notwendige Voraussetzungen, jedoch nicht das Ziel der Mitarbeiterentwicklung. Letztendlich zählt die Fähigkeit, Herausforderungen in der Praxis selbstorganisiert zu bewältigen und effektiv zu handeln.

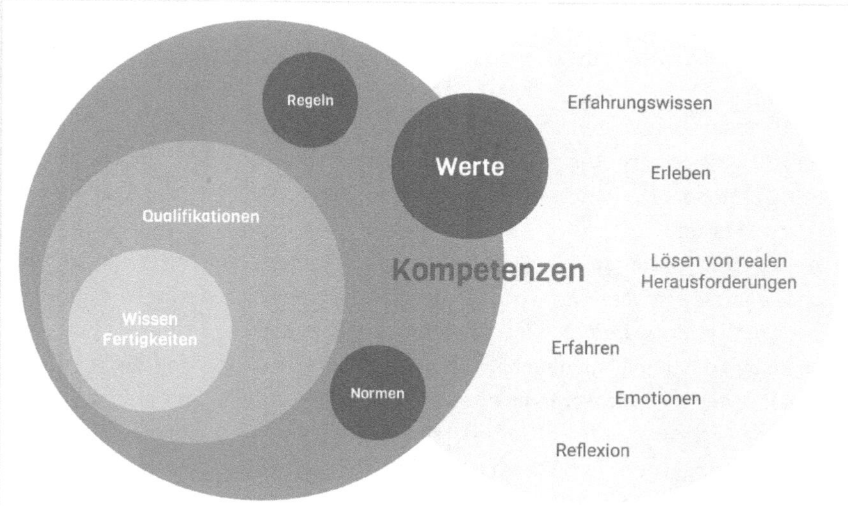

Abb. 5: Kompetenzen – mehr als Wissen und Qualifikation (nach Erpenbeck 2013a, S. 312)

Es gibt dabei keine Kompetenzen ohne Wissen im engeren Sinne bzw. ohne Fähigkeiten sowie Qualifikationen. Wissen und Qualifikation sind aber keine Kompetenzen. Sie bilden lediglich die notwendige Voraussetzung für den Kompetenzaufbau. Es hat sich im betrieblichen Bildungsbereich durchgesetzt, Fähigkeiten zum selbstorganisierten, kreativen Handeln unter Unsicherheit, in eine offene Zukunft hinein, als Kompetenzen zu bezeichnen.

Kompetenzen sind Fähigkeiten, in offenen, unüberschaubaren, komplexen, dynamischen und zuweilen chaotischen Situationen kreativ und selbstorganisiert zu handeln (Selbstorganisationsdispositionen) (vgl. Erpenbeck, Heyse 2007).

Insgesamt werden die Menschen zunehmend eigenverantwortlich und selbstorganisiert agieren. Dies erfordert jedoch einen veränderten Mindset, also Werte, die als Ordner dieses selbstorganisierten Handelns fungieren.

Werte sind Ordner selbstorganisierten Handelns.

Sie geben den Mitarbeitern Motivation und Orientierung. Deshalb kommt den Werten und dem Wertemanagement eine immer größere Bedeutung zu.

Gemeinsame Werte und deren organisationsweite Verinnerlichung verschaffen Organisationen nach innen und außen einen Wettbewerbsvorteil und sichern das Überleben.

Es gibt somit mindestens drei fundamentale Gründe für die Notwendigkeit von Wertungen:

- Viele Prozesse in Organisationen sind im Zuge der Digitalisierung immer mehr selbstorganisiert, sodass die Mitarbeiter immer häufiger selbst Entscheidungen treffen müssen. Deshalb werden zunehmend Werte als Ordner der Selbstorganisation benötigt.
- Werte ermöglichen selbstorganisiertes, kompetentes Handeln der Mitarbeiter und Teams, auch wenn sie nicht alle Informationen besitzen, die für eine Entscheidung notwendig wären. Dies ist in der Praxis der Regelfall.
- Wir haben es ständig mit neuen, unvorhersehbaren Entwicklungen zu tun, die Entscheidungen und selbstorganisiertes Handeln der Mitarbeiter erfordern.

Erst Werte ermöglichen ein Handeln unter Unsicherheit, sie überbrücken oder ersetzen fehlendes Wissen, schließen die Lücke zwischen Wissen einerseits und dem Handeln andererseits. Allerdings wirken Werte nur, wenn ihre Sinnhaftigkeit im eigenen Handeln erlebt und emotional positiv gespeichert wird.

Werte sind nicht wahr oder falsch, sie sind akzeptiert oder auch nicht.

Da Werte die Kerne von Kompetenzen bilden, kann die Entwicklung von Werten und Kompetenzen nicht, wie überwiegend praktiziert, getrennt betrachtet werden. Vielmehr bilden Werte und Kompetenzen zwei Seiten einer Medaille.

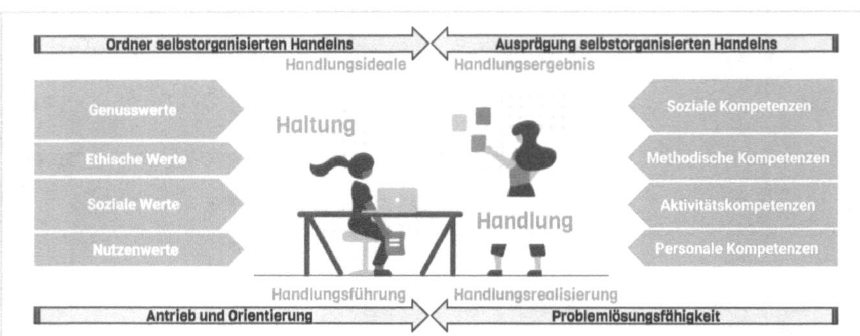

Abb. 6: Werte und Kompetenzen – zwei Seiten einer Medaille (beispielhafte Darstellung der Ausprägungen)

Werte bestimmen damit die *Haltung*, die sich auf die Kompetenzen und damit die Handlung auswirken.

Aus den **Werten** ergeben sich die *Handlungsideale*, die Vorstellungen der Mitarbeiter darüber, wie sie gerne handeln möchten. Diese bestimmen die *Handlungsführung*, die Antriebe und die Ordner des selbstorganisierten Handelns.

Die **Kompetenzen** ermöglichen die *Handlungsrealisierung*, die selbstorganisierte Bewältigung von Herausforderungen in der Praxis. Dies führt zum *Handlungsergebnis*.

Zwar ist es nicht möglich, von Werten direkt auf Kompetenzen zu schließen oder aus Kompetenzen konkrete Rückschlüsse auf die Werte eines Menschen zu ziehen. Es kann jedoch sehr hilfreich für die gezielte Mitarbeiterentwicklung sein, neben den Ausprägungen des selbstorganisierten Handelns, also der Kompetenzen, zu erfassen, was den Mitarbeiter antreibt, an welchen Ordnern er sein selbstorganisiertes Handeln ausrichtet. Erst aus dieser ganzheitlichen Betrachtung ergibt sich ein schlüssiges Bild darüber, wie der Mitarbeiter denkt und handelt.

3.4 Future Learning: Arbeiten und Lernen wachsen zusammen

Der mmb-Monitor zeigt jährlich auf, welche Lernformen in Unternehmen nach Meinung der befragten Experten zukünftig die größte Bedeutung haben. Am wichtigsten werden laut mmb-Monitor 2020/21 Kombinationen aus Präsenz- und Onlinelernen in Form des Blended Learning sein. Zunehmende Bedeutung gewinnen Lernformen, die selbstorganisiertes Lernen sowie die problemorientierte Kommunikation und Kollaboration im Netz ermöglichen.

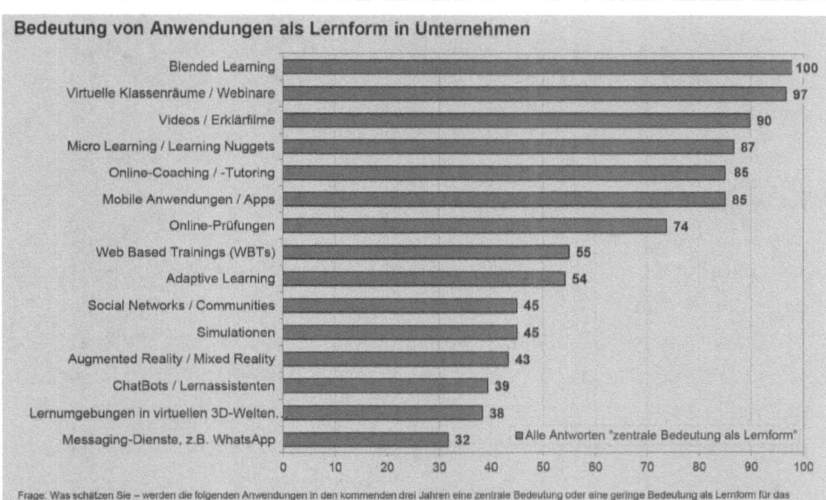

Abb. 7: Bedeutung der betrieblichen Lernformen in den kommenden Jahren (Quelle: mmb Institut 2021)

Diese Expertenmeinungen decken sich weitgehend mit unseren eigenen Erfahrungen in Praxisprojekten. Wir sind jedoch der Meinung, dass der Blickwinkel dieser Untersuchung etwas zu eng ist. Die Entwicklungen in der betrieblichen Bildung zeigen sich nach unseren Erfahrungen weniger an den Trends der eingesetzten Lerntechnologien als an dem Paradigmenwechsel vom fremdgesteuerten zum selbstorganisierten, eigenverantwortlichen Lernen, aber auch in der Erweiterung der Wissens- und Qualifikationsziele um Werte- und Kompetenzziele sowie dem Wandel von curricularen Seminarangeboten zum bedarfsorientierten Lernen on demand.

Die gezielte Entwicklung von Werten und Kompetenzen gewinnt immer mehr an Bedeutung. Trotzdem wird auch zukünftig das betriebliche Lernen in Teilen durch formelles Lernen geprägt sein, weil es vielfältige Vorgaben der Behörden oder von Kammern gibt, die vermutlich noch sehr langlebig sind.

Daraus leitet sich folgende grundlegende Strukturierung des Corporate Learning in der Zukunft ab.

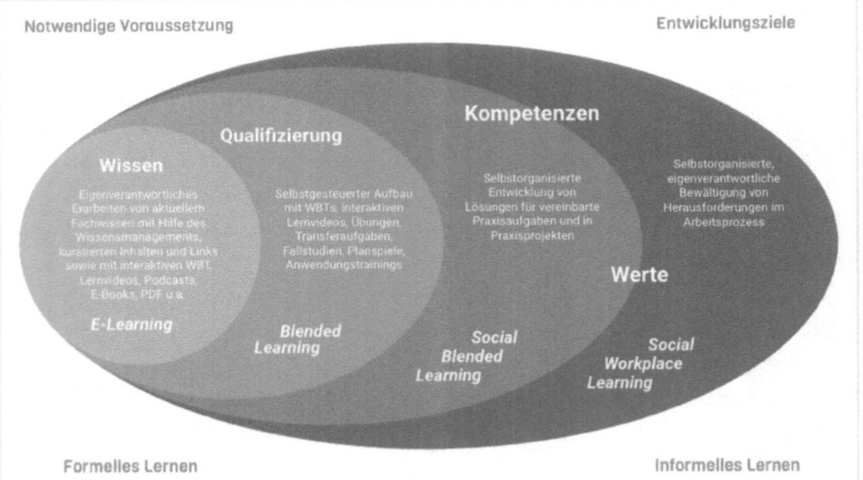

Abb. 8: Strukturierung des Future Learning

Future Learning weist gegenüber tradierten Bildungskonzepten folgende grundlegenden Merkmale auf:

- Die Entwicklungsmaßnahmen werden durch Werte- und Kompetenzziele bestimmt, es geht also um strategie- und werteorientierte Handlungsfähigkeit.
- Die regelmäßige Erfassung der Werte und Kompetenzen und deren Analyse und Bewertung mit Lernbegleitern ermöglichen individuelle Entwicklungsziele.

- Die Planung personalisierter Lernprozesse erfolgt selbstorganisiert durch Mitarbeiter.
- Die Lernprozesse werden durch die Herausforderungen in der Praxis und in Praxisprojekten bestimmt, die kollaborativ bearbeitet werden.
- Die Ermöglichung des Lernens in der Praxis durch die Führungskräfte (Mentoring) sowie die Begleitung selbstorganisierter Lernprozesse durch Lernpartner (Co-Coaching) und Lernbegleiter (Coaches) flankieren die Lernprozesse.
- Wissen und Qualifizierung sind nicht mehr das Ziel, sondern notwendige Voraussetzung für die Werte- und Kompetenzentwicklung und werden bei Bedarf, on demand, aufgebaut.
- Neben kuratierten Informationen und formellem Wissen werden Erfahrungen anderer Mitarbeiter im Rahmen des werte- und kompetenzorientierten Wissensmanagements genutzt (vgl. Scholz, Sauter 2015).
- Grundlagenwissen und Basisqualifikationen werden in formellen E-Learning- und Blended-Learning-Arrangements selbstgesteuert mithilfe von Lernprogrammen oder in Workshops aufgebaut.
- Digitale Lerntechnologien ermöglichen Lernen unabhängig von Ort und Zeit.

3.5 Didaktik für Future Learning

»Es ist an der Zeit, auch die didaktischen Schlussfolgerungen zu ziehen,
die uns Lern- und Hirnforschung unisono nahelegen.«
Rolf Arnold

Wie ein Entwicklungsarrangement auf einen Lernenden wirkt, wie er den Input aufnimmt und interpretiert, wie er verarbeitet, was er wahrgenommen hat, und wie viel er davon später, wenn er sein Wissen anwenden möchte, überhaupt noch zur Verfügung hat, kann nicht geplant werden (vgl. dazu im Folgenden Schüßler 2007).

Wissen und Werte sowie Kompetenzen können nicht vermittelt werden.

Die Bedeutung des Arbeitsplatzes als Lernort blieb in der erziehungswissenschaftlichen Reflexion lange Zeit weitgehend unbeachtet. In der aktuellen Diskussion über Future Learning bildet aber die Werte- und Kompetenzentwicklung einen Schwerpunkt bei der Frage, was das Ziel der Lernprozesse im betrieblichen Kontext ist. Erfahrungslernen, informelles und selbstorganisiertes Lernen, situatives Lernen am Arbeitsplatz (Workplace Learning) und im Netz (Social Learning) gewinnen deshalb an Bedeutung.

3.5.1 Neurodidaktik

Bundesministerium für Bildung und Forschung

»Die häufig geäußerte Vorstellung, wonach die Hirnforschung zur Klärung theoretischer Kontroversen in der Pädagogik beitragen könnte, trifft nicht zu.« (BMBF 2007, S. 7)

Durch die großen Erfolge von Neurobiologie und Neuropsychologie haben sich ziemlich unumstößliche Einsichten für das Lernen und Lehren herausgebildet, die frontal mit traditionellen Vorstellungen kollidieren. Der Hirnforscher Gerhard Roth hat durch sein gemeinsam mit Kollegen erarbeitetes Schichtenmodell des Gehirns eine Sicht erarbeitet, die vielleicht in Details noch korrigiert werden mag, die aber durch Pädagogenwünsche nicht mehr ausgehebelt werden kann und die, wohlverstanden, den Spielraum von Pädagogen und Weiterbildnern sogar beträchtlich erweitert (vgl. im Folgenden Roth 2013).

Aus gegenwärtiger neuro-biologisch-psychiatrischer Sicht entstehen und wirken Persönlichkeitsmerkmale auf vier strukturell-funktionalen Ebenen des Gehirns: drei limbischen Ebenen und einer kognitiven Ebene. Diese Ebenen haben einen unterschiedlichen Einfluss auf Persönlichkeit und Verhalten (vgl. ebenda, Henning 2016).

Ebene des Gehirns	Beschreibung	Möglichkeit zur Entwicklung
Kognitiv-sprachliche Ebene – linke Großhirnrinde, besonders Sprachzentren und präfrontaler Cortex[23]	Ebene der bewussten, sprachlich-rationalen Kommunikation – bewusste Handlungsplanung: Erklärung der Welt, Rechtfertigung des eigenen Verhaltens vor sich selbst und anderen	• Entsteht relativ spät im Leben und verändert sich lebenslang. • Entwickelt sich im Wesentlichen aufgrund sprachlicher Interaktion. • Hat nur in Verbindung mit den anderen Ebenen Einfluss auf unser Verhalten. • Ist durch Lehr- und Lernprozesse veränderbar.
Obere limbische Ebene – prä- und orbitofrontaler, cingulärer und insulärer Cortex	Ebene des bewussten emotional-sozialen Lernens: Gewinn- und Erfolgsstreben, Anerkennung, Ruhm, Freundschaft, Liebe, soziale Nähe, Hilfsbereitschaft, Moral, Ethik	• Entwickelt sich in später Kindheit und Jugend. • Wird wesentlich durch sozial-emotionale Erfahrungen beeinflusst. • Ist deshalb nur sozial-emotional veränderbar, z. B. durch soziale Interaktion und in kollaborativen Arbeits- und Lernprozessen.

23 Großhirnrinde mit vielen Nervenzellen (Neuronen). Sie dient z. B. der Verarbeitung von Sinneswahrnehmungen wie Sehen, Lesen, Hören, dem Sprechen oder dem komplexen Denken.

Ebene des Gehirns	Beschreibung	Möglichkeit zur Entwicklung
Mittlere limbische Ebene – basolaterale Amygdala[24], mesolimbisches System[25]	Ebene der unbewussten emotionalen Konditionierung: Anbindung elementarer Emotionen, wie Furcht, Freude, Glück, Verachtung, Ekel, Neugierde, Hoffnung, Enttäuschung und Erwartung an individuelle Lebensumstände	• unbewusste Wahrnehmung emotionaler kommunikativer Signale wie Blick, Mimik, Gestik, Körperhaltung und der primären Bindungserfahrung • Nur sehr langfristig beeinflussbar, z. B. durch Ansprechen individuell-emotionaler Motive und langes Üben.
Untere Ebene Hypothalamus[26] – zentrale Amygdala – vegetative Zentren des Hirnstamms	Unser Temperament: unbewusst wirkende, angeborene Reaktionen und Antriebe: Schlafen – Wachen, Nahrungsaufnahme, Sexualität, Aggression – Verteidigung – Flucht, Dominanz, Wut usw.	• Überwiegend genetisch oder durch vorgeburtliche Einflüsse bedingt. • Durch Erfahrung und Erziehung kaum längerfristig zu beeinflussen.

Tab. 13: Vier-Ebenen-Modell des Gehirns (nach Roth 2013)

Verstärkend erklärt Roth an anderer Stelle: »*Die kognitiv-sprachlich-rationale Ebene hat die Eigentümlichkeit, dass sie [...] überhaupt nicht direkt mit den eigentlich handelnden, steuernden Ebenen interagiert. Sie interagiert mit der rechten Hemisphäre, aber mit den tieferliegenden Ebenen überhaupt nicht. Die drei geben diesem kognitiv-kommunikativen Ich den Takt vor. Es kann etwas interagieren, aber nur mit der rechten Hemisphäre. Also: Worte sind nicht ganz unnütz, aber sie alleine bewirken nichts, sondern immer nur mit bewussten Emotionen und noch besser mit unbewussten Emotionen.*« (Roth 2017 o. S.)

Lernen auf der kognitiv-sprachlichen Ebene kann das Handeln der Menschen nur in Verbindung mit sozial-emotionalem Lernen verändern.

Immer wieder erklären Hirnforscher in häufig populärwissenschaftlichen Werken, wie neurobiologische Erkenntnisse angeblich dazu beitragen, Lernprozesse zu verstehen (vgl. u. a. Spitzer 2012, Hüther 2006). Leider ist diese »Neurodidaktik« nicht in der Lage, individuelle Lernprozesse zu erklären.

Lernen ist im Endeffekt eine Entwicklung der Handlungsweisen der Menschen und damit kein Vorgang, der auf das Gehirn beschränkt ist.

24 Kerngebiet des Gehirns, das wesentlich an der Entstehung der Angst (*Angstzentrum*) beteiligt ist. Es spielt eine wichtige Rolle bei der emotionalen Bewertung und Wiedererkennung von Situationen sowie der Analyse möglicher Gefahren. Die Amygdala verarbeitet externe Impulse und leitet die vegetativen Reaktionen dazu ein. Sie ist auch der Ort unbewusster Wahrnehmung emotionaler kommunikativer Signale (Blick, Mimik, Gestik, Körperhaltung, Pheromone) und der primären Bindungserfahrung.

25 Positives Belohnungssystem im Gehirn, das entscheidend an der Entstehung der Emotion *Freude* beteiligt ist.

26 Abschnitt des Zwischenhirns, das als wichtigstes Steuerzentrum des vegetativen Nervensystems fungiert. Er dient der Aufrechterhaltung des inneren Milieus und seiner Anpassung bei Belastungen des Organismus.

Nicht das Gehirn lernt, sondern der Mensch.

Das Gehirn ist also nur ein, wenn auch entscheidendes, Teilsystem, das um weitere Faktoren, z.B. das Vorwissen und die Emotionen aus Erfahrungen, erweitert werden muss, um Lernen zu verstehen. Es ist deshalb kurzfristig nicht zu erwarten, dass Lernen mithilfe der Gehirnforschung optimiert werden kann. Realistisch können wir gerade einmal davon ausgehen, dass wir zukünftig typische Hirnfunktionen besser verstehen können (vgl. BMBF 2005, S. 126).

Gerhard Roth hat diese Erkenntnis in einem Interview deutlich hervorgehoben: *»Die Neurobiologie kann diesem (psychologisch, didaktisch-pädagogischem) Wissen nur wenig neue Inhalte hinzufügen; erst recht kann sie nicht aus sich heraus Pädagogik und Didaktik ersetzen«.*[27]

3.5.2 Lerntheorien und zukünftiges Lernen

Menschen müssen sich ihre Welt durch Lernen aneignen. Dieses Lernen beruht auf Probieren, Imitieren und Reflektieren, es baut auf bereits Gelerntem auf und bildet die Grundlage für weiteres Lernen. Lernen lässt sich dabei als eine Vorbereitung darauf beschreiben, ein bestimmtes Wissen und Können zu praktizieren. Umstritten ist die Frage, wie dieser Prozess erfolgen kann (vgl. Hackl 2017).

Jeder Mensch ist einzigartig. Dies gilt auch für das Lernen. Wir müssen uns deswegen bei der Erklärung von Lernvorgängen vor allem auf die Erkenntnisse der Pädagogik und der Entwicklungspsychologie konzentrieren. Analysiert man die Pädagogik der aktuellen betrieblichen Bildung, zeigt es sich, dass dort heute im Wesentlichen Elemente aus vier Lerntheorien eine Rolle spielen (vgl. Kuhlmann, Sauter 2008, S. 43 ff.).

27 https://www.swr.de/-/id=8002092/property=download/nid=660374/1fc642e/swr2-wissen-20110619.pdf.

Lerntheorien in der beruflichen Bildung				
Merkmal	**Behaviorismus**	**Kognitivismus**	**Konstruktivismus**	**Konnektivismus**
Wesentliches Kennzeichen	Verhalten trainieren mit Reiz-Reaktions-Modell	Lernen durch Einsicht und Denken	Lernen durch Erfahrung	Lernen im Netzwerk
Lernen	Vermittlung von Orientierungswissen in Verbindung mit positiven Konsequenzen, z. B. Scoringpunkte **➔ Verhalten**	Prozess des aktiven Wahrnehmens, Erfahrens und Erlebens, das in Einsicht mündet **➔ individuelles Handeln**	situiertes Lernen in authentischen Problemsituationen im sozialkulturellen Rahmen mit bestimmten Handlungsmustern **➔ kollaboratives Handeln**	Lernen im Wechselspiel der Lerner mit ihrem Netzwerk aus Menschen und Computern **➔ netzbasiertes Handeln**
Motivation und Emotionen	Werden nicht beachtet.	Werden aktiv und nachhaltig gefördert.	emotionaler Prozess, der die Lernenden nicht nur kognitiv, sondern auch emotional und motivational fordert	Werte werden gezielt über Emotionen und Motivationen aufgebaut.
Lernverantwortung	**Lehrender** »vermittelt« Wissen. **Lerner** reagiert auf Konsequenzen seines Verhaltens.	**Lehrender** initiiert, steuert und flankiert das Lernen ➔ Coaching. **Lerner** ist aktiv, indem er Aufgaben löst, Lernstrategien entwickelt und umsetzt sowie über den Lernprozess reflektiert.	**Lerner** gestalten ihre Lernprozesse selbstorganisiert in Interaktion mit anderen (soziales Lernen). **Lernbegleiter** flankieren und coachen die Lernprozesse.	**Lerner** identifizieren, bewerten und beschreiben Wissen und entwickeln es mit Lernpartnern im Rahmen realer Herausforderungen zielorientiert und selbstorganisiert weiter. **Lernbegleiter** hören aktiv zu, beobachten, geben Feedback, beraten und flankieren.
Bedeutung für Future Learning	gering, evtl. in der Phase des Wissensaufbaus ➔ Badges[28]	begrenzt im Rahmen des Coachings und Co-Coachings	hoch, da der Konstruktivismus die Grundlage für die Ermöglichungsdidaktik bildet	sehr hoch, da Future Learning immer mehr im Netz stattfindet

Tab. 14: Lerntheorien und Future Learning

Verhalten bezeichnet ein Agieren mit niedriger Komplexitätsstufe ohne direkte oder indirekte Intention (Absicht, Ziel) und ohne Reflexivität (vgl. Wahl 2002, S. 229). Der Behaviorismus postuliert, dass das Verhalten der Menschen vor allem durch die Konsequenzen bestimmt wird, die ihr Verhalten erzeugen. Positive Konsequenzen wirken

28 Kennzeichen oder Plaketten, die als Indikatoren für die Leistungen der Lerner in informellen Lernprozessen genutzt werden. Sie sollen helfen, Ziele zu setzen und das informelle Lernen anzuerkennen.

verstärkend, negative Konsequenzen führen zu einer Reduktion eines zuvor gelernten Verhaltens. Verhalten, das keine Reaktion bewirkt, wird nicht aufrechterhalten, es wird gelöscht. *E-Learning-Programme* der ersten Generationen basieren ebenfalls auf dem behavioristischen Ansatz, da sie überwiegend das Ziel der Instruktion verfolgen. In diesen Web Based Trainings (WBT) werden die Lernziele in kleinste Schritte zergliedert. Richtige Antworten schlagen sich in einem Scoring, evtl. verbunden mit Belohnungen, nieder. Bei zu hohen Fehlerzahlen wird empfohlen, die Lektion zu wiederholen.

Der behavioristische Ansatz ist für Future Learning als kritisch zu sehen, weil er die Motivation und Emotion des einzelnen Lerners nicht beachtet. Das Modell orientiert sich nur am Ergebnis und erklärt nicht, wie neues Verhalten entsteht. Deshalb wird dieser Ansatz im Future Learning nur eine sehr untergeordnete Rolle spielen können.

Zukünftiges Lernen ermöglicht gezieltes, selbstorganisiertes Handeln.

Handeln ist dabei eine Form des Agierens, die zielgerichtet (intentional) und bewusst ist (vgl. Wahl, 3. erw. Aufl. 2013, S. 17). Dies setzt Wissen sowie ein reflexives Bewusstsein des Lerners voraus. Um Handlungen zu trainieren, müssen die Lernmaßnahmen in situationsübergreifende Ziele und Pläne eingebettet sein und neben kognitiven und aktionalen Aspekten ganz ausdrücklich auch emotionale Veränderungen aktiv und nachhaltig unterstützen (vgl. Wahl 1991, Wahl 2002, S. 229 f.).

Sofern die Handlungssituationen, denen die Lerner ausgesetzt sind, von den ursprünglichen Lernsituationen abweichen, entsteht ein Transferproblem, da das erworbene Wissen »träge« ist und nicht einfach auf Anwendungskontexte übertragen werden kann (vgl. Gruber, Mandl, Renkl 2000). Der Erfolg hängt dabei vor allem von der Art der Informationsaufbereitung und -darbietung sowie von den kognitiven Aktivitäten der Lerner ab.

Kognitive Lernansätze konzentrieren sich deshalb auf die Lernprozesse sowie die Voraussetzungen und Beeinflussungsfaktoren des Lernens. Die menschliche Emotionalität und Situiertheit des Handelns der Lerner wird in dieser Lebenswelt ausgeblendet. Situiertes Handeln erfolgt dabei anhand möglichst authentischer Problemsituationen. Im Future Learning werden problemorientierte Dialoge im Rahmen des Coachings und des Co-Coachings eine wachsende Bedeutung erlangen, in naher Zukunft auch mit dem *Lernpartner Computer.*

In **konstruktivistischen Lernansätzen** wird das Lernen am Arbeitsplatz gefördert, sodass Arbeiten und Lernen zusammenwachsen. Damit bildet diese Lerntheorie eine wichtige Grundlage für Future Learning. Lernprozesse finden im Rahmen vereinbarter Entwicklungsziele statt und sind weitgehend selbstorganisiert. Die Lerner sind aktiv und werden von ihren Lernbegleitern unterstützt. Diese wechseln zwischen eher aktiven und eher begleitenden Phasen.

Die Rollen der Beteiligten in diesen Lernprozessen können wie folgt beschrieben werden:

- Lerner und Lernbegleiter vereinbaren Werte- und Kompetenzentwicklungsziele und kommunizieren gleichberechtigt,
- der Lernbegleiter unterstützt die Identifizierung und Lösung von Problemen,
- sie kooperieren mit den Lernern und flankieren und coachen die Entwicklungsprozesse.

Social Software ist für dieses kooperative und kollaborative Lernen die notwendige Voraussetzung, weil sie die aktive Teilnahme der Lerner an Kommunikationsprozessen im Netz fördert.

Netzwerke sind die Verbindungen zwischen verschiedenen Elementen wie Menschen, Gruppen oder Computer. Deshalb erfordert Lernen in einem **konnektivistischen Lernsystem** eine offene Lernumgebung, in der zusätzlich effiziente Interaktionsmöglichkeiten mit Netzwerkpartnern geboten werden. Die Lerner benötigen Fähigkeiten, relevantes Wissen für den Lernprozess zu identifizieren, zu bewerten, zu beschreiben und in einem gemeinsamen Prozess mit Lernpartnern weiterzuentwickeln. Sie reflektieren nicht nur die Mittel und Methoden der Wissens- und Wertekommunikation, sondern schaffen bei Bedarf selbstorganisiert Entwicklungssituationen, in denen ein optimaler Wissensaufbau und eine Werteinteriorisation möglich werden. Die Lernbegleiter hören aktiv zu, beobachten, geben Feedback, beraten und flankieren. Sie fördern die Netzwerkbildung der Lerner und helfen ihnen durch ihr eigenes Netzwerk, sich in der Organisation zu integrieren.

Der pragmatische Lernansatz des Konnektivismus bildet die wesentliche Grundlage für Future Learning.

Die Herausforderung für die Gestaltung des Future Learning liegt darin, einen Lernraum zu schaffen, der selbstorganisierte Lernprozesse aller Mitarbeiter und Führungskräfte ermöglicht. Dabei spielt das Lernen aufgrund persönlicher Erfahrungen im Rahmen konstruktivistischer Lernansätze und im Netz(werk) durch kollaboratives Arbeiten eine zentrale Rolle. Damit werden letztendlich Werte- und Kompetenzziele angestrebt, die eine Kultur des selbstorganisierten Lernens erfordern. Behavioristische und kognitivistische Lernansätze spielen im Rahmen des selbstorganisierten Aufbaus von Wissen und der Qualifikation eine dagegen begrenzte Rolle.

3.5.3 Lernpsychologie

Generationen von Lehrern wurde eingebläut, dass zu Beginn eines Lernprozesses so wenig wie möglich vorweggenommen werden darf, um der Neugiermotivation, dem Überraschungseffekt und dem elementaren Bedürfnis aller Lernenden, sich jeden Inhalt mit hoher Anstrengungsbereitschaft selbst »erarbeiten« zu wollen, nicht entgegenzuwirken. Deshalb schwört die Welt der überzeugten Lehrenden häufig auf eine Motivationsphase beim Einstieg, ausgehend von der nicht hinterfragten Annahme, extrinsische Motivation sei der bedeutsamste Faktor im Lernprozess. Nach dem derzeitigen Stand der pädagogischen Forschung ist dies falsch (vgl. Wahl 2011).

Pädagogische Psychologie ist eine Teildisziplin der wissenschaftlichen Psychologie, die das Lernen und Lehren im pädagogischen Kontext erforscht und ihre Erkenntnisse anwendet, um Menschen praktisch aller Altersstufen auf der kognitiven, der sozial-emotionalen und der Verhaltensebene in Richtung auf angestrebte Ziele zu fördern. Sie versucht, diese Prozesse zu beschreiben und zu erklären und auf Grundlage dieser Erkenntnisse das pädagogische Handeln von Lehrern, Dozenten, Trainern oder Eltern in die Wege zu leiten (vgl. Mietzel 2017).

Die pädagogisch-psychologische Lernforschung kommt zu einer eindeutigen Aussage über die Faktoren des Lernerfolges:

Der wichtigste Faktor für den Lernerfolg ist mit weitem Vorsprung die direkte Anknüpfung des Lernprozesses an den aktuellen Erfahrungs- und Wissensstand der Mitarbeiter (vgl. Wahl 2013, S. 146 ff.).

Werden diese Eingangsvoraussetzungen durch die treffsichere Wahl von Praxisaufgaben oder -projekten optimiert, wird sich der Lernerfolg nach vielen empirischen Untersuchungen deutlich steigern und die Orientierung der Lerner verbessern.

Deshalb ist für den Lernerfolg die passgenaue Auswahl und verbindliche Vereinbarung der Herausforderungen in der Praxis, in denen die gezielte Werte- und Kompetenzentwicklung erfolgen soll, entscheidend.

Dies setzt die maßgebliche Mitwirkung des Mitarbeiters voraus, da er seinen Erfahrungs- und Wissensstand am besten einschätzen kann. Die Motivation der Lerner durch den Lehrer, Trainer oder Dozenten hat dagegen nur eine sehr bescheidene bis gar keine Auswirkung auf den Lernerfolg (ebenda).

Motivation entsteht durch Wertungen, die ein Mensch auf Basis seiner Bedürfnisse vornimmt (nach Erpenbeck 1984, S. 59).

Grundsätzlich werden zwei Formen der Motivation unterschieden (Becker 2019, s. 141):

- **Extrinsische Motivation** wird durch positive Verstärker wie Lob oder Geld oder negative Anreize wie Rüge oder Bestrafung von außen bewirkt.
- **Intrinsische Motivation** entsteht aus der Aufgabe und dem Erleben des Handelns selbst oder der Erwartung, dass diese Erfahrung eintritt. Man handelt, weil es einem Spaß macht, weil die Tätigkeit als sinnvoll oder herausfordernd empfunden wird oder weil sie einen einfach interessiert.

Intrinsische Motivation kann dabei nur dann entwickelt werden, wenn die Lerner selbstorganisiert ihre Lernprozesse gestalten können. Im betrieblichen Lernen bieten sich insbesondere folgende Gestaltungselemente zur Förderung der Motivation an (vgl. Schiefele, Streblow 2006, S. 239 ff.):

- **Ermöglichung aktiven, selbstorganisierten Handelns in selbst mit ausgewählten, realen Herausforderungen**: Kognitive und physische Aktivitäten fördern das Interesse, wenn die Lerner ihre Herausforderungen zum Aufbau ihrer Werte und Kompetenzen selbst mit auswählen können.
- **Ermöglichungsräume anbieten**: Selbstorganisiertes Lernen wird durch Planungshilfen, durch Wissen, Kommunikations- und Kollaborationsmöglichkeiten und Feedback ermöglicht.
- **Rückmeldungen und Bekräftigungen**: Auch kleinere Erfolge sollten zurückgemeldet werden, selbst wenn es nicht optimal läuft. Dagegen sind Tadel und Vorwürfe zu vermeiden.
- **Soziales Lernen**: Die Lerner entwickeln kollaborativ Lösungen.
- **Transparenz über die Entwicklungsfortschritte**: Dazu gehören die Rückmeldung von Lernpartnern, Lernbegleitern und Führungskräften sowie Werte- und Kompetenzerfassungen.

Mitarbeiter, die aus intrinsischer Motivation lernen und handeln, sind im Vergleich zu extrinsisch motivierten Kollegen zufriedener, verfolgen die Ziele hartnäckiger, freuen sich mehr über ihre Erfolge und verkraften Misserfolge besser. Dies zeigt sich insbesondere an der Qualität der Ergebnisse. Extrinsische Motivation wirkt sich, wenn überhaupt, nur auf die Quantität der Ergebnisse aus (vgl. Becker 2019, S. 147).

Deshalb kommt im Rahmen der gezielten Werte- und Kompetenzentwicklung der Auswahl der geeigneten Herausforderungen in der Praxis, deren Bearbeitung zum angestrebten Werte- und Kompetenzaufbau führen soll, eine besondere Bedeutung zu. Neben dem Lernbegleiter übernimmt die jeweilige Führungskraft bei der Beratung der Lerner eine besondere Rolle.

Es hat sich bewährt, dabei auf folgende Merkmale zu achten (vgl. Becker 2019, S. 107):

- **Abwechslung**: Wird die Aufgabe als Abwechslung empfunden, z. B. weil sie breiter wird (Job-Enlargement) oder einen neuen Charakter hat (Jobrotation)?

- **Ganzheitlichkeit**: Haben die Mitarbeiter das Gefühl, für einen abgeschlossenen Teilprozess Verantwortung zu tragen?
- **Bedeutsamkeit**: Ist die Aufgabe für die Mitarbeiter attraktiv und relevant?
- **Autonomie**: Welche Freiräume erhalten die Mitarbeiter (Job-Enrichment)?
- **Rückmeldung**: Bekommen die Mitarbeiter laufend Rückmeldung über ihren Entwicklungsstand?
- **Zeitrahmen**: Ist der Arbeitsauftrag zeitlich realistisch gegliedert?

3.5.4 Ermöglichungsdidaktik – die konzeptionelle Basis

»Der Mensch ist unbelehrbar, aber lernfähig.«
Horst Siebert

Zukünftiges Lernen in Organisationen erhebt nicht mehr den Anspruch, man könne Lernprozesse direkt beeinflussen (vgl. Wahl 2006, S. 206). Auch widerspricht diese »Erzeugungsdidaktik« dem Menschenbild, das im Kontext agiler Unternehmen zunehmend gefordert wird.

Es ist absurd zu glauben, man könne die individuellen Lernprozesse der Mitarbeiter einer Organisation zentral steuern und damit auf die strategischen Ziele hin fokussieren. Die Lernprozesse im Unternehmen werden vielmehr durch Regeln, Normen und Werte, die von den Mitarbeitern verinnerlicht sind, koordiniert und synchronisiert. Deshalb ist Lernen kein linearer Prozess, wie es sich viel traditionelle Bildungsverantwortliche wünschen. Aus diesen Erkenntnissen heraus hat sich die Ermöglichungsdidaktik entwickelt (vgl. Arnold, Gomez Tutor 2007).

Die didaktische Analyse der Bildungswirkung des Lehr- und Fachinhalts muss deshalb perspektivisch ersetzt oder gar abgelöst werden durch eine »didaktische Analyse des Lernsubjektes« (Arnold 2017, S. 18).

Ermöglichungsdidaktik hat zum Ziel, den Mitarbeitern alles an die Hand zu geben, damit sie ihre personalisierten Entwicklungsprozesse lösungsorientiert und selbstorganisiert gestalten können (nach ebenda).

Dabei geht es nicht mehr darum, dass die Mitarbeiter vollständig alles erlernen. Vielmehr sollen sie in ausgewählten, repräsentativen Praxisaufgaben eigene Erfahrungen sammeln und Autonomie erleben. Die Lernautonomie liegt dabei grundsätzlich beim Mitarbeiter, dem zugetraut wird, Zugänge zu den notwendigen Themen zu erarbeiten, diese im Dialog zu vertiefen und mögliche Anwendungen zu üben (nach ebenda, S. 22).

Die Ermöglichungsdidaktik ist die pragmatische Antwort auf die wirtschafts- und bildungspolitisch propagierte Forderung nach **lebenslangem Lernen** und damit auch für agile Entwicklungskonzeptionen. Die vielbeschworene Vision des lebenslangen Lernens baut darauf auf, dass die Menschen die Motivation und die Kompetenz erwerben, eigenständig über ihre gesamte Lebensspanne hinweg zu lernen. Sie umfasst damit alle Gelegenheiten zum Lernen, in Seminaren, mit E-Learning, in Blended-Learning-Arrangements oder in sozialen Netzwerken, am Arbeitsplatz, in Projekten oder in Communities of Practice, ein Leben lang (vgl. Schäfer 2017).

Dies bedeutet das Aufgeben von Mythen über das Lernen, liebgewonnener und vordergründig erfolgreicher Lehrkonzepte und jahrzehntelang entwickelter Lernmaterialien, einen grundlegenden Kulturwandel im betrieblichen Lernbereich und eine fundamental veränderte Rolle der Personalentwicklung, der Führungskräfte und der Mitarbeiter.

Die Entwicklungssituation sollte deshalb nicht vom Inhalt, sondern aus dem Fokus des Lernenden als Lernraum gestaltet werden (vgl. Wahl 2006).

Die Ermöglichungsdidaktik wird vor allem durch folgende Merkmale geprägt (vgl. Siebert 2019, S. 107):

- **Situiertheit**: Die Herausforderungen sind auf realistische Herausforderungen und Anwendungen bezogen.
- **Anschlussfähigkeit**: Neues Wissen und neue Kompetenzen knüpfen an den Vorkenntnissen sowie den bisherigen Kompetenzen bzw. Erfahrungen an.
- **Selbstorganisation:** Personalisiertes Lernen wird ermöglicht.
- **Biografieorientierung:** Die bisherigen Arbeits- und Lernerfahrungen werden berücksichtigt.
- **Kontextabhängigkeit:** Lernen ist in das Arbeitsumfeld mit seinen individuellen, sozialen und kulturellen Aspekten eingebettet.
- **Emotionalität:** Motive und Gefühle der Lerner fließen in die Lernprozesse ein.
- **Prozessorientierung:** Lernen findet kontinuierlich statt (lebenslanges Lernen).
- **Lernbegleitung:** Die Lernprozesse werden professionell begleitet und unterstützt.

Ein ermöglichungsdidaktisches Vorgehen orientiert sich an den Lernenden und traut diesen grundsätzlich mehr zu, als wir gewohnt sind. Insbesondere können Lerner ihre Lernprozesse, genauso wie sie ihre Arbeitsprozesse zunehmend eigenverantwortlich gestalten, selbstorganisiert aufbauen. Dabei geben ihnen die strategischen Vorgaben Orientierung, die sie im Regelfall mit ihrer Führungskraft besprechen.

Den Emotionen und Motivationen für den Lernprozess kommt eine zentrale Bedeutung zu. Hier gilt in besonderem Maße das Wort des Hirnforschers Gerald Hüther

(2009): *»Ohne Gefühl geht gar nichts.«* Wenn sich also der Mitarbeiter in diesem Ermöglichungsraum selbstorganisiert entwickelt, dann wird er nicht nur im Sinne der Unternehmung »reifen«. Er wird sich dabei immer auch persönlich weiterentwickeln können, wenn auch sicherlich in einem begrenzten Umfang.

Deshalb bietet sich der Ansatz des *Co-Working* an, weil sich in diesen realen oder virtuellen Räumen Menschen auf flexibler und freiwilliger Basis treffen, die sich sonst unter Umständen nicht nähergekommen wären. Dabei profitieren alle voneinander. Wichtig ist, dass es zielgruppenspezifische, aber auch offene Arbeits- und Entwicklungsbereiche gibt, die die Kommunikation und Kollaboration untereinander ermöglichen. Begleitet werden können diese Prozesse von Coaches, d. h. Prozessbegleitern.

Die Ermöglichungsdidaktik hat zum Ziel, Möglichkeiten der selbstorganisierten Entwicklung mit den institutionellen und organisatorischen Rahmenbedingungen der Organisation zu verknüpfen. Dadurch entsteht ein entwicklungsförderndes Umfeld mit einer Vielzahl von Ansätzen, personalisierte Lernprozesse selbstorganisiert zu gestalten. Die Lernbegleiter schaffen ein emotional positives Umfeld für personalisierte, selbstorganisierte Lernprozesse auf allen Ebenen, regen die Mitarbeiter, die Teams und die gesamte Organisation zur Reflexion über die jeweiligen Entwicklungsziele an und ermutigen sie, ihre Ziele umzusetzen. Dabei unterstützen sie die Kollegen und die Führungskräfte als Coach.

3.5.5 Singularitätsdidaktik

»Die heutige Einheitsbildung ist nicht die richtige Antwort auf die Vielfalt der Lernenden; dazu sind die Bedürfnisse des Einzelnen zu verschieden.«
Dräger, Müller-Eiselt

Die Spätmoderne fördert den Individualismus in Form einer Gesellschaft der Singularitäten immer stärker (vgl. Reckwitz, 5. Aufl. 2020). Der Pädagoge Rolf Arnold prognostiziert entsprechend, dass sich die Ermöglichungsdidaktik zu einer Singularitätsdidaktik weiterentwickeln wird (vgl. Arnold 2017, S. 108 ff.).

Singularitätsdidaktik ist eine erweiterte Form der Ermöglichungsdidaktik mit dem Ziel, personalisierte Lernprozesse unter Nutzung der Möglichkeiten digitalisierter Lernorganisation zu ermöglichen.

Damit soll erreicht werden, dass der Unterschiedlichkeit der Lernenden durch die Art der Bildungsorganisation und die Vielfalt der möglichen Lernwege wirksam Rechnung getragen wird. Sie ist damit eine **Ermöglichungsdidaktik plus**, die die didaktischen Modelle der Vergangenheit gewissermaßen auf den Kopf stellt (ebenda S. 110).

Entscheidend ist zukünftig, dass sich das Lernarrangement dem Lernenden anpasst.

Dieser Paradigmenwechsel schlägt sich in der Konzeption der Learning-Experience-Plattform, die konsequent aus dem Blickwinkel der Lernenden gestaltet wird, aber auch in den Rollen aller Beteiligten der Lernprozesse nieder.

3.6 Ermöglichungsraum – Learning-Experience-Plattform (LXP)

»Learning-Experience-Plattformen stehen am Anfang einer Lernrevolution.«
Daniel Stoller-Schai

In der Anfangsphase des E-Learning vor ca. drei Jahrzehnten wurden Lernprogramme meist ohne digitale Kommunikationsmöglichkeiten ins Intranet gestellt. Rasch entwickelten sich dann Learning-Management-Systeme (LMS) in Form virtueller Lern- und Kommunikationsplattformen, auf denen formelle Lernmodule bereitgestellt und administriert wurden, die auch den kursinternen Austausch über Foren und Chats ermöglichten. Als das Lernen in der Praxis zunehmend in die Lernarrangements integriert wurde, entwickelten sich soziale Lernplattformen, die nicht nur das formelle Lernen unterstützten, sondern auch gezielte Werte- und Kompetenzentwicklung ermöglichten. Deshalb wurden Tools wie Blogs, Wikis, E-Portfolio[29] oder kollaborative Workspaces integriert (vgl. Sauter, Staudt 2016).

Selbstorganisierte Werte- und Kompetenzentwicklung ist nur ermöglichungsdidaktisch realisierbar, braucht also einen passenden Ermöglichungsraum, der

- der Individualität und Eigenverantwortung der Mitarbeiter Rechnung trägt, indem diese ihre personalisierten Lernprozesse selbstorganisiert planen und umsetzen,
- dem demografischen Wandel und der damit einhergehenden Heterogenität der Lernenden gerecht wird, indem vorhandene Lehr- und Lernkonzepte, Lernmaterialien, aber auch die Rolle der Lehrenden vom Lernenden her neu gedacht werden,
- die Unterschiedlichkeit der Lebenswelten und die Vielfalt interkultureller Herausforderungen berücksichtigt, indem Werte- und Kompetenzentwicklung dort stattfindet, wo reale Herausforderungen zu bewältigen sind, diese aufgreift und damit die Kommunikation und das kollaborative Arbeiten und Lernen zwischen Menschen fördert,

---

29 Persönliches Tool, in dem der Lerner seine individuelle Lernkarriere dokumentiert. Neben den Ergebnissen seiner regelmäßigen Werte- und Kompetenzerfassung präsentiert er dort seine wichtigsten Dokumente, Ausarbeitungen oder Präsentationen. Der Mitarbeiter bestimmt, wer Zugriff darauf hat.

- den technologischen Wandel aktiv aufgreift, indem diese Lernwelt als Spiegelbild der zunehmend digitalisierten Arbeitswelt digitale Lernsysteme und -formate integriert,
- als organisationales Netzwerk gestaltet wird, das in engem Austausch mit der Umwelt der Organisation steht,
- eine dezentrale Steuerung durch die Mitarbeiter ermöglicht, indem externe Einflüsse, z. B. soziale Medien, Google oder LinkedIn integriert werden (vgl. Sauter, Sauter, Wölfing 2018, Schmitz, Foelsing 2021b).

Der Ermöglichungsraum ist eine digitale Plattform, die didaktische, methodische, materielle und mediale Aspekte so anordnet, dass die Wahrscheinlichkeit für die angestrebten Entwicklungsprozesse auf allen Ebenen möglichst hoch wird (nach Wahl 2006, S. 206).

Das Werte- und Kompetenzmanagement konzentriert sich deshalb nicht mehr auf die detaillierte Planung von Lehr-/Lernprozessen (Planungsfixierung), sondern auf die Ermöglichung des selbstorganisierten Aufbaus von Wissen, Qualifikation, Werten und Kompetenzen in personalisierten Lernprozessen (Realisierungsfixierung). In diesem systemischen Ansatz wird der Mitarbeiter als Ganzes gesehen und es werden sein Umfeld und seine individuellen Bedürfnisse, die immer eng mit den emotionalen Strukturen verknüpft sind, berücksichtigt. Der Prozessbegleiter schafft die Bedingungen für die selbstorganisierte Entwicklung der Mitarbeiter und ermöglicht damit Prozesse der selbsttätigen und selbstständigen Wissenserschließung und Wissensaneignung (vgl. Siebert 3. überarb. Aufl. 2011, S. 90).

Der Mitarbeiter wird vom Objekt zum Subjekt seiner individuellen Entwicklung. Er erhält deshalb vielfältige Angebote, die es ihm ermöglichen, sein Wissen selbstorganisiert aufzubauen und zu sichern und bei der Bewältigung herausfordernder Aufgaben seine Kompetenzen zu entwickeln. Die Lerner müssen deshalb eine hohe Methoden-, Medien-, Selbstorganisations- und Selbstlernkompetenz entwickeln. Aus dem bisherigen »Lehrer« oder »Trainer« wird der »Prozessbegleiter«, der als Bildungsberater und Lerncoach die individuellen Entwicklungsprozesse ermöglicht und unterstützt.

3.6.1 Lern-Ökosystem – Learning-Experience-Plattform (LXP)

Im Zuge der Entwicklung zur Singularitätsdidaktik wandelte sich der Fokus, aus dem heraus Lernplattformen gestaltet wurden. Standen am Anfang die Bedürfnisse der Personalentwicklung wie vereinfachte Administration und Überprüfung des Lernerfolges im Vordergrund, ging der Blickwinkel immer mehr zum Mitarbeiter und seinen personalisierten Lernprozessen. Daraus entwickelte sich der Ansatz der Learning-Experience-Plattform (LXP), die als Lern-Ökosystem gestaltet wird, der von Josh Bersin (2019) bekannt gemacht wurde. Dabei verweist das »LX« auf ein Lernerlebnis, eine Lernreise (Learning Journey) oder allgemein nachhaltige Lernprozesse, die mithilfe künstlicher Intelligenz ermöglicht werden (vgl. Foelsing, Schmitz 2021b).

Learning-Experience-Plattformen weisen den Charakter eines Lern-Ökosystems (Learning Ecosystem[30]) auf.

Lern-Ökosysteme (Learning Ecosystems) sind hoch adaptive sozio-technische Systeme, die durch das dynamische Zusammenspiel interner und externer Partner, Communitys von Lernenden, Technologien, Daten, Formaten, Services, Räumen und Inhalten geprägt werden (vgl. Foelsing, Schmitz 2021b).

Damit sind diese Systeme vor allem durch zwei Merkmale geprägt:

- **Offener, antizipierender Austausch mit dem Umfeld** auf Augenhöhe, der kollaboratives Arbeiten und Lernen über die Funktionen und Organisationseinheiten hinweg ermöglicht.
- **Verknüpfung aller Elemente des Systems**, sodass die Interaktion unterschiedlicher Akteure und Angebote unterstützt wird und die Lernenden eine klare Orientierung erhalten. Dies setzt voraus, dass neue Elemente möglichst schnell integrierbar und abkoppelbar sind und die Lernenden jederzeit und durchgängig, bedarfsorientiert und mit jedem Endgerät auf diese Ressourcen zugreifen können.

Der Ermöglichungsraum benötigt deshalb eine ganzheitliche Gestaltungsperspektive, mit der sich ein tragfähiger Rahmen für die Interaktion zwischen Menschen, Lernformaten, Inhalten und Technologie entwickeln lässt, sodass eine hohe Differenzierung und Anpassungsfähigkeit ermöglicht wird. Zukünftig können separate Plattformen überflüssig werden, indem Lernressourcen und -angebote primär über die genutzten Arbeitssysteme zur Verfügung gestellt werden, sodass Arbeiten und Lernen auch technologisch zusammenwachsen. In diesem Fall wird ein Hintergrundsystem im Sinne einer *Integrated Learning Ecosystem Platform* benötigt, die als Integrations- und Distributions-Hub für internen und externen Content, Systeme und Daten fungiert (vgl. ebenda).

Learning-Experience-Plattformen sind digitale Ermöglichungsräume, mit denen die Lernprozesse der Mitarbeiter im Prozess der Arbeit und in Praxisprojekten aus deren Blickwinkel ermöglicht werden.

---

30 Bereits zu Beginn der 1990er-Jahre führte James Moore den Begriff *Business Ecosystem* ein, indem er systemische Ansätze aus der Biologie und der Systemtheorie von Gregory Bateson auf die Systeme in der Wirtschaft übertrug. In der Biologie bezeichnet »Ökosystem« ein ganzheitliches System von organischen und anorganischen Elementen. Ein Business Ecosystem ist eine ökonomische Gemeinschaft von vielfältigen Akteuren (Organisationen, Menschen, Maschinen, digitalen Systemen), die miteinander interagieren, Daten austauschen und sich durch ihre Aktivitäten gegenseitig beeinflussen (vgl. Foelsing, Schmitz 2021b).

Eine Learning-Experience-Plattform (LXP) ist eine KI-gesteuerte Lern- und Arbeitsumgebung, die konsequent aus dem Blickwinkel der Mitarbeiter gestaltet wird und personalisierte, selbstorganisierte Lernerlebnisse ermöglicht.

Sie verknüpft vielfältige Funktionen miteinander, kuratiert Inhalte aus unterschiedlichen Quellen und ist über alle gängigen Endgeräte nutzbar.

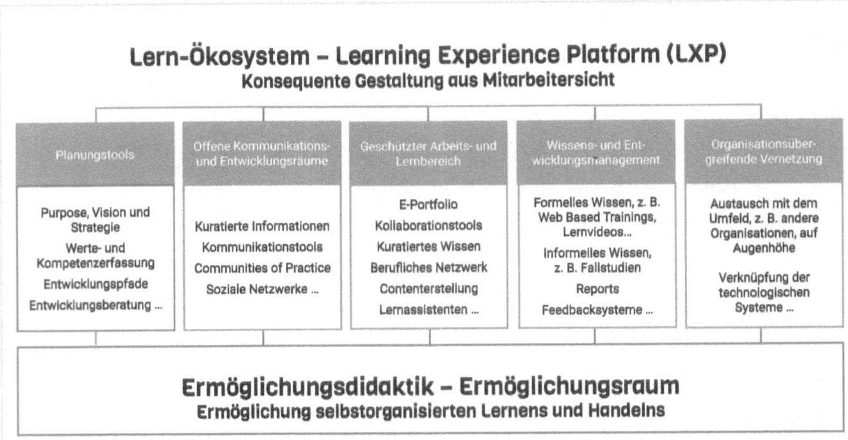

Abb. 9: Struktur des Ermöglichungsraumes – Learning-Experience-Plattform (LXP)

Mit künstlicher Intelligenz, Datenanalyse und dem automatischen Auswählen (Kuratieren) von Inhalten wird es über LXP möglich, personalisierte Lernangebote zusammenzustellen und die Lernprozesse individuell zu ermöglichen. Auf diese Weise können Lernangebote bedarfsgerecht (*Learning in the Moment of Need*) und personalisiert (*Learning just for me*) angeboten werden (vgl. Stoller-Schai 2021).

Eine Studie der Hochschule Pforzheim (vgl. Foelsing, Schmitz 2021b) macht deutlich, warum diese Systeme sich in der Praxis immer mehr durchsetzen:

- Klassische Ansätze der Personalentwicklung geraten an ihre Grenzen, weil sich die Rahmenbedingungen und die Anforderungen an die Mitarbeiterentwicklung immer schneller verändern.
- Externe Einflüsse, z. B. aus sozialen Netzwerken, begrenzen zunehmend die Möglichkeiten, Lernen in der Organisation zentral zu steuern und zu kontrollieren.
- Die Grenze zwischen Arbeiten und Lernen verschwimmt, das Lernen wird zunehmend, verstärkt durch die Coronapandemie, digital ermöglicht.
- Digitale Lernsysteme und -formate existieren heute oftmals noch isoliert voneinander und sind nur über unterschiedliche Kanäle nutzbar.
- Dezentral ausgerichtete Lernangebote führen zu Orientierungslosigkeit der Mitarbeiter.
- Die Personalentwicklung zeigt sich oftmals wenig anpassungsfähig.

Die Learning-Experience-Plattform sollte deshalb als Lern-Ökosystem gestaltet werden, das folgende Elemente umfasst (vgl. Sauter, Sauter, Wolfig 2018, Dückert 2017):

Learning-Experience-Plattform – Lern-Ökosystem für werte- und kompetenzorientierte Mitarbeiter- und Teamentwicklung		
Element	**Nutzungsmöglichkeit**	**Erläuterung**
Prinzipien des Gestaltungsprozesses		
Purpose, Vision und Strategie – Governance-Aufgaben	Klärung der Rollen und Verantwortlichkeiten, Standards und Prozesse, Investitionsentscheidungen, Daten- und Technologie-Architektur, Service Level Agreements	Governance, d. h. Steuerung und Regelung, tritt an die Stelle hierarchischer Kontrolle, indem sie Leitlinien entwickelt, die der Komplexität und Dynamik des Ökosystems gerecht wird. Weiterhin wird eine Lern- und Führungskultur benötigt, die selbstorganisiertes Lernen fördert sowie ein hohes Maß an Offenheit gegenüber anderen Systemen und Stakeholdern ermöglicht.
Konsequente Gestaltung aus Mitarbeitersicht	digitale, KI-gestützte Anlaufstelle für alle Mitarbeiter in der Organisation zur Ermöglichung ihrer personalisierten Werte- und Kompetenzentwicklung mit einer nutzerfreundlichen Oberfläche	attraktive, technische Basis für agile, personalisierte Lernerlebnisse, für soziales, kollaboratives Arbeiten und Lernen und damit für gezielte Werte- und Kompetenzentwicklung im Netz, die sich am Design von Social Media orientiert: • moderne UI (User Interface) • moderne UX (User Experience) mit intuitiver Bedienung
Kollaborativer Filter	Vernetzt die Mitarbeiter untereinander und mit Partnern.	Hilft den Mitarbeitern, sich zielgerecht zu vernetzen.
Automatische Kuratierung	Inhalte aus anderen internen und externen Quellen werden bedürfnisgerecht für jeden Mitarbeiter ausgewählt.	Mithilfe künstlicher Intelligenz werden dem Mitarbeiter regelmäßig die Inhalte zur Verfügung gestellt, die für ihn relevant sind. Außerdem werden personalisierte Lernempfehlungen entwickelt.
Social Learning	Ermöglicht das gemeinsame, kollaborative Arbeiten und Lernen.	Kollaboratives Arbeiten und Lernen mit Co-Coaching und kollegiale Beratung im Netz werden ermöglicht.
Mobile Learning	Das Entwicklungsportal kann unabhängig von Ort und Zeit über ein responsives Frontend genutzt werden.	Alle Inhalte sind auf allen gängigen Geräten (Devices) und Bildschirmformaten (Screens) nutzbar.

Learning-Experience-Plattform – Lern-Ökosystem für werte- und kompetenzorientierte Mitarbeiter- und Teamentwicklung		
Element	**Nutzungsmöglichkeit**	**Erläuterung**
Microlearning	Die möglichst lerngerecht und modularisiert aufbereiteten Inhalte können nach Bedarf (on demand) gefunden und genutzt werden.	relativ kleine, meist problemorientierte und abwechslungsreiche Lerneinheiten und kurzfristige Entwicklungsaktivitäten, die online nutzbar sind
Usability	intuitive Bedienung und geringe Nutzungsbarrieren, mitarbeiterfreundliche Gestaltung	Die Hürden zur Nutzung des Systems müssen so gering wie möglich gehalten werden.
Transparenz	Grafische Dashboards geben Mitarbeitern und Lernbegleitern Orientierung zum jeweiligen Lernprozess.	Grafisch aufbereitete Reports unterstützen die selbstorganisierte Planung und die Lernberatung.
WOL – Working Out Loud[31]	Förderung einer offenen Kommunikations- und Kollaborationskultur	Offene und vernetzte Entwicklungsprozesse im Rahmen des • *Social Learning:* Zwischenergebnisse werden im Team regelmäßig veröffentlicht, kontinuierlich kollaborativ verbessert sowie in Communities of Practice[32] ausgetauscht und diskutiert, • *offenen Austauschs (Retrospektive und Review)* in Lerntandems und -gruppen im Daily Stand-up, Jour Fixe, über Projekttagebücher sowie in Webinaren und Workshops, • *kompetenzorientierten Wissensmanagements* über die systematische Aufbereitung und Diskussion von Erfahrungswissen, z. B. in Case Studies.

31 Transparente, offene Zusammenarbeit im Netzwerk, indem Arbeitsergebnisse veröffentlicht, Querverbindungen und Rückmeldungen zur Verbesserung der Ergebnisse kontinuierlich genutzt werden, aktiv Hilfe angeboten wird, interdisziplinäre Netzwerke gepflegt werden und zielgerichtet zusammengearbeitet wird.

32 Die Teilnehmer wählen selbst die Ziele, Inhalte, Strategien, Methoden und Kontrollmechanismen ihrer Entwicklungsprozesse und kommunizieren im Netz miteinander.

Learning-Experience-Plattform – Lern-Ökosystem für werte- und kompetenzorientierte Mitarbeiter- und Teamentwicklung		
Element	**Nutzungsmöglichkeit**	**Erläuterung**
Nudging	Gibt kleine Anstöße – »Stupser« –, um das Handeln der Mitarbeiter gezielt zu beeinflussen.	gezielte Entwicklung von Werten, um das Handeln der Mitarbeiter zu lenken, ergänzend evtl. Nutzung von Elementen des *Gamification*[33], um den Spaßfaktor zu nutzen
Aktualität	Durch laufende Beiträge der Mitarbeiter erhält das System einen dynamischen Charakter. Beiträge der Mitarbeiter, Prozessbegleiter (Kommentare, Dokumente, Videos etc.) sind sofort nach der Einstellung sichtbar. Neue User, Gruppen, Blogs werden sofort veröffentlicht.	Die Plattform wird erfahrungsgemäß nur dann von den Mitarbeitern akzeptiert, wenn sie einen konkreten Nutzen für sich selbst und ihre aktuelle Arbeit erfahren. Deshalb bietet sie alle Methoden, Instrumente und Tools, formelle Inhalte, Erfahrungswissen und Feedbackinstrumente, die für agile Entwicklungsprozesse benötigt werden.
Flexibilität	Neue Inhalte und technologische Elemente können jederzeit hinzugefügt werden (Baukastenprinzip).	Die Plattform sollte ein Spiegelbild der Systeme in der Arbeitswelt sein, die in einem dynamischen Prozess laufend weiterentwickelt wird.
Suche	sehr einfach nutzbare, individuell anpassbare Suchfunktionen zum Filtern über alle im Bereich der Lerner eingestellten Informationen, Volltextrecherche über alle Gruppen und Einträge in den Gruppen, Änderungshistorie etc.	Eine unternehmensweite Vernetzung setzt ein effizientes Suchsystem über Inhalte und Personen voraus.
Datensicherheit	passwortgeschützte Bereiche und Verschlüsselung	Die konsequente Einhaltung der DSGVO ist die notwendige Voraussetzung für einen offenen, wertebeladenen Austausch der Mitarbeiter.
Geräteunabhängigkeit	Alle gängigen Betriebs- und Hardwaresysteme werden unterstützt.	Die Mitarbeiter sollten das System auch mit ihren persönlichen Geräten nutzen können.
Onlinehilfen, Mehrsprachigkeit, Nutzung über eine App, Corporate Design etc.		

33 Nutzung spieltypischer Elemente und Prozesse in nichtspielerischem Kontext, z. B. Badges, Fortschrittsbalken, Rankings oder Auszeichnungen mit dem Ziel der Motivationssteigerung.

Learning-Experience-Plattform – Lern-Ökosystem für werte- und kompetenzorientierte Mitarbeiter- und Teamentwicklung		
Element	**Nutzungsmöglichkeit**	**Erläuterung**
Individuelle Werte- und Kompetenzentwicklungsplanung		
Die Mitarbeiter planen, gestalten und dokumentieren ihre Entwicklungsprozesse selbstorganisiert und kollaborativ. Sie können ihre individuellen Entwicklungsprozesse direkt im Prozess der Arbeit (*Workplace Learning*), mit Lernpartnern (*Social Learning*),unabhängig von Ort und Zeit (*Mobile Learning*) und nach dem individuellen Bedarf *on demand* (*Microlearning*) gestalten und steuern.		
Purpose, Vision und Strategie	strategische Anforderungen und Ziele für die jeweilige Funktion	Grundlage des Entwicklungsgespräches mit der jeweiligen Führungskraft, um die Ziele des Lernens zu vereinbaren sowie bedarfsgerechte Herausforderungen für die Entwicklungsprozesse zu identifizieren
	Werte- und Kompetenzprofile der jeweiligen Funktion	
Werte- und Kompetenzerfassung	Selbst- und Fremdeinschätzungen von Individuen sowie Ist- und Wunscherfassung auf Team- und Organisationsebene	Werte- und Kompetenzerfassungssysteme mit vielfältigen Auswertungsmöglichkeiten
Analyse und Bewertung der Erfassungsergebnisse	Identifikation von Entwicklungsmöglichkeiten der Individuen sowie von Sollprofilen für Funktionen, Teams oder Organisationen	Grundlage für das Beratungsgespräch mit dem Lernbegleiter oder Werte- und Kompetenzberater, um individuelle Entwicklungsziele sowie personalisierten Entwicklungspfade zu formulieren
Lernempfehlungen	Ableitung von Lernpfaden, Learning Journeys etc.	Die Mitarbeiter erhalten Empfehlungen für ihre personalisierte Gestaltung der Lernwege.
Offene Kommunikation und Entwicklungsräume		
Werte- und kompetenzbezogene Informationen	kuratierte Informationen und Nachrichten mit Schwerpunktartikeln und Rubriken, Videos, Open Educational Resources, Webinare, Kurznachrichten, Eventankündigungen etc. Eine integrierte Stichwortsuche sowie Filterfunktionen erlauben die fokussierte Suche relevanter Inhalte.	Die Beschäftigung mit Fachthemen und den eigenen Werten und Kompetenzen soll durch aktuelle, spannende Beiträge für alle Mitarbeiter im Unternehmen an Bedeutung gewinnen. Gleichzeitig wird dadurch die Vernetzung in und außerhalb der Organisation gefördert.

Learning-Experience-Plattform – Lern-Ökosystem für werte- und kompetenzorientierte Mitarbeiter- und Teamentwicklung		
Element	**Nutzungsmöglichkeit**	**Erläuterung**
Offene Communitys zum Werte- und Kompetenzmanagement	offene Kommunikationsräume zu ausgewählten Themen (Projekte, Methoden, Tools etc.)	Die Mitarbeiter entwickeln Netzwerke für ihren Arbeitsbereich und ihre persönliche Werte- und Kompetenzentwicklung.
Unternehmensoffene Informationen und Diskussionsbeiträge	Blogs der oberen Führung, von Experten sowie des Werte- und Kompetenzmanagementteams, Diskussionsbeiträge, Foren, Fallstudien, Artikel, Videos etc.	Instrument der organisationsinternen Öffentlichkeitsarbeit
Soziale Netzwerke	selbstorganisierter Aufbau von Netzwerken innerhalb und außerhalb der Organisation	Der selbstorganisierte Austausch von Erfahrungswissen ist eine wesentliche Voraussetzung für die organisationsweite Akzeptanz.
Geschützter Arbeits- und Entwicklungsbereich		
E-Portfolio	persönlicher Bereich mit einer digitalen Sammlung von Dokumenten und persönlichen Arbeiten eines Mitarbeiters, in der die Werte- und Kompetenzentwicklung in einer bestimmten Zeitspanne dokumentiert und veranschaulicht wird	Damit wird die selbstorganisierte Werte- und Kompetenzentwicklung im Netz ermöglicht.
Nachrichten aus dem persönlichen Werte- und Kompetenznetzwerk, die für den Mitarbeiter relevant sind	aktuelle Beiträge der Entwicklungspartner, Prozessbegleiter und in den eigenen Gruppen, jeweils dem einzelnen Lerner bedarfsgerecht zugeordnet	Öffnen die Teilnehmer das System, erhalten sie die aktuellen Hinweise, die für sie relevant sind. Die Kuratierung unterstützt das Finden passender Quellen (Aggregation) on demand, die Auswahl und Kommentierung sowie die Publikation.
Persönliches Nutzerprofil	Die Felder können individuell ausgewählt und sichtbar geschaltet werden. Der Mitarbeiter kann sein Profil mit Entwicklungspartnern verlinken.	Diese Funktionen unterstützen die Netzwerkbildung.
Meine Kontakte (»Freunde«)	Das persönliche Netzwerk wird transparent.	

Learning-Experience-Plattform – Lern-Ökosystem für werte- und kompetenzorientierte Mitarbeiter- und Teamentwicklung		
Element	**Nutzungsmöglichkeit**	**Erläuterung**
Mein persönlicher Blog	Dieses Instrument wird vor allem als Projekt- oder Lerntagebuch der Teilnehmer genutzt. Es empfiehlt sich, im Kick-off innerhalb einer Entwicklungsgruppe Vereinbarungen über die Zeitpunkte der gruppeninternen Veröffentlichung, die inhaltliche Struktur sowie die Kommentierung in verbindlicher Form zu treffen.	Ein Blog in Entwicklungsprozessen ist ein Prozesstagebuch, das für definierte Entwicklungsgruppen zugänglich ist und deren Einträge kommentiert werden können. Die Beiträge und teilweise die Kommentare besitzen eine eigene, feste Webadresse (Permalink). Die Beiträge eines Weblogs werden in einem Feed zusammengefasst.
Unser gemeinsames Wiki	Dieses Instrument wird vor allem als Prozesstagebuch über die Werte- und Kompetenzentwicklung in einem Team genutzt.	Ein einfach benutzbares, webbasiertes Autorensystem (Content-Management-System), bei welchem alle Besucher alle Seiten verändern dürfen (open editing). Die Strukturen entstehen Bottom-up durch Verlinkung.
Mein Kalender	Die Mitarbeiter können ihre eigenen sowie die gruppenbezogenen Termine verwalten.	Wichtiges Instrument für die personalisierte Planung der Lernprozesse. Der Kalender kann mit Entwicklungspartnern synchronisiert werden.
Profile	Auffinden und Identifikation von Entwicklungspartnern und Experten	
Unternehmensinternes soziales Netzwerk	Integration der Elemente für soziale Netzwerke: Chat, Foren, Blog, Wiki, E-Mail-Benachrichtigungen, Kalender, Kontakte verlinken, Kontaktanfragen, Gruppen etc.	
Kollaborationstool	gemeinsame Lösung von Herausforderungen im Netz mit dem Ziel der Werte- und Kompetenzentwicklung	
Blogs	z. B. als Projekt- oder Lerntagebuch	

Learning-Experience-Plattform – Lern-Ökosystem für werte- und kompetenzorientierte Mitarbeiter- und Teamentwicklung		
Element	**Nutzungsmöglichkeit**	**Erläuterung**
Wikis	kollaborative, zeitunabhängige Erarbeitung von Lösungen	individuelle und teambezogene Werte- und Kompetenzentwicklungsprozesse in organisationsinternen sozialen Netzwerken
Webinare	Reflexion und Erfahrungsaustausch	
Aktivitäten	Übersicht über aktuelle Aktivitäten im persönlichen Netzwerk	
Erfahrungswissen	Die Mitarbeiter können nach Erfahrungsberichten sowie nach Entwicklungspartnern und Experten (bzw. erfahrenen Kollegen) suchen und sich mit ihnen austauschen. Volltextrecherche über alle Gruppen und Einträge	
Quellen	Verlinkungen zu Quellen innerhalb und außerhalb des Intranet	
Kommentare	Kommentarfunktionen, Liken, Favoriten, Empfehlen von Beiträgen und Weiterleiten an »Freunde«/Gruppen	
Wissens- und Entwicklungsmanagement		
Die Erfahrungen der Mitarbeiter werden im Rahmen des werte- und kompetenzorientierten Entwicklungsmanagements mithilfe von Entwicklungstagebüchern (Blogs) oder gemeinsamen Arbeitsergebnissen (Wikis) systematisch erfasst. Weiterhin ist es möglich, bei Bedarf mögliche Entwicklungspartner und Experten zu identifizieren, die bei aktuellen Problemlösungen miteinbezogen werden können.		
Automatische Reports	Dokumentation und Aggregation der Entwicklungsergebnisse	
	Erfahrungsberichte, Case Studies, Reflexionen etc.	

Learning-Experience-Plattform – Lern-Ökosystem für werte- und kompetenzorientierte Mitarbeiter- und Teamentwicklung		
Element	**Nutzungsmöglichkeit**	**Erläuterung**
Werte- und kompetenzorientiertes Wissensmanagement	Datenbank zur Speicherung des Erfahrungswissens	Redaktionssystem und Auswertungen auf einen Blick als Grundlage individueller, team- und organisationsbezogener Werte- und Kompetenzentwicklungsprozesse
	Tool zur Ermöglichung des werte- und kompetenzorientierten Wissensmanagements	
	User-generated Content zur Aufbereitung von Erfahrungswissen als (einfaches) Lernprogramm	
	Offlinefähigkeit: Down- und Uploadmöglichkeit für ausgesuchte Inhalte mit einem individuellen Berechtigungssystem	
Rückmeldungen		
Feedbackfunktionen	Feedbacktools wie Instant Messenger für ausführliche Rückmeldungen	Software, die die gewählten »Buddies« (Freunde, Entwicklungspartner, Kollegen usw.) der Nutzer, die gerade online sind, auflistet und es den Mitarbeitern ermöglicht, kurze Textnachrichten hin- und herzusenden. Mit den aktuellen Diensten verschwimmen die Grenzen zwischen Instant Messenger und sozialem Netzwerk.
Kommentarfunktionen	Möglichkeit, Ergebnisse zu kommentieren oder die Resonanz z. B. über eine Sternebewertung zu erfassen	Quantitative und qualitative Bewertungen: Lernangebote können beurteilt und kommentiert werden.
Organisationsübergreifende Vernetzung		
Sozial-organisationale Ebene	Governance tritt an die Stelle hierarchischer Kontrolle.	Selbstorganisiertes Lernen wird durch die Lernkultur und das Führungssystem sowie Offenheit zu anderen Organisationen ermöglicht.
Technologische Ebene	nahtlose Interaktion zwischen Lernenden und den Systemen, auch organisationsübergreifend	Die Technologie ermöglicht es, neue Applikationen und Angebote, z. B. Daten, Apps oder Virtual-Reality-Anwendungen, schnell zu integrieren und wieder abzuschalten sowie mit externen Systemen einen sicheren und gezielten Austausch zu pflegen.

Tab. 15: Funktionen von Learning-Experience-Plattformen (LXPs) nach dem Prinzip von Lern-Ökosystemen

Dieser Ansatz des Lern-Ökosystems wird bereits von Unternehmen wie Audi, Siemens oder IBM als aktiver Treiber der digitalen Transformation verfolgt (vgl. Sauter, Sauter, Wolfig 2018, S. 168 ff., Foelsing, Schmitz 2021b).

Lern-Ökosysteme können sich zu **Business-Ökosystemen** weiterentwickeln, bei denen drei oder mehr Unternehmen auf Augenhöhe miteinander interagieren, um gemeinsam einen Ermöglichungsraum bereitzustellen, den jedes Unternehmen für sich genommen nicht anbieten könnte. Dies wird möglich, weil die Transaktionskosten infolge der Digitalisierung sowie durch die Auflösung der Grenzen zwischen Branchen und einzelnen Unternehmen drastisch zurückgehen (vgl. Gackstatter 2019).

Zusammengefasst ergeben sich folgende Anforderungen an die Gestaltung des Ermöglichungsraumes (vgl. Sauter, Sauter, Wolfig 2018, S. 168 ff., Foelsing, Schmitz 2021b):

Anforderungen	Nutzen
Werte und Kompetenzen werden vor allem **im Arbeitsprozess selbstorganisiert handelnd** aufgebaut.	Die Mitarbeiter und Teams entwickeln bereits im Rahmen des Lernprozesses ihre Werte und Kompetenzen sowie konkrete Lösungen für Herausforderungen.
Die bisherige Belehrungsdidaktik wird durch eine **Ermöglichungsdidaktik** abgelöst, die in einem Lern-Ökosystem umgesetzt wird.	Die Lernprozesse werden in die Verantwortung der Mitarbeiter übertragen, die dadurch ihre Selbstlernkompetenz laufend aufbauen.
Die betriebliche Bildung stellt einen bedarfsgerechten, dynamischen **Ermöglichungsraum** (**Learning-Experience-Plattform**) zur Verfügung	Die Mitarbeiter nutzen den Ermöglichungsraum auch dann, wenn Herausforderungen am Arbeitsplatz zu bewältigen sind (Social Workplace Learning).
Der Ermöglichungsraum bietet **alle Funktionen**, die erforderlich sind, um **selbstorganisiertes Lernen** zu ermöglichen.	Die Lerner finden Tools zur Planung ihrer selbstorganisierten Lernprozesse, zur Kommunikation und zur Kollaboration, formelles und informelles Wissen sowie Instrumente des Feedbacks.
bedarfsgerechte **Kuratierung von Inhalten**	Den Mitarbeitern werden alle digitalen Inhalte angeboten, die für sie relevant sind.
Ermöglichung des **formellen Lernens im Netz**	Umsetzung effizienter E-Learning- und Blended-Learning-Formate
Ermöglichung des **informellen Lernens**, der **Werte- und Kompetenzentwicklung im Netz**	Zusammenführen von Arbeiten und Lernen durch gezielte Werte- und Kompetenzentwicklung im Prozess der Arbeit und in Praxisprojekten
Planungshilfen für selbstorganisierte Werte- und Kompetenzentwicklung	Ermöglichung der selbstorganisierten Planung und Umsetzung personalisierter Lernprozesse

Anforderungen	Nutzen
Kommunikationstools	Ermöglichung der Kommunikation und des Wissensmanagements im Netz
Kollaborationstools	Ermöglichung gemeinsamer Entwicklung von Problemlösungen im Netz
formelle Inhalte	Nutzung von Web Based Trainings, Lernvideos oder Podcasts, unabhängig von Ort und Zeit
informelle Inhalte	Nutzung des Erfahrungswissens aller Mitarbeitenden im Rahmen des Wissensmanagements
Feedbacktools	laufende Rückmeldungen zur Optimierung der personalisierten Entwicklungsprozesse
professionelle Begleitung bei der **Implementierung** des Systems	erfolgreiche Umsetzung und laufende Weiterentwicklung der Konzeption

Tab. 16: Anforderungen an den Ermöglichungsraum

3.6.2 Digitale Lernwerkzeuge

Die Lernwelt muss ein Spiegelbild der Arbeitswelt sein, wenn die Mitarbeiter dort auf die Herausforderungen in der Praxis vorbereitet werden sollen. Deshalb ist es sinnvoll, für das Lernen im Netz die Tools zu nutzen, die auch in der Praxis für kollaboratives Arbeiten, das Netzwerken, die Kommunikation und für die Dokumentation eingesetzt werden. Deshalb geht der Trend dahin, einzelne Werkzeuge zu einem ganzheitlichen System – einem Lern-Ökosystem – zusammenzuführen.

Die britische Bloggerin Jane Hart ermittelt jährlich die 200 wichtigsten Tools für das betriebliche Lernen (vgl. Hart 2021):

Ranking	Tool	Kategorie	Platzierung bei *individuellem Lernen*	Platzierung im *Workplace Learning*	Platzierung in der *Weiterbildung*
1.	*YouTube*	Videos im Netz	1.	4.	1.
2.	*Zoom*	Video-Meeting-Plattform	5.	1.	3.
3.	*Google-Suche*	Suchmaschine	2.	3.	6.
4.	*PowerPoint*	Präsentationstool	9.	5.	2.
5.	*Microsoft Teams*	Kollaborationsplattform	15.	2.	8.
6.	*Word*	Bürosoftware	10.	6.	5.

Ranking	Tool	Kategorie	Platzierung bei *individuellem Lernen*	Platzierung im *Workplace Learning*	Platzierung in der *Weiterbildung*
7.	*Google Docs & Drive*	Officepaket	10.	10.	4.
8.	*LinkedIn*	Soziales Netzwerk	3.	8.	-
9.	*Twitter*	Soziales Netzwerk	4.	28.	25.
10.	*WhatsApp*	Chattool	6.	9.	10.

Tab. 17: Die wichtigsten Tools für das Lernen (Hart 2021)

Auf den weiteren Plätzen folgen Tools wie Wikipedia, Facebook, WordPress (Blogs), Google Classroom, Google Meet, Slack, Skype, Trello, Twitter und Articulate.

Diese Instrumente haben eines gemeinsam: Sie werden nicht zu den klassischen Werkzeugen des medienunterstützten Lernens gerechnet. Diese Aufstellung macht vielmehr deutlich, dass die Welten des Arbeitens und des Lernens zusammenwachsen.

Nach Jane Hart (ebenda) können Lernwerkzeuge wie folgt definiert werden:

Lernwerkzeuge sind Software, Onlinetools oder Dienste, die insbesondere für informelles Lernen im Prozess der Arbeit, aber auch für formelles Lernen genutzt werden.

Grundsätzlich können hierbei folgende Bereiche der Lernwerkzeuge unterschieden werden (vgl. Dückert 2017, S. 81–92, Kerres 2018):

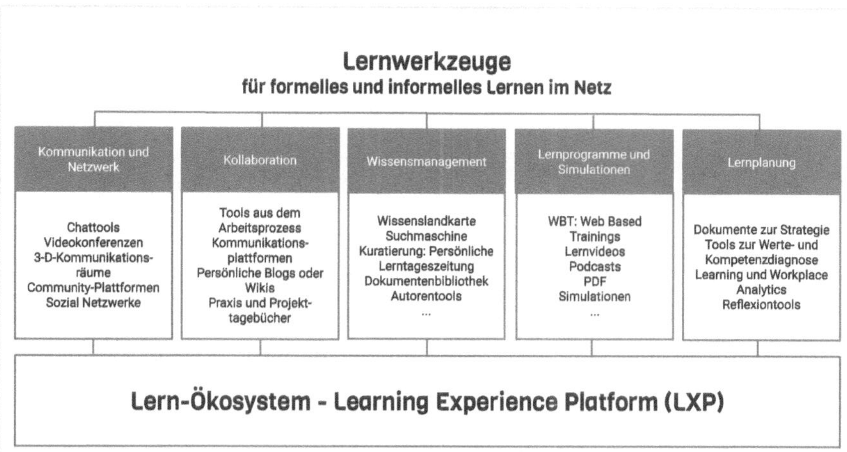

Abb. 10: Lernwerkzeuge

Viele dieser Werkzeuge sind auch als Open-Source-Lösungen verfügbar. Sie werden immer mehr als Cloud-Computing gestaltet, bei dem Daten und Software zentral in Serverparks gespeichert, gewartet sowie betrieben werden und der Anwender über einfache Endgeräte auf deren Leistung zugreifen kann. Cloud-Computing eröffnet damit einen leichten und kostengünstigen Zugang zu IT-Ressourcen. Ein wachsender Bedarf kann durch zusätzliche Anmietungen beim Provider gedeckt werden (vgl. Scheer, 3. Aufl. 2018, S. 18).

Die technologische Entwicklung der Lernwerkzeuge weist eine sehr hohe Dynamik auf. Deshalb beschränken wir uns in diesem Rahmen darauf, zentrale Innovationen aus dem Blickwinkel der Lerner hervorzuheben, die für das Arbeiten und Lernen in der Zukunft von besonderer Bedeutung sind.

3.6.2.1 Virtuelle 3-D-Kommunikations- und Kollaborationsräume

Die Virtualisierung der gegenständlichen Welt hat bereits begonnen. Städte werden als 3-D-Modelle erfasst, neue Maschinen und Anlagen bringen ihren 3-D-Zwilling mit und Menschen werden zukünftig ganz selbstverständlich über eine virtuelle Repräsentanz über einen Avatar verfügen. Mit der sogenannten Extender-Reality-Technologie können sich die Menschen in einer virtuell-immersiven Welt begegnen, lernen und zusammenarbeiten. Diese Möglichkeiten werden zu einer weiteren Entgrenzung von Arbeit in räumlicher, zeitlicher und organisationaler Hinsicht führen (vgl. Tricat 2021).

Virtuelle 3-D Lern- und Arbeitswelten bieten den Rahmen für Routinemeetings mit einer virtuellen Präsenz, die relativ gleichwertig der realen Präsenz empfunden wird. Dies ermöglicht formelle Trainings im Netz, aber insbesondere soziale Interaktion, Reflexionen, kreative Prozesse, agile Kollaboration oder E-Coaching, jedoch mit deutlich mehr medialen Möglichkeiten. In diesen Räumen können somit auch Entwicklungsszenarien mit Herausforderungen, die als real empfunden werden, umgesetzt werden, um den Aufbau von Handlungssicherheit und Kompetenz im Team mit Lernbegleitung, synchron oder asynchron, zu ermöglichen.

Ein interaktiver Learning Space mit virtueller Realität (*Virtual Reality – VR*) oder erweiterter Realität (*Augmented Reality – AR*) entfernt Barrieren von Raum und Zeit für den Lerner und erweitert damit die methodischen Möglichkeiten (vgl. Fell 2021). Die Lerner stehen jetzt mitten im Geschehen, sodass ein Vor-Ort-Gefühl, ein Eintauchen in das Geschehen (Immersion), das bisher nicht vorstellbar war, entsteht (vgl. Petry, Jäger 2018, S. 49).

Abb. 11: Beispiel eines virtuellen Kommunikationsraumes (Quelle: Tricat)

Virtual Reality (VR) ist eine durch spezielle Hard- und Software erzeugte künstliche Wirklichkeit.

Der Kern moderner VR-Hardware ist die VR-Brille (oder Headset, Head-Mounted-Display) mit zwei hochauflösenden Displays zur Darstellung künstlich erzeugter Bilder und einer damit gekoppelten Sensorik zur Erfassung von Lage und Position des Kopfes. Wenn zwischen Sensorik und Darstellung eines Bildes weniger als elf Millisekunden vergehen – die sogenannte *Sensor-to-Photon-Latency* –, entsteht der Eindruck, in der virtuellen Realität »präsent« zu sein (*Presence*) (vgl. zukunftsInstitut 2016a).

Dieser so entstehende Raum kann unendlich groß sein. Er ist begehbar und die Objekte in ihm interaktiv gestaltbar. Andere Personen können hier abgebildet werden und man kann mit diesen in Kontakt treten und kommunizieren. Ort, Zeit und die Darstellung von Inhalten kann von der Realität abgekoppelt werden und wird zu einer neuen virtuellen Realität, zunehmend mit mehreren Sinnen und Feedbackmechanismen. Die Dimensionen sind unendlich groß. Dies bedarf neuer Konzepte und des Verständnisses, wie Lernen in einer virtuellen Umgebung möglich sein wird und kann. Auch Begleitungsprozesse in einer solchen virtuellen Welt ändern sich (vgl. Fell 2021).

Erweiterte Realität (Augmented Reality – AR) ist eine Erweiterung der Wirklichkeit um dreidimensionale, interaktive Elemente mit Zusatzinformationen zur realen Welt (vgl. zukunftsInstitut 2016b)

Mit AR wird die Wahrnehmung beschleunigt, weil Erkanntes durch weitere Informationen angereichert wird bis hin zu Kontakten mit Experten. Dazu benötigt man nur ein Smartphone oder, wenn man die Hände frei haben will, eine Brille – z. B. die Mixed-Reality-Brille Microsoft HoloLens.

Bei Lernkonzeptionen mit Virtual Reality und Augmented Reality steht das Handeln im Mittelpunkt und damit das Erwerben der Werte und Kompetenzen. Dabei taucht der Lerner in die Lernsituation ein und ist Teil der virtuellen Lernwelt, seine Wahrnehmung wird fokussiert und für ihn wird die wahrgenommene Welt die »echte«, auch wenn es ihm bewusst ist, dass er sich in einer virtuellen Welt bewegt. (vgl. Fell 2018)

Damit werden in simulativen Lernumgebungen gezielte Werte- und Kompetenzentwicklungsprozesse möglich, weil realitätsgleiche Herausforderungen zu bearbeiten sind.

3.6.2.2 Künstliche Intelligenz und gezielte Mitarbeiterentwicklung

In einer 2020 durchgeführten Studie gaben Dreiviertel der befragten Unternehmen an, dass sie bereits Machine-Learning-Anwendungen verwenden oder diese gerade einführen. Das sind rund 20 Prozent mehr als im Vorjahr und es zeigt, wie deutlich der Stellenwert dieser Technologie mittlerweile erkannt wurde. Dabei machen Systeme zur Spracherkennung und Assistenzsysteme mit 40 Prozent den größten Anteil aus. Lösungen mit künstlicher Intelligenz und Machine Learning scheinen einen beachtlichen Reifegrad erreicht zu haben: Innerhalb von sechs Monaten nach der Einführung solcher Lösungen stellten rund 70 Prozent der Befragten einen positiven Effekt fest. (vgl. IDG 2020)

Der Begriff *künstliche Intelligenz* wurde bereits 1955 von John McCarthy kreiert. Danach sollen sich Maschinen so verhalten, als verfügten sie über menschliche Intelligenz. Dieser Ansatz hatte zunächst eine Blütephase, wurde dann wegen überzogener Erwartungen zurückgenommen und besitzt durch die inzwischen verbesserte Rechenleistung der Computer und weiterentwickelten Algorithmen eine neue Dynamik. (vgl. Scheer, 3. Aufl. 2018)

KI-Verfahren werden zunehmend in digitalen Geschäftsprozessen eingesetzt. Die Massendaten aus Kundenkontakten oder Social Media sowie die Sensordaten aus dem Internet of Things können nicht mehr von Menschen bewältigt und analysiert werden, sodass automatische Verfahren eingesetzt werden müssen, um Daten in Wissen zu überführen. (vgl. ebenda, S. 17 f.) Auch im Lernbereich kann die künstliche Intelligenz dazu beitragen, Lernprozesse zu optimieren, z. B. durch die laufende Analyse von Lernprozessen oder durch die Kuratierung von Lerninhalten.

Künstliche Intelligenz (KI) entsteht durch algorithmische Verfahren, die menschliche kognitive Fähigkeiten imitieren und Handlungsweisen nachbilden, um eigenständig Probleme bearbeiten zu können (nach Fraunhofer IKS; Petry, Jäger 2018, S. 46).

Mit künstlichen neuronalen Netzen (KNN) wird z. B. versucht, Eigenschaften des menschlichen Gehirns nachzubilden. Diese Systeme ergänzen und stärken menschliche Fähigkeiten im Sehen, Hören, Analysieren, und Entscheiden. Beispiele hierfür sind u. a. Dienste zur Bild-, Audio-, Text-, Sprach- und Emotionserkennung (vgl. Microsoft 2020a). Zunehmende Bedeutung gewinnen **Chatbots**, text- und sprachbasierte Dialogsysteme, die in natürlicher Sprache die Kommunikation mit dem jeweiligen System ermöglichen. Es entstehen dabei Interaktionssysteme, die auch zu komplexen Themenstellungen Dialoge führen können (vgl. Nida-Rümelin, Weidenfeld 2018). Damit wird es möglich, dass **humanoide Computer** zukünftig zumindest in Teilbereichen die Rolle eines persönlichen Lernbegleiters übernehmen, der auch emotionale Reaktionen erkennt und darauf reagieren kann.

Wir nennen die zukünftigen, menschenähnlich agierenden Rechner humanoide Computer (auch Humancomputer, Human Computer, kognitive Computer) (vgl. Erpenbeck, Sauter 2013, Nida-Rümelin, Weidenfeld 2018).

Mit dieser Bezeichnung wollen wir ausdrücken, dass sie, ähnlich wie Menschen, Problemstellungen erfassen, analysieren, bewerten und unter Nutzung der Möglichkeiten des Netzes lösen können. Sie haben eigene Meinungen, die sie auch kritisch äußern, und entwickeln von sich aus Lösungsvorschläge. Dabei nutzen sie ihr Erfahrungswissen aus früheren Entscheidungen des Lerners, sodass sie im Laufe der Zeit auch dessen emotionale und motivationale Wertungen und dessen Wertesystem verinnerlichen und in ihre Vorschläge miteinbeziehen. Es wird dadurch möglich sein, Werte- und Kompetenzentwicklung mithilfe des Lernpartners Computer auf einem bisher nicht möglichen Niveau zu optimieren.

Humanoide Computer ermöglichen Werte- und Kompetenzentwicklung im Netz mit Computer-Co-Coaching.

Dabei stehen dem einzelnen Mitarbeiter zwei Arten von Lernbegleitern zur Verfügung: Mensch und Human Computer. Eine neue Art von Lernhandeln etabliert sich. Diese Intelligenz basiert zunehmend auf maschinellem Lernen.

Machine Learning (ML) basiert auf Algorithmen, die Muster und Gesetzmäßigkeiten in Datensätzen erkennen und daraus Lösungen entwickeln, sodass sie Wissen aus Erfahrungen generieren (vgl. Microsoft 2020b).

Zum Machine Learning gehört die Fähigkeit, Muster schnell zu vergleichen, Argumentationslinien zu definieren und Handlungen zu begründen. ML ermöglicht vertrauensbildende soziale Interaktionen mit menschlichen Benutzern sowie soziale Prozesse über ein Human Machine Interface (HMI, Mensch-Maschine-Schnittstelle), sodass das

System kulturelle Normen in verschiedenen Kontexten versteht und entsprechend anwenden kann.

In den vergangenen Jahren wurden vor allem im Bereich des maschinellen Lernens große Fortschritte gemacht. Dies liegt vor allem an der zunehmenden Verfügbarkeit von großen Datenmengen und hoher Rechenleistung, die eine Grundvoraussetzung für die komplexen Berechnungen von **Machine Learning**, einem Teilbereich der KI, sind.

Es wird dem Computer beim Machine Learning also kein Lösungsweg modelliert. Er orientiert sich vielmehr an vorgegebenen Gütekriterien und dem Informationsgehalt der Daten. Dabei lernt er, selbstständig die Struktur der Daten zu erkennen.

Deep Learning, ein Teilbereich des Machine Learning, geht noch einen Schritt weiter und nutzt hierarchische Schichten, um den Prozess des Machine Learning zu ermöglichen.

Deep Learning ist eine Methode der Informationsverarbeitung, die ohne Beeinflussung durch Menschen in der Lage ist zu lernen, indem sie das Erlernte immer wieder mit neuen Inhalten verknüpft und diese analysiert.

Dabei werden künstliche und mehrschichtige neuronale Netze aufgebaut, die nach dem Muster des menschlichen Gehirns gestaltet sind, laufend Daten auswerten und dabei ständig hinzulernen. Diese Lernalgorithmen ähneln deshalb Nervenzellenverbindungen im menschlichen Gehirn.

Der Mensch ist den Computern in seinen Fähigkeiten zur Kreativität, zur Analyse und Bewertung komplexer Situationen, in komplexen Kommunikationen und bei Bewältigung der meisten Alltagshandlungen immer noch voraus. Die künstliche Intelligenz rückt aber der natürlichen Intelligenz näher, weil sie zunehmend auch ethische Probleme bewerten kann (vgl. Heinke 2021, S. 30).

Deshalb liegt die nahe Zukunft des Lernens in einer sinnvollen Kombination der menschlichen Lernbegleitung und des Computer-Co-Coachings.

3.6.2.3 Personalisierung der Contents

Gibt man den Begriff »E-Learning« als Suchanfrage bei der Google-Suche ein, bekommt man etwa 2.920.000.000 Ergebnisse (Suchanfrage vom 07. 04. 2021). Das Problem in den Werte- und Kompetenzentwicklungsprozessen der Mitarbeiter ist deshalb, die passenden Informationen für die jeweilige spezifische Herausforderung, angepasst auf das Vorwissen und die Erfahrungen des Mitarbeiters, zur Verfügung zu stellen.

Hinzu kommt, dass heute viele Inhalte im Web zur Verfügung stehen, sodass es immer weniger darum geht, Content neu zu erschaffen, sondern interne und externe Inhalte nach Bedarf und für den Mitarbeiter zu kombinieren, also zu kuratieren. Es entwickelt sich damit eine neue Form der Content-Bereitstellung durch **Kuratierung** und Automatisierungsprinzipien.[34] Eine notwendige Voraussetzung für die Suche, Recherche, Analyse und Verarbeitung von digitalisierten Dokumenten sind dabei qualitativ hochwertig Texte.

Digitale Kuratierungslösungen (*Content Curation*) wählen Inhalte bedarfsgerecht für einzelne Mitarbeiter aus, kombinieren, kommentieren und kommunizieren sie.

KI-basierte Kuratierungslösungen sind aufgrund ihrer Erfahrungen mit dem einzelnen Mitarbeiter in der Lage, ihm regelmäßig jene Inhalte auszuwählen und aufzubereiten, die für seine Aufgaben und seine Interessen relevant sind. Das Entscheidende bei der Content Curation ist, dass der Content nicht einfach nur kopiert, sondern auf seine thematische Relevanz für den einzelnen Mitarbeiter geprüft und bedarfsgerecht aufbereitet wird. Dadurch können fachlich fundierte Inhalte zusammengestellt werden, die dem Mitarbeiter helfen, gezielt zu lernen und seine Performanz zu verbessern.

Mit der Kuratierung von Inhalten wird es beispielweise möglich, jedem Mitarbeiter seine individuelle »Tages- oder Wochenzeitung« zu erstellen, die für ihn relevante Informationen bündelt. Eine wesentliche Grundlage dafür bilden intelligente Methoden und Verfahren auf Grundlage generischer Sprach- und Wissenstechnologien, künstlicher Intelligenz (KI) und deren Anwendung im Machine Learning (ML).

Damit wird es möglich, viele klassische Aufgaben des Kuratierens von Inhalten zum größten Teil oder sogar vollständig automatisiert ausführen zu lassen. Beispiele dafür sind das Monitoring verschiedener Informationsquellen von der Google-Suche und Wikipedia-Abfragen bis zu Onlinerecherchen in weltweiten Datenbanken, aber auch das Katalogisieren und mit Anmerkungen versehener digitaler Archive, die automatisierte Zusammenstellung von themenspezifischen Dossiers oder das Storytelling[35] für einen Fachblog. Analytic-Funktionen liefern Einblicke in das Nutzungsverhalten der Mitarbeiter und eröffnen die Möglichkeit, das Informationsangebot kontinuierlich an die Informationsbedarfe der Mitarbeiter anzupassen und zu optimieren.

34 vgl. https://colearn.de/clc-muenchen-clc089-content-curation-im-corporate-learning/, https://checkpoint-elearning.com/ausgabe-30-18-06-august-2018-special-content-kuratieren.

35 Erzählmethode, mit der explizites und implizites Wissen in Form einer Metapher (im übertragenen Sinn) weitergegeben und durch Zuhören aufgenommen wird.

3.6.2.4 Learning und Workforce Analytics

Während ihrer Lernprozesse hinterlassen die Lerner, vor allem in technologiegestützten Lernprozessen, fortlaufend Datenspuren, quasi als Nebenprodukt bei der Nutzung von Web Based Trainings, Learning-Experience-Plattformen oder sozialen Medien. Dabei entstehen individuelle, personalisierte Lerndaten, z. B. über erledigte Aufgaben, gelöste Praxisherausforderungen, erreichte Kompetenzziele oder über die Kommunikation mit Lernpartnern, Lernbegleitern oder Experten.

Learning-Analytics-Systeme werden vor allem im Bereich des formellen Lernens genutzt. Die Entwicklung von Systemen zur Analyse des informellen Lernens im Arbeitsprozess steht jedoch noch am Anfang.

Learning Analytics ist das Messen, Sammeln, Analysieren, Vergleichen und Berichten von Daten über Lernende und ihre Kontexte, um Lernen und dessen Umgebung zu verstehen und zu optimieren (nach Deutscher Bildungsserver 2021).

Für die gezielte Werte- und Kompetenzentwicklung ist es im Bereich der Analyse der Lernprozesse erforderlich, den Erfassungsbereich um das Arbeiten und informelle Lernen zu erweitern. Unter dem Schlagwort ***People Analytics*** wird eine enorme Fülle an digitalen Spuren, die Mitarbeiter beim Arbeiten und Lernen hinterlassen, erfasst und ausgewertet, um personenbezogene Dossiers zu erstellen. Für die Auswertung durch People-Analytics-Programme sind dabei nicht nur leistungsbezogene Daten nutzbar – wie etwa Umsatzlisten oder Zielvereinbarungsdokumente –, sondern auch qualitative Daten. Interessant sind insbesondere interne Kommunikations- und Kollaborationssysteme wie E-Mail oder Intranet. Dabei kann untersucht werden, wie eng die einzelnen Organisationsbereiche miteinander vernetzt sind, wie hoch der Wissenstransfer tatsächlich ist und wo die Meinungsbildner und Experten im Unternehmen zu finden sind. Mit zunehmender Intelligenz der Software und damit reichhaltigeren Anwendungsgebieten für Algorithmen und Cyberware wird der Computer damit immer mehr zum Lernpartner (vgl. zukunftsInstitut 2016c).

Im Rahmen von Social-Blended-Learning- und Workplace-Learning-Prozessen werden mit Learning Analytics folgende Ziele verfolgt (vgl. Ebner 2019):

- **Vorhersagen und Eingreifen**: Nicht direkt sichtbare Entwicklungen im Lernprozess sollen erkannt und prognostiziert werden.
- **Empfehlungen:** Die Lerner und ihre Lernbegleiter erhalten konkrete Hinweise zur Gestaltung der personalisierten Lernprozesse.
- **Personalisierung des Lernprozesses:** Die Lerner und ihre Lernbegleiter erhalten Hinweise zur Anpassung ihres individuellen Ermöglichungsraumes.
- **Reflexion:** Die Lerner werden sich über die Konsequenzen ihres Lernhandelns klar.
- **Vergleiche**: Im Abgleich zu Lernprozessen anderer oder der Vergangenheit können Ansätze zur Optimierung der Lernprozesse identifiziert werden.

Damit entwickelt sich Learning Analytics zur Workforce Analytics.[36]

Workforce Analytics analysiert Daten aus den personalisierten Arbeitsprozessen, um valide Informationen für die Aufgaben des Human Resources Management zu generieren und die persönlichen Arbeits- und Lernprozesse der Mitarbeiter durch Bereitstellung der dazu notwendigen Informationen und der personalisierten Aufbereitung zu optimieren.

Damit trägt Workforce Analytics dazu bei, Personalplanung, Recruiting, Werte- und Kompetenzentwicklung im Arbeitsprozess, Nachfolge- und Karriereplanung oder Performance Management laufend zu optimieren.

An Learning- und Workforce-Analytics-Systeme werden grundsätzlich folgende Anforderungen gestellt (vgl. Ebner 2019):

- **Sicherheit:** Datensicherheit ist die Grundvoraussetzung für die Datensammlung.
- **Genauigkeit**: Die Daten sollten den Lernprozess möglichst präzise beschreiben.
- **Rahmenbedingungen**: Die Begrenzungen und Einflussfaktoren sollten klar definiert sein.
- **Nutzer**: Es ist immer vorab zu klären, wem die Daten letztendlich gehören.

Der Prozess zur Optimierung selbstorganisierter Lernprozesse unter Nutzung von Learning und Workforce Analytics weist folgende Struktur auf (vgl. Ebner, Neuhold, Schön 2013):

Stufen der Learning und Workforce Analytics	Beschreibung
Datensammlung	Laufende Speicherung von Daten über das Handeln im Lernprozess, bearbeitete Praxis- und Projektaufgaben sowie erreichte Werte- und Kompetenzziele mithilfe statistischer Analysen, Leistungskennziffern, sozialer Netzwerkanalysen, Visualisierungen, Gruppierungen, Abweichungsanalysen, Ablaufanalysen oder Prognosen
Datenauswahl	Die Daten werden selektiert und mit dem Ziel zusammengeführt, die Lernprozesse der Lerner zu optimieren.
Datenanalyse	Die gefilterten Daten werden ausgewertet, damit der Lerner seine Aufgaben zukünftig besser bewältigen kann.
Visualisierung	Die Ergebnisse werden grafisch aufbereitet, um zeitnah, präzise, kompakt und anschaulich Rückmeldungen zu den personalisierten Lernhandlungen zu geben.

36 vgl. https://www.aihr.com/blog/10-trends-in-workforce-analytics/.

Stufen der Learning und Workforce Analytics	Beschreibung
Weitergabe	Nach Vorgabe durch die Lerner erhalten Lernpartner, Lernbegleiter oder Führungskräfte die Daten als Basis für Gespräche zur Optimierung der personalisierten Lernprozesse.

Tab. 18: Learning- und Workforce-Analytics-Stufen

Während Learning Analytics in vielen Ansätzen als ein Instrument der Lehrenden gesehen wird, sehen wir die Möglichkeiten von Workforce Analytics vor allem in der selbstorganisierten Lernprozessoptimierung, also aus dem Blickwinkel der Mitarbeiter. Das System entwickelt individuelle Lernerprofile weiter, analysiert die Kommunikation, insbesondere in sozialen Netzwerken, identifiziert Signale, die auf Erfolge oder Misserfolge hinweisen und gibt damit wertvolle Hinweise für die Gestaltung des persönlichen Lernrahmens. Daraus ergeben sich Chancen für eine Optimierung der selbstorganisierten, personalisierten Werte- und Kompetenzentwicklung durch individuelle, zeitnahe, präzise, kompakte und anschauliche Rückmeldungen zu den einzelnen Lernhandlungen (vgl. Sauter, Sauter 2013, S. 170).

Aktuell sind die Ergebnisse dieser Analyseinstrumente noch sehr eingeschränkt nutzbar, da sie letztendlich auf Daten, statistischen Analysen oder Mustern basieren, die Spielraum für Fehler beherbergen. Daher sollten die technischen Möglichkeiten immer nur als Hilfsmittel gesehen werden – nicht mehr, aber auch nicht weniger (vgl. Ebner 2019). Mit den wachsenden Möglichkeiten der künstlichen Intelligenz werden solche Systeme zunehmend leistungsfähiger und an Bedeutung gewinnen.

3.7 Wissensaufbau in der Zukunft

Erste Versuche mit »Lernmaschinen« gab es bereits in der Renaissance, z. B. das Leserad von Agostino Ramelli, das als Vorläufer der Hypertext-Idee gilt (vgl. Niegemann et. al. 2008, S. 3 ff.). *Bis 1936 gab es weitere ca. 700 Patente für »Übungsmaschinen«, jedoch alle mit eher unbefriedigenden Ergebnissen.*

E-Learning basiert vor allem auf der Idee des Fernlernens (Distance Education), dessen Anfänge bereits in der Mitte des 19. Jahrhunderts liegen. In den 1940er-Jahren folgte dann das Telelernen (Telelearning), das die TV-Technologie für das Lernen nutzte. In Deutschland wurde dieser Ansatz im Rahmen des Telekolleg umgesetzt.

Bei der Methode des programmierten Unterrichts (programmierte Unterweisung), die Burrhus Frederic Skinner Anfang der 50er-Jahre entwickelte, wird der Unterrichtsstoff in einzelne Teile zerlegt, die sich die Lernenden weitgehend selbstständig erarbeiten und deren Lernerfolg auch überwiegend selbst kontrollieren. Nur wenn ein Lernabschnitt erfolgreich bearbeitet worden ist, wird der nächste Schritt begonnen. In den 60-er-Jahren des vergangenen Jahrhunderts wurde mithilfe von Computern der computerunterstützte Unterricht (Computer Aided Instruction, CAI) erprobt.

Ab den 1990er-Jahren entstand das E-Learning mit Computer Based Trainings(CBTs, offline) und Web Based Trainings (WBTs, online), deren grafische und akustische Gestaltung zunächst meist sehr aufwendig war. Die Erfahrungen zeigten jedoch, dass die Lerner dieser Animationen meist sehr rasch überdrüssig wurden.

In den heutigen Lernprogrammen stehen die Ziele und Inhalte sowie der Lernprozess im Vordergrund. Sie werden meist durch klar strukturierte Oberflächen geprägt, sodass sich der Lerner auf seinen individuellen Lernprozess fokussieren kann. Die Navigation wird möglichst unauffällig gestaltet und weitgehend intuitiv bedient.

Unter E-Learning werden alle Formen von Lernen verstanden, bei denen digitale Medien für die interaktive Bereitstellung und Bearbeitung von Lernmaterialien genutzt werden.

Die Lernprozesse werden insbesondere durch Beispiele und Aufgaben in Web Based Trainings oder interaktiven Lernvideos gestaltet sowie durch kooperative Lernformen wie Webinare, Foren und Blogs und durch einen Lernbegleiter unterstützt. Hierdurch wird selbstgesteuertes sowie orts- und zeitunabhängiges Lernen ermöglicht.

Im Bereich des E-Learning haben sich in den vergangenen Jahren grundlegend unterschiedliche Anwendungsformen und Ausprägungen herausgebildet (vgl. van Ackeren, Kerres [Hrsg.] 2018):

- **Formelles E-Learning**: Lernprogramme für Ziele und Inhalte, die durch Curricula vorgegeben werden. Die Lerner bearbeiten diese Lernangebote, die oftmals recht umfangreich sind, meist durchgängig, sodass es den roten Faden des Lernprozesses bildet. Häufig wird überprüft, ob die Lerner das Programm tatsächlich bearbeitet haben. Sie belegen ihren Lernerfolg meist durch einen Test.
- **Informelles E-Learning**: Diese Lernprogramme sind stark modularisiert und problemorientiert gestaltet. Sie werden von den Lernern on demand aufgerufen, wenn sie im Rahmen der Bearbeitung ihrer Praxisaufgaben oder Projekte Wissensbedarf haben. Immer häufiger werden in diese Lernprogramme aktuelle Informationen oder Erfahrungen von Kollegen miteinbezogen. Der Lernerfolg wird im Regelfall anhand der Arbeits- oder Projektergebnisse bewertet. Eine Kontrolle, ob der Lerner die Programme bearbeitet hat, erfolgt im Regelfall nicht, da sein Lernerfolg anhand der entwickelten Performanz bewertet wird.

Aus den unterschiedlichen Einsatzszenarien für E-Learning ergeben sich deutlich voneinander abweichende Lernarrangements.

3.7.1 Formelles E-Learning

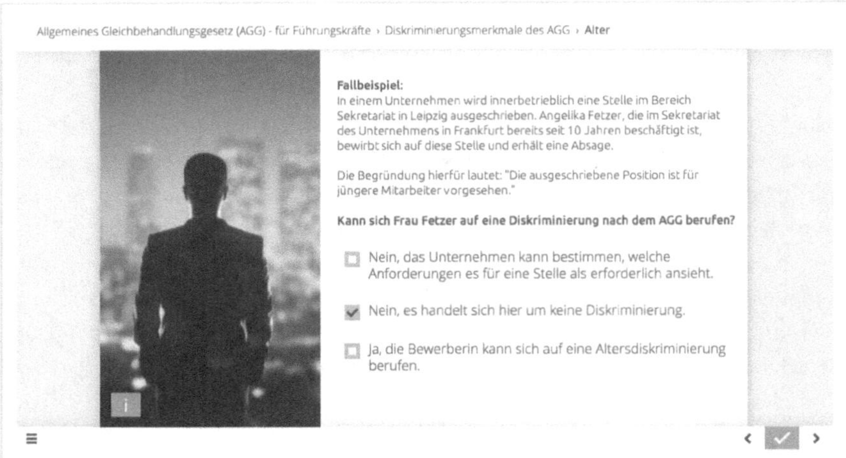

Abb. 12: Beispiel eines E-Learning-Programmes zum Allgemeinen Gleichbehandlungsgesetz – AGG (Quelle: ValCom Institut)

In bestimmten Themenbereichen, z. B. bei Sicherheitsfragen oder rechtlich vorgegebenen Themen wie der Informationspflicht nach dem Allgemeinen Gleichbehandlungsgesetz (AGG), werden die Organisationen formelles E-Learning weiterhin im Sinne von »Vorratslernen« einsetzen müssen. Für diesen Wissensaufbau, aber auch für einzelne Bereiche der Basisqualifizierung, haben sich E-Learning Arrangements bewährt.

Die relativ häufig angewandte Methode, verpflichtende E-Learning-Programme einfach ins Netz zu stellen und lediglich zu prüfen, ob sie auch bearbeitet worden sind, eventuell mit einem Mindestergebnis im Test, hat sich nicht als zielführend erwiesen. Die Mitarbeiter entwickeln bei diesem »Zwangslernen« oftmals eine Abwehrhaltung. Eine nachhaltige Lernwirkung wird meist nicht erzielt, sodass als Ergebnis kaum mehr als rechtssichere Teilnahmelisten übrig bleiben.

Voraussetzung für effiziente E-Learning-Systeme sind Lernarrangements, die den Lerner über herausfordernde Aufgaben und Übungen während der gesamten Lernzeit aktiv fordern.

Reine E-Learning-Systeme, d. h. ohne Präsenzphasen, können nach den evaluierten Erfahrungen eine hohe Lerneffizienz aufweisen, sofern sie sich auf die Lernzielebene des Wissensaufbaus und der grundlegenden Qualifikation beschränken und die methodische Gestaltung eine hohe Problemorientierung besitzt.

Für jede Form des selbstorganisierten Lernens, also auch für E-Learning, sind Lernarrangements erforderlich, welche die notwendige Verbindlichkeit für eigenverantwortliches Lernen sichern und die Lernprozesse dabei flankieren. Deshalb kommt der didaktisch-methodischen Analyse bei der Entwicklung von E-Learning-Arrangements eine besondere Bedeutung zu.

E-Learning basiert auf **Web Based Trainings (WBTs)**, d. h. interaktiven Lernprogrammen, die meist über Lernplattformen bereitgestellt und multimedial aufbereitet werden. Zunehmende Bedeutung gewinnen **interaktive Lern- oder Erklärvideos**, die die emotionale Ansprache mit dem aktivierenden Charakter von Interaktionen verknüpfen können. Diese Filme umfassen meist bis zu fünf Minuten Lernzeit mit mehreren Interaktionen. Die Verknüpfung von WBT und Videos bietet sich an, wenn die Zielgruppe ungern Texte liest oder wenn emotionale Aspekte transportiert werden sollen.

Diese Lernmedien sind im Regelfall Elemente formeller Lernprozesse, die vor allem die Aufgabe haben, den Aufbau gesicherten Wissens zu ermöglichen und es über Übungen und eventuell Transferaufgaben zu festigen. In selbstorganisierten Lernprozessen können sie dazu dienen, die Strukturierung der individuellen Lernprozesse zu unterstützen, den Lernern die erforderliche Orientierung und die Lernmöglichkeiten zu bieten, Informationen über ihre Lernprozesse und Entwicklungsstände zu geben sowie aktivierende Lernstrategien zu fördern.

In der betrieblichen Bildung haben wir sehr gute Erfahrungen mit E-Learning-Arrangements gemacht, die mit einem virtuellen, etwa einstündigen Kick-off (Webinar) starten und jeweils ca. vierwöchige Selbstlernphasen mit Webinaren zur Klärung offener Fragen anschließen.

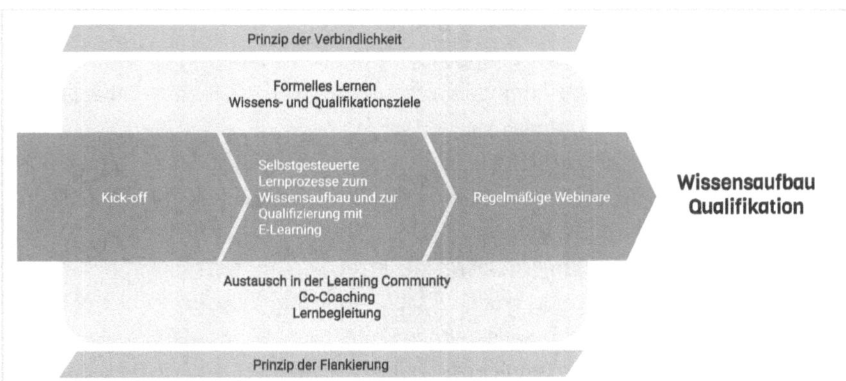

Abb. 13: E-Learning-Arrangement für formelles Lernen

Dieses selbstgesteuerte, formelle Lernen wird erfolgreich sein, wenn folgende Bedingungen erfüllt werden (vgl. Kuhlmann, Sauter 2008):

- **Struktur:** Längere, selbstgesteuerte Lernprozesse werden nur dann erfolgreich sein, wenn die Lerner eine klare Orientierung erhalten. Die pädagogische Forschung hat nachgewiesen, dass die extrinsische Motivation, z. B. durch Animationen, für den Lernerfolg eine nachgeordnete Bedeutung hat, während die Mobilisierung der Vorkenntnisse, die Herstellung von Verknüpfungen zwischen schon vorhandenem und neuem Wissen und die Anbahnung des Verstehens Lernprozesse nachweisbar fördert. Es ist deshalb günstiger für den Lernerfolg, aber auch wirtschaftlicher, wenn nicht mit grafisch aufwendig gestalteten, »motivierenden« Elementen begonnen wird, sondern dem Lerner von Anfang an eine klare Struktur der Ziele und Inhalte vermittelt wird. Diethelm Wahl nennt dies *Advance Organizer* (vgl. Wahl 2013, S. 146 ff.). Damit sind im Voraus gegebene Lernhilfen in Form einer Expertenstruktur gemeint, die die Inhalte organisieren und strukturieren (Organizer). Diese bewirken nachweislich einen höheren Lernerfolg sowie eine bessere Motivation und Orientierung, insbesondere auch bei schwierigen Themen.
- **Verbindlichkeit:** Die Lernprozesse müssen mit einem hohen Verbindlichkeitsgrad vereinbart werden, weil sonst die Gefahr besteht, dass sich die ursprünglichen Vorsätze zum Lernen mehr oder weniger in Luft auflösen. Deshalb empfehlen wir auch bei reinen E-Learning-Lösungen mit einem Kick-off, eventuell als Webinar gestaltet, zu starten. In diesem Rahmen können grundlegende Lernschritte (Meilensteine) verbindlich vereinbart und Lernpartnerschaften gebildet werden.

Damit wird es möglich, die selbstorganisierten Lernphasen durch Jour fixes der Lerntandems in weitere, meist wöchentliche Sprints zu unterteilen. Die Praxis zeigt, dass sich durch diese regelmäßigen Vereinbarungen in kurzen Zeitabständen und dem Versprechen gegenüber dem Lernpartner der Grad der Verbindlichkeit in hohem Maße steigern lässt.

- **Kommunikation mit Lernpartnern und Experten:** Selbstorganisiertes Lernen setzt voraus, dass die Lerner offene Fragen mit Lernpartnern und Experten besprechen können. Deshalb kommt der Kommunikation, z. B. in themenbezogenen Foren oder in Webinaren, eine große Bedeutung zu.
- **Lernbegleitung**: Je stärker sich die Lernpartner gegenseitig in ihren Lernprozessen unterstützen, umso weniger müssen die Lernbegleiter die individuellen Lernprozesse mitsteuern und flankieren.
- **Regelmäßige Rückmeldung**: Selbstgesteuertes Lernen setzt eine Orientierung voraus, d. h., der Lerner muss immer wissen, wo er steht. Deshalb sollte er bei jeder standardisierten Aufgabe, die er im WBT bearbeitet, eine klare Rückmeldung über das Scoring erhalten. Lösungen für offene Aufgaben erfordern das Lernen mit Partnern, in Tandems oder in Gruppen, um das notwendige Feedback zu sichern.
- **Flankierung:** Erfolgreiches Lernen erfordert neben dem regelmäßigen Feedback von Lernpartnern oder -begleitern auch die Motivation und Unterstützung durch Lerntandems und -gruppen.

Formelles E-Learning hat den großen Vorteil, dass die Mitarbeiter Ort und Zeit des Lernens frei wählen, sofern die Lernprogramme z. B. in der Cloud abrufbar sind, und ihr Lerntempo individuell nach ihrer individuellen Lerngeschwindigkeit gestalten können. Sie erhalten laufend Rückmeldungen zu ihrem Wissensaufbau, sodass E-Learning deutlich effizienter ist als z. B. Wissensaufbau in Seminaren mittels »PowerPoint-Schlachten«.

Immer wieder wird diskutiert, wann die Mitarbeiter die Lernprogramme bearbeiten sollen. Da die Bearbeitung formeller Lernprogramme während des Arbeitsprozesses in der Praxis meist auf vielfältige Hindernisse stößt, bietet es sich an, diese in der Freizeit zu nutzen. In diesem Fall werden häufig Lösungen, wie z. B. eine Anrechnung auf das persönlich Zeitkonto, gefunden.

3.7.2 Informelles E-Learning – Microlearning on demand

Im Future Learning sind der Wissensaufbau und die Qualifizierung nicht mehr das Ziel wie im formellen E-Learning, sondern lediglich die notwendige Voraussetzung. Dabei sehen wir E-Learning immer mehr in der Funktion, das notwendige Fachwissen on demand in stark modularisierter Form als *Learning Nuggets* (Microlearning) zur Verfügung zu stellen, wenn bestimmtes Wissen zur Lösung von Herausforderungen in der Praxis benötigt wird.

Die Learning-Experience-Plattform liefert dem Lerner bei Bedarf das erforderliche Wissen, damit er seine Problemstellungen in der Praxis oder in Projekten zeitnah und fundiert lösen kann. Dabei wird ihm nicht nur das formelle Wissen, sondern auch das Erfahrungswissen, das von Kollegen in Form von Fallstudien, Projekttagebüchern oder Diskussionsbeiträgen eingebracht wurde, aber auch Wissen im Netz, passgenau zur Verfügung gestellt.

Microlearning ist eine innovative Form des informellen E-Learning, das auf dem Lernen in kleinen Schritten bei der Bewältigung von Herausforderungen in der Praxis basiert.

Bei diesen Lernaktivitäten nutzen die Lerner eine Vielzahl von modularisierten Wissens- und Übungselementen, sogenannte *Learning Nuggets*.

Learning Nuggets sind stark modularisierte Lernprogramme mit dem Ziel, Wissen, das jeweils auf ein bestimmtes Teilthema oder eine konkrete Problemstellung aus der Praxis bezogen ist, konsequent und systematisch aufzubauen, indem es umgehend angewandt wird.

Teilweise werden diese von Bildungsexperten nach inhaltlichen und didaktischen Gesichtspunkten (formelles Lernen) entwickelt. Zunehmend erstellen die Mitarbeiter diese Lerneinheiten mit dem Ziel des Austausches von Erfahrungswissen selbst.

Im Rahmen von formellen Lernarrangements ist Microlearning ein personalisiertes, digitales »Lernkartensystem«. Mit sogenannten *Microsteps*, die vom System vorgeschlagen werden (Push-System), können Lernschritte über den PC oder das Smartphone neben der Arbeit, z. B. in Pausen, absolviert werden, ohne dass eine spezielle Lernumgebung oder ein größerer Zeitaufwand nötig wären.

Diese Eingrenzung von Micro Learning greift jedoch im Future Learning zu kurz. In werte- und kompetenzorientierten Lernsystemen steht nicht die Wissensvermittlung im Vordergrund, sondern die Veränderung der Handlungsweisen der Lerner in Hinblick auf diese Entwicklungsziele. Das erforderliche Wissen, zur rechten Zeit am rechten Ort, ist die notwendige Voraussetzung für diese Lernprozesse.

Microlearning besitzt ein großes Potenzial für werte- und kompetenzorientiertes Lernen, wenn folgende Anforderungen erfüllt werden:

- **Learning on demand**: Das System liefert dem Lerner bei Bedarf das erforderliche Wissen, damit er seine Problemstellungen in der Praxis oder in Projekten zeitnah und fundiert lösen kann. Dabei wird ihm nicht nur das formelle Wissen, sondern auch das Erfahrungswissen, das von Kollegen in Form von Fallstudien, Projekttagebüchern oder Diskussionsbeiträgen eingebracht wurde, passgenau zur Verfügung gestellt. In werte- und kompetenzorientierten Lernarrangements werden beispielsweise Projekttagebücher, meist in Form von Blogs, eingesetzt, um das Erfahrungswissen der Mitarbeiter systematisch in die Lernprozesse zu integrieren.
- **User-generated Content**: Die Inhaltserstellung für Microlearning ist in den meisten Benutzeroberflächen intuitiv möglich. Damit besteht die Möglichkeit, dass Mitarbeiter ihr Erfahrungswissen, z. B. aus Praxisprojekten, in das System einbringen können. Der Wissenspool der Organisation erhält einen dynamischen Charakter.
- **Lernerorientierte Administration**: Werte- und kompetenzorientiertes Lernen setzt selbstorganisiertes Lernen voraus. Dies beinhaltet beispielsweise die Definition der Praxisprojekte sowie der Werte- und Kompetenzziele durch die Lerner selbst, eventuell in Abstimmung mit der Führungskraft oder dem Team. Deshalb wird es in solchen Lernszenarien zukünftig notwendig sein, dass die Lerner ihre Werte- und Kompetenzentwicklungsprozesse selbst administrieren.

Reale Herausforderungen und Neugier sind die Hauptmechanismen, die Mitarbeiter zum Lernen motivieren (vgl. Draschoff, S. 200). Für die Gestaltung von Lernprogrammen des informellen E-Learning sind vor allem folgende Erkenntnisse von Bedeutung (vgl. Kuhlmann, Sauter 2008, S. 139 ff.):

Die Lernprogramme

- orientieren sich am Vorwissen und an der Erfahrungswelt der Mitarbeiter,
- stellen das notwendige Wissen zur Lösung der Herausforderungen in der Praxis modularisiert und kontextsensitiv, d. h. jeweils bezogen auf die Situation, zur Verfügung,
- beziehen auch Erfahrungswissen der Kollegen durch Verlinkungen mit ein,
- ermöglichen den Wissenstransfer in die Praxis über offene, praxisbezogene Aufgaben mit Rückmeldungen von Lernpartnern oder Lernbegleitern,
- fordern und fördern das Lernen in Netzwerken innerhalb und außerhalb der Organisation (*Communities of Practice*).

Learning Nuggets können im Regelfall innerhalb von 15 bis 20 Minuten bearbeitet werden. Es wird nicht mehr erwartet, dass die Lerner diese Lernprogramme alle chronologisch bearbeiten, evtl. immer wieder durch Test-Hürden unterbrochen, sondern immer dann aufrufen, wenn sie in ihrer Praxis- oder Projektarbeit ein Problem zu bewältigen haben.

Deshalb unterscheidet sich der grundsätzliche Aufbau dieser E-Learning-Programme deutlich von formellen Lernprogrammen:

- Einstieg mit der Beschreibung einer repräsentativen Herausforderung aus der Praxis
- Selbstgesteuerter Aufbau des notwendigen Wissens mittels weniger Übungsaufgaben, in denen die Inhalte der jeweils zugeordneten Wissensbasen angewandt werden
- Transferaufgaben in die Praxis, die meist um Verlinkungen zu aktuellen Wissensquellen, zum Wissensmanagement der Organisation sowie zu Communitys ergänzt werden.

Ergänzt werden die Lernprogramme in der Learning-Experience-Plattform durch **kuratierte Informationen und Erfahrungswissen**, die »maßgeschneidert« für den einzelnen Lerner ausgewählt werden. Eine zunehmende Rolle spielen Fallstudien oder Checklisten, die von Kollegen oder Experten im Rahmen des **werte- und kompetenzorientierten Wissensmanagements** zur Verfügung gestellt werden.

3.8 Qualifizierung in der Zukunft

Seit der Jahrtausendwende haben sich vor allem in größeren Unternehmen für formelles Lernen Blended-Learning-Konzepte, zunächst »hybrides Lernen« genannt, durchgesetzt (vgl. Sauter, Sauter 2002). Die Gründe dafür sind

- *die um bis etwa 70 Prozent reduzierten Präsenztage und die entsprechende Verringerung der Abwesenheit vom Arbeitsplatz,*
- *die deutlich erhöhte Lerneffizienz aufgrund der aktiven, selbstgesteuerten Lernprozesse,*
- *die Förderung des eigenverantwortlichen Lernens der Mitarbeiter.*

Im ersten Jahrzehnt dieses Jahrhunderts wurde Blended Learning noch zurückhaltend, vor allem in großen Organisationen, genutzt. Seit einigen Jahren bildet Blended Learning jedoch die wichtigste Innovation im Lernbereich (vgl. MMB Monitor 2020/2021). Heute ist Blended Learning aus dem formellen Lernbereich der betrieblichen Bildung nicht mehr wegzudenken.

Blended Learning (engl. *blender* = Mixer) ist ein formelles, digital gestütztes Lernsystem, das Workshops mit meist mehrwöchigen Phasen des selbstgesteuerten Lernens auf der Basis von Web Based Trainings oder interaktiven Videos und der Kommunikation über eine Lernplattform bedarfsgerecht miteinander verknüpft.

Dabei werden selbstgesteuerter Wissensaufbau und Qualifizierung durch formelle E-Learning-Programme mit Workshops oder Webinaren verknüpft, in denen offene Fragen, z. B. aus einem Themenspeicher, aber auch Prüfungsaufgaben oder Fallstudien, kooperativ bearbeitet werden. Diese Lernprozesse werden durch Co-Coaching mit Lernpartnern und das Coaching durch den Lernbegleiter flankiert.

Dieser Ansatz erinnert an das »Sandwich-Prinzip«, das Diethelm Wahl für die Gestaltung von Lernprozessen vorschlägt (vgl. Wahl 3. erw. Aufl. 2013, S. 97 ff.). Damit in der Phase des Wissensaufbaus kein »träges Wissen« vermittelt wird, ist es notwendig, bei Bedarf Phasen der subjektiven Aneignung von Wissen in die Praxisausbildung einzuschieben. Aber erst in Verbindung mit direkten Rückmeldungen werden aus diesen Elementen Lerneinheiten, da selbstgesteuertes Lernen voraussetzt, dass der Lerner weiß, wo er steht.

Blended-Learning-Arrangements ermöglichen in erster Linie formelle, selbstgesteuerte Lernprozesse mit hoher Effizienz. Aus der Kombination von Präsenzlernen in Workshops mit selbstgesteuerten Lernphasen ergibt sich folgendes grundlegende Lernarrangement:

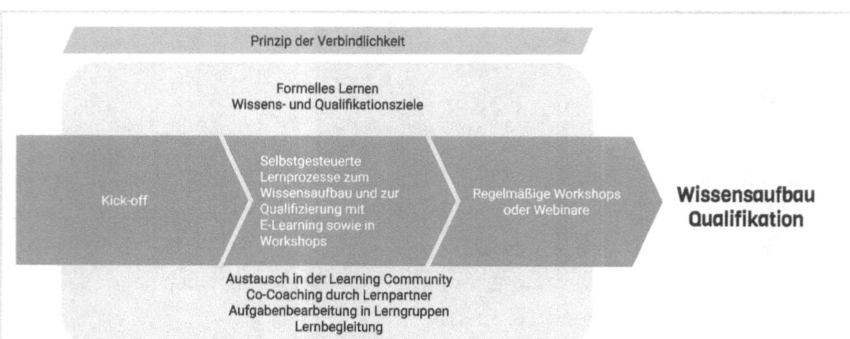

Abb. 14: Beispiel eines Blended-Learning-Arrangements

In vielen Praxisprojekten haben sich die entscheidenden Erfolgsfaktoren von selbstgesteuerten Lernprozessen herausgebildet:

- **Prinzip der Verbindlichkeit**: Selbstorganisiertes Lernen wird nur dann nachhaltig erfolgreich sein, wenn es mit hoher Verbindlichkeit mit Lernpartnern in kurzen, z. B. wöchentlichen, Sprints gestaltet wird.
- **Prinzip der Flankierung**: Im Rahmen unseres KOPING-Konzeptes (vgl. Schmidt 2005) werden die Lerner durch selbstgewählte Lernpartner (Co-Coaching), durch ihre Lerngruppe (kollegiale Beratung) sowie durch ihre Führungskraft (Mentor) und ihren Lernbegleiter (Coach) unterstützt.

Der grundlegende Ablauf des Blended Learning ergibt sich aus folgender Tabelle:

Phase	Elemente des Blended-Learning-Arrangements
Vorphase	• Bedarfsermittlung und Zielvorgaben (Curricula) • Entwicklung der didaktisch-methodischen Konzeption • organisatorische und technische Rahmenbedingungen • evtl. Beratungsgespräche mit den Teilnehmern
Kick-off – meist 1 Tag	• Strukturierung des Lernarrangements • Vorstellungsrunde • Reflexion: Konsequenzen des Lernarrangements für die Teilnehmer • Nutzung der Lern-Plattform • Bildung von Lernpartnerschaften und Lerngruppen durch die Teilnehmer • verbindliche Vereinbarung für die Selbstlernphasen • Vereinbarung eines Lerntagebuches mit regelmäßiger Rückmeldung • evtl. Übungen
Selbstlernphasen, jeweils ca. 4 Wochen	• selbstgesteuerter Wissensaufbau mit den vereinbarten Lernmedien • evtl. Bearbeitung weiterer Aufgaben, z. B. für die Prüfung • wöchentlicher Jour Fixe mit dem Tandem-Lernpartner • Bearbeitung offener Fragen im Themenspeicher des Kurses • regelmäßige Treffen oder Austausch mit der Lerngruppe • wöchentliches Lerntagebuch – Austausch in der Lerngruppe • bei Bedarf Webinar mit dem Lernbegleiter zur Klärung offener Fragen
Workshops – meist 1 Tag	• Reflexion über die vergangene Selbstlernphase, evtl. Klärung offener Punkte • Bearbeitung des Themenspeichers • Bearbeitung offener Punkte aus den Lern-Tagebüchern • Präsentation und Besprechung von Lösungen zu Aufgaben • evtl. Übungen • verbindliche Planung der nächsten Selbstlernphase

Phase	Elemente des Blended-Learning-Arrangements
Abschlussworkshop – meist 1 Tag	• Reflexion über den gesamten Lernprozess, evtl. Klärung offener Punkte • Bearbeitung des Themenspeichers • Bearbeitung offener Punkte aus den Lern-Tagebüchern • Präsentation und Besprechung von Lösungen zu Aufgaben • evtl. Übungen • verbindliche Planung der Nachphase, z. B. Vorbereitung auf die Prüfung • evtl. Planung des Transfers in die Praxis

Tab. 19: Blended-Learning-Prozess

In Blended-Learning-Arrangements kann der zeitliche Umfang der **Präsenzphasen** nach den vorliegenden Erfahrungen auf ca. ein Drittel reduziert werden und das bei meist deutlich besseren Ergebnissen. Rechnet man die Aufwendungen für die Lernbegleitung in den Selbstlernphasen sowie für die laufende Weiterentwicklung des Ermöglichungsraums hinzu, betragen die reinen Personalkosten für die Moderation und Lernbegleitung nicht mehr als die Hälfte der ursprünglichen Trainerkosten. Hinzu kommt ein einmaliger Aufwand zu Beginn für die Entwicklung der Lernkonzeption und die Gestaltung des Ermöglichungsraumes, insbesondere die Entwicklung des Contents. In der Praxis konnten wir aufgrund der hohen Aktivität der Lerner im gesamten Lernprozess einen höheren Lernerfolg bei reduzierten Kosten feststellen.

3.9 Entwicklungsarrangements für Werte und Kompetenzen

Wir alle sind in einer Lernwelt sozialisiert worden, die dadurch geprägt ist, dass Lernen fremdorganisiert erfolgt. Bereits im Kindergarten verinnerlichen wir, dass uns die Erzieherin vorgibt, mit was wir spielen, also wie wir lernen. Dies setzt sich in der Schule fort, in der das Vermitteln von Wissen völlig überschätzt wird, und geht weitgehend in der Berufsausbildung oder im Studium so weiter. Deshalb wird allein die Bereitstellung von digitalen Lernräumen nicht dazu führen, dass die Mitarbeiter von heute auf morgen selbstorganisiert lernen.

New Work gibt den Mitarbeitern die Freiheit, selbstorganisiert zu arbeiten. Dies setzt voraus, dass jeder die erforderlichen Werte und Kompetenzen gezielt und selbstorganisiert aufbaut. Mitarbeiter fühlen sich jedoch von dieser Freiheit und Verantwortung oftmals rasch überfordert. Deshalb ist der Wandel zu selbstorganisierten Lern-Arrangements bedarfsgerecht zu begleiten.

Werte- und Kompetenzentwicklung lässt sich nicht verhindern. In der Arbeit, in der Familie, sogar in der Schule erwerben wir handelnd Werte und Kompetenzen. Einer der wichtigsten Orte für Werte- und Kompetenzentwicklung sind die Arbeitsprozesse.

Werteorientiertes und kompetentes Handeln basiert auf langfristigen Lernprozessen. Diese werden durch folgende Merkmale geprägt:

- **Kompetenzen** bestimmen die Handlungsweisen der Menschen. Dieses zielgerichtete und bewusste Handeln unterscheidet sich deutlich vom »Verhalten«, das ohne kritische Reflexion erfolgt (vgl. Wahl, 3.erw. Aufl. 2013, S. 17).
- **Werte** bilden die **Kerne von Kompetenzen** (vgl. Fischer 2019): Der Aufbau von Kompetenzen erfordert die Verinnerlichung (Interiorisation) von Werten zu eigenen Emotionen und Motivationen. Dies geschieht nur im unmittelbaren geistigen oder körperlichen Handeln unter der Notwendigkeit, Widersprüche, Konflikte, Verunsicherungen – Dissonanzen – auszuhalten, die zur persönlichen Einstellung bzw. zu getroffenen Entscheidungen in Widerspruch stehen.
- **Labilisierungsprozess**: Kompetenzen werden aufgebaut, wenn Dissonanzen aufgelöst werden, indem Zweifel, Widersprüchlichkeit oder Verwirrung überwunden werden, sodass Werte zu eigenen Emotionen und Motivationen werden.

Die **Werte- und Kompetenzentwicklung der Mitarbeiter** erfolgt bei der selbstorganisierten Bewältigung von Herausforderungen in der Praxis, **Werte** dienen dabei als **Ordner des selbstorganisierten Handelns.** Auf der individuellen Ebene sind dabei Werte- und Kompetenzentwicklung miteinander verknüpft. Der Prozess der Werte- und Kompetenzentwicklung kann am Beispiel des Autofahrens verdeutlicht werden.

Im Fahrschulunterricht bauen die Lerner Wissen auf, sie qualifizieren sich anschließend, indem sie viele Übungen für die theoretische Prüfung bearbeiten. Dies wird in einem Test abgeprüft und zertifiziert.
Ihre Kompetenz zum Fahren bauen sie jedoch erst auf, wenn sie selbst am Steuer sitzen. Fahren sie dann zu schnell in eine Kurve, werden sie die Situation – hoffentlich – mithilfe ihres Coaches, des Fahrlehrers, bewältigen. Diese Erfahrung, verbunden mit dem Schreck, den sie hatten, werden sie nachhaltig verinnerlichen, sodass sie zukünftig vorsichtiger fahren.

Erfahrungen, verbunden mit Emotionen, führen zur Verinnerlichung von Werten, die wiederum den Kern der Kompetenzen bilden.

Die Werte- und Kompetenzforschung zeigt, dass der ausgelöste emotionale Spannungszustand, die »emotionale Labilisierung«, die entscheidende Voraussetzung jeder Interiorisation von Werten und damit des Aufbaus von Kompetenzen ist: Je größer das emotionale Gewicht, desto tiefer werden die zur Auflösung der Dissonanz führenden Werte später im »Grund der Seele« verankert. Diese bestimmen wiederum die Handlungen in vergleichbar herausfordernden Situationen (vgl. Erpenbeck, Sauter 2007).

Deshalb können Werte und Kompetenzen nicht in Seminaren vermittelt werden.

Werte- und Kompetenzentwicklung kann aber auf drei Stufen, unterstützt durch Weiterbildung, selbstorganisiert ermöglicht werden (vgl. Sauter, Sauter, Wolfig 2018, Erpenbeck, Sauter 2020).

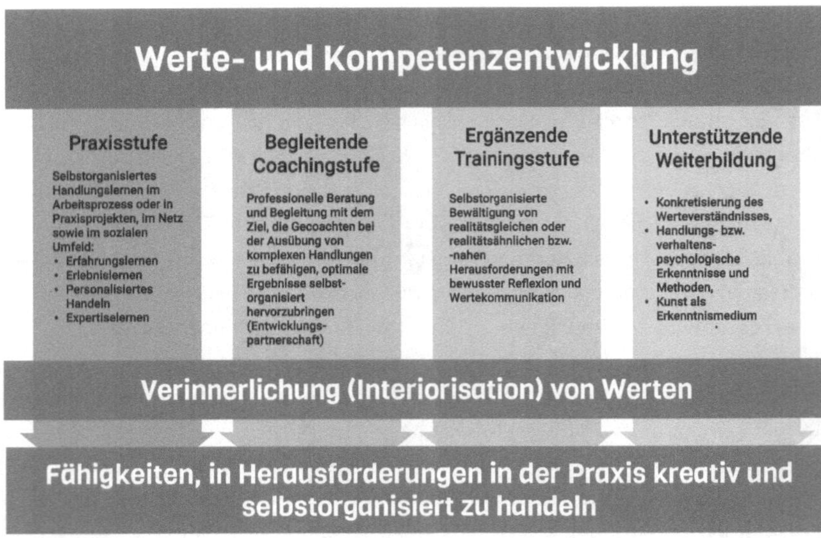

Abb. 15: Grundlegende Möglichkeiten der Werte- und Kompetenzentwicklung

Im Einzelnen haben wir zu den Stufen der gezielten Werte- und Kompetenzentwicklung folgende Erfahrungen gesammelt.

3.9.1 Werte- und Kompetenzentwicklung in der Praxis und in Projekten

In einem unserer ersten Werte- und Kompetenzentwicklungsprojekte in einem großen Elektronikkonzern haben wir die Führungs-Nachwuchskräfteentwicklung radikal neugestaltet. Dies begann bereits bei der Auswahl der Teilnehmer. Nachdem die Vertreter der Organisation mit den Ergebnissen der bisherigen Assessment-Center nicht zufrieden waren, änderten wir den Modus. Wer an der Entwicklungsmaßnahme mitmachen wollte, musste vorab ein herausforderndes Praxisprojekt in seinem Bereich identifizieren, für das er im Rahmen seines Lernprozesses eine innovative Lösung entwickelt. Erst wenn es ihm gelungen war, seine Führungskraft zu überzeugen und den Projektauftrag zu erlangen, erhielt er die Teilnahmezusage.

Da die Führungskräfte, die dafür zudem noch mit 10.000 Euro in ihrem Budget belastet wurden, damit eine Investitionsentscheidung zu treffen hatten, erfolgten die Auswahlentscheidungen mit großer Ernsthaftigkeit und konsequent an den Projektanforde-

rungen orientiert. In den ersten Jahren, die wir begleiteten, konnten wir deshalb keine Fehlauswahl feststellen.

Ein Beispiel für solch ein Projekt war die Entwicklung eines Ratingsystems zu Bewertung von Lieferanten, orientiert an entsprechenden Systemen der Banken. Diese Führungs-Nachwuchskraft entwickelte dazu im Laufe ihres Lernprozesses mit einem Projektteam eine überzeugende Lösung und baute dabei zielgerichtet ihre Werte und Kompetenzen auf. Nach der Entwicklungsmaßnahme wurde die Konzeption in der Praxis umgesetzt. Da die Lernprozesse der Teilnehmer an ihren selbst ausgewählten Projekten ansetzten, waren alle in hohem Maße motiviert.

Bei der Praxisstufe handelt es sich immer um ein Handlungslernen im Arbeitsprozess oder auch im sozialen Umfeld, etwa bei der Lösung von Konfliktsituationen. Für die Kompetenzentwicklung auf der Praxisstufe sind vor allem folgende Lernformen typisch:

- **Erfahrungslernen:** die Basis jeglicher Kompetenzentwicklung, auch im Netz. Werte werden stets erfahren, nicht »bloß gelernt«. Erfahrungen werden stets bewertet, sind nicht bloße Erweiterungen von Sachwissen. Erfahrung bezeichnet dabei Wissen, das durch Menschen in ihrem eigenen materiellen oder ideellen Handeln selbst gewonnen wurde und unmittelbar auf einzelne emotional-motivational bewertete Erlebnisse dieser Menschen zurückgeht. Damit erfasst Erfahrung auch das Vertrautsein mit Handlungs- und Denkzusammenhängen ohne Rückgriff auf ein davon unabhängiges theoretisches Wissen. Nur die Wissens- und Kenntnisanteile von Erfahrungen lassen sich weitergeben, nicht die Erfahrungen desjenigen, der sie gewann.
- **Erlebnislernen:** Diese Grundlage ist für den Erfahrungsgewinn unverzichtbar. Gerade Erlebnisse liefern die Momente der emotionalen »Labilisierungen«, unter denen nicht nur Sachwissen gelernt, sondern Emotionen angeregt, Motivationen ausgeprägt und Werte entwickelt werden. Auch beim Erlebnislernen wird nicht Wissen im engeren Sinne vermittelt, sondern es werden Labilisierungssituationen so unumgänglich gemacht, dass beabsichtigte Werte emotional-motivational verankert und so handlungswirksam werden. Es handelt sich immer um situiertes Lernen anhand möglichst authentischer Problemsituationen und Entwicklungsaufgaben.
- **Personalisiertes Handeln:** baut auf den Erfahrungen und Erlebnissen einzelner Menschen auf und spielt in realen beruflichen Tätigkeiten und damit letztendlich auch für den Wissens- und vor allem den Werteaufbau eine stark zunehmende Rolle.
- **Expertiselernen:** das Resultat der besprochenen Lernformen. Expertise ist das, was Kenner zu Könnern macht. Einziger Indikator für ihre Könnerschaft ist ihre Leistung beim Ausüben einer Tätigkeit. Untersucht man die tieferliegenden Gründe für die Könnerschaft, wird schnell deutlich, dass Könner wirkungsvollere Wissensanteile und tiefergreifendere Emotionen als andere besitzen. Vor allem sind sie zu einer »stets wertenden« Bedeutsamkeitserfassung von Problemen und Handlungszielen fähig.

3.9.2 Begleitendes Coaching

Die Nachfrage nach Coaching wächst. 10.000 Business Coaches gibt es Schätzungen zufolge in Deutschland. Wie viele es genau sind, weiß keiner. Der Begriff ist nicht geschützt, die Branche nicht zentral organisiert (vgl. WirtschaftsWoche 12/2021).

Die Prozesse der Werte- und Kompetenzentwicklung in der Praxis erfordern häufig eine Unterstützung durch erfahrene Kollegen oder Experten, durch Coaches. Dabei hat der Begriff Coaching ebenso viele Spielarten wie der Kompetenzbegriff (vgl. Migge 2005, Radatz 2006, Braun, Gawlas, Schmalz 2004). Wir gehen von folgender Definition aus:

Coaching ist die Beratung und Begleitung der Mitarbeiter durch Lernbegleiter oder Experten, die den Gecoachten bei der Ausübung von komplexen Handlungen in der Gegenwart befähigen, optimale Ergebnisse selbstorganisiert hervorzubringen.

Damit greifen wir die Ansätze des Peer Working und des Peer Learning auf, die auf kollaborativen Arbeits- und Lernprozessen basieren. Das heißt nichts anderes als zu ermöglichen, Selbstorganisationsfähigkeiten des Handelns, also Kompetenzen zu entwickeln (vgl. Radatz 2003, Schmidt 2004).

Folgerichtig stärkt Coaching in beruflichen Entwicklungsprozessen die Fähigkeit der Mitarbeiter zur Selbstorganisation im Sinne einer »Hilfe zur Selbsthilfe«. Es handelt sich überwiegend um arbeitsbezogene Selbstreflexion. Sie kann von Person zu Person, aber auch im Netz erfolgen.

Ein erfolgreicher Coach muss aktiv zuhören können. Coaching ist in der Regel nicht inhaltsorientiert (*Was wird gelernt?*), sondern prozessorientiert (*Wie wird gelernt?*). Es geht nicht davon aus, dass Lernen, insbesondere Wert- und Kompetenzentwicklung, durch einen Experten gesteuert werden muss, sondern dass es durch die Lerner selbst vorangetrieben wird. Der Lernprozess wird nicht primär vom Wissen, sondern von Wertung und Handlung angetrieben.

Coaching setzt die Ziele von Aktivität und Engagement in der Regel nicht selbst, sondern nutzt die im beruflichen oder auch persönlichen Alltag vorkommenden, um entsprechende Kompetenzen zu entwickeln und Handlungsfähigkeiten der Coachees zu erhöhen. Hier liegt ein entscheidender Unterschied zum Training, das Ziele und Aufgaben vorgibt, um eine beabsichtigte Kompetenzentwicklung zu erreichen.

Coaching erfolgt auf freiwilliger Basis als zielgerichtetes, gemeinsam abgestimmtes Vorgehen zwischen Coach und Gecoachten und ist gekennzeichnet durch Akzeptanz,

Vertrauen und Kooperation auf beiden Seiten. Coaching erfolgt in miteinander verknüpften Phasen (vgl. Claushues 2002, S. 1–2):

- **Kontraktphase**
- **Diagnosephase**
- **Reflexions- und Auswertungsphase**
- **Phase der Gewinnung von Handlungsalternativen**

Diese Phasen ähneln deutlich denen des Interiorisationsprozesses, was die Nähe zur Wert- und Kompetenzvermittlung unterstreicht. Der Lernbegleiter wird mehr und mehr zum Werte- und Kompetenzcoach und wächst über die Rolle des traditionellen Lehrers oder Ausbilders hinaus (vgl. Bauer, Brater, Büchele, Dufter-Weis, Maurus, Munz 2010).

Die Begleitung von Werte- und Kompetenzentwicklungsprozessen durch Lernbegleiter erfolgt in mehreren Schritten, die teilweise oder ganz im Netz erfolgen können (ebenda S. 69):

- für die Transfer- und Praxisaufgaben gemeinsam mit dem Mitarbeiter Werte- und Kompetenzentwicklungsziele klären und den individuellen Entwicklungsbedarf festlegen,
- mögliche Wege der Werte- und Kompetenzentwicklung im Rahmen der Transfer- und Praxisaufgaben identifizieren, gemeinsam bewerten und auswählen,
- Herausforderungen im Arbeitsprozess oder in Praxisprojekten, in denen die angestrebten Werte und Kompetenzen aufgebaut werden können, als Transfer- oder Praxisaufgaben der Führungskraft vorschlagen,
- Entwicklungsgespräche mit der Führungskraft initiieren und evtl. unterstützen,
- die selbstorganisierte, personalisierte Werte- und Kompetenzentwicklung für die Transfer- und Praxisaufgaben planen und umsetzen,
- den Werte- und Kompetenzentwicklungsprozess beobachten und unterstützen,
- über Lernklippen helfen,
- Auswertungsgespräche führen,
- den Werte- und Kompetenzentwicklungsprozess und seine Ergebnisse dokumentieren, gemachte Erfahrungen bekannt machen.

Von den unterschiedlichen Interventionsverfahren und -techniken im Coaching nimmt die systemische Therapie bzw. Kommunikationstherapie den Spitzenplatz ein (vgl. Gabal 2012). Systemisch ist dabei immer ein Synonym für selbstorganisiert.

Systemisches Denken im Sinne der Systemtheorie betrachtet die Relationen zwischen geradlinig-kausalen Erklärungen und isolierten Objekten (nach Simon 2006, S. 12).

Fritz B. Simon führt unterschiedliche Systemtheorien an. Unabhängig davon, wie weit man den einzelnen Ansätzen folgen mag, gibt es Erkenntnisse, die kein bloßes Produkt der Beschreibung sind, sondern einen faktischen Wahrheitsgehalt bergen. Dazu gehören Einsichten, die Simon in der Form von Geboten fasst:

- *»Mache dir klar, dass alles, was gesagt wird, von einem Beobachter gesagt wird.«* Es gibt also »Objektivität«, indem sich die Beobachter auf eine Beobachtungsmethode und deren Ergebnisse einigen.
- *»Trenne in deiner inneren Buchhaltung die Beschreibung beobachteter Phänomene von ihrer Erklärung und Bewertung.«* Aus der Beschreibung von Phänomenen ergibt sich noch keine direkte Handlungskonsequenz, weil dafür erst eine Bewertung erforderlich ist.
- *»Betrachte Paradoxien und Ambivalenzen als normal und erwartbar!«* Die tatsächlich existierende Welt ist immer voller Widersprüche, Unklarheiten oder Vieldeutigkeiten (ebenda S. 113–116).

Auch Roth und Ryba verweisen bei der Beschreibung systemischer Coachingansätze auf die Selbstorganisationstheorie, merken aber zurecht an: *»Der systemische Ansatz ist gut mit dem Unternehmenskontext des Coaching kompatibel und bietet nützliche Denkmodelle, um systemische, interaktionelle Probleme zu analysieren und zu lösen. Für intrapsychische Probleme reicht dieser Ansatz allein jedoch nicht aus.«* (Roth, Ryba 2016, S. 39).

3.9.3 Ergänzung der Werte- und Kompetenzentwicklung im Training

Sie fahren zu einem Training »Projektmanagement«. Eine gute Atmosphäre empfängt Sie, Kolleginnen und Kollegen Ihres Alters nehmen teil und die Trainer erscheinen besonders freundlich und vertrauenerweckend.

Das Trainingsprogramm wird vorgestellt: Sie sollen einen praxisnahen Einstieg in die wichtigsten Methoden und Werkzeuge des Projektmanagements erhalten.

Sie trainieren anhand zahlreicher Übungen und Fallbeispiele. Flugs werden die Begriffe und Grundlagen des Projektmanagements erläutert, Rollenverteilungen abgegrenzt, Projektziele definiert und die Erwartungen der Stakeholder bestimmt. Dann geht es daran, Projekte mithilfe einer Software zu planen, ihre Strukturen, Abläufe, Kosten und Qualitätskontrollen zu organisieren, eventuelle Risiken abzuschätzen – und schließlich das Projekt zu einem guten Abschluss zu führen und alle Erfolge und die wenigen Misserfolge zu dokumentieren. Sie trainieren sogar, Ihr Projektteam zu entwickeln und zu führen, ein Schwachpunkt bisher, Sie wissen es. Sie arbeiten und entscheiden lieber allein.

Trotz netter und informativer Pausengespräche, trotz eines hervorragenden Caterings, trotz der wunderschönen Tiroler Alpenumgebung: Sie fahren nach drei Trainingstagen mit einem ziemlich unbefriedigten Gefühl nach Hause (nach Erpenbeck, Sauter 2019, S. 179 f.).

Es war doch ein wirklich professionelles Training mit einer Fülle auch bisher unbekannten, neuen Wissens, einer Menge guter Tipps und hilfreicher Hinweise. Warum fühlen Sie sich so wenig davon bereichert, so wenig in Ihrer Entwicklung weitergebracht? Wenn Sie das Training noch einmal geistig Revue passieren lassen, dämmert es Ihnen. Das neue Wissen, da sind Sie sicher, wird in sechs bis acht Wochen bis auf Reste vergessen sein. Schließlich wissen wir auch, dass von dem, was wir in Seminaren hören, gerade mal sieben bis acht Prozent in der Praxis angewandt werden (vgl. Kirkpatrick, Kirkpatrick, 4. Aufl. 2012).

Die Handlungsfähigkeit, in realen Herausforderungen mit offenen Situationen, Risiken und Problemen erfolgreich umzugehen, hat sich dadurch kaum verbessert. Werte wie Kreativität, Gemeinnutz, Verantwortung oder Einfluss stellen sich bei diesen Trainings nicht ein. Die Übungen und Fallbeispiele zu bewältigen ist vielleicht interessant, manchmal sogar spannend, aber nie emotional stark berührend oder belastend, weil den Lernern immer der künstliche Charakter der Aufgaben klar ist. Deshalb werden bei solchen Trainings keine Werte und damit auch keine Kompetenzen entwickelt.

Trainings mit Fallstudien, Planspielen oder Rollenspiele können niemals die emotionalen Herausforderungen, denen z. B. ein Kundenberater in schwierigen Beratungsgesprächen begegnet, widerspiegeln. Die Mehrzahl der in Organisationen durchgeführten Trainings läuft aber ähnlich ab. Auch wenn sie zuweilen als Kompetenztraining firmieren, sind sie im Grunde wissens- und qualifikationsorientierte Weiterbildungsveranstaltungen.

Die Trainingsstufe zur Entwicklung der selbstorganisierten Werte und Kompetenzen setzt dagegen eine emotionale Berührung voraus, indem die Lerner **reale Herausforderungen** zu bewältigen haben. Werte- und Kompetenztraining unterscheidet sich deshalb grundlegend von den Trainingsformen im Rahmen formeller Lernprozesse.

Ein Beispiel dafür ist die Realbrandausbildung für Feuerwehrleute.[37]

37 Quelle : https://www.draeger.com/de_de/Fire-Services/Training.

Abb. 16: Realbrand-Trainingsraum zum Aufbau von Werten und Kompetenzen für die Brandbekämpfung

Die Teilnehmer an diesem Training erfahren in voller Ausrüstung Hitze, Rauch, Wasserdampf und das Phänomen der explosionsartigen Brandausbreitung, erleben den Einfluss von Luftzutritt und nutzen die Einflussmöglichkeiten auf den Brandverlauf durch Löschmaßnahmen in einer realitätsgleichen Brandsituation. Die emotionale Berührung wird dabei aufgrund der bedrohlichen Herausforderung sehr hoch sein, sodass sich Werte und Kompetenzen entwickeln.

Realitätsgleiche Trainings sind aber auch im Dienstleistungsbereich möglich, indem z. B. »echte« Beratungen in Praxisprojekten oder in Praxisanwendungen erfolgen, die von einem Lernpartner oder dem Lernbegleiter beobachtet werden, um eine fundierte Rückmeldung zu geben. Die Zielsetzung, die Planung und die Reflexion über die Erfahrungen können beispielsweise in der Lerngruppe mit einem Lernbegleiter erfolgen. Entscheidend für den Lernerfolg ist, dass die Lerner in der Praxis eigenverantwortlich handeln und dabei die emotionalen Herausforderungen, z. B. bei Entscheidungen, erfahren.

Besteht diese Möglichkeit nicht, kommen realitätsähnliche und – begrenzt – realitätsnahe Trainings in Frage, um die gezielte Werte- und Kompetenzentwicklung zu unterstützen bzw. vorzubereiten.

- **Realitätsähnliche Trainings** zur Entwicklung von Werten oder Kompetenzen bauen auf besonderen Herausforderungen auf, wie beispielsweise in Outdoor-Trainings (vgl. Kapitel 10.6.2). Da bei deren Bewältigung einzelne Kompetenzen, z. B. teamorientiertes Handeln, besonders gefordert sind, können sie in diesem Kontext gezielt weiterentwickelt werden.

- **Realitätsnahe Trainings** der Werte und Kompetenzen sind unter Umständen in Simulationen möglich, in denen die Lerner vergleichbar den Herausforderungen in der Praxis gefordert werden. Heutige aufwendig gestaltete Computerspiele, Serious Games, können unter Umständen diesen Anspruch erfüllen, wenn Aufgaben zu bearbeiten sind, die von den Spielern als real wahrgenommen werden. Dabei werden Zweifel, Widersprüchlichkeiten oder Verwirrungen aufgelöst und es entstehen neue Lösungsmuster und damit Werte und Kompetenzen.

3.9.4 Unterstützung der Werte- und Kompetenzentwicklung in der Weiterbildung

Viele Weiterbildungsanbieter, die Werte und Kompetenzen aufbauen wollen, geben Werte vor und lassen sie mit pädagogisch ausgeklügelten Methoden reflektieren, diskutieren, lernen und wiederholen. Sie korrigieren jeden Werte- und Normenverstoß durch pädagogisch abgestufte Maßnahmen und belohnen entsprechend jedes Wohlverhalten durch Lob, Anerkennung und gute Zensuren. Entsprechend werden Kompetenzen »gedrillt«, verinnerlicht werden diese Werte aber nicht.

Im Weiterbildungsmarkt gibt es eine Vielzahl von Angeboten, die behaupten, Werte und Kompetenzen zu entwickeln. Oftmals ist dies jedoch Etikettenschwindel. Denn es hat sich als wenig sinnvoll erwiesen, Verfahren in einem geschützten Seminarumfeld kennenzulernen und in künstlichen Situationen, z. B. Fallstudien, anzuwenden, weil die eigentliche Herausforderung im Entscheidungsprozess der Umgang mit psychischer Belastung, Zeitdruck und Stress ist.

Die Entwicklung der Werte und Kompetenzen ist in Weiterbildungsmaßnahmen, z. B. in Seminaren, nicht möglich.

Es ist jedoch machbar, Anstöße für die selbstorganisierte Werte- und Kompetenzentwicklung zu geben und die notwendigen Voraussetzungen zu schaffen. Einen praktikablen Weg sehen wir in den folgenden drei Schritten:

1. Es werden die wirklich benötigten Werte- oder Kompetenzbegriffe und ihr konkretes Verständnis für die jeweilige Zielgruppe, idealerweise auf Basis einer professionellen Werte- oder Kompetenzerfassung, festgelegt.
2. Mithilfe moderner handlungs- bzw. verhaltenspsychologischer Erkenntnisse werden möglichst selbstorganisierte Entwicklungsprozesse in der Praxis angestoßen und die notwendigen Voraussetzungen, z. B. in Hinblick auf die erforderlichen Fertigkeiten, dafür geschaffen. Die übliche Methode, diese Lernphase vor die Phase der Werte- und Kompetenzentwicklung in der Praxis zu legen, ist wegen des geringen Praxistransfers wenig effektiv.

Wir empfehlen Ihnen deshalb, Weiterbildungsangebote für die Lernkonzeption zu nutzen, bei denen Sie Wissen und die Qualifizierung prozessbegleitend bei der Bearbeitung von Praxisaufgaben bzw. Praxisprojekten bei Bedarf entwickeln.
Zur Unterstützung der gezielten Werte- oder Kompetenzentwicklung eignen sich zudem Methoden wie *Prospect Theory, Debiasing, Anti-Biasing* und *Nudging*, aber auch *künstlerische Ansätze* (vgl. Kapitel 10.7).
3. Die Teilnehmer vereinbaren zu den relevanten Themen Communities of Practice, in denen sie ihre Erfahrungen austauschen, reflektieren und gemeinsam weiterentwickeln.

Weiterbildungsmaßnahmen können damit Impulse für die selbstorganisierte Werte- und Kompetenzentwicklung bieten.

3.9.5 Social Blended Learning

Die Mitarbeiter in den meisten Organisationen sind betriebliche Bildungssysteme gewohnt, die vor allem auf seminaristischen Angeboten basieren. Deshalb holen wir sie aus ihrer heutigen Lernkultur ab, indem wir sie in einem Social-Blended-Learning-Arrangement schrittweise und bedarfsgerecht begleitet zum selbstorganisierten Lernen führen. Dabei verknüpfen wir die formelle Konzeption des Blended Learning mit sozialem Lernen bei der Bearbeitung eines realen Praxisprojektes oder von Praxisaufgaben.

Da wir jeweils mit einem Kick-off beginnen, starten wir den Lernprozess mit der gewohnten Eröffnung in einem Seminarraum, manchmal auch in einem virtuellen Raum. Dort geht es aber nicht um Wissensvermittlung, sondern um die konsequente, verbindliche Planung der selbstorganisierten Lernprozesse. Wir fördern gemeinsam mit den Teilnehmern von Anfang an eine Lernkultur, die durch hohe Verbindlichkeit der Lernplanung sowie gegenseitige Unterstützung über Lernpartnerschaften, Lerngruppen und Projekttagebücher geprägt ist.

Damit bauen die Teilnehmer nach und nach ihre Kompetenz zum selbstorganisierten Lernen und Arbeiten auf. Die moderne Informationstechnologie stellt die Lerntechnologien zur Verfügung, die werte- und kompetenzorientiertes Lernen am Arbeitsplatz in Verbindung mit E-Learning, Blended Learning und Social Learning überhaupt erst möglich machen.

Die Entwicklungsprozesse im Rahmen des Social Blended Learning laufen in einem weitgehend selbstorganisierten, dynamischen Kreislauf ab, der von den Anforderungen der Unternehmensstrategie für die jeweilige Funktion ausgeht (vgl. Erpenbeck, Sauter 2016, Sauter, Sauter, Wölfig 2018).

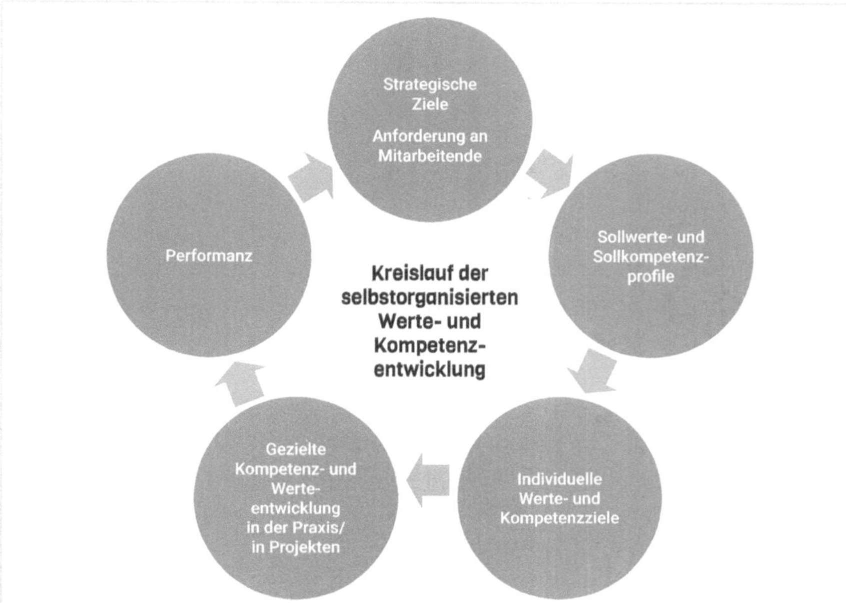

Abb. 17: Kreislauf der selbstorganisierten Werte- und Kompetenzentwicklung

Zu Beginn dieses Lern-Kreislaufes sind die strategischen Anforderungen an die Mitarbeiter zu definieren. Diese münden in einem Workshop mit erfahrenen Fach- und Führungskräften aus dem jeweiligen Handlungsbereich in funktionsspezifische Sollprofile für die Werte und die Kompetenzen. Im Rahmen eines Beratungsgespräches mit dem Lernbegleiter bzw. Kompetenzberater definieren die Mitarbeiter ihre individuellen Werte- und Kompetenzziele und entwickeln einen Vorschlag für geeignete Herausforderungen in der Praxis oder in Praxisprojekten, um ihre Ziele zu erreichen.

In einem Entwicklungsgespräch mit ihrer Führungskraft erörtern sie auf Basis ihrer Werte- und Kompetenzziele ihre Möglichkeiten zu deren gezielten Entwicklung im Arbeitsprozess und treffen verbindliche Vereinbarungen für die Bearbeitung von Herausforderungen in der Praxis. Dadurch wird das jeweilige Lernprojekt zu einem Arbeitsauftrag der Führungskraft, sodass das Lernen im Arbeitsprozess verbindlich geregelt ist. Im Rahmen eines **Social-Blended-Learning-Arrangements** können die Mitarbeiter nunmehr ihre Werte und Kompetenzen gezielt aufbauen, so dass sie damit ihre Performanz entwickeln.

Keiner ist wie der andere – es gibt ebenso viele Typen von Werte- und Kompetenzentwicklung, wie es Menschen gibt.

Der Entwicklungsprozess ist also für jeden Mensch anders. So lassen es z. B. die enormen Unterschiede im Lerntempo Erwachsener mit dem Faktor 1:9 als unsinnig erscheinen, Lernende in einem gemeinsamen Lerntempo, z. B. mittels Frontalunterricht, zu belehren oder fragend-entwickelnd Wissen zu »erarbeiten«, wie es Generationen von Lehrern beigebracht wurde (vgl. Wahl 2013). Werte und Kompetenzen können nicht vermittelt, sondern nur – in neuartigen, offenen, realen Problemsituationen kreativ handelnd – selbstorganisiert erworben werden.

Social Blended Learning ist werte- und kompetenzorientiertes Blended Learning in Verbindung mit einem herausfordernden Praxisprojekt oder schwierigen Praxisaufgaben unter Einbindung von Social Software, um selbstorganisiertes und vernetztes Lernen zu ermöglichen.

Die Lerner organisieren ihren personalisierten Werte- und Kompetenzentwicklungsprozess im Rahmen des mit der Führungskraft vereinbarten Praxisprojektes bzw. einer Praxisaufgabe selbst – von der Zieledefinition über die Lernplanung bis zur Erfolgskontrolle. Dabei werden sie von ihren Lernpartnern (Co-Coaching), der Lerngruppe (kollegiale Beratung), einem Lernbegleiter (Coaching) und der jeweiligen Führungskraft (Mentoring) unterstützt. In Communities of Practice können die Teilnehmer selbstorganisiert ihre Erfahrungen aus den Projekten austauschen und gemeinsam weiterentwickeln (vgl. de Laat, Simons 2007).

Sie nutzen dabei die Möglichkeiten des Ermöglichungsraums zur Lernplanung, zum selbstorganisierten Wissensaufbau, zur Kommunikation und Kollaboration im Netz sowie zur Einholung von Feedback.

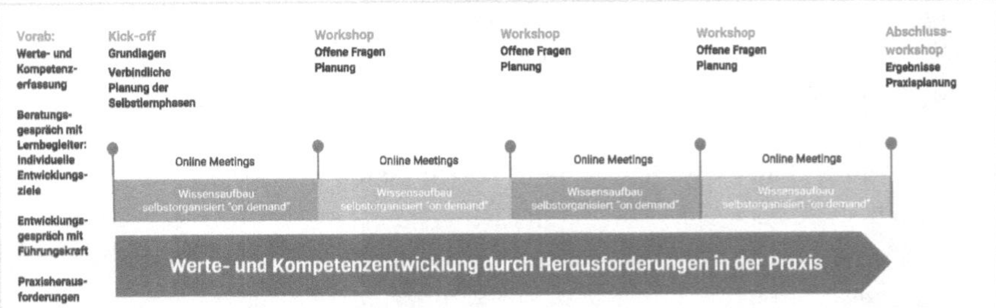

Abb. 18: Social-Blended-Learning-Arrangement

Mit dieser Lernarchitektur werden Entwicklungsprozesse möglich, die durch Werte- und Kompetenzorientierung sowie Selbstorganisation geprägt sind und deren roter Faden die Praxisprojekte und Herausforderungen im Arbeitsprozess bilden (vgl. Erpenbeck, Sauter, Sauter 2015).

Dieses Entwicklungsarrangement weist im Einzelnen folgende Elemente auf (in Anlehnung an Höfer 2013, S. 65–69):

Phasen	Beschreibung
Vorab: Einstimmung, Werte- und Kompetenzerfassung mit Entwicklungsgespräch	• **Zentraler Blog** der Organisationsleitung zur Initiierung und Begleitung der individuellen Lernprozesse der Teilnehmer innerhalb des Ermöglichungsraumes (symbolische Führung) • **Erhebung** von Erwartungen, Befürchtungen, Meinungen, Stimmungen, Ideen ... • **Erläuterung** der Lernkonzeption und des Ermöglichungsraums (Video) • **Vereinbarung individueller Lernziele und -inhalte:** Die Mitarbeiter definieren ihre individuellen Werte- und Kompetenzentwicklungsziele mithilfe des Werte- und Kompetenzerfassungssystems im Rahmen der strategischen Vorgaben und ihrer Rahmenbedingungen konsequent auf ihre individuellen Entwicklungsmöglichkeiten hin. • **Definition herausfordernder Praxisaufgaben und -projekte:** Die Mitarbeiter vereinbaren mit ihrer Führungskraft auf dieser Grundlage herausfordernde Praxisaufgaben und -projekte, die sie als Basis ihrer personalisierten Werte- und Kompetenzentwicklung nutzen.
Kick-off, 1–2 Tage in Präsenz, bei Bedarf als Webinar	• **Workshop,** um sich gegenseitig kennenzulernen, die wesentlichen Herausforderungen in der Praxis oder in Projekten vorzustellen, über die aktuelle, persönliche Situation zu reflektieren, evtl. Redeschwellen durch Übungen abzubauen, die Lernkonzeption zu verstehen und offene Fragen zu klären, Lerntandems und -gruppen zu bilden sowie verbindliche Vereinbarungen für die selbstorganisierte Lernphase zu treffen • **Event** (meist in Verbindung mit dem Kick-off), um die Kontakte zu vertiefen und das Wir-Gefühl der Teilnehmer aufzubauen. Evtl. Kamingespräche mit der Geschäftsleitung
Elemente des selbstorganisierten Lernens	• **Lernorganisation**: Die Mitarbeiter finden in ihrem *Ermöglichungsraum* alle Instrumente und Informationen, die sie zur Planung ihrer selbstorganisierten Lernprozesse benötigen. Über die *Learning-Experience-Plattform* werden alle wesentlichen Prozesse des Wissensaufbaus, der Qualifizierung sowie der Werte- und Kompetenzentwicklung mit Blended Learning und Social Learning unterstützt. Insbesondere können die Mitarbeiter beispielsweise sich selbst in frei gewählten Gruppen organisieren, Erfahrungswissen für das Wissensmanagement selbst aufbereiten (User-generated Content), online Umfragen durchführen, einfache semantische Werkzeuge nutzen, komplexe Sachverhalte mit Mindmaps visualisieren sowie Problem- und Lösungswerkzeuge und eine Ideenbox für kreative Prozesse einsetzen. Es werden weiterhin Termine, z. B. Meilensteine, und die Vereinbarungen dokumentiert. • **Formelles Lernen**: In diesem Funktionsbereich werden alle für die Mitarbeiter wichtigen Planungsunterlagen, z. B. Curricula oder gesetzlich vorgegebene Inhalte (z. B. Sicherheitsvorschriften), sowie die notwendigen Elemente für die formellen Lernprozesse gebündelt. Sie finden dort das gesamte formelle Wissen, das Experten für ihre Lernprozesse zusammengestellt haben. Dies können WBT, Videos, Podcasts, aber auch Printmedien sein, die die Mitarbeiter im Rahmen eines formellen Lernprozesses bearbeiten sollen. Vielfältige offene Aufgaben (Reflexionen, Transferaufgaben, Diskussionsthemen etc.) können als roter Faden der Lernprozesse dienen.

Phasen	Beschreibung
	• **Blended Learning***:* Regelmäßige Workshops zur gemeinsamen Reflexion der Praxiserfahrungen, zum Austausch mit Entwicklungspartnern und Prozessbegleitern sowie Experten, bei Bedarf auch Trainings mit Fallstudien, Rollenspielen oder Planspielen, ermöglichen es den Mitarbeitern, ihre Erfahrungen zu verarbeiten und die notwendige Qualifikation zu sichern. In realitätsgleichen Praxistrainings können zudem Kompetenzen aufgebaut werden. Elemente mit Eventcharakter (z. B. Kaminabende mit oberen Mitarbeitern, Outdoor-Übungen etc.) fördern wiederum die Netzwerkbildung. • **Informelles Lernen:** Über eine datenbankbasierte Lösung kann das Erfahrungswissen aller Mitarbeiter dokumentiert und in einem gemeinsamen Kommunikationsprozess weiterverarbeitet werden. Mit Suchfunktionen können sie Erfahrungswissen, aber auch Entwicklungspartner oder Experten zur Lösung von Praxisproblemen finden. Ergebnisse aus informellen Lernprozessen können wiederum zu nützlichen Fallstudien aufbereitet werden. • **Community of Practice:** Die Mitarbeiter können wichtige Problemstellungen in das Netzwerk einbringen, Fragen formulieren, mögliche Lösungen diskutieren, grundlegende Problemstellungen identifizieren und ihre Konsequenzen erörtern. • **Social Bookmarking:** Relevante Inhalte werden verschlagwortet. • **Kompetenzorientiertes Wissensmanagement:** System zur Dokumentation und zur Suche von Erfahrungswissen (Activity Stream, Dokumente, Blogs, Wikis, Communitys) sowie zum Identifizieren von Experten, Recherchen
Struktur der Kommunikation	• **Community of Practice***:* Problemstellungen strukturieren und gewichten, weitere Quellen identifizieren, Themenbereiche strukturieren und gewichten • **Co-Authoring***:* Erfahrungswissen und Problemlösungen für die Kollegen aufbereiten • **Blogs:** Projekt- und Lerntagebücher zum Austausch und zur Bearbeitung von Erfahrungswissen • **Wikis:** Erfahrungswissen zusammentragen und kollaborativ erweitern
Selbstorganisierte Lernphasen auf Basis der Praxisaufgabe, des Praxisprojektes	• **Kompetenzentwicklung im Prozess der Arbeit oder im Praxisprojekt:** Die Mitarbeiter lösen ihre Herausforderungen in der Praxis, halten ihre wesentlichen Beobachtungen in ihrem **Lerntagebuch** fest, reflektieren diese und besprechen sie mit ihrem Entwicklungspartner (*Co-Coaching*) bzw. in der Lerngruppe (*kollegiale Beratung*). • **Live-Modelle***:* Die Mitarbeiter werden durch ihre Entwicklungspartner in der Praxis, z. B. bei Mitarbeitergesprächen, beobachtet und erhalten im Rahmen des *Co-Coaching* eine Rückmeldung. • **Kollaborativer Arbeits- und Lernraum**: kollaborative Problemlösungen und Entwicklungsprozesse ermöglichen • **Community of Practice***:* Austausch und Weiterentwicklung von Erfahrungswissen • **Blogs:** Erfahrungswissen aus Projekt- und Prozesstagebüchern gemeinsam bewerten und weiterentwickeln • **Wikis:** Erfahrungswissen kollaborativ bewerten und weiterentwickeln • **Co-Authoring:** Aufbereitung von Erfahrungswissen, z. B. mit Autorentools, Podcasts, Webcasts, Artikeln u. a. • evtl. ergänzende Trainings oder unterstützende Weiterbildungsmaßnahmen

Phasen	Beschreibung
Dokumentation und Teilung von Erfahrungswissen	• **E-Portfolio***:* Diese persönliche, digitale Sammlung von Dokumenten und persönlichen Arbeiten eines Mitarbeiters dokumentiert und veranschaulicht die Ergebnisse (Produkt) der Werte- und Kompetenzentwicklung und den Entwicklungsweg (Prozess) in einer bestimmten Zeitspanne und für bestimmte Zwecke. • **Community of Practice***:* Zusammenfassung und Diskussion von Problemstellungen, Lösungsansätzen, Überlegungen, Erfahrungswissen und Recherchen • **Blogs***:* persönliches Erfahrungswissen weitergeben • **Wikis:** Erfahrungswissen von Gruppen weitergeben • **Social Bookmarking:** erarbeitete Inhalte verschlagworten

Tab. 20: Social-Blended-Learning-Prozess

In den selbst organisierten Entwicklungsphasen verknüpfen die Teilnehmer formelle und informelle Lernprozesse zu einem systematischen Werte- und Kompetenzentwicklungsprozess. Wichtig ist der Einsatz von digitalen Lerninstrumenten, von sozialen Medien, begleitet von intensiven, emotional aktivierenden persönlichen Gesprächen mit Führungskräften und von Mitarbeiter zu Mitarbeiter.

Der Paradigmenwechsel vom Seminarlernen zum Social Blended Learning ist sehr tiefgehend und umfasst vor allem folgende Elemente:

Seminarlernen	Social Blended Learning
objektbezogen – Inhalte und Fertigkeiten stehen im Vordergrund.	subjektbezogen und ganzheitlich – Die werteorientierte Handlungsfähigkeit der Menschen bildet den Kern.
Curriculum – standardisierte, formelle Lernziele und Inhalte	individuelle, bedarfsorientierte Werte- und Kompetenzziele
organisierte reale oder virtuelle Lernräume, meist zu bestimmten Zeiten	Lernen im Arbeitsprozess – Arbeiten = Lernen
formelles Wissen, das abgeprüft und evtl. in Übungen angewandt wird	formelles und informelles Wissen, das bei Bedarf im Arbeitsprozess angewandt wird
fremdorganisierte, für alle gleiche Lehr-/Lernprozesse	selbstorganisierte, personalisierte und passgenaue Lernprozesse
Test des Wissens und der Fertigkeiten	Bewertung der Performanz im Arbeitsprozess

Tab. 21: Vergleich Seminarlernen und Social Blended Learning

3.10 Social Workplace Learning

New Work wird sich immer mehr durchsetzen. Die Maschinen passen sich zunehmend den Menschen an – und nicht umgekehrt. Intelligente industrielle Assistenzsysteme mit multimodalen Benutzerschnittstellen bringen auch digitale Lerntechnologien direkt an den Arbeitsplatz (vgl. BMBF 2013). Dies eröffnet eine neue Dimension in der Zusammenarbeit von Mensch und Roboter und damit auch im Lernen.

Damit die Menschen befähigt werden, diese Funktionen zielgerichtet für sich zu nutzen, müssen sie bereits heute die Möglichkeit erhalten, sich schrittweise auf diese neue Arbeits- und Lernwelt vorzubereiten. Dafür empfehlen wir die Konzeption des Social Blended Learning.

Haben die Mitarbeiter mehrere Social-Blended-Learning-Maßnahmen erfolgreich durchlaufen, werden sie nach und nach dazu übergehen, den Ermöglichungsraum auch dann zu nutzen, wenn akute Herausforderungen am Arbeitsplatz zu bearbeiten sind. Sie lernen deshalb nicht mehr dann, wenn zufällig eine Entwicklungsmaßnahme angeboten wird, sondern im Prozess der Arbeit. Arbeiten und Lernen wachsen damit zusammen.

Social Workplace Learning ist selbstorganisierte Werte- und Kompetenzentwicklung unter Nutzung der Learning-Experience-Plattform im Prozess der Arbeit, wenn herausfordernde Problemstellungen zu bearbeiten sind (vgl. Sauter, Sauter 2014).

Die Mitarbeiter organisieren nunmehr ihre Werte- und Kompetenzentwicklung selbst und in eigener Verantwortung mit Unterstützung ihrer Lernpartner, der Lerngruppe sowie ihres Netzwerkes (Community of Practice). Dabei nutzen sie alle Lernformate und Informationsquellen, aber auch Kommunikations- und Kollaborationsformen im Ermöglichungsraum. Ihre Lernprozesse werden bei Bedarf von Lernbegleitern und der jeweiligen Führungskraft unterstützt. Regelmäßige Workshops bieten die Möglichkeit, den Lernprozess zu reflektieren und aktuelle Fragestellungen mit Kollegen zu diskutieren.

Social Workplace Learning umfasst damit folgende Elemente:

Elemente	Beschreibung
Ermöglichungsraum – Learning-Experience-Plattform	• gezielter Zugriff auf Planungsinstrumente für den Lernprozess, Kommunikations- und Kollaborationstools, formelle und informelle Inhalte sowie Rückmeldesysteme • dynamischer Prozess zur laufenden Optimierung des Ermöglichungsraumes • Kuratierung, sodass jeder Mitarbeiter laufend seine individuellen, funktions- und aufgabenbezogenen Informationen und Wissensbeiträge erhält

Elemente	Beschreibung
Regelmäßig	• Moderation der Veränderungsprozesse • selbstorganisierte Werte- und Kompetenzentwicklung der Führungskräfte und Lernbegleiter • Werte- und Kompetenzerfassungen der Mitarbeiter • Beratungsgespräche mit Werte- und Kompetenzberatern sowie Lernbegleitern, in denen individuelle Ziele formuliert und personalisierte Entwicklungsmöglichkeiten identifiziert werden • Entwicklungsgespräche mit der Führungskraft (Mentoring) zur verbindlichen Vereinbarung von Praxisaufgaben oder -projekten • Planung selbstorganisierter Lernprozesse
Regelmäßiger Kick-off für neue Mitarbeiter, 1–2 Tage	• Vorstellungsrunden und Einführung in die Organisation • Entwicklungskonzeption (Social Workplace Learning) • Reflexionen zu den neuen Herausforderungen • Bildung von Entwicklungstandems und Gruppen • Abstimmung mit den Lernbegleitern – verbindliche Vereinbarungen zu den personalisierten Entwicklungsprozessen
Prozess der Arbeit = Lernen	• selbstorganisierte und kollaborative Bearbeitung von Aufgaben in der Praxis • selbstorganisierter Aufbau des notwendigen Wissens und der Qualifikationen (Microlearning) • bei Bedarf ergänzende Trainings- und Weiterbildungsmaßnahmen • regelmäßiges Co-Coaching, kollegiale Beratung und Coaching durch den Lernbegleiter oder Experten • Communities of Practice • regelmäßiges Mentoring mit der Führungskraft
Regelmäßige Workshops, 1–2 Tage	• Reflexion über die vergangene Entwicklungsphase • gemeinsame Bearbeitung offener Fragen aus dem Themenspeicher oder aus den Projekt-Tagebüchern • Präsentation und Diskussion ausgewählter Praxis- und Projekterfahrungen • werte- und kompetenzorientierte Entwicklungsmaßnahmen im Team • evtl. Trainingsmaßnahmen • Vorsätze für die nächste Praxisphase • individuelle Planung der kommenden Praxisphase • evtl. Barcamp-Format zur Förderung des intensiven Austausches auf Augenhöhe • Vernetzung, z. B. in Communities of Practice • evtl. Kamingespräche mit Führungskräften und Experten

Tab. 22: Prozess des Social Workplace Learning

Eine zentrale Rolle spielt dabei die Verknüpfung der individuellen Werte- und Kompetenzentwicklung mit der entsprechenden Entwicklung des Teams (vgl. Kapitel 6.2) und der gesamten Organisation (vgl. Kapitel 6.1).

Für neue Mitarbeiter ist ein werte- und kompetenzorientiertes Onboarding erforderlich (vgl. Kapitel 6.3.4).

3.11 KOPING – Steuerung und Flankierung der Lernprozesse

»Nicht mehr die Vorbereitung auf eine spätere Ernstsituation bestimmt die Bildungskonzepte, sondern auch die Befähigung der Lernenden, sich selbst mit den Anforderungen, die auf sie zukommen, […] auseinanderzusetzen […]. Kluge Lehre stellt das ICH der Lernenden in den Mittelpunkt […] und fördert deren Haltung als aktives, selbstverantwortliches und selbststeuerungsfähiges Lernsubjekt.«
Rolf Arnold

Der Paradigmenwechsel in der betrieblichen Bildung führt zwangsläufig dazu, dass die Verantwortung dafür, was, wann, wo und wie gelernt wird, nicht mehr primär bei der Personalentwicklung oder den Trainern, sondern in erster Linie bei den Mitarbeitern selbst liegt. Die Effektivität der Lernprozesse hängt deshalb ganz wesentlich von den Fähigkeiten der Lernenden ab, ihre Lernprozesse selbst zu steuern und zu organisieren.

Die Abkehr von der Illusion der *Belehrung* erfordert eine kompetente Begleitung der Lerner mit ihren spezifischen Voraussetzungen und Erwartungen sowie Fragestellungen und Herausforderungen. Dies setzt eine konsequente **Professionalisierung der Lernbegleitung** voraus.

Coaching hat sich in agilen Entwicklungsprozessen als die optimale Begleitung erwiesen. Da es jedoch nicht möglich ist, jedem Berater einen Coach zur Seite zu stellen, kommt der Lernbegleitung durch Lernpartner (*Peer-to-Peer-Learning*) im Rahmen des Co-Coachings sowie der kollegialen Beratung und den Communities of Practice eine zentrale Bedeutung zu.

3.11.1 KOPING-Konzept

»Es ist mühevoll und langwierig, menschliches Handeln zu ändern, weil die komprimierten subjektiven Theorien sehr stabil sind.«
Diethelm Wahl

Wir schlagen für die Begleitung in Social-Blended-Learning-Konzepten das bewährte KOPING-Konzept in Anlehnung an den pädagogischen Psychologen Diethelm Wahl vor.

KOPING ist ein Kunstwort, das an das englische Wort *coping* (*bewältigen, mit etwas fertigwerden*) angelehnt ist. Gleichzeitig steht der Begriff für »*KO*mmunikative *P*raxisbewältigung *IN* *G*ruppen« *(*vgl. Wahl, 3. Aufl. 2013).

In der Stressforschung werden mit dem Begriff *Coping* die Anstrengungen oder Bemühungen einer Person bezeichnet, die diese zur Bewältigung von Anforderungen, Belastungen oder Konflikten unternimmt. Somit gibt dieser Begriff exakt die Zielsetzung agiler Entwicklungsmaßnahmen wieder.

In einer Reihe von Untersuchungen wurde nachgewiesen, dass Belastungen und Stresssituationen besser bewältigt werden können, wenn die Menschen in ein Netzwerk aus gut funktionierenden sozialen Beziehungen integriert sind, emotionalen Austausch erfahren und sich potenzieller Hilfeleistung sicher sind (vgl. Schmidt 2005, S. 176 ff.). Das Ziel ist deshalb, dass sich die Netzwerkmitglieder in ihren Entwicklungsprozessen gegenseitig unterstützen.

Das KOPING-Verfahren beinhaltet in der Ausprägung, die sich in unseren Projekten bewährt hat, drei Sozialformen – Entwicklungstandems, Entwicklungsgruppen und Netzwerke –, die in die vorgegebene Lernorganisation der Organisation eingebettet sind.

Wirksame KOPING-Konzepte umfassen folgende Akteure:

Akteure	Anforderungen	Begründung
Entwicklungspartnerschaften (Lerntandems)	• Die Teilnehmer wählen ihre Partner selbst nach dem *Prinzip der Sympathie*, d. h., beide sollen sich akzeptieren und verstehen, sowie nach dem *Grundsatz der Symmetrie*, d. h., beide sollen gleich »mächtig« sein, sich auf Augenhöhe begegnen. • dichte, direkte Beziehungen, die intensiv sowie vielartig sind und über einen längeren Zeitraum dauern • Bereitschaft, sich anderen anzuvertrauen und auch Schwächen zu offenbaren • homogener Erfahrungshintergrund • Geben und Nehmen ist in etwa im Gleichgewicht (Co-Coaching). • verpflichtende, regelmäßige persönliche oder virtuelle Treffen • vertraulicher Rahmen	• **Sozio-emotionale Stabilisierung:** Die Entwicklungspartner vermitteln das Gefühl, aufgehoben und umsorgt zu sein und Anteilnahme zu erfahren. • **Konkrete Hilfe:** Die Entwicklungspartner beraten sich bei Problemen und Vorhaben gegenseitig, diagnostizieren Herausforderungen, brechen Handlungsroutinen auf, suchen Alternativen und verdichten gemeinsames Wissen. Sie entwickeln Ideen, tauschen Erfahrungswissen und Informationen aus und nutzen gemeinsam ihre Materialien. In gegenseitiger Absprache übernehmen sie konkrete Aufgaben, z. B. Recherchen, deren Ergebnisse sie gemeinsam verarbeiten.

Akteure	Anforderungen	Begründung
Entwicklungsgruppen	Drei bis vier Tandems bilden eine Entwicklungsgruppe, die vor allem folgende Aufgaben übernimmt: • Austausch und Kommentierung der wöchentlichen Lerntagebücher • bei Bedarf konkrete Hilfe (Co-Coaching) • Bearbeitung gemeinsamer Arbeitsaufträge, z. B. Projektbearbeitung, Recherchen, Analysen, Entwicklung von Fallstudien oder Checklisten oder Präsentationen • kollegiale Beratung zur Lösung komplexer Probleme Diese Anforderungen setzen eine offene Kommunikation und kollaboratives Lernen voraus (WOL – Working Out Loud).	**Kollaborative Entwicklung von Lösungen:** Die Teilnehmer erfahren kollaborative Arbeits- und Lernprozesse und bauen dabei ihre Werte und Kompetenzen auf. KOPING-Gruppen besitzen eine deutlich andere Qualität als beispielsweise Communitys im Netz. Es handelt sich um enge Partnerschaften für einen bestimmten oder unbegrenzten Zeitraum. Es entwickelt sich eine offene Kultur der Kommunikation und Kollaboration, die direkte Auswirkungen auf den Umgang miteinander im Arbeitsprozess hat.
Lernbegleiter (Coach)	Ermöglicht selbstorganisierte Entwicklungsprozesse der Mitarbeiter. Diese Steuerung und Flankierung der selbstorganisierten Lernprozesse erfolgt auf Augenhöhe gemeinsam mit den Mitarbeitern in folgenden Bereichen: • individuelle Entwicklungsbedarfe klären • Werte- und Kompetenzentwicklungsziele definieren • Entwicklungswege festlegen • geeignete Herausforderungen zur Werte- und Kompetenzentwicklung auswählen • Entwicklungsprozesse der Mitarbeiter beobachten und sie bei Bedarf coachen • Entwicklungsprozesse reflektieren • Lernerfahrungen dokumentieren und weiterentwickeln • die jeweiligen Führungskräfte in ihrer Rolle als Entwicklungspartner ihrer Mitarbeiter coachen • den Ermöglichungsraum aufgrund der Erfahrungen in den Lernprozessen und den veränderten Anforderungen laufend weiterentwickeln	Mit dieser Konzeption können folgende Ziel erreicht werden: • **positives Selbstkonzept der Lerner fördern:** Sukzessive Übertragung der Verantwortung für den Lernprozess auf die Mitarbeiter • **Orientierung für die selbstorganisierte Planung der Lernprozesse geben:** Richtziele, Beratung etc. • **selbstorganisierte Werte- und Kompetenzorientierung ermöglichen:** Ermöglichungsraum und didaktisch-methodisches Coaching, evtl. auch fachliches Coaching, sozio-emotionale Stabilisierung, bei Bedarf konkrete Hilfe • **offene Entwicklungsprozesse initiieren:** innovative Lern- und Sozialformen, vielfältige Erprobungs- und Handlungsmöglichkeiten, Formen des Erfahrungsaustausches sowie der Kommunikation und Kollaboration ermöglichen • **Eigenverantwortung der Lerner zulassen:** regelmäßige Reflexions- und Evaluationsphasen, z. B. auf Basis von Werte- und Kompetenzerfassungen

Akteure	Anforderungen	Begründung
		• **soziale Einbindung fördern:** Initiierung von Lernpartnerschaften und des Lernens im Netz • **Moderation** von Kick-offs, Workshops oder Webinaren • **Analyse und Evaluation** der personalisierten Lernprozesse • **Coaching der Führungskräfte** in ihrer Rolle als Entwicklungspartner der Mitarbeiter
Führungskräfte	Die Führungskraft gibt ihr Erfahrungswissen und Eindrücke an den Mitarbeiter mit dem Ziel weiter, ihn in seiner persönlichen oder beruflichen Kompetenz innerhalb oder außerhalb des Unternehmens mithilfe seines Netzwerkes zu fördern. Zu diesen Aufgaben gehören vor allem • Werte- und Kompetenzentwicklungsziele mit dem Mitarbeiter in Hinblick auf die strategischen Anforderungen abstimmen, • gemeinsam mit dem Mitarbeiter geeignete Praxisaufgaben oder -projekte für seine gezielte Werte- und Kompetenzentwicklung verbindlich festlegen, • den organisatorischen, personellen, finanziellen und zeitlichen Rahmen der Werte- und Kompetenzentwicklung im Gespräch gemeinsam festlegen, • die Werte- und Kompetenzentwicklung begleiten und unterstützen, über Lernklippen des Mitarbeiters hinweghelfen und bei Bedarf Kontakte herstellen, • regelmäßige Auswertungs- und Entwicklungsgespräche führen.	Der Mentor kann folgende Beiträge zur selbstorganisierten Entwicklung des Mitarbeiters leisten: • **Entwicklungsprozess** mithilfe des Netzwerkes des Mentors intensivieren • Lernprozesse grundsätzlich beratend **begleiten** • **implizites Wissen des Mentors**, insbesondere sein Erfahrungswissen, einbringen • **Vernetzung des Mitarbeiters** in der Organisation, insbesondere mit Entscheidern • **Feedback** von der Basis aufnehmen, um die Rahmenbedingungen und das Führungshandeln zu optimieren • **soziale Interaktion** über die Bereiche und Hierarchieebenen hinweg fördern

Tab. 23: Akteure des KOPING-Konzeptes

Das KOPING-Verfahren hat sich in unserer Praxis seit nunmehr etwa drei Jahrzehnten in selbstorganisierten Lernprozessen hervorragend bewährt. Es bildet letztendlich die Grundlage dafür, dass diese eigenverantwortlichen, selbstorganisierten Lernprozesse der Teilnehmer mit einer sehr hohen Erfolgswahrscheinlichkeit behaftet sind.

Hinzu kommt, dass die gegenseitige Unterstützung im KOPING-Verfahren wesentlich dazu beiträgt, die notwendige Kultur der Entwicklung in Netzwerken aktiv zu fördern. Gleichzeitig wird der Aufwand in der Prozessbegleitung erheblich reduziert, da die Lerner zunächst versuchen, ihre Entwicklungsprobleme allein, mit Entwicklungspartnern, in Entwicklungsgruppen sowie im Netzwerk zu lösen.

Co-Coaching ist eine wechselseitige, überwiegend gleichberechtigte Kollaborations- und Kommunikationsbeziehung zwischen Lernpartnern mit dem Ziel effektiver Werte- und Kompetenzentwicklung.

Wir schlagen vor, ergänzend zum Co-Coaching das Konzept der **kollegialen Beratung** zu nutzen (vgl. Kapitel 10.5.5). Diese wirksame Beratungsform in Gruppen, bei der sich Partner wechselseitig nach einem feststehenden Ablauf mit verteilten Rollen zu Herausforderungen in der Praxis oder in Projekten beraten, um kollaborativ Lösungen zu entwerfen, ermöglicht es, Probleme aus dem Prozess der Arbeit gemeinsam zu bewältigen, Kooperations- und Führungshandeln zu entwickeln, fundierte Entscheidungen zu treffen, Belastungen zu vermindern, kompetent zu handeln und mit alledem hilfreiche Werte zu entwickeln. Jeder wird damit zum Prozessberater seiner Lernpartner. Damit ergänzt dieses Konzept diese Konzeption der Werte- und Kompetenzentwicklung.

Da das formelle Lernen in fremdorganisierter Form zunehmend an Bedeutung verliert, gleichzeitig Entwicklungsprozesse durch reale Problemstellungen neu initiiert werden, entwickeln sich die Learning Communities, z. B. aus Blended-Learning-Arrangements, zu **Communities of Practice** (vgl. Wenger 1998).

In Communities of Practice (CoPs) wählen die Teilnehmer selbst die Ziele, Inhalte, Strategien, Methoden und Kontrollmechanismen ihrer Entwicklungsprozesse und kommunizieren überwiegend über die Learning-Experience-Plattform miteinander.

Es entsteht damit eine informelle soziale Struktur, die von den Teilnehmern geprägt wird. Häufig wird dabei Social Software genutzt, sodass soziale Entwicklungsgemeinschaften entstehen können.

Die Kernelemente einer Community of Practice sind (vgl. Robes 2021, S. 14 f.):

- **Ein Thema:** Ein Schwerpunktthema verbindet alle Mitglieder.
- **Eine eigene Kultur:** Die Community entwickelt eigene Werte sowie Regeln und schafft Räume für Begegnungen.
- **Die Praxis:** die Orte, Projekte und Aktivitäten, die Werkzeuge und Leitfäden, die Normen und Werte, die die Arbeit der Community symbolisieren.

Communities of Practice können über die Organisation hinaus mithilfe des Ermöglichungsraumes gebildet werden, der die Kommunikation mit Social Software aktiv ermöglicht und Möglichkeiten bietet, Erfahrungen der Teilnehmer, sofern sie dokumentierbar sind, strukturiert zu speichern und über Suchfunktionen nutzbar zu machen.

Mit Communities of Practice werden unter anderem folgende Ziele erreicht:

- Praxis- und Entwicklungsprobleme werden gemeinsam schnell und kompetent gelöst.
- Die Werte- und Kompetenzentwicklung der Teilnehmer wird gezielt gefördert.
- Es entwickeln sich gemeinsam geteilte und getragene Werte sowie Kompetenzen aus einem *User-generated Content* heraus.
- Es entstehen innovative, neue, wertegestützte Lösungsansätze (*Best Practices*).
- Das Netzwerk der Werteentwickler wächst dynamisch weiter.

Für den Erfolg der Communities of Practice sind folgende Faktoren von besonderer Bedeutung (vgl. Robes 2021, S. 15 f.):

- laufende Veränderungen einplanen und gestalten,
- Working Out Loud: Die Arbeit der Community sichtbar machen,
- verschiedene Stufen der Teilnahme ermöglichen, vom Kernteam bis zum Mitläufer,
- private und öffentliche Austauschräume bereitstellen,
- Nutzen schaffen und regelmäßig überprüfen,
- Routine und Überraschungen verbinden,
- Wissens- und Lerngemeinschaft bilden.

Häufig treffen wir in der Praxis auf ein Rollenverständnis der Führungskräfte, das nur wenig mit der Werte- und Kompetenzentwicklung der Mitarbeiter zu tun hat. Da Lernen häufig noch als etwas gesehen wird, das außerhalb des Arbeitsprozesses stattfindet, entstehen dabei immer wieder nervende Diskussionen über die Frage, wann und wo der Mitarbeiter lernen soll. Deshalb kann die Entwicklung von Lernkonzeptionen nicht losgelöst von der Führungskonzeption und der Rolle der Führungskräfte in den Lernprozessen der Mitarbeiter gesehen werden.

3.11.2 Lernbegleiter

»Trainer sehen ihren Hauptauftrag darin, Wissen zu vermitteln. Dafür werden Inhalte neu zusammengestellt und als Seminarunterlagen den Teilnehmern bereitgestellt. Sie bemühen sich, ihren fachlichen Vorsprung gegenüber den Teilnehmern bis zum Ende des Seminars beizubehalten. Entsprechend intensiv und aufwendig ist die Vorbereitung. Damit bleibt auch das hierarchische Gefälle zwischen dem Experten vorn und den Teilnehmern hinten bestehen. […] Die Teilnehmer denken, sie könnten das Wissen konsumieren und die Anbieter machen das zum Leistungsversprechen. Dass das noch nie so funktioniert hat, wollen beide Seiten nicht wirklich wahrhaben.« (Pape 2017, S. 154).

Die Rolle der Trainer und Dozenten wandelt sich im Zuge des selbstgesteuerten und selbstorganisierten Lernens zum Lernbegleiter.

Lernbegleiter schaffen ein emotional positives Umfeld für individuelle, selbstorganisierte Entwicklungsprozesse, regen die Teilnehmer zur Reflexion über ihre individuellen Ziele der Werte- und Kompetenzentwicklung an und ermutigen sie, diese Ziele umzusetzen. Dabei unterstützen sie die Teilnehmer bei Bedarf in der selbstorganisierten Planung und Steuerung ihrer Entwicklungsprozesse.

Diese Rolle hängt maßgeblich davon ab, welche Lernarrangements zugrunde liegen:

Der **Lernbegleiter** *für*

- **Seminarlernen** wird den Lernern durch speziell entwickelte Aufgaben und Anwendungssituationen einen Zugang zu den Lernressourcen ermöglichen. Das Verständnis von *Lehre* wandelt sich dabei grundsätzlich, weil Lernen als Selbstführung verstanden wird und eine wirksame, aktivierende Lehre durch Anregung, Begleitung und Förderung entsteht. Die Lerner werden auch im Seminar zu ihren eigenen Bedingungen lernen, weil sie ihre Ziele, Prozesse und Lernbedingungen mitgestalten können. Dies wird über Reflexionen, konkrete Arbeitsaufträge, Praxisbeispiele oder konstruktive Formen der Kommunikation ermöglicht.
- **E-Learning-Arrangements**: Der Lernbegleiter plant den Lernraum für das Lernen mit Web Based Trainings oder interaktiven Lernvideos, moderiert den Kick-off zur gemeinsamen Planung der Selbstlernphase (meist als Webinar), begleitet die selbstgesteuerten, individuellen Lernprozesse und greift die offenen Fragen in Webinaren auf. Der Schwerpunkt seiner Lernbegleitung liegt hierbei in der didaktisch-methodischen Unterstützung der Lerner, von der Definition der individuellen Lernziele über die Planung der eigenen Lernprozesse bis zur methodischen Beratung.
  Dieser Lernbegleiter kann, muss aber nicht, fachlicher Experte sein, da er bei Bedarf auf ein Netzwerk von Fachleuten im Hintergrund zugreifen kann. Für dieses Rollenprofil passt nach unserer Meinung der Begriff des E-Tutors nicht mehr, da diese Bezeichnung meist mit einer sehr engen Führung der Lerner verknüpft wird, die im Widerspruch zum selbstgesteuerten Lernen steht. Der Lernbegleiter in E-Learning Arrangements muss vielmehr eine Gratwanderung bewältigen, bei der er den Lernern einen möglichst großen Freiraum zur selbstgesteuerten Gestaltung seiner Lernprozesse gibt und nur im Bedarfsfall, dann aber auf Initiative des Lerners, miteinbezogen wird. Dies setzt klare Spielregeln für die eigenverantwortliche Bearbeitung offener Fragen durch die Lerner, in Lerntandems und im Kurs voraus.
- **Blended-Learning-Arrangements**: Diese Lernbegleiter übernehmen eine vergleichbare Rolle, haben aber deutlich mehr Möglichkeiten zur Interaktion mit den Lernern im Präsenz-Kick-off und in den Workshops bzw. in dazwischenliegenden

Webinaren. Während im Kick-off vor allem die Voraussetzungen für effiziente Selbstlernphasen geschaffen werden, ist der Lernbegleiter während der selbstgesteuerten Lernprozesse wiederum didaktisch-methodischer Unterstützer im Hintergrund und in den Workshops vor allem Moderator. Er initiiert Reflexionen über die Selbstlernphase, leitet bei Bedarf Konfliktlösungsprozesse ein, erzeugt eine hohe Verbindlichkeit der individuellen Lernprozesse, klärt offene Fragen aus dem Themenspeicher und leitet Diskussionen zu Präsentationen der Gruppen (evtl. unter Einbeziehung von Experten), bietet bei Bedarf zielgerichtete Trainingsmaßnahmen an und plant mit den Lernern die folgende Selbstlernphase. Die Rolle des »Wissensvermittlers« entfällt fast vollständig.

- **Social-Blended-Learning**-Arrangements: Diese Lernbegleiter erfüllen die gleiche Funktion wie Blended-Learning-Lernbegleiter. Da die Teilnehmer in diesen Lernarrangements parallel herausfordernde Projekte oder Aufgaben aus ihrer Praxis bearbeiten, erweitert sich ihre Lernbegleitung auf die Ermöglichung der selbstorganisierten Werte- und Kompetenzentwicklung in diesen Herausforderungen. In der Planungsphase werden sie Partner und Berater der Führungskräfte der Teilnehmer bei der Auswahl geeigneter Praxisprojekte und -aufgaben für die selbstorganisierte Werte- und Kompetenzentwicklung der Mitarbeiter und bei der Auswertung der Werte- und Kompetenzerfassungen.
  Sie bieten dem Lerner Werte- und Kompetenzerfassungen für Selbst- und Fremdeinschätzungen (bei Kompetenzen), deren Ergebnisse auf Basis eines gemeinsamen Analyse- und Bewertungsprozesses durch den Lerner für die Definition seiner individuellen Lernziele genutzt werden. Weiterhin unterstützt der Lernbegleiter die Lerner bei der Planung ihrer personalisierten Lernprozesse, indem er ihnen den erforderlichen Ermöglichungsraum zur Verfügung stellt und sie methodisch berät.
  Sofern von den Teilnehmern gewünscht, analysiert er die regelmäßigen Projekttagebücher und steht als methodischer Coach zur Verfügung. Bei Bedarf bezieht er wiederum Experten aus seinem Netzwerk mit ein. Im Abschlussworkshop, meist mit oberen Führungskräften, moderiert er die Vorstellung und Diskussion der Projektergebnisse. Werden die Projektkonzeptionen anschließend in der Praxis umgesetzt, steht er weiterhin als methodischer Coach zur Verfügung.
- **Social-Workplace-Learning-Arrangements**: Hier werden die Lernbegleiter ihren Schwerpunkt in der Konzipierung und laufenden Optimierung des Ermöglichungsrahmens sowie in der methodischen Beratung der Mitarbeiter zur Gestaltung ihrer individuellen Lernprozesse am Arbeitsplatz haben. Sie werden regelmäßig Kick-offs für neue Mitarbeiter durchführen, bei Bedarf methodische Coaching-Gespräche mit einzelnen Mitarbeitern führen, in Teambesprechungen Feedback zum Lernsystem einholen oder Workshops zur Förderung der sozialen Kommunikation durchführen. Sie entwickeln sich dabei zunehmend auch zu *Mentoren* der Lerner, die sie in ihren persönlichen Entwicklungsprozessen beraten, ihr Netzwerk zur Verfügung stellen und als Kommunikationspartner für offene Fragen rund um die individuelle Kompetenzentwicklung zur Verfügung stehen.

Dieses Stufenmodell bietet nicht nur den Lernern, sondern auch den Lernbegleitern die Möglichkeit, ihre eigene Rolle und ihre Kompetenzen schrittweise in Hinblick auf die zukünftigen Anforderungen hin zu entwickeln. Da die Lernbegleiter in den Veränderungsprozessen eine Schlüsselrolle spielen, ist es notwendig, bei dieser Zielgruppe mit ihrer gezielten Werte- und Kompetenzentwicklung möglichst rasch zu beginnen. Dafür bietet sich das ***Doppel-Decker-Prinzip*** an (siehe Kapitel 7.4.3).

4 Werte- und Kompetenzmodelle – die Basis gezielter Entwicklung

Einstieg

!

Die Geburtsstunde der heutigen Wertetheorie kann ziemlich genau auf den Zeitraum von 1874 bis 1879 datiert werden. Auch der Name ihres Begründers steht fest, es war Hermann Lotze mit seinem »System der Philosophie«. Ihm folgte 1884 Friedrich Nietzsches Titel »Die Umwertung der Werte« (1921), später Heinrich John Rickert, Max Weber und viele mehr (vgl. dazu Erpenbeck unter Mitarbeit von Sauter 2018).
Das moderne Kompetenzdenken wurde maßgeblich durch Sprachwissenschaftler wie Noam Chomsky, durch den Philosophen Jürgen Habermas oder den Motivationspsychologen Robert W. White gefördert. Weltweit führend wurde die Kompetenzforschung in Deutschland durch das Projekt QUEM – Qualifikations-Entwicklungs-Management –, das von 1992 bis 2007 vom Bundesministerium für Bildung und Forschung mit der Zielstellung gefördert wurde, den Prozess der Anpassung der beruflichen Qualifikationsstrukturen in den neuen Bundesländern qualitativ zu unterstützen. Maßgebliche Wissenschaftler in diesem Projekt waren vor allem Prof. Dr. Lutz von Rosenstiel und Prof. Dr. John Erpenbeck (vgl. Arbeitsgemeinschaft betriebliche Weiterbildungsforschung 2006; Erpenbeck u. a. 2017).

Die Zahl der Werte- und Kompetenzbegriffe geht jeweils in die Hunderte, wenn nicht in die Tausende. Will man aber Werte und Kompetenzen gezielt entwickeln, ist es notwendig, praktikable Modelle zu gestalten, die alle Werte- und Kompetenzausprägungen umfassen können, dabei trotzdem überschaubar sind, deren Definitionen auf die jeweilige Organisation passen und die durch Wertebeispiele oder Handlungsanker operationalisiert werden können. Nur dann ist es möglich, Werte und Kompetenzen wirksam und mit hoher Akzeptanz zu erfassen, zu analysieren und zu bewerten, sodass eine gezielte Werte- und Kompetenzentwicklung möglich wird.

4.1 Wertemodelle

Aus dem Geschäftsbericht der Otto Group

»Als international tätiger Handels- und Dienstleistungskonzern streben wir eine nachhaltige Entwicklung in allen Unternehmensbereichen an. Dies ist ein zentraler Bestandteil unseres Leitbildes – wir wollen Maßstäbe für ein menschliches Miteinander, eine lebenswerte Umwelt und eine vielfältige Gesellschaft setzen. Denn nur so können wir unsere wachstumsorientierte Ausrichtung auch langfristig mit einem wertebasierten, nachhaltigen Handeln in Einklang bringen und die Lebensqualität nachfolgender Generationen sichern.« (Otto Group, Geschäftsbericht 2019/2020, S. 4)

Werte erfahren aktuell, insbesondere aufgrund der ökologischen Krise und der Coronapandemie, aber auch technologischer Sprünge und dem damit verbundenen Zuwachs menschlicher Fähigkeiten, einen enormen Bedeutungszuwachs. Wie findet eine Organisation eine sinnerfüllte Zielsetzung, die ihren Erfolg in der Zukunft sichert, ihre Attraktivität als Arbeitgeber steigert und gleichzeitig den zunehmenden gesellschaftlichen Anforderungen an Nachhaltigkeit sowie sozialer und kultureller Verantwortung zukunftsweisend gerecht wird?

Wie Organisationen mit der Umwelt und mit Menschen umgehen, spielt nicht nur für Kunden, sondern auch für immer mehr Bewerber eine zentrale Rolle. Sind technische Innovationen, Prozessinnovationen oder Dienstleistungsinnovationen Trümpfe der Unternehmen in der Wissensgesellschaft, so sind wertehaltige, von den Mitarbeitern verinnerlichte organisationskulturelle Haltungen, Anschauungen und Orientierungen Trümpfe in der heutigen Wertegesellschaft. Die Menschen sind heute zunehmend sensibler in Hinblick auf die *gelebten* Werte der Organisationen. Auch können sie durch die gesteigerte Transparenz immer leichter feststellen, ob die behaupteten Werte der Unternehmenskultur mit den gelebten Werten tatsächlich übereinstimmen.

Es gibt riesige Listen von **Wertebegriffen**, Hunderte von Ausdrücken, die menschliche Wertungen von allem und jedem umfassen (vgl. Sauer 2018, Franz 2015):

Abenteuer, Achtsamkeit, Agilität, Aktivität, Aktualität, Akzeptanz, Altruismus, Anerkennung, Andersartigkeit, Anmut, Ansehen, Anstand, Ästhetik, Aufgeschlossenheit, Aufmerksamkeit, Ausgeglichenheit, Ausgewogenheit, Authentizität, Begeisterung, Beharrlichkeit, Bescheidenheit, Besonnenheit, Dankbarkeit, Demut, Disziplin, Effektivität, Ehrlichkeit, Empathie, Entscheidungsfreude, Fairness, Fleiß, Flexibilität, Freiheit, Freude, Frieden, Fröhlichkeit, Fürsorglichkeit, Geduld, Gelassenheit, Gemütlichkeit, Gerechtigkeit, Gesundheit, Glaubwürdigkeit, Großzügigkeit, Güte, Harmonie, Hilfsbereitschaft, Hingabe, Hoffnung, Höflichkeit, Humor, Idealismus, Innovation, Inspiration, Integrität, Intelligenz, Interesse, Intuition, Klugheit, Konservatismus, Kontrolle, Kreativität, Leidenschaft, Leichtigkeit, Liebenswürdigkeit, Loyalität, Mitgefühl, Motivation, Mut, Nachhaltigkeit, Nächstenliebe, Neutralität, Offenheit, Optimismus, Ordnungssinn, Pflichtgefühl, Fantasie, Pragmatismus, Präsenz, Pünktlichkeit, Realismus, Redlichkeit, Respekt, Rücksichtnahme, Sanftmut, Sauberkeit, Selbstdisziplin, Selbstvertrauen, Sensibilität, Sicherheit, Solidarität, Sorgfalt, Sparsamkeit, Spaß, Standfestigkeit, Sympathie, Teamgeist, Tapferkeit, Teilung, Toleranz, Traditionell, Transparenz, Treue, Tüchtigkeit, Unabhängigkeit, Unbestechlichkeit, Verantwortung, Verlässlichkeit, Vertrauen, Verzeihung, Wachsamkeit, Weisheit, Weitsicht, Würde, Zielstrebigkeit, Zuverlässigkeit, Zuneigung, Zuversicht.

Für das gezielte Wertemanagement ist es nötig, ein überschaubares, praktikables Wertemodell zu entwickeln, mit dem die Antriebe und Ordner des kompetenten Handelns identifiziert werden können.

Auf Basis der Werteforschung haben wir ein **Wertemodell** entwickelt. Diese Matrix basiert auf der über zehnjährigen Erfahrung mit dem Wertemesssystem WERDE® (vgl. Erpenbeck, Brenninkmeijer 2007, S. 251 ff.) sowie auf den Items des hoch validierten Klages-Gensicke-Survey und der 16 Reiss-Motive (vgl. Erpenbeck u. a. 2007, S. 251 ff., Reiss, Reiss, 4. Aufl. 2009).

Wertemodelle sind ein Katalog der Parameter, in welchem die Ordner und Motive zur selbstorganisierten Leistungserbringung und Problemlösung erfassbar und für jeden verständlich beschrieben sind.

In unserem Wertemodell haben wir **vier Basiswerte**, die Wertearten, definiert.

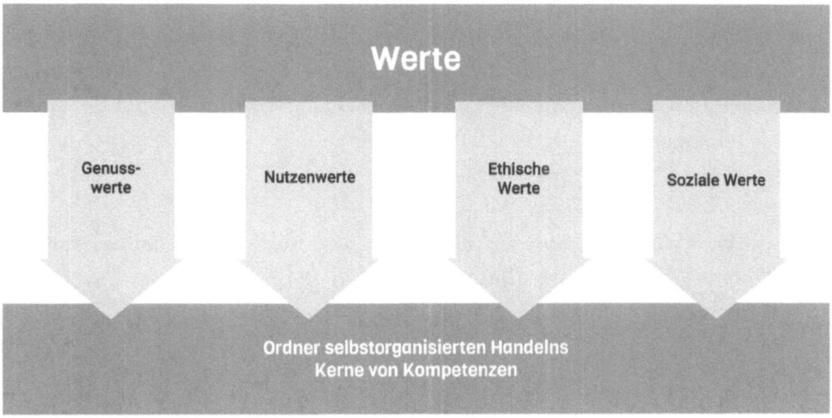

Abb. 19: Basiswerte im Wertemodell ValCom® (vgl. Erpenbeck, Sauter 2020a)

Diese Basiswerte können wie folgt beschrieben werden (vgl. Erpenbeck, Sauter 2018a):

- **Genusswerte** sind handlungsleitende Ordner, die den Mitarbeiter dazu bringen, Handlungen zu bevorzugen, die ihm – physischen oder geistigen – Genuss verschaffen. Dabei kann es sich um das Genießen von Essen, Musik, Literatur oder Kunstwerken, aber auch von physischer Anspannung und Herausforderung in konfliktträchtigen Situationen handeln. Es kann sich auf den Genuss am kreativen Denken und Austausch mit Menschen aus verschiedenen Kulturen sowie auf den Genuss an individueller Freiheit beziehen.

- **Nutzenwerte** beziehen sich auf alles, was irgendwie nützlich ist. Der Nutzen stellt den Kern vieler ökonomischer Theorien und somit des wirtschaftlichen Handelns dar und ist deshalb eines der zentralen ökonomischen Konstrukte. Nutzenwerte sind handlungsleitende Ordner, die die Mitarbeiter Handlungen bevorzugen lassen, die ihnen Nutzen im weitesten Sinne versprechen. Dabei kann es sich um den Nutzen aus neuen Erfahrungen durch den Austausch mit anderen, Entdeckungen und Entwicklungen handeln, oder um ökonomischen Nutzen, um den Nutzen, den ein Erfinder aus seinem fachlichen und methodischen Wissen zieht oder um den Nutzen, der aus einer Organisation oder einem Beziehungsgeflecht zu ziehen ist.
- **Ethische Werte** gelten tendenziell für alle Mitarbeiter gleichermaßen, welchen sozialen Stufen sie auch zugehörig sind. Sie sind handlungsleitende Ordner, die dem einzelnen Mitarbeiter Handlungen nahelegen, die das Wohl vieler oder aller Menschen ohne Ansehen der Person zum Handlungsanliegen machen.
- **Soziale Werte** können sowohl auf einzelne Menschen wie auf kollektive Subjekte gerichtet sein. Sie sind handlungsleitende Ordner, die Einzelne oder Gruppen (Unternehmen, Abteilungen, Teams etc.) zu einem sozial akzeptierten, rechtskonformen, optimalen oder auch zu einem innovativen Handeln bewegen. Sie können inhaltlich und systematisch durchdacht in Beratungsprozesse oder in freundschaftliche sowie anerkennende soziale Kontakte bis hin zum »Bad in der Menge« einfließen, aber auch durch dazu fähige Menschen in unterschiedlichen sozialen Bezügen und Gremien kommuniziert werden.

Jeder Basiswert wird in vier Werte untergliedert, sodass ein überschaubares, praktikables Wertemodell – ein **Werteatlas** mit 16 Werten – entsteht.

Genusswerte		Nutzenwerte	
Kreativität Diesen Menschen ist es wichtig, ihre Kreativität, Ideen oder gestalterischen Fähigkeiten weiterentwickeln zu können.	**Gesundheit** Diesen Menschen ist es wichtig, durch körperlichen und geistigen Ausgleich gesund und fit zu bleiben.	**Lebensstandard** Diesen Menschen ist es wichtig, dass ihr Lebensstandard gut ist und bleibt.	**Sicherheit** Diesen Menschen ist es wichtig, dass ihren materiellen und beruflichen Sicherheitsbedürfnissen Rechnung getragen wird.
Bildung Diesen Menschen ist es wichtig, aktiv ihr Wissen und ihre Kompetenzen zu erweitern.	**Individuelle Freiheit** Diesen Menschen ist es wichtig, dass sie persönliche Freiräume haben.	**Anerkennung** Diesen Menschen ist es wichtig, dass sich Leistung für sie lohnt.	**Gemeinnutz** Diesen Menschen ist es wichtig, dass der Wert, den sie schaffen, auch dem Team und der Organisation zugute kommt.
Privatleben Diesen Menschen ist es wichtig, dass ihre privaten Belange berücksichtigt werden.	**Ideale** Diesen Menschen ist es wichtig, dass gemeinsamen Idealen gefolgt wird.	**Beziehungen** Diesen Menschen ist es wichtig, dass freundliche bis freundschaftliche Beziehungen das Klima bestimmen.	**Einfluss** Diesen Menschen ist es wichtig, dass sie zu einem positiven Image und Einfluss ihres Teams und der Organisation beitragen.
Verantwortung Diesen Menschen ist es wichtig, verantwortlich zu handeln.	**Respekt** Diesen Menschen ist es wichtig, dass sich Kollegen und Führungskräfte auf Augenhöhe begegnen und sich gegenseitig unterstützen.	**Norm und Gesetz** Diesen Menschen ist es wichtig, dass sie intern und extern Recht und Ordnung kennen und danach handeln.	**Netzwerk** Diesen Menschen ist es wichtig, dass sie Netzwerke aufbauen.
Ethische Werte		**Soziale Werte**	

Abb. 20: Wertemodell ValCom® nach Erpenbeck, Sauter und Sauter (vgl. Erpenbeck, Sauter 2020a)

Die Erfahrungen zeigen, dass letztendlich alle Wertebegriffe mit diesem Wertemodell erfasst werden können.

In vielen Organisationen gibt es bereits ausformulierte Werte, die breit kommuniziert sind. Deshalb bieten sich grundsätzlich zwei Vorgehensweisen an:

- **Integration in einen bestehenden Werteatlas:** Die bisherigen Werte werden in einen vorgegebenen Werteatlas eingefügt. Voraussetzung dafür ist, dass die Erfassungssoftware sowohl die Anpassung der Zahl der Werte, der einzelnen Wertebegriffe, der Wertedefinitionen sowie der Wertebeispiele zulässt.
- **Entwicklung eines neuen Wertemodells:** Es wird ein neuer Werteatlas mit eigenen Wertebegriffen, Wertedefinitionen und Wertebeispielen entwickelt. Moderne Werte-Erfassungssoftware[38] ermöglicht es, solche Wertemodelle mit einer nahezu beliebigen Anzahl an Werten und freier Wahl der Begriffe und Definitionen umzusetzen, ohne eine Programmierung beauftragen zu müssen.

Diese Wertemodelle können grundsätzlich in zwei Ausprägungen eingesetzt werden:

- **Grundlegendes Wertemodell** mit organisationsspezifischen Wertedefinitionen und Wertebeispielen, teilweise mit der Festlegung von Kernwerten
- **Funktions- oder teamspezifisches Wertemodell**, meist in Verbindung mit einem Zielkorridor

Das Wertemodell wird für jeden einzelnen Wert mit **jeweils vier beispielhaften Werteausprägungen**, die in einem gemeinsamen Prozess mit erfahrenen Fach- und Führungskräften organisationsspezifisch formuliert werden, operationalisiert. Die angepassten Werteausprägungen bilden wiederum die Grundlage für die Fragen zur Erfassung der Werte durch die Software.

Die Formulierung dieser Sätze sollte folgende Ansprüche erfüllen, um die daraus abgeleitete Erfassung der Werte aussagefähig zu machen: Die Beispiele müssen

- aus der Arbeits- und Erfahrungswelt der Mitarbeiter stammen, damit der Mitarbeiter sich die jeweilige Situation konkret vorstellen kann,
- möglichst authentisch sein, damit die Befragten sich ernst genommen fühlen,
- beim ersten Lesen verständlich sein, sodass spontane Antworten möglich sind,
- der allgemeinen Umgangskultur gerecht werden.

Deshalb können die Wertebeispiele nur gemeinsam mit erfahrenen Fach- und Führungskräften aus der Zielgruppe entwickelt werden.

38 Vgl. www.valcom.org.

Die Formulierung einer Übertreibung macht deutlich, dass eine überzogene Ausprägung eines Wertes negative Folgen haben kann.

Die Operationalisierung der Werte durch Wertebeispiele (Wertewolke) kann am Beispiel des Wertes *Respekt* illustriert werden.

***Respekt*: Es ist mir wichtig, dass ich Kollegen und Führungskräften auf Augenhöhe begegne und wir uns gegenseitig unterstützen,**
z. B. dass
- ich ohne Rücksicht auf Hierarchien wertschätzend mit Kollegen und Führungskräften kommunizieren und arbeiten kann,
- allen Mitarbeitenden, unabhängig von Herkunft oder Religion, mit Verständnis und ohne Vorbehalte begegnet wird,
- fremde Familien- und Lebensverhältnisse ohne Vorurteile betrachtet und andere kulturelle, religiöse und politische Überzeugungen grundsätzlich respektiert werden,
- mit allen Mitarbeitenden tolerant umgegangen wird.

Übertreibung: Ich spreche Probleme und Herausforderungen nicht an, um andere nicht in Bedrängnis zu bringen.

4.2 Kompetenzmodelle

»Deutschland ist auf dem direkten Weg in die Kompetenzkatastrophe. Es vertrödelt seine Bildungszukunft, weil es die Entwicklung zur Kompetenzgesellschaft völlig ignoriert. Es leistet sich ein Bildungssystem, das sich nur im Schneckentempo weiterentwickelt, während sich die Welt ringsum in einem rasenden Tempo verändert. In allen Bildungsbereichen, von den Schulen über die Hochschulen bis zu den Betrieben, werden immer noch überwiegend die skandalös ineffektiven Methoden des Seminarlernens, häufig in Form von Frontalunterricht, praktiziert.

Das zukünftige Lernen soll lebenslang sein, die zukünftige Welt kommt darin aber kaum vor.

Wissensweitergabe gilt immer noch als der Weisheit letzter Schluss. […] Kompetenzen, die Fähigkeiten selbstorganisiert und kreativ Herausforderungen zu bewältigen, interessieren die meisten Bildungsverantwortlichen nur in Sonntagsreden.« (Erpenbeck, Sauter, 2. Aufl. 2019, S. 1 f.)

Alle Organisationen stehen vor gewaltigen Herausforderungen, die mit den bisherigen Methoden nicht mehr zu bewältigen sind. Wie können Organisationen als Ganzes eine zukunftstaugliche Qualität *kollaborativer Kompetenz* aufbauen und es ihren Teams und Mitarbeitern gleichzeitig ermöglichen, ihre für die Zukunft erforderlichen Kompetenzen selbstorganisiert im Prozess der Arbeit und im Netz zu entwickeln? Wie können die Herausforderungen der digitalen Transformation, die wir heute noch gar nicht kennen, bewältigt werden?

Im deutschsprachigen Unternehmensbereich hat sich vor allem der Kompetenzbegriff von Erpenbeck und Heyse (2007) durchgesetzt. Kompetenzmodelle, die auf diesem Kompetenzbegriff aufbauen, basieren auf dem Prinzip der Selbstorganisation. Kompetenzmodelle, die in diesem Sinne gestaltet werden, besitzen einen langfristigen Charakter und können als Leitlinie personalisierter Lernprozesse der Mitarbeiter in einer sich immer dynamischer verändernden Arbeitswelt dienen.

Kompetenzmodelle sind Anforderungskataloge an die Mitarbeiter, in denen die Handlungsfähigkeiten zur Leistungserbringung und Problemlösung erfassbar und für jeden verständlich erklärt sind.

Im beruflichen Bereich hat sich ein Verständnis von Handlungskompetenz etabliert, welches im Wesentlichen auf Heinrich Roth (1971) zurückgeführt werden kann. Von ihm wurden **vier Grundkompetenzen** – personale, aktivitätsbezogene, methodische und soziale – herausgearbeitet, die seither eine unwidersprochene sozialwissenschaftliche Grundlage bilden (Erpenbeck, Sauter, 2.Aufl. 2019, S.27). Diese Grundstruktur haben wir unserem Kompetenzmodell zugrunde gelegt.

Abb. 21: Basiskompetenzen nach Roth (1971), Erpenbeck und Heyse (2007)

Diese Basiskompetenzen können wie folgt beschrieben werden (vgl. Erpenbeck, Heyse 2007):

- **Personale Kompetenzen** sind Fähigkeiten, sich selbst gegenüber klug und kritisch zu sein, produktive Einstellungen und Werte zu entwickeln.
- **Aktivitätskompetenzen** sind Fähigkeiten, alles Wissen, die Ergebnisse sozialer Kommunikation sowie persönliche Werte und Ideale willensstark und aktiv umsetzen zu können und dabei alle anderen Kompetenzen zu integrieren.
- **Soziale Kompetenzen** sind Fähigkeiten, sich aus eigenem Antrieb mit anderen zusammen- und auseinanderzusetzen, kreativ zu kooperieren und zu kommunizieren.
- **Methodische Kompetenzen** sind Fähigkeiten, mit fachlichem und methodischem Wissen gut ausgerüstet, auch sehr schwierige Probleme zielorientiert und schöpferisch zu bewältigen.

Der Kompetenzatlas von John Erpenbeck und Volker Heyse (2007) untergliedert jede Basiskompetenz mit 16 Einzelkompetenzen, sodass dieser Kompetenzatlas insgesamt 64 Einzelkompetenzen umfasst.

Entsprechend unserem Wertemodell haben wir unser **Kompetenzmodell** ebenfalls mit diesen vier Basiskompetenzen, die wir jedoch jeweils in nur vier Teilkompetenzen mit konsequenter Handlungsorientierung untergliedert haben, entwickelt. Mit dieser überschaubaren Struktur von 16 Einzelkompetenzen, die sich an den Ausprägungen nach Erpenbeck und Heyse orientiert, wird die gezielte und ganzheitliche Kompetenzentwicklung auf allen Ebenen der Organisation wirksam ermöglicht.

Personale Kompetenzen		Aktivitätskompetenzen	
Eigenverantwortliches Handeln Handelt verantwortlich auf Basis gemeinsamer Werte	**Selbstorganisiertes Handeln** Gestaltet mit vollem Einsatz und kreativ das eigene Handeln	**Entscheidungsorientiertes Handeln** Trifft Entscheidungen fachlich fundiert auf Basis seiner Werte und handelt konsequent	**Tatkräftiges Handeln** Handelt mit starker Motivation und treibt auch schwierige Handlungen aktiv voran
Förderndes Handeln Ermöglicht die Entwicklung anderer durch die Übertragung von herausfordernden Aufgaben	**Ganzheitliches Handeln** Handelt verantwortlich und berücksichtigt die Wechselbeziehungen seiner eigenen Arbeit und der Rahmenbedingungen	**Impulsgebendes Handeln** Ermöglicht und initiiert Handlungen anderer mit hohem Engagement	**Konsequentes Handeln** Handelt mit starkem Willen an Zielen orientiert und mit hoher Durchsetzungskraft
Teamorientiertes Handeln Handelt mit Empathie und Überzeugungskraft, um gemeinsam Lösungen zu entwickeln	**Problemlösendes Handeln** Initiiert und realisiert alleine und mit anderen Prozesse zur Bewältigung von Herausforderungen	**Erfahrungsorientiertes Handeln** Handelt auf Basis gefestigter Erfahrungen und Werte und baut diese kontinuierlich aus	**Systematisch-methodisches Handeln** Entwickelt methodisch fundierte Handlungskonzepte und setzt diese ergebnisorientiert um
Kollaboratives Handeln Initiiert und ermöglicht mit wertschätzender Kommunikation gemeinsames, problemlösendes Handeln	**Gewissenhaftes Handeln** Handelt zuverlässig, orientiert an Werten	**Entwicklungsorientiertes Handeln** Begleitet andere bei ihrer selbstorganisierten Entwicklung auf Augenhöhe	**Handeln mit Expertise** Handelt mit fachübergreifendem Verständnis vorausschauend und erreicht dadurch hervorragende Ergebnisse
Soziale Kompetenzen		Methodische Kompetenzen	

Abb. 22: Kompetenzmodell ValCom® nach Sauter, Sauter (2021) auf Basis von Erpenbeck, Heyse (2007)

Das Problem der teilweise schwierigen Abgrenzung von Einzelkompetenzen (z. B. Pflichtbewusstsein und Gewissenhaftigkeit) im Kompetenzatlas von Erpenbeck und Heyse wird dadurch weitgehend vermieden. Durch die Komprimierung sind die Teilkompetenzen deutlich trennschärfer und mit 16 Ausprägungen wesentlich überschaubarer, sodass **keine Auswahl von wichtigen Kompetenzen** erforderlich ist. Die häufig als relativ willkürlich empfundene Auswahl von 12 bis 16 Kompetenzen aus beispielsweise 64 Ausprägungen wird durch eine **ganzheitliche Einschätzung** des jeweiligen Mitarbeiters ersetzt, sodass immer alle Facetten seiner Kompetenzen berücksichtigt werden. Dies hat zudem zur Folge, dass die **Workshops zur Entwicklung von Sollkompetenzprofilen** um bis zu einen halben Tag **verkürzt** werden können.

Die Kompetenzdefinitionen in dem hier vorgestellten Kompetenzmodell werden durch **jeweils vier Handlungsanker** für jede Ausprägung operationalisiert. Wir bevorzugen diesen Begriff gegenüber dem häufig genutzten Wort *Verhaltensanker*, weil Handlungen zielgerichtetes und bewusstes Agieren beschreiben, während Verhalten ohne eine bewusste oder unbewusste Intention und ohne kritische Reflexion erfolgt. Damit entspricht der Begriff *Handlungsanker* exakt der Zielsetzung der Kompetenzentwicklung.

Dies kann an folgendem Beispiel verdeutlicht werden, in dem wiederum eine Übertreibung eingefügt ist:

Kollaboratives Handeln: **Initiiert und ermöglicht mit wertschätzender Kommunikation gemeinsames, problemlösendes Handeln.**
- Geht auf andere offen, wohlwollend sowie wertschätzend zu und kommuniziert zielgruppengerecht.
- Unterstützt andere aktiv im Prozess der Arbeit und im Netz, um gemeinsam Probleme zu lösen.
- Nutzt Kontakte und Netzwerke zielgerichtet, um gemeinsam Problemlösungen zu entwickeln.
- Integriert sich rasch und dauerhaft in neue Teams und Strukturen.

Übertreibung: Versucht immer, harmonische Lösungen herbeizuführen, auch wenn rasche und eindeutige Lösungen notwendig wären.

Die angepassten Handlungsanker bilden wiederum die Grundlage für die Fragen zur Erfassung der Kompetenzen durch die Software.

Sowohl die Kompetenzdefinitionen als auch die Handlungsanker werden in Workshops mit erfahrenen Fach- und Führungskräften aus der jeweiligen Organisation auf die Rahmenbedingungen, die Kultur und die Sprache der jeweiligen Zielgruppe angepasst, sodass es **keine Verständigungsprobleme** gibt.

In vielen Unternehmen begegnen uns auch heute noch »Kompetenzmodelle«, die sich bei genauer Betrachtung als Wissens- und Qualifikationsmodelle entpuppen. Dabei entstehen dann in manchen Unternehmen mehrere Hundert »Kompetenzprofile«, die bereits veraltet sind, wenn sie erstmals veröffentlicht werden. Dies erweist sich als Irrweg, weil damit ein Korsett für die Bildung geschaffen wird, das es den Mitarbeitern kaum ermöglicht, ihre personalisierten Lernprozesse selbstorganisiert zu gestalten. Der ständige Anpassungsbedarf überfordert zudem viel Organisationen, weil der Änderungsdienst aufgrund der laufenden Anpassungen des erforderlichen Wissens oder der Qualifikationen kaum mehr überschaubar ist. Teilweise schlafen solche Ansätze deshalb ein.

Da sich Kompetenzen im Sinne der Definition von John Erpenbeck und Volker Heyse auf Handlungsweisen beziehen, die grundlegenden Charakter besitzen, ist der Änderungsdienst bei einer konsequent handlungsorientierten Definition und Beschreibung sehr gering.

Sofern bereits ein Kompetenzmodell in einer Organisation besteht, bieten sich grundsätzlich zwei Vorgehensweisen an:

Integration in einen bestehenden Kompetenzatlas: Die bisherigen Kompetenzen werden in einen vorgegebenen Kompetenzatlas eingefügt. Voraussetzung dafür ist, dass die Erfassungssoftware sowohl die Anpassung der Kompetenzbegriffe, der Wertedefinitionen sowie der Wertebeispiele zulässt.

Entwicklung eines neuen Kompetenzmodells: Es wird ein neuer Kompetenzatlas mit eigenen Kompetenzbegriffen, Kompetenzdefinitionen und Handlungsankern einer Organisation entwickelt.

Diese Kompetenzmodelle können grundsätzlich in zwei Ausprägungen eingesetzt werden:

- **Grundlegendes Kompetenzmodell** mit organisationsspezifischen Kompetenzdefinitionen und Handlungsankern, teilweise mit der Festlegung von Kernkompetenzen
- **Funktions- oder teamspezifisches Kompetenzmodell**, meist in Verbindung mit einem Zielkorridor

Moderne Kompetenz-Erfassungssoftware[39] ermöglicht es, solche Kompetenzmodelle mit einer beliebigen Anzahl an Kompetenzen und freier Wahl der Definitionen und Handlungsanker umzusetzen, ohne eine Programmierung beauftragen zu müssen.

39 vgl. www.valcom.org.

5 Erfassung, Analyse und Bewertung von Werten und Kompetenzen

... mit Roman Sauter

> *»Was du nicht messen kannst, kannst du nicht lenken.«*
> Peter Drucker

Einstieg

Für den Weg zur Werte- und Kompetenzentwicklung ist ein Paradigmenwechsel im Corporate Learning mit einer Verlagerung von Wissens- zu Werte- und Kompetenzzielen erforderlich. Die Mitarbeiter können ihre zukünftigen Herausforderungen nur dann gemeinsam bewältigen, wenn ihre Handlungsweisen u. a. durch Verantwortung und Respekt, aber auch durch eine konsequente Orientierung auf Norm und Gesetz und ihr Netzwerk, mit ausgeprägter Bildung und Kreativität, orientiert an individuellen und gemeinsamen Zielen geprägt werden.

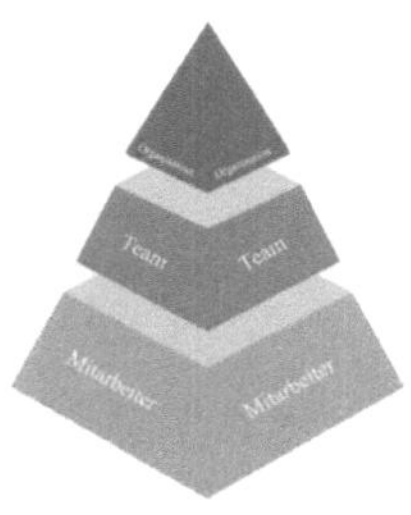

Die Werte und Kompetenzen auf Team- und Organisationsebene bilden sich nicht als Summe der Werte und Kompetenzen ihrer Mitglieder, sondern entwickeln sich in eigenen Prozessen, in denen die Organisation oder die Teams Erfahrungen sammeln und diese zu Werten verinnerlichen, die wiederum den Werterahmen für die Mitarbeiter bilden. Deshalb können die Werte und Kompetenzen der Organisation deutlich von den entsprechenden Größen des Teams oder einzelner Mitarbeiter abweichen.

Abb. 23: Ebenen der Werte- und Kompetenzerfassung in Organisationen

Deshalb erfassen wir die Werte und Kompetenzen getrennt auf drei Ebenen: Organisation, Teams und Mitarbeiter. Dies lässt vielfältige Vergleiche zu, sodass aus den möglichen Abweichungen Rückschlüsse für die gezielte Werte- und Kompetenzentwicklung gezogen werden können.

Da Werte die Kerne von Kompetenzen bilden, kann die Entwicklung von Werten und Kompetenzen nicht getrennt betrachtet werden. Deshalb haben wir ein »Paket« entwickelt, das die **Werte- und Kompetenzerfassung** sowie die gezielte **Entwicklung von Werten und Kompetenzen** auf allen Ebenen in einem **ganzheitlichen, integrierten Konzept** ermöglicht.

Dieses Paket zur Erfassung von Werten und Kompetenzen umfasst folgende Elemente:

Erfassungsbereich	Individuen – Basic	Individuen – funktionsbezogen
Erfassungselemente	**Integrierte Erfassung** der **Basiswerte** – Genusswerte, Nutzenwerte, ethische Werte, soziale Werte und **Basiskompetenzen** – personale, Aktivitäts-, soziale, methodische Kompetenzen eines Mitarbeiters, um seine Motive und Orientierung sowie seine Stärken und Potenziale gezielt zu entwickeln. Auf Wunsch ist eine getrennte Erfassung der Basiswerte und -kompetenzen möglich.	**Getrennte Erfassung** der Werte und Kompetenzen eines Mitarbeiters für eine bestimmte Funktion oder ein Berufsbild bzw. einer Führungskraft für ihre Führungsaufgabe
Erfassungsmethode	Jeweils 24 Fragen zu den Basiswerten (Selbsteinschätzung) und Basiskompetenzen (Selbst- und Fremdeinschätzungen) auf Basis eines **Rankings** (Reihenfolge) mit jeweils 4 Ausprägungen	16 Werte (Selbsteinschätzung) und 16 Kompetenzen (Selbst- und Fremdeinschätzungen), die auf Basis der Einschätzungen von jeweils 4 funktionsspezifischen Handlungsankern bzw. Wertebeispielen mit einer 10er-Skala bewertet werden (**Ratingsystem**). Auf Wunsch ist eine andere Skala möglich.
Erfassungsbereiche	Woran orientieren sich die Mitarbeiter und wie handeln sie bei normalen und bei schwierigen Herausforderungen? • **Werte:** Handlungsideale und Handlungsführung • **Kompetenzen:** Handlungsrealisierung und Handlungsergebnis	Wie sind die Werte und Kompetenzen der Mitarbeiter im Vergleich zu den Anforderungen (Sollprofile) oder zu anderen Mitarbeitern oder Teams in der jeweiligen Funktion ausgeprägt?
Entwicklungsempfehlungen	Praxisbezogene, grundlegende Entwicklungsempfehlungen für die Basiswerte bzw. Basiskompetenzen	Praxisbezogene Entwicklungsempfehlungen für die einzelnen Werte und Kompetenzen der Mitarbeitenden
Eigenschaften	skalierbar – browserbasiert auf jedem Endgerät nutzbar – mehrsprachige Erfassungen und Rückmeldungen	
Einsatzfelder	• *Beratung von Nachwuchskräften (s. 6.3.1)* • *werte- und kompetenzorientiertes Recruiting(s. 6.3.2)* • *werte- und kompetenzorientiertes Onboarding (s. 6.3.4)* • *erstmalige Erfassung: Sensibilisierung für die eigenen Werte und Kompetenzen* • *Personalplanung und Karriereberatung (s. 6.3.8)* • *Retention Management (s. 6.3.9)* • *Outplacement (Newplacement)-Beratung (s. 6.3.10)*	• *entwicklungsorientierte Mitarbeitergespräche (s. 5.1.4)* • *funktionsbezogenes Onboarding* • *Talentmanagement (s. 6.3.6)* • *werte- und kompetenzorientierte Berufsausbildung (s. 6.3.3)* • *gezielter Aufbau von Fachkompetenzen (s. 6.3.5)* • *gezielter Aufbau von Führungskompetenzen (s. 6.3.7)*

Tab. 24: Überblick über die Erfassungsmethoden der Werte und Kompetenzen (Quelle: ValCom® Institut)

Team	Organisation
Werte und Kompetenzen von Teams für bestimmte Handlungsbereiche	Werte und Kompetenzen der Organisation oder von Geschäftsbereichen zur Umsetzung der Strategie
16 Werte und 16 Kompetenzen, die mithilfe von jeweils 4 teamspezifischen Handlungsankern bzw. Wertebeispielen durch die Teammitglieder mit einer 10er-Skala eingeschätzt werden (**Ratingsystem**) . Auf Wunsch ist eine andere Skala möglich.	16 Werte und 16 Kompetenzen, die mithilfe von jeweils 4 organisationsspezifischen Handlungsankern bzw. Wertebeispielen durch die Organisationsmitglieder mit einer 10er-Skala eingeschätzt werden (**Ratingsystem**). Auf Wunsch ist eine andere Skala möglich.
Wie schätzen die Teammitglieder die Werte und Kompetenzen (Ist) des Teams ein, wie sollten sie ausgeprägt sein, damit das Team erfolgreich ist (Wunsch)? Wie groß sind die Abweichungen der Einschätzungen innerhalb der Standardabweichung?	Wie schätzen die Organisationsmitglieder die Werte und Kompetenzen (Ist) der Organisation ein, wie sollten sie ausgeprägt sein, damit die Organisation erfolgreich ihre Strategie umsetzen kann (Wunsch)? Wie groß sind die Abweichungen der Einschätzungen innerhalb der Standardabweichung?
praxisbezogene Entwicklungsempfehlungen für die einzelnen Werte und Kompetenzen der Teams auf Basis von abgeleiteten Sollprofilen	praxisbezogene Entwicklungsempfehlungen für die einzelnen Werte und Kompetenzen der Organisation auf Basis von abgeleiteten Sollprofilen
vielfältige Vergleichsmöglichkeiten – Erweiterung um zusätzliche Abfragen – Integration in die IT-Landschaft der Kunden	
• *Werte- und Kompetenzentwicklung von Teams (s.* 6.2.2*)* • *Management der Teamkultur (s.* 6.2.2*)* • *Führungskräftefeedback durch das Team (s.* 6.2.3*)* • *gezielte Entwicklung der Führungskultur (s.* 6.2.3*)* • *Konfliktmanagement (s.* 6.2.4*)*	• *gezieltes Management der Organisationskultur (s.* 6.1.4*)* • *organisationsübergreifendes Werte- und Kompetenzmanagement (s.* 6.1.4*)* • *werteorientierte (soziale) Compliance (s.* 6.1.5*)* • *Employer Branding (s.* 6.1.6*)* • *werteorientiertes Marketing (s.* 6.1.7*)* • *Analyse von Organisationseinheiten im Vergleich*

5.1 Werteerfassung

»Mit einer der üblichen Mitarbeiterbefragungen hätten wir nicht annährend so viele Erkenntnisse gewinnen können, wie über die Werteerfassung.«
Jörg Monsig, Betriebsleiter Lang Metallwarenproduktion – Neubrandenburg GmbH

Die Bedeutung der Werteerfassung nimmt zu. Dafür sind folgende Gründe maßgeblich (vgl. Erpenbeck, Sauter 2020a, S. 13 f.):

- Sie erweitert die Möglichkeiten, über institutionelle und individuelle Werte, z. B. über interkulturelle Werte, nachzudenken und zu sprechen.

- Sie ermöglicht das Finden einer gemeinsamen Sprache für die Formulierung von Organisationszielen, ist aber auch für individuelle und teambezogene Entwicklungsmöglichkeiten notwendig.
- Werte sind untereinander, mit Kompetenzen, mit dem Handeln von Einzelnen, Gruppen und sozialen Strukturen eng vernetzt.
- Die Möglichkeit, Werte zu erfassen, ermöglicht Einschätzungen, die zuvor nicht möglich waren.
  - Welche Organisationswerte erweisen sich, z. B. im interkulturellen Kontext, als besonders wirkungsvoll und letztlich nutzbringend?
  - Welche Werteausstattungen sind für Herausforderungen von Mitarbeitern oder Teams günstig und wann durchkreuzen andere angestrebte Erfolge?
  - Welche Werte machen Menschen erfolgreich und zufrieden, welche lassen sie in Widerspruch zu anderen oder zu den Verhältnissen geraten, fördern oder verhindern die Entstehung notwendiger Kompetenzen?

Dabei heißt Erfassung oder Messung nicht unbedingt eine Zahlenbestimmung bis zur Kommastelle. Schon die Feststellung mehr oder weniger, intensiver oder weniger intensiv wirkender institutioneller Wertefestlegungen oder individueller Werteeinstellungen ist eine große praktische Unterstützung.

Werteerfassung ist ein Verfahren, um Werte auf Organisations- und Teamebene sowie auf individueller Ebene transparent zu machen, zu analysieren und zu bewerten, um gezielte Werteentwicklungsmaßnahmen zu ermöglichen.

Die Werteerfassung ist die Grundlage für ein zielorientiertes Wertemanagement und bietet der Organisation, den Teams und den Mitarbeitern direkt umsetzbare Interpretations- und Entwicklungsangebote.

Die Werterfassung
- ermöglicht den Vergleich von Werten auf allen Ebenen,
- schafft die transparente Grundlage, gemeinsam, z. B. über interkulturelle Werte, zu reflektieren,
- bildet die Basis für Werteziele auf individueller, teambezogener und organisationaler Ebene,
- ermöglicht eine gezielte, personalisierte Werteentwicklung,
- schafft die Basis für ein organisationsweites Wertemanagement auf allen Ebenen,
- macht deutlich, welche Werte für die Kompetenzentwicklung vor allem als Ordner des Handelns dienen,
- macht die Streubreite der Einschätzungen auf Organisations- und Teamebene deutlich, indem die Standardabweichung grafisch hervorgehoben wird. Dieser Korridor umfasst jeweils ca. 68 Prozent der Antworten.

Wir haben in der Praxis sehr gute Erfahrungen mit einer Werterfassung gesammelt, die durch folgende Merkmale gekennzeichnet wird:

- Die Fragebögen erfassen jeweils alle 16 relevanten Werte, die sich aus der Werteforschung ergeben. Sie sind leicht und schnell ausfüllbar (< 15 min.).
- Intuitive Einschätzung der 16 Werte, die dadurch erreicht wird, dass zu jedem Wert vier beschreibende Beispiele (Wertewolke) unterlegt werden, deren Einschätzung jeweils den Wert kennzeichnet.
- Die Werte können auf der Ebene der Individuen, der Teams und der Organisation erfasst werden.
- Um Wertungen qualitativ und quantitativ einzuschätzen, hat sich die Methode bewährt, Wertefragen nach Tatsachen, Personen oder Prozessen in einem Fragebogen zusammenzustellen und skaliert zu beurteilen. Die Bewertung der einzelnen Werte erfolgt in unserem Erfassungssystem mit einem Ratingsystem durch einen Schieberegler. Der Bewertungsbereich reicht in unserer Lösung von 1 bis 10, kann aber auch variiert werden.

1. **Trifft nicht zu**	**Der Mitarbeiter nutzt diesen Wert nicht einmal im Ansatz als Orientierung für sein selbstorganisiertes Handeln**
2. **Trifft kaum zu**	Dieser Wert beeinflusst das selbstorganisierte Handeln nur in ganz wenigen Ausnahmen
3. **Trifft wenig zu**	Dieser Wert beeinflusst das selbstorganisierte Handeln ab und zu.
4. **Trifft meist zu**	Dieser Wert beeinflusst das selbstorganisierte Handeln meistens, aber nicht immer.
5. **Trifft zu**	**Dieser Wert beeinflusst das selbstorganisierte Handeln durchgängig.**
6. **Trifft stärker zu**	Dieser Wert beeinflusst das selbstorganisierte Handeln durchgängig und ist in einzelnen Handlungsbereichen sogar hoch ausgeprägt.
7. **Trifft stark zu**	Dieser Wert beeinflusst das selbstorganisierte Handeln durchgängig und ist in den meisten Handlungsbereichen sogar hoch ausgeprägt.
8. **Trifft sehr stark zu**	Dieser Wert beeinflusst das selbstorganisierte Handeln durchgängig und ist in allen Handlungsbereichen hoch ausgeprägt.
9. **Trifft besonders zu**	Dieser Wert ist in allen Bereichen in einem außergewöhnlich hohen Maße ausgeprägt.
10. **Trifft übertrieben zu**	**Dieser Wert prägt in völlig überzogenem Maße das selbstorgansierte Handeln, sodass sich erhebliche negative Auswirkungen ergeben.**

Tab. 25: Ausprägungsgrade der Werte am Beispiel ValCom®

Häufig findet man in der Praxis 5er-Skalen. Diese haben sich nach unserer Erfahrung nicht bewährt, weil die Erfassungsergebnisse nicht mehr differenziert genug sind. Es zeigt sich dabei, dass der Wert 1 kaum vergeben wird, weil diese besonders geringe Einschätzung kaum vorkommt. Der Wert 5 wird aber ebenfalls sehr selten genutzt, weil er bereits eine Übertreibung darstellt. Dann bleiben im Endeffekt nur noch drei Ausprägungsgrade übrig.

Für die **Ersterfassung von Werten** bei Individuen, mit denen bisher keine Praxiserfahrungen geteilt wurden, z. B. im Rekrutierungsprozess, nutzen wir ein Rankingsystem, bei dem jeweils vier Merkmale unter normalen und schwierigen Bedingungen in eine Reihenfolge gebracht werden müssen, damit die Gefahr von Eingaben »gewünschter« Werte möglichst minimiert wird. Im Regelfall werden die Basiswerte in einem integrierten System mit den Basiskompetenzen erfasst.

Wir empfehlen die weiteren Werteerfassungen:

1. **Organisationsebene:** Entwicklung des Werterahmens aus dem Abgleich der Ist- und Wunscherfassungen, indem Sollprofile oder Kernwerte für die gesamte Organisation sowie organisationale Entwicklungsziele abgeleitet werden
2. **Teamebene:** Ableitung der Sollprofile für die einzelnen Teams und Definition der teambezogenen Entwicklungsziele durch die Teams im Rahmen der organisationalen Sollwerte
3. **Mitarbeiterebene:** Ableitung von funktionsbezogenen Sollprofilen und Definition der individuellen Entwicklungsziele durch die Mitarbeiter mit Beratung

Auf Basis dieser Werterfassungen ergeben sich vielfältige Möglichkeiten der Analyse und Bewertung.

- Durch die gleiche Struktur der Fragebögen auf allen Ebenen können vielfältige Vergleiche zwischen individuellen, teambezogenen und organisationalen Werten sowie Ist-, Wunsch- und Sollwerten erfolgen. Weiterhin wird ein direkter Vergleich der in Leitbildern oder in Team-Sollwerten dargelegten Wertevorstellungen, der von den Mitarbeitern dem Unternehmen oder Team tatsächlich zugeschriebenen und den von ihnen erwünschten Werteeinstellungen sowie den persönlichen Werten jedes einzelnen Mitarbeiters möglich.
- Diese Analyse kann durch weitere Überlegungen erweitert werden:
  - *Wie sieht die konkrete Planung für die Werte- bzw. Kulturentwicklung auf Organisations- oder Teamebene aus?*
  - *Welche Werteziele sollen verfolgt werden?*
  - *Welche der nicht so hoch beurteilten Werte könnten durch den Mitarbeiter oder das Team verstärkt werden, um die angestrebten Kompetenzen zu stärken?*
  - *Welche weiteren Werte könnten dabei zusätzlich unterstützend wirken?*
  - *Welche Herausforderungen in der Praxis sind geeignet, die Werteentwicklung zu ermöglichen?*
  - *Wie sieht die konkrete Planung für die Werteentwicklung auf allen Ebenen aus?*

Wir orientieren uns bei der Werteerfassung an Erfahrungen mit vergleichbaren Erfassungsverfahren, aber insbesondere an den Erfahrungen in den Pilotprojekten der vergangenen Jahre. Bei der Werte- und Kompetenzerfassung haben wir dabei folgende **grundlegende Anforderungen** umgesetzt:

- Die Erfassungssoftware ist als Browserlösung gestaltet, sodass sie auf allen relevanten Endgeräten, z. B. Laptop, Tablet oder Smartphone, einfach nutzbar ist.
- Sie ist übersichtlich, anschaulich sowie einfach, z. B. ohne Dongle, bedien- und auswertbar.
- Die Erfassung der Daten und der Abruf der Ergebnisse können durch die Lernbegleiter selbst initiiert werden.
- Die Erfassungssoftware kann in die Learning-Experience-Plattform integriert werden.
- Die Lernbegleiter können selbst Zielkorridore und Mindestausprägungen in das System eingeben.
- Die Auswertung bietet vielfältige Möglichkeiten zur Analyse und Bewertung:
  - Vergleich individueller Ergebnisse vs. Team- oder Organisationsergebnisse
  - Vergleich Ist und Wunsch
  - Vergleich mit Sollprofilen
  - Vergleich verschiedener Organisationsbereiche
  - Vergleich mit anderen Organisationen, Teams oder Mitarbeitern
  - Vergleich von Mitarbeitergruppen, z. B. Produktion und Verwaltung, verschiedene Altersgruppen der Mitarbeiter, weibliche, männliche und diverse Mitarbeiter, Mitarbeiter in unterschiedlichen Regionen oder Ländern, Mitarbeiter und Führungskräfte etc.
  - Zeitvergleiche
- Zusätzlich können weitere Merkmale in einem offenen Eingabefeld abgefragt werden, z. B. bereits erfolgte Qualifikationen und Erfahrungen.
- Die Anforderungen nach der DSGVO werden dabei vollständig erfüllt.

5.1.1 Werteerfassung auf der Organisationsebene

Werte bestimmen maßgeblich die Organisationskultur und bilden den Orientierungsrahmen, der allen Mitarbeitern und Teams die notwendige Selbstsicherheit und Identität verleiht. Die Werteerfassung auf Organisationsebene ist vor allem für folgende Bereiche des Wertemanagements sinnvoll:

- *gezieltes Wertemanagement über einen Werterahmen für die gesamte Organisation*
- *Identifikation von Kernwerten der Organisation*
- *gezieltes Management der Organisationskultur*
- *werteorientiertes Compliance (Social Compliance)*
- *werteorientiertes Marketing*
- *Employer Branding*

Diese Werteerfassung ermöglicht es Organisationen, die Einschätzung aller Mitarbeiter zu erfassen.

- *Ist: Wie schätzen die Organisationsmitglieder aktuell die Ausprägung der Werte in der Organisation ein?*
- *Wunsch: Wie müssten die Werte nach Meinung der Mitarbeiter in der Organisation ausgeprägt sein, damit sie die zukünftigen Herausforderungen erfolgreich bewältigen wird?*

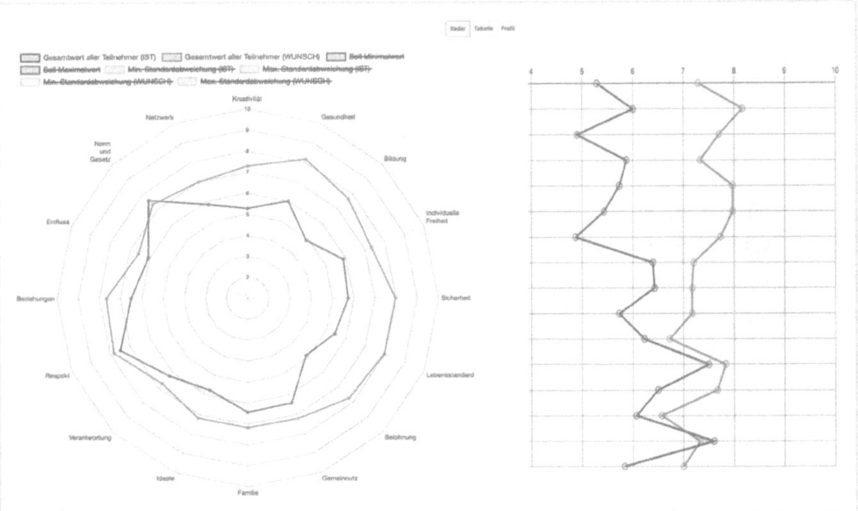

Abb. 24: Auswertung einer Werterfassung auf Organisationsebene Ist (innen) und Wunsch (außen) (Quelle: ValCom® Institut)

- *Was sind die Kernwerte der Organisation?*
- *Welche Unterschiede zeigen sich in der Einschätzung der Werte zwischen verschiedenen Mitgliedern bzw. Gruppen der Organisation?*
- *Wie wirken sich diese Unterschiede in der Praxis der Organisation aus?*
- *Welche Ansatzpunkte gibt es zur Optimierung der Organisationskultur?*

Da die Organisationswerte maßgeblich die Organisationskultur bestimmen, ergibt diese Erfassung ein gutes Bild über die aktuelle und die gewünschte Ausprägung des gemeinsamen »mentalen Modells« in der Organisation.

- **Ableitung der organisationalen Sollwerte bzw. der angestrebten Organisationskultur** in einem offenen, kooperativen Prozess auf Basis der Erfassungsergebnisse sowie der strategischen Anforderungen und Rahmenbedingungen. In großen Organisationen kann es sinnvoll sein, die Erfassung für einzelne Geschäftsbereiche oder Länder getrennt vorzunehmen, weil die jeweilige Kultur sehr unterschiedlich sein kann.
- Für die **Entwicklung der Sollprofile** hat sich folgende Vorgehensweise bewährt:

Entwicklungsstufen	Handlungsfelder
1. **Identifizierung der Praxisanforderungen**	Ein Team aus Vertretern der Organisationsleitung, des Werte- und Kompetenzmanagementteams sowie erfahrener Fach- und Führungskräfte beschreibt unter kompetenter Moderation die grundlegenden Anforderungen an die Werte der Organisation, die sich aus der Unternehmensstrategie ableiten.
2. **Anpassung und Operationalisierung der Wertedefinitionen**	• Die strategischen Anforderungen an die Organisation werden in Hinblick auf die erforderlichen Werte präzisiert. • Die Definitionen der Werte aus den vorgegebenen Modellen werden bei Bedarf auf die Erfordernisse in der jeweiligen Organisation angepasst. • Die Werte werden mit jeweils vier organisationsspezifischen Wertebeispielen operationalisiert.
3. **Festlegung der erforderlichen Ausprägungsgrade der Werte und evtl. Kernwerte**	• Das Team analysiert die aggregierten Istwerte im Vergleich zu den Wunschwerten, die durch die Mitarbeiter erfasst wurden, in Abstimmung zu den strategischen Rahmenbedingungen. • Festlegung der erforderlichen Mindestausprägung der Werte auf der Bewertungsskala • Festlegung der sinnvollen Obergrenze der angestrebten Werte • evtl. Festlegung von Kernwerten der Organisation
4. **Anpassung der Erhebungsfragen**	Auf Basis der Wertebeispiele werden die Fragen zur Erhebung der Werte abgeleitet. Dadurch wird sichergestellt, dass die Fragen in Hinblick auf die Herausforderungen in der Praxis, die jeweilige Organisationskultur sowie die Sprache in der Organisation passend sind.

Tab. 26: Prozess zur Entwicklung eines Werte-Sollprofils auf Ebene der Mitarbeiter

- **Organisationsweite Kommunikation und Diskussion** der Sollwerte – evtl. Anpassung der Sollwerte und Vereinbarung von **wertebezogenen Korridorthemen**, die organisationsweit bearbeitet werden –, um die angestrebten Werte zu verinnerlichen. Mit dem Begriff des Korridorthemas soll zum Ausdruck kommen, dass eine gemeinsame Marschrichtung, gleichsam wie in einem Aufzug, von oben nach unten durchgesetzt wird. In jeder Ebene können die einzelnen Führungskräfte und Mitarbeiter ihre Probleme in den jeweiligen Korridor einbringen und bearbeiten. (vgl. Stiefel 1999, S. 72 ff.)
- Kommunikation der Sollwerte und der Korridorthemen intern und extern

5.1.2 Werteerfassung auf der Teamebene

Die Erfassung der Werte von Teams, z. B. Arbeitsgruppen, Abteilungen oder Bereiche, erfolgt ebenfalls in dem beschriebenen Ratingsystem. Diese Methode bietet sich vor allem an für

- *gezieltes Management der Teamkultur,*
- *gezieltes Management der Führungskultur,*

- *das Führungskräftefeedback,*
- *das Konfliktmanagement.*

Diese Werteerfassung ermöglicht es Teams, die Einschätzung der Teammitglieder über die Ausprägung der Werte des Teams zu erfassen. Die teambezogene Werteerfassung wird im Regelfall durch die jeweilige Führungskraft mit Unterstützung des Werte- und Kompetenzmanagementteams initiiert und moderiert:

- **Teambezogene Werterfassung Ist und Wunsch**:
  - *Wie schätzen alle Teammitglieder die Ausprägung der 16 Werte im Team ein?*
  - *Welche Teamwerte sind am stärksten, welche am schwächsten ausgeprägt?*
  - *Welche Ausprägungen dieser Werte wünschen sich die Teammitglieder bzw. halten sie für erforderlich, um die Zukunft des Teams zu sichern?*
  - *Inwieweit weichen die Teamwerte von den Organisationswerten ab?*

Abb. 25: Vergleich von Team- und Organisationswerten (Quelle: ValCom® Institut)

Da die Teamwerte maßgeblich die Teamkultur bestimmen, ergibt diese Erfassung ein gutes Bild über die aktuelle und die gewünschte Ausprägung des gemeinsamen *mentalen Modells* im Team im Abgleich zu den Sollwerten der Organisation.

- **Bewertung der Teamwerte**
  - *Welche Erkenntnisse können aus den Abweichungen zwischen Ist- und Wunschwerten gewonnen werden? Wie wirken sich solche Abweichungen in der Teampraxis aus? Ergeben sich daraus Hinweise für das teambezogene Wertemanagement?*
  - *Welche Rückschlüsse können aus evtl. Abweichungen zwischen Organisations- und den Teamwerten, aber auch aus dem Vergleich verschiedener Teams, gezogen werden? Wie wirken sich Unterschiede in der Teampraxis aus? Ergeben sich daraus Hinweise für das teambezogene Wertemanagement?*
- **Ableitung der teambezogenen Sollwerte bzw. der angestrebten Teamkultur** in einem offenen, kooperativen Prozess mit allen Teammitgliedern auf Basis der Erfassungsergebnisse und des organisationalen Werterahmens.
- **Entwicklung und Vereinbarung von Teamprojekten** zur Entwicklung der Teamwerte sowie entsprechender Werteziele
- **Regelmäßige Überprüfung und Reflexion der Teamziele**

5.1.3 Werteerfassung auf der individuellen Ebene – Ratingmethode

Die Ratingmethode eignet sich vor allem für die Selbsteinschätzung der Werte von Mitarbeitern. Deshalb bietet sich diese Methode vor allem an für

- *die werteorientierte Berufsausbildung,*
- *die funktionsbezogene Karriereberatung,*
- *das funktionsbezogene Onboarding,*
- *den gezielten Aufbau von Werten der Mitarbeiter,*
- *das Talentmanagement,*
- *das Retention-Management,*
- *die Outplacement-Beratung.*

Im Regelfall entwickeln die Organisationen für einzelne Funktionsbereiche Sollprofile für die erforderlichen Werte. Hierfür bietet sich folgendes Vorgehen an:

Entwicklungsstufen	Handlungsfelder
1. **Identifizierung der Praxisanforderungen**	Ein Team erfahrener Fach- und Führungskräfte aus dem jeweiligen Funktionsbereich beschreibt unter kompetenter Moderation die grundlegenden Anforderungen an die Werte der jeweiligen Mitarbeiter, die sich aus der Unternehmensstrategie ableiten.
2. **Anpassung und Operationalisierung der Wertedefinitionen**	• Die strategischen Anforderungen an die Zielgruppe werden in Hinblick auf die erforderlichen Werte präzisiert. • Die Definitionen der Werte aus den vorgegebenen Modellen werden bei Bedarf auf die Erfordernisse in der jeweiligen Funktion angepasst. • Die Werte werden mit jeweils vier funktionsspezifischen Wertebeispielen operationalisiert.

Entwicklungsstufen	Handlungsfelder
3. **Festlegung der erforderlichen Ausprägungsgrade der Werte**	• Festlegung der erforderlichen Mindestausprägung der Werte auf der Bewertungsskala • Festlegung der sinnvollen Obergrenze der angestrebten Werte
4. **Anpassung der Erhebungsfragen**	Auf Basis der Wertebeispiele werden die Fragen zur Erhebung der Werte abgeleitet. Dadurch wird sichergestellt, dass die Fragen in Hinblick auf die Herausforderungen in der Praxis, die jeweilige Arbeitskultur sowie die Sprache in diesem Team passend sind.

Tab. 27: Prozess zur Entwicklung eines Werte-Sollprofils auf Ebene der Mitarbeiter

Diese Sollprofile geben den Mitarbeitern eine klare Orientierung zur Bewertung ihrer festgestellten Werte sowie zur Formulierung ihrer individuellen Entwicklungsziele.

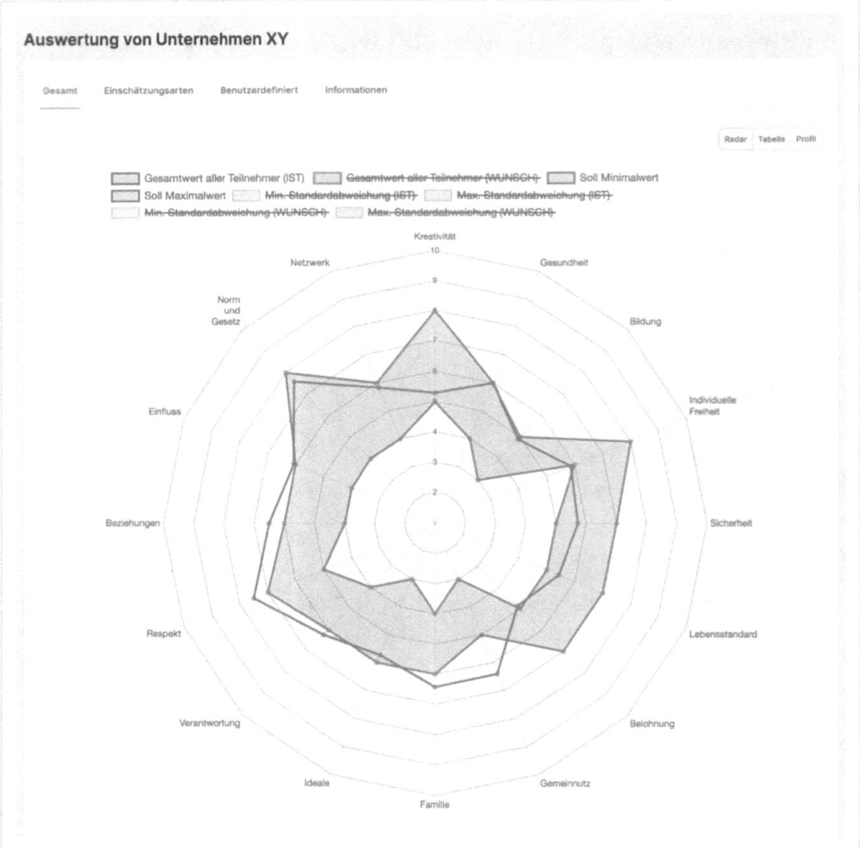

Abb. 26: Beispiel eines Zielkorridors für eine bestimmte Funktion im Vergleich zur aggregierten Erfassung auf Individualebene (Quelle: ValCom® Institut)

Insbesondere in Social-Blended-Learning-Maßnahmen ist diese Werteerfassung die notwendige Voraussetzung für die Ableitung von individuellen Werte- und Kompetenzzielen der Teilnehmer.

Die individuelle Werterfassung ist ein zentrales Instrument der Mitarbeiterentwicklung, die im Regelfall im Rahmen des Konzeptes der Mitarbeitergespräche durch die jeweilige Führungskraft initiiert wird.

- **Selbsteinschätzung der Werte:**
  - *Wie schätzen die Mitarbeiter die Ausprägung ihrer 16 Werte ein?*
  - *Inwieweit weichen die individuellen Werte von den funktionsbezogenen Sollwerten, den Teamsollwerten oder den organisationalen Sollwerten ab?*

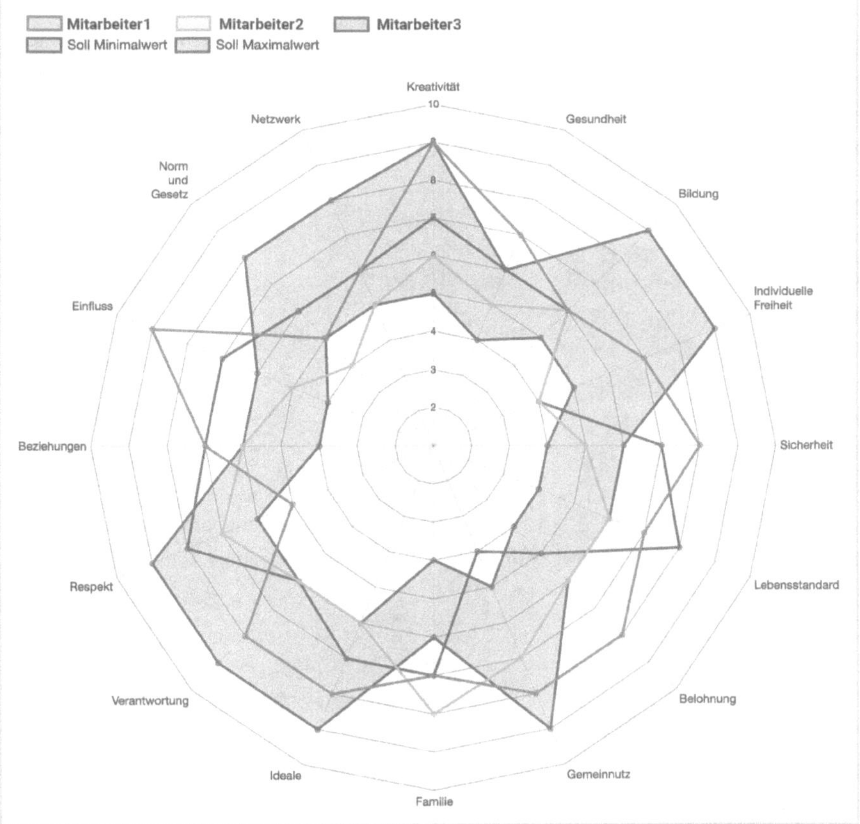

Abb. 27: Vergleich von Individualwerten gegenüber Sollwerten (Quelle ValCom® Institut)

- **Bewertung der individuellen Werte**
  - *Welche Erkenntnisse können aus den Abweichungen zwischen individuellen und Team- bzw. Organisationswerten gewonnen werden? Wie wirken sich solche Abweichungen in der Praxis des jeweiligen Mitarbeiters aus?*
  - *Ergeben sich daraus Hinweise für die gezielte Wertentwicklung des Mitarbeiters?*
- **Formulierung persönlicher Werteziele des Mitarbeiters**
- **Entwicklung und Vereinbarung von Praxisprojekten zur Entwicklung der individuellen Werte.** Da auf individueller Ebene die Werteentwicklung im Rahmen der Kompetenzentwicklung erfolgt, fließen die Prozesse des Werte- und Kompetenzmanagements auf dieser Ebene zusammen.
- **regelmäßige Überprüfung und Reflexion der individuellen Werteziele**

5.1.4 Werteerfassung auf der individuellen Ebene – Rankingmethode

Die Rankingmethode der Werteerfassung eignet sich vor allem für die Ermittlung von Basiswerten bei Menschen, mit den noch keine gemeinsamen Erfahrungen bestehen oder die vor einem grundlegenden Neuanfang stehen.

Deshalb bietet sich diese Methode vor allem an für
- *die Beratung von Nachwuchskräften (z. B. Schüler, Studenten, Trainees),*
- *die Ersterfassung von Werten der Mitarbeiter,*
- *das Recruiting,*
- *das werte- und kompetenzorientierte Onboarding,*
- *die grundlegende Karriereberatung sowie*
- *die Outplacement-Beratung.*

Diese Werterfassung ermöglicht die grundlegende Selbsteinschätzung von Werten über ein Ranking von Ausprägungen unter normalen und unter schwierigen Bedingungen.

Mit dieser Werteerfassung können versteckte Werteausprägungen der Mitarbeiter transparent gemacht werden. Dieses Konzept verhindert dabei in hohem Maße, dass die Antworten in Hinblick auf vermeintliche Erwartungen »geschönt« werden, sodass es sich insbesondere für die Bewerberauswahl eignet.

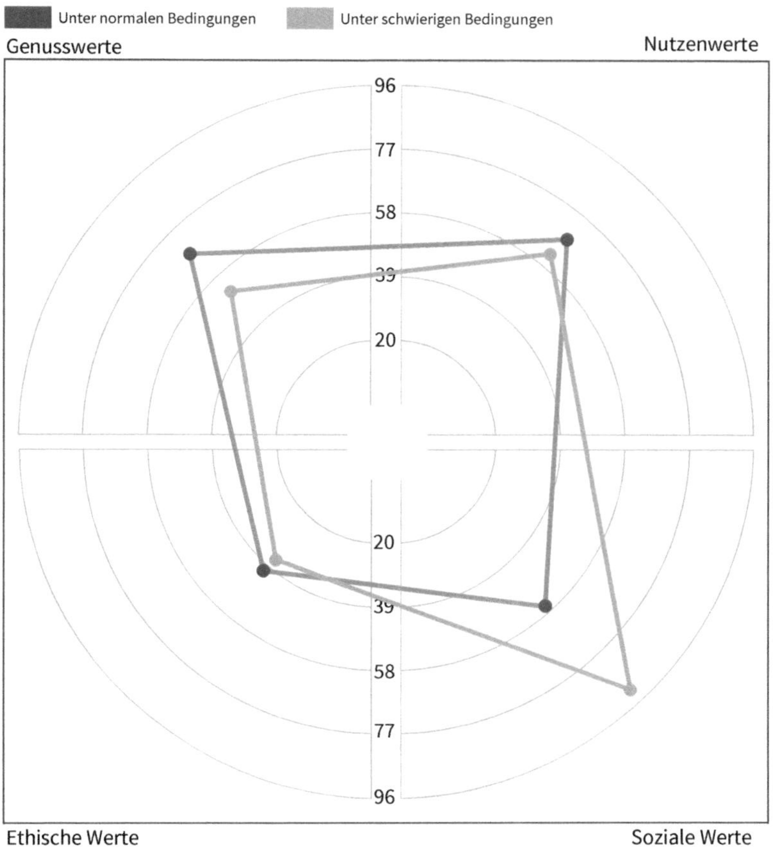

Abb. 28: Auswertung in Basic unter normalen und unter schwierigen Bedingungen (Quelle: ValCom® Institut)

5.1.5 Anforderungen an die Werteerfassung

Die Werteerfassung sollte zusammengefasst folgende Anforderungen erfüllen, um Akzeptanz bei Mitarbeitern und Führungskräften zu gewinnen:

Anforderungen	Nutzen
basiert auf einem **wissenschaftlich fundierten Wertemodell**, z. B. Erpenbeck, Sauter, Sauter	aussagefähige und akzeptierte Erfassungsergebnisse mit hoher Akzeptanz
Die Werte- und Kompetenzerfassung erfolgt über einen Zugang in einem **ganzheitlichen Konzept**.	Die Ordner selbstorganisierten Handelns und die Handlungsfähigkeiten werden in ihren Wechselwirkungen erfasst und analysiert.

Anforderungen	Nutzen
z. B. **16 Wertedefinitionen** auf Basis der Werteforschung[40]	überschaubares und gut umsetzbares Wertemodell für die betriebliche Praxis
Es werden immer alle Werte betrachtet, weil **keine Auswahl erforderlich** ist.	Es wird eine ganzheitliche Einschätzung der Werte bzw. der Team- oder Organisationskultur möglich.
Die Werte werden in **vier Wertearten** – Genusswerte, Nutzenwerte, ethische sowie soziale Werte – untergliedert.	klar voneinander abgrenzbare Werte, die die Formulierung überprüfbarer Werteziele ermöglichen
Die Zahl der Werte, ihre Definitionen und Wertebeispiele können in einem gemeinsamen Prozess **zielgruppen- und organisationsspezifisch angepasst** werden.	Sowohl die Definitionen als auch die Wertebeispiele werden konsequent auf das Arbeitsumfeld, die Kultur und die Sprache der jeweiligen Zielgruppe angepasst.
Es können in einem gemeinsamen Prozess auf Basis von Ist- und Wunschwerten **Sollprofile** entwickelt werden, die als Orientierung für Entwicklungsmaßnahmen dienen.	Sollprofile geben Orientierung für die Personalauswahl, die Mitarbeitenden-, die Team- und die Organisationsentwicklung
Die Werteskala kann bei Bedarf auf 5, 6 oder 12 Stufen angepasst werden.	Bereits eingeführte Erfassungssysteme können problemlos in das Erfassungssystem integriert werden.
Die Werte können **aussagefähig und differenziert**, bis zu Übertreibungen, eingeschätzt werden.	Die Werte werden in Einzelstufen erfasst, indem bei Individuen die einzelnen Wertebeispiele bewertet werden.
Die Einschätzung der einzelnen Werte erfolgt auf Individualebene jeweils anhand von vier **Wertebeispielen** und nicht anhand der Definitionen.	Die Mitarbeiter bewerten zielgruppengerechte Wertebeispiele und nicht relativ theoretische Wertedefinitionen, sodass die Ergebnisse deutlich aussagefähiger werden.
Auf Team- und Organisationsebene können die **Ist- und Wunschwerte** erfasst werden.	Es wird transparent, in welchem Ausmaß die aktuellen Ausprägungen von denen abweichen, die von den Team- oder Organisationsmitgliedern für notwendig erachtet werden.
präzise, grafisch unterlegte Rückmeldungen zur Analyse und Bewertung der Erfassungsergebnisse	Die Mitarbeiter können ihre Werteentwicklungsmöglichkeiten identifizieren, ohne sich durch viele Seiten Text arbeiten zu müssen.

40 Wichtige Ausprägungsformen der Werteerfassung mit Grundwerten, Einzelwerten und Wertebeispielen wurden von Eduard Spranger 1921, Isabel Myers und Katharine Briggs 1944, Robert Schirokauer Hartmann 1967, Milton Rokeach 1973, Helmut Klages und Thomas Gensicke 1985, Shalom H. Schwartz und Wolfgang Bilsky 1987 sowie Steven Reiss ab ca. 1985 entwickelt.

Anforderungen	Nutzen
In Beratungsgesprächen können die jeweiligen Wertedefinitionen mit den Wertebeispielen und Übertreibungen durch Anklicken der Wertebegriffe bequem in einem **Definitionsfenster** aufgerufen werden.	Die Beratungsgespräche werden optimiert, sodass sich die Gesprächspartner auf die Entwicklung von Entwicklungszielen konzentrieren können.
Die Werte auf Individual-, Team- und Organisationsebene können in vielfältiger Weise miteinander **verglichen** werden.	Die Analyse von Abweichungen der Werte unterschiedlicher Mitarbeiter, Teams oder Gruppen in Organisationen kann wichtige Erkenntnisse für den Werteentwicklungsbedarf liefern.
Zu jedem Wert werden **Rückmeldungen und Entwicklungsempfehlungen** angeboten, sodass das System **skalierbar** ist.	Die Mitarbeitenden können ihre Werteentwicklung selbstorganisiert planen und umsetzen.
Werteberater werden nach dem *Doppel-Decker-Prinzip* (siehe Kapitel 7.4.3) im Rahmen von Beratungsprojekten handlungsorientiert ausgebildet.	Die Werteberater zeichnen sich durch eine hohe, praxisgerechte Beratungskompetenz aus.
browserbasierte Softwarelösung	einfache Nutzung der Erfassungssoftware ohne den Zwang, mit einem Dongle zu arbeiten, unabhängig von Ort und Zeit
Die Erfassungssoftware kann in die **Learning-Experience-Plattform der Anwender** integriert werden.	integrierte Softwarelösung, die unabhängig von Ort und Zeit genutzt werden kann
Die Erhebung von **Zusatzdaten,** z. B. zu Wissen, Qualifikation oder Erfahrung der Teilnehmer, ist möglich.	Die Lernbegleiter erhalten umfangreiche Hinweise zur Optimierung ihres Coaching der Mitarbeitenden.
professionelle Begleitung bei der **Implementierung** des Systems	erfolgreiche Umsetzung der Werteerfassung in Verbindung mit bedarfsgerechter Werteentwicklung

Tab. 28: Anforderungen an die Werteerfassung

5.2 Kompetenzerfassung

»Es gibt heute fast kein großes deutsches Unternehmen mehr, das nicht über ein eigenes [...] Kompetenzmodell verfügt. Auch viele mittlere und manche kleine Unternehmen verfügen bereits über ein solches Modell.«
John Erpenbeck, Lutz von Rosenstiel, Sven Grote

Die gezielte Entwicklung von Kompetenzen erfordert Transparenz über deren vorhandene und gewünschte Ausprägungen auf der Ebene der Organisation, der Teams und der Individuen.

Kompetenzen schlagen sich immer in Handlungen nieder. Sie sind keine Persönlichkeitseigenschaften. Die Bewertung von Kompetenzen erfolgt deshalb auf Basis der Ergebnisse des Handelns im Arbeitsprozess, der Performanz.

»Der beste Prädiktor für zukünftiges Handeln – und damit für Kompetenzen – ist vergangenes Handeln.« (Erpenbeck 2012, S. 3)

Noch immer werden in zahlreichen Unternehmen und Organisationen objektive, belastbare und valide Persönlichkeitstests eingesetzt und von versierten, testtheoretisch geschulten und statistische Methoden beherrschenden Psychologen zu einem Maßstab von Personalauswahl und Personalentwicklung gemacht (vgl. Hossip, Mühlhaus 2005). Dagegen gibt es ernsthafte Einwände. Der ursprüngliche Glaube, durch Intelligenz- und Persönlichkeitstests vernünftige Vorhersagen über das Potenzial an Handlungs- und Arbeitsfähigkeit der Mitarbeiter zu treffen, wurde bereits frühzeitig widerlegt (ebenda).

Die moderne qualitative Sozialforschung stellt heute ein großes Methodenarsenal bereit, um auch mit subjektiven Einschätzungen gewonnene Daten verlässlich interpretieren und perspektivisch nutzen zu können. Subjektive Einschätzungen können quantifiziert, auch objektive Bemessungen qualitativ ausgewertet werden. Viele Kompetenzerfassungsverfahren bewegen sich zwischen dem quantitativen und dem qualitativen Ansatz. Sie thematisieren, dass menschliche Komplexität, Intentionalität und Selbstorganisation nicht mit klassischen, »mechanistischen« Verfahren allein gemessen werden können.

In der Praxis werden mehrere unterschiedliche Formen der Kompetenzerfassung eingesetzt:

- *Kompetenztests:* quantitative Messungen, die jedoch meist keine Kompetenzen, sondern eher Wissen und Qualifikation messen
- *Kompetenzpass:* qualitative Messungen, die auf subjektiven Erhebungen basieren und sich auf die Beschaffenheit und Güte der Kompetenzen sowie Sinn- und Bedeutungszusammenhänge konzentrieren
- *Kompetenzbiografie:* komparative Beschreibung
- *Kompetenzsimulation:* simulative Szenarien
- *Kompetenzsituation:* Arbeitsproben, Beobachtungen am Arbeitsplatz

In der praktischen Anwendung sind quantitative Messungen und qualitative Charakterisierungen die wichtigsten systematischen Kompetenzermittlungsverfahren. Qualitative Kompetenzerfassungsverfahren haben quantitativen Methoden gegenüber wesentliche Vorzüge. Sie

- sind national und international breit kommunizierbar,
- sind einfach auszuwerten,
- erfordern keine zusätzliche Interpretation,

- berücksichtigen formell, non-formell (ohne Zertifikat) und informell erworbene Kompetenzen gleichermaßen,
- vereinen Erfassen, Beurteilen und Entwickeln,
- sind ökonomisch, mit relativ geringem Auswertungs- und Zeitaufwand, durchführbar.

In vielen Anwendungen haben sich Kompetenzerfassungssysteme herausgebildet, die sich gut als Basis für die Gestaltung von Kompetenzentwicklungsprozessen eignen. Die wichtigsten Anforderungen an solche Systeme sind, dass sie Kompetenzen als Selbstorganisationsdisposition definieren, d. h. als Fähigkeit, neue unvorhersehbare Situationen kreativ zu bewältigen, die Verfahren mit einem relativ geringen Aufwand einsetzbar sind, die Qualität des Systems zu aussagefähigen Ergebnissen führt und »erwünschte Aussagen« so weit wie möglich ausgeschlossen werden. Deshalb darf der Kompetenznachweis keine Negativaussagen beinhalten, sondern muss die Kompetenzentwicklungsmöglichkeiten betonen (»Stärken stärken«) sowie den Datenschutz garantieren.

Die sehr stabilen Persönlichkeitseigenschaften sind bei der Einschätzung von Mitarbeitern oder Bewerbern viel weniger interessant als die vergleichsweise schnell zu entwickelnden Handlungsfähigkeiten in Form von Kompetenzen. Zudem ist das Ableiten von Persönlichkeitseigenschaften hin zu Handlungsfähigkeiten fragwürdig. Selbst wenn beispielsweise im Vertrieb die Persönlichkeitseigenschaft »Extraversion« zu 90 Prozent mit einer hohen Akquisitionsstärke gekoppelt wäre, kann sich ein Unternehmen gehörig und kostenaufwendig irren, wenn es zufällig an einen Bewerber der »restlichen« zehn Prozent gerät, der zwar vollkommen extrovertiert ist, aber bei Akquisitionsaufgaben dann gänzlich versagt.

Die Erfassung von Kompetenzen mittels Persönlichkeitstests ist nicht möglich.

Für die Gestaltung betrieblicher Kompetenzerfassungssysteme sind vor allem folgende Anforderungen von Bedeutung (vgl. Stark 2009, Sauter 2016):

- Fokussierung auf den individuellen Kompetenzentwicklungsbedarf
- unternehmensspezifische Gestaltung der Kompetenzerhebung
- Selbst- und Fremdeinschätzung durch Kollegen, die den Mitarbeiter in der täglichen Arbeit sehr gut kennen
- Interpretation von Ergebnissen der Kompetenzerfassungen mit einer professionellen Beratung, um bedarfsgerechte Kompetenzentwicklungsmaßnahmen ableiten zu können
- Ausgleich zwischen dem Anspruch der einfachen Handhabbarkeit und der Validität des Kompetenzmessverfahrens

Auf Basis des dargestellten Kompetenzmodells haben wir ein Kompetenzerfassungssystem entwickelt, das auf jeweils vier Handlungsankern für jede Kompetenz basiert, die wiederum die Grundlage für die Befragung bilden.

Kompetenzerfassung ist ein Verfahren, um Kompetenzen auf Organisations- und Teamebene sowie auf individueller Ebene transparent zu machen, zu analysieren und zu bewerten, um gezielte Kompetenzentwicklungsmaßnahmen zu ermöglichen.

Die Kompetenzerfassung ist die Grundlage für ein zielorientiertes Kompetenzmanagement und bietet der Organisation, den Teams und den Mitarbeitern direkt umsetzbare Interpretations- und Entwicklungsangebote.

Die Kompetenzerfassung
- ermöglicht den Vergleich der 16 Kompetenzen, die sich aus der Kompetenzforschung ergeben,
- berücksichtigt die Kompetenzen auf der Ebene der Individuen, der Teams und der Organisation,
- schätzt Kompetenzen qualitativ und quantitativ ein, indem handlungsorientierte Kompetenzfragen nach Tatsachen, Personen oder Prozessen in einem Fragebogen zusammengestellt und skaliert beurteilt werden. Die Bewertung der einzelnen Kompetenzen erfolgt in einem Ratingsystem durch einen Schieberegler. Der Bewertungsbereich reicht von 1 bis 10.

Dieses System der Kompetenzerfassung haben wir entsprechend der beschriebenen Werterfassung gestaltet. Auch hier gehen wir von einer 10er-Skala der Bewertung aus, die auf Wunsch variiert werden kann:

1. **Trifft nicht zu**	**Diese Bewertung ist nur dann passend, wenn der Mitarbeiter völlig fehl am Platze ist und die erforderliche Kompetenz nicht einmal im Ansatz aufweist.**
2. **Trifft kaum zu**	Die erforderliche Kompetenz ist nur in ganz geringen Ansätzen vorhanden.
3. **Trifft wenig zu**	Die erforderliche Kompetenz ist in größeren Teilbereichen vorhanden.
4. **Trifft meist zu**	Die erforderliche Kompetenz ist in den meisten Teilbereichen vorhanden.
5. **Trifft zu**	**Diese Ausprägung der Kompetenz erfüllt die Mindestanforderungen der Funktion, weil sie in allen Teilbereichen vorhanden ist.**
6. **Trifft stärker zu**	Diese Kompetenz erfüllt die Mindestanforderungen und ist in einzelnen Bereichen sogar hoch ausgeprägt.
7. **Trifft stark zu**	Diese Kompetenz erfüllt die Mindestanforderungen und ist in den meisten Bereichen sogar hoch ausgeprägt.
8. **Trifft sehr stark zu**	Diese Kompetenz ist allen Bereichen hoch ausgeprägt.
9. **Trifft besonders zu**	Diese Kompetenz ist in allen Bereichen in einem außergewöhnlich hohen Maße ausgeprägt.
10. **Trifft übertrieben zu**	**Die Kompetenz wird in übertriebenem Maße genutzt, sodass sich erhebliche negative Auswirkungen ergeben.**

Tab. 29: Ausprägungsgrade der Kompetenzen am Beispiel ValCom®

Die Kompetenzerfassung

- bei der Ersterfassung von Individuen erfolgt in einem Rankingsystem, bei dem jeweils vier Merkmale in eine Reihenfolge gebracht werden müssen, damit die Gefahr von Eingaben »gewünschter« Werte möglichst minimiert wird,
- schafft die transparente Grundlage, gemeinsam z. B. über Kernkompetenzen zu reflektieren,
- ermöglicht durch die gleiche Struktur der Fragebögen auf allen Ebenen vielfältige Vergleiche zwischen individuellen, teambezogenen und organisationalen Kompetenzen sowie Ist-, Wunsch- und Sollkompetenzen,
- ermöglicht auf der Organisations- und Teamebene den direkten Vergleich von Sollkompetenzen mit den Kompetenzen, die von den Mitarbeitern oder dem Team tatsächlich zugeschrieben wurden (Ist) sowie den Kompetenzen, die sie sich dafür wünschen (Wunsch),
- bildet die Basis für Kompetenzziele auf individueller, teambezogener und organisationaler Ebene,
- ermöglicht eine gezielte, personalisierte Kompetenzentwicklung,
- schafft die Basis für ein organisationsweites Kompetenzmanagement auf allen Ebenen,
- macht deutlich, welche Kompetenzen für die Performanz am wichtigsten sind,
- macht die Streubreite der Einschätzungen deutlich, indem die Standardabweichung auf Organisations- und Teamebene grafisch hervorgehoben wird. Dieser Korridor umfasst jeweils ca. 68 Prozent der Antworten.

Diese Analyse kann durch weitere Überlegungen erweitert werden:

- *Welche der nicht so hoch beurteilten Kompetenzen können durch den Mitarbeiter oder das Team verstärkt werden?*
- *Welche weiteren Kompetenzen könnten dabei zusätzlich unterstützend wirken?*
- *Welche Herausforderungen in der Praxis sind geeignet, die Kompetenzentwicklung zu ermöglichen?*
- *Welche Kompetenzziele sollen dabei verfolgt werden?*
- *Wie sieht die konkrete Planung für die personalisierte Kompetenzentwicklung bzw. die Kompetenzentwicklung im Team aus?*
- *Wie sieht die konkrete Planung für die Kompetenzentwicklung auf Organisationsebene aus?*

Kompetenzen in Teams oder in Organisationen entwickeln sich jeweils in eigenen Prozessen, sie sind nicht die Summe der Kompetenzen der Mitarbeiter.

Parallel zum Prozess des gezielten Wertemanagements und der Erfassung der Werte schlagen wir deshalb folgenden Prozess für das Kompetenzmanagement und zur Erfassung der Kompetenzen vor:

1. **Organisationsebene:** Entwicklung des Kompetenzrahmens aus dem Abgleich der Ist- und Wunscherfassungen, indem Sollprofile oder Kernkompetenzen für die gesamte Organisation sowie organisationale Entwicklungsziele abgeleitet werden
2. **Teamebene:** Ableitung der Sollprofile für die einzelnen Teams und Definition der teambezogenen Entwicklungsziele durch die Teams
3. **Mitarbeiterebene:** Ableitung von funktionsbezogenen Sollprofilen und Definition der individuellen Entwicklungsziele durch die Mitarbeiter mit Beratung

5.2.1 Kompetenzerfassung auf Organisationsebene

Die Kompetenzerfassung auf Organisationsebene ist vor allem für folgende Bereiche des Kompetenzmanagements sinnvoll:
- *gezieltes Kompetenzmanagement über einen Kompetenzrahmen für die gesamte Organisation*
- *Identifikation von Kernkompetenzen der Organisation*
- *gezieltes Management der Organisationskompetenzen*

Auch Organisationen weisen Kompetenzen auf, die sich in eigenen Prozessen entwickeln. Diese prägen die Kultur im Inneren, aber auch das Bild in der Umwelt maßgeblich (vgl. Barthel 2014, S. 27. ff.).

Organisationale Kompetenzen sind kollektive Handlungspotenziale, die dazu beitragen, die strategischen Ziele der Organisation zu realisieren (nach Barthel, Zawacki-Richter 2010, S. 180).

Organisationale Kompetenzen weisen danach folgende Dimensionen auf:
- **organisationale Prozessgestaltung**: Fähigkeit, die Prozesse in der Organisation zu gestalten, zu steuern und zu optimieren, um ihre strategischen Ziele zu erreichen
- **organisationale Kooperation**: Fähigkeit, das Potenzial ihrer Mitarbeiter und Teams, aber auch interne und externe Netzwerke, gezielt zu entwickeln und zu nutzen
- **organisationale Interpretation**: Fähigkeit, die interne und externe Umwelt zu strukturieren und Herausforderungen zu analysieren und zu bewerten

Diese Kompetenzerfassung ermöglicht es Organisationen, die Einschätzung aller Mitarbeiter zu erfassen:
- **Ist:** Wie schätzen die Organisationsmitglieder aktuell die Ausprägung der Kompetenzen in der Organisation ein?
- **Wunsch:** Wie müssten die Kompetenzen nach Meinung der Mitarbeiter in der Organisation ausgeprägt sein, damit sie die zukünftigen Herausforderungen erfolgreich bewältigen wird?

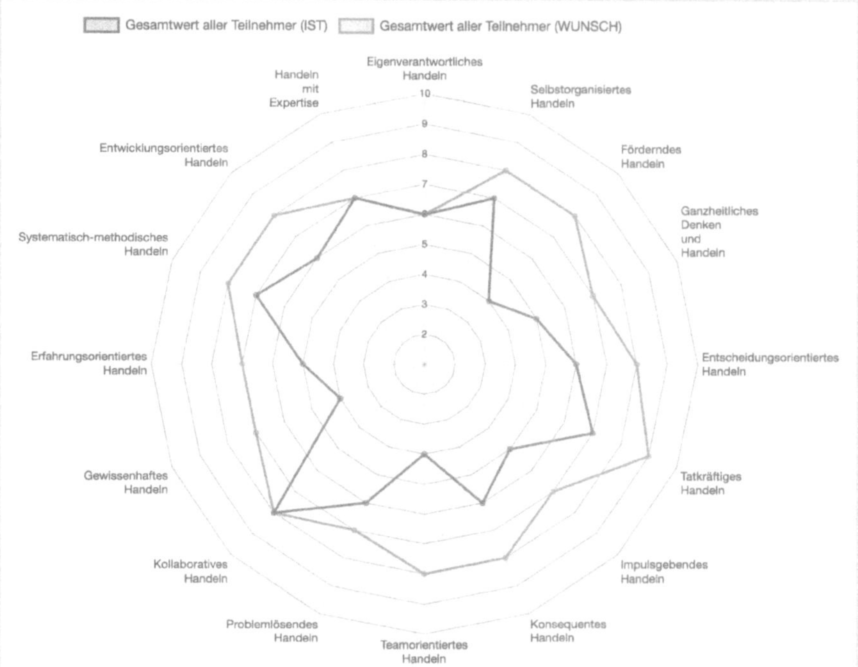

Abb. 29: Vergleich von Kompetenzen der Organisation Ist und Wunsch (Quelle: ValCom® Institut)

Aus der Analyse und Bewertung dieser Erfassungsergebnisse können **Sollprofile und Kernkompetenzen für die Organisation** sowie **Kompetenzmissionen** abgeleitet werden.

- Auf Basis der Erfassungsergebnisse Ist und Wunsch werden die angestrebten **Zielkorridore der Kompetenzen auf Organisationsebene** im Abgleich zu den strategischen Anforderungen definiert.
- Zusätzlich können **Kernkompetenzen der Organisation** in einem offenen, kooperativen Prozess identifiziert werden. Dies sind einzigartige Fähigkeiten oder Ressourcen, die einen Mehrwert für Kunden generieren, die schwer zu kopieren und die auch nicht leicht zu substituieren sind (vgl. Matzler u. a. 2016, S. 99).
- **organisationsweite Kommunikation und Diskussion** der zukünftigen Kernkompetenzen, evtl. Anpassung dieser Kompetenzen und Vereinbarung von »Korridorthemen«, zur organisationsweiten Kompetenzentwicklung

5.2.2 Kompetenzerfassung auf Teamebene

Die Erfassung der Kompetenzen von Teams, z. B. Arbeitsgruppen, Abteilungen oder Bereiche, erfolgt im Ratingsystem. Diese Methode bietet sich vor allem an für

- *die gezielte Entwicklung der Teamkompetenzen,*
- *das Führungskräftefeedback im Team.*

Die teambezogene Kompetenzerfassung wird meist durch die jeweilige Führungskraft mit Unterstützung des Werte- und Kompetenzmanagementteams initiiert und moderiert:

- **teambezogene Kompetenzerfassung Ist und Wunsch:**
  - *Wie schätzen alle Teammitglieder die Ausprägung der 16 Kompetenzen im Team ein?*
  - *Welche Ausprägungen dieser Kompetenzen halten die Teammitglieder für erforderlich, um die Zukunft des Teams zu sichern?*
- **Bewertung der Teamkompetenzen**
  - *Welche Erkenntnisse können aus den Abweichungen zwischen Ist- und Wunschkompetenzen gewonnen werden?*
  - *Wie wirken sich solche Abweichungen in der Teampraxis aus, ergeben sich daraus Hinweise für das teambezogene Kompetenzmanagement?*
- **Ableitung des teambezogenen Sollkompetenzprofils** in einem offenen, kooperativen Prozess mit allen Teammitgliedern auf Basis der Erfassungsergebnisse.
- Entwicklung und Vereinbarung von **Teamprojekten** zur Entwicklung der Teamkompetenzen sowie entsprechender Kompetenzziele
- regelmäßige Überprüfung und Reflexion der Teamziele

5.2.3 Kompetenzerfassung auf individueller Ebene – Ratingmethode

Die Ratingmethode eignet sich vor allem für die Selbst- und Fremdeinschätzung der Kompetenzen von Mitarbeitern, bezogen auf eine Funktion bzw. deren Sollprofil. Deshalb bietet sich diese Methode vor allem an für

- *die kompetenzorientierte Berufsausbildung,*
- *die funktionsbezogene Karriereberatung,*
- *das funktionsbezogene Onboarding,*
- *den gezielten Aufbau von Kompetenzen der Mitarbeiter,*
- *das Talentmanagement,*
- *das Retention-Management sowie*
- *die Outplacement-Beratung.*

Wir haben in der Praxis mit folgender Vorgehensweise für die Kompetenzerfassung sehr gute Erfahrungen gemacht:

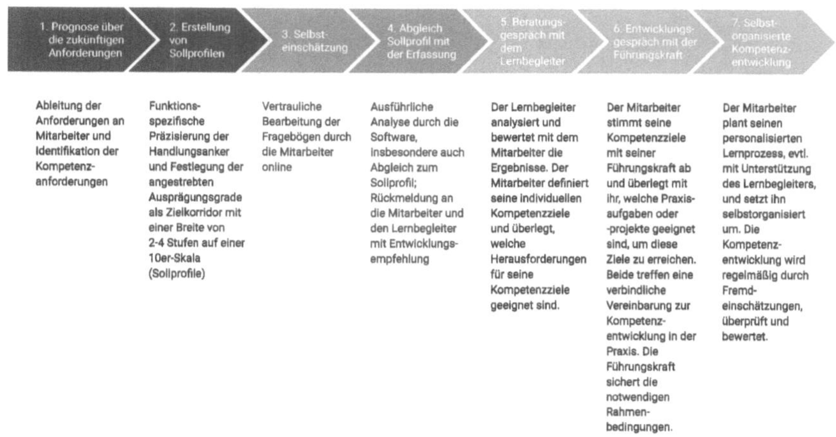

Abb. 30: Prozess der Kompetenzerfassung der Mitarbeiter

Die Entwicklung funktionsspezifischer Kompetenz-Sollprofile erfolgt analog der Entwicklung von Werte-Sollprofilen.

In einem **Vorabworkshop** zur Definition des **Sollkompetenzprofils** für einzelne Funktionen bzw. Aufgaben mit erfahrenen Fach- und Führungskräften der jeweiligen Organisation wird das Kompetenzmodell auf die spezifischen Anforderungen angepasst. Dies erfolgt, indem die Handlungsanker auf die konkreten Aufgaben im Arbeitsprozess, die Organisationskultur und die Sprache der Zielgruppe hin abgewandelt werden.

Für jede Kompetenz wird dabei ein Zielkorridor definiert, der zwischen zwei und vier Stufen umfasst. Für diesen Workshop ist etwa ein Tag einzuplanen. Die angepassten Handlungsanker bilden die Grundlage für die Fragen zur Erfassung der Kompetenzen durch die Software. Die Erfassung der Kompetenzen erfolgt

- durch die Selbsteinschätzung der Mitarbeiter,
- durch Fremdeinschätzungen von Lernpartnern, Kollegen, Führungskräften oder Lernbegleitern bis hin zur 360-Grad-Einschätzung,
- im Abgleich zum definierten Sollprofil.

Die Rückmeldung durch die Erfassungssoftware umfasst insbesondere folgende Elemente:

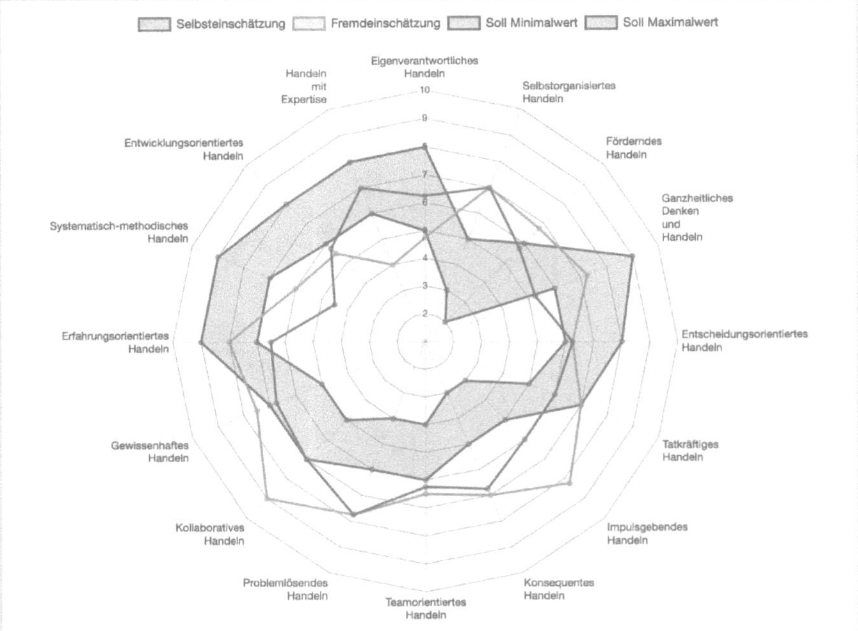

Abb. 31: Vergleich der Selbst- und Fremdeinschätzung im Verhältnis zum Sollprofil auf *Individuumsebene* (Quelle: ValCom® Institut)

Die grafischen Auswertungen werden verbal erläutert, analysiert und bewertet. Dabei werden insbesondere folgende Aspekte hervorgehoben:

- *Welche Kompetenzen liegen über dem Zielkorridor? Weist der Mitarbeiter Kompetenzen auf, die darauf hindeuten, dass er für anspruchsvollere Aufgaben in Frage kommt?*
- *Welche Kompetenzen liegen unter dem Zielkorridor? Welche Kompetenzentwicklungsmöglichkeiten bieten sich für den Mitarbeiter an?*
- *Welche Kompetenzen liegen im unteren Randbereich des Zielkorridors? Welche Kompetenzentwicklungsmöglichkeiten bieten sich für den Mitarbeiter an?*

→ Der Mitarbeiter definiert eigenverantwortlich seine zwei bis drei Kompetenzziele, die er in den kommenden Wochen oder Monaten erreichen will.

→ Für diese Ziele werden geeignete Herausforderungen in der Praxis oder in Praxisprojekten identifiziert, die für diesen Kompetenzaufbau geeignet erscheinen.

5.2.4 Kompetenzerfassung auf individueller Ebene – Rankingmethode

Die Rankingmethode eignet sich vor allem für die Erfassung von Kompetenzen bei Menschen, mit denen noch keine gemeinsamen Erfahrungen vorliegen oder die vor einem grundlegenden Neuanfang stehen.

Deshalb bietet sich diese Methode vor allem an für

- *die Kompetenzberatung von Nachwuchskräften (z. B. Schüler, Studenten, Trainees),*
- *die Ersterfassung der Kompetenzen von Mitarbeitern,*
- *das Recruiting,*
- *das kompetenzorientierte Onboarding,*
- *die grundlegende Karriereberatung sowie*
- *die Outplacement-Beratung.*

Dieses Ranking ermöglicht für Individuen die grundlegende Selbst- und Fremdeinschätzung von Kompetenzen über ein Ranking von Ausprägungen unter normalen und schwierigen Bedingungen.

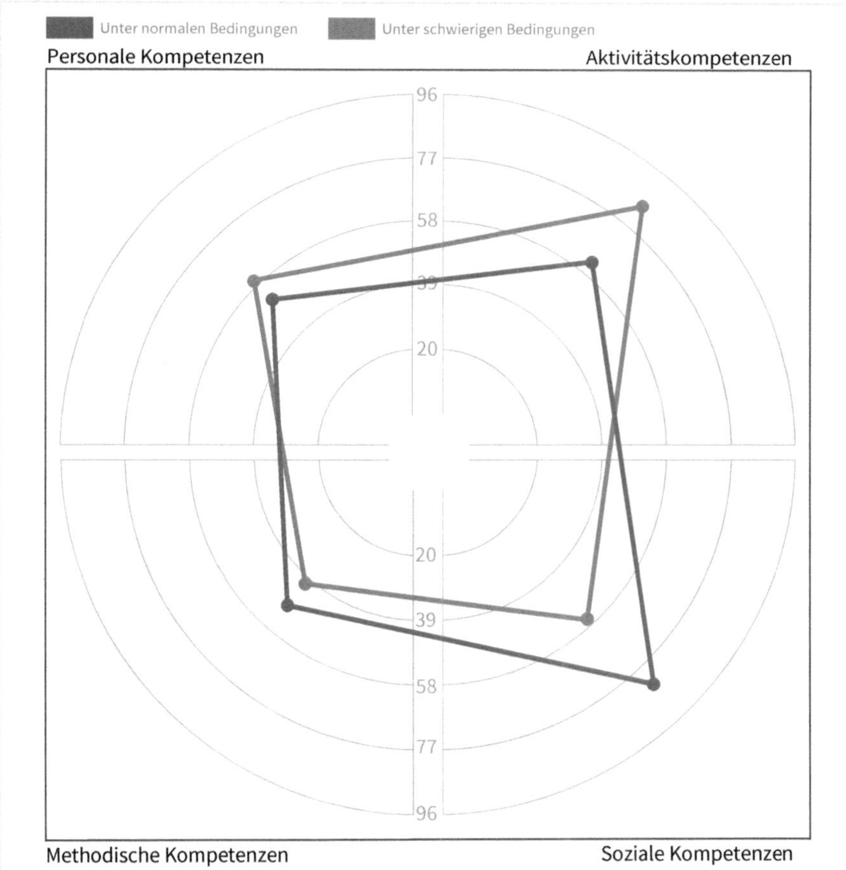

Abb. 32: Auswertung nach der Rankingmethode – Vergleich der Ausprägungen unter normalen und schwierigen Bedingungen (Quelle: ValCom® Institut)

Dieses Konzept verhindert in hohem Maße, dass die Antworten in Hinblick auf vermeintliche Erwartungen »geschönt« werden. Auch bei diesem System können die Definitionen und Kompetenzbeispiele organisationsspezifisch angepasst werden.

5.2.5 Anforderungen an die Kompetenzerfassung

Die Kompetenzerfassung sollte folgende Anforderungen erfüllen, um Akzeptanz bei Mitarbeitern und Führungskräften zu gewinnen:

Fähigkeiten	Nutzen
Basiert auf einem **wissenschaftlich fundierten Kompetenzmodell**, z. B. Erpenbeck & Heyse oder Sauter & Sauter.	aussagefähige und akzeptierte Erfassungsergebnisse mit hoher sozialer Validität
Die Werte- und Kompetenzerfassung erfolgt über einen Zugang in einem **ganzheitlichen Konzept**.	Die Handlungsfähigkeit sowie die Ordner selbstorganisierten Handelns (Werte) werden in ihren Wechselwirkungen erfasst und analysiert.
z. B. **16 Kompetenzdefinitionen**	überschaubares und gut umsetzbares Kompetenzmodell für die betriebliche Praxis
Die Mitarbeitenden und Teams werden immer **ganzheitlich**, ohne eine relativ willkürliche Kompetenzauswahl, bewertet.	Es werden immer alle Kompetenzen eines Mitarbeitenden betrachtet, weil keine Auswahl erforderlich ist.
Die Kompetenzen werden **konsequent handlungsorientiert** formuliert.	klar voneinander abgrenzbare Kompetenzen, die die Formulierung überprüfbarer, handlungsorientierter Kompetenzziele ermöglichen
Definitionen und Handlungsanker können in einem gemeinsamen Prozess **zielgruppen- und organisationsspezifisch angepasst** werden.	Sowohl die Definitionen als auch die Handlungsanker werden konsequent auf das Arbeitsumfeld, die Kultur und die Sprache der jeweiligen Zielgruppe angepasst.
Es können in einem gemeinsamen Prozess **Sollprofile** entwickelt werden, die als Orientierung für Entwicklungsmaßnahmen dienen.	Sollprofile geben Orientierung für die Personalauswahl, die Mitarbeiter, die Team- und die Organisationsentwicklung.
Die Kompetenzen können **aussagefähig und differenziert**, bis zu Übertreibungen, eingeschätzt werden.	Die Kompetenzen werden mit Einzelstufen erfasst, indem bei Individuen die einzelnen Handlungsanker bewertet werden.
Die **Einschätzung** der einzelnen Kompetenzen erfolgt auf Individualebene anhand von jeweils vier **Handlungsankern**.	Die Mitarbeiter bewerten zielgruppengerechte Handlungsanker und nicht relativ theoretische Kompetenzdefinitionen, sodass die Ergebnisse deutlich aussagefähiger werden.

Fähigkeiten	Nutzen
Bei Individuen können die Basiskompetenzen in einem Rankingsystem unter **normalen und unter schwierigen Bedingungen** erfasst werden.	Die Abweichungen in der Nutzung der Kompetenzen bei unterschiedlichen Herausforderungen werden transparent, sodass gezielte Entwicklungsmaßnahmen möglich sind.
Auf Team- und Organisationsebene können die **Ist- und Wunschkompetenzen** erfasst werden.	Es wird transparent, in welchem Ausmaß die aktuellen Ausprägungen von denen abweichen, die von den Team- oder Organisationsmitgliedern für notwendig erachtet werden.
Bei Fremdeinschätzungen kann auch angegeben werden »**Kann ich nicht bewerten**«.	Es entfällt der Zwang zu evtl. willkürlichen Bewertungen.
präzise, grafisch unterlegte Rückmeldungen zur Analyse und Bewertung der Erfassungsergebnisse, sodass das System **skalierbar** ist	Die Mitarbeiter können ihre Kompetenzentwicklungsmöglichkeiten identifizieren, ohne sich durch viele Seiten Text arbeiten zu müssen.
In Beratungsgesprächen können die jeweiligen Kompetenzdefinitionen mit Handlungsanker und Übertreibungen durch Anklicken der Kompetenzbegriffe bequem in einem **Definitionsfenster** aufgerufen werden.	Die Beratungsgespräch werden optimiert, sodass sich die Gesprächspartner auf die Entwicklung von Entwicklungszielen konzentrieren können.
Die Kompetenzen auf Individual-, Team- und Organisationsebene können in vielfältiger Weise miteinander **verglichen** werden.	Die Analyse von Abweichungen der Kompetenzen unterschiedlicher Mitarbeiter, Teams oder Gruppen in Organisationen kann wichtige Erkenntnisse für den Kompetenzentwicklungsbedarf liefern.
Zu jeder Kompetenz werden **kompetenzorientierte Entwicklungshinweise** angeboten.	Die Mitarbeiter können ihre Kompetenzentwicklung selbstorganisiert planen und umsetzen, meist mit Beratung.
Kompetenzberater werden nach dem *Doppel-Decker-Prinzip* (s. Kap. 7.4.3) im Rahmen von Beratungsprojekten handlungsorientiert ausgebildet.	Die Kompetenzberater zeichnen sich durch eine hohe, praxisgerechte Beratungskompetenz aus.
Die Software ist browserbasiert.	einfache Nutzung der Erfassungssoftware ohne den Zwang, mit einem Dongle zu arbeiten, unabhängig von Ort und Zeit
Die Erfassungssoftware kann in die **Learning-Experience-Plattform** integriert werden.	integrierte Softwarelösung, die unabhängig von Ort und Zeit genutzt werden kann
Die Erhebung von **Zusatzdaten**, z. B. zu Wissen, Qualifikation oder Erfahrung der Teilnehmer, ist möglich.	Die Lernbegleiter erhalten umfangreiche Hinweise zur Optimierung ihres Coaching der Mitarbeitenden.
professionelle Begleitung bei der **Implementierung** des Systems	erfolgreiche Umsetzung der Werte- und Kompetenzerfassung sowie bedarfsgerechter Entwicklung

Tab. 30: Anforderungen an die Kompetenzerfassung

5.3 Qualitätskriterien

Die deutsche Werte- und Kompetenzforschung ist weltweit führend. Insbesondere die Forschungsprojekte der Arbeitsgemeinschaft betriebliche Weiterbildungsforschung (ABWF) (2006) in Verbindung mit dem Qualifikations-Entwicklungs-Management (QUEM) im Auftrag des BMWF im Zeitraum von 1995 bis 2007 mit einer Vielzahl von Universitäten, Stiftungen sowie Unternehmen und Verbänden haben dazu beigetragen. Die in diesem Werk vorgestellten Lösungen basieren maßgeblich auf diesen Forschungsergebnissen.

Nach der DIN 33430 müssen eignungsdiagnostische Verfahren die Anforderungen der Objektivität, der Reliabilität und der Validität erfüllen.

Werte- und Kompetenzerfassungen beziehen sich auf eine Vielzahl von Merkmalen und sind bewusst nicht als psychometrische Tests konzipiert, um die maßgebliche Kontextabhängigkeit von Werten und Kompetenzen mit zu berücksichtigen. Es werden also keine psychischen Eigenschaften gemessen, sondern Dispositionen (vgl. Heyse, Erpenbeck 2019, S. 111 ff.) erfasst. Die Kriterien, die bei psychometrischen Tests angewandt werden, gelten grundsätzlich auch für Werte- und Kompetenzerfassungen, jedoch mit spezifischen Ausprägungen (vgl. Erpenbeck, Grote, Sauter, von Rosenstiel, 3. Auflage 2017, S. XXXII).

Der Mensch mit seinen Werten und Kompetenzen, die sich in seiner Performanz ausdrücken, kann nicht allein durch anonyme, »objektivierte« Regeln und Messungen erschlossen werden. Seine Selbstorganisation erfordert auch eine qualitative, verstehensorientierte Erfassung. Dazu gehören nach Lang-von Wins (2005, S. 474) folgende Kriterien:

- **psychometrische Gütekriterien:** Validität, Reliabilität und Objektivität
- **Ergonomie des Verfahrens:** Relevanz, Passung, Akzeptanz, Flexibilität, Beteiligung der Anwender
- **Praktikabilität:** Verfügbarkeit, Durchführungsaufwand, Schwierigkeit, Wirtschaftlichkeit
- **Akzeptanz:** Feedback, Transparenz, Kontrolle, Partizipation, Fairness

Die psychometrischen Gütekriterien, die wir aus Persönlichkeitstests kennen, können bei Kompetenzerfassungen nur bedingt angewandt werden, weil diese Verfahren vielfältigere Aspekte im Blickfeld haben (vgl. ebenda):

- **subjektzentrierte Eigenschaftsdiagnostik**: Welche Eigenschaften hat der Mitarbeiter?
- **aktivitätszentrierte Handlungsdiagnostik**: Wie handelt der Mitarbeiter?
- **resultatsorientierte Ergebnisdiagnostik**: Welche Leistungen erbringt der Mitarbeiter?

Ähnlich ist die Situation bei Werteerfassungen, bei denen ebenfalls keine Persönlichkeitseigenschaften, sondern Denkhaltungen, Maßstäbe, Erwartungen, Grundorientierungen, Motivationen oder Gefühle für Gruppen von Menschen oder per Selbsteinschätzung für ein Individuum erfasst werden.

Daraus leiten sich folgende Einschätzungen der Qualitätskriterien für Werte- und Kompetenzerfassungen ab:

- **Objektivität** einer Werte- oder Kompetenzerfassung kann nur bedingt dadurch erfüllt werden, dass die Untersuchungsbedingungen exakt eingehalten werden, gemeinsame Auswertungsstandards definiert und Beobachter mit gleicher Kompetenz ausgewählt werden. Zudem ist eine Standardisierung der Erhebungen und der Dokumentationen wichtig. Auch ist die erforderliche Kompetenzentwicklung der Werte- und Kompetenzberater zu sichern, indem diese die Durchführung, die Analyse und Bewertung selbst erfahren und in eigenen Projekten selbstorganisiert umsetzen.
  Sofern die Auswertung der Erfassungsergebnisse mit einer Software erfolgt, die Rückmeldungen und Handlungsempfehlungen generiert, beträgt die Objektivität 100 Prozent. Untersuchungen der Auswertungsobjektivität bei einer Analyse und Bewertung mit KODE®-Beratern erbrachten immerhin 95 Prozent Übereinstimmung (vgl. Heyse, Erpenbeck 2019, S. 114).
- **Reliabilität** einer Werte- und Kompetenzerfassung setzt voraus, dass die Ergebnisse auch bei Wiederholungen (Retest-Reliabilität) oder aufgesplitteten parallelen Erhebungen (Split-Half-Reliabilität) gleich sind bzw. genügend interne Konsistenz aufweisen. Deshalb bevorzugen wir beispielsweise bei der individuellen Kompetenzerfassung neben der strukturierten Selbsteinschätzung weitere Fremdeinschätzungen.
  Das testtheoretische Verständnis von Reliabilität wird dabei sinnvollerweise durch folgende Kriterien ersetzt (vgl. Erpenbeck, Sauter 2007, S. 78 ff.):
  - **Stabilität:** Mehrmalige Analysen der gleichen Situation führen in etwa zu gleichen Ergebnissen. Diese Anforderung ist bei Werte- und Kompetenzerfassung kaum zu erfüllen, weil aus der Analyse und Bewertung im Regelfall Maßnahmen abgeleitet werden, um die angestrebten Entwicklungsziele zu erreichen. Die Veränderung der Werte und Kompetenzen ist somit das Ziel.
  - **Reproduzierbarkeit:** Die Analyse gleicher Sachverhalte führt unter anderen Umständen, durch andere Analytiker ausgeführt, zu etwa gleichen Ergebnissen.
  - **Exaktheit:** Die Ergebnisse werden nach funktionellen Standards ermittelt.
- **Validität** kann bei quantitativen Erhebungen in der Regel sichergestellt werden. Bei qualitativen Erfassungen, wie z. B. bei der Werteerfassung, ist dies jedoch kaum möglich. Deshalb wird das testtheoretische Verständnis von Validität von folgenden Kriterien abgelöst:
  - **semantische Gültigkeit:** Angemessenheit der Kategoriendefinitionen
  - **Stichprobengültigkeit:** Kriterien exakter Stichprobenziehung werden erfüllt.

- **ergebnisorientierte Kriterien korrelativer Gültigkeit:** Überprüfung an Untersuchungen mit ähnlichen Fragestellungen
- **Vorhersagegültigkeit:** Überprüfung des Eintreffens, wenn sich sinnvolle Prognosen ableiten lassen
- **Konstruktgültigkeit:** bisherige Erfolge mit ähnlichen Erfassungsmethoden, Entwicklung auf Basis von anerkannten Theorien und Modellen, repräsentative Interpretationen und kompetente Experten

Die hier vorgestellten Werte- und Kompetenzerfassungen (vgl. Heyse, Erpenbeck 2019, S. 134 f.)

- sind wissenschaftlich fundiert,
- sind strukturiert und empirisch abgesichert (Werte- und Kompetenzatlas),
- decken unterschiedliche Handlungsbedingungen sowie differenzierte Entwicklungsangebote ab,
- orientieren sich an der jeweiligen Organisationsstrategie, der Organisationskultur und organisationsspezifischen Anforderungen und nicht an übersituativen psychologischen Normen.

Es konnte nachgewiesen werden, dass Kompetenzerfassungsverfahren, wie z. B. KODE®, ein breites wissenschaftliches Fundament besitzen und den klassischen Gütekriterien nicht nur genügen, sondern sie größtenteils »sehr gut« erfüllen und sich insbesondere der Nachweis eines hohen praktischen Nutzens erbringen lässt (vgl. Heyse, Erpenbeck 2019, S. 113).

Neben psychometrischen Gütekriterien sind weitere Faktoren für Verfahren der Werte- und Kompetenzerfassung von Bedeutung. Von Rosenstiel betont, dass »ein noch so objektives, reliables und valides Verfahren sich als Fehlentwicklung herausstellen [kann], wenn es in der Praxis nicht genutzt wird« (von Rosenstiel 2000, S. 20).

Die Werte- und Kompetenzerfassungen sollen den Mitarbeitern eine umsetzbare Orientierung für die selbstorganisierte Planung und Umsetzung ihrer personalisierten Lernprozesse geben. Es kommt also nicht darauf an, innere, relativ stabile Zustände der Menschen, wie bei Persönlichkeitstests, »wahr« abzubilden Deshalb greift man in der betrieblichen Bildungspraxis häufig auf das **Konzept der sozialen Validität** zurück. Dabei werden für Werte- und Kompetenzerfassungen die Anforderungen der testtheoretischen Validität durch Faktoren ersetzt, die zu einer hohen Akzeptanz bei den Mitarbeitern und ihren Führungskräften führen (vgl. Stark 2009):

- **Fokussierung auf den realen Entwicklungsbedarf:** Konkrete, aufgaben- und organisationsspezifische Definitionen der erforderlichen Werte und Kompetenzen unter Einbeziehung von Fach- und Führungskräften aus der jeweiligen Organisation sowie flexible Anpassung der Ausprägungen bei Bedarf. Es muss weitgehend verhindert werden, dass die Antworten nicht der Realität, sondern einem angestrebten

Ideal entsprechen. Dies wird gewährleistet, indem sich die Fragen konsequent auf die Handlungsweisen der Mitarbeiter fokussieren. Außerdem wird den Mitarbeitern kommuniziert, dass die Erfassung dazu dient, im Sinne eines Stärkenmanagements Möglichkeiten der Werte- und Kompetenzentwicklung zu identifizieren.

- **Selbst- und Fremdeinschätzung:** Während die Mitarbeiter ihre Werte nur selbst einschätzen können, sind bei Kompetenzerfassungen auch Fremdeinschätzungen möglich. Bewerten die Mitarbeiter ihre Kompetenzen selbst, erhält man Ergebnisse mit ausgeprägter Authentizität und hoher Akzeptanz. Selbsteinschätzungen erzeugen eine höhere Sensibilität für die Erfordernisse der Kompetenzentwicklung, sind aber in Objektivität und Aussagekraft eingeschränkt. Fremdeinschätzungen ermöglichen dagegen Bewertungen mit größerer Distanz und einer Orientierung an tatsächlichen Leistungen. Je mehr Fremdeinschätzungen eingeholt werden, umso objektiver sind die Ergebnisse. Deshalb hat sich in der Praxis eine Kombination aus Selbst- und Fremdeinschätzungen bewährt.
- **Professionelle Beratung**: Die Teilnehmer erhalten ein Feedback durch das System und zertifizierte Werte- und Kompetenzberater. Die Interpretation von Ergebnissen der Werte- und Kompetenzerfassung erfordert eine fundierte Beratung, um bedarfsgerechte Werte- und Kompetenzentwicklungsmaßnahmen ableiten zu können.
- **Einfache und valide Erfassung:** Es ist ein Ausgleich zwischen dem Anspruch der einfachen Handhabbarkeit und der Validität des Kompetenzerfassungsverfahrens zu gestalten. Das Verfahren wird so zeitsparend wie möglich gehalten, damit es wirtschaftlich eingesetzt werden kann. Gleichzeitig wird aber genügend Zeit eingeplant, um die Aussagekraft der Ergebnisse sicherzustellen.
- **Fairness und Transparenz:** Das Verfahren muss allen Teilnehmern die gleichen Chancen bieten und während des gesamten Prozesses klar und verständlich sein.
- **Akzeptanz und Nutzen:** Die Ergebnisse werden von allen Beteiligten akzeptiert, weil sie damit individuelle Werte- und Kompetenzziele ableiten und entsprechende Entwicklungsmaßnahmen ableiten können.
- **Praktikabilität und Wirtschaftlichkeit:** Möglichst geringer Pflegeaufwand und eine positive Kosten-/Nutzen-Bilanz. Für Organisationen empfiehlt sich eine **Flatrate**, damit die Erfassungen nicht aus Kostengründen unnötig eingeschränkt werden müssen. Damit wird es möglich, Werte- und Kompetenzen in der Organisation in einem vereinbarten Zeitraum beliebig oft zu erfassen.
- **Datenschutz:** Der Erfassungsprozess unterliegt den Vorschriften der DSGVO. Wir empfehlen, die Ergebnisse der Erfassung von Individuen nur diesen und ihrem Berater oder Lernbegleiter zur Verfügung zu stellen. Häufig erhalten nur der Mitarbeiter selbst sowie sein Lernbegleiter bzw. Werte- und Kompetenzberater die Ergebnisse, sodass es dem Mitarbeiter überlassen bleibt, an wen er sie weitergibt.

Dies setzt eine umfassende Information im Vorfeld sowie die Beteiligung aller Betroffenen im Einführungsprozess mit einer hohen Transparenz und einer offene Kommunikation auf Augenhöhe voraus.

Gelingt es, diese soziale Validität zu erzeugen, eignen sich die Werte- und Kompetenzerfassungsmethoden sehr gut als Basis für eine Ermöglichung selbstorganisierter Werte- und Kompetenzentwicklungsprozesse.

Die Erfahrungen in der Praxis zeigen, dass mit den vorgestellten Methoden der Werte- und Kompetenzerfassung ein hoher Nutzen, eine sehr hohe Akzeptanz und damit eine ausgeprägte soziale Validität erreicht werden kann.

6 Gezieltes Werte- und Kompetenzmanagement

Einstieg

Werte- und Kompetenzentwicklung geht von einem tief lotenden Verständnis von Selbstorganisation, von der bereits vorgestellten Synergetik des Stuttgarter Physikers Herrmann Haken, aus (siehe Kapitel 2.4.5). Individuen, Gruppen, Teams, Organisationen oder Unternehmen sind in zeitgemäßer Sicht komplexe Systeme. Sie lassen sich durch Analogien, die aus der Physik, Chemie, Biologie, Kybernetik oder klassischen Systemtheorie entlehnt wurden, kaum erfassen.

Als Selbstorganisation wird in den modernen Systemtheorien eine Form von Systementwicklung bezeichnet, bei der die formgebenden, gestaltenden und beschränkenden Einflüsse von den Elementen des sich organisierenden Systems selbst ausgehen. In Prozessen der Selbstorganisation werden höhere strukturelle Ordnungen erreicht, ohne dass erkennbare äußere, steuernde Elemente vorliegen. Komplexe Systeme erzeugen nicht voraussagbare innere Systemzustände (Ordner) und verhalten sich nicht voraussagbar selbstschöpferisch, autopoietisch.

Nach Haken (1996) entstehen in komplexen, sich selbst organisierenden Systemen *Ordner*. Diese Erkenntnis ist eine der großen Errungenschaften der Synergetik. Sie wird in keinem anderen Selbstorganisationsansatz so deutlich thematisiert. Sie ist der eigentliche Schlüssel zur Werte- und damit zur Kompetenzproblematik.

Offene und dynamische Situationen, in denen Entscheidungen gefragt sind, gehören in der Moderne der agilen Arbeitswelt zum Alltag. Sowohl die Entwicklung von Werten wie von Kompetenzen ist daher für alle Menschen von Bedeutung, unabhängig von ihrem Bildungsniveau und den Aufgaben, die sie tagtäglich erfüllen. Betriebliche Bildungsangebote sollten aus diesem Grund dem Bedürfnis der Mitarbeiter entgegenkommen, ihre Werte und Kompetenzen selbstorganisiert und personalisiert auf- und auszubauen.

Je mehr Informationen und Probleme auf uns einstürzen, desto wichtiger werden Werte, weil nur sie ein Handeln ohne vollständige Informationen ermöglichen – der wirtschaftliche und politische Normalfall.

Auf individueller Ebene spielen die zu eigenen Emotionen und Motivationen verinnerlichten Werte eine entscheidende Rolle. Die gezielte Werteentwicklung von Persönlichkeiten ist ein ebenso wichtiges Entwicklungsziel wie das einfache Sachlernen.

Werte- und Kompetenzentwicklung ist nur ermöglichungsdidaktisch realisierbar, braucht also ein Entwicklungsarrangement, das

- der Individualität und Eigenverantwortung der Mitarbeiter Rechnung trägt, indem diese ihre personalisierten Lernprozesse selbstorganisiert planen und umsetzen,
- dem demografischen Wandel und der damit einhergehenden *Heterogenität der Mitarbeiter* gerecht wird, indem vorhandene Lehr- und Lernkonzepte, Lernmaterialien, aber auch die Rolle der bisher Lehrenden vom Lernenden her neu gestaltet werden,
- der Unterschiedlichkeit der Lebenswelten und der Vielfalt der Herausforderungen gerecht wird, indem Werte- und Kompetenzentwicklung dort stattfindet, wo reale Herausforderungen zu bewältigen sind, diese aufgreift und damit die Kommunikation und das kollaborative Arbeiten und Lernen zwischen Menschen fördert,
- den technologischen Wandel aktiv aufgreift, indem die Lernwelt als Spiegelbild der zunehmend digitalisierten Arbeitswelt mit dem Ziel der effizienten Werte- und Kompetenzentwicklung gestaltet wird.

Werte- und Kompetenzentwicklungsprozesse finden nicht im luftleeren Raum statt, sondern sind in die modernen Lebens- und Arbeitswelten eingebettet.

Die Entwicklung von Werten ist stets gekoppelt an die Entwicklung von Kompetenzen. Es geht immer um die Entwicklung von Fähigkeiten, in entscheidungsoffenen Situationen zu handeln, also um Kompetenzen.

Diese Fähigkeiten sind aber ohne Werte nicht existent. Deshalb ist eine integrierte Konzeption des Werte- und Kompetenzmanagements erforderlich.

Werte- und kompetenzorientiertes Handeln setzt voraus, dass die Mitarbeiter und Teams einen Handlungsrahmen erhalten, der ihnen Orientierung für ihr selbstorganisiertes Handeln in herausfordernden Praxisprojekten oder -aufgaben gibt.

Arbeiten und Lernen wachsen wieder zusammen.

Deshalb ist ein Paradigmenwechsel zur Werte- und Kompetenzorientierung im Corporate Learning zwingend erforderlich, der auf einem dynamischen Kreislauf des gezielten Werte- und Kompetenzmanagements basiert.

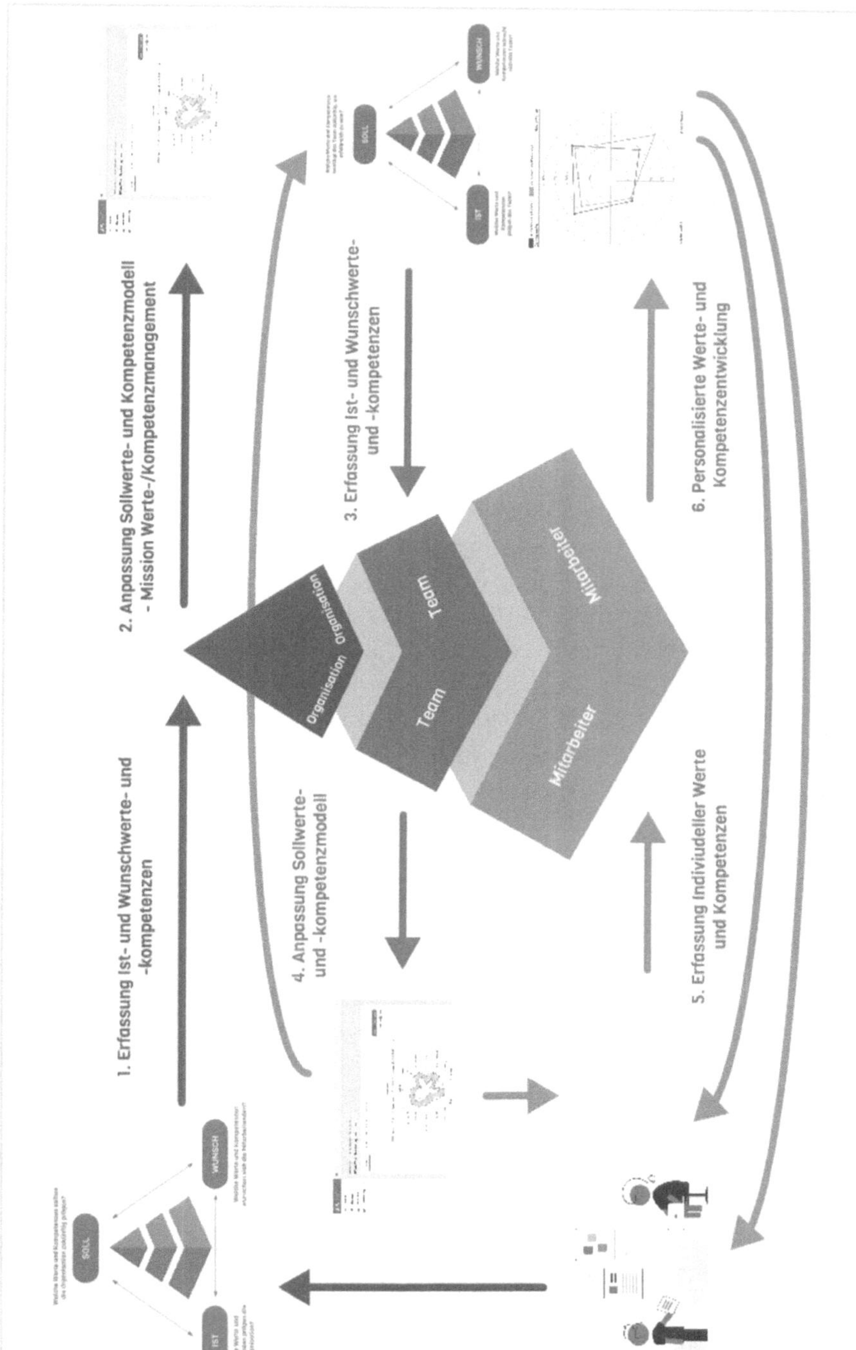

Abb. 33: Kreislauf der gezielten Werte- und Kompetenzentwicklung

Am Anfang dieses Kreislaufs steht die Werte- und Kompetenzerfassung auf Organisationsebene durch alle Mitarbeiter, die dadurch von Anfang an in diesen Veränderungsprozess miteinbezogen werden. Daraus entwickelt sich ein dynamischer Prozess des Werte- und Kompetenzmanagements, der zu einer laufenden Sicherung und Steigerung der Performanz auf allen Ebenen der Organisation führt.

Die Werte- und Kompetenzmanagementstrategie wird in einem gemeinsamen Prozess mit Experten der jeweiligen Organisation entwickelt. Grundsätzlich kommen dafür folgende Handlungsfelder der Beratung in Frage:

1. **Organisations- und teambezogenes Werte- und Kulturmanagement** mit dem Ziel, Silodenken zu überwinden und die produktive Zusammenarbeit mit den Werten *Verantwortung* und *Respekt* zu stärken. In einem kollaborativen Prozess mit dem internen Werte-, Kultur- und Kompetenzmanagementteam werden auf Basis der organisationalen Ist- und Wunschwerte der Mitarbeiter in einem kollaborativen Prozess **Leitlinien und Zielbilder** erarbeitet.
2. **Werte- und Kompetenzentwicklung der Bildungsmanager und Lernbegleiter nach dem *Doppel-Decker-Prinzip* (s. Kapitel 7.4.2):** Die Mitglieder des Werte- und Kompetenzmanagementteams sollen befähigt werden, zukünftig die notwendigen Veränderungs- und Entwicklungsprozesse selbst zu konzipieren und zu begleiten. Wir empfehlen hierfür ein Multiplikatorenkonzept auf Basis unseres bewährten *Doppel-Decker-Prinzips*. Im Rahmen der Werte- und Kompetenzentwicklung der Kompetenz- und Wertemanager entwickeln die Teilnehmer neben ihrer Kompetenz zur Konzipierung, Realisierung und Begleitung von Veränderungs- und Kulturentwicklungsprozessen die Kompetenz, als Lernbegleiter die Werte-und Kompetenzentwicklung der Mitarbeiter und Führungskräfte selbstorganisiert zu ermöglichen.
3. **Gezielte Werte- und Kompetenzentwicklung der Führungskräfte,** um eine positive, an gemeinsamen Werten und Zielen orientierte Führungskultur zu etablieren, um Verantwortung wahrzunehmen, Entscheidungen zu treffen und Auswirkungen auf Dritte zu beachten. Diese Entwicklungsprozesse basieren auf der Erfassung der Führungskompetenz der Führungskräfte durch eine Selbsteinschätzung im Abgleich zur aggregierten Fremdeinschätzung der jeweiligen Mitarbeiter. Diese Ergebnisse werden in einem gemeinsamen, moderierten Prozess analysiert und bewertet, um daraus geeignete, gemeinsame Maßnahmen abzuleiten.
4. **Gezielte Werte- und Kompetenzentwicklung der Mitarbeite**r, um die jeweils vereinbarten Ziele zu erreichen

Bei allen Teilprojekten gelten folgende **Prinzipien:**

- Die gesamte Projektarbeit wird durch eine präzise, verlässliche und wertschätzende Kommunikation geprägt, sodass alle Beteiligten nach und nach in einem reflektierten Prozess ihre **kommunikativen Werte und Kompetenzen** entsprechend aufbauen.
- Die Prozessbegleiter ermöglichen die angestrebte **Werte- und Kompetenzentwicklung aller Beteiligten** als Initiator, Moderator und Begleiter kollaborativer

Prozesse proaktiv und sichern eine **Professionalisierung aller Beteiligten des Veränderungsprozesses** in deren Rolle und Wirksamkeit.
- Die Entwicklung der Werte und Kompetenzen wird über **regelmäßige Erfassungen** der Ausprägungen im Abgleich zu den gemeinsam festgelegten Zielprofilen nachvollzogen.

Aus dieser Zielsetzung leiten sich folgende **Bereiche** der Beratung und Begleitung ab:
- **Coaching:** Unterstützung des oberen Managements bei der Unternehmens- und Kulturentwicklung
- **ganzheitliche Kommunikationskonzeption**: aktive Einbeziehung aller Mitarbeitenden
- **Kompetenzentwicklung der Werte- und Kompetenzmanager in einem Social-Blended-Learning-Arrangement:** Stärkung der Kompetenzen für das Changemanagement
- **gezielte Werte- und Kompetenzentwicklung aller Mitarbeiter und Führungskräfte:** Gestaltung innovativer Erlebnis-, Lern- und Arbeitswelten mit Social Blended Learning und Workplace Learning
- **Learning-Experience-Plattform:** Gestaltung eines bedarfsgerechten Ermöglichungsrahmens

Mit dieser innovativen Konzeption der Werte-, Kultur- und Kompetenzentwicklung auf allen Ebenen der Organisation werden mehrere Ziele erreicht:
- Die Organisationskultur und die entsprechenden Werte sowie Kompetenzen werden transparent erfasst und in einem organisationsweiten Prozess gezielt entwickelt.
- Die Mitarbeiter der Organisation bauen in selbstorganisierten Entwicklungsprozessen im Rahmen von herausfordernden, kritischen Praxissituationen ihre persönlichen Werte und individuellen Kompetenzen auf.
- Dadurch wird eine nachhaltige, tragfähige Änderung der Werte und der Kompetenzen bewirkt.
- Dies schlägt sich in einer verbesserten Performanz des Handelns nieder.
- Die Führungskräfte entwickeln gezielt ihre Werte und Kompetenzen im Rahmen ihrer Sollprofile.
- Die Teams der Mitarbeiter gestalten ihre eigenen zielorientierten Prozesse der Werte- und Kompetenzentwicklung im Rahmen von gemeinsam definierten Teamaufgaben. Dadurch entwickelt sich eine kollaborative Teamkultur.
- Arbeiten und Lernen wird in der Organisation nach und nach zusammengeführt, sodass Lernen als wertschöpfende Investition erfahren wird.
- Die Lernwelt wird als Spiegelbild der Arbeitswelt gestaltet, sodass die vielfältigen Möglichkeiten der Digitalisierung zielgerichtet auch im Lernprozess genutzt werden.
- Über Communities of Practice werden stabile regionale Netzwerke entwickelt und verstetigt.
- Der gezielte Werte- und Kompetenzaufbau der Mitglieder des Werte- und Kompetenzmanagementteams ermöglicht eine schrittweise Übernahme der Prozessverantwortung durch eigene Mitarbeiter.

Die gewonnen Erkenntnisse aus der Pilotphase werden evaluiert. Auf dieser Basis wird die Konzeption laufend weiterentwickelt und bei Bedarf angepasst.

Auf dieser Basis ist es möglich, eine Vielzahl von Anwendungsfeldern auf allen Ebenen des Human Resources Managements zu optimieren, ohne dass wir den Anspruch erheben, alle möglichen Bereiche darzustellen.

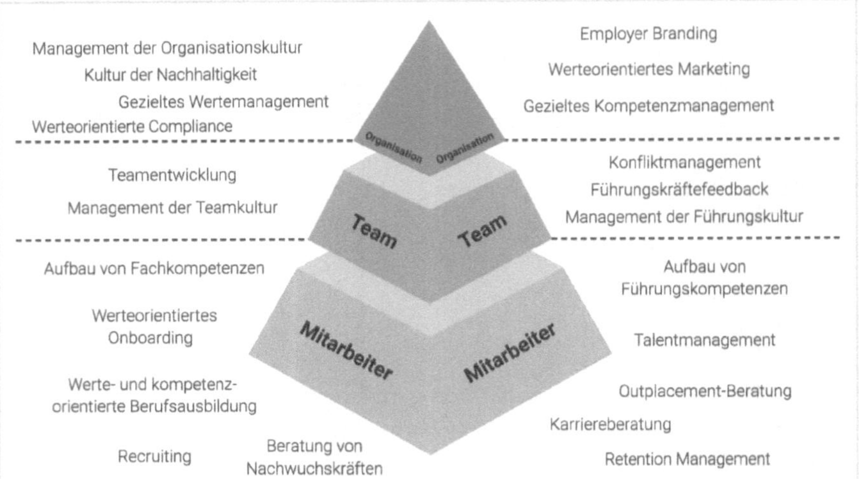

Abb. 34: Handlungsfelder des gezielten Werte- und Kompetenzmanagements

Diese pragmatischen Handlungsfelder beschreiben wir in den folgenden Abschnitten in Form von Projektskizzen.

6.1 Werte- und Kompetenzmanagement auf Organisationsebene

»Eine starke Kultur kann ein echtes Hindernis darstellen, wenn sie nicht zur Strategie passt.«
Boris Groysberg

Veränderungsprojekte, die nur auf der Ausformulierung von Leitbildern und Grundsätzen beruhen, können keine Veränderung auslösen. Die Mitarbeiter sehen, dass auf die proklamierten Wertelisten keine Taten folgen und es macht sich Zynismus breit. Deshalb schaden solche Kulturinitiativen oft mehr, als dass sie nutzen. Die Anpassung des Systems *Organisation* erfordert deshalb ganzheitliche Konzepte und keine einseitigen, isolierten Lösungen.

Organisationales Werte- und Kompetenzmanagement ist ein geplanter, gelenkter und systematischer Prozess mit dem Ziel, die organisationalen Werte und damit die Organisationskultur sowie die Kompetenzen der Mitarbeiter in dem sozialen System *Organisation* von innen heraus zu optimieren, damit die strategischen Unternehmensziele erreicht werden.

Das unternehmensweite Werte- und Kompetenzmanagement leitet sich direkt aus den strategischen Anforderungen ab. Deshalb kommt der oberen Führungsebene eine zentrale Bedeutung als Initiator und Begleiter von Prozessen des Werte- und Kompetenzaufbaus in der Organisation zu.

6.1.1 Obere Führung – organisationale Werte- und Kompetenzmanager

Im Jahr 2030 wird uns die alte Trennung zwischen Management und Führung in einem völlig und radikal neuen Licht erscheinen. Management wird zur Routinearbeit, die weitgehend automatisiert von Computern erledigt wird. Im Gegensatz dazu ist Führung eine Aufgabe, die in hohem Maße kreativ und von Menschen geprägt ist. Tatsächlich geht es bei Führung vor allem darum, die Zukunft mitzugestalten. Wie bereits Peter F. Drucker betont hat, kann man die Zukunft in einer instabilen Umgebung nicht vorhersagen. Man kann sie nur erschaffen. Dies ist jedoch nur gemeinsam mit allen Mitarbeitern und Führungskräften möglich. Führung wird deshalb vor allem danach bewertet, welche Veränderung sie bewirkt hat (nach Güldenberg 2021, S. 141).

Obere Führung initiiert die Kommunikation über geplante Maßnahmen und sichert den Rahmen für eine erfolgreiche Umsetzung. Gleichzeitig macht sie die hohe Bedeutung des Werte- und Kompetenzmodells und der daraus abgeleiteten Konzeption der Werte- und Kompetenzentwicklung für den Erfolg der Organisation deutlich.

Im Einzelnen definiert die obere Führung diese Bereiche:
- Die **Strategievorgaben** machen deutlich, welche Ziele die Organisation mittel- und langfristig erreichen will und welche grundlegenden Anforderungen sich daraus für die organisationalen Werte und die Kompetenzen der Mitarbeiter aus Sicht der oberen Leitung ergeben.
- Die **Prozessvorgaben** begrenzen die relevanten Anwendungsbereiche und damit das Entstehen der teambezogenen Werte, der Führungskultur.
- Die **Kommunikationsvorgaben** legen fest, wie die Kommunikation der Werte und der Kompetenzanforderungen in der Organisation grundsätzlich erfolgen soll.

Im nächsten Schritt hat die Leitung die Aufgabe zu lösen, die notwendige Struktur für ein systematisches Werte- und Kompetenzmanagement zu schaffen. Dafür müssen ausreichend personelle, technische und räumliche sowie finanzielle Ressourcen zur Verfügung gestellt werden.

Die Leitung hat eine Vorbildfunktion für die Werte- und Kompetenzentwicklungsprozesse auf allen Ebenen. Führungskräfte handeln nicht einfach, sie inszenieren ihr Handeln und versehen es mit Deutungs- und Regieanweisungen (vgl. Neuberger 2002, Stiefel 1999). Das Ziel ist dabei, dass die obere Leitung möglichst viele Anlässe zur Kommunikation mit den Mitarbeiter nutzt, um organisationale Werte und die Kompetenzanforderungen zu thematisieren sowie ihr eigenes Handeln danach auszurichten.

Diese **symbolische Führung** erfolgt durch (vgl. Stiefel 2019)

- **Sprache und Kommunikation**, z. B. über einen regelmäßigen, persönlichen Blog der oberen Führungskräfte, vor allem zu Fragen der Werte- und Kompetenzmodelle und der Werte- und Kompetenzentwicklung,
- **konkrete Handlungen**, z. B. durch aktive Mitwirkung in Werte- und Kompetenzentwicklungsmaßnahmen,
- **symbolische Gesten**, z. B. durch ausdrückliche Betonung kompetenten und werteorientierten Handelns einzelner Mitarbeiter,
- **werteorientiertes und kompetentes Handeln in kritischen Situationen**, z. B. durch Entscheidungen, die sich konsequent an den Werte- und Kompetenzzielen orientieren,
- die **Gestaltung der Rahmenbedingungen.**

Das Topmanagement initiiert das organisationsweite Werte- und Kompetenzmanagement und sichert den Rahmen für eine erfolgreiche Umsetzung. Gleichzeitig macht es die hohe Bedeutung der Werte und Kompetenzen für den Erfolg der agilen Organisation deutlich.

6.1.2 Werte- und Kompetenzmanagementteam

Großflächige Veränderungsprojekte in den Bildungsabteilungen der Organisationen versanden häufig in der Alltagsroutine, weil sich die Beteiligten mehr mit dem Abbau von Widerständen als mit Veränderungen des eigenen Handelns und dem Aufbau innovativer Entwicklungssysteme beschäftigen. Die Erfahrungen in Praxisprojekten zeigen, dass die Veränderung bestehender Bildungsabteilungen deshalb meist viel zu lange dauert.

Daher empfehlen wir, neben der bestehenden Bildungsabteilung ein Werte- und Kompetenzmanagementteam zu schaffen, das in einer schlanken Start-up-Struktur mit einem agilen Mindset und agilen Methoden ein grundlegend neues Geschäftsmodell der betrieblichen Bildung entwickelt und erprobt.

Wenn sich die neue Konzeption in der Praxis bewährt hat und Akzeptanz aufgebaut wurde, kann dieses Modell mit einem überschaubaren Risiko in einem flächendeckenden Veränderungsprozess auf den gesamten Bildungsbereich des Unternehmens übertragen werden.

Diese **Strategie** kann im Bereich des Werte- und Kompetenzmanagements wie folgt gestaltet werden: Die Unternehmensleitung schafft für diesen Bereich die Struktur eines systematischen Werte- und Kompetenzmanagements, indem personelle, technische und räumliche sowie finanzielle Ressourcen für dieses agile Start-up-Projekt zur Verfügung gestellt werden. Sie installiert ein Werte- und Kompetenzmanagementteam, das als Motor der Neugestaltung eingerichtet wird.

Mit dieser Struktur soll ein dynamischer Prozess der laufenden organisationalen Werte- und Kompetenzentwicklung ermöglicht werden. Insbesondere sind folgende Bereiche zu gestalten:

- Definition der Ziele
- Gestaltung neuer Kernprozesse
- Festlegung der Kommunikationsstrukturen

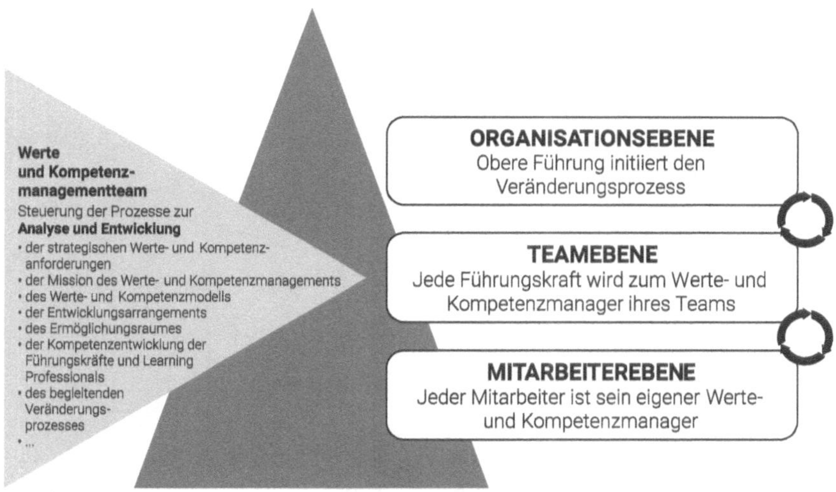

Abb. 35: Rollen im Prozess der Werte- und Kompetenzentwicklung

Die obere Leitung der Organisation definiert über die Strategievorgaben die Ziele des Werte- und Kompetenzmanagements, lässt aber die Handlungsweisen bewusst offen. Die organisationale Werteentwicklung und die Verbesserung der Performanz der Unternehmung erfordern einen regelmäßigen kommunikativen Austausch zwischen der oberen Organisationsleitung und den Mitgliedern des Werte- und Kompetenzmanagementteams.

Das Werte- und Kompetenzmanagementteam hat im Einzelnen folgende Aufgaben zu erfüllen:

- Aufbau der eigenen Werte und Kompetenzen für die professionelle Umsetzung der angestrebten Konzeption

- Steuerung des Prozesses zur Entwicklung der Sollprofile und der Mission der angestrebten Organisationswerte bzw. Organisationskultur sowie der organisationalen Kompetenzen bzw. Kernkompetenzen
- Analyse und Bewertung der aktuellen Organisationswerte (Istwerte) und der gewünschten Werte (Wunschwerte) sowie der Ist- und Wunschkompetenzen auf Organisationsebene
- Steuerung der Prozesse zur Definition der organisationalen Sollwerte und -kompetenzen
- Initiierung einer organisationsweiten Kommunikation über die abgeleiteten Entwicklungslösungen
- Konzeption, Umsetzung und laufende Pflege der Learning-Experience-Plattform
- Initiierung einer agilen Entwicklungskultur mit dem Ziel der Werte- und Kompetenzentwicklung
- Begleitung der Veränderungsprozesse sowie der Entwicklungsprozesse, z. B. über Pilotprojekte
- Initiierung der Kompetenzentwicklung der Lernbegleiter und Learning Professionals
- Initiierung der Kompetenzentwicklung der Führungskräfte als Wertemanager ihrer Teams und Mitarbeiter
- Initiierung der Werte- und Kompetenzentwicklung auf Teamebene, z. B. über Praxisprojekte im Rahmen von Korridorthemen
- Initiierung des Aufbaus von Werten, Kompetenzen und Performanz auf individueller Ebene
- Evaluation und laufende Optimierung der Entwicklungsarrangements

6.1.3 Unternehmensweiter Kommunikationsprozess

Eine wesentliche Voraussetzung für den Erfolg des Kompetenz-, Werte- und Kulturentwicklungsprojektes ist eine hohe, organisationsweite Transparenz über (vgl. Erpenbeck, Sauter 2018)

- die Bedeutung des Werte- und Kultur- sowie Kompetenzmanagements auf allen Ebenen für die Organisation,
- die Ziele des individuellen, des teambezogenen und des organisationalen Werte- und Kompetenzmanagements,
- die definierten Rahmenbedingungen der Entwicklungsprozesse,
- das Zustandekommen dieser Anforderungen,
- die Struktur für ein systematisches, organisationales Wertemanagement,
- die jeweiligen Prozesse des Werte- und Kompetenzmanagements auf den einzelnen Ebenen,
- die Kommunikation und Dokumentation der Ergebnisse.

Dabei ist es eine wesentliche Anforderung, allen Mitarbeitern und Führungskräften die Möglichkeit zu geben, sich über die Antworten auf diese Fragen zu informieren und ihre eigene Sicht, ihre Erwartungen oder Befürchtungen einzubringen und über alle Hierarchieebenen zu diskutieren. Hierfür schlagen wir folgenden Kommunikationsprozess vor:

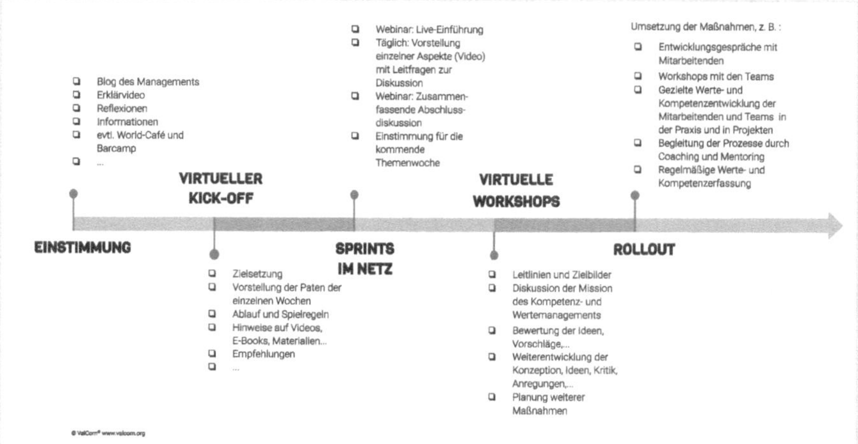

Abb. 36: Kommunikationsprozess im Rahmen des organisationalen Werte- und Kompetenzmanagements

In einem mehrmonatigen, digital gestützten Kommunikationsprozess wird ein organisationsweiter Austausch über die Werte und Kompetenzen auf individueller, teambezogener und organisationaler Ebene sowie über das Werte- und Kompetenzmodell ermöglicht.

Die einzelnen Geschäftsbereiche und Teams entwickeln in kollaborativen Prozessen Handlungsraster für ihren zukünftigen Umgang mit diesen Herausforderungen in ihrer Praxis. Die Ergebnisse der einzelnen Entwicklungsprozesse werden jeweils in Netzwerk-Communitys präsentiert und diskutiert. Damit entwickelt sich ein hierarchieübergreifendes Werte- und Kompetenznetzwerk, das die Mitarbeiter für die neuen Anforderungen an ihre Kompetenzen und Werte sensibilisiert.

Die Mitarbeiter, einzelne Teams und Geschäftsbereiche handeln nunmehr nach ihren neuen Handlungsrastern und reflektieren regelmäßig über ihre Erfahrungen. Sie bringen ihre Erkenntnisse jeweils in die unternehmensweite Kommunikation mit ein, sodass die Organisation als Ganzes lernen kann und sich im Laufe der Zeit ein gemeinsames Verständnis für den Umgang mit Herausforderungen ergibt. Damit entwickelt sich ein hierarchieübergreifendes Wertenetzwerk.

In regelmäßigen **Barcamps** und/oder in **World-Cafés** erhalten alle Mitarbeiter die Gelegenheit, ihre individuellen Fragestellungen offen zu diskutieren.

6.1.3.1 World-Café

Die Methode des World-Cafés wurde von den US-amerikanischen Unternehmensberatern Juanita Brown und David Isaacs 1995 entwickelt. Damit können Workshops für Gruppengrößen von zwölf bis zu über tausend Teilnehmern organisiert werden. Das Ziel ist, die Kommunikation aller Teilnehmer selbstorganisiert zu ermöglichen.[41]

Ein World-Café ist eine offene Tagung, bei der an mehreren Thementischen in aufeinander folgenden Runden parallel Frage- und Problemstellungen mit Experten erörtert werden.

In einem großen Raum werden mehrere Thementische aufgestellt, idealerweise mit vier bis sechs Stühlen und einem Flipchart bzw. einem großen Papierbogen, der als »Tischdecke« dient und beschrieben werden kann. Falls der Initiator des World-Cafés einen kurzen Input bzw. Einstieg geben will, wird eventuell auch ein Bildschirm benötigt. Das World-Café beginnt mit einer Begrüßung sowie Erläuterungen zum Ablauf und zur Rolle der Gastgeber. Diese sind die Gesprächsrundenleiter an den jeweiligen Tischen, die dort die ganze Zeit verbleiben.

Die Gastgeber begrüßen die Neuankömmlinge, resümieren jeweils das bisher Besprochene und bringen den Diskurs in jeder Folgerunde erneut in Gang. Die Themen werden durch das mehrfache Wechseln und Mischen der Teilnehmer vertieft. In einer Abschlussrunde im Plenum präsentieren die Teilnehmer ihre Ergebnisse.

Die Gespräche ähneln der Kommunikation in einem Straßencafé. In aufeinander folgenden Gesprächsrunden von etwa 15 bis 20 Minuten werden an allen Tischen gleichzeitig Frage- oder Problemstellungen, beispielsweise zu den relevanten Handlungsfeldern des bisherigen Veränderungs- und Kulturmanagements, besprochen. Die Gesprächsrundenleiter schreiben, zeichnen und kritzeln in jeder Runde die ihrer Meinung nach wichtigsten Punkte auf das Papier. Nach jeder Runde mischen sich die Gesprächsgruppen neu. Anschließend treffen sich die Teilnehmer mit den Gastgebern und fassen die wesentlichen Ergebnisse in einer Plenumsdiskussion zusammen. Durch unterschiedliche Fragestellungen kann bei dieser Methode nach den heterogenen Interessen der jeweiligen Gastgeber differenziert werden. Sie können selbst entscheiden, ob und in welcher Form Notizen gemacht werden sollen. Ebenso werden durch diese Methode auditive und visuelle Zugangsweisen miteinander verknüpft. Die Methode sorgt dafür, dass sich die Teilnehmer schnell und ohne Berührungsängste austauschen können. Dabei sind prägnante Fragen das entscheidende Kriterium für den Erfolg des World-Cafés.

41 vgl. https://www.projektmagazin.de/methoden/world-cafe.

Die Methode des World-Cafés ist sehr gut dafür geeignet, z. B. den aktuellen Stand der Bearbeitung von Korridorthemen zur Diskussion zu stellen, Führungskräfte und Mitarbeiter miteinander ins Gespräch zu bringen sowie Problem- oder Fragestellungen in Kleingruppen intensiv diskutieren und reflektieren zu können. Die Fragestellungen ergeben sich dabei aus den Handlungsfeldern der Korridorthemen.

6.1.3.2 Barcamp

Die ersten Barcamps entwickelten sich aus den Events von Tim O'Reilly, der auch den Begriff Web 2.0 geprägt hat, welcher ausgewählte Freunde zu kommunikativen Camps einlud. Daraus entstanden bereits 2005 erste »Unkonferenzen« in den Räumen des Unternehmens Socialtext in Palo Alto, also im legendären Silicon Valley. Dieser Trend schwappte 2006 auch nach Berlin, Wien und Zürich über. (vgl. Muuß-Merholz 2019, S. 47 ff.)

Im Rahmen der Corporate Learning Community[42] *haben wir bereits vor über fünf Jahren damit begonnen, organisationsübergreifende Barcamps im deutschsprachigen Bereich zu veranstalten. Kamen die Teilnehmer am Anfang überwiegend aus dem Hochschulbereich, dominieren heute Teilnehmer aus dem Corporate-Learning-Bereich der Unternehmen. Der Grund dafür ist, dass es kaum ein Format gibt, das eine intensivere Form des offenen Erfahrungsaustausches ermöglicht.*

Ein Barcamp ist eine offene Tagung mit frei zugänglichen Workshops, deren Inhalte und Ablauf von den Teilnehmern zu Beginn selbst entwickelt und im weiteren Verlauf gestaltet werden.

Das Barcamp beginnt mit einer kurze Einführung in die Methode. Anschließend erfolgt die gemeinsame Programmplanung. Die Planung der Sessions kann an Pinnwänden und/oder im Netz, z. B. über die **Learning-Experience-Plattform**, erfolgen.

In Barcamps wird es jedem Teilnehmer ermöglicht, *Teilgeber* zu werden. Jeder kann einen Themenvorschlag einbringen, z. B. zum Erfahrungsaustausch über das Veränderungsprojekt oder zur Klärung offener Fragen in Hinblick auf die Organisationskultur. Alle Sessions werden vorab in bis zu drei Sätzen mit einem DIN-A4-Papier mit dem Ankerbegriff von dem jeweils Vorschlagenden persönlich vorgestellt, damit jeder weiß, worum es geht und wer das Thema einbringt. So füllt sich die Agenda mit mehreren parallelen Sessions in diversen Zeitfenstern. Die folgende Grafik zeigt das anschaulich[43]:

42 Vgl. www.colearn.de.
43 www.colearn.de.

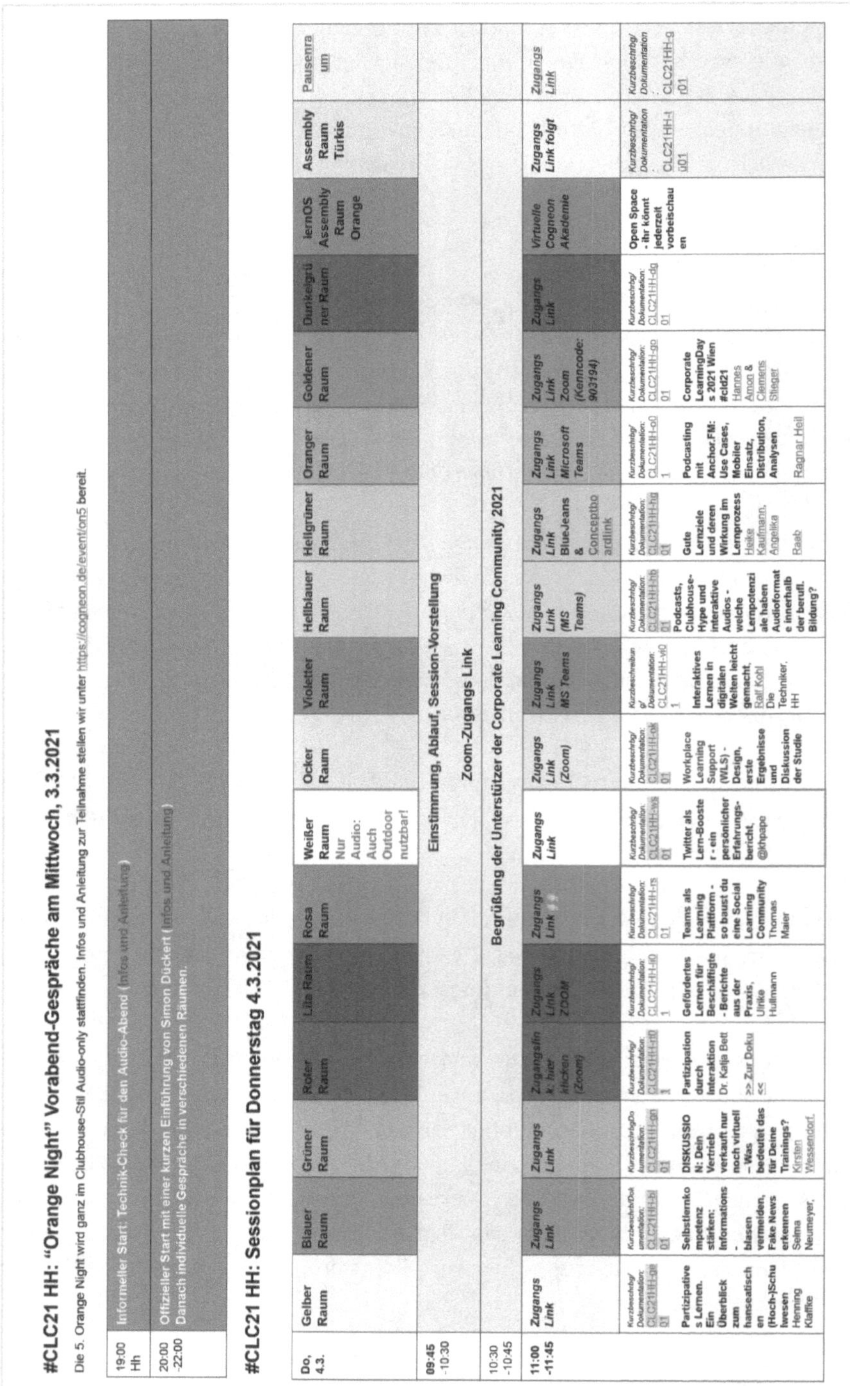

#CLC21 HH: "Orange Night" Vorabend-Gespräche am Mittwoch, 3.3.2021

Die 5. Orange Night wird ganz im Clubhouse-Stil Audio-only stattfinden. Infos und Anleitung zur Teilnahme stellen wir unter https://cogneon.de/event/on5 bereit.

19:00 Hh	Informeller Start: Technik-Check für den Audio-Abend (Infos und Anleitung)
20:00 -22:00	Offizieller Start mit einer kurzen Einführung von Simon Dückert (Infos und Anleitung) Danach individuelle Gespräche in verschiedenen Räumen.

#CLC21 HH: Sessionplan für Donnerstag 4.3.2021

Do, 4.3.	Gelber Raum	Blauer Raum	Grüner Raum	Roter Raum	Lila Raum	Rosa Raum	Weißer Raum Nur Audio: Auch Outdoor nutzbar!	Ocker Raum	Violetter Raum	Hellblauer Raum	Hellgrüner Raum	Oranger Raum	Goldener Raum	Dunkelgrüner Raum	lernOS Assembly Raum Orange	Assembly Raum Türkis	Pausenraum
09:45 -10:30	Einstimmung, Ablauf, Session-Vorstellung Zoom-Zugangs Link																
10:30 -10:45	Begrüßung der Unterstützer der Corporate Learning Community 2021																
11:00 -11:45	*Zugangs Link*	*Zugangs Link*	*Zugangs Link*	*Zugangslink: hier klicken (Zoom)*	*Zugangs Link ZOOM*	*Zugangs Link*	*Zugangs Link*	*Zugangs Link (Zoom)*	*Zugangs Link MS Teams*	*Zugangs Link (MS Teams)*	*Zugangs Link BlueJeans &* Conceptboardlink	*Zugangs Link Microsoft Teams*	*Zugangs Link Zoom (Kenncode: 903194)*	*Zugangs Link*	*Virtuelle Cogneon Akademie*	*Zugangs Link folgt*	*Zugangs Link*
	Kurzbeschrbg/ Dokumentation: CLC21HH-ge01 **Partizipatives Lernen. Ein Überblick zum hanseatischen (Hoch-)Schulwesen** Henning Klaffke	*Kurzbeschrb/Dokumentation:* CLC21HH-bl01 **Selbstlernkompetenz stärken: Informations-blasen vermeiden, Fake News erkennen** Selma Neumeyer,	*KurzbeschrbgDokumentation:* CLC21HH-gn01 **DISKUSSION: Dein Vertrieb verkauft nur noch virtuell – Was bedeutet das für Deine Trainings?** Kirsten Wessendorf.	*Kurzbeschrbg/ Dokumentation:* CLC21HH-rt01 **Partizipation durch Interaktion** Dr. Katja Bett >> Zur Doku <<	*Kurzbeschrbg/ Dokumentation:* CLC21HH-li01 **Gefördertes Lernen für Beschäftigte - Berichte aus der Praxis,** Ulrike Hullmann	*Kurzbeschrbg/ Dokumentation:* CLC21HH-rs01 **Teams als Learning Plattform - so baust du eine Social Learning Community** Thomas Maier	*Kurzbeschrbg/ Dokumentation:* CLC21HH-ws01 **Twitter als Lern-Booster - ein persönlicher Erfahrungs-bericht,** @khpape	*Kurzbeschrbg/ Dokumentation:* CLC21HH-ok01 **Workplace Learning Support (WLS) - Design, erste Ergebnisse und Diskussion der Studie**	*Kurzbeschreibung/ Dokumentation:* CLC21HH-vi01 **Interaktives Lernen in digitalen Welten leicht gemacht,** Ralf Kohl Die Techniker, HH	*Kurzbeschrbg/ Dokumentation:* CLC21HH-hb01 **Podcasts, Clubhouse-Hype und interaktive Audios - welche Lernpotenziale haben Audioformate innerhalb der berufl. Bildung?**	*Kurzbeschrbg/ Dokumentation:* CLC21HH-hg01 **Gute Lernziele und deren Wirkung im Lernprozess** Heike Kaufmann, Angelika Raab	*Kurzbeschrbg/ Dokumentation:* CLC21HH-o01 **Podcasting mit Anchor.FM: Use Cases, Mobiler Einsatz, Distribution, Analysen** Ragnar Heil	*Kurzbeschrbg/ Dokumentation:* CLC21HH-go01 **Corporate LearningDays 2021 Wien #cld21** Hannes Amon & Clemens Stieger	*Kurzbeschrbg/ Dokumentation:* CLC21HH-dg01	**Open Space - ihr könnt jederzeit vorbeischauen**	*Kurzbeschrbg/ Dokumentation:* CLC21HH-tü01	*Kurzbeschrbg/ Dokumentation:* CLC21HH-gr01

Abb. 37: Beispiel für einen Session-Plan eines Webcamps (digitales Barcamp) der Corporate Learning Community

Die Sessions können zwischen 20 und 45 Minuten dauern. Dazwischen wird jeweils eine Pause von 10 bis 15 Minuten eingeplant, in der die Teilnehmer sich austauschen können. Alle Teilgeber können jederzeit das für sich selbst interessanteste Thema wählen. Das gilt auch innerhalb einer Session.

Barcamps beruhen auf dem Prinzip der Selbstorganisation. Es gibt keine hierarchischen, inhaltlichen Planungen und Festlegungen des Veranstalters. Die Teilgeber entscheiden autark, was für sie gerade wichtig ist, ob sie sich einbringen oder lieber zuhören wollen. Die Begegnungen finden auf Augenhöhe statt.

Für ein Barcamp gelten folgende Prinzipien (vgl. Muuß-Merholz 2019):
- Das Ziel ist der gemeinsame Aufbau von Werten und Kompetenzen.
- Alle können Teilgebende sein, sie allein bestimmen die Inhalte.
- Bei mehrtägigen Barcamps werden die Sessions jeweils täglich geplant.
- Die Themen werden inklusive Ankerbegriff kurz und präzise in drei Sätzen vorgestellt und auf ein kleines Plakat geschrieben.
- Mögliche Themen können vorab im Netz ausgetauscht werden.
- Eine Session dauert zwischen 20 und 45 Minuten.
- Die Zahl der Sessions wird durch die Zahl der Räume begrenzt.
- Es muss keinen Input geben, eine Frage kann genügen.
- Der Austausch dominiert, kurze Inputs sind möglich.
- Ist in einer Session ein Input erforderlich, sollten fünf Minuten nicht überschritten werden.
- Es gilt das Prinzip der Selbstbedienung im Lernen.
- Das Programm wird im Barcamp gemeinsam erstellt.
- Eine Session findet statt, wenn mindesten zwei Personen interessiert sind.
- Auch während der Sessions kann gewechselt werden.
- In den Sessions sitzen die Teilgeber meist in einem offenen Kreis.
- Im Regelfall gilt in Barcamps das Du, alternativ das Sie und der Vorname, um hierarchische Hürden zu vermeiden.
- Ausgangspunkt ist jeweils eine Herausforderung in der Praxis.
- Lernen erfolgt kollaborativ.
- Es geht um offene, konkrete Fragen aus der Praxis.
- Die Expertise ergibt sich aus eigenen Erfahrungen.
- Das gemeinsame Lernen steht im Vordergrund, kurze Impulse können bei Bedarf helfen.
- Die Ergebnisse sind offen.
- Gemacht wird, was den Teilnehmern sinnvoll erscheint.
- Alle Ergebnisse werden dokumentiert, idealerweise während der Session mit einem Kollaborationstool durch die Teilgeber. Nach dem Barcamp werden die Teilgeber aufgefordert, die Dokumentation bei Bedarf zu ergänzen und zu evaluieren.
- Das gemeinsame Lernen endet nicht mit dem Barcamp.

Damit wird es allen Mitarbeitern und Führungskräften möglich, die Vision des Veränderungs- und Kulturprozesses nicht nur zu erfahren und zu diskutieren, sondern sich selbst aktiv als Teilgeber mit eigenen Ideen, Anregungen, aber auch Kritik einzubringen. Damit kann eine hohe Akzeptanz für den Veränderungs- und Kulturprozess geschaffen werden. Bei Bedarf können im Verlauf des Veränderungsprojektes weitere Barcamps, auch virtuell als **Webcamps**, durchgeführt werden (vgl. dazu Corporate Learning Community, www.colearn.de).

Wir haben mit beiden Methoden, dem World-Café sowie dem Barcamp, in den vergangenen Jahren sehr gute Erfahrungen gesammelt.

6.1.3.3 Kommunikationsprozess mit allen Mitarbeitern und Führungskräften

Eine wesentliche Voraussetzung für den Erfolg des Veränderungs- und Kulturentwicklungsprozesses besteht darin, allen Mitarbeitern und Führungskräften die Möglichkeit zu geben, sich aktiv in den Prozess der Werte-, Kultur- und Kompetenzentwicklung einzubringen. Deshalb ist eine hohe, organisationsweite Transparenz zu allen Aspekten dieser Veränderungs- und Kulturentwicklungsprozesse erforderlich.

Für diese Kommunikation schlagen wir folgenden Prozess vor, der an die erprobte Konzeption des Corporate Learning 2025 MOOCathon der Corporate Learning Community angelehnt ist (vgl. https://colearn.de/cl2025moocathon/*):*

Bereits im Vorfeld wird auf der Learning-Experience-Plattform für dieses Projekt ein Kommunikationsraum eingerichtet, in dem die wichtigsten Aspekte, z. B. in kurzen Erklärvideos, mit diversen Beschreibungen erläutert werden. Ergänzt werden diese Informationen durch Befragungen und Reflexionen.

Im Rahmen dieses Kommunikationsprozesses können alle Mitarbeiter den Prozess des Veränderungs- und Kulturmanagements verfolgen und sich selbst aktiv in die Diskussions- und Entscheidungsprozesse einbringen. Damit bekommt dieses Format den Charakter eines MOOC.

MOOC – Massive Open Online Courses – sind offene, im Netz angebotene Kurse, die jedem Lerner offenstehen. Der Begriff »massive« bezieht sich hierbei auf die angestrebte, aber nicht immer erreichte große Zahl der Teilnehmer. Die Teilnehmer können in diesem Rahmen Lernangebote beispielsweise in Form von Kursen, Textdateien, Bildern, Audios, Videos oder Simulationen, aber auch als Lerninfrastruktur oder Rahmenordnung nutzen. Das Konzept sieht regelmäßige Input-Phasen, die zur Diskussion anregen, sowie Elemente zur Vertiefung und Weiterbearbeitung der Inhalte im Netz vor. Die Lerner organisieren sich selbst online und legen gemeinsam die Ziele und wechselnde Themen, aber auch die Tiefe ihrer Bearbeitung fest. Das primäre Ziel ist nicht, das Wissen einzelner Lerner, sondern das Wissen des Netzwerkes zu entwickeln. Damit baut diese Lösung auf dem Ansatz des Konnektivismus auf.

Da die Kommunikation mit den Mitarbeitern und der Austausch von Ideen, Anregungen und Kritik im Vordergrund stehen, bietet sich die Ausprägung des cMOOC – connectivism Massive Open Online Course – an.

cMOOCs – connectivism MOOC – sind MOOCs, die auf dem Ansatz des Konnektivismus basieren und relativ offen und frei im Sinne virtueller Workshops oder Webcamps gestaltet sind, damit die Teilnehmer aktiv gemeinsam Wissen erarbeiten.

cMOOCs

- sind offen für alle Mitarbeiter und Führungskräfte,
- setzen selbstorganisiertes und problemorientierte Werte- und Kompetenzentwicklung voraus,
- bauen auf der dezentralen Infrastruktur der Learning-Experience-Plattform auf,
- vernetzen die Mitglieder mithilfe von Communities of Practice, Social Media oder Social Networks,
- werden auch mit geschlossenen Räumen verknüpft, um Entwicklungsprozesse im vertraulichen Rahmen zu ermöglichen,
- bilden eine wichtige Grundlage für die persönliche Dokumentation in personalisierten, digitalen Entwicklungsräumen,
- fordern die aktive Mitwirkung aller Mitarbeiter,
- können durch Barcamps und Webcamps flankiert werden,
- bilden die Basis für den Aufbau eines Wissensmarktes der Organisation.

Diese Konzeption entspricht damit dem Ansatz der ***Ermöglichungsdidaktik***.

cMOOCs können nach unseren Erfahrungen ein wichtiges Instrument sein, um alle Mitarbeiter und Führungskräfte von Anfang an in den Veränderungs- und Kulturentwicklungsprozess mit einbinden zu können, weil sie dazu beitragen, den Veränderungsprozess vorzubereiten und zu begleiten und einen permanenten Optimierungsprozess unter Einbeziehung aller zu ermöglichen.

Die individuellen Entwicklungsprozesse in cMOOCs werden dabei durch folgende Aktivitäten geprägt, bei denen jedes Organisationsmitglied zum Teilgeber werden kann:

- **Orientieren:** Die Mitarbeiter und Führungskräfte wählen aus den angebotenen, digitalen Kommunikationstools in der **Learning-Experience-Plattform** (Blogs, Wikis, Workpads etc.) sowie den inhaltlichen Angeboten und Diskussionsbeiträgen aus, was ihnen relevant bzw. geeignet für das Veränderungs- und Kulturmanagement erscheint. Deshalb sollten dort vielfältige Erläuterungen und »Geschich-

ten«, z. B. in Form von Videos, Podcasts, PDFs etc., zum Entwicklungsprozess der Konzeption eingestellt werden, die überwiegend die Mitarbeiter im Laufe der Zeit entwickeln. Außerdem bietet es sich an, zu einzelnen Themenfeldern des Veränderungs- und Kulturmanagements Communitys einzurichten, in denen mit Führungskräften und Experten diskutiert werden kann.
- **Ordnen:** Die Mitarbeiter analysieren und sortieren die Informationen und Diskussionsbeiträge der Teilnehmer dieses Kommunikationsprozesses, die dadurch zu Teilgebern mit ihren individuellen Erfahrungen und Meinungen werden. Dabei suchen sie nach Verbindungen zu ihren eigenen Problemstellungen in der betrieblichen Praxis.
- **Beitragen:** Die Mitarbeiter bringen als Teilgeber eigene Informationen und Erfahrungsberichte sowie Lösungsvorschläge, Ideen oder Kommentare in das Netzwerk der Organisation ein.
- **Teilen:** Die Mitarbeiter teilen ihre Beiträge und entwickeln die Learning-Experience-Plattform zu einem **organisationsweiten Wissensmarkt**.

Diese Kommunikation wird durch *Paten* aus dem Werte- und Kompetenzmanagementteam begleitet.

Die organisationsweite Kommunikation mit etwa *vier bis sechs Wochensprints* startet mit einem ca. ein- bis zweistündigen *Kick-off-Webinar*, das vorab durch mehrere Blogs, insbesondere der Geschäftsleitung sowie der Personalleitung, angekündigt wird. Sollte ein Mitarbeiter zu diesem Termin keine Zeit haben, kann er die Aufzeichnung ansehen. In diesem Kick-off werden folgende Punkte bearbeitet:
- *Vorstellung des Themenpaten* für die jeweilige Woche, z. B. ein Leiter eines Teilprojektes
- *Liveinterview mit einem Vorstand* zu den Zielen und Meilensteinen des Projektes
- *Vorstellung des Kommunikationsraumes* und Diskussion des Ablaufes, der Rollen, der Begleitung etc.
- *Präsentation eines Videos* mit grundlegenden Erläuterungen zu diesem Veränderungsprozess: Notwendigkeit, Ziele, Struktur, Prozesse etc.
- *Durchführung von Kurzreflexionen:* Erhebung von Erwartungen, Befürchtungen, Meinungen, Stimmungen und Ideen
- *Erläuterung der Themenwochen* und ihrer Bedeutung im Rahmen des Veränderungsprozesses, Verweis auf die täglichen Kurzvideos und Materialien (Whitepaper), die jeden Tag eingestellt und über Leitfragen gemeinsam diskutiert werden
- Verweis auf den täglichen *Blog des Veränderungs- und Kulturmanagementteams*, in dem die jeweiligen Diskussionsbeiträge kompakt zusammengefasst werden
- Empfehlungen für den gezielten Umgang mit den Materialien und den Tools
- Vereinbarung zu den Spielregeln

Im Rahmen dieses Kommunikationsprozesses können alle Mitarbeiter den Prozess des Werte- und Kompetenzmanagements verfolgen und sich selbst aktiv in die Diskussions- und Entscheidungsprozesse einbringen.

Nach Abschluss der Themenwochen werden die Ergebnisse aus diesen Erörterungen in einem mehrtägigen Workshop mit bis zu 30 Teilnehmern zu einer Mission zusammengeführt. Diese Konzeption, die sich am Prinzip des **Hackathon**[44] orientiert, hat sich zur konzentrierten Entwicklung komplexer Lösungen auch für Themen bewährt, die nicht zum Kreis der Soft- und Hardwareentwicklung gehören, für die diese Methode ursprünglich entwickelt wurde (vgl. Corporate Learning Community 2017).

In diesem Workshop werden die wesentlichen Erkenntnisse des Kommunikationskonzeptes zusammengefasst:

- Mission des Werte- und Kompetenzmanagements in der Organisation
- Anforderungen an das Werte- und Kompetenzmanagementsystem
- Bewertung der vorgestellten Ideen, Systeme und Anpassungsvorschläge
- Ideen zur weiteren Gestaltung des Werte- und Kompetenzmanagementsystems
- Empfehlungen für die Gestaltung der Werte- und Kompetenzmanagementprozesse auf allen Ebenen

Das Werte- und Kompetenzmanagementteam definiert zum Ende des Workshops in Abstimmung mit dem Hackathon-Team und der Geschäftsführung **Korridorthemen** (Schwerpunktthemen) im Werte- und Kompetenzbereich der Organisation, die von besonderer Bedeutung für die Organisation sind.

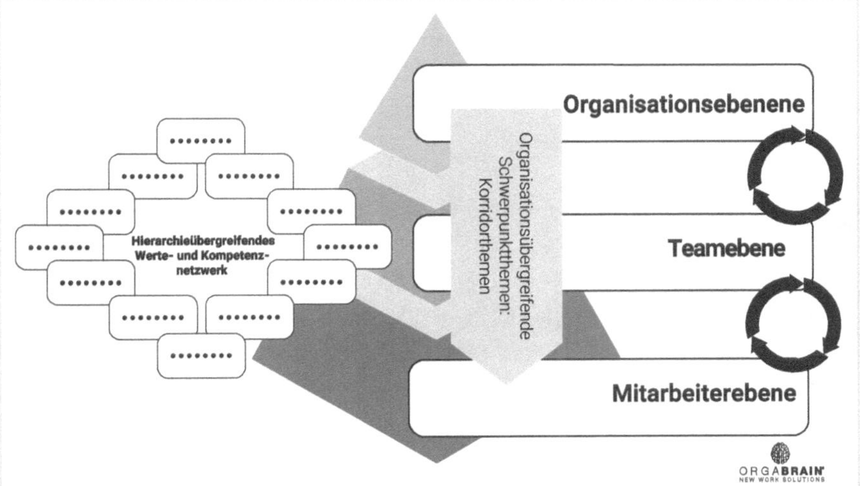

Abb. 38: Werte- und Kompetenzmanagement organisationsübergreifender Korridorthemen

44 Eine Wortschöpfung aus »Hack« und »Marathon«. Dies war zunächst eine kollaborative Soft- und Hardwareentwicklungsveranstaltung, in der bis zu 30 Teilnehmer in funktionsübergreifenden Teams Lösungen entwickeln. Der Workshop endet erst, wenn das Ergebnis steht. Zunehmend wird dieser Ansatz auch für Themen außerhalb der Softwareentwicklung genutzt.

Korridorthemen für das Werte- und Kompetenzmanagement können nach folgenden Kriterien identifiziert und bearbeitet werden:

- Die ausgewählten Themen müssen in einem direkten Zusammenhang mit der Veränderung der Kultur und den Kompetenzen der Organisation stehen.
- Die Themen müssen einen direkten Bezug zum Arbeitsalltag sowie zu den Herausforderungen aller Mitarbeiter haben.
- Die obere Führung startet jeweils die Bearbeitungszyklen der Korridorthemen mit einem symbolischen Akt, z. B. durch ein Video mit einer klaren Botschaft.
- Der Prozess wird durch das Werte- und Kompetenzmanagementteam gesteuert und begleitet.
- Alle Führungskräfte werden bei der Bearbeitung der Korridorthemen mit ihren jeweiligen Bedürfnissen und Problemstellungen einbezogen, einmal als Führungskräfte und einmal als Geführte.
- Sie übernehmen in ihrem jeweiligen Verantwortungsbereich die zentrale Rolle als Werte- und Kompetenzmanager ihrer Teams.
- Die Bearbeitung erfolgt mithilfe agiler Methoden, z. B. Design Thinking, Scrum oder Kanban, sodass die Mitarbeiter diese Methoden erleben.
- Der Bearbeitungszeitraum beträgt jeweils zwischen drei bis zwölf Monate.

Das Werte- und Kompetenzmanagementteam konkretisiert zum Ende des Workshops in Abstimmung mit den Teilnehmern und der Geschäftsführung die vorgeschlagenen **Korridorthemen** oder ergänzt weitere Themen, die von besonderer Bedeutung für die Organisation sind. Dabei werden die Werte- und Kompetenzthemen ausgewählt, die für den Aufbau der angestrebten Organisationskultur voraussichtlich die größte Hebelwirkung erzeugen.

6.1.4 Lernende Netzwerke am Beispiel »Kultur der Nachhaltigkeit«

»Die Menschheit hat die Fähigkeit, Entwicklung nachhaltig zu gestalten – um sicherzustellen, dass sie die Bedürfnisse der Gegenwart erfüllt, ohne die Fähigkeit zukünftiger Generationen zu gefährden, ihre eigenen Bedürfnisse zu erfüllen.«
Brundtlandt-Bericht 1987 (UN 1987)

1986 wurde auch in Deutschland der Begriff des *Shareholder Values* vor allem durch ein Buch von Alfred Rappaport bekannt. Diesem *Shareholder-Ansatz* liegt die Prämisse zugrunde, dass Unternehmen, die sich am Gewinnziel bzw. an der Maximierung des Aktienkurses orientieren, durch die damit erzielte optimale Kapitalallokation auch ihrer gesellschaftlichen Verantwortung gerecht würden. Die Umsetzung dieses theoretischen Konzeptes ließ in der Praxis nicht lange auf sich warten. So definierte der damalige Vorstandsvorsitzende Josef Ackermann für die Deutsche Bank AG das Ziel einer Eigenkapitalrendite von 25 Prozent, was sich nicht nur als völlig unrealistisch erwiesen hat, sondern vermutlich auch den Keim für die späteren Rechtsverletzungen im Investmentbanking dieses Finanzdienstleisters legte.

Mit dem *Stakeholder-Ansatz* wurde diese verengte Sichtweise auf eine breitere Basis gestellt. Edward Freeman, der am meisten zitierte Autor der Stakeholder-Literatur (vgl. Freeman 1984), erfasste mit diesem Begriff neben den Eigentümern alle von den Entscheidungen der Unternehmen Betroffenen wie Mitarbeiter, Führungskräfte, Kunden, Lieferanten oder Kreditgeber sowie alle, die hierauf Einfluss nehmen können, z. B. die Öffentlichkeit, staatliche Institutionen, Mitbewerber oder Verbände und Interessenvertretungen. Das Unternehmen wird als Organisation betrachtet, in der verschiedene Interessengruppen (Stakeholder) zusammenwirken. Das Management vermittelt zwischen den unterschiedlichen Gruppen, um das Zusammenwirken aller im Rahmen der unternehmerischen Leistungserstellung zu sichern und um die Verteilung des erwirtschafteten Unternehmenserfolgs zu regeln.

Investoren treffen ihre Anlageentscheidungen zunehmend nicht nur nach dem wirtschaftlichen Erfolg eines Unternehmens, sondern achten auch auf eine verantwortungsvolle Unternehmensführung. Sie erwarten unternehmerisches Handeln im Einklang mit Gesetzen, Richtlinien, Kodizes (Compliance) und Satzungen, also mit dem sozialen Wert *Norm und Gesetz*, aber insbesondere auch mit ethischen Werten wie *Verantwortung* und *Respekt* gegenüber Mitarbeitern und Gesellschaft einschließlich Umwelt- und Klimaschutz, also Nachhaltigkeit. (vgl. Deutsche Bank Research 2020)

Nachhaltigkeit heißt, Ressourcen nur so zu nutzen, dass auch zukünftige Generationen auf der Erde eine Grundlage zum Leben vorfinden (»Enkeltauglichkeit«).

Es darf von den Generationen und den Menschen auf der Erde nicht mehr verbraucht werden, als künftig wieder bereitgestellt werden kann. Es geht also um Gerechtigkeit und um sozialen und ökologischen Frieden im Miteinanderleben. Das Standardbeispiel: Im Wald ist nur so viel Holz zu schlagen, wie dauerhaft nachwächst.

Die zunehmende Bedeutung des Begriffs Nachhaltigkeit ist auch das Resultat gesellschaftlicher Probleme wie Bevölkerungswachstum, Armut, Umweltverschmutzungen und Klimawandel. Nachhaltigkeit meint darauf bezogen vor allem, bei heutigen Handlungen deren zukünftige, langfristige und globale Auswirkungen auch für nachfolgende Generationen zu berücksichtigen. Das gilt für positive wie auch für negative Auswirkungen, die durch heutiges Handeln herbeigeführt werden.

Die drei Dimensionen der Nachhaltigkeit in Unternehmen, Gesellschaften, Ländern und global sind:

- **Ökologie:** Erhaltung der Vielfalt und des Ressourcenreichtums der Natur
- **Ökonomie:** Armutsbekämpfung, Bildungsgerechtigkeit
- **Soziales:** Verteilungsgerechtigkeit, Chancengerechtigkeit, Geschlechtergerechtigkeit

Nachhaltigkeit ist ein Wertebündel, das immer wichtiger wird. Sie hängt mit nahezu allen Werten einer Organisation zusammen, ob es sich um Genusswerte (*nachhaltig genießen*), Nutzenwerte (*Gewinne nur unter Erhaltung der Natur erwirtschaften*), ethische Werte (*Armut ist von vornherein unethisch*) oder soziale Werte (*Verteilungsgerechtigkeit, Chancengerechtigkeit*) handelt.

2015 verabschiedete die UN-Vollversammlung im Rahmen des UN-Nachhaltigkeitsgipfels die **Agenda 2030 für nachhaltige Entwicklung** mit 17 Nachhaltigkeitszielen (SDGs – Sustainable Development Goals)[45]. Ziel ist es, bis 2030 verschiedene Maßnahmen zu initiieren, um die Lebensverhältnisse auf dem gesamten Planeten zu verbessern. Gleichzeitig soll für künftige Generationen der Schutz der Erde sichergestellt werden.

Der Begriff der Nachhaltigkeit weist damit vielfältige Facetten auf. Für einzelne Organisationen leiten sich aus den SDGs insbesondere folgende **Werteziele der Nachhaltigkeit** ab:[46]

- **Kreativität:** Innovation in der Arbeitswelt und im Umgang mit Ressourcen ermöglichen
- **Gesundheit:** Wohlergehen, Achtsamkeit und Ruhe ermöglichen, körperliche und geistige Aktivitäten sowie gesunde Lebensweisen fördern
- **Bildung:** lebenslanges Lernen fördern, persönliche Entwicklung in gemeinwohlorientierten Projekten
- **Lebensstandard:** nachhaltiges Wirtschaftswachstum, ohne dass dies zu Lasten der Umwelt oder des Lebensstandard anderer Menschen geht
- **Gemeinnutz:** bezahlbare, saubere Energie, nachhaltige Produkte, Maßnahmen zum Klimaschutz, auf Nachhaltigkeit bezogene Entwicklung anderer aktiv begleiten und fördern
- **Verantwortung:** Entscheidungen unter Einbeziehung ökonomischer, ökologischer und sozialer Auswirkungen, sinnvoller Ressourceneinsatz, Orientierung an nachhaltigem Wirtschaften und einem zukunftsgerichteten wirtschaftlichen Erfolg

45 https://sdg-portal.de/de/ueber-das-projekt/17-ziele.

46 Nach Arbeitsgruppe Nachhaltigkeit (Prof. Dr. Anja Grothe) an der HWR Berlin, mit fischerwerke GmbH & Co. KG und SODASAN GmbH

- **Respekt:** wertschätzender Umgang miteinander, Akzeptanz persönlicher und kultureller Verschiedenartigkeit, Befähigung zur Selbstbestimmung, menschenwürdige Arbeit, Gerechtigkeit
- **Netzwerk:** wertschätzende und anerkennende Partnerschaften für nachhaltige Entwicklung, Bewirkung eines nachhaltigen Mehrwertes im Austausch mit anderen

Aus den Zielen wiederum leiten sich vielfältige Handlungsfelder ab, wie z. B. Human Resources Management in der digitalen Transformation, bedarfsgerechte Gewinnung von Fach- und Führungskräften, nachhaltiges Werte- und Kompetenzmanagement, Auswirkungen der künstlichen Intelligenz, Resilienz und emotionale Stabilität, Autonomie und Selbstorganisation, disruptive Innovationen oder Achtsamkeit.

Jeder Einzelne sowie Teams und Organisationen verfügen heute über ein unvergleichlich höheres Potenzial zur Weiterentwicklung, wenn sie die Praxis der Konkurrenz verlassen und gegenüber den Kollegen, Kunden oder Lieferanten in einen Modus der Offenheit und Konstruktivität wechseln. Geschieht dieser Wechsel in allen Bereichen und Ebenen einer Organisation, so erlebt dieses eine wahre Revolution der Potenzialentfaltung. Und genau davon hängt die Zukunftsfähigkeit der Organisation und damit auch ihres Umfeldes ab.

Wir empfehlen deshalb, Allianzen von Organisationen verschiedener Sektoren zu bilden, die sich über einen längeren Zeitraum regelmäßig in analogen und digitalen Räumen austauschen. Diese Netzwerkmitglieder inspirieren sich gegenseitig, fordern sich heraus und unterstützen sich auf dem Weg hin zu einer agilen, selbstorganisierenden und nachhaltigen Arbeits- und Lernkultur. Damit bauen sie ihre Zukunftsfähigkeit systematisch aus.

Organisationen bilden ein lernendes Netzwerk, das in einem kollaborativen Prozess mit anderen Organisationen eine zukunftsweisende und nachhaltige Wirtschaftsweise anstrebt.

Die Mitglieder dieses Netzwerkes bilden eine **Community of Practice** und können in diesem Rahmen ihre eigenen Konzepte der Mitarbeiter- und Organisationsentwicklung über bedarfsgerechte Kommunikationsprozesse in Communitys, Workshops, Webinaren oder in Expertengesprächen laufend weiterentwickeln. Über *Good Practices* greifen sie auf das breite Erfahrungswissen anderer Netzwerkmitglieder und Experten zu und tauschen sich in richtungsweisenden Events aus.

So entwickelt das Netzwerk in kollaborativen Prozessen Lösungen zur Entwicklung einer nachhaltigen Organisationskultur. Dafür bietet sich folgende Vorgehensweise an:

Phasen	Beschreibung
1. **Bestimmung der aktuellen Position**	Der Entwicklungsprozess zur nachhaltigen Organisation beginnt in den teilnehmenden Organisationen mit einer Erhebung der **Istwerte**, also der **Organisationskultur**, sowie der **Wunschwerte** der Mitarbeiter und entsprechend der **Kompetenzen auf Organisationsebene**.
2. **Definition nachhaltiger Entwicklungsziele und der Mission der Nachhaltigkeit**	Diese Erfassungsergebnisse werden über die Organisationen des Netzwerkes hinweg miteinander verglichen, analysiert und bewertet. Damit wird eine fundierte Basis zur gemeinsamen Entwicklung organisationsspezifischer **Werte- und Kompetenzmodelle** für nachhaltiges Wirtschaften sowie zur Definition der **Sollwerte und -kompetenzen** in den einzelnen Organisationen gelegt. Dies ermöglicht die Ableitung organisationsspezifischer **Missionen nachhaltigen Handelns**.
3. **Kollaborative Entwicklung von Nachhaltigkeitslösungen**	Die Mitglieder des Netzwerkes entwickeln in einem intensiven Prozess der Ideenfindung **kreative, projektbezogene Lösungen** zur Entwicklung der nachhaltigen Organisationskultur. Hierfür werden **offene Kommunikationskonzepte** wie Barcamps oder Webcamps genutzt, die in organisationsübergreifende Entwicklungsprojekte münden. Die Zwischenergebnisse werden regelmäßig online, teilweise auch in Präsenz, ausgetauscht und kollaborativ weiterentwickelt.
4. **Entwicklungsprojekte zur Förderung der Nachhaltigkeitskultur**	Die Organisationen des Nachhaltigkeitsnetzwerkes führen in gemeinsamer Absprache Pilotprojekte zur Nachhaltigkeit durch, evaluieren diese und tauschen die Erfahrungen in der Community of Practice aus. Jede der bis zu zehn Organisationen bringt zu jedem Projektthema zwei bis drei Fach- und Führungskräfte ein. In einem Kick-off werden die kollaborativen Entwicklungsprozesse definiert. In der Bearbeitungsphase tauschen sich die die Teilnehmer regelmäßig z. B. über Projekttagebücher online und in Workshops aus und führen damit ihre Lösungskonzepte und Erfahrungen zusammen. Daraus entwickelt sich ein dynamischer Prozess zum Aufbau und zur Weiterentwicklung des Erfahrungswissens zur nachhaltigen Kulturentwicklung.
5. **Organisationsweite Entwicklung nachhaltigen Handelns**	Die einzelnen Netzwerkmitglieder leiten aus diesen Erfahrungen in der organisationsübergreifenden Lernallianz ihre jeweilige Konzeption zur Entwicklung der Nachhaltigkeitswerte in ihrer Organisation ab: • *auf Organisationsebene:* organisationale Werte- und Kompetenzentwicklung (vgl. Kapitel 6.1.4) • *auf Teamebene:* teambezogene Werte- und Kompetenzentwicklung (vgl. Kapitel 6.2.2) • *auf Ebene der Mitarbeiter*: personalisierte Lernreisen (vgl. Kapitel 6.3.5)
6. **Regelmäßige Impulse**	Die Netzwerkmitglieder treffen sich regelmäßig mit Vordenkern, Experten und Praxispionieren, um ihre Ideen und Erfahrungen auszutauschen und kreativ weiterzuentwickeln sowie den kollaborativen Entwicklungsprozess weiterzuführen.

Tab. 31: Organisationsübergreifende Entwicklung der Nachhaltigkeitskultur

Voraussetzung für diesen Entwicklungsprozess ist eine Learning-Experience-Plattform, mit der die selbstorganisierten Entwicklungsprozesse der Netzwerkmitglieder ermöglicht werden. Für die methodische Gestaltung bietet sich eine Vielzahl von Methoden für die Ermöglichung kollaborativer Entwicklungsprozesse an:

- Social Learning
- Co-Coaching, Coaching und Mentoring
- kollegiale Beratung
- Erlebnis- und Erfahrungslernen
- kollaborative Entwicklungsprozesse im Netz
- gezielte Werteentwicklung der Teilnehmer und des Teams
- regelmäßige Rückmeldungen
- Reflexionen
- agile Arbeits- und Lernmethoden, z. B. Scrum, Kanban oder Design Thinking
- Kreativitätstechniken
- Erfahrungsaustausch mit Vorbild-Unternehmen
- u. v. a.

Damit wird ein Rahmen geschaffen, in dem sich die Mitarbeiter in einem kollaborativen Entwicklungsprozess vernetzen, um ihre Lernkurve im Austausch zu beschleunigen. Die Organisationen in dieser Nachhaltigkeits-Community werden damit zu Teilgebern, die auf Basis dieses Austausches mit vielfältigen Impulsen ihre persönliche *Lernreise* zum nachhaltigen Wirtschaften gestalten.

Gleichzeitig entstehen bedarfsgerechte Lösungskonzeptionen, die den Organisationen helfen, die zukünftigen Herausforderungen in Hinblick auf die nachhaltige Organisationsentwicklung erfolgreich zu bewältigen.

6.1.5 Prozess der organisationalen Werte- und Kompetenzentwicklung

McKinsey (2020) hat die Frage untersucht, welche Organisationen am schnellsten auf Krisen reagieren können. Es zeigte sich, dass die Unternehmen immer mehr auf Agilität setzen, um die Bereitstellung zu verbessern, die Geschwindigkeit zu erhöhen und das Kunden- und Mitarbeitererlebnis zu verbessern.

Im Wesentlichen bedeutet nach McKinsey Agilität auf Organisationsebene, Strategie, Struktur, Prozesse, Mitarbeiter und Technologie auf ein neues Geschäftsmodell umzustellen, indem bis zu Hunderte von selbstlenkenden, leistungsstarken Teams aufbaut werden, die von einem stabilen Rückgrat unterstützt werden. Die Forschung von McKinsey ergab, dass in diesem Prozess insbesondere die Kultur am schwierigsten zu entwickeln ist.

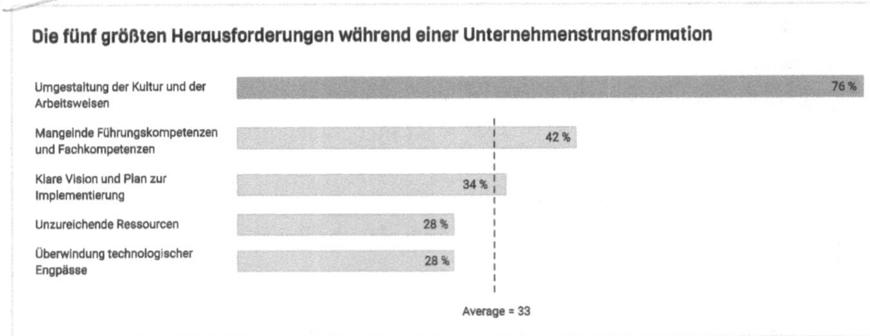

Abb. 39: Herausforderungen der Unternehmenstransformation (Quelle: McKinsey 2020)

Die Werte, die Kultur und die Kompetenzen auf Organisationsebene, und damit die Performanz der Organisation, bilden sich in einem eigenen, organisationsübergreifenden Prozess heraus. Es entwickelt sich das *Ganze*, das viel mehr ist als die Summe der Mitarbeiter und Teams. (vgl. Radatz 2011, S 90 ff.)

Deshalb empfehlen wir folgenden Prozess des Werte- und Kompetenzmanagements auf Organisationsebene:

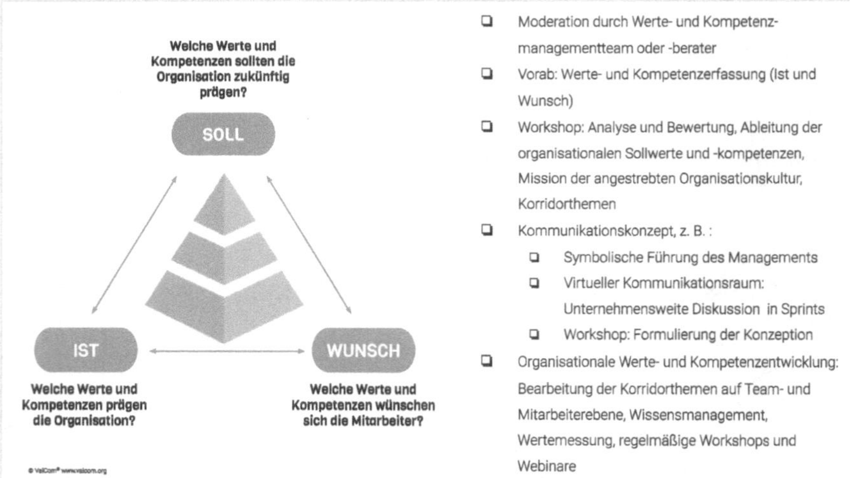

Abb. 40: Organisationale Werte- und Kompetenzentwicklung

McKinsey (2020) beschreibt am Beispiel eines neuseeländischen Telekommunikationsunternehmen, dass die Veränderung eine Transformation von »Herz und Verstand« sein muss, um radikale Veränderungen in Struktur, Prozessen und Technologie erfolgreich zu

ermöglichen. Am Anfang analysierte das eingesetzte »Sounding Board«, ein Team von 70 Meinungsführern im Unternehmen, welche »Verhaltensänderungen« und welche »Denkweisen« notwendig sind, um den Wandel des Unternehmens zu einer agilen Organisation zu ermöglichen. Die Umsetzung der Veränderungen erfolgte dann im Rahmen von vier Korridorthemen, die im gesamten Unternehmen »Anklang« finden mussten.

Wenn wir diesen Bericht der vier McKinsey-Partner mit unseren Erfahrungen in Veränderungsprojekten des Werte- und Kompetenzmanagements vergleichen, zeigen sich deutliche Parallelen, aber auch Unterschiede in der Erfassung der Werte, der Kultur und der Kompetenzen.

- Wir definieren Organisationskultur ebenfalls als ein System von gemeinsamen Werten sowie Normen und Denkhaltungen, die die Entscheidungen sowie das Handeln der Mitarbeiter auf allen Ebenen einer Organisation prägen und die sich als gemeinsames mentales Modell erweist.
- Wir erfassen zunächst die Werte und Kompetenzen auf Organisationsebene, was uns weitergehende Einschätzungen ermöglicht.
  - *Wie schätzen alle Mitarbeiter die Ist-Ausprägung der 16 Werte und Kompetenzen in der Organisation ein?*
  - *Welche Ausprägungen dieser Werte und Kompetenzen wünschen sich die Mitarbeiter bzw. halten sie für erforderlich, um die Zukunft der Organisation zu sichern?*
  - *Was sind die Kernwerte und Kernkompetenzen der Organisation?*
  - *Welche Organisationswerte und -kompetenzen erweisen sich, z. B. in Hinblick auf agile Arbeitsprozesse, als besonders wirkungsvoll und nutzbringend?*
  - *Welche Unterschiede zeigen sich in der Einschätzung der Werte und der Kompetenzen von verschiedenen Mitgliedern/Gruppen der Organisation, z. B.*
    - *verschiedener Altersgruppen,*
    - *unterschiedlicher Bildungsniveaus,*
    - *unterschiedlicher Herkunft,*
    - *unterschiedlicher Regionen oder Länder,*
    - *unterschiedlicher Tätigkeitsbereiche, z. B. Produktion, Verwaltung, Vertrieb, verschiedener Hierarchien,*
    - *unterschiedlichen Geschlechts,*
    - *verschiedener Religionen?*

Auf dieser Grundlage können folgende Fragen analysiert werden:

- *Welche Werte- und Kompetenzausstattungen sind für die zukünftigen Herausforderungen der Mitarbeiter oder Teams günstig und wann durchkreuzen andere angestrebte Erfolge?*
- *Welche Werte und Kompetenzen machen die Mitarbeiter erfolgreich und zufrieden? Welche lassen sie in Widerspruch zu anderen oder zu den Verhältnissen geraten? Welche fördern oder verhindern die Entstehung notwendiger Kompetenzen?*

- *Wie wirken sich diese Unterschiede in der Praxis der Organisation aus?*
- *Welche Ansatzpunkte gibt es zur Optimierung der Organisationskultur?*

Da die Organisationswerte und -kompetenzen maßgeblich die Organisationskultur bestimmen, ergibt diese Erfassung eine gutes Bild über die aktuelle und die gewünschte Ausprägung des gemeinsamen mentalen Modells – und damit der Kultur – in der Organisation.

Das organisationale Werte- und Kompetenzmanagement beinhaltet folgende Elemente:

Fähigkeiten	Nutzen
Abstimmung mit der oberen Führung	Initiierung eines Prozesses der symbolischen Führung, um allen Mitarbeitenden die Bedeutung der geplanten Maßnahmen zu verdeutlichen
Einrichtung eines Werte- und Kompetenzmanagementteams	Initiierung und Steuerung der Maßnahmen durch ein agil organisiertes Team
professionelle Erfassung der Werte und Kompetenzen auf Organisationsebene durch alle Mitarbeitenden	Transparenz über die Ist- und Wunschwerte sowie-Kompetenzen, aus deren Analyse und Bewertung der Entwicklungsbedarf abgeleitet werden kann
Ermöglichung eines organisationsübergreifenden Kommunikationsprozesses mit einer Learning-Experience-Plattform	Die Konzeption der Werte- und Kompetenzentwicklung kann von allen Mitarbeitenden mitgestaltet werden, sodass eine breite Akzeptanz ermöglicht wird.
Entwicklung einer bedarfsgerechten Mission des Werte- und Kompetenzmanagements	Alle Mitarbeitenden können die Grundidee und die Ziele des Werte- und Kompetenzmanagements mitgestalten.
Formulierung von Sollwerten und -kompetenzen für die Organisation	bedarfsgerechte Sollwerte und -kompetenzen als Orientierungsrahmen für alle Organisationsmitglieder
Ableitung von **Korridorthemen** zur Umsetzung der Sollwerte und -kompetenzen in der gesamten Organisation	Die Werte- und Kompetenzziele werden durch organisationsübergreifende Themen (Korridorthemen), die in allen Teams und von allen Mitarbeitenden bearbeitet werden, für alle greifbar, sodass sie verinnerlicht werden können.
Werte- und Kompetenzentwicklung der Berater bzw. Lernbegleiter und der Führungskräfte	Die Werte und Kompetenzen der Schlüsselpersonen für den Umsetzungsprozess werden gezielt in der Praxis aufgebaut.

Fähigkeiten	Nutzen
regelmäßige Erfassung der Werte und Kompetenzen auf allen Ebenen der Organisation	Es entwickelt sich ein Kreislauf der gezielten Werte- und Kompetenzentwicklung mit Erfassung, Reflexion und Weiterentwicklung der Werte und Kompetenzen.
professionelle Begleitung bei der Implementierung des Systems	erfolgreiche Umsetzung und laufende Weiterentwicklung der Konzeption

Tab. 32: Organisationale Werte-, Kultur- und Kompetenzentwicklung

6.1.6 Praxisbeispiel: Korridorthema »werteorientierte Compliance«

»Werte- und Complianceorientierung bedingen sich gegenseitig wie die zwei Seiten einer Medaille [...] Erst wenn Werte und ethische Geschäftsprinzipien in den Köpfen und Herzen von Führungskräften und Mitarbeitern verankert sind, erlangen sie handlungsleitende Funktion und können als Grundlage für die Implementierung eines Compliance-Management-Systems in die Unternehmenskultur dienen.« (bwbekleidung[47])
Bw Bekleidungsmanagement

Die ursprüngliche Bedeutung von *Compliance* zielte darauf ab sicherzustellen, dass rechtliche Vorgaben eingehalten werden, um das Risiko von Strafzahlungen zu minimieren. Die Mitarbeiter wurden bei Androhung von Sanktionen zum rechtskonformen Handeln verpflichtet.

Zunehmend setzt sich jedoch die Erkenntnis durch, dass ein werteorientierter Ansatz für die Organisationen deutlich wirksamer ist, weil die Mitarbeiter und Führungskräfte aus innerer Überzeugung und nicht aus Angst vor Strafen handeln. Deshalb setzt sich immer mehr der Ansatz des Integritätsmanagements in Form der werteorientierten *Social Compliance* durch.

Die Unterschiede zur tradierten – Legal – Compliance werden aus folgender Tabelle deutlich (nach Herold, Schlegel 2021, S. 122):

Elemente	Legal Compliance	Social Compliance
Ansatz	vorgegebene Normen, die Verhalten vorschreiben	verinnerlichte Werte, die als Ordner selbstorganisierten Handelns dienen
Ziel	Vermeidung externer Sanktionen und Haftungszahlungen	werteorientiertes Management und integres Handeln

47 https://www.bwbm.de/unternehmen/werte-und-compliance.html.

Elemente	Legal Compliance	Social Compliance
Motivation	extrinsisch, z. B. durch Strafandrohung	intrinsisch aufgrund gemeinsamer Werte
Kultur	Kontrolle	Eigenverantwortung und Selbstorganisation

Tab. 33: (Legal) Compliance- und Integritätsansatz im Vergleich

Zukunftsorientierte Compliance-Management-Systeme sind durch einen werteorientierten Ansatz geprägt, weil sie aufgrund der regelmäßigen Reflexion mit allen Mitarbeitern und Teams einen dynamischen Charakter erhalten. Dies hat sich auch in den deutschen und internationalen Standards für Compliance niedergeschlagen.[48]

Das Ziel der Social Compliance ist nicht allein, dass alle Mitarbeiter die Gesetze einhalten und die Organe der Organisation Haftung vermeiden, sondern dass die Anforderungen der Stakeholder erfüllt werden und gesellschaftliche Verantwortung wahrgenommen wird (nach Herold, Schlegel 2021, S. 128).

In Studien wurde nachgewiesen, dass die Kontrolle bzw. das Risiko, dass Fehlverhalten entdeckt wird, einen geringeren Einfluss auf das Handeln der Mitarbeiter hat als die Erkenntnis, dass diese Handlungsweisen mit den eigenen sowie den gemeinsamen Werten in Widerspruch stehen. Natürlich sind das Wissen über Compliance-Regeln und die Qualifikation, diese zielgerecht anzuwenden, zwingend notwendige Voraussetzungen für Compliance-Kompetenz. Verinnerlicht werden diese Normen aber erst, wenn sie zu Werten und zu Kompetenzen der gesamten Organisation, der Teams und Mitarbeiter werden (nach ebenda S. 131).

Beispielhaft kann der organisationsweite Prozess des Korridorthemas *werteorientierte Compliance* wie folgt gestaltet werden:

48 z. B. IDW PS 980, ISO 19600, DOJ Guidance für Compliance.

Abb. 41: Beispiel eines Prozesses werteorientierter Compliance (Social Compliance)

Dieser Prozess beinhaltet im Detail folgende Elemente:

Organisationsebene	
Vorab	• **Initiierung des Compliance-Prozesses durch die Geschäftsleitung:** – **Strategievorgaben:** mittel- und langfristige Ziele in der Compliance und grundlegende Anforderungen an die Werte und die Kompetenzen in der Organisation – **Prozessvorgaben:** Festlegung der Anwendungsbereiche – **Kommunikationsvorgaben:** Kommunikation der Werte und der Kompetenzanforderungen • Festlegung des Compliance-Teams aus Werte- und Kompetenzmanagern und Führungskräften • Einbindung der Führungskräfte als Werte- und Kompetenzmanager ihrer Teams und als Ermöglichungspartner ihrer Mitarbeiter
Organisationsweites Werte- und Kompetenzmanagement	• organisationsweite Erfassung der Werte und Kompetenzen – Ist und Wunsch – durch alle Mitarbeitenden • Ermöglichung eines organisationsübergreifenden Kommunikationsprozesses über die Learning-Experience-Plattform und evtl. im Rahmen eines Barcamps oder eines World-Cafés • Klärung des notwendigen Wissens und der erforderlichen Qualifikationen für die Umsetzung der Compliance-Regeln • Entwicklung einer bedarfsgerechten Mission des Werte- und Kompetenzmanagements für Social Compliance • Formulierung von Sollwerten und -kompetenzen für die Umsetzung der Compliance-Regeln • Formulierung des **Korridorthemas Compliance** zur Umsetzung der Sollwerte und -kompetenzen in der gesamten Organisation
Werte- und Kompetenzmanagementteam	**Planung der organisationsweiten Maßnahmen:** • Vereinbarung der Rollen: Prozessbegleiter, Führungskräfte, Mitarbeiter • Gestaltung des Ermöglichungsraumes: Planungsinstrumente, Kommunikations- und Kollaborationstools, Content, Lernprogramme, Erfahrungsberichte, Fallstudien, Checklisten etc. • Konzept zur Kommunikation des Korridorthemas Compliance organisationsweit • Planung der begleitenden Maßnahmen zur Umsetzung der Compliance-Regeln

Kommunikation organisations-weit	**Umsetzung des Kommunikationskonzeptes** • Vorab-Blog der Organisationsleitung, Erklärvideo, z. B. durch den Personalleiter, Reflexionen zur aktuellen Situation der Compliance, Informationen zum Ablauf • Barcamp oder World-Café, in die die Mitarbeiter als Teilgeber ihre Erfahrungen, Sichtweisen, Ideen, Bedenken etc. im Kontext der Compliance-Regeln einbringen können • Auf Basis der Diskussionsbeiträge entwickelt ein Team in einem Hackathon die Mission der Compliance, die wiederum zur Diskussion gestellt wird. • Beratung der Führungskräfte zur Identifikation geeigneter Projekte der werteorientierten Compliance • Die Teams melden ihre Compliance-Projekte zur organisationsübergreifenden Abstimmung.
Organisationale Werte- und Kompetenzentwicklung	**Organisationsweite Compliance-Projekte:** • Vereinbarung geeigneter Maßnahmen auf Organisationsebene • Planung der Projekte • Durchführung und Begleitung der Projekte • Kommunikation der Ergebnisse in der Learning-Experience-Plattform
Teamebene	
Vorab	Werte- und Kompetenzerfassung Ist und Wunsch im Team Die jeweilige Führungskraft • informiert ihre Mitarbeiter über das geplante Compliance-Projekt und bittet um Vorschläge, • moderiert einen Teamworkshop, in dem das Compliance-Projekt verbindlich vereinbart und geplant wird, • sichert die notwendigen personellen, organisatorischen, finanziellen und zeitlichen Rahmenbedingungen sowie die Prozessbegleitung.

Kick-off	• Begrüßung und Sensibilisierung durch die Führungskraft
	• Impuls der Prozessbegleiter: werteorientierte Compliance
	• Diskussion des Compliance-Projektes und der Konsequenzen für die einzelnen Teammitglieder – Formulierung überprüfbarer Ziele für den Prozess der Bearbeitung des Projektthemas
	• Vereinbarung der Arbeitsaufträge:
	  – Bearbeitungsprozess des Projektthemas auf Teamebene
	  – Definition von Meilensteinen
	  – Aufgabenverteilung
	• Definition von Spielregeln für die Bearbeitung der vereinbarten Arbeitsaufträge und verbindliche Vereinbarungen, z. B. wöchentliche Sprints, Jour-fixe-Termine der Arbeitsgruppen, wöchentliches Projekttagebuch, Bildung einer Community of Practice, Dokumentation der Teilergebnisse im Netz etc.
	• Abschluss-Blitzlicht

Mehrmals, jeweils ca. 4 Wochen Bearbeitungsphase	• Bearbeitung der Arbeitsaufträge: Spezifizierung bzw. Optimierung der Lösungsvorschläge für die Arbeitsaufträge • Community of Practice »Compliance« (Social Learning): wöchentlicher Austausch des Erfahrungswissens aus der Bearbeitung der Arbeitsaufträge über das Projekttagebuch • internes Netzwerk: regelmäßiger, z. B. monatlicher, Bericht über den Projektstand und Diskussion der Zwischenstände auf Organisationsebene • Flankierung durch Tandempartner und den Prozessbegleiter • bei Bedarf weitere Werte- und Kompetenzerfassung im Team
Workshops	• Reflexion der selbstorganisierten Projektphase im Team • evtl. Analyse und Bewertung der Werte- und Kompetenzerfassung im Team • Bearbeitung offener Fragen aus den Projekttagebüchern • Präsentation und Diskussion der jeweiligen Lösungsvorschläge • verbindliche Vereinbarungen
Abschlussworkshop	• Reflexion der Selbstentwicklungsphase • Bearbeitung offener Fragen aus den Projekttagebüchern • Präsentation und Diskussion der jeweiligen Lösungsvorschläge • Dokumentation der entwickelten Compliance-Lösungen im Netz • verbindliche Vereinbarungen zur Umsetzungsphase
Umsetzungsphase	• selbstorganisierter Aufbau einer Community of Practice »werteorientierte Compliance in unserem Team« der Teammitglieder • evtl. Workshop des Teams nach jeweils ca. einem Jahr, um die werteorientierte Compliance zu reflektieren und bei Bedarf weitere Maßnahmen im jeweiligen Team zu vereinbaren • evtl. Angebot eines Workshops für weitere Mitarbeiter in der Organisation, um über die Teamergebnisse zu reflektieren
Mitarbeiterebene	

Gezielte Werte- und Kompetenzentwicklung der Mitarbeiter im Bereich der Compliance	Jede Führungskraft initiiert als Entwicklungspartner für jeden Mitarbeiter folgenden Prozess:
	• individuelle Werte- und Kompetenzerfassung mit Beratung zur Analyse und zur Bewertung in Hinblick auf die Anforderungen der Compliance an den Mitarbeiter sowie Formulierung individueller Werte- und Kompetenzziele
	• Entwicklungsgespräch der Führungskraft mit ihren Mitarbeitern. Darin wird vereinbart, welche Werte- und Kompetenzziele der Mitarbeiter in seinem Verantwortungsbereich in Hinblick auf die Anforderungen aus den Compliance-Regelungen anstrebt und welche Arbeits- oder Projektaufträge er dazu übernimmt.
	• Sicherung der personellen, zeitlichen, organisationalen und finanziellen Rahmenbedingungen
	• **gezielte Werte- und Kompetenzentwicklung im Rahmen von**
	  – **Social Blended Learning**
	  – **Social Workplace Learning**
	• Vereinbarung regelmäßiger Mentoringgespräche

Organisationsebene	
Organisationsweite Community of Practice »Compliance«	Nach Abschluss der 1. Projektphase, z. B. nach sechs Monaten, bieten sich folgende Maßnahmen an: • **Wissensmanagement:** Dokumentation und Diskussion aller Erfahrungsberichte zu den Compliance-Team- und Individualprojekten • Organisation von Möglichkeiten zum **Erfahrungsaustausch**, z. B. Barcamp oder World-Café • Mitwirkung bei der Gestaltung der **Werte- und Kompetenzentwicklungsmaßnahmen zur Compliance**

Tab. 34: Prozess der Projekte zur werteorientierten Compliance

Mit diesem Prozess können die Anforderungen der Legal und der Social Compliance miteinander verknüpft werden. Die Regeln und Normen der Compliance werden in methodisch aufbereiteter Form jedem Mitarbeiter zum personalisierten Wissensaufbau zur Verfügung gestellt. Der Schwerpunkt des Entwicklungsprozesses liegt aber auf der gezielten Entwicklung der Werte und Kompetenzen, die eine wirksame Social Compliance erfordern, die von allen Mitarbeitern verinnerlicht wird.

6.1.7 Praxisbeispiel: Werteorientiertes Marketing

Der Chemiekonzern BASF hat es – als erstes deutsches Industrieunternehmen – vorgemacht, jetzt folgt BMW als erster Autohersteller: Die Bayerischen Motoren Werke weisen in ihren Geschäftszahlen künftig nicht nur das finanzielle Ergebnis aus, der Konzern legt vielmehr auch Rechenschaft über seine Beiträge in ökologischer und sozialer Hinsicht ab. »Der integrierte Geschäftsbericht beschleunigt unsere Entwicklung in Richtung Nachhaltigkeit«, sagt Finanzvorstand Nicolas Peter (FAS vom 07.03.2021).

Für große Unternehmen ist es zwischenzeitlich fast eine Selbstverständlichkeit, sich zum nachhaltigen Handeln und der sozialen Verantwortung zu bekennen. Der Wertebegriff der *Corporate Social Responsibility – CSR*, der gesellschaftlichen Verantwortung für Umwelt und Gesellschaft, die Organisationen mit ihrem Handeln übernehmen, wurde mittlerweile in die Unternehmenssprachen integriert und wird weltweit immer öfter verwendet.

Die Gesellschaft insgesamt fordert zunehmend, dass Unternehmen nicht nur ihre ökonomische Wertschöpfung im Blick haben, sondern dass diese auch einem gesellschaftlich bedeutsamen Zweck dienen muss. Es geht also in erster Linie darum, einen gesellschaftlichen Mehrwert zu schaffen und dabei gleichzeitig weiterhin innovativ und unternehmerisch erfolgreich zu sein. Der Wert des Gemeinwohls wird zu einem wichtigen Ziel modernen Wirtschaftens.

Internationale Studien zeigen heute, dass nachhaltiges Wirtschaften auch die Reputation des Unternehmens verbessert, Kundenbeziehungen festigt und die Kosteneffizienz beim Einsatz von Energie und Materialien erhöht und damit die Wettbewerbsfähigkeit steigert. So gaben etwa die Hälfte der befragten Konsumenten in Deutschland an, dass es ihnen beim Kauf von Produkten wichtig ist, dass der Anbieter sozial und ökologisch handelt (vgl. VUMA 2020).

Eine Studie der Deutsche Bank Research bei 1.600 Unternehmen ergab, dass die Aktienkurse von Unternehmen, die eine gute Presse in Sachen Klimawandel hatten, sich um 1,4 Prozentpunkte pro Jahr besser als der Index entwickelten. Insgesamt lagen sie über den gesamten Zeitraum um 26 Prozent höher. Umgekehrt entwickelte sich die Bewertung von Unternehmen mit entsprechend ungünstiger Nachrichtenlage unterdurchschnittlich. Und das betraf nicht nur die üblichen Verdächtigen aus Branchen wie Energie und Rohstoffe – sie waren nicht mal am stärksten betroffen (vgl. Deutsche Bank Research 2020).

Deshalb verwundert es nicht, dass der Business Roundtable, der Dachverband der führenden Unternehmen in den USA wie Apple, Pepsi oder Walmart mit fast 200 Geschäftsführern und mehr als 15 Millionen Mitarbeitern sowie einem Jahresumsatz von über sieben Billionen US-Dollar, sich im August 2019 ausdrücklich vom Konzept des Shareholder Values distanzierte und damit vom Prinzip der Gewinnmaximierung und der Erhöhung der Eigenkapitalrendite abrückte. Stattdessen soll der Fokus auf Investitionen in Mitarbeiter, Umweltschutz und einen fairen und ethischen Umgang mit Zulieferern gelegt werden (Die Zeit, 20.08.2019). Auch auf dem Weltwirtschaftsforum 2020 in Davos mit 3.000 Topmanagern und Staatslenkern war Klimaschutz das Kernthema, auch wenn die meisten Teilnehmer mit Privatjets oder Luxuslimousinen anreisten.

Auch Großinvestoren machen Druck. So drohte der weltgrößte Vermögensverwalter BlackRock Klimasündern mit dem Abzug von Geldern. Gleichzeitig ist das Investorenunternehmen der Organisation *Climate Action 100+ (CA100+)*, der mehr als 370 Finanzdienstleister mit 41 Billionen US-Dollar Investmentsumme angehören, beigetreten, die sich auf folgende Zielsetzung verpflichtet hat: »Als institutionelle Investoren und im Einklang mit unserer treuhänderischen Pflicht gegenüber unseren Begünstigten werden wir mit den Unternehmen, in die wir investieren, zusammenarbeiten, um sicherzustellen, dass sie die Risiken minimieren und offenlegen sowie die Chancen, die der Klimawandel und die Klimapolitik bieten, maximieren.«[49]

49 http://www.climateaction100.org.

Corporate Social Responsibility ist allerdings kein Selbstläufer. Wer wirtschaftlichen Erfolg und gesellschaftliche Verantwortung gleichermaßen anstrebt, muss bereit sein, das Kerngeschäft nicht nur zu optimieren, sondern gleichzeitig permanent und zeitgemäßen Werten folgend zu erneuern. Dabei ist die Grenze zum Öko-Populismus fließend. Wer sich nur halbherzig auf das Thema einlässt und unter dem Mantel der Verantwortung etwa nur einzelne Unternehmensprozesse optimiert, steht dagegen schlechter da als Unternehmen, die gesellschaftliche, ökologische oder soziale Fragen konsequent ignorieren (vgl. Zimmermann, Hermann, Probst, Ferreira 2015).

»Corporate Social Responsibility bedeutet also nichts anderes, als den Unternehmenswert über einen langen Zeitraum zu maximieren, weil aus sozialen oder ökologischen Problemen langfristig finanzielle Probleme werden.« (Soerensen in: Harvard Business Manager 11/2015) Deshalb hat beispielsweise die Zeitschrift Harvard Business Manager bereits 2015 das Ranking zur Ermittlung der besten Manager grundlegend verändert. Beruhte es bis dahin ausschließlich auf Zahlen und nicht auf Reputation oder anekdotischen Befunden, wurde nunmehr die sogenannte ESG – Environmental, Social and Governance – in die Bewertung miteinbezogen. Damit werden auch ökologische, soziale und ethische Aspekte der Unternehmensführung bewertet.

Unternehmen, die sozial und ökologisch wirtschaften wollen, müssen ihr Wertemanagement auf allen Ebenen – individuell, teambezogen und organisational – gezielt gestalten.

Damit wird es möglich, das Marketing glaubhaft zu gestalten, weil konsequente Kundenorientierung nicht nur propagiert, sondern auch von allen Mitarbeitern gelebt wird. Deshalb muss die Organisation immer konsequenter an den Bedürfnissen der Kunden ausgerichtet werden. Es gibt zwar meist immer noch eine klare Hierarchie, jedoch sorgen die persönlichen Netzwerke und gemeinsame Werte für eine koordinierte Gestaltung der Organisation mit dem Ziel *zufriedene Kunden*. Die Mitarbeiter agieren dabei relativ frei.

Die notwendige Voraussetzung dieser Organisationen ist eine Kultur, die durch Zusammenhalt und ein Wir-Gefühl geprägt ist. Deshalb ist eine strikte Kontrolle nicht mehr notwendig. Die Mitarbeiter beginnen selbstständig nach Lösungen zu suchen, interagieren und kooperieren mit ihren Kollegen, treffen Entscheidungen und übernehmen Verantwortung für ihr Handeln. Dieser Ansatz erfordert eine hohe Kompetenz und damit entsprechende Werte der Mitarbeiter, damit sie die entstehenden Herausforderungen selbstorganisiert bewältigen und in der Kommunikation mit ihren Kollegen kreative Lösungen entwickeln können. Diese Werte können dann auch das Marketing prägen.

Werteorientiertes Marketing zeichnet sich durch sechs Wertemerkmale aus (vgl. Goffin 2020, S. 242 ff.):

- **Übergeordneter, höherer Sinn – Purpose:** Der Begriff *Purpose* stammt aus der angloamerikanischen Motivationsforschung und kann mit Sinn, Sinnerfüllung, Sinnziel oder Zweck beschrieben werden (vgl. Ayberk, Kratzer, Linke 2017, S. 183). In nachhaltigen Unternehmen basiert deren Orientierung auf ihrem Purpose, mit der die Sinnhaftigkeit, das Wozu, aber auch Zweck und Orientierung des konkreten unternehmerischen Handelns beschrieben werden (vgl. Buchholz et. al. 2019, S. 12 ff.).
- **Vision und Mission** beschreiben dagegen das Wohin, die verbindenden Werte, die es als Ordner des selbstorganisierten Handelns ermöglichen, innovative Produkte, Dienstleistungen und Prozesse mit gesellschaftlichem Wert zu schaffen. Diese Kultur schafft ein Gefühl der Zugehörigkeit – auch in Organisationen, die global und dezentral organisiert sind. Eine starke Organisationskultur bildet gleichzeitig einen immateriellen Vermögenswert, der durch Wettbewerber nicht kopiert werden kann.
- **Langfristiges Denken und Handeln:** Werteorientierte Investitionen, insbesondere in die Mitarbeiter, sind wichtiger als kurzfristige Gewinnoptimierung. Organisationen, deren Mitarbeiter sich mit ihnen identifizieren, haben sich langfristig als erfolgreicher erwiesen, weil Demotivation, Leistungsverweigerung, Weggang kompetenter Mitarbeiter und die verminderte Attraktivität an den Arbeits- und Produktmärkten erhebliche wirtschaftliche Konsequenzen haben.
- **Emotionales Engagement** bedeutet, dass alle Führungskräfte, insbesondere aber das Top-Management, sich aktiv im Prozess der Werte- und Kulturentwicklung (*symbolische Führung*) engagieren. Dadurch identifizieren sich auch die Mitarbeiter stärker mit ihrer Organisation, da sie einen emotional erfüllenden, gesellschaftlichen Nutzen erfahren.
- **Gesellschaftliches Engagement** von Organisationen, die sich für übergeordnete gesellschaftliche und staatliche Ziele engagieren, steigern ihre Attraktivität für Mitarbeiter und Kunden. Gesellschaftlicher Sinn, den Organisationen als gesellschaftlichen Nutzen schaffen, eröffnet Chancen für neue Produkt- und Geschäftsinnovationen, weil ihnen durch Kunden und die Gesellschaft mehr Vertrauen entgegengebracht wird.
- **Vertrauen in Menschen und Beziehungen** hat zur Folge, dass Mitarbeiter eigenverantwortlich und selbstorganisiert handeln und dadurch ein höheres Engagement und eine verstärkte Kreativität entwickeln. Es entstehen informelle Netzwerke, die die formelle Unternehmensstruktur erweitern und neue Chancen eröffnen.

Die Grundstruktur für ein werteorientiertes Marketing wird aus folgender Grafik deutlich:

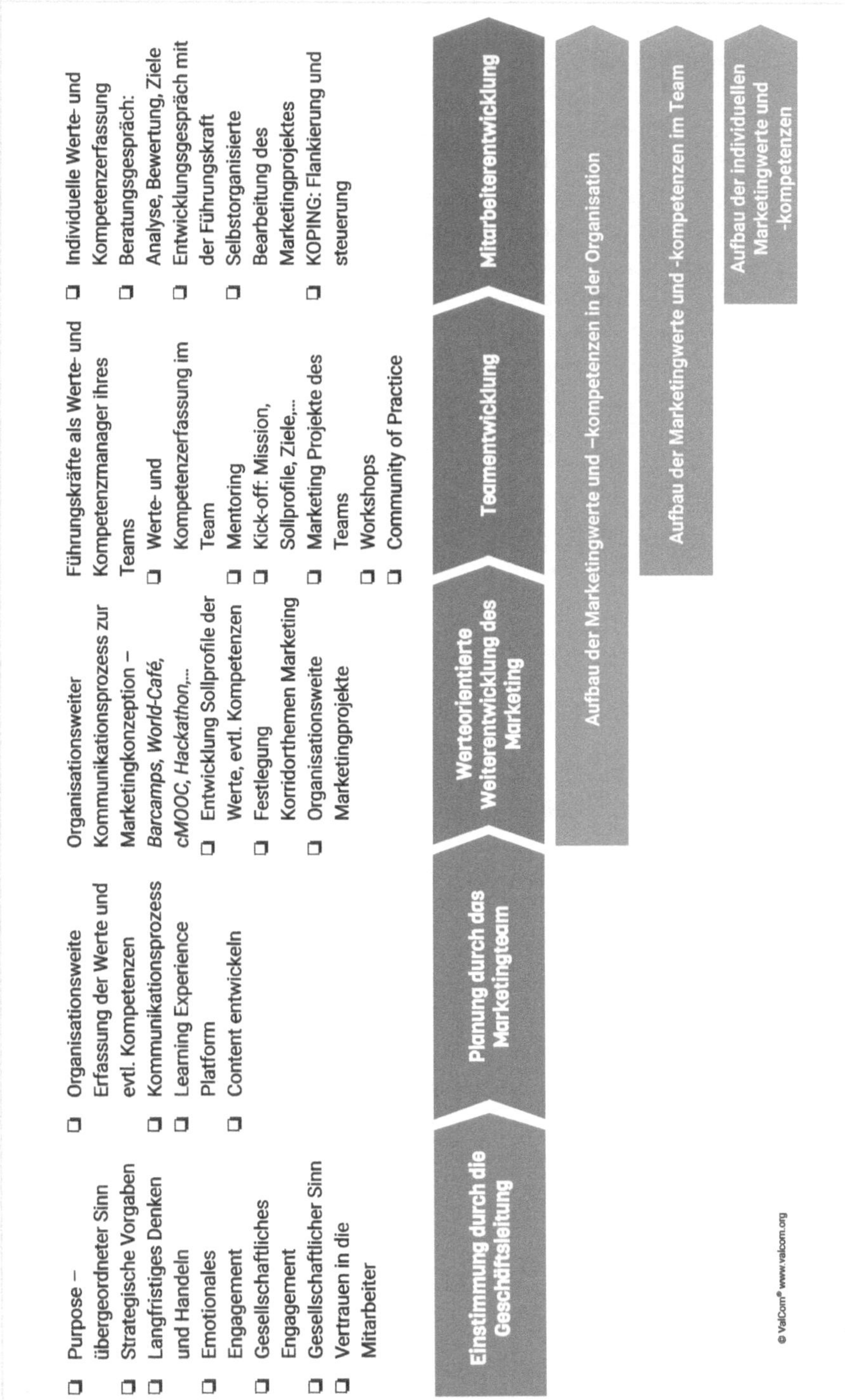

Abb. 42: Werteorientiertes Marketing

Die organisationsweite Erfassung der Werte schafft eine fundierte Basis zum Ausbau dieser Wertemerkmale und zur werteorientierten Weiterentwicklung des Marketing.

Die Welle der Nachhaltigkeitsziele erzeugt aber auch einen Zwang zur Selbsterklärung und Selbstrechtfertigung der Unternehmen, die sich teilweise in hohlen Ritualisierungen, Berichtskosmetik, Greenwashing oder sinnentleerten Wertekatalogen niederschlagen. Nachhaltigkeitsberichte haben sich im Berichtswesen von Unternehmen etabliert und einen festen Platz im Corporate-Publishing-Mix eingenommen. In integrierter Form mit dem Geschäftsbericht oder als eigenständige Publikation informiert der Nachhaltigkeitsbericht über die Strategien, Projekte und Maßnahmen im Bereich *Corporate Social Responsibility (CSR)*. Die Inhalte und sprachlichen Merkmale der Nachhaltigkeitsberichte zeigen, dass sie neben ihrer informativen Textfunktion als imagebildende Publikation eingesetzt werden und somit auch eine Appellfunktion besitzen.

Zunehmend setzt sich die Erkenntnis durch, dass mit einem werteorientierten Marketing auch wirtschaftliche Vorteile erzielt werden können, weil am Markt höhere Umsätze und Preise möglich sind.

6.1.8 Praxisbeispiel: Employer Branding

Damit Organisationen im »War of Talents«[50] erfolgreich sind, ist es erforderlich, dass sie sich von den Wettbewerbern am Arbeitsmarkt abheben und potenzielle Bewerber auf die eigene Organisation aufmerksam machen. Dafür ist es wiederum notwendig, die eigene Arbeitgebermarke zu stärken, indem die Stärken der Organisation spürbar werden.

Die Organisationskultur, das Arbeitsklima und das persönliche Umfeld bestimmen mit großem Abstand die Attraktivität als Arbeitgeber.[51]

Seitdem Mitarbeiter auf Portalen wie www.kununu.com mit 4,6 Millionen Bewertungen zu einer Million Unternehmen (vgl. FAS vom 25.04.2021, S. 25) oder www.glassdoor.de anonym ihre Arbeitgeber beurteilen können, ist die Reputation als Arbeitgeber beim Werben um neue Mitarbeiter zur entscheidenden Größe geworden.

50 Der Begriff »War of Talents« wurde 1997 in einer Studie von McKinsey & Company geprägt. Damit soll die Verknappung von Fachkräften am Arbeitsmarkt beschrieben werden.

51 https://www.marktforschung.de/dossiers/themendossiers/gehaltsstudie-2019/dossier/employer-branding-was-hat-er-was-ich-nicht-hab/.

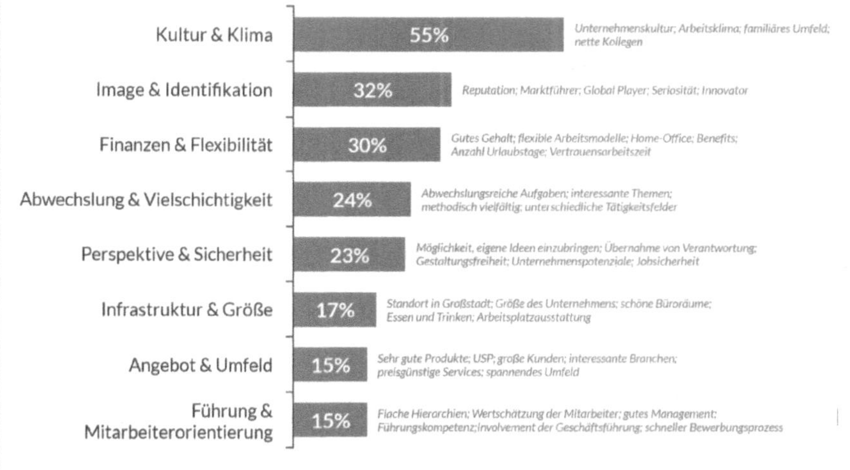

Abb. 43: Bestimmungsfaktoren der Arbeitgeberattraktivität

Hinzu kommt, dass Umweltverschmutzung, Kinderarbeit und sonstige Vergehen nicht nur Konsumenten zunehmend ein Dorn im Auge sind. Wie Unternehmen mit der Umwelt und mit Menschen umgehen, spielt für immer mehr Bewerber eine zentrale Rolle.

Eine Studie von Bain & Company (2019) zeigte folgende Ergebnisse:[52]

- *15 Prozent der Angestellten in Industrie- und Schwellenländern verzichten auf höheres Gehalt, um stattdessen für ein »grünes« Unternehmen zu arbeiten,*
- *mehr als die Hälfte der unter 40-jährigen Jobsuchenden legt bei der Wahl eines Arbeitgebers Wert auf eine glaubwürdige Nachhaltigkeitsstrategie. Am wichtigsten sind ihnen der Verzicht auf Kinderarbeit, Senkung der Emissionen sowie umweltgerechtes Verhalten im Alltag,*
- *faire Arbeitsbedingungen und die Schonung der Umwelt liegen 70 Prozent der Beschäftigten und potenziellen Mitarbeitern am Herzen.*

Sind technische Innovationen, Prozessinnovationen und Dienstleistungsinnovationen Trümpfe der Unternehmen in der Wissensgesellschaft, so sind wertehaltige, von den Mitarbeitern verinnerlichte unternehmenskulturelle Haltungen, Anschauungen und Orientierungen Trümpfe in der heutigen Wertegesellschaft. In Bezug auf die Wertesphäre von Unternehmen und Organisationen können wir beobachten, dass die Menschen zunehmend sensibler geworden sind in Hinblick auf die gelebten Werte. Auch können sie durch die gesteigerte Transparenz immer leichter feststellen, ob die behaupteten Werte der Unternehmenskultur mit den gelebten Werten tatsächlich übereinstimmen.

52 https://www.karriere.at/blog/csr-recruiting.html.

Durch die Werteorientierung eröffnen sich für Unternehmen aber auch neue Gestaltungsräume, indem sie Wertebewusstsein, auch im gesellschaftlichen und ökologischen Sinne, zu ihrem Wettbewerbsfaktor am Kundenmarkt, aber insbesondere auch am Arbeitsmarkt, machen. Kunden müssen sich sicher fühlen, dass ihre persönlichen Daten nicht missbraucht werden, Bewerber sollen sich darauf verlassen können, es mit einem fairen Partner zu tun zu haben.

Die gelebte Organisationskultur wird damit zum zentralen Erfolgsfaktor im Employer Branding.

Internationale Studien zeigen heute, dass nachhaltiges Wirtschaften die Mitarbeitermotivation steigert und kompetente Mitarbeiter anzieht. So gaben beispielsweise Zweidrittel der 30.000 Teilnehmer einer weltweiten Befragung an, dass sie lieber für ein Unternehmen mit einer nachhaltigen Unternehmensstrategie arbeiten (vgl. Nielsen 2014).

Nachhaltigkeit wird damit zum Schlüssel für erfolgreiche Rekrutierung und zielgerichtetes Personalmanagement.

Im Zuge des wachsenden Fachkräftemangels gewinnt die Entwicklung einer nachhaltigen und authentischen Arbeitgebermarke damit immer mehr an Bedeutung. Ein wirksames Employer Branding ist dabei nicht durch aufwendige Hochglanzbroschüren und anspruchsvolle Websites zu erreichen, vielmehr ist eine gezielte Entwicklung der Werte aller Mitarbeiter erforderlich.

Zu Unternehmenskultur und Wertemanagement gehört, dass sich ein Unternehmen selbst klar wird, welchen Werten es folgt, was seine Unternehmenskultur real ausmacht, wie es angesichts zukünftiger Aufgaben und strategischer Ausrichtungen seine Werte entwickeln will und wie die zu entwickelnden Werte von den Mitarbeitern zu eigenen Emotionen und Motivationen verinnerlicht werden, sodass sie im Interesse des Unternehmens denken und handeln.

Werteerfassung und Werteentwicklung gehören deshalb heute zum Kerngeschäft des Unternehmens.

Die Studie »Wertewelten Arbeiten 4.0« auf Basis von 1.200 qualitativen Interviews des Bundesministeriums für Arbeit und Soziales (2018) zeigte – übertragen auf unser Wertemodell – auf, welche Werte den Mitarbeitern und damit auch den Bewerbern wichtig sind:

1. ***Sicherheit**, in einer sicheren Gemeinschaft sorgenfrei von der Arbeit leben zu können*
2. ***Gemeinnutz**: eine Arbeitswelt, die durch Loyalität, Wertschätzung der Leistungen und Teilhabe an der Solidargesellschaft gekennzeichnet ist*

3. ***Lebensstandard,*** *den jeder erreichen kann, der sich anstrengt*
4. ***Verantwortung*** *für die Bewältigung von Herausforderungen in der Arbeitswelt 4.0*
5. ***Ideale,*** *die die Mitarbeiter auch außerhalb der Arbeit selbst verfolgen können*
6. ***Privatleben,*** *indem sie ihre Arbeit mit ihren persönlichen Verhältnissen, individueller Selbstverwirklichung und gesellschaftlicher Mitgestaltung vereinbaren können*

Man kann Werte und Kulturen nicht vermitteln. Man kann aber viel für die Werte- und Kulturentwicklung tun, sie ermöglichen, fördern, antreiben, verstetigen.

Deshalb empfehlen wir für die Entwicklung des Employer Branding in Ihrer Organisation unsere *Konzeption für ein gezieltes Werte- und Kulturmanagement* (vgl. Kapitel 6.1.5), das auf einer Erfassung der Werte auf Organisationsebene beginnt und über die Entwicklung von Sollprofilen und Korridorthemen auf die Ebenen der Teams und Mitarbeiter übertragen wird.

Für den Aufbau einer glaubwürdigen Arbeitgebermarke sind alle Maßnahmen des Werte- und Kulturmanagements die notwendige Voraussetzung.

6.2 Werte- und Kompetenzmanagement auf Teamebene

Die Werte und Kompetenzen auf Teamebene können in einer Organisation sehr unterschiedlich sein und sich deutlich von organisationalen Werten und Kompetenzen unterscheiden, im Einzelfall sogar konträr zu ihnen stehen. Deshalb benötigen die Teams, d. h. Arbeitsgruppen oder Abteilungen, jeweils einen eigenen Prozess zur Beantwortung der Frage, wie sie ihre Werte in ihrem Team aufbauen können. Das gleiche gilt für die Kompetenzen des Teams, die sich ebenfalls in teambezogenen, selbstorganisierten Prozessen entwickeln.

Das teambezogene Werte- und Kompetenzmanagement leitet sich direkt aus den strategischen Anforderungen ab. Deshalb kommt den jeweiligen Führungskräften eine zentrale Bedeutung als Initiator und Begleiter von Prozessen des gezielten Werte- und Kompetenzaufbaus der Teams zu.

Erst Werte als Ordner machen selbstorganisiertes Handeln der Teams möglich, da sie den Teammitgliedern Orientierung geben. Teamwerte sind damit Kerne von Teamkompetenzen.

Werte sowie Kompetenzen und deren Verinnerlichung verschaffen Teams nach innen und außen ein eigenes Profil.

Teambezogenes Werte- und Kompetenzmanagement ist ein geplanter, gelenkter und systematischer Prozess mit dem Ziel, die Werte und damit die Kultur sowie die

Kompetenzen des sozialen Systems *Team* von innen heraus zu optimieren, damit die strategischen Teamziele erreicht werden.

Eine wesentliche Voraussetzung für den Erfolg des teambezogenen Werte- und Kompetenzmanagements ist eine hohe Transparenz im Team in Hinsicht auf

- die Bedeutung des Werte- und Kompetenzmanagements für das Team,
- die Ziele dieser Teamentwicklung,
- die definierten Rahmenbedingungen der Entwicklungsprozesse,
- das Zustandekommen dieser Anforderungen,
- die Struktur für ein systematisches, teambezogenes Werte- und Kultur- sowie Kompetenzmanagement,
- die geplanten Prozesse des Werte-, Kultur- und Kompetenzmanagements,
- die Kommunikation und Dokumentation der Ergebnisse.

Dabei ist es eine wesentliche Anforderung, allen Teammitgliedern und Führungskräften die Möglichkeit zu geben, ihre eigene Sicht, ihre Erwartungen oder Befürchtungen einzubringen und über alle Hierarchieebenen zu diskutieren.

6.2.1 Die Führungskraft – teambezogener Werte- und Kompetenzmanager

Führungskräfte sind aufgrund der permanenten Veränderungsprozesse vielfältigen Spannungsfeldern ausgesetzt. Daraus leiten sich folgende Führungsaufgaben ab:

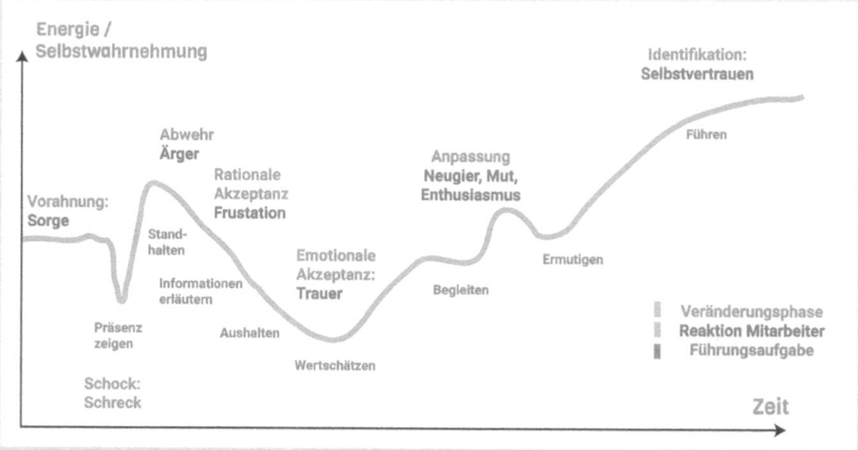

Abb. 44: Herausforderungen der Führungskräfte in Veränderungsprozessen (nach Rump, Zapp, Eilers 2017)

Führungskräfte haben im New Work eine entscheidende Rolle, weil es sich dabei vor allem um eine kulturelle Herausforderung handelt. Sie gestalten die Zusammenarbeit zwischen Mensch und Computer und benötigen dafür eine völlig neue digitale Führungsexpertise, müssen aber auch der drohenden Entfremdung der Mitarbeiter in einer digitalisierten Arbeitswelt entgegenwirken. Es wird zudem immer wichtiger, dass sie gemeinsam mit ihren Mitarbeitern im Rahmen der organisationalen Werte die individuellen und teambezogenen Werte entwickeln, um die Suche nach dem »Sinn« der Arbeit zu fördern (vgl. Güldenberg, Langhof 2021, S. 157 ff.).

Die jeweilige Führungskraft ist Initiator und Begleiter von Prozessen des Werte- und Kompetenzaufbaus im Team und auf der Mitarbeiterebene.

Damit kommt der mittleren Führungsebene eine zentrale Bedeutung als Initiator und Begleiter von Prozessen des Werte- und Kompetenzaufbaus von Teams zu. Dabei agieren sie sowohl auf der Teamebene als auch auf der individuellen Ebene als Partner, die deren Entwicklungsprozesse initiieren und begleiten.

Führungskompetenz ist die Fähigkeit, in unsicheren, offenen Führungssituationen selbstorganisiert und kreativ handeln zu können, ohne das Resultat schon von vornherein zu kennen.

Die Führungskräfte müssen in ihrem Team der Führungskräfte auf gleicher Ebene den Aufbau von Teamwerten – z. B. im ***Doppel-Decker-Prinzip*** (s. Kapitel 7.4.3) – vorab erst selbst erleben, um ihre Rolle als Veränderungsmanager mit Überzeugung und Empathie zu erfüllen. Dabei erfahren sie diesen Prozess als Mitglied eines Teams, um auf Basis dieser eigenen Lernerfahrungen ihre individuelle Konzeption zur Initiierung und Begleitung von Teamentwicklungsprozessen im eigenen Team zu gestalten.

6.2.2 Prozess der teambezogenen Werte- und Kompetenzentwicklung

Für die teambezogene Werte- und Kompetenzentwicklung werden agile, netzwerkähnliche Teamstrukturen und differenzierte Prozesse benötigt. Hierbei können die Erfahrungen von Start-up-Unternehmen sehr hilfreich sein. Diese beginnen meist als Netzwerke ohne hierarchische Strukturen.

Der Aufbau von Teamwerten und -kompetenzen erfordert einen längerfristigen Prozess nach dem **Prinzip der lernenden Organisation.**

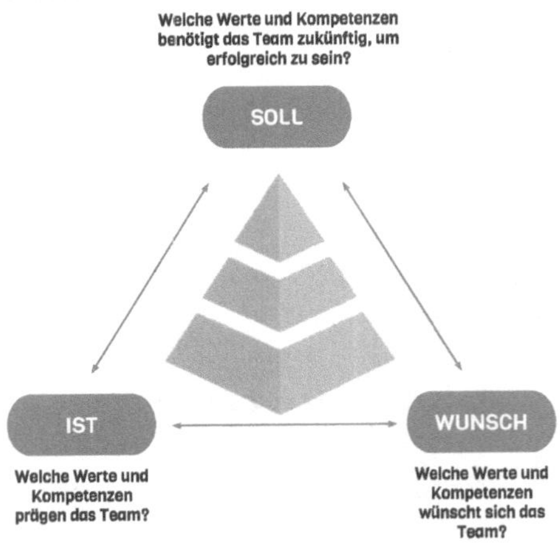

- Moderation durch die Führungskraft
- Vorab: Werte- und Kompetenzerfassung (Ist und Wunsch)
- Workshop: Analyse und Bewertung, Ableitung der Team-Sollwerte und -kompetenzen, Mission der angestrebten Teamkultur
- Initiierung der teambezogenen Werte- und Kompetenzentwicklungsprozesse
- Bearbeitung von Praxisprojekten und Kulturthemen, insbesondere im Rahmen von Korridorthemen, im Team
- Bildung und Pflege von Communities of Practice zu herausfordernden Themen, z. B. zur Umsetzung von Korridorthemen in der Teampraxis

Abb. 45: Werte- und Kompetenzentwicklung im Team

Dieser Entwicklungsprozess wird durch folgende Merkmale geprägt:

- Der Teamentwicklungsprozess wird professionell methodisch begleitet.
- Die Werte und Kompetenzen werden im Team in Hinblick auf das **Ist** (*Wie sind die Werte und Kompetenzen im Team aktuell ausgeprägt?*) und den **Wunsch** (*Wie sollten die Werte und Kompetenzen im Team ausgeprägt sein, damit es auch zukünftig erfolgreich ist?*) erfasst.
- In einem Workshop mit allen Teammitgliedern und der Führungskraft werden die Ergebnisse in einem moderierten Prozess analysiert und bewertet.
- Darauf aufbauend wird ein **Sollprofil der Teamwerte** und -kompetenzen entwickelt.
- Aus dem Abgleich der Soll- und der Istwerte leitet das Team seine **Werte- und Kompetenzentwicklungsziele** ab.
- Damit ist es möglich, eine **Werte-Kompetenz-Brücke** für das Team zu entwickeln. Diese macht transparent, welche Werte vor allem als Antrieb des Teamhandels wirken. Das Team kann daraus wiederum Teamentwicklungsziele definieren sowie entsprechende Entwicklungsmaßnahmen planen und umsetzen.
- Das Team entwickelt im Rahmen der Mission des organisationsweiten Werte- und Kompetenzmanagements gemeinsam eine **Mission seiner zukünftigen Teamarbeit** und leitet daraus die notwendigen Instrumente für den kontinuierlichen Aufbau von Teamwerten und -kompetenzen ab. Hierbei ist das Ziel, eine *agile Ent-*

wicklungskultur sowie ein *Werte- und Kompetenznetzwerk* im Team aufzubauen, indem in einem kontinuierlichen Prozess kollaborativer Problemlösungen mittels agiler Methoden gemeinsame Werte und Kompetenzen entwickelt werden.
- Die Koordination der Werte- und Kompetenzentwicklung auf Teamebene kann über die auf Organisationsebene definierten **Korridorthemen** erfolgen.

Im Rahmen der **Korridorthemen** initiiert die jeweilige Führungskraft in ihrem Team anhand der konkreten Herausforderungen einen Entwicklungsprozess zum gezielten Aufbau von Werten und Kompetenzen für die Arbeitswelt des Teams. Mit gemeinsam entwickelten Handlungsrastern für die jeweiligen Teams werden alle Mitarbeiter und Führungskräfte sensibilisiert, in ihren täglichen Handlungen die jeweiligen Werte zu leben. Die Teammitglieder wenden die gemeinsam entwickelten Lösungen in ihrer Praxis an, reflektieren über ihre Erfahrungen und tauschen sie untereinander aus. In diesem dynamischen Prozess werden die Teamwerte und -kompetenzen insgesamt kontinuierlich weiterentwickelt.

Die Ergebnisse werden jeweils in Netzwerk-Communitys präsentiert und diskutiert. Damit wird das organisationsweite Werte- und Kompetenznetzwerk laufend erweitert.

Die Werte sowie die Performanz im Team bilden sich in einem eigenen Prozess heraus. Die Teamkultur wird dabei maßgeblich durch die Werte bestimmt, die von den Mitgliedern des gesamten Teams verinnerlicht sind. Dabei sind sie sich ihrer Werte, die das Teamhandeln bestimmen, oftmals nicht bewusst.

Teambezogenes Werte- und Kompetenzmanagement hat zum Ziel, die Werte und die Kompetenzen des Teams im Sinne der Unternehmensstrategie zu verändern.

Beispielhaft kann dies an folgendem Teamentwicklungsprozess verdeutlicht werden:

Phase	Elemente
Vorab	• Kommunikationsprozess, z. B. im Rahmen eines teambezogenen Barcamps und eines netzbasierten Kommunikationsraumes des Teams in der Learning-Experience-Plattform • Erhebung der teambezogenen Ist- und Sollwerte bzw. -kompetenzen • Bewertung der teambezogenen Werte und Kompetenzen im Vergleich zum organisationalen Werte- bzw. Kompetenzrahmen (Sollprofile) • Beratungsgespräch der Prozessbegleiter mit der jeweiligen Führungskraft

Phase	Elemente
Kick-off	• Begrüßung und Sensibilisierung durch die Führungskraft • Impuls des Prozessbegleiters: teambezogene Werte und Kompetenzen • gemeinsame Analyse und Bewertung der Erfassungsergebnisse • Impuls des Prozessbegleiters: Einführung in die Konzeption und Systeme des teambezogenen Werte- und Kompetenzmanagements • Führungskraft: verbindliche Aufgabenstellung für das Projektthema – Vorschlag für die Vorgehensweise • Diskussion der Aufgabenstellung und ihrer Konsequenzen für die Teammitglieder – Formulierung überprüfbarer Ziele für den Prozess der Bearbeitung des Projektthemas • Vereinbarung der Arbeitsaufträge: – Bearbeitungsprozess des Projektthemas auf Teamebene – Definition von Meilensteinen – Aufgabenverteilung • Definition von Spielregeln für die Bearbeitung der vereinbarten Arbeitsaufträge und verbindliche Vereinbarungen, z. B. wöchentliche Sprints, Jour-fixe-Termine der Arbeitsgruppen, wöchentliches Projekttagebuch, Bildung einer Community of Practice, Dokumentation der Teilergebnisse im Netz etc. • Abschluss-Blitzlicht
Mehrmals, jeweils ca. vier Wochen Bearbeitungsphase	• Bearbeitung der Arbeitsaufträge: Spezifizierung bzw. Optimierung der Lösungsvorschläge für die Arbeitsaufträge • Community of Practice (Social Learning): wöchentlicher Austausch des Erfahrungswissens aus der Bearbeitung der Arbeitsaufträge über das Projekttagebuch • Flankierung durch Tandempartner und den Prozessbegleiter
Workshops	• Reflexion der Selbstentwicklungsphase • Bearbeitung offener Fragen aus den Projekttagebüchern • Präsentation und Diskussion der jeweiligen Lösungsvorschläge • verbindliche Vereinbarungen
Abschluss-workshop	• Reflexion der Selbstentwicklungsphase • Bearbeitung offener Fragen aus den Projekttagebüchern • Präsentation und Diskussion der jeweiligen Lösungsvorschläge • Dokumentation der entwickelten Lösungen im Netz • Verbindliche Vereinbarungen zur Umsetzungsphase
Umsetzungsphase	• selbstorganisierter Aufbau einer Community of Practice »Werte und Kompetenzen« der Teammitglieder • evtl. Workshop des Teams nach jeweils ca. einem Jahr, um die Werte- und Kompetenzentwicklung zu reflektieren und bei Bedarf weitere Maßnahmen im jeweiligen Team zu vereinbaren • evtl. Angebot eines Workshops für weitere Mitarbeiter in der Organisation, um über die Teamergebnisse zu reflektieren

Tab. 35: Prozess der teambezogenen Werte- und Kompetenzentwicklung

Die Teammitglieder teilen ihre Beiträge nach dem **Prinzip des WOL – Working Out Loud** und entwickeln ihren Ermöglichungsraum zu einem gemeinsamen Wissenspool weiter, der Bottom-up aufgebaut und ständig erweitert wird (vgl. Stepper 2020).

Dieser Austausch führt zu einer Kultur des Gebens und Nehmens, die auf fünf Kernelementen basiert:

- **Die eigene Arbeit für alle Beteiligten sichtbar machen**: Arbeitsergebnisse, auch Zwischenergebnisse, z. B. in regelmäßigen Sprints, werden laufend veröffentlicht.
- **Die Teamarbeit verbessern**: Querverbindungen und Rückmeldungen helfen, die Teamergebnisse kontinuierlich zu verbessern.
- **Großzügige Beiträge leisten**: Die Teammitglieder bieten sich gegenseitig Hilfe an, ohne sich selbst darzustellen.
- **Ein soziales Netzwerk aufbauen**: Breite, interdisziplinärer Beziehungen werden aufgebaut, die die Teammitglieder und das Team weiterbringen.
- **Zielgerichtet zusammenarbeiten**: Das volle Potenzial des Teams wird ausgeschöpft.

Es entwickelt sich damit ein werte- und kompetenzorientiertes Wissensmanagement, das die gezielte, kollaborative Entwicklung des Teams und seiner Mitglieder im Sinne der gemeinsamen Werte- und Kulturziele möglich macht.

Die Entwicklung von teambezogenen Werten und Kompetenzen erfolgt in einem kollaborativen Prozess aller Mitarbeiter einer aktiven Gruppe, die sich auf ein gemeinsames Ziel verpflichtet hat. Sie wird dabei durch vier Bereiche bestimmt, die sich gegenseitig beeinflussen:

- organisationale Werte und Kompetenzen,
- individuelle Werte und Kompetenzen der Teammitglieder,
- Kommunikations- und Kollaborationskultur,
- Werte- und Kompetenzziele des Teams.

Fähigkeit	Nutzen
Vorgabe der **Sollwerte** und **-kompetenzen der Organisation**	bedarfsgerechte Sollwerte und -kompetenzen als Orientierungsrahmen für die Teams
Ableitung von **Korridorthemen** zur Umsetzung der Sollwerte und -kompetenzen in der gesamten Organisation	Die angestrebten Werte und Kompetenzen werden über Themen, die in allen Teams bearbeitet werden, für jeden greifbar, sodass sie verinnerlicht werden können.
Werte- und Kompetenzentwicklung der **Werte- und Kompetenzberater** und der **Führungskräfte**	Die Werte und Kompetenzen der Schlüsselpersonen für den Umsetzungsprozess werden gezielt in der Praxis aufgebaut.

Fähigkeit	Nutzen
Erfassung der **Ist- und Wunschwerte sowie -kompetenzen in den einzelnen Teams**	Transparenz über die Ist- und Wunschwerte sowie -kompetenzen, Ableitung des Entwicklungsbedarfs
Teamworkshops unter Moderation der jeweiligen Führungskraft mit dem Ziel, die Ergebnisse der Erfassung gemeinsam zu analysieren, zu bewerten und teambezogene Entwicklungsmaßnahmen abzuleiten	Die Konzeption der Werte- und Kompetenzentwicklung im Team kann von allen Mitgliedern mitgestaltet werden, sodass eine hohe Bedarfsorientierung und breite Akzeptanz ermöglicht wird.
Entwicklung einer teambezogenen **Mission des Werte- und Kompetenzmanagements** im Team	Alle Teammitglieder bekommen eine klare Vorstellung von der Grundidee und den Zielen.
Formulierung von **Sollwerten** und **-kompetenzen für das Team**	bedarfsgerechte Sollwerte und -kompetenzen als Orientierungsrahmen für alle Teammitglieder
Formulierung von **teambezogenen Werte- und Kompetenzzielen**	Jeweils zwei bis drei Werte- und Kompetenzziele dienen als Basis zur Gestaltung der Entwicklungsprozesse.
Umsetzung der **Korridorthemen** in teambezogenen Projekten	Die Werte- und Kompetenzziele werden über teambezogene Praxisprojekte gezielt entwickelt.
Austausch der Projekterfahrungen und -ergebnisse in **Communities of Practice**	Die Erfahrungen der einzelnen Teams werden in einem Prozess des Wissensmanagements ausgetauscht.

Tab. 36: Elemente des Werte- und Kompetenzmanagements im Team

6.2.3 Führungskräftefeedback und Management der Führungskultur

»Die Reform beginnt an der Spitze. Die Treppe muss von oben gekehrt werden.«
Hermann Simon

Im Rahmen der gezielten Kompetenzentwicklung der Mitarbeiter nehmen die Führungskräfte als Entwicklungspartner ihrer Mitarbeiter in deren Lernprozesse eine Schlüsselposition ein.

Führungskräfte wandeln ihre Rolle vom Vorgesetzen zum Ermöglicher und Entwicklungspartner selbstorganisierter Werte- und Kompetenzentwicklung ihrer Mitarbeiter.

Für diese neuartigen, herausfordernden Aufgaben benötigen sie den Aufbau spezifischer Werte und Kompetenzen.

6.2.3.1 Entwicklungsgespräch – das zentrale Führungsinstrument

Die Führungskultur wird vor allem durch die Kommunikation zwischen Mitarbeitern und ihren Führungskräften geprägt. Erst die wertschätzende, regelmäßige Kommunikation zwischen Führungskräften ermöglicht eine kontinuierliche Weiterentwicklung der Führungskultur. Deshalb kommt dem Führungskräftefeedback eine zentrale Rolle zu.

Die Grundlage für die inhaltliche Ausgestaltung der Entwicklungsgespräche sind häufig Werte und Themen, die in Führungsgrundsätzen festgelegt wurden. Ein zentrales Element in diesem Prozess ist der Abgleich zwischen dem Selbstbild der Führungskraft und dem aggregierten Fremdbild ihrer Mitarbeiter in Hinblick auf die Führungskompetenz, um einen gemeinschaftlichen Lern- und Beteiligungsprozess zu initiieren.

In werte- und kompetenzorientierten Entwicklungsgesprächen stehen folgende Ziele im Vordergrund:

- Reflexion über die aktuelle Situation des Mitarbeiters: kritische Bewertung der bisherigen Entwicklungspartnerschaft mit der Führungskraft,
- Erörterung der zu erwartenden Veränderungen, z. B. aufgrund einer weiterentwickelten Unternehmensstrategie oder neuer Herausforderungen,
- gemeinsame Analyse und Bewertung der Werte- und Kompetenzerfassung: Vergleich der Selbsteinschätzungen der Mitarbeiter und der Fremdeinschätzung der Kompetenzen durch die Führungskraft, evtl. erweitert um Einschätzungen von Kollegen oder Lernbegleitern (360-Grad-Messung), in Hinblick auf die Sollprofile,
- verbindliche Formulierung von individuellen Werte- und Kompetenzzielen durch den Mitarbeiter mit Beratung durch die Führungskraft,
- gemeinsame Festlegung der Herausforderungen in der Praxis, z. B. Praxisaufgaben oder -projekte, in denen die Mitarbeiter ihre angestrebten Werte und Kompetenzen gezielt aufbauen können,
- verbindliche Vereinbarung der erforderlichen Rahmenbedingungen (Raum, Zeit, Personal, Geld etc.), die für diese Werte- und Kompetenzentwicklung erforderlich sind,
- Reflexion über das Führungshandeln der Führungskraft im Rahmen der Entwicklungspartnerschaft
- Festlegung der Elemente der Entwicklungspartnerschaft zwischen Führungskraft und Mitarbeiter, z. B. *Meilensteine, Projekttagebuch, regelmäßige Coaching- oder Mentoringtermine*,
- Reflexion über das Mitarbeitergespräch auf der Metaebene *(Was lief gut? Was hat dem Mitarbeiter nicht gefallen? Wie kann es optimiert werden? Wie nützlich war das Gespräch für die gezielte Werte- und Kompetenzentwicklung des Mitarbeiters?)*.

Die **Kompetenzanforderungen an die Führungskräfte** im Rahmen des Mitarbeitergespräches sind hoch. Die Führungskräfte sollen

- die Mitarbeiter dabei unterstützen, sich gezielt auf das Mitarbeitergespräch vorzubereiten,
- dem Mitarbeiter eine strategische Orientierung geben,
- die bisherige Werte- und Kompetenzentwicklung des Mitarbeiters und die Entwicklungspartnerschaft gemeinsam bewerten und weiterentwickeln,
- den Mitarbeitern eine offene und faire Rückmeldung zu ihrem beruflichen Handeln, ihren beruflichen Leistungen, Erfolgen und weiteren relevanten Faktoren in der Vergangenheit geben,
- die Werte- und Kompetenzentwicklungsmöglichkeiten ihrer Mitarbeiter aufgrund der Werte- und Kompetenzerfassung und eigener Eindrücke, die sie durch regelmäßige und gründliche Beobachtung gewinnen, erkennen,
- die Mitarbeiter als Entwicklungsberater bei der Formulierung ihrer individuellen Kompetenzziele beraten,
- mit den Mitarbeitern geeignete Herausforderungen in der Praxis vereinbaren,
- die Mitarbeiter als Entwicklungspartner ihrer personalisierten Kompetenzentwicklung gezielt und planmäßig unterstützen,
- Kritik an ihrem Führungshandeln konstruktiv aufgreifen und mit den Mitarbeitern erörtern, um gemeinsam Lösungen zu entwickeln,
- günstige Leistungsfaktoren ausbauen, ungünstige reduzieren,
- die Leistungsmotivation ihrer Mitarbeiter fördern, indem sie ihnen z. B. eine persönliche Perspektive ermöglichen,
- ihre eigenen Kompetenzen zur zielgerechten Kommunikation und zum Feedback in einer angenehmen Gesprächsatmosphäre sowie bei Bedarf zur Konfliktlösung gezielt aufbauen.

Wir schlagen vor, in einem Projektteam einen grundlegenden Gesprächsleitfaden zu entwickeln bzw. anzupassen, der als Basis für die individuellen Leitfäden dient. Damit kann sichergestellt werden, dass alle wesentlichen Aspekte für ein werte- und kompetenzorientiertes Mitarbeitergespräch berücksichtigt werden, die Führungskräfte aber im Rahmen dieses Befähigungskonzeptes kollaborativ mit Lernpartnern ihren persönlichen Leitfaden entwickeln. Die Frage, welche Arten der Mitarbeitergespräche in welchem Rhythmus benötigt werden, sollte im Projektteam geklärt werden.

6.2.3.2 Praxisbeispiel: Gezielte Entwicklung der Führungskompetenzen und der Führungskultur

Die Didaktik und Methodik dieses Vorhabens soll die Mitarbeiter und Führungskräfte in die Lage versetzen, ihre Werte und Kompetenzen zur zielgerichteten Umsetzung der Mitarbeiterfördergespräche, insbesondere zum Nehmen bzw. Geben von Feedback, laufend gezielt zu entwickeln. Dafür wird eine veränderte Lernkultur benötigt, die Arbeiten und Lernen zusammenführt (*arbeitsintegriertes Lernen*). Deshalb ist ein umfassendes Kommunikationskonzept zu gestalten, das es allen Mitarbeitern der Organisation ermöglicht, sich in den Entwicklungsprozess einzubringen.

Wir schlagen vor, folgende Erhebungen durchzuführen:

1. **Erfassung der Führungskompetenzen:** Selbsteinschätzung der 16 Führungskompetenzen durch die jeweilige Führungskraft im Abgleich zu dem vorab definierten Sollprofil mit organisationsspezifischen Handlungsankern und den aggregierten (und damit anonymisierten) Fremdeinschätzungen der jeweiligen Mitarbeiter. Damit ist sichergestellt, dass keine Rückschlüsse auf die Bewertung der Führungskraft durch einzelne Mitarbeiter gezogen werden können.
2. **Erfassung der Führungskultur:** Einschätzung der jeweiligen Führungskultur über die **Teamwerte** durch alle Mitarbeiter eines Teams und ihrer Führungskraft auf Basis von jeweils vier organisationsspezifischen Beispielen für jeden Wert, die sich konkret auf die aktuelle und angestrebte Führungskultur nach den Führungsgrundsätzen beziehen. Hierbei erfassen wir jeweils die Einschätzung des Istzustandes durch die Mitarbeiter, aber gleichzeitig auch die Wunschvorstellung über die Ausprägungen der Werte, die nach Meinung der Mitarbeiter notwendig sind, um das jeweilige Team erfolgreich zu machen.

Deshalb ist vorab ein eintägiger Workshop mit erfahrenen Führungskräften und Personalentwicklern aus der Organisation erforderlich, in dem die Handlungsanker bzw. Wertebeispiele, die den Fragebögen zugrunde liegen, auf die Führungsgrundsätze, die spezifischen Herausforderungen, die aktuelle Kultur und die Sprache der Organisation angepasst werden. Die Erfassungssoftware leitet daraus die Fragen für die Erfassung der Führungskompetenzen und der Teamwerte ab.

Die obere Führung initiiert die Kommunikation über das geplante Projekt und sichert den Rahmen für eine erfolgreiche Umsetzung. Gleichzeitig macht sie die hohe Bedeutung des neuen Werte- und Kompetenzmodells und der daraus abgeleiteten Konzeption der gezielten Werte- und Kompetenzentwicklung für den Erfolg deutlich, indem sie sich selbst in einen Entwicklungsprozess mit ihrem jeweiligen Team aus den ihnen zugeordneten Führungskräften der 2. Ebene einbringt.

Für die Umsetzungsphase schlagen wir beispielhaft folgendes Vorgehen vor. Dabei gehen wir davon aus, dass der Führungskreis diese Vorgehensweise zunächst selbst erfahren muss, damit die Führungskräfte anschließend mit dem eigenen Team ihre Führungskompetenzen und die Führungskultur entwickeln können (vgl. Kapitel 7.4).

Phase	Inhalte und Methodik	Führungskräftefeedback	Tools/Medien
Konzeptions-workshop **1 Tag**	• Vorstellung und Diskussion der Vorgehensweise • evtl. Anpassung der Planung • Vorbereitung des Workshops zur Anpassung der Erfassungs-systeme • Festlegung des Kommuni-kationskonzeptes und Vor-bereitung der notwendigen Maßnahmen • Planung der Informations-workshops jeweils mit den einzelnen Teams und ihren Führungskräften • Planung der Werte- und Kom-petenzerfassung • Planung der Folgemaßnahmen	Das Konzept des Führungs-kräftefeedbacks und die Führungsgrundsätze der Organisation bilden die Grundlage.	Broschüre Führungskräfte-feedback PPT Moderationsmedien
Workshop zur Anpassung der Erfassungsinst-rumente **1 Tag**	• Erörterung der strategischen Anforderungen an die Füh-rungskräfte der Organisation • Anpassung der Definitionen und Handlungsanker der Führungs-kompetenzen auf die Ziele, die Rahmenbedin-gungen, die Kultur und die Sprache der Zielgruppe • Anpassung der Wertedefinitio-nen und der Wertebeispiele auf die Kultur der Organisation	Die Formulierungen für die Erfassung der Führungs-kompetenzen werden kon-sequent aus dem Fokus der Führungskräfte angepasst, die Formulierungen für die Werteerfassung entspre-chend aus dem Fokus der Mitarbeiter.	Handout zur Werte- und Kompetenzerfassung Templates für die Bearbei-tung per PC PPT Moderationsmedien
Organisations-weite Kommu-nikation und Diskussion mit dem Ziel, alle Mitarbeiter mit-einzubeziehen und Akzeptanz zu schaffen **Moderation und Begleitung** **4 Wochen**	Vorab • Blog des Organisationsleiters zur Zielsetzung • Erklärvideo zum Verfahren • Reflexionen für die Mitarbeiter • Informationen • evtl. World-Café oder Barcamp **Virtueller Kick-off für die The-menwochen** • Zielsetzung • Vorstellung der Themenpaten • Ablauf und Spielregeln • Hinweis auf Videos etc.	Diskussion der Führungs-grundsätze und Vorstel-lung der Konzeption des Führungskräftefeedbacks in Abgrenzung zu Beurtei-lungsverfahren und der geplanten Ziele und Auswir-kungen des Führungskräfte-feedbacks: • Fokus Führungskraft • Fokus Mitarbeiter • Fokus Organisations-leitung	digitaler Kommunikations-raum, z. B. im Rahmen einer **Learning-Experience-Platt-form** Videos PDF

Phase	Inhalte und Methodik	Führungskräftefeedback	Tools/Medien
	Mehrere virtuelle Wochensprints z. B. 4 Wochensprints: 1. Ziele: Organisationsstrategie und Führungsgrundsätze 2. Mitarbeiterentwicklungsgespräch aus dem Fokus der Mitarbeiter 3. Mitarbeiterentwicklungsgespräch aus dem Fokus der Führungskräfte 4. Gestaltung und Ablauf des Führungskräftefeedbacks 5. Beiträge der Gesprächspartner **Jeweils** • Webinar zur Einführung in die Themenwoche • täglich Vorstellung einzelner **Aspekte, z. B. per kurzem Video** • freitags Abschlusswebinar zur **Zusammenfassung** • abschließender virtueller Workshop nach vier Wochen • Auswertung und Bewertung der Diskussionsbeiträge der Mitarbeiter • bei Bedarf Anpassung der Konzeption		
Organisationsweite Erfassung der jeweiligen Führungskompetenzen und der Führungskultur in den Teams der unteren und mittleren Führungskräfte jeweils 15 Minuten je Erfassung	• Versand der Fragebögen, im Regelfall digital • Ausfüllen der Fragebögen • Auswertung mit Interpretationsangeboten durch die Software	Erfassung der Führungskompetenzen durch Selbsteinschätzung der jeweiligen oberen Führungskräfte und durch aggregierte Fremdeinschätzung der jeweiligen nachgeordneten Führungskräfte	Onlinezugang der Führungskräfte

Phase	Inhalte und Methodik	Führungskräftefeedback	Tools/Medien
Mit jedem Führungskräfteteam Auswertungsworkshops mit der jeweiligen oberen Führungskraft und einem professionellen Moderator jeweils ca. 4 Stunden	Dieser Workshop wird beispielhaft für die späteren Workshops mit den jeweiligen Teams der Führungskräfte (s. u.) durch die obere Führungskraft, mit Unterstützung eines professionellen Beraters, moderiert. Damit erleben die Führungskräfte aus der Sicht eines Teilnehmers diese Auswertung und leiten daraus ihre individuelle Vorgehensweise bei ihrem eigenen Team ab.	Führungsgrundsätze	Handout der Ergebnisse PPT
In allen Teams: teambezogene Informationsveranstaltungen mit der Führungskraft und einem professionellen Moderator jeweils 2 Stunden	• Einführung durch die Führungskraft: Ziele und Prinzipien des Führungskräftefeedbacks aus Sicht der jeweiligen Führungskraft • Reflexion über die aktuelle Führungssituation des Teams • Erhebung und Diskussion der Erwartungen und Befürchtungen der Mitarbeiter • Vorstellung der Konzeption der Erfassung der Führungskompetenzen durch die Selbsteinschätzung vs. aggregierte, anonyme Fremdeinschätzung der Mitarbeiter • Vorstellung der Konzeption der Erfassung der Führungskultur (Werte) Ist und Wunsch im Team • Diskussion und Vereinbarung des Umgangs mit den Ergebnissen • verbindliche Vereinbarung von Prinzipien	konsequente Orientierung an den Führungsgrundsätzen der Organisation	Handout zur überarbeiteten Konzeption PPT

Phase	Inhalte und Methodik	Führungskräftefeedback	Tools/Medien
Organisationsweite Erfassung der Kompetenzen und Werte in den einzelnen Teams jeweils 15 Minuten je Erfassung	• Versand der Fragebögen, im Regelfall digital • Ausfüllen der Fragebögen • Auswertung mit Interpretationsangeboten durch die Software	Erfassung der Führungskompetenzen durch Selbsteinschätzung der Führungskräfte und durch aggregierte Fremdeinschätzung der jeweiligen Mitarbeiter • Einschätzung der Führungskultur (Werte) in den einzelnen Teams Ist und Wunsch, jeweils durch die Mitarbeiter und Führungskräfte	Onlinezugang der Führungs-kräfte und Mitarbeiter Sollte dies nicht möglich sein, werden die Fragebögen auf Papier ausgefüllt und dann in das System eingespielt.
Auswertungsgespräche mit jeder Führungskraft durch Werte- und Kompetenzberater jeweils 1 Stunde	**Analyse und Bewertung der Ergebnisse** **Planung des Workshops mit dem Team** und der erforderlichen Rahmenbedingungen	Führungsgrundsätze	Auswertungen der Werte- und Kompetenzerfassungen mit Handlungsempfehlungen
Mit jedem Team Auswertungsworkshops mit der jeweiligen Führungskraft und einem professionellen Moderator jeweils ca. 4 Stunden	**Reflexion über die aktuelle Situation des Teams:** kritische Bewertung der bisherigen Entwicklung **Erörterung der zu erwartenden Veränderungen im Team**, z. B. aufgrund einer veränderten Organisationsstrategie oder neuer Herausforderungen **gemeinsame Analyse und Bewertung der Erfassung der Führungskultur (Werteerfassung)**: Vergleich der Ist- und Wunschwerte im Team, Diskussion möglicher Konsequenzen dieser Abweichungen und Identifikation der Handlungsbereiche zur gezielten Entwicklung der Team- bzw. Führungskultur	Führungsgrundsätze	Handout der Ergebnisse PPT

Phase	Inhalte und Methodik	Führungskräftefeedback	Tools/Medien
	verbindliche Formulierung von 2–3 teambezogenen Wertezielen **gemeinsame Analyse und Bewertung der Erfassung der Führungskompetenzen der Führungskraft**: Vergleich der Selbsteinschätzung der Führungskraft und der aggregierten, anonymisierten Fremdeinschätzungen ihrer Mitarbeiter, Diskussion möglicher Konsequenzen dieser Abweichungen und Identifikation der Handlungsbereiche zur gezielten Entwicklung der Führungskompetenzen **verbindliche Formulierung von 2–3 Zielen zur Entwicklung der Führungskompetenzen** **verbindliche Vereinbarungen zur Gestaltung der Entwicklungsgespräche:** • Planung der Gespräche • Ziele und Prinzipien der Gestaltung der Gespräche • Vorbereitung der Mitarbeiter: Handlungsprinzipien • Vorbereitung der Führungskräfte: Handlungsprinzipien **verbindliche Festlegung von weiteren Entwicklungsprojekten für die Führungskultur**, die gemeinsam im Team bearbeitet werden **Definition der erforderlichen Rahmenbedingungen** (Raum, Zeit, Personal, Geld etc.), die für diese Kompetenz- und Werteentwicklung erforderlich sind **Reflexion über den Teamworkshop** auf der Metaebene *(Was lief gut? Was hat den Teammitgliedern nicht gefallen? Wie kann der Workshop optimiert werden? Wie nützlich war der Workshop für die gezielte Entwicklung der Führungskompetenz?)*		

Phase	Inhalte und Methodik	Führungskräftefeedback	Tools/Medien
Reflexionsgespräch mit jeder Führungskraft durch den Moderator	• Reflexion des Mitarbeiterworkshops • Planung der Umsetzung der Ergebnisse aus dem Mitarbeiterworkshop	Führungsgrundsätze	Protokoll der Ergebnisse aus dem Teamworkshop
Reflexionsbogen für die Mitarbeiter	Reflexion der Mitarbeiter zur • Kompetenzerfassung • Werteerfassung	Führungsgrundsätze	Reflexionsbogen
Gezielte Werte- und Kompetenzentwicklung im Rahmen der Mitarbeiterfördergespräche	**➜ gezielte Werte- und Kompetenzentwicklung der Führungskräfte mit Lernpartnern und Lernbegleitern im Rahmen der Mitarbeiterfördergespräche** **➜ gezielte, teambezogene Werteentwicklung im Rahmen der Mitarbeiterfördergespräche und der vereinbarten Projekte**	Lernbegleitung	Führungsgrundsätze Konzept des Führungskräftefeedbacks Web Based Trainings für Führungskräfte

Tab. 37: Beispiel für den Prozess der Teamentwicklung und den Aufbau der Führungskompetenzen

6.2.3.3 Content

Im Rahmen ihrer gezielten Werte- und Kompetenzentwicklung steuern die Führungskräfte ihren personalisierten Lernprozess zum Aufbau von Wissen und Qualifikation im Rahmen der Vereinbarungen mit ihrem Lernbegleiter bzw. mit ihren Lernpartnern weitgehend selbst. Gleichzeitig bearbeiten sie ihr persönliches Führungsprojekt mit dem Ziel, ihre angestrebten Werte und Kompetenzen aufzubauen.

Eine zentrale Rolle spielt das Erfahrungswissen der Kollegen, das im Rahmen des werte- und kompetenzorientierten Wissensmanagements mithilfe von Erfahrungsberichten, Fallstudien, Checklisten oder Handlungsempfehlungen aufgebaut wird.

Werte- und kompetenzorientierte E-Learning-Programme sollten grundsätzlich nach dem **Prinzip des Microlearning** gestaltet werden. Das bedeutet, dass kurze, problemorientierte Lerneinheiten entwickelt werden, die sich jeweils auf einen Aspekt typischer, repräsentativer Problemstellungen beziehen und in meist ca. 15 bis 20 Minuten bearbeitet werden können. Abgerundet werden die Lernprogramme jeweils mit einer Transferaufgabe, um die Anwendung in der Praxis zu sichern. Mit dieser Konzeption wird es möglich, die Lernprogramme bei Bedarf, on demand, zu nutzen, wenn in der Praxis Fragen auftreten.

Praxis- und kompetenzorientierte **Web Based Trainings** sind konsequent *aufgabenorientiert* zu gestalten, um die Motivation und eine hohe Aktivität und Selbststeuerung der Lerner zu fördern. Werte- und kompetenzorientierte *Entwicklungsprogramme* sind nicht das Endprodukt, sondern eine notwendige Voraussetzung für die weiteren Entwicklungsschritte. Sie

- orientieren sich an der Erfahrungswelt der Führungskräfte,
- ermöglichen vielfältige Interaktionen zwischen den Inhalten und den Führungskräften, aber auch zwischen den Führungskräften und Experten, z. B. der Personalentwicklung,
- geben den Führungskräften einen Spielraum, selbst zu entdecken, kreativ zu sein,
- beinhalten herausfordernde (Dissonanz erzeugende) Praxis- und Projektaufträge,
- ermöglichen bzw. initiieren Feedback auf die Aktionen der Führungskräfte, beispielsweise in Workshops und über eine Community of Practice,
- unterstützen die Führungskräfte inhaltlich und methodisch bei Problemlösungen,
- lassen den Führungskräften die Möglichkeit, ihre Entwicklungsprozesse weitgehend selbst zu gestalten und zu organisieren.

Web Based Trainings (WBTs) und interaktive Lernvideos dienen in Werte- und Kompetenzentwicklungskonzepten nicht zuerst dem Wissensaufbau und der Qualifizierung, sondern können über offene, problemorientierte Aufgaben (kognitive Dissonanzen) erste Anstöße gezielter Werte- und Kompetenzentwicklung erzeugen.

6.2.4 Praxisbeispiel: Konfliktmanagement

Der chinesische Begriff für Konflikt besteht aus zwei einzelnen Zeichen: ***Risiko und Chance.***

危机

Abb. 46: Die chinesischen Zeichen für den Begriff »Konflikt«: Risiko und Chance (Bildquelle: Risknet.de)

Ein Konflikt hat im ersten Moment nur negative Aspekte, der Einklang und der Frieden sind verschwunden. Der Mensch wird aus seinem täglichen Leben herausgerissen, fühlt sich angegriffen und ist gezwungen, sich zur Wehr zu setzen. Die Lösung des Konfliktes bedarf weiterer Energie, die für das tägliche Leben dann nicht mehr zur Verfügung steht (vgl. Berkel 2008).

Konflikte sind Interaktionen zwischen Individuen, Teams oder Organisationen, bei denen mindestens ein Akteur eine Differenz bzw. Unvereinbarkeit im Wahrnehmen,

im Denken, im Fühlen oder im Wollen mit den anderen Akteuren erlebt, die ihn beeinträchtigen kann (nach Glasl, 2010, S. 17).

Folgende Merkmale kennzeichnen Konflikte (vgl. Schäffner, S. 313 ff.):

1. **Interaktion**: aufeinander bezogenes Kommunizieren oder Handeln der Beteiligten
2. **Spannungssituationen**: Mindestens eine Partei sieht eine Unvereinbarkeit der Standpunkte. Diese kann im Denken, im Vorstellen oder Wahrnehmen, im Gefühls- oder Willensbereich, aber immer in Verbindung mit entsprechendem Handeln oder Kommunizieren liegen.
3. **Mindestens zwei Parteien**: Es genügt, wenn eine Partei die Gründe für den Konflikt in der jeweils anderen Seite sieht und Behinderungen, Widerstand, Abwehr oder Angriff erlebt. Dabei ist es unerheblich, ob sich die Gegenpartei des Konflikts bewusst ist.
4. **Gemeinsames Konfliktfeld**: z. B. der Arbeitsbereich, persönlicher Lebensbereich, politisches Umfeld etc.
5. **Unterschiedliche Handlungsabsichten**: z. B. Gewinnstreben, Wunsch nach Anerkennung, Bequemlichkeit etc.
6. **Negative Gefühle** spielen eine wichtige Rolle, z. B. Angst, Wut, Unsicherheit
7. **Gegenseitige Beeinflussungsversuche**: direkte Konfrontation, Mobbing etc.

Jeder Konflikt birgt Gefahren, aber auch Chancen für einen Neuanfang. Konflikte können Beziehungen zerstören, aber auch, nach einem erfolgreichen Lösungsprozess, stärken.

Konflikte stören Handlungsabläufe und wirken sich negativ auf die Beteiligten aus. Sie haben die Tendenz zu eskalieren, d. h., sie weiten sich aus und nehmen an Intensität zu. Sie belasten aber nicht nur unsere Beziehungen, sondern können auch eine reinigende Wirkung erzielen. Deshalb ist es notwendig, mit Konflikten angemessen und zielorientiert umzugehen. Denn Konflikte gehören zu unserem Leben.

Werteerfassung ermöglicht es, auch tiefliegende Ursachen für Konflikte zu erkennen, zu analysieren und gezielt zu managen.

Konfliktlösungsfähigkeit setzt voraus, Interessengegensätze zu erkennen, unterschiedliche Meinungen mit der erforderlichen Kritikfähigkeit zu tolerieren sowie die individuelle Bereitschaft zur Konfliktbearbeitung (vgl. Erpenbeck 2013b).

Beim Konfliktmanagement geht es nicht nur um die Suche nach einer angemessenen Lösung, sondern auch darum, eine Grundlage für positive Beziehungen, Toleranz, Offenheit und den Aufbau einer fairen Kommunikationskultur zu schaffen, also gezielt gemeinsame Werte zu entwickeln.

Konflikte sind für die Entwicklung von Teams notwendig, denn sie

- **machen Probleme bewusst**: Das Team erfährt, wo die Brennpunkte liegen und was es selbst tun muss, um sie zu entschärfen.
- **stärken den Willen zur Veränderung**: Sie signalisieren, dass etwas im Team verändert werden muss, z. B. eingefahrene Gewohnheiten aufgeben oder neue Kompetenzen und Werte aufbauen.
- **erzeugen den notwendigen Druck**: Es entwickelt sich die Kraft und Entschiedenheit, brisante Themen aktiv anzupacken.
- **vertiefen zwischenmenschliche Beziehungen**: Die Teammitglieder lernen sich und ihre Führungskraft besser verstehen, wissen, was ihnen und gegenseitig wichtig ist, kennen die verletzlichen Seiten aller Beteiligten und finden heraus, wie sie auch unter Druck konstruktiv zusammenarbeiten können.
- **festigen den Zusammenhalt**: Unvermeidliche Reibungen werden entdramatisiert und versachlicht.
- **machen die Zusammenarbeit im Team interessanter**: Routine wird durchbrochen, Beziehungen werden lebendig und Gespräche werden spannend.
- **geben Anstoß, Werte und Kompetenzen zu entwickeln**: Das Team wird neugierig, um schwer verständliche Ansichten zu verstehen und neue Einsichten zu gewinnen.
- **fördern die Kreativität**: Das Team erfährt, dass man Situationen ganz unterschiedlich sehen und bewerten kann, sodass das Problemverständnis wächst und neue Lösungen entstehen können.
- **führen zu besseren Entscheidungen:** Das Team wird gezwungen, Entscheidungen sorgfältig zu durchdenken, widersprüchliche Alternativen durchzuspielen, bevor es sich für eine Lösung entscheidet.

Konflikte sind durch Mechanismen gekennzeichnet, die meist in einem paradoxen Verhältnis zueinander stehen. Immer wenn die Parteien versuchen, aus diesem Mechanismus auszubrechen, manövrieren sie sich immer tiefer in den Konflikt hinein.

In Konfliktsituationen sind mehrere Mechanismen gleichzeitig wirksam, die im Wechselspiel zu zunehmend verzerrten Wahrnehmungen führen. Es entwickeln sich einseitig negative Deutungen des Handelns der Gegenseite und feindliche Haltungen, aus denen sich vermehrt destruktive Handlungsweisen ableiten. Es fällt den Menschen zunehmend schwer, angemessen zu entscheiden und die Situation zu kontrollieren.

Deshalb ist es wichtig, diese Mechanismen zu erkennen und zu beschreiben. Damit diese Merkmale aufgedeckt werden können, bietet sich folgende Vorgehensweise an:

Phase	Inhalte und Methodik	Teilnehmer	Tools/Medien
Konzeptions-workshop **1 Tag**	• Vorstellung und Diskussion der Vorgehensweise • evtl. Anpassung der Planung • evtl. teamspezifische Anpassung der Erfassungssysteme • Planung der Information aller Teammitglieder • Planung der Werte- und Kompetenzerfassung • Planung der Folgemaßnahmen	Werte- und Kompetenzmanagementteam Führungskraft	PPT Moderationsmedien Templates zur Anpassung der Definitionen
1 Woche Laufzeit – je 15 Minuten	**Werteerfassung Ist und Wunsch im Team**		Erfassungssoftware
Workshop **1 Tag**	**Analyse und Bewertung der Ergebnisse** • *Bei welchen Werten sind die Übereinstimmungen zwischen Ist und Wunsch besonders hoch?* • *Wie wirkt sich diese Übereinstimmung in der täglichen Praxis aus?* • *Bei welchen Werten ist die Abweichung zwischen Ist und Wunsch am stärksten ausgeprägt?* • *Wie wirken sich diese Abweichungen in der täglichen Praxis aus? Welche Beispiele, insbesondere für Konflikte, sind dafür besonders typisch?* • *Welche Ursachen haben diese Abweichungen zwischen Ist und Wunsch?* • *Wie können die Istwerte schrittweise den Wunschwerten angepasst werden?* • *Festlegung eines Sollprofils* • *Formulierung von Wertezielen für die kommenden Monate* • *Vereinbarung verbindlicher Maßnahmen zur Werteentwicklung*	alle Teammitglieder und die Führungskraft Werte- und Kompetenzmanagementteam	Moderationsmedien
Mehrere Monate	**Selbstorganisierte Werteentwicklung im Team** 1. regelmäßiger Austausch der Erfahrungen 2. bei Bedarf Anpassung der Ziele und Maßnahmen	alle Teammitglieder und die Führungskraft	Tools zur Projektbearbeitung Ermöglichungsraum

Phase	Inhalte und Methodik	Teilnehmer	Tools/Medien
Nach ca. 6 Monaten	**Werteerfassung im Team**	alle Teammitglieder und die Führungskraft	Erfassungssoftware
Fortsetzung	• Workshops zur Analyse und Bewertung des Entwicklungsbedarfs • Planung der Umsetzung von Folgeprojekten • weitere Werteerfassungen	alle Teammitglieder und die Führungskraft, Werte- und Kompetenzmanagementteam	dto.

Tab. 38: Prozess des werteorientierten Konfliktmanagements

Die Erfahrungen zeigen, dass mit diesem Ansatz die Konfliktursachen tiefgehend analysiert und bearbeitet werden können, sodass eine nachhaltige Konfliktbewältigung möglich wird.

6.3 Individuelle Werte- und Kompetenzentwicklung

»Gelernt werden kann nur das, was für ein Lebewesen bedeutsam ist.«
Gerald Hüther

Die Arbeitswelt wird sich mit der Entwicklung humanoider Computer, die mithilfe künstlicher Intelligenz menschenähnlich agieren, Problemstellungen erfassen, analysieren, bewerten und lösen können, in den kommenden Jahren dramatisch verändern (vgl. Erpenbeck, Sauter 2013).

Zum wichtigsten Lernort für den selbstorganisierten Aufbau von Werten und Kompetenzen durch die Mitarbeiter wird nach und nach der Arbeitsplatz. Dort findet das Lernen individuell und primär statt. Das notwendige Wissen und die erforderlichen Qualifikationslösungen sowie die Lernbegleitung werden innerhalb des Ermöglichungsraumes bedarfsgerecht angeboten.

Werte und Kompetenzen der Mitarbeiter können nicht vermittelt werden, sie können gemeinsam selbstorganisiert bei der Bewältigung von bedeutsamen Herausforderungen in der Praxis aufgebaut werden. Deshalb wachsen Arbeiten und Lernen wieder zusammen.

Der Schweizer Bildungsexperte Daniel Stoller-Schai zeichnet für das Corporate Learning das Bild eines **Lernhauses.** In diesem legt das Dach die strategische Ausrichtung und die Lernvision fest, die einzelnen Etagen decken verschiedene Lernformen und -formate ab, die Kompetenzen stabilisieren den Baukörper und die Lerntechnologien bilden das Fundament. Diese Lernarchitektur bildet den Bauplan für eine **lernende Organisation** (vgl. Stoller-Schai 2017, S. 449 ff., 2015, S. 23).

Die regelmäßigen Werte- und Kompetenzerfassungen werden systematisch ausgewertet. Auf dieser Grundlage werden die Lernprozesse in einem dynamischen Prozess durch die Mitarbeiter in Abstimmung mit ihren Lernpartnern und der Führungskraft laufend angepasst. Ein definiertes Ende der Werte- und Kompetenzentwicklungsprozesse ist nicht vorgesehen, sie laufen auch nach dem Ende der Entwicklungsmaßnahmen weiter. Nachdem die Mitarbeiter sich im Rahmen dieser praxis- und projektorientierten Kompetenzentwicklung an das selbstorganisierte Lernen gewöhnt und dessen konkreten Nutzen für ihren Arbeitserfolg erfahren haben, werden sie den Ermöglichungsrahmen voraussichtlich immer mehr dazu nutzen, mithilfe dieses Lernsystems ihre Herausforderungen in der Praxis zu lösen. Es entwickelt sich Social Workplace Learning.

Unser Vorschlag basiert auf dem Ansatz der **Ermöglichungsdidaktik**, die wir mithilfe einer **Learning-Experience-Plattform** umsetzen. Wir stellen damit einen bedarfsgerechten, dynamischen Ermöglichungsraum bereit, der es den Führungskräften und Mitarbeitern ermöglicht, ihre selbstorganisierte Werte- und Kompetenzentwicklung im Arbeitsprozess und im Netz umzusetzen.

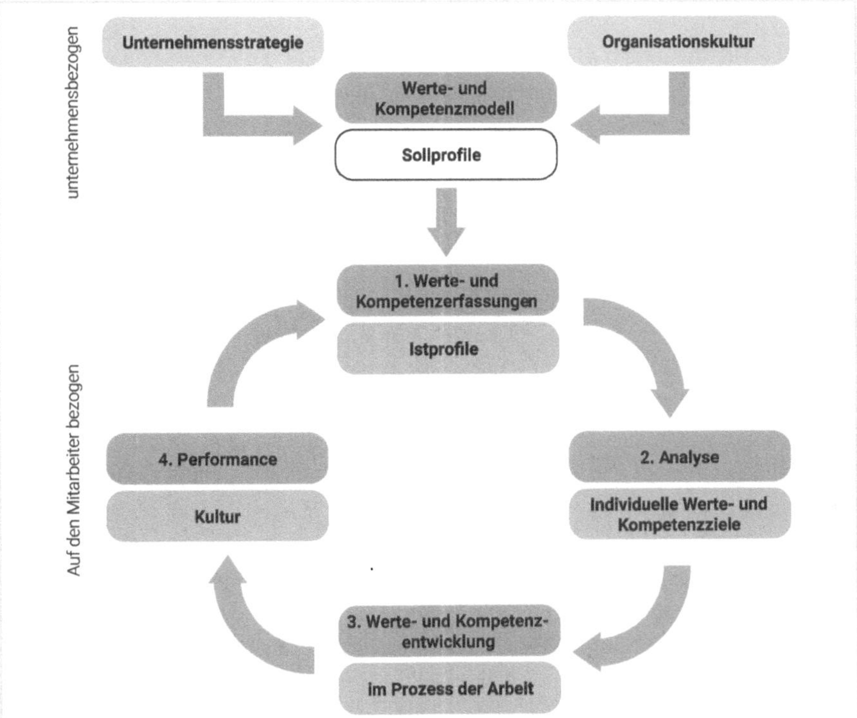

Abb. 47: Kreislauf der gezielten Werte- und Kompetenzentwicklung

Die selbstorganisierten *Lernreisen* der Teilnehmer basieren auf individuellen Werte- und Kompetenzerfassungen. Der Lernbegleiter führt mit jedem Mitarbeiter, den er begleitet, vorab ein meist telefonisches Beratungsgespräch, in dem der Mitarbeiter seine individuellen Werte- und Kompetenzziele definiert. Auf Basis dieser persönlichen Entwicklungsziele vereinbart der Mitarbeiter mit seiner jeweiligen Führungskraft ein geeignetes Praxisprojekt bzw. eine herausfordernde Praxisaufgabe.

Daraus ergeben sich vielfältige Entwicklungskonzepte, die wir im Folgenden beispielhaft darstellen.

6.3.1 Praxisbeispiel: Beratung von Nachwuchskräften

Es ist schon erstaunlich: Das heutige schulische Bildungssystem verharrt zum großen Teil in dem Glauben, dass Auswendiglernen von Sach- und Fachwissen Bildung sei. Das gegenwärtige staatliche Bildungssystem ist unfähig, die heute notwendigen Neuerungen zu vollziehen und anstatt der angeblichen Vermittlung von Sach- und Fachwissen endlich durchgängig Strukturen für die Entwicklung und Reifung von Werten und Kompetenzen für die zukünftige Lebens- und Arbeitswelt zu schaffen.

Deshalb ist es nicht verwunderlich, wenn die meisten Schüler sich bei ihrer Berufswahl schwertun. Auf der anderen Seite ist es kaum möglich, aufgrund von Schulzeugnissen, die viel über die Fähigkeit zum Auswendiglernen, aber sehr wenig über Werte und Kompetenzen sagen, Empfehlungen für die berufliche Zukunft der Schüler zu geben.

Der bisherige wirtschaftliche Aufschwung wird ein rasches Ende nehmen, wenn den Organisationen Nachwuchskräfte mit den passenden Werten und Kompetenzen fehlen. Wenn das Bildungswesen versagt, ist die ganze Gesellschaft in ihrem Bestand bedroht, postulierte bereits Georg Picht (1965, S. 10) vor über fünfzig Jahren. Die Ökonomen Eric A. Hanushek und Ludger Wößmann (2015) haben in langfristigen, internationalen Studien nachgewiesen, dass es einen ursächlichen Effekt besserer Bildungsleistungen auf das wirtschaftliche Wachstum gibt. Danach hängen die volkswirtschaftlichen Wachstumsraten langfristig direkt mit den Kompetenzen der Menschen zusammen, weil bedarfsgerechte Bildung die Menschen in ihrer Arbeit produktiver und innovativer macht.

Die Erfassung der Basiswerte und -kompetenzen der Nachwuchskräfte mithilfe der Rankingmethode ermöglicht die grundlegende Selbst- und Fremdeinschätzung unter normalen und schwierigen Bedingungen, ohne dass die Antworten »geschönt« werden können.

Grundsätzlich gibt es folgende Möglichkeiten, dieses Instrument in der Beratung einzusetzen:

- **Erfassung der Basiswerte und -kompetenzen als Selbsteinschätzung**: Diese Lösung bietet sich an, wenn die Beratung im Rahmen eines einmaligen Termins erfolgt. Dies ermöglicht es, beispielsweise gezielt Praktika zu vereinbaren, in denen die Nachwuchskräfte erste Erfahrungen sammeln können.
- **Erfassung der Basiswerte als Selbsteinschätzung und der Basiskompetenzen als Selbst- und Fremdeinschätzung, z.B. durch den Lehrer**: Dies setzt eine Beratung im Vorfeld voraus, sodass geeignete Personen für die Fremdeinschätzung identifiziert werden können. Auch in diesem Fall sollte ein Praktikum folgen.
- **Erfassung der Basiswerte als Selbsteinschätzung und der Basiskompetenzen als Selbst- und Fremdeinschätzung, z.B. im Rahmen eines Praktikums**: Auf dieser Basis können eventuell Folgemaßnahmen vereinbart werden.

Damit können die Nachwuchskräfte bei ihren Motivationen und Kompetenzen abgeholt werden, sodass eine gezielte Beratung möglich wird.

Bei Schülern und Studenten kann zudem im letzten Schul- bzw. Studienjahr das Ratingsystem mit Werte- und Kompetenzsollprofilen für mögliche Berufe genutzt werden. In diesem Fall werden in einem ersten Schritt mit erfahrenen Berufspraktikern Sollprofile für ausgewählte Berufsbilder entwickelt, die dann mit der jeweiligen Selbst- und Fremdeinschätzung verglichen werden.

6.3.2 Praxisbeispiel: Recruiting

»Das erste, was Arbeitgeber tun sollten, ist, wirklich über die Kompetenzen nachzudenken, die für einen Job relevant sind. Sie sollten auf Handlungsfähigkeiten und nicht auf Zeugnisse schauen. Sie sollten Stellenbeschreibungen entwickeln, die sich auf Kompetenzen konzentrieren, anstatt einfach zu wiederholen, was in der Vergangenheit gefordert wurde. Man sollte sich darüber im Klaren sein, was man wirklich sucht […]«
Beth Cobert

Ausgehend von einer Analyse der wichtigsten Trends und Treiber der Zukunftsarbeit zeigt die Fraunhofer Studie »Zukunftsarbeit« (2018)[53], die Beiträge von 20 Fraunhofer Instituten integriert, wie die heutigen Bedingungen und Möglichkeiten genutzt werden können, um die Zukunft der Arbeit – und damit auch des betrieblichen Lernens – positiv zu gestalten. Danach ist es kaum möglich, heute vorauszusagen, welche Kompetenzen

53 https://www.fraunhofer.de/content/dam/zv/de/veranstaltungen/erlebniswelt/studie-zukunftsarbeit-k.pdf.

morgen benötigt werden. Für die zukünftigen Kompetenzanforderungen erwarten die Befragten danach schnellere und größere Veränderungen als heutzutage. Umso wichtiger werden **Werte**, die als Kerne von Kompetenzen Orientierung geben.

Soziale Kompetenzen stufen die Fraunhofer Institute dabei als die wichtigsten Zukunftskompetenzen ein. Um sicherzustellen, dass die Wirtschaft weiterhin zukunfts- und wettbewerbsfähig bleibt, braucht es nach der Studie aber eine Bildungsoffensive auf allen Ebenen, insbesondere in den Bereichen kreative Problemlösung, unternehmerisches Denken sowie schnelles Zurechtfinden in unbekannten und unstrukturierten Umgebungen. Damit spielen auch personale Kompetenzen, Aktivitätskompetenzen sowie Fach- und Methodenkompetenzen eine wichtige Rolle.

Die Auswahl der Bewerber im Recruiting-Prozess wird mit dem Ziel durchgeführt, eine freie Stelle mit einem Bewerber zu besetzen, der im Vergleich zu den anderen Bewerbern das Werte- und Kompetenzprofil besitzt, das den Stellenanforderungen am ehesten entspricht. Dafür gibt es vielfältige Verfahren der Eignungsdiagnostik (vgl. Schuler, 4. Aufl. 2014, S. 155 ff.). Entscheidend ist, dass der ausgewählte Bewerber die Aufgaben auf der ausgeschriebenen Stelle selbstorganisiert und kompetent bewältigen kann, also handlungsfähig ist.

Bewerber, deren Werte- und Kompetenzprofil zu viele Lücken in Hinblick auf die neuen Anforderungen aufweisen, drohen zu scheitern. Ist ein Bewerber andererseits zu kompetent, besteht die Gefahr, dass er sich unterfordert fühlt und deshalb seine Aufgaben nicht optimal erfüllt. Auch ist dann die Wahrscheinlichkeit hoch, dass er sich sehr bald nach neuen Aufgaben umsieht. Weichen seine Werte zu stark von den Werten seines neuen Teams ab, sind Konflikte vorprogrammiert.

In der Bewerberauswahl geht es nicht darum, den besten Bewerber zu finden, sondern den Bewerber, der in Hinblick auf die Werte und Kompetenzen am besten zu der ausgeschriebenen Stelle passt.

Deshalb werden in werte- und kompetenzbasierten Rekrutierungsprozessen die Stellenausschreibungen um Werte- und Kompetenz-Sollprofile oder um Kernwerte und -kompetenzen erweitert.

Vor Ausschreibung einer Stelle sind daher die objektiven und subjektiven Anforderungen, die an die Bewerber gestellt werden, möglichst präzise zu definieren. Die Stellenausschreibungen sollten dabei folgende Aspekte umfassen:

- Unternehmen – Branche, Größe, Standort
- Position – Aufgabenbeschreibung, erforderliche Qualifikationen und Erfahrungen, **Sollwerte und -kompetenzen**, Entwicklungsmöglichkeiten
- Leistungsangebot – Dotierung, Vertragsdauer, Arbeitszeit
- Bewerbungsmodalitäten – Bewerbungsfrist, Bewerbungsunterlagen, Vertraulichkeit

Falls Kriterien verwendet werden, die als Benachteiligung zu bewerten sind, können diese als Indizien für eine Diskriminierung dienen und nachträglich kaum mehr geheilt werden. Deshalb ist jede Ausschreibung unter dem Aspekt des Allgemeinen Gleichbehandlungsgesetzes (AGG) zu überprüfen.

Aus den Funktionsbeschreibungen leiten sich damit werte- und kompetenzorientierte Anforderungsprofile ab.

Werte- und Kompetenzprofile sind Sollprofile, die die erforderlichen Werte und Kompetenzen mithilfe funktionsspezifischer Wertebeispiele und Handlungsanker operationalisieren.

Die Einschätzung eines Bewerbers erfolgt dabei in Hinblick auf das Anforderungsprofil der Stelle, die zu besetzen ist. Dabei ist es weniger wichtig, ob sie vergleichbare Aufgaben heute schon bewältigen, sondern wie sie die bisherigen Herausforderungen gelöst haben. Dies lässt wiederum Rückschlüsse auf deren Entwicklungspotenzial zu.

Wir empfehlen vor dem Bewerbungsgespräch folgende Erfassungen durchzuführen:

- **Kompetenzerfassung:** Selbsteinschätzung aller Kompetenzen mit einem Rankingsystem, um »gewünschte« Antworten zu vermeiden. Sofern man im Auswahlverfahren mit Hospitationen oder Assessment-Center-Übungen arbeitet, kann man ein Ratingsystem nutzen, mit dem Selbsteinschätzungen und Fremdeinschätzungen der Beobachter in Bezug auf ein Sollprofil verglichen werden.
- **Werteerfassung:** Selbsteinschätzung der Werte als Ordner dieses Handelns durch die Bewerber mit einem Rankingsystem

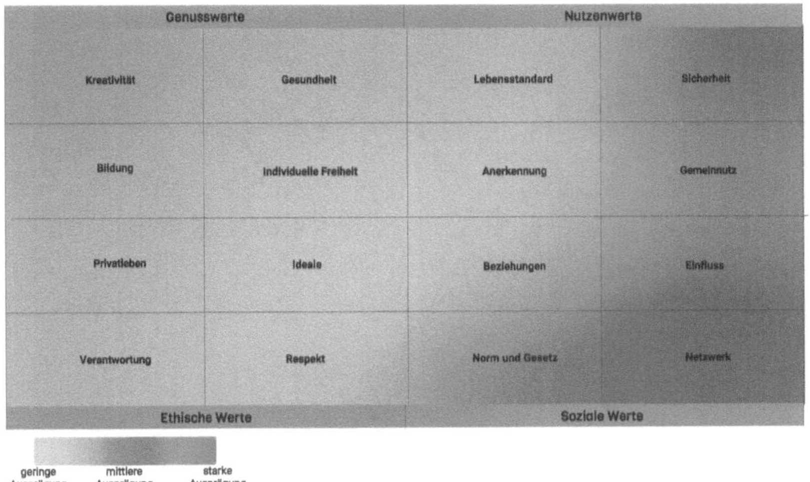

Abb. 48: Beispiel der Werte- und Kompetenzerfassung eines Bewerbers im Rankingsystem (Quelle: Valcom® Institut)

Der Abgleich zwischen Anforderungsprofilen und Selbsteinschätzung der Bewerber (Soll-Ist-Abgleich) ermöglicht eine differenzierte Bewertung. Werte- und Kompetenzerfassungssysteme können eine hohe prognostische Validität aufweisen, sodass die getroffenen Voraussagen sehr zuverlässig sind.

Es hat sich bewährt, für einen werte- und kompetenzbasierten Rekrutierungsprozess im Vorbereitungsgespräch der Entscheider zwei bis drei Fokuswerte- und -kompetenzen zu definieren, die im Bewerbungsgespräch gezielt hinterfragt werden.

Der Berufserfolg von Bewerbern kann nach einer Untersuchung von Schermuly (2019, S. 329) durch verschiedene Personalauswahlinstrumente, die unterschiedlich häufig in der Praxis genutzt werden, mit folgenden Trefferquoten vorhergesagt werden:

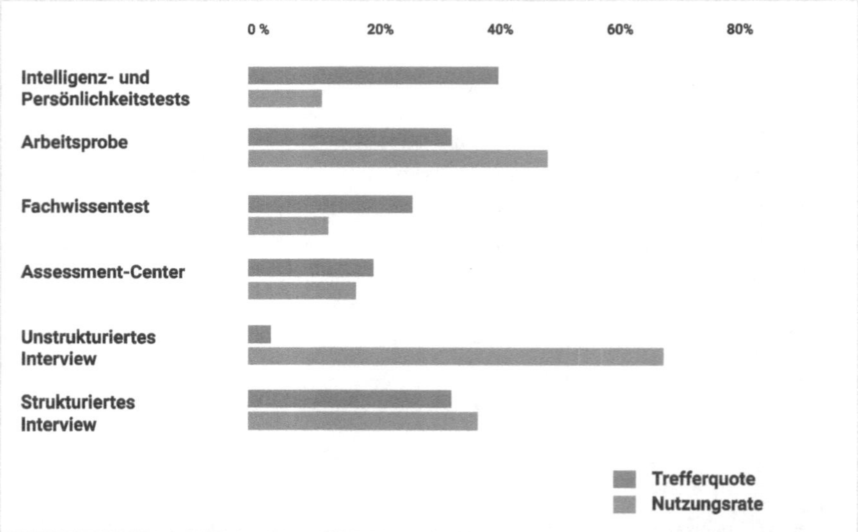

Abb. 49: Nutzung und Trefferquote von verschiedenen Personalauswahlinstrumenten (Schermuly 2019)

Diese Erhebung macht mehrere Punkte deutlich:

- Mithilfe von Intelligenz- und Persönlichkeitstests können keine seriösen Aussagen über den zukünftigen Berufserfolg getroffen werden.
- Fachwissen-Tests können nur zu etwa 25 Prozent eine berufliche Eignung treffsicher bestimmen.

- Assessment-Center (AC) weisen ebenfalls eine unbefriedigende Prognosequalität auf, insbesondere weil Werte und Kompetenzen in zwangsläufig künstlichen AC-Übungen nicht erfasst werden können (vgl. Kröll 2008, Diercks 2020).
- Unstrukturierte Interviews werden zwar wegen des minimalen Vorbereitungsaufwandes mit Abstand am häufigsten genutzt, haben aber aufgrund der besonders hohen Subjektivität der Bewertung (vgl. Stock-Homburg, Groß 2019) ein inakzeptable Trefferquote, die im Durchschnitt unter 5 Prozent liegt.
- Strukturierte Interviews weisen eine deutliche bessere, aber weiterhin unbefriedigende Prognosequalität auf.

Deshalb stellt sich die Frage, wie die Prognosequalität von strukturierten Interviews gesteigert werden kann.

Die Werte- und Kompetenzerfassung der Bewerber mithilfe des Rankingverfahrens bietet die Möglichkeit, die Prognosequalität der strukturierten Interviews deutlich zu steigern.

Das strukturierte Interview auf Basis der Werte- und Kompetenzerfassung bezieht sich damit auf tatsächlich erfahrene, konkrete Herausforderungen, denen der Bewerber ausgesetzt war. Dabei werden sowohl erfolgreiche als auch weniger erfolgreiche Situationen reflektiert (vgl. Heyse, Erpenbeck, Coester, Ortmann 2019, S. 212).

Dieses strukturierte Interview kann folgenden Ablauf haben (vgl. Schermuly 2019, S. 346 ff.):

Phase	Gesprächselemente
Vorbereitung	• Auswahlteam zusammenstellen, bei Bedarf die Werte- und Kompetenzentwicklung der Mitglieder für das Recruiting gezielt ermöglichen • Analyse der Bewerbungsunterlagen • Sollprofile für die Werte und Kompetenzen der zu besetzenden Funktionen erstellen oder auf bereits entwickelte Profile zurückgreifen
Vor dem Gespräch	• den Bewerbern den Ablauf erklären • **Werte- und Kompetenzerfassung mit einem Rankingsystem** in Form der Selbsteinschätzung durchführen. Alternativ kann die Kompetenzerfassung im Rahmen einer halbtägigen Hospitation um eine Fremdeinschätzung erweitert werden.
Anfang des Gesprächs	• Eisbrecher • Vorstellung des Auswahlteams und der Organisation • Selbstvorstellung der Bewerber

Phase	Gesprächselemente
Kern des Gesprächs	• diagnostische Fragen zu den Bedürfnissen der Bewerber • Wissen und Qualifikation: Erfüllt der Bewerber die notwendigen formellen Voraussetzungen? • **Reflexion der Bewerber zur Werte- und Kompetenzerfassung** • **gemeinsame Analyse der Werte- und Kompetenzerfassung** – **Werte:** Passen die Werteausprägungen des Bewerbers zu den Soll-Werten der Funktion sowie zu den Organisations- bzw. zu den Teamwerten? – **Kompetenzen:** Erfüllt der Bewerber die Anforderungen an das Sollkompetenzprofil der ausgeschriebenen Funktion? • **gemeinsame Bewertung der Werte und Kompetenzen** – unterhalb der Zielkorridore – oberhalb der Zielkorridore – in den Zielkorridoren • **Werte- und kompetenzorientierte Herausforderungen**: Fragen, die sich auf tatsächlich erfahrene Herausforderungen beziehen und die Lösungsprozesse reflektieren • **zusammenfassende Einschätzung** durch den Teilnehmer • evtl. Besprechung offener Punkte des Bewerbers
Entscheidung	• Bewertung der notwendigen formellen Voraussetzungen • **Analyse der Ergebnisse der Soll-Ist-Vergleiche der Werte und Kompetenzen** in Hinblick auf die Anforderungen, die sich aus den Herausforderungen der zu besetzenden Stelle ergeben • **Bewertung der Ergebnisse und der Interviews** • Diskussion des Teams der Entscheider darüber, welche Konsequenzen sich aus der Bewertung der verschiedenen Bewerber ergeben. Es hat sich bewährt, eine **Entscheidungsmatrix** zu entwickeln, in der die wesentlichen Argumente für und gegen die einzelnen Bewerber zusammengestellt und bewertet werden. • **begründete Entscheidung im Team** • **Planung der Rückmeldegespräche** an die erfolgreichen und nicht erfolgreichen Bewerber

Tab. 39: Ablauf des strukturierten Interviews auf Basis der Werte- und Kompetenzerfassung

Das werte- und kompetenzorientierte Interview hat zum Ziel, die einzelnen Werte und Kompetenzen am Beispiel von erlebten Herausforderungen und des erfahrenen Lösungsprozesses zu reflektieren (vgl. Heyse, Erpenbeck, Coester, Ortmann 2019, S. 212). Dafür werden Fragen entwickelt, die sich auf prägnante Erfahrungen des Bewerbers beziehen, z. B. zur Kompetenz.

Teamorientiertes Handeln – Fragen an den Bewerber

Erinnern Sie sich bitte an eine Situation in Ihrem Team, bei der unterschiedliche Sichtweisen und Meinungen aufeinandergeprallt sind. Beschreiben Sie dieses Erlebnis kurz.

1. *Wie haben Sie sich in dieser Situation gefühlt? Fühlten Sie sich angegriffen?*
2. *Haben Sie sich eher zurückgezogen oder wurden Sie aktiv?*
3. *Wie sind Sie vorgegangen, um die Argumente beider Seiten zu verstehen?*
4. *Wie sind Sie mit emotionalen Spannungen im Team umgegangen?*
5. *Was haben Sie getan, um eine Lösung herbeizuführen?*

Ist es Ihnen gelungen, ein Ergebnis zu erzielen, mit dem alle Teammitglieder leben konnten?

Mit diesen Fragen kann das Erfahrungsniveau der Bewerber tiefgehend erkundet werden, weil deutlich wird, ob der Bewerber solche Herausforderungen bereits erlebt hat und wie er grundsätzlich damit umgeht. Um die Ergebnisse vergleichbar zu machen, empfiehlt es sich, die Antworten auf einer Bewertungsskala festzuhalten.

6.3.3 Werte- und kompetenzorientierte Berufsausbildung

»Ändern wir nicht, wie wir unterrichten, dann haben wir in 30 Jahren große Probleme. […]
Wir können Jugendlichen nicht beibringen, mit Maschinen zu konkurrieren. Das bisherige Bildungssystem basiert darauf, das Wissen der vergangenen 200 Jahre zu vermitteln. Für die Zukunft gleicht das aber einer Bankrotterklärung.
Jugendliche sollen etwas lernen, was Maschinen niemals können und was sie von diesen unterscheidet – auch in Zukunft. Beispielsweise Werte, Überzeugungen, unabhängiges Denken, Teamwork, Mitgefühl – Dinge, die nicht durch reines Wissen vermittelt werden. Alles was wir lehren, muss unterschiedlich von Maschinen sein. Wenn es Maschinen besser können, müssen wir darüber kritisch nachdenken.«
Jack Ma, Gründer von Alibaba

Die berufliche Ausbildung ist auf der einen Seite ideal dafür geeignet, Werte und Kompetenzen im Prozess der Arbeit gezielt zu entwickeln, auf der anderen Seite wird fast die Hälfte der Ausbildungszeit durch formelles Lehren und Lernen in der Berufsschule, meist ohne direkte Verknüpfung zur Praxisausbildung, verbraucht. Obwohl die beruflichen und betrieblichen Bildungssysteme sich in einem teilweise fundamentalen Wandel befinden, sind keine Anzeichen zu erkennen, dass sich die Berufsausbildung in der Berufsschule in absehbarer Zeit grundlegend ändert. Insbesondere die Kultusbehörden sowie der Prüfungsapparat der IHK und der Handwerkskammern erweisen sich als weitgehend veränderungsunfähig. Es ist auch nicht zu erwarten, dass der DIHK und vergleichbare Einrichtungen trotz besseren Wissens ihre lukrativen Prüfungssysteme zugunsten eines werte- und kompetenzorientierten Ausbildungsansatzes aufgeben oder dass die Berufsschulen ihre Rolle als »Wissensvermittler« grundlegend überdenken werden.

6.3.3.1 Das Erfolgsmodell duale Berufsausbildung – eine zwiespältige Sicht

Digitale Fähigkeiten und Kenntnisse spielen in der Berufsausbildung zwischenzeitlich eine zentrale Rolle.

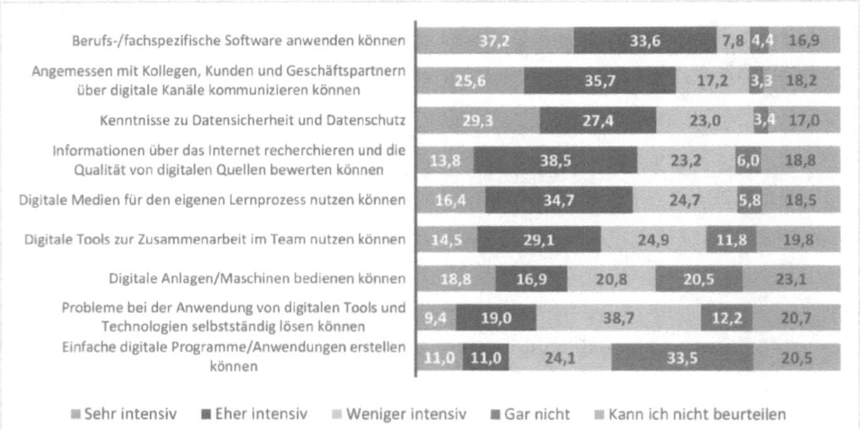

Abb. 50: Digitale Fähigkeiten und Kenntnisse, die in der Ausbildung aufgebaut werden (Quelle: iwkoeln 2020)

Die Berufsschulen zerstückeln den Unterricht in 45-Minuten-Einheiten, auf jedes Fach folgt ein neues, ohne dass Dinge zu Ende gedacht werden (Hüther, 3. Aufl. 2018, S. 40). Im Berufsschulunterricht wird das Fachwissen nach Curricula, die teilweise mehr als zwei Jahrzehnte alt sind, meist im »klassischen« Frontalunterricht, kombiniert mit Übungsphasen und Hausaufgaben, durch eher theorieorientierte Lehrer, die ihre Praxiserfahrungen, wenn überhaupt, häufig schon vor Jahrzehnten erworben haben, dargeboten. Wissensweitergabe gilt in den Berufsschulen immer noch weitgehend als der Weisheit letzter Schluss, geprüft wird nach den Prinzipien des *Bulimielernens*: Wissen aufnehmen, in Prüfungen und Klausuren ausspucken und sofort vergessen. Diese Gleichsetzung von Fachkompetenz und Fachwissen ist eine fundamentale Sünde gegen jedes wirkliche Bildungsdenken. Die Auszubildenden können am Ende unendlich viel wissen, hoch qualifiziert sein und trotzdem keinerlei Kompetenzen besitzen!

Das Phänomen, an althergebrachten Methoden in der Bildung festzuhalten, obwohl ihre Ineffektivität vielfach nachgewiesen wurde, beobachten wir gerade auch im Bereich der Berufsausbildung. Der Wissensaufbau und die Qualifizierung einerseits sowie die Werte- und Kompetenzentwicklung andererseits werden nach dem dualen Prinzip zwischen Berufsschule und Ausbildungsbetrieb aufgeteilt (vgl. Erpenbeck, Sauter 2019, S. 150 ff.).

Die Praxisausbildung und damit die Werte- und Kompetenzentwicklung finden heute weitgehend losgelöst von diesen formellen Qualifizierungsmaßnahmen statt. Gegen Schluss der Berufsausbildung wird das Ergebnis mit einer meist stark wissensorientierten schriftlichen und mündlichen Prüfung vor der IHK oder Handwerkskammer getestet. Viele Ausbilder bzw. Führungskräfte messen ihren Erfolg nach wie vor an diesen Prüfungsergebnissen, obwohl sie nahezu nichts über die Kompetenzen der Absolventen aussagen. Viel schlimmer ist, dass diese Rahmenbedingungen und insbesondere das Prüfungssystem der dualen Berufsausbildung konsequent kompetenzorientierte Ausbildungskonzeptionen verhindern. So klagen Unternehmen, die versuchen, ihre Auszubildenden in einem selbstorganisierten, kompetenzorientierten Lernarrangement auszubilden, darüber, dass die Kultur des eigenverantwortlichen Lernens immer wieder drastisch beeinträchtigt wird, wenn diese in der Berufsschulphase fremdgesteuerten Unterricht erfahren.

Allen Experten ist klar, dass die Auszubildenden mit diesem Vorratslernen nicht auf die zukünftigen Herausforderungen vorbereitet werden können. Wir benötigen vor allem einen Paradigmenwechsel im Bereich der Ausbildungsziele. Nicht mehr überladene Curricula mit überholten Lernzielen und Inhalten, sondern Werte- und Kompetenzziele zur selbstorganisierten Bewältigung zukünftiger Herausforderungen geben der Ausbildung eine zukunftsgerechte Orientierung.

Realistisch ist davon auszugehen, dass Veränderungen in den Lehrplänen der Berufsschulen in Richtung tatsächlicher Werte- und Kompetenzorientierung noch sehr lange auf sich warten lassen. Umso wichtiger ist es, dass der betriebliche Teil der Ausbildung konsequent werte- und kompetenzorientiert gestaltet und versucht wird, mit der jeweiligen Berufsschule auf örtlicher Ebene die Zusammenarbeit zu optimieren.

6.3.3.2 Die Rolle der Praxisausbildung

Die Ausbildung muss ein Spiegelbild der Lebens- und Arbeitswelt sein. Wenn die Auszubildenden auf ihre zukünftigen Herausforderungen vorbereitet werden sollen, dann müssen Lernformen, Kommunikationsmöglichkeiten und Medien dem aktuellen Arbeitsumfeld entsprechen, im besten Fall sogar die Zukunft in diesem Bereich vorwegnehmen. Selbstorganisierter Werte- und Kompetenzaufbau und fremdorganisierte Wissensweitergabe in angeleiteter Qualifizierung sind nicht miteinander vereinbar. Deshalb muss die Berufsausbildung primär in die Verantwortung der Auszubildenden – mit Begleitung durch Ausbilder und evtl. engagierter Berufsschullehrer – gelegt werden. Die notwendige Veränderung der Denk- und Handlungsweisen aller Beteiligten an Lernprozessen wird dabei nur möglich sein, wenn sich die Strukturen grundlegend verändern.

Der Lernort Praxis bildet das Zentrum der Ausbildung.

Erst bei der Bewältigung von realen Herausforderungen im Ausbildungsbetrieb können die Auszubildenden ihre Kompetenzen aufbauen und die erforderlichen Werte als Ordner ihres selbstorganisierten Handelns verinnerlichen. Dabei sind sie selbst für ihren Lernerfolg verantwortlich. Die Lernbegleitung durch den Ausbilder ist dabei immer nur **Hilfe zur Selbsthilfe**.

Die Auszubildenden sollten deshalb in der Praxisphase ihre Ausbildungsziele im Rahmen von Richtzielen und auf Basis von Werte- und Kompetenzerfassungen, im Gespräch mit ihrem Ausbilder, individuell, entsprechend ihrem persönlichen Bedarf, selbst definieren.

Dabei gilt das **Prinzip des exemplarischen Lernens** in Ausbildungsarrangements. Das erforderliche Fachwissen und die notwendige Qualifikation können sich die Auszubildenden weitgehend selbstorganisiert mithilfe des betrieblichen Ermöglichungsraumes bei Bedarf aufbauen. Die Rolle der betrieblichen Ausbilder liegt darin, die Auszubildenden bei der Definition ihrer individuellen Werte- und Kompetenzziele auf Basis professioneller Messungen zu beraten und ihnen über den betrieblichen Ermöglichungsraum entsprechende Entwicklungswege durch selbstorganisiertes Lernen in der Praxis anzubieten. Das Lernsystem passt sich an die individuellen Erfordernisse der Auszubildenden an, die personalisierte Werte- und Kompetenzreifung wird in enger Zusammenarbeit mit Praktikern flankiert.

6.3.3.3 Praxisbeispiel: Werte und kompetenzorientierte Berufsausbildung

In einem gemeinsamen Entwicklungsprozess mit den Ausbildern einer genossenschaftlichen Ausbildungsakademie haben wir mit großem Erfolg eine innovative, richtungsweisende Ausbildungskonzeption entwickelt und umgesetzt, die den veränderten Anforderungen der Praxis gerecht wurde. Auf Basis dieser Erfahrungen und unter Einbeziehung aktueller Entwicklungen im Corporate Learning haben wir unseren Ansatz für die werte- und kompetenzorientierte Berufsausbildung abgeleitet (vgl. Lohmann, Sauter 2012).

Die betriebliche Ausbildungskonzeption basiert auf den aktuellen Werte- und Kompetenz-Sollprofilen, die im Rahmen des jeweiligen Berufsbildes bzw. der Ausbildungslehrpläne für Bankkaufleute abgeleitet werden. Für den gesamten Ausbildungsprozess schlagen wir folgendes Vorgehen vor:

Phase	Inhalte und Methodik	Erläuterung	Tools/Medien
Konzeptionswork-shop **1 Tag**	• Vorstellung und Diskussion der Vorgehensweise • evtl. Anpassung der Planung • Vorbereitung des Workshops zur Anpassung der Erfassungssysteme • Festlegung des Kommunikationskonzeptes und Vorbereitung der notwendigen Maßnahmen • Planung der Informationsworkshops jeweils mit den Ausbildern und den ausbildungsverantwortlichen Führungskräften • Planung der Werte- und Kompetenzerfassung • Planung der Folgemaßnahmen	Der Rahmenlehrplan und das Konzept der innerbetrieblichen Ausbildung bilden die Grundlage.	Rahmenlehrplan Ausbildungskonzeption PPT Moderationsmedien
Workshop zur bedarfsgerechten Anpassung der Erfassungsinstrumente und zur Entwicklung von Sollprofilen **2 Tage**	• Erörterung der strategischen Anforderungen an die Nachwuchskräfte der Organisation • Anpassung der Definitionen und Handlungsanker der Kompetenzen auf die Ziele, die Rahmenbedingungen, die Kultur und die Sprache der Auszubildenden • Anpassung der Wertedefinitionen und -beispiele auf die Kultur der Organisation • Entwicklung von Sollprofilen für die Auszubildenden	Die Formulierungen für die Erfassung der Kompetenzen werden konsequent aus dem Fokus der Auszubildenden in der Organisation angepasst, die Formulierungen für die Werteerfassung entsprechend aus dem Fokus der Auszubildenden.	Handout zur Werte- und Kompetenzerfassung Templates für die Bearbeitung per PC PPT Moderationsmedien
Organisationsweite Kommunikation und Diskussion mit dem Ziel, alle Ausbildungsverantwortlichen miteinzubeziehen und Akzeptanz zu schaffen **Moderation und Begleitung** **4 Wochen**	Vorab • Blog des Organisations- und Ausbildungsleiters zur Zielsetzung • Erklärvideo zum Verfahren • Reflexionen für die Ausbildungsverantwortlichen • Informationen • evtl. World-Café oder Barcamp **Virtueller Kick-off** • Zielsetzung • Vorstellung der Themenpaten • Ablauf und Spielregeln • Hinweis auf Videos etc.	Diskussion der neuen Ausbildungskonzeption und der geplanten Ziele und Auswirkungen: • Fokus Organisation • Fokus Führungskräfte • Fokus Ausbilder • Fokus Auszubildende	digitaler Kommunikationsraum, z. B. im Rahmen einer Learning-Experience-Plattform Videos PDF

Phase	Inhalte und Methodik	Erläuterung	Tools/Medien
	Mehrere virtuelle Wochensprints z. B. vierwöchige Sprints: 1. Ziele: strategische Anforderungen an die Berufsausbildung 2. Berufsausbildung aus dem Fokus der Auszubildenden 3. Berufsausbildung aus dem Fokus der Ausbilder und Führungskräfte 4. Gestaltung und Ablauf der Berufsausbildung **Jeweils** • Webinar zur Einführung in die Themenwoche • täglich Vorstellung einzelner Aspekte, z. B. per kurzem Video • freitags Abschlusswebinar zur Zusammenfassung **Abschließender virtueller Workshop nach 4 Wochen** • Auswertung und Bewertung der Diskussionsbeiträge bei Bedarf Anpassung der Konzeption		
Kick-off mit den Auszubildenden 2–3 Tage	• Vorstellung • Ausbildungskonzeption • Reflexion zum eigenen Lernhandeln • Learning-Experience-Plattform • Tandem- und Gruppenbildung • Lerntagebuch • Werte- und Kompetenzerfassung • Planung der ersten Ausbildungsphase	alle Auszubildenden mit ihren Ausbildern Zeitweise kommen ausbildungsverantwortliche Führungskräfte hinzu.	Learning-Experience-Plattform
Im Rahmen des Kick-off **Erfassung der Werte und Kompetenzen der Auszubildenden** **Jeweils 15 Minuten je Erfassung**	• Ausfüllen der Fragebögen • Auswertung mit Interpretationsangeboten durch die Software	Erfassung der Kompetenzen und Werte durch Selbsteinschätzung der Auszubildenden	Onlinezugang der Auszubildenden
Im Rahmen des Kick-off **Beratungsgespräche mit dem Ausbilder**	• Analyse und Bewertung der Erfassungsergebnisse • gemeinsame Ableitung von individuellen Werte- und Kompetenzzielen sowie der notwendigen Wissens- und Qualifikationsziele • gemeinsame Festlegung der Praxisaufgaben und -projekte im nächsten Abschnitt • gemeinsame Planung der selbstorganisierten Ausbildung	Coachinggespräch	Erfassungsergebnisse

Phase	Inhalte und Methodik	Erläuterung	Tools/Medien
Ausbildung in der betrieblichen Praxis	• Werte- und Kompetenzentwicklung in der Praxis oder Projektarbeit: Die Auszubildenden lösen ihre vereinbarten Herausforderungen in der Praxis, halten ihre wesentlichen Beobachtungen in ihrem Lerntagebuch fest, reflektieren diese und besprechen sie mit ihrem Entwicklungspartner (Co-Coaching, Peer-to-Peer-Learning) bzw. in der Entwicklungsgruppe (kollegiale Beratung). • Die Auszubildenden erhalten im Rahmen des Co-Coaching Rückmeldungen. • Community of Practice: Klärung und kollaborative Bearbeitung offener Fragen, Austausch und Weiterentwicklung von Erfahrungswissen • Blogs: Erfahrungswissen in Lerntagebüchern darstellen, gemeinsam bewerten und weiterentwickeln	Lernbegleitung durch die Ausbilder Coaching durch Kollegen Co-Coaching durch Tandempaartner Communities of Practice und kollegiale Beratung selbstorganisierter Wissensaufbau mit E-Learning Qualifizierung, z. B. in Blended-Learning-Arrangements bei Bedarf Webinare mit dem Lernbegleiter	Ermöglichungsraum
Formelles Lernen in der Berufsschule	Neben dem formellen Unterricht: • Community of Learning: regelmäßiger, organisationsübergreifender Austausch der Auszubildenden zu Ausbildungsthemen • Lernbegleitung durch den Ausbilder: regelmäßiger Austausch	Co-Coaching und Coaching	Ermöglichungsraum zur Kommunikation und Kollaboration und zum Wissensaufbau
Ausbildungsworkshops	• Reflexion über die vergangene Ausbildungsphase • Präsentation, Diskussion und evtl. Bewertung von Ergebnissen aus der Praxis oder aus Praxisprojekten • Themenspeicher und Projekttagebücher: Klärung offener Fragen, evtl. mit Experten • Präsentation und Diskussion von Gruppenaufgaben • Übungen und Trainings, z. B: Transferaufgaben, Vertriebs- und Beratungstrainings • Werte- und Kompetenzerfassungen der Auszubildenden mit Analyse, Bewertung und Zielsetzung • Planung der nächsten Ausbildungsphase bzw. Praxisphase	moderierte Workshops: • Auszubildende • Ausbilder • evtl. Experten	Moderationsmedien Erfassungssoftware
Webinare	Bei Bedarf treffen sich Ausbildungsgruppen im Netz, um sich abzustimmen und offene Fragen zu klären.	Ausbilder mit Auszubildenden	Kommunikationstool

Tab. 40: Beispiel für den werte- und kompetenzorientierten Prozess der Berufsausbildung

Diese zukunftsweisende Ausbildungskonzeption generiert folgende **Vorteile**:

- praxis- und projektbezogene Kompetenzentwicklung der Auszubildenden,
- Verinnerlichung gemeinsamer Werte, die als Ordner selbstorganisierten Handelns dienen,
- konsequente Förderung des eigenverantwortlichen Denkens und selbstorganisierten Handelns von Anfang an (*lebenslanges Lernen*),
- bedarfsgerechte Verknüpfung von Präsenzunterricht, Tandem- und Gruppenarbeit sowie selbstorganisiertem Lernen mit der Learning-Experience-Plattform,
- deutlich reduzierte Anzahl von innerbetrieblichen Seminartagen,
- optimale Vorbereitung auf die Kaufmannsgehilfenprüfung.

6.3.3.4 Zukünftige Rolle der Berufsschulen?

Die Ausbildungsbetriebe sind mit den Berufsschulen nur noch begrenzt zufrieden. Sehr zufrieden bzw. eher zufrieden waren die Ausbildungsbetriebe laut einer Studie des IW Köln (2020) zu

- *30,4 Prozent in Hinblick auf die Bereitschaft zur Kooperation,*
- *29,8 Prozent bei der Vorbereitung der Auszubildenden,*
- *20,2 Prozent bei der digitalen Kompetenz der Lehrkräfte,*
- *19,5 Prozent bei der technischen Ausstattung der Berufsschulen.*

Welche Rolle übernehmen bei einer werte- und kompetenzorientierten Ausbildungskonzeption zukünftig die Berufsschulen?

Der Unterricht in der Berufsschule muss sich radikal wandeln, so wie es der Pädagoge Rolf Arnold treffend beschrieben hat: »Lehren ist eine Inszenierung von Erfahrungsräumen, in denen den Lernenden Erklärungs-, Vertiefungs- und Diskussionsmöglichkeiten eröffnet werden, die sie zu ihren Bedingungen nutzen können, ohne dass diese unmittelbar auf die Lernenden einwirken oder ihre Kompetenzentwicklung ohne deren innere Zustimmung nachhaltig beeinflussen können.« (Arnold 2014, S. 58)

In der heutigen Rolle als Wissensvermittler sind die Berufsschulen zukünftig weitgehend überflüssig, da der Wissensaufbau und teilweise auch die Qualifikation selbstorganisiert und damit bedarfsgerecht durch die Auszubildenden im Rahmen von Blended-Learning-Arrangements erfolgen kann.

Wir sehen die Rolle der Berufsschulen vielmehr darin, den Aufbau betriebsübergreifender Werte und Kompetenzen zu ermöglichen, sowohl im Bereich der Fachdidaktik als auch der Allgemeinbildung.

In einem ersten Schritt sollten die heutigen Schulfächer abgeschafft und durch bedarfsgerechte **Kompetenzfelder** ersetzt werden, in denen auch die allgemeinbildenden Themen integriert werden. Die Berufsschulen sollten die Freiheit erhalten, in Abstimmung mit den Ausbildungsbetrieben diese Kompetenzfelder mit aktuellen und bedarfsgerechten Projekten zu füllen.

Denkbar wären z. B. Forschungs- und Praxisprojekte, die Auszubildende mit Begleitung der Berufsschullehrer selbstorganisiert bearbeiten und dabei alle Phasen einer Lösungsentwicklung durchlaufen:
- projektbezogene Fragestellungen formulieren,
- den dazugehörigen Wissensstand recherchieren,
- ein methodisches Design planen und umsetzen,
- die erzielten Erkenntnisse darstellen und präsentieren.

Die Auszubildenden lernen dabei zu hinterfragen, selbstständig begründete Fragen zu stellen, sich für methodische Optionen zu entscheiden, um diese Fragen zu beantworten sowie Ziele und Pläne in die Tat umzusetzen, also komplexe Herausforderungen in der Praxis selbstorganisiert zu lösen.

Eine zentrale Aufgabe der Berufsschulen wird in diesem Ansatz sein, einen den Ausbildungsbetrieb übergreifenden Ermöglichungsraum zu schaffen, in dem die Auszubildenden Instrumente zur Planung ihrer personalisierten Lernprozesse finden, der das gesamte, nicht betriebsspezifische Fachwissen, aber auch allgemeinbildendes Wissen in modularisierten Lernmodulen zur Verfügung stellt und in dem vielfältige Tools zur Kommunikation, zum kollaborativen Arbeiten im Netz sowie zum Feedback angeboten werden. Die Berufsschule ermöglicht es den Auszubildenden zudem, Communities of Practice zu bilden, in denen sie kollaborativ organisationsübergreifende Herausforderungen in der betrieblichen Praxis bewältigen können. In offenen Lernformaten, z. B. in Barcamps, können die Auszubildenden ihre Fragen und Erfahrungen einbringen und mit den Mitschülern sowie dem Berufsschullehrer bearbeiten.

Diese Vision wirkt zwar unrealistisch, es ist aber auf jeden Fall einen Versuch wert, mit den Berufsschulen darüber zu sprechen, Elemente dieser Vision in der Praxis umzusetzen. Es gibt eine ganze Reihe von Beispielen, bei denen dies gemeinsam mit engagierten Berufsschullehrern gelungen ist.

6.3.4 Praxisbeispiel: Werteorientiertes und kulturgerechtes Onboarding

Onboarding-Programme, das an-Bord-nehmen von neuen Mitarbeitern durch integrationsfördernde Maßnahmen, werden von vielen Unternehmen umgesetzt. Dazu zählen

Pre-Boardings, also alle Aktivitäten, Aufgaben und Maßnahmen, die in einer Organisation durchgeführt werden, bevor der neue Mitarbeiter ankommt, Einführungsseminare (New Member Days), fallbasierte Trainings, Führungen durchs Unternehmen, Checklisten, Einarbeitungspläne mit einer Vielzahl von Durchlaufstationen, Beobachtung von Kollegen, Buddies, Paten und Tutoren, Teamevents und Kennenlernaktionen, Gespräche mit dem Personalbetreuer oder Mentoring durch die Führungskräfte (vgl. Galais, Moser, Roth 2018). *Damit soll im Regelfall erreicht werden, dass die Mitarbeiter ihre persönlichen Werte an die Unternehmenswerte anpassen, sich rasch in das Team integrieren und in ihrem Aufgabenbereich handlungssicher fühlen. Die Praxis zeigt, dass dies mit diesen skizzierten Maßnahmen kaum zu erreichen ist.*

Die Verinnerlichung von Werten ist der Schlüsselprozess jeder Werteaneignung und jedes Kompetenzaufbaus und damit jedes Onboarding-Programmes. Es gibt kein kompetentes Handeln ohne Werte – Werte konstituieren kompetentes Handeln. Deshalb spielt dieser Aspekt im Onboarding eine zentrale Rolle.

Erst Werte ermöglichen ein Handeln unter Unsicherheit, was in dem neuen Unternehmensumfeld besonders wichtig ist. Sie überbrücken oder ersetzen fehlende Kenntnisse, die am Anfang eines neuen Berufsabschnittes zwangsläufig auftreten und die die Lücke zwischen Wissen und Handeln schließen. Damit sind sie die zentralen Ordnungsparameter für individuelles und soziales Handeln in der neuen Herausforderung. Diese Rolle können Werte aber nur erfüllen, wenn sie nicht nur wohlformuliert in teuren Hochglanzbroschüren stehen, sondern durch die neuen Mitarbeiter selbst interiorisiert werden. Werte sind das Ergebnis laufender Lernprozesse in der Praxis bei der Lösung realer, herausfordernder Problemstellungen. Werte- und Kompetenzentwicklung der neuen Mitarbeiter erfolgt deshalb in einem integrierten Prozess.

Werte und Kompetenzen im neuen Arbeitsfeld können nicht gelehrt oder instruktional vermittelt werden. Gespräche über die Unternehmenswerte werden mit Sicherheit nicht dazu führen, dass die neuen Mitarbeiter danach handeln. Die meisten von uns kennen schließlich auch die zehn Gebote. Tatsächlich eignen sich Menschen Werte erst in ihrem eigenen geistigen und gegenständlichen Handeln an und so gehen diese unmittelbar in die einzelnen Erlebnisse der Menschen ein.

Werte und Kompetenzen können nur selbst handelnd, selbstorganisiert in realen Entscheidungssituationen im Prozess der Arbeit (Workplace Learning) angeeignet werden.

Deshalb benötigen wir für den Onboarding-Prozess in den Unternehmen Integrationskonzepte, die auf dem *Ansatz der Ermöglichungsdidaktik* aufbauen und den Mitarbeitern die Möglichkeit geben, ihre Werte – und damit ihre Kompetenzen – für die neuen Aufgaben selbstorganisiert bei der Bearbeitung von Herausforderungen in ihrem neuen Netzwerk zu gestalten.

Phase	Inhalte und Methodik	Erläuterung	Tools/Medien
Pre-Boarding: Werte- und Kompetenzerfassung sowie Onboarding-Gespräch mit der Führungskraft	• Werte- und Kompetenzerfassung in Form einer Selbsteinschätzung • gemeinsame Definition der Werte- und Kompetenzziele, die in der Einarbeitungsphase angestrebt werden • gemeinsame Festlegung herausfordernder Praxisaufgaben, die der neue Mitarbeiter in den kommenden sechs Monaten unter Nutzung des Ermöglichungsraums sowie seines neuen Netzwerkes im Unternehmen bearbeitet	Die Führungskraft übernimmt für den gesamten Einarbeitungsprozess die Rolle eines Mentors, der den neuen Mitarbeiter in seiner persönlichen und beruflichen Entwicklung gezielt fördert.	Erfassungssoftware
Kick-off 1–2 Tage	• Vorstellung der neuen Mitarbeiter • Vorstellung der vereinbarten Aufgaben für die Onboarding-Phase • Konzeption des Onboarding • Reflexion zum eigenen Lernhandeln	Lernbegleiter alle neuen Mitarbeiter einer Periode zeitweise Führungskräfte	Ermöglichungsraum
	• Learning-Experience-Plattform • Tandem- und Gruppenbildung • Vereinbarung von Patenschaften mit erfahrenen Kollegen • Bildung einer Community of Practice für neue Mitarbeiter • Lerntagebuch • Werte- und Kompetenzerfassung • Planung der ersten Ausbildungsphase	evtl. Kollegen, die am letzten Onboarding-Prozess teilgenommen haben und Patenschaften für die neuen Mitarbeiter übernehmen	

Phase	Inhalte und Methodik	Erläuterung	Tools/Medien
Selbstorganisierte Werte- und Kompetenzentwicklung ca. 6 Monate	• selbstorganisierte Bearbeitung der vereinbarten Aufgaben, die den roten Faden der Lernprozesse bilden • Aufbau eines Netzwerks aus Lernpartnern, Lernbegleitern, Experten, Führungskräften und Kollegen • Ungeklärte Fragen werden im Themenspeicher gesammelt und mithilfe des Lernbegleiters bzw. von Experten online in Webinaren oder in Workshops geklärt. • Nutzung sämtlicher, kuratierter Informationen, Verlinkungen, Web Based Trainings, Videos, Podcasts oder PDFs, aber auch des dokumentierten Erfahrungswissens von Kollegen • Erfahrungsaustausch über Lerntagebücher sowie in den Communitys • werte- und kompetenzorientiertes Wissensmanagement • Werte- und Kompetenzerfassung mit Auswertungsgesprächen	Flankierung der selbstorganisierten Lernprozesse durch Coaching und Co-Coaching systematischer Ausbau des persönlichen Netzwerks	Ermöglichungsraum
Workshops und Webinare	• Regelmäßig, z. B. alle vier Wochen, treffen sich die neuen Mitarbeiter online oder in Präsenz, um über ihre vergangenen Selbstlernphasen zu reflektieren, Zwischenergebnisse vorzustellen und zu diskutieren, offene Fragen mit dem Lernbegleiter bzw. mit Experten zu klären und verbindliche Vereinbarungen für die kommende Selbstlernphase zu treffen. • Bei akutem Klärungsbedarf können Webinare genutzt werden. • Bei Bedarf können auch Praxistrainings eingefügt werden, in denen bestimmte Fertigkeiten, z. B. der Umgang mit einer Projektmanagementsoftware, erlernt werden können.	Lernbegleiter alle neuen Mitarbeiter einer Periode zeitweise Führungskräfte	Präsentations- und Moderationsmedien

Phase	Inhalte und Methodik	Erläuterung	Tools/Medien
Abschlussworkshop	Die neuen Mitarbeiter stellen zum Ende des Onboarding, z. B. nach einem halben Jahr, im Beisein ihrer Führungskräfte ihre Arbeits- und Projektergebnisse vor. Bei Bedarf werden konkrete Umsetzungsmaßnahmen vereinbart.	Lernbegleiter alle neuen Mitarbeiter einer Periode zeitweise Führungskräfte	Präsentations- und Moderationsmedien
Community of Practice	Die neuen Mitarbeiter tauschen auch weiterhin selbstorganisiert ihre Erfahrungen aus und vernetzen sich mit anderen Communities of Practice.	alle neuen Mitarbeiter in den ersten Jahren	Ermöglichungsraum

Tab. 41: Prozess des werte- und kompetenzorientierten Onboardings

Wenn die neuen Mitarbeiter in diesem Rahmen gelernt haben, ihre Herausforderungen im Onboarding-Prozess selbstorganisiert zu lösen, werden sie ihre Werte und Kompetenzen naturgemäß auch auf andere Problemstellungen in der Praxis übertragen können. Dabei werden sie wiederum den Ermöglichungsraum nutzen. Lernen findet damit immer mehr am Arbeitsplatz und im Netz statt, es entwickelt sich ein Social Workplace Learning. Der Onboarding-Prozess geht nahtlos in den laufenden Werte- und Kompetenzentwicklungsprozess über.

Im Abstand von z. B. sechs Monaten erhalten die neuen Mitarbeiter auch weiterhin Gelegenheit, sich mit den Lernpartnern auszutauschen und ihr Netzwerk zu verdichten.

6.3.5 Aufbau von Fachkompetenzen

»Arbeiten ist lernen und Lernen ist arbeiten!«
Christoph Maier und Sabine Seufert

Die berufliche Bildung wird überwiegend durch Curricula, z. B. für Fachwirte, für praktische Betriebswirte oder für Meister, aber auch für berufsbegleitende oder -integrierte Bachelor- und Master-Studiengänge geprägt. Die jeweiligen Abschlüsse, meist von einer externen Prüfungskommission abgenommen, sind jeweils notwendige Voraussetzungen für die berufliche Entwicklung der Absolventen.

Für die Unternehmen ist es jedoch wesentlich, dass die Teilnehmer solcher Maßnahmen Kompetenzen und Werte als Ordner ihres selbstorganisierten Handelns aufbauen, um im Beruf erfolgreich zu agieren. Deshalb stellt sich die Frage, wie im Rahmen curricularer Weiterbildungen auch Werte und Kompetenzen gezielt entwickelt werden können.

Aus diesem Grunde beschreiben wir beispielhaft unterschiedliche Ausprägungen des fachbezogenen betrieblichen Lernens:

- **Praxisbeispiel Blended Learning** (s. Kapitel 6.3.5.1): Aufbau von Wissen und Qualifikation mit anschließendem Praxistransfer
- **Praxisbeispiel Kompetenzen für die digitale Transformation** (s. Kapitel 6.3.5.2): Aufbau von Werten und Kompetenzen für das New Work
- **Praxisbeispiel interkulturelle Kompetenzen** (s. Kapitel 6.3.5.3): Aufbau von Werten und Kompetenzen für interkulturelle Herausforderungen
- **Praxisbeispiel Qualifikation und Kompetenzen** (s. Kapitel 6.3.5.4): Aufbau von Wissen und Qualifikation nach einem vorgegebenen Curriculum in Verbindung mit dem selbstorganisierten Aufbau von Werten und Kompetenzen

Der Aufbau von Werten und Kompetenzen setzt eine Kultur des selbstorganisierten Arbeitens und Lernens voraus. Deshalb ist es notwendig, auch den formellen Teil der Weiterbildung weitgehend selbstgesteuert zu gestalten. Hierfür bietet sich der Ansatz des **Blended Learning** an, in dem die Teilnehmer ihre Lernprozesse auf Basis der interaktiven Lernprogramme – Web Based Trainings – im Rahmen von verbindlichen Vorgaben selbstgesteuert planen und umsetzen. Die konsequente Einbeziehung des sozialen Lernens in die Bearbeitung der Lernprogramme und der Prüfungsaufgaben schafft zudem die Basis für kollaboratives Lernen und Arbeiten. Damit kann die formelle Weiterbildung um die Anwendung des Wissens und der Qualifikation in Praxisprojekten oder -aufgaben erweitert werden.

In den meisten Fällen wird die Werte- und Kompetenzentwicklung auf die Zeit nach der Weiterbildungsmaßnahme verschoben, sodass der Wissensaufbau und die Qualifikation nicht mit der Werte- und Kompetenzentwicklung, sofern sie überhaupt erfolgt, verzahnt werden. Hinzu kommt, dass das Wissen, das für Prüfungen gepaukt wurde, zum größten Teil verloren ist, wenn es in der Praxis tatsächlich benötigt wird.

Deshalb empfehlen wir, die gezielte Werte- und Kompetenzentwicklung parallel zum Wissensaufbau und zur Qualifikation in der Weiterbildungsmaßnahme zu planen und miteinander zu verzahnen.

Dies setzt voraus, dass die Teilnehmer der Weiterbildung mit ihrer Führungskraft auf Basis einer Werte- und Kompetenzerfassung eine geeignete Praxisaufgabe oder ein Praxisprojekt vereinbaren, das sie in dieser Zeit und eventuell danach bearbeiten.

6.3.5.1 Praxisbeispiel: Blended Learning für formelle Weiterbildungsziele

Mit unserem Beratungsteam haben wir für einen genossenschaftlichen Bildungsanbieter einen Blended-Learning-Studiengang »Geprüfte/r Handelsfachwirt/in (IHK)« nach dem Curriculum des DIHK gestaltet, von der Entwicklung der Konzeption, der fachlichen Inhalte und des Drehbuches bis zur Web-Based-Trainings-Produktion und zur Implementierung. Die Akademie konnte damit die Seminartage gegenüber bisherigen Präsenzangeboten von 70 auf ca. 20 Seminartage reduzieren. Die Laufzeit der berufsbegleitenden Maßnahme wurde von den üblichen 24 Monaten auf sechs Monate reduziert.

In Blended-Learning-Arrangements werden Wissensaufbau und Qualifizierung mittels Web Based Trainings mit Wissensmanagement, Training, Lernbegleitung und Co-Coaching zielgruppengerecht miteinander kombiniert. Dabei können Web Based Trainings die Rolle mit übernehmen, auch problemorientierte Aufgaben und Fallstudien, die im Rahmen der Learning Community oder später im Workshop besprochen werden, in den Lernprozess einzubringen. Je nach Ergebnis der einzelnen Lernschritte durchläuft der Lerner dabei unterschiedliche Lernpfade.

Diese Weiterbildung startet mit einem **Kick-off** zur Vorbereitung der anschließenden Selbstlernphase. Die Teilnehmer werden in die Lernkonzeption eingeführt, bilden Lernpartnerschaften und -gruppen und treffen verbindliche Vereinbarungen für ihre individuellen Lernprozesse. Insbesondere vereinbart jedes Lerntandem einen wöchentlichen Jour fixe, in dem alle offenen Fragen bearbeitet werden.

Der **Wissensaufbau** und die **Qualifikation** erfolgt über praxis- und prüfungsorientierte Aufgaben in den Web Based Trainings zu den jeweiligen Themenbereichen. Die Teilnehmer bearbeiten in **Lerntandems** und **Lerngruppen** selbstorganisiert Prüfungsaufgaben sowie Fallstudien und nutzen die soziale Lernplattform zur Kommunikation und zur Dokumentation der Lernergebnisse. Insbesondere werden in Themenspeichern die offenen Fragen im Kurs und mit dem Lernbegleiter bearbeitet. Über ein laufendes Feedback in den Web Based Trainings werden Lernfortschritte und Wissenslücken sichtbar.

Die Lernenden werden über den gesamten Lernprozess durch Lernbegleiter unterstützt, die die selbstgesteuerten Lernprozesse als Moderator und Experte (Coach) ermöglichen. Sie initiieren Reflexionen über die Selbstlernphasen, erzeugen eine hohe Verbindlichkeit der individuellen Lernprozesse, klären offene Fragen aus dem Themenspeicher und leiten Diskussionen zu Präsentationen, bearbeiten bei Bedarf mit den Lernern Übungen oder Fallstudien sowie komplexe Prüfungsaufgaben und planen mit ihnen jeweils verbindlich die folgende Selbstlernphase. Die Rolle des Wissensvermittlers entfällt damit.

Die regelmäßigen **Workshops** dienen vor allem dazu, offene Fragen aus der Bearbeitung der Lernprogramme gemeinsam aufzuarbeiten sowie die Lösungen von Prüfungsaufgaben zu besprechen, die von den Lerngruppen entwickelt wurden.

Die Lernprozesse orientieren sich zeitlich und inhaltlich konsequent an Lehrplänen sowie den individuellen Bedürfnissen der Teilnehmer. Die deutliche Senkung der Präsenzzeiten führt auch zu einer besseren Vereinbarkeit von Weiterbildungsmaßnahmen und beruflichen Aufgaben. Die Leistungen von Absolventen solcher Maßnahmen sind häufig überdurchschnittlich. Diese hohe Lerneffizienz erklärt sich vor allem durch die hohe Aktivität und zielorientierte Verbindlichkeit, die von den Lernern alleine sowie in Zusammenarbeit mit Lernpartnern gefordert wurde.

Nach den ersten fünf Durchläufen zeigt es sich, dass die Abbruchraten fast bei null liegen und die Absolventen in der externen IHK-Prüfungen jeweils mit zu den Besten gehören. Dies ist nicht erstaunlich, da die Teilnehmer vom ersten Tag an selbstgesteuert und aktiv lernen, offene Fragen zeitnah mit ihrem Lernpartner oder im Workshop klären und systematisch von Anfang an die Lösung von Prüfungsaufgaben trainieren. Als entscheidend erweist sich dabei die hohe Verbindlichkeit der selbstorganisierten Lernprozesse, die durch Lerntandems, Lerngruppen und eine konsequente Lernbegleitung ermöglicht wird. Hinzu kommt die relative kurze Laufzeit des Kurses, die es möglich macht, diese Lernphase besser mit dem Privatleben in Einklang zu bringen.

6.3.5.2 Praxisbeispiel Kompetenzen für die digitale Transformation

»Die aktuelle Coronakrise hat mit brutaler Macht mehr als deutlich aufgezeigt, dass wir werte- und kompetenzorientierte Lernsysteme benötigen. Die Methode des Vorratslernen hat sich als völlig ungeeignet erwiesen, mit diesen neuen Herausforderungen wirksam umzugehen. Vielmehr sind die Verantwortlichen in Politik und Wissenschaft, aber auch in jedem Unternehmen bis hin zu einzelnen Selbstständigen, gefordert, Lösungen für Probleme zu entwickeln, die bis vor wenigen Wochen niemandem bekannt waren.

Die Nutzung digitaler Anwendungen und Dienste stieg im durch Corona geprägten Jahr 2020 deutlich an – sowohl im Privaten als auch im Berufsleben, dort insbesondere bei Bürotätigkeiten. Alltägliche Aktivitäten verschoben sich stärker in den digitalen Raum, ob Kultur, Bildung, Kommunikation, Unterhaltung, Einkaufen oder Arbeit. Besonders stark stieg die Nutzung von Streamingdiensten (plus zwölf Prozentpunkte), digitalen Lernangeboten (plus elf Prozentpunkte) und von Sprachassistenten an (plus elf Prozentpunkte). Der Anteil der Menschen, die im Homeoffice arbeiteten, verdoppelte sich im Vergleich zum Vorjahr auf 32 Prozent (59 Prozent bei Bürojobs).« (Initiative D21, 2021). *Die Coronakrise hat deshalb auch revolutionäre Konsequenzen für das Corporate Learning, die betriebliche und berufliche Aus- und Weiterbildung.*

In dieser Phase, die durch Unwissenheit und Unsicherheit, teilweise auch Fehlinformationen, geprägt ist, geht es vor allem darum, die Fähigkeit der Mitarbeiter zu stärken, Herausforderungen in ihrer Arbeitspraxis selbstorganisiert und kreativ lösen zu können.

Stattdessen erleben wir in vielen Bereichen den Reflex, nunmehr digitale Systeme zu nutzen, um das bisherige Vorratslernen durch Abfilmen von Präsentationen oder Seminaren sowie mit E-Learning oder Lernvideos ins Netz zu verlagern. Damit wird die Methode des Frontalunterrichts, die sich als völlig ungeeignet erwiesen hat, einfach ins Netz verlagert. Da dabei der persönliche Kontakt fehlt, verschlechtern sich die Ergebnisse zudem. Bevor nun viel Geld für digitale Lernlösungen ausgegeben wird, die nichts bewirken, sollten die Organisationen zuerst ihre Konzeption des Lernens überdenken und bedarfsgerecht neu gestalten.

Die wirklich nötigen Kompetenzen in Digitalisierungsprozessen sind insbesondere problemlösendes Handeln, erfahrungsorientiertes Handeln und systematisch-methodisches Handeln. In deren gezielter Entwicklung sehen wir eine wichtige Zukunftsaufgabe des Corporate Learning.

Umso mehr überrascht es uns immer wieder, wenn sich Organisationen und Bildungsanbieter für den Aufbau digitaler Kompetenzen überwiegend auf den Aufbau von Wissen über digitale Systeme und Fertigkeiten im Umgang damit beschränken. Sogar die Bitkom, der Digitalverband Deutschlands, verengt in einer Studie digitale Kompetenzen extrem und unzulässig auf den sicheren Umgang mit digitalen Geräten wie Computer oder Smartphones sowie digitalen Anwendungen wie Software oder Apps. Dass die dann vorgeschlagenen Entwicklungsmaßnahmen nichts mit wirklichen Kompetenzen zu tun haben, ist die logische Konsequenz daraus (vgl. Bitkom 2018, S. 1).

Die Digitalisierung erfordert zwar Wissen über digitale Systeme im Arbeitsprozess und die Qualifikation zur Nutzung dieser Systeme, benötigt werden jedoch deutlich mehr Fähigkeiten.

Kompetenzen für die digitale Transformation sind die Fähigkeiten, in der sich neu herausbildenden digitalen Arbeits- und Lebenswelt Herausforderungen, die zum großen Teil heute noch unbekannt sind, selbstorganisiert und kreativ lösen zu können.

Diese Kompetenzentwicklung am Arbeitsplatz und im Netz erfordert damit Fähigkeiten, die technischen und kommunikativen Möglichkeiten elektronischer Datennetze problemlösend einzusetzen, sie zugleich für die selbstorganisierte Entwicklung der eigenen Kompetenzen zu nutzen, sie für die Kompetenzentwicklung von Mitarbeitern zu verwenden und kreativ mit weiterzuentwickeln und zu verbreiten.

Die digitale Transformation ermöglicht dabei die Übertragung herausfordernder Arbeitsaufgaben und Projekte mit hoher Fehlertoleranz auf die Mitarbeiter. Dabei spielen insbesondere folgende **Werte** eine zentrale Rolle:

- **Kreativität:** mit Einfallsreichtum aktiv kreative Entwicklungsräume, insbesondere auch im Netz, nutzen
- **Bildung:** Erfahrungen gewinnen und den Wissenshorizont erweitern
- **Gemeinnutz:** Das Handeln soll auch Kollegen, dem Team, beruflichen Netzwerken und der Organisation dienen.
- **Verantwortung:** eigenverantwortlich, orientiert an der Kultur der Organisation und mutig handeln sowie die Zusammenarbeit und den Austausch mit Kollegen verantwortungsvoll gestalten
- **Respekt:** andere Menschen anerkennen und respektieren, ihnen Vertrauen, Verständnis und Achtsamkeit entgegenbringen
- **Norm und Gesetz:** Regeln sowie Vereinbarungen respektieren und danach handeln
- **Netzwerk:** sich mit anderen für gemeinsame Ziele verbünden und wertschätzend miteinander umgehen

Stillschweigend wird häufig angenommen, dass mit dem immer schnelleren Wachstum an Informationen auch das Wissen wächst. Jeder weiß aus dem Alltag, dass das nicht der Fall ist, weil Wissen erst entsteht, wenn es im Rahmen von Handlungs- und Sachzusammenhängen Orientierung gibt. Insbesondere Wissen im weiteren Sinne entsteht erst dann in den Köpfen von Menschen, wenn Informationen wahrgenommen, bewertet und mit subjektiven Erfahrungen in Beziehung gesetzt werden (vgl. Erpenbeck, Sauter 2007, S. 12 ff.).

Fachwissen, insbesondere zur Digitalisierung, ist häufig in kürzester Zeit überholt. Es genügt deshalb nicht, Wissen über digitale Systeme auf Vorrat zu vermitteln, weil dies keine Kompetenz bedeutet und die Menschen sich dieses Wissen bei Bedarf mithilfe digitaler Systeme selbst beschaffen können. Traditionelle Bildungsmaßnahmen wie Seminare oder wissensorientierte E-Learning-Programme sind deshalb völlig ungeeignet für den Aufbau von Werten und Kompetenzen fürs Digitale. Trotzdem wird der überwiegende Teil der Maßnahmen mit dem Ziel, digitale Kompetenzen aufzubauen, wissensorientiert gestaltet – eine kaum mehr nachvollziehbare, sinnlose Verschwendung von Zeit, Geld und Energie.

Um in einer Welt, die immer unberechenbarer wird, zu handeln, benötigen wir mehr denn je Fähigkeiten, selbstorganisiert und kreativ zu handeln.

Digitalisierung, Werte- und Kompetenzentwicklung gehören zusammen.

Damit bietet es sich an, die Entwicklung der Werte und Kompetenzen für die digitale Transformation im Rahmen eines Social-Blended-Learning-Arrangements mit folgenden Eckpfeilern durchzuführen:

- Vorab entwickeln ausgewählte Fach- und Führungskräfte Sollprofile der Werte und Kompetenzen für die digitale Transformation.
- Die Entwicklungsprozesse basieren auf der individuellen Erfassung der Werte und Kompetenzen.
- In einem Beratungsgespräch mit Entwicklungsberatern analysieren und bewerten die Mitarbeiter ihre individuellen Werte- und Kompetenzentwicklungsziele.
- Auf dieser Basis vereinbaren sie mit ihrer Führungskraft eine Praxisaufgabe oder ein Praxisprojekt im Rahmen der digitalen Transformation, in dem ihre Werte und Kompetenzen für die digitale Transformation besonders gefordert sind.
- Die selbstorganisierten Entwicklungsprozesse laufen nach den Prinzipien des Social Blended Learning ab.
- In einer abschließenden Werte- und Kompetenzerfassung werden die Entwicklungen erfasst und bewertet. Bei Bedarf werden Folgeprojekte vereinbart.

6.3.5.3 Praxisbeispiel interkulturelle Werte und Kompetenzen

Die kulturellen Muster und Herkünfte der Mitarbeiter in den Organisationen werden vielfältiger. Aktuell sind mehr als drei Millionen Ausländer in Deutschland sozialversicherungspflichtig beschäftigt. Das wirkt sich auch auf die Belegschaften mittelständischer Unternehmen aus: In drei von vier KMUs arbeiten Kollegen aus dem Ausland, der Großteil kommt aus EU-Staaten.[54]

So werden Mitarbeiter, wenn auch in der Coronakrise reduziert, in andere Länder gesandt oder sind herausgefordert, Mitarbeiter, die aus anderen Ländern kommen, in den Arbeitsprozess zu integrieren.

Diese Entwicklungen haben weitreichende Konsequenzen für die Anforderungen an interkulturelle Werte und Kompetenzen.

Mitarbeiter müssen sich zunehmend in einer Umgebung zurechtfinden, in der Menschen unterschiedlichster Herkunft mit verschiedenen Denkmustern, Werten oder Kommunikations- und Verhandlungsstilen aufeinandertreffen. Immer häufiger arbeiten Mitarbeiter aus anderen Kulturen und deutsche Arbeitnehmer im Rahmen ihrer Arbeitsprozesse kollaborativ zusammen. Es leuchtet deshalb ein, dass dafür forma-

54 https://industrieanzeiger.industrie.de/management/personal/erste-schritte-fuer-die-integration-auslaendischer-mitarbeiter/.

les Lernen in Seminaren nicht genügt, sondern kollaborative Lernprozesse, die nur selbstorganisiert möglich sind, benötigt werden.

Dabei bildet die eigene Kultur der Teilnehmer einen Orientierungsrahmen, der Selbstsicherheit und Identität verleiht. Interkulturelle Kompetenz ist damit eine Querschnittskompetenz, die für die erfolgreiche, internationale oder multikulturelle Unternehmenstätigkeit zwingend notwendig geworden ist und somit eine Voraussetzung für den Erfolg im Arbeitsprozess bildet.

Interkulturelle Kompetenz ist die Befähigung, aufgeschlossen gegenüber Neuem, bisher Unbekanntem, insbesondere fremden Kulturen, zu sein, sich auf neue, ungewohnte Situationen einstellen zu können und dabei persönlich hinzuzulernen sowie in interkulturell geprägten Situationen mit Angehörigen verschiedener ethnischer Gruppen und in fremdkultureller Umgebung auf Augenhöhe zu kommunizieren.

Beispielhaft können die interkulturellen Kompetenzen mit vier Kernkompetenzen definiert werden. Diese Fähigkeiten setzen entsprechende Werte als Ordner und Kerne dieser Kompetenzen voraus.

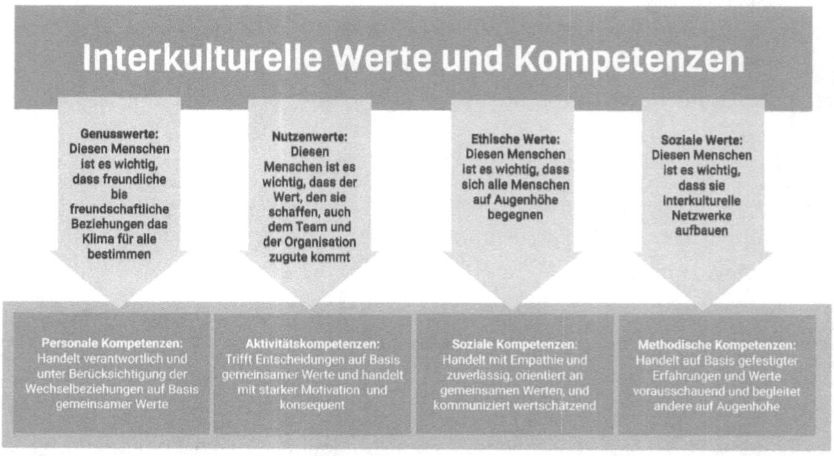

Abb. 51: Beispiel für die Definition interkultureller Werte und Kompetenzen

Notwendige Voraussetzung dafür ist interkulturelles Wissen, das es den Mitarbeitern ermöglicht, in interkulturellen Herausforderungen angemessen und effektiv zu handeln.

Interkulturelle Kompetenzen können nicht in Seminaren oder Rollenspielen vermittelt werden.

Vielmehr ist ein Lernarrangement erforderlich, das auf realen, interkulturellen Herausforderungen basiert, die gemeinsam mit Mitgliedern der jeweils anderen Unternehmenskultur bearbeitet und bewältigt werden.

Erst in der direkten Auseinandersetzung mit Menschen aus anderen Kulturen können interkulturelle Kompetenzen tatsächlich aufgebaut werden.

Gelebte Interkulturalität kann nur dann gelingen, wenn Werte einer tendenziell unbekannten Kultur in einem Interaktionsprozess angeeignet und damit den eigenen Wertebezügen eingegliedert werden (vgl. Wagner, Sauter 2017, S. 507 ff.). Daher

- müssen die Werte bekannt gemacht und gelernt werden, indem sie zur eigenen Handlungsfähigkeit in interkulturellen Herausforderungen entwickelt werden,
- müssen die Werte den Kompetenzaufbau in interkulturellen Herausforderungen ermöglichen, bei deren Bewältigung die angestrebten Werte aufgebaut werden (emotionale Labilisierung),
- muss das Handeln von der sozialen Bezugsgruppe als Erfolg bewertet werden,
- müssen die neugewonnenen Werte und Normen durch Kommunikation, Reflexion und Normierung sozialfunktional in das bisherige Werte- und Normensystem eingegliedert werden.

In einem internationalen Projekt haben wir ein Social-Blended-Learning-Arrangement zum selbstorganisierten Aufbau interkultureller Kompetenzen entwickelt, das interkulturelle Lernprozesse von Teilnehmern aus verschiedenen Kulturen am Arbeitsplatz und/oder im Netz im Rahmen von herausfordernden Praxisprojekten ermöglicht (vgl. Erpenbeck 2013 d). Damit ist es möglich, bedarfsgerechtes, interkulturelles Handeln der Mitarbeiter auf breiter Ebene nachhaltig zu fördern. Dies sichert die Integrationsprozesse auf internationaler und regionaler Unternehmensebene.

Auf Basis des Kompetenzatlas nach Erpenbeck und Heyse (2007) entwickelte ein Projektteam aus Vertretern internationaler Unternehmen, Kulturwissenschaftlern und Kompetenzentwicklungsexperten ein Kompetenzmodell mit den Schwerpunkten im personalen und sozial-kommunikativen Bereich. Dieses bildet die Grundlage für einen Prozess der interkulturellen Kompetenzentwicklung, der eine nachhaltige Integration von Mitarbeitern aus anderen Kulturen im Arbeits- und damit auch im Gesellschaftsprozess ermöglicht.

Das Richtziel dieser Entwicklungsmaßnahme besteht darin, die Handlungssicherheit der ausländischen Mitarbeiter im täglichen Umgang mit den deutschen Kollegen, aber auch umgekehrt die Fähigkeit der deutschen Kollegen im Umgang mit den neuen Arbeitspartnern in anderen Ländern, nachhaltig aufzubauen.

Deshalb werden individuelle Kompetenzziele angestrebt, die sich immer in den Handlungen der Menschen niederschlagen und deshalb nicht vermittelt werden können.

Es ist jedoch möglich, die Mitarbeiter zielgerichtet dabei zu unterstützen, diese Kompetenzen im Rahmen von Praxisaufgaben und Projektaufträgen selbstorganisiert aufzubauen. Vorab erfolgt eine fundierte, onlinebasierte Selbsteinschätzung der interkulturellen Kompetenz. Die Zielkorridore werden dabei je nach Zielgruppe bzw. Bildungsgrad unterschiedlich ausgeprägt sein.

Den roten Faden der Lernprozesse bilden Entwicklungs- bzw. Integrationsprojekte, die parallel zum jeweiligen Kurs bearbeitet werden. Das Entwicklungsprogramm zum Aufbau interkultureller Kompetenzen wird deshalb nach unserem Vorschlag als Social-Blended-Learning-Arrangement mit monatlichen Workshops und ergänzenden Webinaren zum Erfahrungsaustausch gestaltet, das folgende Grundstruktur aufweist. Wir gehen in unserem Vorschlag von einem sechsmonatigen Entwicklungsprogramm aus:

- In der **Vorphase** der Entwicklungsmaßnahme werden in einem Entwicklungsgespräch zwischen dem Lernbegleiter und den Teilnehmern die Werte- und Kompetenzziele, die Praxisaufgaben und -projekte sowie die erforderlichen zeitlichen, finanziellen oder personellen Ressourcen verbindlich vereinbart. Es werden jeweils Lerntandems aus einem ausländischen und einem inländischen Mitarbeiter gebildet, die diese Herausforderungen in einem gemeinsamen Lernprozess bewältigen und dabei ihre interkulturellen Kompetenzen aufbauen. Damit muss sich jeder Teilnehmer bereits während der Entwicklungsmaßnahme mit einem Vertreter der jeweils anderen Kultur persönlich auseinandersetzen.
- Bei Bedarf wird die jeweilige **Führungskraft** durch den Lernbegleiter miteinbezogen. Die Basis für diese Vereinbarung bildet dabei die Werte- und Kompetenzerfassung in Form einer Selbsteinschätzung.
- In einem **Kick-off** stellen sich die Teilnehmer der Entwicklungsmaßnahme mit ihrem Projekt vor und lernen das Lernsystem sowie seine Anforderungen kennen. Sie treffen verbindliche Vereinbarungen zu den einzelnen Lernschritten mit dem Lernpartner und in der Lerngruppe.
- Die individuellen **Entwicklungsphasen** der einzelnen Teilnehmer werden jeweils durch die selbstorganisierte, kollaborative Bewältigung der vereinbarten Praxis- und Projektaufgaben bestimmt. Diese bilden jeweils den roten Faden der individuellen Kompetenzentwicklungsmaßnahmen. Bei Bedarf können die Lerner auf das Wissen in der Learning-Experience-Plattform zurückgreifen. In seinem Lerntagebuch reflektiert jeder Teilnehmer seine Praxiserfahrungen der vergangenen Woche, bespricht offene Fragen in der Lerngruppe und entwickelt bei Bedarf kollaborativ Lösungen für aktuelle Herausforderungen (Social Learning).

Das Basiswissen wird begleitend über Web Based Trainings on-demand aufgebaut, die gemeinsam mit einem Lernpartner, der aus der jeweils anderen Kultur stammt, die für den Lerner relevant ist, bearbeitet werden. Wissensaufbau und Qualifikation werden mit verschiedenen Übungen sowie Reflexionen über das eigene interkulturelle Handeln ermöglicht. Diese Lernprogramme vermitteln ein grundlegendes Verständnis der Kulturen, indem sich die Lerner über Reflexionen der Besonderheiten der eigenen sowie fremder Kulturen bewusst werden und beginnen, Gemeinsamkeiten zu suchen, aber auch Unterschiede zu würdigen. Dies ist die notwendige Voraussetzung für angemessenes und effektives Handeln im interkulturellen Kontakt. Neben der Wissenserarbeitung über Wissensmodule, Links und Übungen lösen die Lerner mit ihrem Tandempartner Transferaufgaben, bearbeiten Reflexionen sowie Selbsteinschätzungen und entwickeln in der Kommunikation mit der Lerngruppe ihr persönliches Kulturprojekt weiter.

Die Lernpartner mit unterschiedlichen Kulturhintergründen bearbeiten die Web Based Training nach gemeinsamer Vereinbarung oder bei Bedarf, klären zusammen die offenen Fragen, die sich aus den Lernprogrammen ergeben und tauschen ihre Ergebnisse aus den Transferaufgaben aus. Dabei wird es Missverständnisse und eventuell schwierige Situationen geben, die die Lernpartner gemeinsam auflösen müssen. Dies ist der erste Schritt zum Aufbau der interkulturellen Kompetenz. Damit werden Fähigkeiten und Werte entwickelt, die es ermöglichen, mit Menschen aus unterschiedlichen Kulturen angemessen, wertschätzend und effektiv zu agieren.

- Über die **Learning-Experience-Plattform** können sich die Teilnehmer mit den Lernpartnern und dem Lernbegleiter austauschen. In wöchentlichen Jour Fixes mit dem Lernpartner sowie in ihrer Lerngruppe klären sie offene Fragen, sodass sie bei der Entwicklung von Lösungen schrittweise die Verantwortung für ihre persönliche Kompetenzentwicklung übernehmen können. In ihrem E-Portfolio dokumentiert jeder Lerner seine persönliche Lernerfahrungen und weitere Ergebnisse aus den individuellen Lernprozessen.
- In den monatlichen **Praxisworkshops** und in den Webinaren dazwischen reflektieren die Teilnehmer gemeinsam mit dem Lernbegleiter regelmäßig ihre bisherigen Lernerfahrungen, klären offene Fragen aus dem Themenspeicher, den sie bei Bedarf mit ihren Fragen füllen, bzw. aus den Projekttagebüchern und diskutieren Praxisprobleme miteinander, mit dem Lernbegleiter und bei Bedarf mit Experten. In diesen Rahmen können auch Übungen, z. B. Rollenspiele, durchgeführt werden. Am Schluss treffen die Teilnehmer jeweils verbindliche Vereinbarungen für die nächste Selbstlernphase.
- Im **Abschlussworkshop** präsentieren die Teilnehmer im Beisein ihrer Führungskräfte ihre Projektergebnisse und diskutieren mögliche Umsetzungsprojekte in Folge dieser Entwicklungsmaßnahme.
- Für die **Transferphase** bilden die Teilnehmer selbstorganisierte **Communities of Practice**, in denen sie sich regelmäßig treffen, um ihr Netzwerk weiter auszubauen und offene Fragen aus der Praxis zu klären.

Mit diesem kompetenzorientierten Ansatz der interkulturellen Kompetenzentwicklung und Integration ausländischer Mitarbeiter wird eine Konzeption umgesetzt, die bei den Teilnehmern ein hohes Engagement und eine starke Teamorientierung initiiert und damit eine nachhaltige Integration über den Aufbau von interkulturellen Werten ermöglicht.

6.3.5.4 Praxisbeispiel: Aufbau von Wissen und Qualifikation mit Werten und Kompetenzen

Ist eine Organisation z. B. durch gesetzliche Vorgaben oder aufgrund von wissenslastigen Prüfungen gezwungen sicherzustellen, dass formelle Wissens- und Qualifikationsziele erreicht werden, bietet es sich an, Blended Learning mit der Bearbeitung von Praxisaufgaben oder Projekten zu kombinieren.

Damit ergeben sich zwei parallele Lernstränge:

- formeller Lernstrang nach einem Curriculum,
- informelles Lernen im Prozess der Arbeit oder in Praxisprojekten.

Dies ermöglicht es, die vorgeschriebenen, wenn auch oftmals unsinnigen, Vorgaben für das Auswendiglernen von Wissen zu erfüllen, gleichzeitig aber die Anwendung des Wissens in der Praxis und damit den gezielten Aufbau von Werten und Kompetenzen zu ermöglichen.

Das Ziel der Werte- und Kompetenzentwicklung erfordert eine wesentliche Erweiterung und damit eine grundlegende Veränderung des Blended-Learning-Konzeptes zu einem werte- und kompetenzorientierten Social Blended Learning.

Dieses Entwicklungsarrangement weist deshalb gegenüber den rein qualifikationsorientierten Arrangements folgende zusätzliche Merkmale auf:

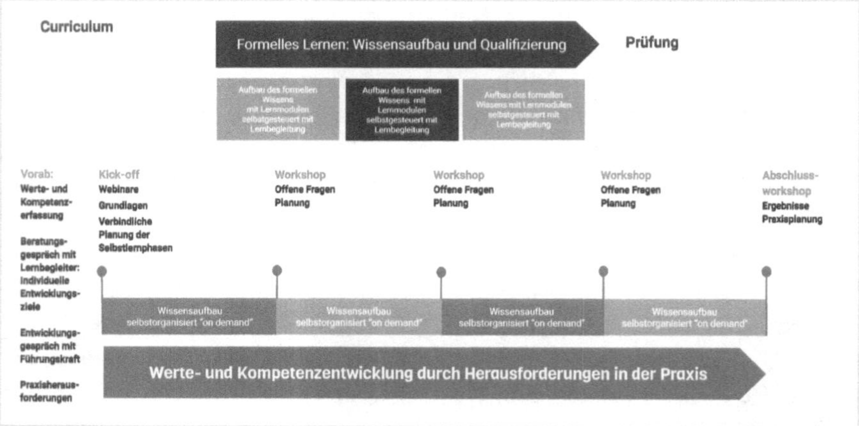

Abb. 52: Beispiel eines Social-Blended-Learning-Arrangements mit formellem Lernstrang (oberer Balken) sowie Werte- und Kompetenzentwicklung in der Praxis (unterer Balken)

- Die Ziele der personalisierten Werte- und Kompetenzentwicklung leiten sich aus einer vorangegangenen Werte- und Kompetenzerfassung ab.

- Den roten Faden der selbstorganisierten, personalisierten Lernprozesse bilden
  - für den formellen Lernbereich das Curriculum,
  - für die gezielte Werte- und Kompetenzentwicklung das jeweilige Praxisprojekt oder herausfordernde Aufgaben im Rahmen der Arbeitsprozesse.
- Die Teilnehmer übernehmen die Verantwortung für ihre Lernprozesse und nutzen aktiv die Instrumente des Ermöglichungsraumes sowie ihr Netzwerk aus Lernpartnern, Prozessbegleitern, Experten und Führungskräften.
- Die Entwicklungskonzeption optimiert die Bedingungen für die formalen Lernprozesse und die Werte- und Kompetenzentwicklung im Praxisprojekt und im Netz. Der Entwicklungsprozess schließt systematische Projektphasen ein, die in reale Entscheidungssituationen münden.
- Der notwendige Wissensaufbau und die Qualifizierung erfolgen im Rahmen des formellen Blended-Learning-Arrangements, erweitert um notwendige Micromodule und erfahrungsorientiertes Wissensmanagement.
- Erfahrungsaustausch und Problemlösung in Netzwerken bilden den Kern der Entwicklungsprozesse.
- Die Entwicklungspartner reflektieren regelmäßig über den Entwicklungsprozess und ihre Zusammenarbeit (Retrospektive).
- Die personalisierten Entwicklungsprozesse werden durch professionelle Prozessbegleiter (Methodenverantwortliche) unterstützt (Coachingstufe).
- Der Entwicklungserfolg wird anhand der Leistungsergebnisse (Performanz) gemessen. Projektlösungen werden den internen oder externen Kunden vorgestellt (Review). Wissenstests werden nur noch dann durchgeführt, wenn gesetzliche Vorschriften o. ä dies verlangen (z. B. bei Sicherheitsthemen).

Diese Konzeption zum Aufbau von Fachkompetenzen generiert folgende **Vorteile**:
- optimierte, selbstorganisierte Vorbereitung auf die Fachprüfung,
- praxis- und projektbezogene Kompetenzentwicklung der Teilnehmer,
- Verinnerlichung gemeinsamer Werte, die als Ordner selbstorganisierten Handelns dienen,
- konsequente Förderung des eigenverantwortlichen Denkens und selbstorganisierten Handelns (*lebenslanges Lernen*),
- bedarfsgerechte Verknüpfung von Präsenzunterricht, Tandem- und Gruppenarbeit sowie selbstorganisiertem Lernen in einem virtuellen Ermöglichungsraum.

6.3.6 Praxisbeispiel: Talentmanagement

Der Wettbewerb der Unternehmen wird immer mehr zu einem Werte- und Kompetenzwettbewerb. Damit rückt das Talentmanagement zunehmend in den Fokus der Be-

trachtung. Während in früheren Ansätzen nur sogenannte High Potentials als Talente definiert wurden, hat sich heute die Auffassung weitgehend durchgesetzt, dass Talentmanagement breit, auf alle Mitarbeiter bezogen, und strategisch, auf die Umsetzung der Unternehmensziele ausgerichtet, gestaltet werden sollte. Die Unternehmen und Organisationen können es sich schlicht und einfach nicht mehr leisten, nur ausgewählte Mitarbeiter gezielt zu entwickeln – es müssen alle Mitarbeiterpotenziale ausgeschöpft werden.

Talente werden in einem systematisch entfalteten Sinne als Begabungen angesehen, die jeder eingestellte Mitarbeiter hat und die – in unterschiedlichem Ausmaß – ein unternehmerisches Potenzial darstellen. Mit einem entsprechend positiven Menschenbild lässt sich sagen, dass jeder Mensch Talent hat. Diese Definition wird meist im Talentmanagementsystem eingesetzt (vgl. Steinweg 2009, S. 1 und 5 f., Schaper 2009, S. 13 ff.). Ein zeitgemäßes und systematisches Talentmanagement erweist sich als ein tief lotendes Werte- und Kompetenzmanagement, erweitert um Zukunftshoffnungen, die aus Persönlichkeitseigenschaften und Potenzialannahmen resultieren. Über die Werte- und Kompetenzentwicklung hinausgehend wird auf die Entfaltung verborgener Talente gesetzt. »Talent – das ist das Prinzip Hoffnung im Personalwesen.« (ebenda, S. IX)

Das Ziel des Talentmanagements ist es, die Potenziale aller Mitarbeiter und Führungskräfte zu identifizieren, sie zielgerichtet einzusetzen und zu entwickeln sowie dauerhaft zu binden.

Nur die Unternehmen, die proaktiv die Entwicklung des Kompetenzpotenzials aller Talente ermöglichen, werden in der Zukunft erfolgreich sein. Wenn aber das Ziel darin besteht, selbstständig handelnde und entscheidende Mitarbeiter zu entwickeln, dann ist es naiv zu glauben, dass dies in einem noch so gut gemachten Seminar möglich wäre. Es ist eigentlich ganz einfach: Talentmanagement setzt zwingend voraus, dass die Anforderungen in der Praxis, nämlich selbstorganisiert und eigenverantwortlich zu handeln, sich auch in der Lernkultur der Entwicklungsmaßnahmen für die Talente niederschlagen.

Deshalb sind für das Talentmanagement zwingend Lernarrangements mit Werte- und Kompetenzzielen erforderlich, die auf der Selbstorganisation der Lerner aufbauen. Damit ist Talentmanagement weitgehend mit Werte- und Kompetenzmanagement identisch(vgl. Heyse, Ortmann, 2008, S. 34).

Es mutet geradezu grotesk an, wenn, wie man immer wieder beobachten kann, Talentmanagementsysteme in Qualifizierungskonzepten mit fremdorganisierten Seminarmaßnahmen münden, ohne dass die gezielte Werte- und Kompetenzentwicklung entsprechend Raum erhält. Dies kann man nur damit erklären, dass es den Personalentwicklern und Trainern offensichtlich sehr schwerfällt, sich von bisherigen, angeblich so erfolgreichen Seminarmaßnahmen zu trennen.

Werden Talente als Potenzial zur Entwicklung von Werten und Kompetenzen verstanden, so ist selbstorganisiertes Lernen die Voraussetzung dafür. Talentmanagementsysteme verbinden deshalb mit Werte- und Kompetenzmanagementsystemen wesentliche interne und externe Prozesse, die das Erkennen der Potenziale und Entwicklungsmöglichkeiten der Talente auf allen Unternehmensebenen, die Ermöglichung der notwendigen Entwicklungsprozesse sowie das Übertragen von Funktionen und komplexen Aufgaben an Führungskräfte und Mitarbeiter einschließen.

Dafür eignen sich als Lernarrangements nach unserer Erfahrung Social-Blended-Learning-Arrangements.

Talentmanagement basiert im Rahmen von Social Blended Learning auf herausfordernden, unternehmensinternen Praxisaufgaben oder -projekten, die jeder Teilnehmer während dieser Entwicklungsphase in enger Abstimmung mit seiner Führungskraft selbstorganisiert bearbeitet.

Diese Projekte sind reale Aufgabenstellungen, die aufgrund ihrer Komplexität eine längerfristige Projektbearbeitung in Zusammenarbeit mit Kollegen erfordern. Die Herausforderung in der Konzipierung dieser Lernsysteme besteht darin, den Teilnehmern eine optimale Möglichkeit zu bieten, ihre Werte und Kompetenzen selbstorganisiert, in einem kollaborativen Prozess mit Lernpartnern (Netzwerk) und flankiert durch den Lernbegleiter aufzubauen.

Talentmanagement wird damit zu einem Prozess der Netzwerkbildung im Rahmen eines Social-Blended-Learning-Arrangements.

Dieses wird durch folgende Merkmale geprägt (vgl. Sauter, Sauter, Wolfig 2018, S. 196 ff.):

- **Personalisiertes, selbstorganisiertes Lernen:** Die Talente bearbeiten ihre Praxis- und Projektaufgaben im eigenen Lerntempo entsprechend ihrem Vorwissen. Ort und Zeitpunkt der Bearbeitung werden von jedem Mitarbeiter selbstverantwortlich – in Abstimmung mit seinen Lernpartnern sowie dem Lernbegleiter und der jeweiligen Führungskraft – festgelegt.
- **Problemlösung statt Pauken von Wissen:** Der Entwicklungsprozess wird über verbindliche Vereinbarungen im Kick-off und mit dem Lernpartner gesteuert. Das er-

forderliche formelle und informelle Wissen wird jeweils kontextsensitiv, bezogen auf die aktuelle Herausforderung, über die Learning-Experience-Plattform aufgebaut. Jeder Teilnehmer eignet sich über die modularisierten Lern- und Wissensmodule das neue Wissen an, das er für seine Problembearbeitung benötigt. Neben dem Wissensaufbau übernimmt das Lernprogramm auch die Aufgabe, über offene Transferaufgaben, die sich an realen Problemstellungen aus der Praxis orientieren, Werte- und Kompetenzlernen zu initiieren.

- **Strukturierungshilfen für personalisiertes Lernen:** Im Rahmen der regelmäßigen Workshops werden jeweils Vereinbarungen für die nächste Selbstlernphase, insbesondere auch für das Projekt, getroffen. Die Teilnehmer optimieren im Austausch gemeinsam ihre individuellen Lernprozesse. Dabei werden sie vom Lernbegleiter, aber auch den Lernpartnern, unterstützt, die ihnen bei Bedarf geeignete Methoden und Instrumente zur Problemlösung zur Verfügung stellen.
- **Rückmeldungsstrukturen:** Erhalten die Teilnehmer laufend Rückmeldungen über ihren Entwicklungsprozess und ihre Lernleistungen, werden sie in die Lage versetzt, ihre Lernstrategien zu optimieren, Werte- und Kompetenzentwicklungsmöglichkeiten zu erkennen und ihre Lernprozesse selbstorganisiert zu gestalten.
- **Vergleichsmaßstäbe:** Damit die Teilnehmer für ihre personalisierten Entwicklungsprozesse Orientierung erhalten, werden Erfahrungen und Arbeitsergebnisse anderer Lerner über das Projekttagebuch (persönlicher Blog) netzbasiert zur Verfügung gestellt. In Communities of Practice sowie in den Webinaren und Workshops können Projektergebnisse, aber insbesondere auch offene Fragen, gemeinsam bearbeitet werden.
- **Entwicklungsflankierung durch Entwicklungstandems:** Soziale Flankierung ist eine wesentliche Voraussetzung für erfolgreiche Lernprozesse. Eine besonders bewährte Form ist der Zusammenschluss zweier Lernender zu einem Entwicklungstandem. Hierbei unterstützen sich die Lernenden in der Tandemarbeit emotional, motivational und lernstrategisch. Es treffen sich jeweils zwei Teilnehmer regelmäßig und selbstverantwortlich zum realen oder virtuellen Erfahrungsaustausch und zum gemeinsamen Bearbeiten offener Fragen oder von Transferaufgaben. Jedes Tandem bringt seine Arbeitsergebnisse wiederum in Lerngruppen sowie in den gemeinsamen Wissenspool ein. Zu den Ergebnissen gibt es wieder Rückmeldungen durch den Lernbegleiter und durch die Lerngruppe.
- **Entwicklungsflankierung durch Kleingruppen:** Untersuchungen haben gezeigt, dass Tandemarbeit alleine nicht ausreicht, um den Lernerfolg in selbstorganisierten Entwicklungsphasen zu sichern. Wichtig ist eine weitere soziale Flankierung in der Kleingruppe, da Gruppen mehr Motivierungs- und Korrekturmöglichkeiten haben als Einzelpersonen. Etwa drei bis vier Tandems schließen sich jeweils zu einer

Kleingruppe zusammen. Für die Kleingruppen bieten sich beispielsweise Transferaufgaben an, deren Ergebnisse sie entweder in der Community of Practice oder im Workshop präsentieren bzw. bearbeiten. Zu den Ergebnissen gibt es wiederum Rückmeldungen durch den Lernbegleiter, durch Experten und durch Lernpartner. Die Mitglieder der Lerngruppen tauschen sich mittels Projekttagebüchern (Blogs) intensiv über ihre Projektfortschritte, aber auch ungelöste Probleme aus und unterstützen sich gegenseitig.

- **Entwicklungsflankierung durch den Lernbegleiter:** Die Teilnehmer bringen ihre offenen Problemstellungen über ihr Projekttagebuch oder direkt in einem Themenspeicher in die Entwicklungsgruppe ein. In Webinaren, die bei Bedarf angesetzt werden, bearbeiten sie diese Themen mit dem Lernbegleiter oder Experten. Komplexe Fragestellungen werden im folgenden Workshop behandelt.
- **Lernen im Netz mit Social Software:** Die Entwicklung zur Werte- und Kompetenzorientierung hat zur Folge, dass das Lernen immer mehr im Netz stattfindet. Deshalb werden den Teilnehmern in der Learning-Experience-Plattform, entsprechend der Entwicklung in der Arbeitswelt, Tools zur Kommunikation und zur Kollaboration zur Verfügung gestellt.

Talentmanagement wird damit voll in den Arbeitsprozess integriert und läuft entsprechend dem Prozess des Onboarding ab.

- Es findet vollständig selbstorganisiert sowie in eigener Verantwortung im Rahmen der individuellen Vereinbarung mit der Führungskraft im eigenen Arbeitsprozess des Mitarbeiters statt.
- Der Ermöglichungsraum erlaubt die freie Wahl, wie, was, wann und wo entwickelt wird. Die Learning-Experience-Plattform mit Planungs-, Kommunikations-, Dokumentations- und Feedbacktools sowie der notwendige formelle Content und die Erfahrungen der Mitarbeiter steht bei Bedarf zur Verfügung.

Dieses Talentmanagement erfordert eine veränderte Bildungs- und Führungskultur. Trainer werden Lernbegleiter, Führungskräfte wandeln ihre Rolle zum Entwicklungspartner oder Mentor. Das Talent ist für seinen Erfolg selbst verantwortlich.

Die Hürden, die ein Unternehmen überwinden muss, um diesen Weg zu gehen, sind hoch, aber beherrschbar. Es ist ein konsequentes Veränderungsmanagement erforderlich, das mit lieb gewonnen Lernroutinen aufräumt und den Aufbau einer Lernkonzeption ermöglicht, die sich konsequent an den strategischen Erfordernissen der Unternehmung ausrichtet.

6.3.7 Praxisbeispiel: Aufbau von Führungskompetenzen

»Ich halte es für ein Phantasiegebilde, dass Leadership im Vorlesungssaal vermittelt oder gelernt werden kann. Lernen kann ich Managementtechniken wie Ziele setzen, Delegieren, Controlling und Marketing – aber nicht Leadership. Da kommt es darauf an, Zukunftsbilder zu schaffen, schwierigste Geschäftsprobleme zu meistern und Menschen emotional und nachhaltig für neue Strategie und Veränderungsprozesse zu gewinnen. Das kann man nicht kopflastig antrainieren. Man lernt es nur, wenn man im rauen Wasser der Realität Verantwortung trägt. Nicht in Fallstudienarbeit.«

Thomas Sattelberger

Aufbauend auf langjährigen Erfahrungen in internationalen Unternehmen wie Deutsche Bahn AG, Siemens AG und IBM haben wir eine Social-Blended-Learning-Konzeption für Führungskräfte mit etwa 135 problemorientierten Web Based Trainings (Microlearning) zur Führungskompetenz entwickelt, mit denen die Werte- und Kompetenzentwicklungsprozesse in Verbindung mit Social Learning ermöglicht werden. Die Führungskräfte bauen bei Bedarf Führungswissen selbstorganisiert auf und verinnerlichen diese Erkenntnisse mittels Reflexionen und Transferaufgaben, die mit Lernpartnern in ihrer Community of Practice bearbeitet und diskutiert werden. Das Erfahrungswissen aus den persönlichen Führungsprojekten wird über Projektblogs oder Projektwikis im Kurs ausgetauscht und gemeinsam bearbeitet. Damit entsteht im Laufe der Zeit eine selbstorganisierte Community of Practice, die auch nach Abschluss dieser Entwicklungsmaßnahme selbstorganisiert durch die Teilnehmer weiterlebt. Damit wird selbstorganisiertes, soziales Lernen der Führungskräfte initiiert.

Diese integrierte Werte- und Kompetenzentwicklungsmaßnahme erstreckt sich berufsbegleitend über mehrere Monate mit jeweils einem Workshoptag je Monat.

Auch für den Aufbau von Führungskompetenzen und der erforderlichen Werte (vgl. Kapitel 6.2.1) ist ein Prozess des Erlebens und Bewältigens von **echten** Schwierigkeiten und Widersprüchen erforderlich. Solche Prozesse können nur in der Realität, nicht aber in Übungen und Fallstudien, erlebt werden, die jedoch als qualifizierende Vorbereitungen sinnvoll sein können. Dies hat weitgehende Konsequenzen für die Gestaltung der Entwicklungsprozesse (vgl. Erpenbeck 2013c).

6.3.7.1 Praxisbeispiel: Didaktische Konzeption

Aus der strategischen Zielsetzung leiten sich die funktions- und personenbezogenen **Richtziele** ab.

Die Führungskräfte

- entwickeln ihre Führungskompetenz und ihre Werte in Hinblick auf die strategischen Anforderungen der Organisation in einem langfristigen Lernprozess, der niemals endet,
- erfassen regelmäßig ihre Werte und Kompetenzen und leiten daraus weitere Entwicklungsschritte ab,
- gestalten ihre Lernprozesse projektorientiert und selbstorganisiert im Rahmen der Möglichkeiten des Entwicklungssystems,
- bauen ihr persönliches Werte- und Kompetenznetzwerk auf und pflegen dies laufend.

Aus diesen Richtzielen leiten sich die individuellen **Feinziele** und der **Rahmen der Inhalte** ab, mit denen die zukünftigen Führungskräfte ihre Managementkompetenz mit aufbauen.

Die Werte und Kompetenzen der zukünftigen Führungskräfte werden nach dem **Prinzip des exemplarischen Lernens** entwickelt, indem das Führungswissen im Rahmen des eigenen Praxisprojektes, eventuell auch mit Transferaufgaben, sowie in der Auseinandersetzung mit den Projekterfahrungen der Lernpartner auf reale Problemstellungen angewandt wird. Deshalb basiert das Lernkonzept auf einem **persönlichen, unternehmensinternen und herausfordernden Führungsprojekt**, das jeder Teilnehmer während seines Entwicklungsprozesses in Abstimmung mit seiner Führungskraft bearbeitet. Dabei wird er sowohl von seiner Führungskraft als auch von Mitarbeitern des Corporate Learning betreut.

Zusammengefasst ergibt sich folgender **didaktischer Rahmen** für die Lernprozesse der Führungskräfte:

- Die **Richtziele** und **Sollprofile** der Führungskräfteentwicklungsmaßnahme werden in einem Projektteam mit der Geschäftsführung und weiteren Führungskräften definiert.
- Es werden auf Basis der Werte- und Kompetenzerfassung individuelle **Werte- und Kompetenzentwicklungsziele**, die mit dem jeweiligen Vorgesetzen vereinbart werden, angestrebt.
- Die Führungskräfte vereinbaren mit ihrem jeweiligen Vorgesetzten geeignete, herausfordernde **Transferaufgaben und Praxisprojekte**, in denen sie ihre Führungskompetenzen und ihre Werte entwickeln können.
- Der selbstorganisierte Aufbau des erforderlichen **Führungswissens** und notwendige Qualifizierungsmöglichkeiten werden durch die modularisierten Web Based Trainings, bei Bedarf aber auch durch weitere Lernangebote, ermöglicht.
- Die Ziele der Entwicklungsmaßnahme sind auf die selbstorganisierte Lösung von Praxisproblemen ausgerichtet und damit **werte- und handlungsorientiert**.

- Die Lernprozesse sind für jede Führungskraft personalisiert, d. h. individuell gestaltet, und basieren auf **selbstorganisierten Lernphasen in der Führungspraxis.**
- Die Führungskräfte sind primär selbst für den **Lernerfolg** verantwortlich.
- Die Lernprozesse finden überwiegend in **Netzwerken** von Lernpartnern, Lernbegleitern und Führungskräften statt.
- Komplexe Problemlösungen werden durch die Führungskräfte im Rahmen der **kollegialen Beratung**, bei Bedarf aber auch in der **Kommunikation mit Experten**, entwickelt.
- Die teilnehmenden Führungskräfte vereinbaren in Folge dieser Maßnahme **Communities of Practice**, in denen der Austausch von Erfahrungswissen selbstorganisiert weiter geführt wird.

6.3.7.2 Methodische Konzeption

Die Herausforderung in der Konzipierung dieses Entwicklungssystems besteht darin, den Führungskräften eine optimale Möglichkeit zu bieten, ihre Werte und Kompetenzen selbstorganisiert, in einem kommunikativen Prozess mit Lernpartnern (Netzwerk), aufzubauen. Lernen wird damit zu einem Prozess der Netzwerkbildung.

Das Entwicklungsprogramm für die Führungskräfte wird nach unserem Vorschlag als **Social-Blended-Learning-Arrangement** gestaltet, das folgende Grundstruktur aufweist:

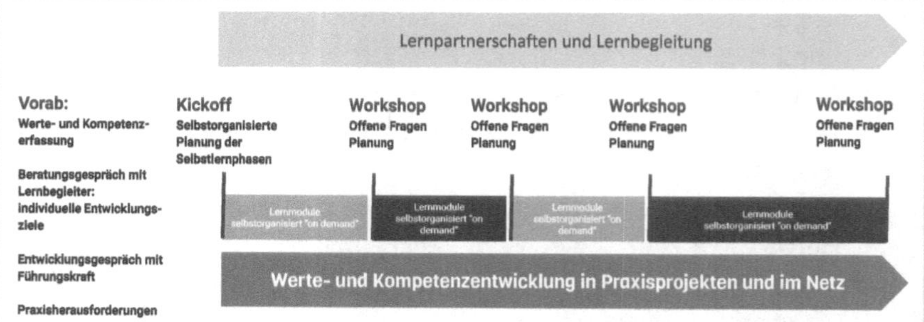

Abb. 53: Social-Blended-Learning-Arrangement für Führungskräfte

Die einzelnen Entwicklungsphasen werden vor allem durch folgende Merkmale geprägt:

Phase	Inhalte und Methodik	Erläuterung	Tools/Medien
Vorab: Werte- und Kompetenzerfassung sowie Beratungsgespräch mit dem Lernbegleiter und Entwicklungsgespräch mit der eigenen Führungskraft	• Werte- und Kompetenzerfassung in Form einer Selbsteinschätzung • gemeinsame Definition der Werte- und Kompetenzziele, die in der Entwicklungsphase angestrebt werden • gemeinsame Festlegung herausfordernder Praxisaufgaben, die die Führungskraft unter Nutzung des Ermöglichungsraums sowie seines neuen Netzwerks im Unternehmen bearbeitet	• strategische Anforderungen an die Führungskräfte • Richtziele der Werte- und Kompetenzentwicklung der Führungskräfte • Sollkompetenzprofil der Führungskräfte • Konzeption der Werte- und Kompetenzentwicklung • Projektplanung und Ergebnismessung	Erfassungssoftware
Kick-off 1–2 Tage	• Vorstellung der vereinbarten Entwicklungsmaßnahme • Reflexion zur Werte- und Kompetenzerfassung • Konzeption des Social Blended Learning • Reflexion zum eigenen Lernhandeln • Learning-Experience-Plattform • Tandem- und Gruppenbildung • Lerntagebuch • Werte- und Kompetenzerfassung • Planung der ersten Selbstlernphase	Lernbegleiter, alle teilnehmenden Führungskräfte, zeitweise die jeweiligen eigenen Führungskräfte	Ermöglichungsraum
Selbstorganisierte Werte- und Kompetenzentwicklung ca. 6 Monate	• selbstorganisierte Bearbeitung der vereinbarten Aufgaben im Führungsprojekt, die den roten Faden der Lernprozesse bilden • Reflexion über die Projekttagebücher • Aufbau eines Netzwerks aus Lernpartnern, Lernbegleitern, Experten, Führungskräften und Kollegen • Ungeklärte Fragen werden im Themenspeicher gesammelt und mithilfe des Lernbegleiters bzw. von Experten online (Webinare) oder in Workshops geklärt.	Flankierung der selbstorganisierten Lernprozesse durch Coaching und Co-Coaching systematischer Ausbau des persönlichen Netzwerkes	Ermöglichungsraum

Tandems

Phase	Inhalte und Methodik	Erläuterung	Tools/Medien
	• Nutzung sämtlicher, kuratierter Informationen, Verlinkungen, Web Based Trainings, Videos, Podcasts oder PDFs, aber auch des dokumentierten Erfahrungswissen von Kollegen • Bearbeitung der Gruppenaufgaben • Erfahrungsaustausch über Lerntagebücher sowie in den Communitys • werte- und kompetenzorientiertes Wissensmanagement • Werte- und Kompetenzerfassung mit Auswertungsgesprächen		
Workshops und Webinare	• Regelmäßig, z. B. alle vier Wochen, treffen sich die Führungskräfte in Präsenz, um über ihre vergangenen Selbstlernphasen zu reflektieren, Zwischenergebnisse vorzustellen und zu diskutieren, offene Fragen mit dem Lernbegleiter bzw. mit Experten zu klären und verbindliche Vereinbarungen für die kommende Selbstlernphase zu treffen. • Bei akutem Klärungsbedarf können Webinare genutzt werden. • Bei Bedarf können auch Praxistrainings eingefügt werden, in denen bestimmte Fertigkeiten, z. B. der Umgang mit einer Projektmanagementsoftware, erlernt werden können.	Lernbegleiter, alle teilnehmenden Führungskräfte, zeitweise die eigenen Führungskräfte	Präsentations- und Moderationsmedien
Abschlussworkshop	Die Führungskräfte stellen zum Ende der Entwicklungsphase, z. B. nach einem Jahr, im Beisein ihrer eigenen Führungskräfte ihre Arbeits- und Projektergebnisse vor. Bei Bedarf werden konkrete Umsetzungsmaßnahmen vereinbart.	Lernbegleiter, alle teilnehmenden Führungskräfte, zeitweise die eigenen Führungskräfte	Präsentations- und Moderationsmedien
Community of Practice	Die Führungskräfte tauschen auch weiterhin selbstorganisiert ihre Erfahrungen aus und vernetzen sich mit anderen Communities of Practice.	alle neuen Mitarbeiter in den ersten Jahren	Ermöglichungsraum

Tab. 42: Prozess der werte- und kompetenzorientierten Führungskräfteentwicklung

Im Rahmen der gezielten Werte- und Kompetenzentwicklung steuern die Führungskräfte ihren Lernprozess zum Aufbau von Wissen und Qualifikation auf der Grundlage ihres Führungsprojektes sowie im Rahmen der Vereinbarungen mit ihren Lernbegleitern bzw. mit ihren Lernpartnern weitgehend selbst.

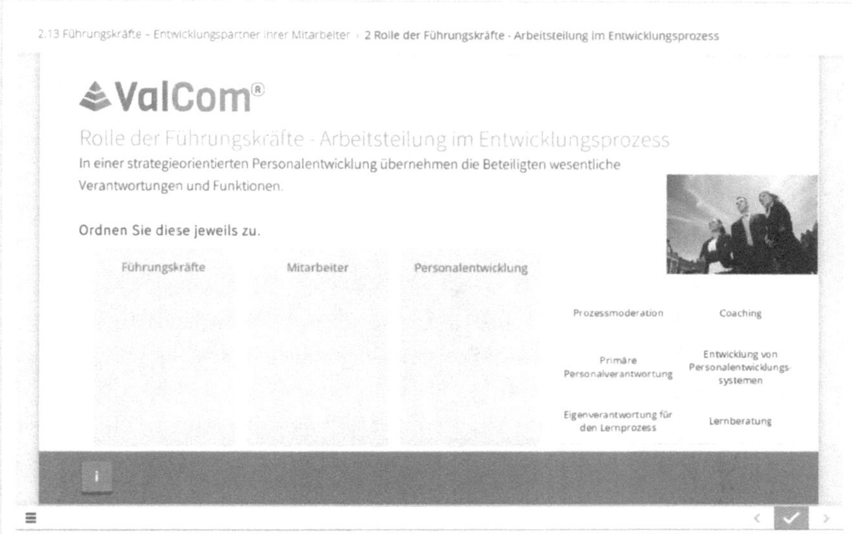

Abb. 54: Beispiel eines modularisiertes Führungs-WBT (ValCom® Institut)

Mit diesem werte- und kompetenzorientierten Ansatz der Führungs(nachwuchs) kräfteentwicklung wird eine Konzeption umgesetzt, die bei den Führungskräften aufgrund der konsequenten Projektorientierung ein hohes Engagement und eine starke Teamorientierung initiiert.

Die Verknüpfung des formellen Lernens in Workshops und E-Learning mit informellem Lernen in Transferaufgaben und in Praxisprojekten hat sich als sehr motivierend und effizient erwiesen.

Im Rahmen dieser Lernsysteme besteht die Chance, **Wissensmanagement Bottom-up** im Unternehmen durchzusetzen. Die Chancen dafür sind gut, weil die Führungskräfte in überschaubaren Projekten und Kommunikationsbereichen den Nutzen der Weitergabe und der gemeinsamen Verarbeitung von Wissen erfahren. Damit bauen sie schrittweise mögliche persönliche Blockaden gegen den Austausch von Wissen ab. Allgemeingültige Ergebnisse können im offenen Bereich der sozialen Lernplattform auch anderen Mitarbeitern zur Verfügung gestellt werden.

6.3.8 Praxisbeispiel: Karriereberatung

Die Karriere der Mitarbeiter wird in besonderem Maße durch die Ausprägungen ihrer Werte und Kompetenzen im Verhältnis zu den Sollprofilen geprägt. Deshalb kommt den Führungskräften als Entwicklungspartner – Mentor – ihrer Mitarbeiter eine besondere Rolle zu. Sie bewerten die Entwicklungsmöglichkeiten der Mitarbeiter, schaffen die notwendigen Rahmenbedingungen und vereinbaren in Abstimmung mit ihnen verbindliche Ziele für Praxis- oder Projektaufträge, die eine selbstorganisierte Werte- und Kompetenzentwicklung und damit eine gezielte Karriere ermöglichen.

Die regelmäßige Werte- und Kompetenzerfassung bildet dafür die notwendige Voraussetzung.

Grundsätzlich kommen hierfür zwei Ansätze in Frage:

- **Funktionsspezifische Karriereberatung:** Hierfür bietet sich die Werte- und Kompetenzerfassung mit einem Ratingsystem in Hinblick auf funktionsspezifische Sollprofile an.
- **Offene Karriereberatung:** Wenn es darum geht, mögliche Karrierewege zu identifizieren, eignet sich die grundlegende Werte- und Kompetenzerfassung mit einem Rankingsystem.

Die Führungskräfte werden dadurch in die Lage versetzt, auf einer breiten, werte- und kompetenzbezogenen Datenbasis fundierte Einschätzungen der möglichen Karrierewerte für den jeweiligen Mitarbeiter abzugeben.

Auf Basis dieser Werte- und Kompetenzerfassung definiert der Mitarbeiter seine wesentlichen Werte- und Kompetenzziele, die er in Hinblick auf seine Karriere anstrebt. Gemeinsam legen die beiden Gesprächspartner eine oder mehrere herausfordernden Praxisaufgaben sowie eventuell weitere Entwicklungsmaßnahmen fest, die der Mitarbeiter in den kommenden Monaten unter Nutzung des Ermöglichungsraumes sowie seines Netzwerkes im Unternehmen oder in anderen Organisationen, z. B. im Rahmen der Jobrotation (vgl. Kapitel 10.4.2), bearbeitet, um die erforderlichen Werte und Kompetenzen für seine geplante Karriere aufzubauen.

Die Führungskraft stellt dafür die notwendigen organisatorischen, zeitlichen, personellen und technischen Voraussetzungen sicher. Regelmäßig finden weitere Erfassungen und Entwicklungsgespräche mit der Führungskraft statt, in denen die Werte- und Kompetenzentwicklung reflektiert und bei Bedarf optimiert wird.

Karriereberatung ist damit integraler Bestandteil der gezielten Werte- und Kompetenzentwicklung der Mitarbeiter.

6.3.9 Praxisbeispiel: Retention Management

Eine aktuelle Untersuchung (Hays 2021) zeigt deutlich, dass vor allem das gute Betriebsklima, also insbesondere die Organisationskultur, der entscheidende Faktor für die Mitarbeiterbindung ist.

Weitere wichtige Rollen spielen die Werte

- ***Bildung:*** *Personalentwicklungsleistungen,*
- ***Gesundheit:*** *Maßnahmen zur Gesundheitsförderung,*
- ***individuelle Freiheit:*** *flexible Arbeitszeiten und mobile Arbeit,*
- ***Anerkennung:*** *marktgerechte Entlohnung, Zusatzleistungen und Karriereperspektiven,*
- ***Sicherheit:*** *Beschäftigungssicherheit,*
- ***Privatleben:*** *Maßnahmen zur Vereinbarkeit von Beruf und Privatleben,*
- ***Verantwortung:*** *interessante und anspruchsvolle Aufgaben,*
- ***Respekt:*** *differenziertes Führungshandeln,*
- ***Einfluss:*** *Reputation des Arbeitgebers.*

Die Erwartungen kompetenter Mitarbeiter nach Anerkennung ihrer Leistungen werden anspruchsvoller. Wider besserem Wissen lässt man begehrte Fach- und Führungskräfte gehen und nimmt in Kauf, Aufträge abzulehnen, anstatt alles daran zu setzen, Schlüsselkräfte zu halten. Dafür sind vor allem folgende Gründe maßgeblich (vgl. Wucknitz, Heyse 2008):

- Es fehlt ein gezieltes Werte- und Kompetenzmanagement.
- Es gibt keine Konzeption, um Schlüsselkräfte an die Organisation zu binden.
- Es mangelt an einer Organisationskultur, die vor allem durch die oben genannten Werte geprägt ist.

Retention ist die Bindung der Mitarbeiter an das Unternehmen.

Retention Management umfasst die Maßnahmen mit dem Ziel, kompetente Mitarbeiter zu gewinnen, zu halten und zu motivieren, Leistung zu erbringen (nach Personalwirtschaft)[55].

Damit soll letztendlich erreicht werden, Leistung, Loyalität und damit die Identifikation der Mitarbeiter mit der Organisation zu fördern.

Während Wucknitz und Heyse (2008) Retention Management auf ausgewählte Führungskräfte konzentrieren, sehen wir alle Mitarbeiter als Zielgruppe dieser Maßnah-

55 https://www.personalwirtschaft.de/produkte/hr-lexikon/detail/retention.html.

men an, da sich die Performanz der Organisation erst durch das Zusammenwirken aller Mitarbeiter ergibt.

Die Studie von Hays macht deutlich, dass Retention Management in hohem Maße Werte- und Kompetenzmanagement ist. Entsprechen die Istwerte und -kompetenzen der Organisation den Wünschen der Mitarbeiter, besteht eine gute Chance, dass sie sich mit ihr identifizieren. Dieses Commitment ist die wesentliche Voraussetzung für eine nachhaltige Mitarbeiterbindung.

Deshalb erfordert Retention Management keine eigenen Maßnahmen, sondern die konsequente Umsetzung der dargestellten Maßnahmen der Werte- und Kompetenzentwicklung auf allen Ebenen der Organisation.

Konsequentes Werte- und Kompetenzmanagement ist Retention Management.

Eine besondere Rolle für das Retention Management spielt das **Austrittsgespräch**, das im Idealfall drei bis sechs Monate nach dem Ausscheiden stattfindet, da die Eindrücke dann mit Abstand und eher reflektiert erfolgen. Aus diesen Gesprächen können unter Umständen wertvolle Hinweise zur Optimierung des Retention Managements gezogen werden.

6.3.10 Praxisbeispiel: Outplacement (Newplacement)

Die professionelle Beratung und Unterstützung von Mitarbeitern, die ausscheiden, um sich beruflich neu zu positionieren, ist ein wichtiges Element des Employer Branding. Die Mitarbeiter nehmen den Umgang mit ausscheidenden Mitarbeitern wahr. Dies beeinflusst ihre Motivation, aber auch das Bild als Arbeitgeber nach außen.

Outplacement, teilweise auch Newplacement genannt, bezeichnet eine Dienstleistung für ausscheidende Mitarbeiter, die als professionelle Hilfe zur beruflichen Neuorientierung und Neupositionierung angeboten wird (nach Gabler Wirtschaftslexikon[56]).

Im Regelfall trägt der Arbeitgeber die Kosten für eine externe Begleitung des ausscheidenden Mitarbeiters. Sie kann bis zum Abschluss eines neuen Arbeitsvertrages oder einer Existenzgründung gehen.

Mit einer Werte- und Kompetenzerfassung erhält der ausscheidende Mitarbeiter ein tiefgehendes Bild seiner Antriebe und seiner Ordner des selbstorganisierten Handelns sowie seiner Kompetenzen. Dies hilft ihm, eine Entscheidung über seinen weiteren beruflichen Weg zu treffen.

Outplacement kann damit auch ein sehr gutes Instrument sein, um Möglichkeiten zu suchen, den ausscheidenden Mitarbeiter nebenberuflich weiterhin nach seinen Vorlieben und mit seinen besonderen Kompetenzen in der Organisation einzusetzen. Denkbar ist beispielsweise, erfahrene Meister in der Produktion zeitweise in der Ausbildung der Nachwuchskräfte einzusetzen.

6.4 Gezielte Werte- und Kompetenzentwicklung im Überblick

Zusammengefasst umfasst die gezielte Entwicklung von Werten und Kompetenzen folgende Elemente:

56 https://wirtschaftslexikon.gabler.de/definition/outplacement-42382.

Ebene/ Prozess	Vorbereitung	Werte- und Kompetenzerfassung	Sollprofile	Entwicklungsziele	Entwicklungsmaßnahmen
Organisationsebene	**Workshop mit der Organisationsleitung sowie ausgewählten Fach- und Führungskräften (Kernteam):** • strategische Herausforderungen der Organisation • Definition der grundlegenden Werte- und Kompetenzmodelle für die Organisation – Anpassung der Definitionen – organisationsspezifische Beispiele und Handlungsanker – organisationsbezogene Übertreibungen • Festlegung des Ermöglichungsraumes **danach** • Gestaltung des virtuellen Ermöglichungsraumes organisationsweite Information aller Beteiligten über die Ziele und Schritte der Maßnahme	**Organisationsweite Erfassung der Werte- und Kompetenzen Ist und Wunsch** – anonymisierte Aggregation der Ergebnisse – Auswertung an alle Beteiligte **→ Laufendes Kultur-, Werte- und Kompetenzmanagement:** regelmäßige Überprüfung der Werte- und Kompetenzentwicklung in der Organisation, Vergleich im Zeitablauf und evtl. Anpassung der Ziele und Maßnahmen	**Workshop mit repräsentativem Team aus der Organisation:** • Analyse und Bewertung der Erfassungsergebnisse • Ableitung des Sollwerteprofils und des Sollkompetenzprofils für die Organisation Formulierung der Mission des Werte- und Kompetenzmanagements in der Organisation	**Workshop mit repräsentativem Team aus der Organisation:** • Definition der Kernwerte und -kompetenzen der Organisation • Formulierung von Entwicklungszielen für die Organisation	**Kommunikationsprozess** mit allen Mitarbeitern nach dem Prinzip von cMOOC, evtl. in Verbindung mit einem Barcamp • bei Bedarf Optimierung der Sollprofile, der Mission und der Ziele • Auswahl und Definition von Korridorthemen • organisationsweite Bearbeitung von Korridorthemen, z. B. zur Entwicklung der Kernwerte und Kernkompetenzen Kommunikation und gemeinsame Weiterentwicklung der Ergebnisse

Ebene/ Prozess	**Vorbereitung**	**Werte- und Kompetenzerfassung**	**Sollprofile**	**Entwicklungsziele**	**Entwicklungsmaßnahmen**
Teamebene	**Workshop der jeweiligen Führungskraft mit ausgewählten Fach- und Führungskräften aus ihrem Team:** • strategische Anforderungen an das Team • Definition der Werte- und Kompetenzmodelle für das Team auf Basis der organisationalen Sollprofile • weitere Anpassung der – Definitionen auf das Team – teamspezifische Beispiele und Handlungsanker – teambezogene Übertreibungen **danach** • Information des gesamten Teams über die Ziele und Schritte des Projektes durch die Führungskraft	**Teambezogene Erfassung der Werte- und Kompetenzen Ist und Wunsch** • anonymisierte Aggregation der Teamwerte und Teamkompetenzen Ist und Wunsch • Vergleich der Erfassungsergebnisse mit Sollprofilen der Organisation, Ergebnissen der Organisation und anderer Teams • **LXP:** Auswertung an alle Beteiligte **→ Laufendes Werte- und Kompetenzmanagement:** regelmäßige Überprüfung der Werte- und Kompetenzentwicklung im Team Vergleich im Zeitablauf und Anpassung der Ziele und Maßnahmen	**Teamworkshop mit der Führungskraft:** • Analyse und Bewertung der Erfassungsergebnisse • Ableitung des Sollwerteprofils und Sollkompetenzprofils für das Team • Formulierung der Mission des Werte- und Kompetenzmanagements im Team	**Teamworkshop mit der Führungskraft:** • Definition der Kernwerte und -kompetenzen des Teams • Formulierung überprüfbarer Entwicklungsziele für das Team	**Teamworkshop mit der Führungskraft:** • Definition von Werte- und Kompetenzentwicklungsprojekten für das Team, insbesondere im Rahmen der organisationsweiten Korridorthemen **danach** • Bearbeitung der Entwicklungsprojekte im Team, z. B. zur Entwicklung der Kernwerte und -kompetenzen des Teams • kollaborative Projektbearbeitung im Netz durch das Team • Kommunikation der Ergebnisse in der Organisation und gemeinsame Weiterentwicklung der Lösungen

Ebene/ Prozess	Vorbereitung	Werte- und Kompetenzerfassung	Sollprofile	Entwicklungsziele	Entwicklungsmaßnahmen
Individualebene	**Workshop des Lernbegleiters mit erfahrenen Fach- und Führungskräften aus der Zielgruppe:** • strategische Anforderungen an die Zielgruppe • Definition der Sollkompetenzprofile der Mitarbeiter der Zielgruppe auf Basis der strategischen Anforderungen und der Sollprofile des Teams bzw. der Organisation – Anpassung der Definitionen auf die Zielgruppe – funktionsspezifische Beispiele und Handlungsanker – funktionsspezifische Übertreibungen • Konzeption der gezielten Werte- und Kompetenzentwicklung	**Ersterfassung der Werte und Kompetenzen, z. B. bei der Personalauswahl:** • Erfassung mit einem Rankingsystem • Grundlage für die Auswahlentscheidung • Grundlage für eine fundierte Rückmeldung **Laufende Erfassung der Werte und Kompetenzen der Mitarbeiter** • Erfassung mit einem Ratingsystem im Abgleich zu Sollprofilen • Vergleiche mit den Sollprofilen für Kompetenzen und Werte • Vergleiche z. B. zum Team oder zum Durchschnitt der Kompetenzen der Zielgruppe • Auswertung der Ergebnisse mit Empfehlungen • Auswertung an alle Beteiligte	**Nach der Ersterfassung: regelmäßige Workshops mit erfahrenen Fach- und Führungskräften aus der Zielgruppe:** Überprüfung der Sollkompetenzprofile der Mitarbeiter aus der Zielgruppe und evtl. Anpassung	**Beratungsgespräch mit dem Werte- und Kompetenzberater (meist Lernbegleiter):** • Analyse und Bewertung der Erfassungsergebnisse • Identifizierung der Entwicklungsbedarfe • Formulierung von jeweils 2–3 Werte- und Kompetenzzielen • Möglichkeiten zur gezielten Werte- und Kompetenzentwicklung	**Entwicklungsgespräch mit der Führungskraft:** • Austausch über die Entwicklungsmöglichkeiten des Mitarbeiters auf Basis seiner individuellen Werte- und Kompetenzziele • Vereinbarung von herausfordernden Praxisaufgaben bzw. -projekten für die gezielte Ermöglichung der Werte- und Kompetenzziele • Sicherung der notwendigen Rahmenbedingungen – zeitlich, organisatorisch, finanziell und personell **→ Laufende Entwicklungsgespräche auf Basis regelmäßiger Werte- und Kompetenzerfassungen**

Ebene/ Prozess	Vorbereitung	Werte- und Kompetenzerfassung	Sollprofile	Entwicklungsziele	Entwicklungsmaßnahmen
	danach • **Workshop/virtueller Ermöglichungsraum:** Information der Mitarbeiter über die Ziele und Schritte der Werte- und Kompetenzentwicklungsmaßnahmen durch die Führungskraft	**→ Wiederholte Werte- und Kompetenzerfassung:** regelmäßige Überprüfung der Werte- und Kompetenzentwicklung der Mitarbeiter in Hinblick auf die Ziele und evtl. Anpassung der Ziele und Maßnahmen			

Tab. 43: Maßnahmen der gezielten Werte- und Kompetenzentwicklung in der Zusammenfassung

6.5 Validierung

In den meisten Weiterbildungsmaßnahmen wird der Lernerfolg nach wie vor nicht dort gemessen, wo er wirksam würde, nämlich im Arbeitsprozess, sondern mit »Happyness Sheets« am Ende der Seminare. Damit sind alle Beteiligten zufrieden. Der Trainer, der eine gute Einschätzung erhält, wird wieder einen neuen Auftrag bekommen, die Personalentwicklung kann verkünden, dass ihre Maßnahmen alle gut und sehr gut bewertet werden und die Geschäftsleitung schwelgt im besten Gefühl, etwas für die Entwicklung ihrer Mitarbeiter getan zu haben. Obwohl im Regelfall weniger als zehn Prozent der Seminarinhalte am Arbeitsplatz angewandt werden, hat sich dieses Verfahren in der betrieblichen Bildung fest etabliert.

Offen bleibt, was die gute Stimmung am Ende der gemeinsamen Seminartage wirklich mit dem Werte- und Kompetenzaufbau im Prozess der Arbeit zu tun hat.

In der betrieblichen Bildung gibt es eine lange Tradition zur Bewertung von Weiterbildungsmaßnahmen mittels Feedbackbögen, die direkt am Ende der Veranstaltungen von den Teilnehmern ausgefüllt werden (vgl. Balzer, Beywl 2015). Dass solche Evaluierungsbögen nichts, aber auch gar nichts über den Lernerfolg in der Praxis sagen, ist bekannt, hindert aber die Mehrzahl der Bildungsverantwortlichen nicht daran, sie weiter einzusetzen.

Validierung ist eine Beschreibung und kriteriengestützte Bewertung einer konkreten Entwicklungsmaßnahme anhand systematisch erhobener qualitativer und quantitativer Daten (nach Rädiker 2012).

Das Evaluationsmodell, das in der Praxis am häufigsten angewandt wird, stammt von Kirkpatrick und Kirkpatrick (vgl. Kirkpatrick, Kirkpatrick, 4. Aufl. 2012). In Anlehnung an diesen Ansatz werden folgende Evaluationsebenen unterschieden:

- **Ebene 1 – Zufriedenheit (reaction):** Haben die Teilnehmenden die Maßnahme akzeptiert? Sind sie zufrieden?
- **Ebene 2 – Lernen (learning):** Haben die Teilnehmenden Wissen und Qualifikation aufgebaut? Hierfür werden meist Tests eingesetzt.

Bei werte- und kompetenzorientierten Entwicklungsmaßnahmen sind vor allem folgende Ebenen von zentraler Bedeutung:

- **Ebene 3 – Handeln (behavior):** Haben die Teilnehmenden ihr Handeln im Prozess der Arbeit zielgerecht und dauerhaft verändert?
- **Ebene 4 – Ergebnisse (results):** Welche Veränderung hat die Entwicklungsmaßnahme für die Organisation bewirkt?

Während Ebene 1 und 2 zeitnah überprüft werden können, erfordern Ebene 3 und 4 eine zeitlich abgestimmte, langfristige Planung für jede Entwicklungsmaßnahme. Da die Entwicklungsmaßnahmen im Rahmen der Werte- und Kompetenzentwicklung letztendlich alle zum Ziel haben, die Handlungsweisen der Führungskräfte und Mitarbeiter im Prozess der Arbeit bzw. der Führung zu entwickeln, schlagen wir vor, die Validierung erst dann durchzuführen, wenn die Umsetzung in der Praxis erfolgen konnte.

Es bietet sich an, die Erfassungen der Werte und Kompetenzen regelmäßig zu wiederholen, um im Abgleich zur ersten Analyse die weitere Entwicklung der Werte und Kompetenzen in den Teams zu erfassen und zu bewerten. Auf dieser Basis können die einzelnen Teams, jeweils mit ihrer Führungskraft, weitere Entwicklungsschritte vereinbaren und umsetzen.

Wir schlagen vor, nach etwa einem Jahr ein weiteres Barcamp durchzuführen, in dem die Mitarbeiter als Teilgeber ihre Erfahrungen zur Diskussion stellen können.

Weiterhin bietet es sich an, eine organisationsweite, digital gestützte Kommunikation einzuführen, in deren Rahmen z. B. einzelne Teams von Mitarbeitern oder Führungskräften ihre Konzeptionen und Erfahrungen vorstellen.

6.6 Anforderungen an die gezielte Werte- und Kompetenzentwicklung von Mitarbeitern

Zusammengefasst ergeben sich folgende Anforderungen an die gezielte Werte- und Kompetenzentwicklung von Individuen:

Anforderung	Nutzen
Formulierung von **Sollwerten** und **-kompetenzen für die Organisation**	bedarfsgerechte Sollwerte und -kompetenzen als Orientierungsrahmen für die Teams
Ableitung von **Korridorthemen** zur Umsetzung der Sollwerte und -kompetenzen in der gesamten Organisation	Die Werte- und Kompetenzziele werden über Themen, die in der gesamten Organisation bearbeitet werden, für alle greifbar, sodass sie verinnerlicht werden können.
Werte- und Kompetenzentwicklung der **Lernbegleiter** und der **Führungskräfte**	Die Werte und Kompetenzen der Schlüsselpersonen für den Umsetzungsprozess werden gezielt in der Praxis aufgebaut.
Formulierung von **Sollwerten** und **-kompetenzen für die Teams**	bedarfsgerechte Sollwerte und -kompetenzen als Orientierungsrahmen für die Mitarbeiter
Ableitung von **Praxis- und Projektaufträgen für das Team** zur Entwicklung der Werte und Kompetenzen	Die Werte- und Kompetenzziele der Teams werden über die Bearbeitung von gemeinsamen Herausforderungen bearbeitet, sodass die angestrebten Werte und Kompetenzen verinnerlicht werden können.
Ersterfassung von Werten und Kompetenzen, z. B: bei der Personalauswahl oder für Onboarding-Prozesse	Rankingsystem der Erfassung von Werten und Kompetenzen
Entwicklung von **Sollprofilen für einzelne Funktionsgruppen** der Mitarbeiter	werte- und kompetenzorientierte Anforderungsprofile für einzelne Funktionsgruppen
Erfassung der **Werte sowie Kompetenzen einzelner Mitarbeiter** mit Selbst- und Fremdeinschätzung	Transparenz über die individuellen Werte sowie-Kompetenzen, aus deren Analyse und Bewertung der Entwicklungsbedarf der Mitarbeiter abgeleitet werden kann
Formulierung **individueller Entwicklungsziele** und -maßnahmen in einem Beratungsgespräch mit einem Werte- und Kompetenzberater	Die Mitarbeiter können ihre jeweils zwei bis drei individuellen Werte- und Kompetenzziele definieren und geeignete Entwicklungsmaßnahmen identifizieren.
verbindliche Vereinbarung von Entwicklungsmaßnahmen in der Praxis in einem Entwicklungsgespräch mit der jeweiligen Führungskraft	Die Mitarbeiter erhalten einen klaren Auftrag zur Bearbeitung von Praxisaufgaben oder -projekten mit dem Ziel der personalisierten Werte- und Kompetenzentwicklung.
personalisierte Werte- und Kompetenzentwicklung der Mitarbeitenden in der Praxis	Die Mitarbeitenden entwickeln gezielt ihre Werte und Kompetenzen in kollaborativen Prozessen.
regelmäßige Erfassung der Werte und Kompetenzen auf allen Ebenen der Organisation	Es entwickelt sich ein Kreislauf der gezielten Werte- und Kompetenzentwicklung mit Erfassung, Reflexion und Weiterentwicklung der Werte und Kompetenzen.
professionelle Begleitung bei der Implementierung des Systems	erfolgreiche Umsetzung und laufende Weiterentwicklung der Konzeption

Tab. 44: Anforderungen an die gezielte Werte- und Kompetenzentwicklung

7 Geschäftsmodell des Future Learning

Einstieg

Die Coronakrise hat zu einem sprunghaften Anstieg von digital gestützten Arbeits-, Kommunikations- und Kollaborationsformen geführt, z. B. Arbeit im Homeoffice, Videokonferenzen oder kollaboratives Arbeiten im Netz. Viele Mitarbeiter oder Lerner, die vorher keinen Bezug zu solchen Arbeits- und Lernformen hatten, sammeln nunmehr eigene Erfahrungen. Sicher werden diese nicht immer positiv sein, vor allem, wenn ihnen einfach die Technik freigeschaltet wird, ohne dass konzeptionelle Überlegungen dahinterstehen. Trotzdem kann man davon ausgehen, dass viele ihre Erwartungshaltung an die Arbeits- und Lernformen verändern. Dies hat tiefgehende Konsequenzen für die Geschäftsmodelle der betrieblichen Bildung, das Corporate Learning.

Nach der Trendstudie 2020 des Wuppertaler Kreises (2020) stellen offene und organisationsinterne Seminare mit etwa 60 Prozent des Umsatzes weiterhin den Schwerpunkt des Angebotes der Weiterbildungsdienstleister der Wirtschaft dar. Hinzu kommen Lehr- und Studiengänge mit 14 Prozent hinzu, vermutlich ebenfalls überwiegend seminaristisch gestaltet. Der Wuppertaler Kreis geht davon aus, dass sich dieses Angebotssegment in einem Veränderungsprozess befindet und die Digitalisierung für erhebliche Veränderungen sorgen wird. Die Integration digitaler Lernelemente ist jedoch aktuell noch nicht bei allen offenen Seminaren der Standard.

Die Mitarbeiterentwicklung in Unternehmen wird traditionell durch eine Personalentwicklungsabteilung gestaltet und vorgegeben. Dieser Ansatz geht von der Fiktion aus, dass eine zentrale Einheit in einer Organisation den Entwicklungsbedarf aller Mitarbeiter identifizieren kann, um daraus für jeden Lerner seinen individuell passenden Lehr-/Lernprozess abzuleiten. Da dieser Anspruch nur dann realisiert werden kann, wenn man die Mitarbeiter in eine überschaubare Zahl von Bedarfsgruppen einteilt und diesen jeweils einen einheitlichen Angebotskatalog zur Verfügung stellt, entstehen standardisierte Lehr-/Lernprozesse, meist über Bildungskataloge angeboten, im Regelfall fremdorganisiert, die wir alle seit Jahrzehnten kennen. Dabei wird unterstellt, dass der Transfer in die Praxis irgendwie schon erfolgen wird, wenn man vorab Wissen und Qualifikation auf Vorrat vermittelt hat.

Viele betriebliche Bildungssysteme, aber auch die Angebote der Weiterbildungsdienstleister, können den Erfordernissen der zukünftigen Arbeitswelt nicht einmal ansatzweise gerecht werden.

7.1 Das Ende der Personalentwicklung

Die Personalentwicklung in Organisationen hatte und hat auch noch vielfach mit Laufbahnkonzepten und Seminarplanung bis hin zum Hotelmanagement zu tun. Dafür gibt es bewährte professionelle Systeme, die meist auch eine hohe Akzeptanz genießen.

Betriebliche Entwicklungssysteme für Mitarbeiter und Führungskräfte müssen die Zukunft vorwegnehmen, wenn sie die Unternehmen für den kommenden Wettbewerb fit machen wollen. Wenn Onlinekommunikation, Recherche im Intranet oder Internet sowie die Erstellung von Dokumenten im Netz für immer mehr Menschen zur Normalität werden, sollten diese Instrumente auch integraler Bestandteil betrieblicher Lernsysteme werden. Die Mitarbeiter tragen an ihrem Arbeitsplatz immer mehr Eigenverantwortung und organisieren ihre Prozesse selbst. Es zeichnet sich deshalb ab, dass das betriebliche Lernen in der Zukunft Werte- und Kompetenzentwicklung ist (vgl. Corporate Learning Community, 2017).

Werte- und Kompetenzziele spielen im Konzept vieler Personalentwicklungen zwar vordergründig eine Rolle, werden de facto aber meist nicht gezielt verfolgt. Es bleibt überwiegend dem Zufall überlassen, ob die Mitarbeiter die Seminarinhalte, eventuell mit Coaching eines erfahrenen Kollegen, am Arbeitsplatz anwenden können.

New Work wird eine Kompetenzwelt sein, in der Werte als Handlungsanker für selbstorganisierte Prozesse mit digitalisierten Systemen dienen.

Future Learning erfordert deshalb eine grundlegende Neupositionierung des betrieblichen Bildungsmanagements, das zukünftig die Rolle eines aktiven, strategieorientierten Gestalters der Rahmenbedingungen des Lernens und Ermöglicher selbstorganisierter Lernprozesse im Unternehmen spielt.

Werte- und kompetenzorientierte Lernkonzeptionen mit zunehmender Selbstorganisation und -verantwortung der Mitarbeiter haben zur Folge, dass die heutigen Personalentwickler entweder ihre Rolle verlieren oder sich zu Werte- und Kompetenzmanagern wandeln.

Für diese Veränderung sind neue Strukturen, Rollen und Kompetenzen der Planer, Entwickler, Trainer, Tutoren und Coachs in betrieblichen Lernsystemen erforderlich. Werte- und Kompetenzmanager werden bereits bei der strategischen Planung als Partner einbezogen, damit sie die notwendigen Lernprozesse zur Umsetzung strategischer Maßnahmen rechtzeitig initiieren können. Das setzt ein hohes Ansehen dieser Entwicklungsexperten im Unternehmen voraus.

Werte- und Kompetenzmanagement ist eine immer wichtiger werdende Managementdisziplin, mit der die Werte und Kompetenzen im Unternehmen aktiv erfasst, analysiert und bewertet werden, sodass ihre selbstorganisierte Entwicklung ermöglicht wird.

Für diese Neupositionierung des Bildungsbereichs müssen viele liebgewonnene Rollenelemente über Bord geworfen werden. Es lohnt sich aber, diesen Weg zu gehen, weil damit der Bildungsbereich in Zukunft eine strategische Schlüsselposition übernimmt.

7.2 Neue Rollen im Corporate Learning

Die scil Trendstudie 2020 zu den Kompetenzen für die Digitalisierung der Personalentwicklung hat folgendes Bild ergeben (vgl. scil 2020):

- *Der digitale Reifegrad in der Personalentwicklung wird eher gering eingeschätzt.*
- *Das Wissen im Bereich fortgeschrittener Digitalisierung und damit verbundener Verfahren bzw. Methoden wird ebenfalls als eher gering eingestuft.*
- *Die Soft Skills im Umgang mit digitalen Medien oder Tools sind stark ausgeprägt, die Hard Skills deutlich geringer.*
- *Personalentwickler sehen die fortschreitende Digitalisierung sehr positiv und schätzen ihre Changemanagement-Kompetenzen als sehr hoch ein – auch in Hinblick auf die Unterstützung des digitalen Wandels.*

Die Orientierung der Mitarbeiterentwicklung an Werte- und Kompetenzzielen hat zur Folge, dass die Mitarbeiter in den Mittelpunkt rücken und die Rollen aller Beteiligten sich grundlegend verändern (vgl. Sauter, Sauter, Wolfig 2018, S. 222 ff., North, S. 281 ff.).

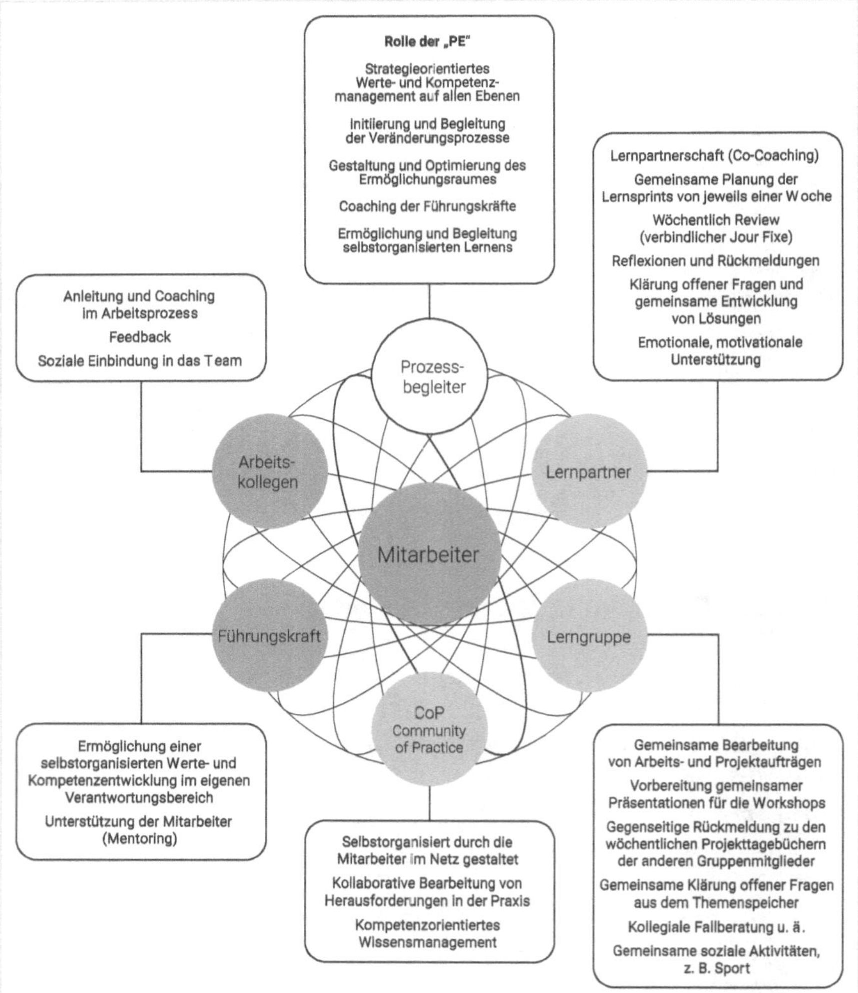

Abb. 55: Neue Rollen im Future Learning

Hierbei sind nach unserer Einschätzung insbesondere folgende Aufgaben des zukünftigen Werte- und Kompetenzmanagements hervorzuheben:

- **Prozessmoderation:** Moderation und Begleitung der Veränderungsprozesse im Corporate Learning sowie der Maßnahmen zur Ableitung der Werte- und Kompetenzmodelle aus der Unternehmensstrategie und dem gemeinsamen Werterahmen
- **Coaching der Führungskräfte**: Führungskräfte entwickeln sich immer mehr zu Entwicklungspartnern und Mentoren ihrer Mitarbeiter, die Führungs- und Lernkultur verändert sich fundamental. Das Werte- und Kompetenzmanagement initiiert und moderiert diese Veränderungsprozesse und coacht wiederum die Führungskräfte.

- **Laufende Weiterentwicklung der Werte- und Kompetenzentwicklungssysteme:**
  - Impuls- und Ideengeber für die Weiterentwicklung des Corporate Learning,
  - Optimierung der Werte- und Kompetenzentwicklungskonzeption,
  - laufende Optimierung des Ermöglichungsraumes, der Learning-Experience-Plattform,
  - Sicherung des notwendigen Wissensaufbaus und der Qualifizierung,
  - Kuratierung des Wissens: laufend personalisierte Bereitstellung des Wissens,
  - Services für kollaboratives Arbeiten und Lernen: Die Mitarbeiter werden unterstützt, um in ihrem Netzwerk Lösungen für aktuelle Herausforderungen zu entwickeln,
  - Begleitung individueller und organisationaler Lernprozesse als Coach bzw. Mentor,
  - Förderung des kompetenzorientierten Wissensmanagements,
  - Ermöglichung des Lernens im Netz,
  - Förderung von Communities of Practice.

Insbesondere ist es notwendig, innovative Bildungsprojekte aus ihrer »Schönwetterecke« zu bringen. Werte- und Kompetenzmanager müssen bereits bei der strategischen Planung als Partner miteinbezogen werden, damit sie die notwendige Werte- und Kompetenzentwicklung zur Umsetzung der strategischen Maßnahmen rechtzeitig initiieren und ermöglichen können.

7.3 Strategieorientiertes Werte- und Kompetenzmanagement

»Verantwortung des Menschen in der technischen Welt heißt [...] er muss inmitten der Planung und der Apparate lernen, Mensch zu bleiben. Vielleicht muss er in entscheidenden Punkten erst lernen, Mensch zu werden. So Mensch zu werden, dass er der Herr des Plans und der Apparate bleibt.«
Carl Friedrich von Weizsäcker

Strategieorientiertes Werte- und Kompetenzmanagement zielt darauf ab, die Entwicklung der Werte und der Kompetenzen der Mitarbeiter und Teams in Hinblick auf ihre zukünftigen Herausforderungen im Arbeitsprozess zu ermöglichen, um die Performanz der Organisation zu erhöhen.

Die Aufgaben der Personalentwicklung werden sich dabei grundlegend, meist über eine Zwischenstufe, verändern (vgl. Erpenbeck, Sauter 2018 b, S. 122. ff.).

	Klassische strategische Personalentwicklung ⇨ Werte- und Kompetenzmanagement		
Steuerung	• Vorgabe von curriculumbasierten, standardisierten Lernangeboten • Top-down durch Trainer • Fremdsteuerung	• Fremdsteuerung • teilweise selbstgesteuert • Lernbegleitung durch Tutoren	Werte- und Kompetenzerfassung • Beratungsgespräch mit Werte- und Kompetenzberater • Entwicklungsgespräch mit der Führungskraft • selbstorganisierte Steuerung • Lernbegleitung durch Tandempartner, Lernbegleiter und Führungskräfte (Mentoren)
Ziele	• Wissens- und Qualifikationsziele • vorgegeben (Curriculum)	• teilweise vorgegeben • teilweise individuelle Lernziele	• individuelle Werte- und Kompetenzziele • Wissen und Qualifikation als notwendige Voraussetzung
Inhalte	• formelle Lerninhalte • vorgegeben	• formelle Lerninhalte • vorgegeben • teilweise individuelle Inhalte im Rahmen von Transferaufgaben	• nach Bedarf im Arbeitsprozess • evtl. Vorgabe von formellen Pflichtinhalten
Methodik	• Push • Vorträge • Unterricht • Seminare/Kurse • kooperatives Lernen mit Fallstudien, Rollenspielen etc. • E-Learning	• Push & Pull • Trainings • Workshops • E-Learning-Arrangements • Blended-Learning-Arrangements	• Pull • Ermöglichungsraum mit vielfältigen Entwicklungsangeboten • Lernpartnerschaften (Co-Coaching) • Social Learning (Kollaboration, Communitys etc.) • Lernbegleitung durch Tandempartner, Coach und Mentor

Lernzeit	• gesonderte Seminar- oder E-Learning-Zeiten • teilweise während der Arbeitszeit • teilweise Zeitgutschriften für Lernen	• gesonderte Seminar- oder E-Learning-Zeiten • teilweise Zeitgutschriften für Lernen • in Projekt- und Transferphasen sowie im Arbeitsprozess	• im Arbeitsprozess im Rahmen der Vereinbarungen mit der Führungskraft • evtl. unterstützende Praxistrainings und ergänzende Weiterbildungsmaßnahmen • evtl. regelmäßige Events zur Netzwerkbildung
Entwickler der Inhalte	• Experten • Medienentwickler	• Experten • Medienentwickler • teilweise Mitarbeiter	• Mitarbeiter • Experten • Medienentwickler

Tab. 45: Auf dem Weg zum strategieorientierten Werte- und Kompetenzmanagement

Es hat sich bewährt, mit einer Pilotphase zu beginnen, die vom Werte- und Kompetenzmanagementteam initiiert wird. Dabei werden zuvor überlegte Veränderungs-, Kommunikations-, Lern- und Unterstützungsprozesse und-systeme umgesetzt und evaluiert. Überprüft werden dabei die individuellen und kollaborativen Lernprozesse, die Kommunikations- und Coachingphasen sowie die Lernziele, Inhalte, Lernformen, Sozialformen, Medien, Lerninfrastrukturen und Organisation. Die Erkenntnisse daraus dienen der Optimierung des Konzeptes, welches später breiter ausgerollt wird.

Sobald für die neue Entwicklungskonzeption im Unternehmen Akzeptanz aufgebaut werden konnte, bietet es sich an, die bisherige Personalentwicklung durch ein Werte- und Kompetenzmanagement zu ersetzen.

Der Anreiz für Mitarbeiter und Führungskräfte, sich aktiv in dieses Werte- und Kompetenzentwicklungssystem einzubringen, ist der Nutzen für die eigene Person und das Team. Dieser liegt vor allem darin, aktuelle Aufgaben besser zu erfüllen, aber auch die Chance auf erweiterte oder neue Verantwortungsbereiche.

Es hat sich bewährt, mit Pilotgruppen zu beginnen, die sich bereits im Arbeitsleben weitgehend selbstverantwortlich organisieren und eine Affinität zu internet- bzw. intranetbasierten Systemen haben. Im Idealfall ist sich die Gruppe ihrer Werte- und Kompetenzentwicklungsbedarfe bewusst und sucht eine Lösung, um sich zu verbessern. Gelingt es, mit diesen Pilotgruppen glaubwürdige Erfolgsgeschichten zu initiieren, die einen nachvollziehbar Nutzen für das Unternehmen und seine Mitarbeiter bringen, besteht eine große Chance, auf breiter Front Akzeptanz zu gewinnen.

7.4 Werte- und Kompetenzentwicklung der Learning Professionals

Die Werte- und Kompetenzentwicklung der Learning Professionals, der Bildungsplaner und der Lernbegleiter in der Organisation bildet den Schlüssel zur erfolgreichen, organisationsweiten Implementierung des neuen Geschäftsmodells des Corporate Learning. Das von Diethelm Wahl vor allem für die Bildungsarbeit in Schulen und in Hochschulen entwickelte Doppel-Decker-Prinzip hat sich auch in Hinblick auf die Erfordernisse der Werte- und Kompetenzentwicklung in Organisationen hervorragend bewährt (vgl. Wahl, 3. erw. Auflage 2013, S. 64 ff.).

Die Werte- und Kompetenzmanager erfahren dabei Social Blended Learning sowie Werte- und Kompetenzentwicklung am eigenen Leib. Sie wechseln regelmäßig ihren Blickwinkel: Einmal erleben sie die Lernkonzeption aus dem Blickwinkel des Lerners, ein anderes Mal erfahren sie die Lernkonzeption aus Sicht der Planung des Entwicklungsrahmens. Dabei steht jeweils die Frage im Vordergrund, inwieweit die eigenen Lernerfahrungen in ein persönliches Projekt zur Entwicklung einer innovativen Lernkonzeption übertragen werden können.

Die Entwicklungskonzeption für die Bildungsplaner und Lernbegleiter hat zum Ziel, deren Handlungsweisen als Planer, Gestalter und Begleiter von werte- und kompetenzorientierten Entwicklungsmaßnahmen im Social-Blended-Learning-Format bedarfsgerecht zu verändern. Deshalb ist ein permanenter Lernprozess erforderlich, der auf einer formellen Basis aufbaut und zunehmend in informelle Lernphasen mit hoher Transferorientierung mündet.

Da die Lerner in seminargeprägten Qualifizierungsmaßnahmen oft passiv und fremdgesteuert agieren, erfordern Entwicklungsarrangements mit dem Ziel des Werte- und Kompetenzaufbaus ein grundlegendes Umdenken. Während bisher die Trainer in den meist seminaristischen Lernveranstaltungen das Steuer in der Hand hatten, übernehmen nunmehr die Mitarbeiter die Verantwortung für ihre Entwicklungsprozesse. Sie entscheiden immer mehr selbst, welche Ziele sie anstreben und mit welchen Methoden. Der Trainer, Dozent oder Lehrer wird zum Lernbegleiter.

7.4.1 Lernbegleitung

Lernbegleiter können an folgenden **Eckpunkten** ansetzen, um Werte- und Kompetenzentwicklung zu ermöglichen (vgl. Schüßler 2007, Pape 2017):

- **Werte- und Kompetenzorientierung:** Vorhandene Werte und Kompetenzen bilden den Ausgangspunkt der Entwicklung mit dem Ziel, individuelle Entwicklungsmöglichkeiten zu nutzen.

- **Eigenverantwortung der Teilnehmer zulassen:** In regelmäßigen Reflexions- und Evaluationsphasen, z. B. auf Basis von Werte- und Kompetenzerfassungen, bestimmen die Teilnehmer ihren aktuellen Stand und planen die weiteren Schritte.
- **Positives Selbstkonzept der Mitarbeiter fördern:** Die Teilnehmer erhalten die Möglichkeit, sukzessive mehr Verantwortung für ihren Entwicklungsprozess zu übernehmen. Dies kann insbesondere durch den Aufbau von Partnerschaften und Netzwerken gefördert werden.
- **Soziale Einbindung:** Der Lernbegleiter fördert bzw. initiiert die Bildung von Entwicklungspartnerschaften und die Werte- sowie Kompetenzentwicklung im Netz.
- **Offene Entwicklungsprozesse:** Über den Einsatz innovativer Entwicklungsformen, das Angebot vielfältiger Erfahrungs- und Handlungsmöglichkeiten, etwa in herausfordernden Bildungsprojekten, und die Integration von Werte- und Kompetenzentwicklung durch das Zusammenführen von Lernen und Arbeiten sowie vielfältige Formen des Erfahrungsaustauschs und der Kommunikation schafft der professionelle Prozessbegleiter ein offenes Entwicklungsambiente.

Der Trainer, der bisher alles »im Griff« hatte, wird zum Coach, also zum Entwicklungspartner in Hinblick auf die zu erreichenden Werte- und Kompetenzziele der Teilnehmer, die weitgehend eigenverantwortlich handeln.

LEHRmethode	Werte- und KompetenzLERNEN
Unterrichten	Entwicklungswelten gestalten
vorgegebene LEHRziele Lernen als vorrangig rezeptiver Prozess	individuelle LERNziele Werte- und Kompetenzentwicklung als selbstorganisierter Prozess im Arbeitsprozess
anleiten, darbieten, erklären	begleiten: unterstützen, anregen, beraten
passive Position des Lernenden	aktive Positionen der Lernenden

Tab. 46: Vom Lehr- zum Lernkonzept

Diesem Profil werden sicherlich nicht alle der heutigen Bildungsexperten gerecht werden können. Aber es eröffnen sich für Praktiker, die ihre Stärken eher im Coaching und im Mentoring sehen, Möglichkeiten, ihre Stärken zukünftig im Corporate Learning einsetzen zu können.

7.4.2 Ziele und Anforderungen

Die Lernbegleiter benötigen ein breites und tiefes pädagogisch-psychologisches Fachwissen sowie vielfältige Erfahrungen zur Konzipierung, Umsetzung und Evaluierung ihrer persönlichen Konzeption der Werte- und Kompetenzentwicklung, damit sie selbstorganisiert und intuitiv Probleme antizipieren sowie neue Lösungswege finden können und das Management komplexer und neuartiger Aufgaben im Bildungsbereich beherrschen. Dabei werden folgende **Feinziele** verfolgt (vgl. Sauter 2007, S. 208 ff.):

Die Lernbegleiter

- entwickeln ihre Medien- und Handlungskompetenz im digitalen Lernen als Lernende in einem Social-Blended-Learning-Arrangement, um ihre eigenen Lernerfahrungen zur Konzipierung, Umsetzung und Implementierung eines eigenen Bildungsprojektes zu nutzen,
- bauen ihre Werte und Kompetenzen der eigenen erwachsenenpädagogischen Kompetenz zur Planung, Gestaltung und Umsetzung innovativer Lernkonzeptionen in persönlichen Bildungsprojekten auf, sodass gleichzeitig maßgeschneiderte, innovative Lernlösungen für die Organisation entstehen,
- bauen ihr Wissen zum Werte- und Kompetenzmanagement in einem Social-Blended-Learning-Arrangement (*Doppel-Decker-Prinzip*) auf und sammeln dabei eigene Erfahrungen als Grundlage für die Planung ihrer Konzeption der Werte- und Kompetenzentwicklungsmaßnahmen auf,
- erfassen ihre eigenen Werte und Kompetenzen und leiten daraus ihre individuellen Werte- und Kompetenzziele ab,
- entwickeln ihre persönliche Kompetenz zur Konzipierung, Umsetzung und Begleitung von Werte- und Kompetenzentwicklungsmaßnahmen mit Blended Learning und Social Learning bis hin zum Workplace Learning, bei dem Arbeiten und Lernen zusammenwachsen,
- entwickeln eine didaktisch-methodische Feinkonzeption für ihre Werte- und Kompetenzentwicklungsmaßnahme mit Unterstützung durch die Lernbegleiter und ihre Lernpartner,
- erarbeiten ihren persönlichen, vielfältigen Methodenpool für den Einsatz in ihren Entwicklungsmaßnahmen für die eigenen Teilnehmer,
- bauen ihre Kompetenz auf, eine Learning-Experience-Plattform als Lerner zu nutzen und dies auf Basis dieser Erfahrungen für ihre kompetenzorientierte Ausbildung zielgerichtet und bedarfsgerecht einzusetzen,
- nutzen die Tools in der Learning-Experience-Plattform und bauen damit ihre Medienkompetenz auf,
- wenden vielfältige Lernmittel aus Sicht eines Lerners an, um aufgrund der dabei gewonnenen Erfahrungen ihre individuelle Konzeption der werte- und kompetenzorientierten Mitarbeiterentwicklung zu gestalten,
- setzen anschließend ihre eigene Lernkonzeption mit hoher Motivation und Begleitung durch Lernpartner in der Praxis um,
- bauen dabei ihre Kompetenz als Lernbegleiter in einem Social-Blended-Learning-Arrangement auf,
- entwickeln in einem intensiven Austausch ein gemeinsames Verständnis für die Werte- und Kompetenzentwicklung in der Organisation,

- bauen in einem Prozess der Teamentwicklung eine Community of Practice auf, in der auch nach der Entwicklungsmaßnahme Erfahrungswissen der Teilnehmer zur Werte- und Kompetenzentwicklung ausgetauscht wird und die Weiterentwicklung der Lernkonzeptionen selbstorganisiert erfolgt. Damit wird das kollaborative Arbeiten und Lernen der Projektgruppenmitglieder im Netz nachhaltig ermöglicht,
- erreichen die angestrebte Performanz, die sich in dem beobachtbaren Handeln im Rahmen ihrer Werte- und Kompetenzentwicklungsmaßnahmen zeigt.

Dieses Livemodell soll das Erfahrungslernen mit dem werte- und kompetenzorientierten Social-Blended-Learning-Konzept ermöglichen sowie den Perspektivenwechsel als Lerner und als Bildungsplaner bzw. Lernbegleiter initiieren. Damit sollen die Sicherheit und die Änderungsmotivation der Teilnehmer gefördert werden.

Daraus leiten sich die gewünschten **Eckpfeiler des Lernarrangements** ab. Die Teilnehmer

- **lernen im *pädagogischen Doppel-Decker*:** Im formellen Lernbereich dieser Maßnahme werden sie in die Theorie und Praxis der Werte- und Kompetenzentwicklung mit Blended Learning und Social Learning im Rahmen eines formellen Blended-Learning-Arrangements eingeführt. Hierfür stehen ihnen Lernprogramme und E-Books zur Verfügung, die sie in ihrem individuellen Lerntempo bearbeiten.

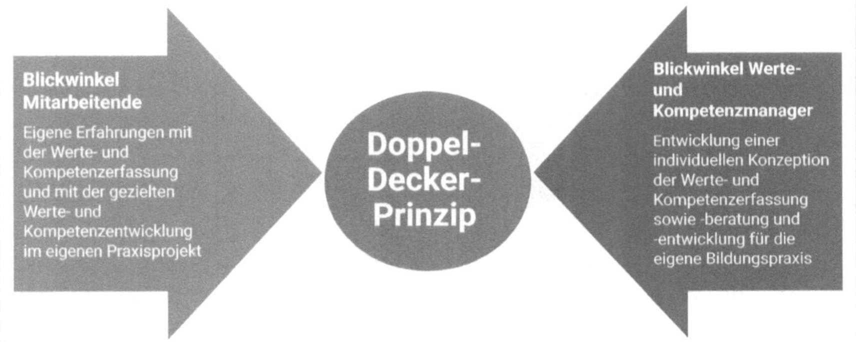

Abb. 56: Doppel-Decker-Prinzip

- erleben durch den Aufbau der Werte und Kompetenzen als **Social-Blended-Learning-Konzept**, wie diese Systeme subjektiv wirken. Sie lernen die Stärken, aber auch die Herausforderungen dieser Lernkonzeption konkret kennen. In diesem *pädagogischen Doppel-Decker* wird auf zwei Ebenen gelernt: Zum einen ist Werte- und Kompetenzentwicklung mit Blended Learning und Social Software der Inhalt, zum anderen persönliche Werte- und Kompetenzentwicklung.
- **lernen individuell und selbstorganisiert:** Der größte Teil der Lernzeit wird für selbstorganisiertes Lernen freigehalten, damit der Rahmen für die erforderliche Werte- und Kompetenzentwicklung geschaffen wird. Der Wissensaufbau zur Di-

daktik und Methodik der Kompetenzentwicklung erfolgt je nach Bedarf, der sich aus der Projektarbeit ergibt, eigenverantwortlich mittels digitaler Lernmodule (E-Learning) durch die Teilnehmer.

- erhalten **Strukturierungshilfen:** Die Lernbegleiter führen Instrumente und Methoden selbstorganisierten Lernens ein und initiieren verbindliche Vereinbarungen mit der Lerngruppe. Über regelmäßige, verbindliche Vorsätze zur gemeinsamen Tandem- oder Gruppenarbeit wird der Praxistransfer in die eigene Arbeit als Teilnehmer ermöglicht.
- **erhalten Rückmeldungen:** Die Teilnehmer stellen wöchentlich ihre Arbeitsergebnisse und Erfahrungen, aber auch offene Problemstellungen aus ihren eigenen Lernprojekten in Projekttagebüchern zur Diskussion. Sie erhalten dabei jeweils Rückmeldungen ihrer Lernpartner in der Gruppe und vom Lernbegleiter. Das Ziel besteht darin, diesen Austausch von Wissen und Erfahrungen auch nach der Kompetenzentwicklungsmaßnahme in Communities of Practice selbstorganisiert weiterzupflegen.
- **nutzen Vergleichsmaßstäbe:** Die Teilnehmer erhalten in ihren formellen Lernprozessen im Rahmen des E-Learning als Lernhilfe laufend Rückmeldungen durch das Lernsystem und bei Bedarf durch ihre Tandempartner. Zu ihrer Projektarbeit bekommen sie ebenfalls systematisch Rückmeldungen aus der Lerngruppe und von den Lernbegleitern. Wichtige Hinweise zur Planung ihrer Lernprozesse erhalten die Teilnehmer weiterhin aus ihren Werte- und Kompetenzerfassungen.
- **bekommen die Lernwegflankierung durch Praxistandems, Lerngruppen und Communities of Practice:** Jedes Tandem und die Lerngruppen stellen ihre Arbeitsergebnisse in die Learning-Experience-Plattform, zunehmend in Communities of Practice, ein. Zu den Ergebnissen gibt es wieder Rückmeldungen durch Lernpartner und durch den Lernbegleiter. In einem gemeinsamen Prozess der Analyse, Bewertung und Weiterentwicklung von Vorschlägen entsteht ein gemeinsamer Wissens- und Methodenpool, der sich zielgenau an den Bedürfnissen der Teilnehmer orientiert.
- **nutzen Workshops:** Eine Reihe von Aspekten kann besonders effizient in Präsenz aller teilnehmenden Lernbegleiter behandelt werden. Dazu gehören Reflexionen, der Erfahrungsaustausch, die Entwicklung von Lernstrategien, das Bilden von Lerntandems und -gruppen, konkrete Vereinbarungen, das Vertrautmachen mit der netzbasierten Lernwegflankierung, das offene Feedback, Werte- und Kompetenzerfassungen und die Entwicklung kreativer Lösungen.

Die Entwicklungskonzeption für die Zielgruppe hat zum Ziel, deren Handlungsweisen als Planer, Gestalter und Begleiter von werte- und kompetenzorientierten Social-Blended-Learning-Maßnahmen bedarfsgerecht zu verändern. Deshalb ist ein permanenter Lernprozess erforderlich, der auf einer formellen Basis aufbaut und zunehmend in informelle Lernphasen mit hoher Transferorientierung mündet.

Aus dieser Zielsetzung leiten sich folgende **Grundsätze für eine bedarfsgerechte Entwicklungskonzeption** ab:

- **Zunehmende Handlungsorientierung:** Auf der Basis der Erfahrungen der Teilnehmer als Seminarplaner oder Trainer bzw. Dozent wird in einem systematischen Lernprozess, der durch professionelle Lernbegleitung, Praxistandems und KOPING-Gruppen (Co-Coaching, kollegiale Beratung) begleitet wird, ein erfolgreiches, reales Erproben der neuen Lernkonzeption in der Praxis mit Feedback möglich.
- **Zunehmende Individualisierung:** Das konkrete Handeln der Teilnehmer soll in typischen Herausforderungen aus ihrem persönlichen Erfahrungsbereich, d.h. in der geplanten neuen Bildungsmaßnahme, verändert werden.
- **Zunehmende Professionalisierung:** Die Teilnehmer sollen durch kontinuierliches Arbeiten am eigenen Planungs- und Interaktionshandeln ihre didaktische und methodische Kompetenz für Blended- und Social-Learning-Arrangements mit dem Ziel eigener Werte- und Kompetenzentwicklung steigern.
- **Zunehmende Transfersicherung:** Die Übertragung des Gelernten auf das geplante Bildungsprojekt der Teilnehmer erfordert eine systematische Flankierung dieses Prozesses. Eine Veränderung der Handlungsweisen der Teilnehmer kann nicht in einem isolierten Seminar von wenigen Tagen erreicht werden. Deshalb baut die Grundkonzeption dieses speziellen Blended-Learning-Trainings auf einem Wechsel zwischen Kick-off, selbstorganisierter Lernphase und der Kommunikation in Communities of Practice sowie Workshops in Verbindung mit einer anschließenden Umsetzungsphase auf.

7.4.3 Werte- und Kompetenzentwicklungsprozesse im Doppel-Decker

Wir empfehlen für die Einführung von Future Learning ein **Multiplikatorenkonzept** auf Basis unseres bewährten ***Doppel-Decker-Prinzips***. Im Rahmen der Werte- und Kompetenzentwicklung der Bildungsmanager und Lernbegleiter entwickeln diese neben ihren Werten und der Kompetenz zur Konzipierung, Realisierung und Begleitung von Veränderungs- und Kulturentwicklungsprozessen die Fähigkeit, als Lernbegleiter die Werte- und Kompetenzentwicklung der Mitarbeiter und Führungskräfte in eigenen Entwicklungsprojekten selbstorganisiert zu ermöglichen.

In einem **Vorabworkshop** sind folgende grundlegende Fragen zu klären:

Festlegung der Entwicklungskonzeption

- strategische Anforderungen an Bildungsmanager und Lernbegleiter
- Definition der Sollkompetenzprofile
- Vorstellung und Diskussion der vorgeschlagenen, grundlegenden Werte- und Kompetenzentwicklungskonzeption

- evtl. Anpassung der Vorgehensweise
- Entwicklung eines Projektplanes

Einführung in die Social-Blended-Learning-Konzeption
- Impuls: Didaktik und Methodik des Social Blended Learning
- Reflexion zu den Konsequenzen dieses Lernansatzes für das Corporate Learning
- Impuls: Lernmedien in Social-Blended-Learning-Arrangements
- Auswahl der Lernmedien
- finanzielle Rahmenbedingungen

Planung des Kick-offs – Vor Beginn der ersten Entwicklungsmaßnahmen für die Zielgruppe sind folgende Schritte erforderlich:

Individuelle Definition der Ziele der Teilnehmer
- Werteerfassung – individuelle Selbsteinschätzung im Vergleich zu den organisationalen Sollwerten
- Kompetenzerfassung – Selbsteinschätzung im Vergleich zu einer Fremdeinschätzung, z. B. der Führungskraft
- Beratungsgespräch mit einem Werte- und Kompetenzberater mit dem Ziel, individuelle Werte- und Kompetenzziele für die personalisierten Lernprozesse der Teilnehmer zu definieren

Im Idealfall haben die Führungskräfte der Teilnehmer bereits selbst eine entsprechende Wert- und Kompetenzentwicklungsmaßnahme erfahren. Falls nicht, empfehlen wir folgendes Vorgehen:

Information der Führungskräfte der Teilnehmer
- ca. 45-minütiges Webinar mit den beteiligten Führungskräften, in dem ihnen die Konzeption der Werte- und Kompetenzentwicklung ihrer teilnehmenden Mitarbeiter erläutert wird. Das Ziel ist, dass sie die zentrale Bedeutung eines herausfordernden Bildungsprojektes erkennen und zielgerichtete Entwicklungsgespräche mit ihren Mitarbeitern führen können.
- auf Wunsch telefonisches Beratungsgespräch mit dem Lernbegleiter dieser Entwicklungsmaßnahme

Auf dieser Grundlage vereinbaren die Teilnehmer mit ihrer jeweiligen Führungskraft die Entwicklung ihrer individuellen Feinkonzeption für die geplanten Lernmaßnahmen im Rahmen der vorgegebenen didaktisch-methodischen Grundkonzeption. Die Lernbegleiter beraten die Teilnehmer bei Bedarf in diesem Prozess.

Die Lernkonzeption weist in diesem Rahmen folgende Struktur auf:

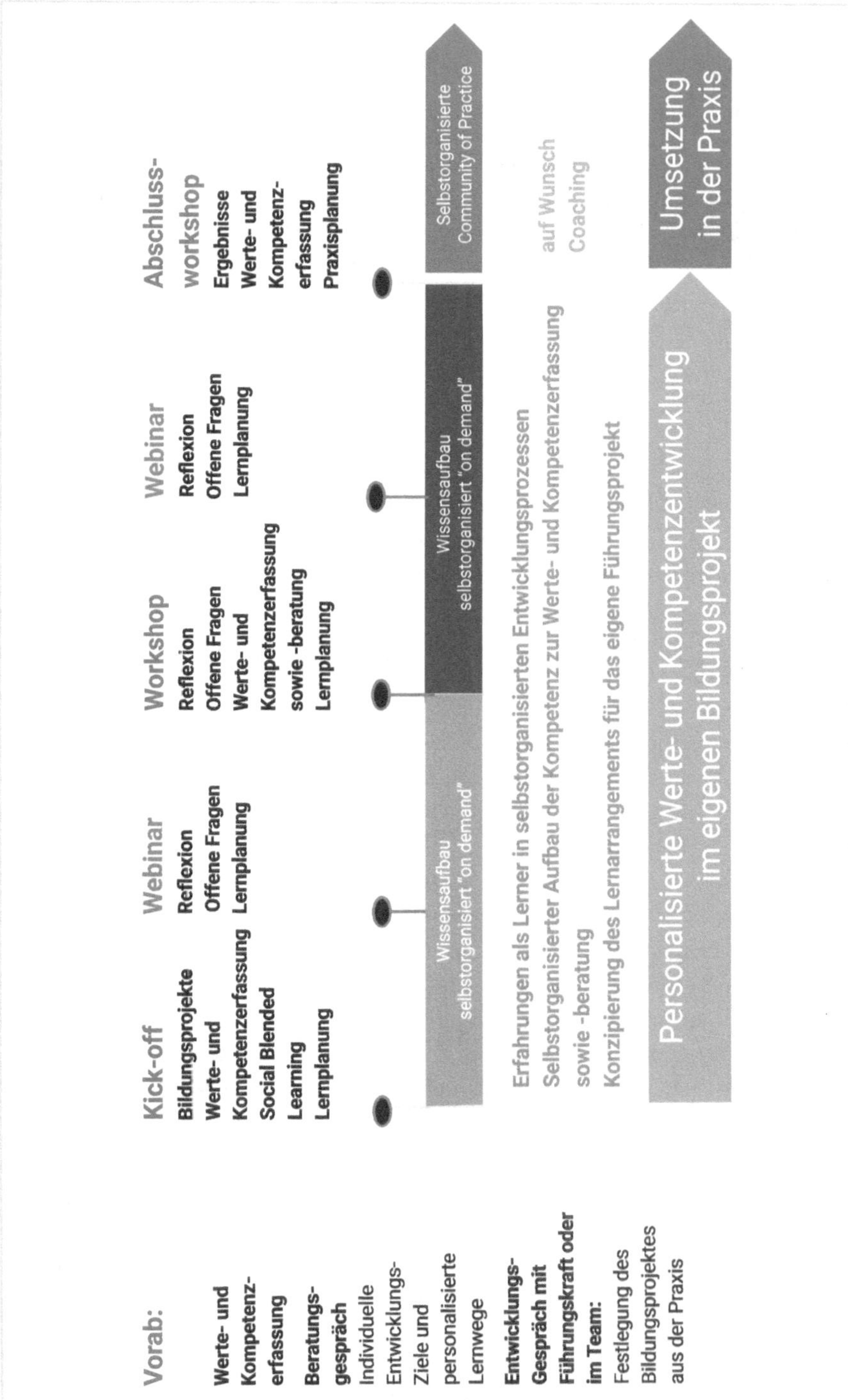

Abb. 57: Werte- und Kompetenzentwicklung der Learning Professionals im *Doppel-Decker*

Die individuellen Lernprozesse werden als Social Blended Learning gestaltet, das mit einem eintägigen Kick-off startet. Danach folgen ein bis drei vierwöchige Selbstlernphasen, jeweils mit einem Workshop nach ca. vier Wochen.

In den ersten vier Wochen entwickeln die Mitarbeiter ihre didaktisch-methodische Konzeption für ihr Bildungsprojekt. Es besteht die Möglichkeit, diesen Prozess zu verlängern, indem in der zweiten Selbstlernphase die Medienkonzeption entwickelt und teilweise umgesetzt wird, in der dritten Projektphase kann die Kompetenz zur gezielten Lernbegleitung in der Praxis der Teilnehmer aufgebaut werden.

Der Entwicklungsprozess mündet in einen eintägigen Abschlussworkshop, in dem die Teilnehmer ihre didaktisch-methodische Konzeption für ihr Bildungsprojekt vorstellen.

- Der *Kick-off* dient vor allem dazu, den Lernerfolg in den Selbstlernphasen sicherzustellen. Die Teilnehmer erfahren die neue Konzeption des Social Blended Learning. Sie lernen sich in einer Reihe von kooperativen Übungen kennen, reflektieren gemeinsam über ihre Erfahrungen und Erwartungen, erhalten Einblicke in die Überlegungen der anderen Teilnehmer, bilden Lernpartnerschaften und -gruppen, lernen mit der Learning-Experience-Plattform umzugehen und treffen verbindliche Vereinbarungen für die erste Selbstlernphase.
- In den *selbstorganisierten Lernphasen* verknüpfen die Teilnehmer formelle und informelle Lernprozesse zu einem systematischen Werte- und Kompetenzentwicklungsprozess. Den roten Faden der Lernprozesse bilden die vereinbarten Entwicklungsmaßnahmen, die mithilfe des Ermöglichungsraums im Ermöglichungsraum bearbeitet werden.
- Während des gesamten Prozesses können die Teilnehmer eigene Erfahrungen und Eindrücke zu einem *gemeinsamen Wissenspool* aufbauen. Das Ziel besteht insbesondere darin, sukzessive die Fähigkeit zum kompetenzorientierten Wissensmanagement zu entwickeln, sodass die Teilnehmer ihren Wissensaustausch auch nach Abschluss der Entwicklungsmaßnahme selbstorganisiert weiterführen können.
- Die Kommunikation der Teilnehmer untereinander, aber auch in ihrem Netzwerk, sowie die Dokumentation der Lernergebnisse aus formellen und informellen Lernprozessen bilden die zentrale Klammer dieser Lernkonzeption. Das *Projekttagebuch*, meist als persönlicher Blog gestaltet, fördert die projektbezogene Kommunikation der Teilnehmer untereinander, ermöglicht aber auch eine gezielte Unterstützung durch den Lernbegleiter. Die Learning-Experience-Plattform wird in diesem Lernsystem insbesondere für virtuelle Gruppenarbeiten und für die Archivierung und Hierarchisierung von Erfahrungswissen eingesetzt. Auch Tandems nutzen eventuell dieses Instrument, um die gemeinsamen Ergebnisse in einem kommunikativen Prozess zu entwickeln.
- Alle offenen, organisationsspezifischen Fragen, die sich aus der Projektarbeit ergeben, werden in einem *Themenspeicher* (Forum) gesammelt und mit den

Lernpartnern sowie in Webinars oder in den Workshops mit dem Lernbegleiter diskutiert. Der Erfolg wird anhand der Projektergebnisse, d. h. der entwickelten didaktisch-methodischen Feinkonzeptionen, bewertet. Die Teilnehmer präsentieren und diskutieren ihre Projektergebnisse im Abschlussworkshop mit den Lernpartnern und Lernbegleitern.

- Die Teilnehmer vereinbaren, sich auch während der Umsetzungsphase regelmäßig in problembezogenen *Communities of Practice* selbstorganisiert auszutauschen.
- Für die Entwicklung der heutigen Trainer und Bildungsplaner zu Lernbegleitern nutzen wir umfangreiche, erprobte *Lernprogramme* zu innovativen Formen der Werte- und Kompetenzentwicklung, ergänzt um E-Books.
- In den *Workshops* reflektieren die Teilnehmer über die vergangene Selbstlernphase, bearbeiten gemeinsam mit dem Lernbegleiter offen Fragen aus dem Themenspeicher oder den Projekttagebüchern, bearbeiten bei Bedarf Übungsaufgaben und planen verbindlich die nächste Selbstlernphase.
- Bei Bedarf werden während der Selbstlernphasen Webinare zur Klärung offener Fragen angeboten.
- Im *eintägigen Abschlussworkshop* reflektieren die Teilnehmer über die jeweils abgeschlossene Selbstlernphase, stellen ihre individuellen Umsetzungskonzeptionen zur Diskussion und bearbeiten gemeinsam offene Fragen. Sie erhalten in der Diskussion weiterhin Hilfen für die folgende Umsetzungsphase. Schließlich werden jeweils verbindliche Vereinbarungen für die kommende Umsetzung getroffen.

Zusammengefasst weist die Konzeption folgende Elemente auf:

Anforderung	Nutzen
gemeinsame Festlegung der zukünftigen didaktisch-methodischen Konzeption mit den Bildungsverantwortlichen	Alle Beteiligten erhalten eine klare Orientierung für ihr zukünftiges Handeln als Lernbegleitende.
Entwicklung von **Sollprofilen für Lernbegleiter**	Es wird die Grundlage für die Erfassung und individuelle Formulierung der Werte- und Kompetenzziele der Lernbegleitenden gelegt.
Erfassung der **Werte sowie Kompetenzen der Lernbegleiter**, evtl. unter normalen und schwierigen Bedingungen, mit Selbst- und Fremdeinschätzung	Transparenz über die individuellen Werte sowie-Kompetenzen, aus deren Analyse und Bewertung der Entwicklungsbedarf der Lernbegleitenden abgeleitet werden kann
Formulierung **individueller Entwicklungsziele und -maßnahmen** in einem Beratungsgespräch mit dem Lernbegleiter	Die Lernbegleiter können ihre jeweils zwei bis drei individuellen Werte- und Kompetenzziele definieren und geeignete Entwicklungsmaßnahmen aus ihrem Aufgabenbereich identifizieren.

Anforderung	Nutzen
verbindliche Vereinbarung von Entwicklungsmaßnahmen in der Bildungspraxis der Lernbegleiter in einem Entwicklungsgespräch mit der jeweiligen Führungskraft	Die Mitarbeitenden erhalten einen klaren Auftrag zur Bearbeitung von Bildungsprojekten, einschließlich Werte- und Kompetenzberatung, mit dem Ziel ihrer personalisierten Werte- und Kompetenzentwicklung.
personalisierte Werte- und Kompetenzentwicklung der Lernbegleiter in ihrer Bildungspraxis	Die Mitarbeitenden entwickeln gezielt ihre Werte und Kompetenzen in kollaborativen Prozessen.
regelmäßige Erfassung der Werte und Kompetenzen der Lernbegleiter	Es entwickelt sich ein Kreislauf der gezielten Werte- und Kompetenzentwicklung mit Erfassung, Reflexion und Weiterentwicklung der Werte und Kompetenzen.
professionelle Begleitung bei der Implementierung	erfolgreiche Umsetzung und laufende Weiterentwicklung der Konzeption

Tab. 47: Anforderungen an das Lernarrangement nach dem *Doppel-Decker-Prinzip*

Mit dieser Konzeption wird es nach unseren Erfahrungen möglich, auch solche Bildungsplaner und Trainer als Verbündete zu gewinnen, die anfangs dem Social Blended Learning eher skeptisch gegenüberstehen. Es entwickelt sich in der kollaborativen Zusammenarbeit der Teilnehmer ein gemeinsames Verständnis für die Werte- und Kompetenzentwicklung in der Organisation. Gleichzeitig entstehen eine Vielzahl von abgestimmten Konzeptionen für das Future Learning, die sofort umgesetzt werden können.

8 Veränderungsprozess hin zu Future Learning

Einstieg

Tradierte Denkweisen über das Lernen haben sich in den meisten Unternehmen bei allen Beteiligten, vom Lerner bis zum Personalentwickler, in hohem Maße verfestigt. Auch die betriebliche Bildung ist in der Vielzahl der Organisationen immer noch sehr stark formalistisch geprägt, Wissensweitergabe und Qualifikation im fachlich-methodischen Bereich stehen im Vordergrund. Lernmaßnahmen dienen häufig auch der rechtlichen Absicherung, beispielsweise in sicherheitsrelevanten Bereichen. Auch in der überbetrieblichen, beruflichen Weiterbildung dominieren ebenfalls die klassischen Lehr- und Lernformen mit einem Schwerpunkt im Bereich des Wissensaufbaus.

Der zunehmende Kompetenzwettbewerb erzeugt jedoch einen zunehmenden Veränderungsdruck. In immer mehr Organisationen setzt sich die Erkenntnis durch, dass betriebliche Bildung konsequent strategieorientiert und damit an Werten und Kompetenzen ausgerichtet erfolgen muss. Der Spielraum zur Veränderung wird dabei teilweise durch institutionelle, häufig nicht mehr aktuelle Vorgaben erheblich eingeschränkt, z. B. im Bereich der Berufsausbildung und der Weiterbildung, aber auch durch die tradierte Denkweise von Entscheidern und Bildungsverantwortlichen.

Mit der Veränderung der Arbeitswelt verändert sich die Art und Weise, wie Veränderungsprozesse in Organisationen gestaltet und begleitet werden. Mit zunehmender Agilität verstehen sich Unternehmen nicht mehr als statisches Gebilde, deren Endzustand planbar ist. Sie werden fließender, selbstaktualisierender. Agile Methoden ohne entsprechendes Mindset sind aber wertlos. Deshalb wird ein Kulturwandel benötigt, der das Mindset spezifisch für das jeweilige Unternehmen ausbildet (vgl. Hofert, Thonet 2019).

Die Entwicklung zum Future Learning der Zukunft erfordert einen strukturierten Veränderungsprozess.

Veränderungen im Kontext von Bildung konzentrieren sich auf die Optimierung von Lernerfahrungen (Konrad 2018, S. 305). In der Phase vor Beginn des Projektes sind durch das obere Management die strategischen Fragen im Zusammenhang mit dem Veränderungsprojekt zu beantworten. Hier wird zunächst, meist unter externer Moderation, ein gemeinsames Verständnis von werte- und kompetenzorientierter Mitarbeiterentwicklung erarbeitet. Daran sollte sich ein intensiver Informations- und Diskussionsprozess mit den Führungskräften anschließen, die im Implementierungsprozess eine zentrale Rolle übernehmen. Parallel sollte ein entsprechender Prozess mit den Mitarbeitern initiiert werden, um bereits in dieser Phase die Grundlage für eine dauerhafte Akzeptanz zu schaffen (vgl. Sauter 2016).

8.1 Entwicklungsprozess

Der Entwicklungsprozess für eine agile Entwicklungskonzeption erfordert grundsätzlich folgende Teilschritte:

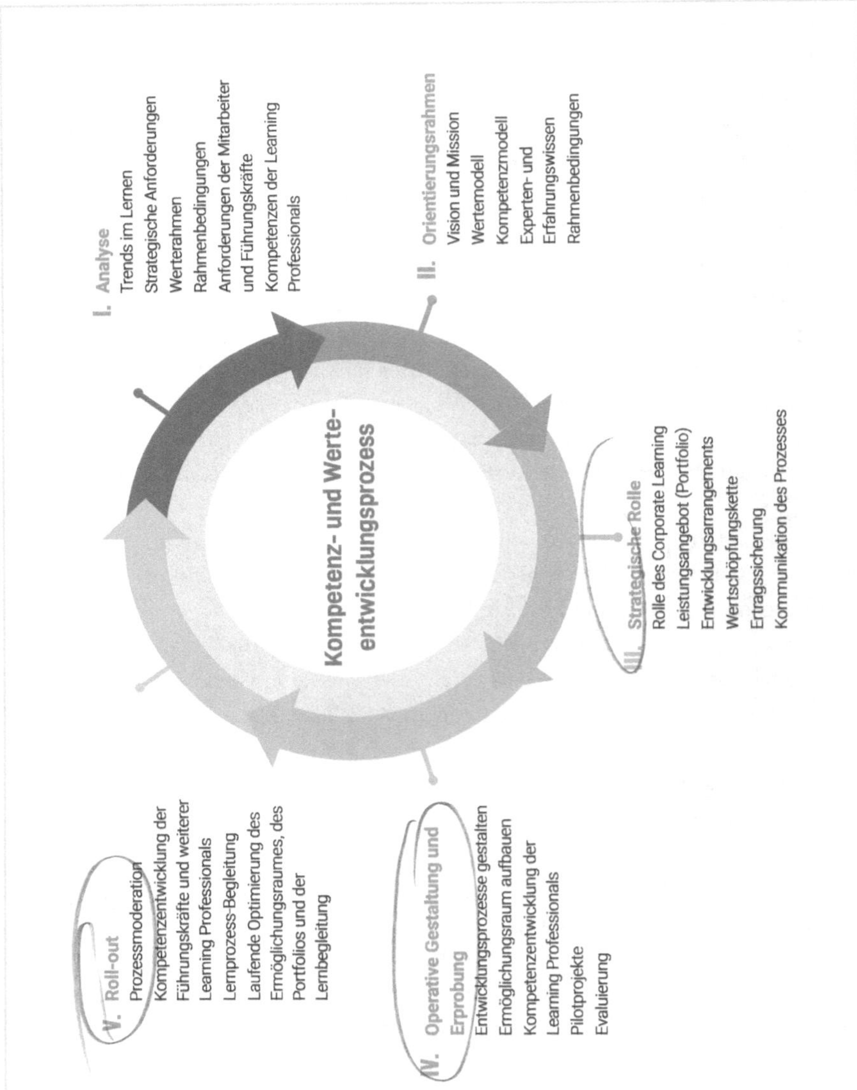

Abb. 58: Veränderungsprozess hin zu Future Learning

Dieser Veränderungsprozess hat gute Chancen, erfolgreich zu sein, wenn folgende Bedingungen erfüllt sind:

- Alle Beteiligten erleben das Vorgehen als nutzenstiftend.
- Es entwickelt sich eine offene Kommunikationskultur.
- Die Werte und Ideale aller Beteiligten fließen in den Prozess mit ein.
- Mögliche Konflikte zwischen den strategischen Unternehmenszielen und Mitarbeiterbedürfnissen werden identifiziert und sinnvoll gelöst.

Ein erfolgreiches Veränderungsprojekt setzt voraus, dass möglichst vielfältige Sichtweisen bei der Entwicklung der Lösungen eingebracht werden. Deshalb hat sich eine dreigliedrige Projektstruktur bewährt:

- **Das Organisationsteam** konkretisiert die Ziele des Projekts, die mit der Organisationsleitung abgestimmt wurden. Es definiert die zentralen Handlungsfelder der Projektarbeit, bestimmt die jeweiligen Projektteams und erteilt konkrete Teilprojektaufträge. Weiterhin koordiniert es alle erforderlichen Maßnahmen, bewertet Zwischenergebnisse und setzt Entscheidungsprozesse in Gang. Das Organisationsteam sollte sich aus oberen Führungskräften bzw. Human Resources Manager, dem internen Projektteam sowie einem erfahrenen, häufig externen Beratungsteam oder Moderator zusammensetzen.
- **Das interne Projektteam** bearbeitet Projektaufträge, die das Organisationsteam erteilt. Außerdem können Teammitglieder, insbesondere in der Implementierungsphase, eine wichtige Multiplikatorfunktion im Unternehmen übernehmen. Die Teams sollten das Unternehmen möglichst repräsentativ abbilden. Deshalb werden Mitarbeiter, die eine hohe Akzeptanz im Kollegenkreis genießen, Führungskräfte und Experten aus verschiedenen Bereichen der Unternehmung, teilweise auch Teilnehmer von außerhalb (z. B. Lieferanten, Kunden), in das Team eingeladen. Manchmal wird die Mitarbeit in den Projektteams auch ausgeschrieben, sodass die Mitglieder auf Basis von deren Bewerbungen ausgewählt werden. Moderatoren aus dem externen Projektteam können diese Prozesse unterstützen.
- **Das externe Projektteam** umfasst Experten mit Erfahrung im Bereich Werte- und Kompetenzentwicklung. Diese Berater moderieren in enger Abstimmung mit dem Organisationsteam und dem internen Projektteam den ganzen Entwicklungsprozess. Sie bringen ihre didaktisch-methodische Kompetenz mit ein, stellen bei Bedarf erprobte Konzepte aus anderen Unternehmen zur Diskussion und steuern die Projektarbeit als Moderator und Coach.

8.2 Handlungsfelder

In diesem Veränderungsprozess sind folgende Handlungsbereiche zu gestalten und umzusetzen:

Handlungsbereich	Handlungsfeld
1. **Analyse**	• **Umsetzung der Unternehmensstrategie** – Welche Werte und Kompetenzen weisen die Organisation, die Teams und die Mitarbeiter aktuell auf? – Welche Werte und Kompetenzen werden zukünftig benötigt, um die strategischen Ziele zu sichern? • **Rahmenbedingungen** – aktuelles System der Personalentwicklung – aktuelle Werte- und Kompetenzmodelle – aktuelle Lerninfrastruktur – formulierte und gelebte Organisationskultur, die z. B. durch eine organisationsweite Werteerfassung ermittelt wurde – digitale Medienkompetenz der Mitarbeiter – Ausprägung der Kompetenz zum selbstorganisierten Lernen und Handeln – Kompetenz der Führungskräfte als Entwicklungspartner der Mitarbeiter – Kompetenz der Learning Professionals für Future Learning • Spielregeln des Lernens in der Organisation • **Anforderungen der Mitarbeiter an das Entwicklungssystem** – Was benötigen die Mitarbeiter, um zukünftig ihre Aufgaben erfolgreich zu bewältigen? – Welche Anforderungen stellen sie an das Entwicklungssystem? – Welche Lerninfrastruktur (Learning-Experience-Plattform) benötigen die Mitarbeiter? • Welche Steuerung und Flankierung selbstorganisierter Entwicklungsprozesse benötigen sie?
2. **Orientierungsrahmen**	• **Orientierung für Entscheidungsträger, Learning Professionals, Führungskräfte und Mitarbeiter auf Basis** – strategischer Ziele, – von Werten und Prinzipien des Corporate Learning, – von pädagogisch-psychologischen Erkenntnissen, – des Experten- und Erfahrungswissens in der Organisation. • **Vision des Corporate Learning:** Grundlegende Vorstellung der zukünftigen Rolle der betrieblichen Bildung in der Organisation • **Mission des Corporate Learning:** Konkretisierung der Vision, z. B. über folgende Fragen: – Wie wird die Zukunft der Organisation in den kommenden Jahren voraussichtlich aussehen? – Welche selbstorganisierten, kreativen Fähigkeiten müssen die Mitarbeiter und Führungskräfte aufbauen, damit sie diese Ziele erreichen können?

Handlungsbereich	Handlungsfeld
	– Mit welchen organisatorischen Voraussetzungen will die Organisation mit den kommenden Herausforderungen fertigwerden? – Welche Strukturen werden benötigt, um die Aufgaben erfolgreich zu bewältigen? – Welche Entwicklungsprozesse sind für den Erfolg der Organisation besonders wichtig? – Wie werden die Entwicklungsprozesse in der Organisation zukünftig gestaltet? – Welche Rolle spielen die Mitarbeiter, die Führungskräfte und der Bildungsbereich für die Werte- und Kompetenzentwicklung der Mitarbeiter? • Welche Rahmenbedingungen sind für die selbstorganisierte Werte- und Kompetenzentwicklung erforderlich?
3. **Strategische Rolle**	• **Kick-off zur Definition** – der Rolle des Werte- und Kompetenzmanagements – des Leitungsangebots im Corporate Learning – der Entwicklungskonzeption • **Organisationsweiter Kommunikationsprozess** – Welche Ziele leiten sich aus der Unternehmensstrategie für das Corporate Learning in der Zukunft ab? – Welche Konsequenzen hat der gemeinsame, aktuelle Werterahmen für das Kompetenzlernen der Mitarbeiter und Führungskräfte? – Wie soll das Werte- und Kompetenzmanagement zukünftig im Unternehmen grundsätzlich gestaltet sein? – An welchen Werte- und Kompetenzmodellen soll sich die betriebliche Bildungsarbeit orientieren? – Wie werden Werte und Kompetenzen erfasst? – Wie soll der Prozess zur Entwicklung der Werte- und Kompetenzsollprofile, die zukünftig die Leitlinie der individuellen Lernprozesse bilden, gestaltet werden? – Wie sollen die Entwicklungsgespräche und der Prozess zur Herleitung und zur Definition der individuellen Qualifikations- und Kompetenzziele ablaufen? – Welche relevanten Themen bzw. Projekte und Herausforderungen in der Praxis sind grundsätzlich zu bearbeiten bzw. zu lösen, um Werte- und Kompetenzentwicklung auf allen Ebenen zu ermöglichen? – Wie soll der gemeinsame Ermöglichungsraum grundsätzlich gestaltet werden, der die zukünftige selbstorganisierte Werte- und Kompetenzentwicklung im Unternehmen ermöglicht? – Welche Lernformen und -orte werden zukünftig im Vordergrund stehen? – Welche Sozialformen – vom Einzellernen bis zum kollaborativen Arbeiten und Lernen im Netz – werden ermöglicht?

Handlungsbereich	Handlungsfeld
	– Welche Systeme und Medien werden für die Information, den Wissensaufbau, die Qualifikation und die Kompetenzentwicklung im Netz genutzt? – Welche Anforderungen sollte die Lerninfrastruktur (Learning-Experience-Plattform) erfüllen? – Wie verändern sich die Rollen der Beteiligten? – Welche Prozesse sind im Unternehmen erforderlich, um den Transfer des neuen Entwicklungssystems in die Organisation und die Entwicklung der Rollen aller Beteiligten zu initiieren und zu ermöglichen? – Wie wird der neue Entwicklungsansatz im Unternehmen kommuniziert? – Welche möglichen Widerstände sind zu überwinden? – Welche personellen und finanziellen Ressourcen ist die Organisation bereit zu investieren? – Welche Kompetenzen müssen im Bereich der Personalentwicklung bzw. des Werte- und Kompetenzmanagements und der Führungskräfte aufgebaut werden, um diese Lernprozesse zu ermöglichen und zu begleiten? – Welche Anwendungsfelder und Pilotprojekte sind besonders geeignet? – Wie kann der Lernerfolg bewertet werden? – Wie sieht das Evaluierungskonzept aus? • **Definition der zukünftigen Rollen im Corporate Learning** – Mitarbeiter – Lernbegleiter – Führungskräfte – Experten • **Festlegung des Leistungsangebotes (Portfolio) des Corporate Learning** – **Unterstützung und Begleitung** selbstorganisierten Lernens – **Wissensaufbau**: E-Learning, Wissensmanagement, Kuratierung etc. – **Qualifizierung**: E-Learning, Blended Learning – **Werte- und Kompetenzentwicklung**: Social Blended Learning, Workplace Learning
4. **Operative Gestaltung und Erprobung**	• Werte- und Kompetenzentwicklung der Learning Professionals • Werte- und Kompetenzentwicklung der Führungskräfte • Pilotprojekte mit ausgewählten Partnern in der Organisation • Auswertung der Erfahrungen und Optimierung der Konzepte
5. **Roll-out**	• **Überwindung von Hürden** – **Wissensbarrieren:** der nahezu unerschütterliche Glaube, dass Wissen gleich Kompetenz sei und Werteerziehung möglich ist – **Messbarrieren:** Messung des »Lernerfolges« mit Happyness Sheets oder Tests – **Rollenbarrieren:** Festhalten an der Fremdsteuerung des Lernens – **Institutionelle Barrieren:** Vorgabe von Curricula und wissensorientierten Prüfungen

Handlungsbereich	Handlungsfeld
	• **Aufbau von Akzeptanz** durch – Kommunikation, insbesondere auch im Netz, von Anfang an mit allen Beteiligten – Einbindung des Lernens in das Führungssystems; die Führungskräfte entwickeln sich zu Entwicklungspartnern ihrer Mitarbeiter – eigene Erfahrungen der Mitarbeiter in innovativen Lernarrangements, die ihnen einen spürbaren Nutzen bringen – einen laufend optimierten Ermöglichungsraum, der effizientes Lernen ermöglicht – optimierte Lernbegleitung durch Learning Professionals

Tab. 48: Handlungsfelder im Veränderungsprozess hin zu Future Learning

Dieser Paradigmenwechsel stellt vieles infrage, was die heutigen Bildungssysteme in den Organisationen prägt. Es gibt aber keine Alternative dazu, wenn Unternehmen auch in Zukunft wettbewerbsfähig bleiben sollen.

8.3 Praxisbeispiel: Beispiel eines Einführungsprozesses für Future Learning

Im Folgenden beschreiben wir beispielhaft den Einführungsprozess in einer mittleren Organisation. Diese besitzt eine hierarchische Struktur, die sich nur langsam ändert. Die Personalentwicklung ist vor allem durch seminaristische Lehr-/Lernangebote geprägt, bekommt aber aus dem Haus vermehrt Anfragen nach innovativen Lernarrangements.

Die neue Organisationsstrategie fordert eine neue Arbeitswelt – New Work –, die vor allem durch agile Arbeitsformen geprägt ist. Deshalb steht das Team der Personalentwicklung vor der Herausforderung, im Corporate Learning einen Paradigmenwechsel zum Future Learning zu initiieren und den notwendigen Veränderungsprozess zu begleiten.

Das Team entscheidet sich dafür, ein Werte- und Kompetenzmanagementteam (WKT) zu bilden, das aus den Mitarbeitern der Personalentwicklung, erfahrenen Fach- und Führungskräften sowie einem Vertreter der Arbeitnehmervertretung besteht.

Weiterhin wird ein erweitertes Projektteam gebildet, in dem Fach- und Führungskräfte mitwirken, die bereits signalisiert haben, dass sie bereit sind, in Pilotprojekten mit ihren Teams die Neugestaltung des Corporate Learning mit voranzutreiben.

Nachdem sich das Team über die Erfahrungen vergleichbarer Organisationen informiert hat, entwickelt es folgenden beispielhaften, schlanken Ablaufplan:

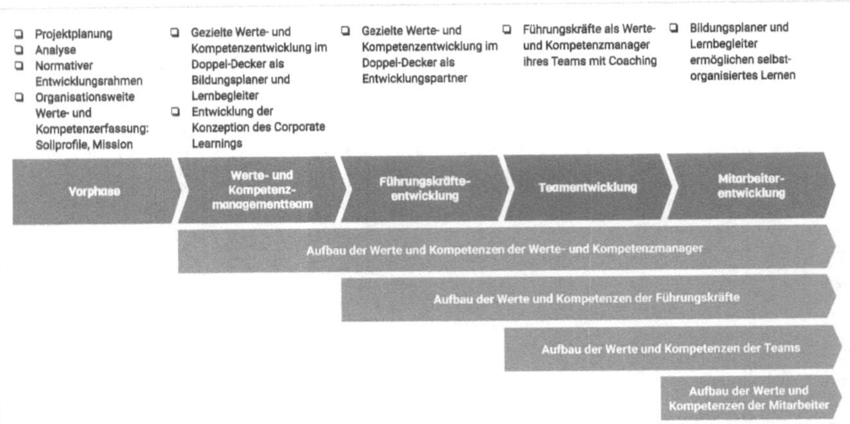

Abb. 59: Schlanker Implementierungsprozess für Future Learning (Beispiel)

Dieser Implementierungsprozess ist nach dem Prinzip gestaltet, möglichst rasch die Werte und Kompetenzen der Schlüsselpersonen, der Werte- und Kompetenzmanager als Bildungsplaner und Lernbegleiter sowie der Führungskräfte als Entwicklungspartner bzw. Mentor ihrer Mitarbeiter aufzubauen. Diese Entwicklungsprozesse erfolgen dabei im *Doppel-Decker*, sodass bereits aus den Lernprozessen heraus umsetzbare Anwendungen für das Corporate Learning entstehen.

Beispielhaft kann dieser Prozess im Detail wie folgt gestaltet werden:

Einführungsprozess Future Learning WKT = Werte- und Kompetenzmanagementteam			
Zeit	**Teilschritt**	**Ziel/Ergebnis**	**Teilnehmer**
1 Tag	**Planung** • Definition des WKT • detaillierte Planung des Veränderungsprozesses • Definition der erforderlichen Ressourcen	agiler Veränderungsprozess	obere Führungskraft PE Moderation externer Berater

1 Tag	**Analyse** • New Work und Future Learning: Warum muss sich das Corporate Learning in unserer Organisation verändern? • aktueller Stand der Personalentwicklung • Ableitung der strategischen Anforderungen an die Mitarbeiter und Führungskräfte sowie deren Werte und Kompetenzen in der Zukunft • Ableitung der Anforderungen an Bildungsplaner und Lernbegleiter in der Zukunft • Definition der zukünftigen Rolle *Personalentwicklung*	Identifikation des Veränderungsbedarfs	WKT Moderation externer Berater
1 Tag	**Normativer Entwicklungsrahmen** • Entwicklung einer Vision und Mission für das Corporate Learning der Zukunft • Anpassung und Operationalisierung des (evtl. eigenen) Werte- und Kompetenzmodells an die Werterfassung: – evtl. Anpassung der Definitionen – Entwicklung der Handlungsanker – Entwicklung der Wertebeispiele – Festlegung der erforderlichen Rahmenbedingungen	Erarbeitung einer langfristigen Orientierung für die Projektarbeit und das Corporate Learning Operationalisierung der Werte und Kompetenzen als Grundlage für den Erfassungsprozess	WKT Fach- und Führungskräfte externer Moderator

Werte- und Kompetenzentwicklung des WKT und evtl. weiterer Bildungsplaner oder Lernbegleiter im *Doppel-Decker*			
Jeweils 1 h Beratung je Teilnehmer	**Vorab** • Werte- und Kompetenzerfassung (evtl. mit Fremdeinschätzung durch die Führungskraft) der Teilnehmer • Beratungsgespräch mit dem externen Lernbegleiter • Ableitung individueller Entwicklungsziele • Festlegung der Bildungsprojekte für den gezielten Werte- und Kompetenzaufbau	eigene Erfahrungen mit der Werte- und Kompetenzerfassung sowie mit der Beratung zur Ableitung von Entwicklungszielen und Praxisherausforderungen	WKT Bildungsplaner und/ oder Lernbegleiter externer Lernbegleiter
1 Tag	**Kick-off** • Vorstellung der Projekte • Social-Blended-Learning-Konzeption • Reflexion über die Konsequenzen für das eigene Lernhandeln • KOPING-Konzept der Steuerung und Flankierung der selbstorganisierten Lernprozesse • Ermöglichungsraum • Bildung von Lernpartnerschaften und -gruppen • verbindliche Vereinbarungen für die Selbstlernphase	eigene Erfahrungen mit der Gestaltung eines Kick-offs Vorbereitung der selbstorganisierten Lernphase	WKT Bildungsplaner und/ oder Lernbegleiter externer Lernbegleiter

4 Wochen (1–3 Selbstlernphasen)	**Selbstorganisierte Entwicklungsphase im Rahmen der Projektaufgabe:** • Entwicklung einer didaktisch-methodischen Konzeption für das eigene Projekt • wöchentlicher Jour fixe mit dem Lernpartner • wöchentlich Austausch und Kommentierung des Projekttagebuches • 1–2 Gruppentreffen, evtl. kollegiale Beratung • evtl. Webinar zur Klärung akuter Fragen • Kompetenzerfassung mit Selbst -und Fremdeinschätzung des Lernpartners	eigene Erfahrungen in einer selbstorganisierten Werte- und Kompetenzentwicklungsmaßnahme	WKT Bildungsplaner und/ oder Lernbegleiter externer Lernbegleiter
1 Tag, jeweils nach ca. 4 Wochen	**Evtl. Workshops** • Reflexion der Selbstlernphase • Klärung offener Fragen aus der Selbstlernphase • Vorstellung und Diskussion der didaktisch-methodischen Teilkonzeption • evtl. Trainingsmaßnahmen, z. B. zur Gesprächsführung • verbindliche Vereinbarungen für die nächste Selbstlernphase	Intensivierung der Zusammenarbeit im Team der Learning Professionals	WKT Bildungsplaner und/ oder Lernbegleiter externer Lernbegleiter
1 Tag	**Abschlussworkshop** • Reflexion der Selbstlernphase • Klärung offener Fragen aus der Selbstlernphase • Vorstellung und Diskussion der didaktisch-methodischen Konzeption • Feedback und Bewertung der oberen Führungskräfte • Vereinbarung zum Praxistransfer, insbesondere Definition von Pilotprojekten mit ausgewählten Bereichen/Abteilungen • Bildung einer Community of Practice	Vorbereitung des Praxistransfers	WKT obere Führungskräfte Bildungsplaner und/ oder Lernbegleiter externer Lernbegleiter

Prozess zu Einführung des gezielten Werte- und Kompetenzmanagements in der Organisation			
-	**Vorab** • Information aller Mitarbeiter und Führungskräfte durch die Organisationsleitung – Blog der Organisationsleitung – Erklärvideo – Reflexion – evtl. World-Café oder Barcamp • Werte- und Kompetenzerfassung auf organisationaler Ebene	Einstimmung der Mitarbeiter und Führungskräfte auf das Projekt Erfassung der Organisationskultur und -kompetenzen	WKT mit der Organisationsleitung externer Berater
1 Tag	**Workshop** • Analyse und Bewertung der Erfassung • Ableitung der Organisationssollwerte und -kompetenzen • Entwicklung des Kommunikationskonzeptes • Vereinbarung von Korridorthemen zur Umsetzung des Werte- und Kompetenzrahmens	Definition des organisationalen Werte- und Kompetenzrahmens	WKT obere Führungskräfte Bildungsplaner und/oder Lernbegleiter externer Berater
-	**Umsetzung des Kommunikationskonzepts** • virtueller Kick-off • wöchentliche Themensprints (Webinare) • virtuelle Workshops • Zusammenfassung der Diskussionsergebnisse • evtl. Vereinbarungen	Einbeziehung aller Mitarbeiter und Führungskräfte	WKT mit Führungskräften evtl. Coaching durch externen Berater

Pilotprojekt Social Blended Learning mit einer ersten Gruppe Führungskräfte exemplarisch durch den externen Berater mit Hospitation des WKT, weitere Entwicklungsmaßnahmen für Führungskräfte werden durch das WKT begleitet			
Jeweils 1 h Beratung je teilnehmende Führungskraft	**Vorab** • Werte- und Kompetenzerfassung (evtl. mit Fremdeinschätzung durch die Führungskraft) der teilnehmenden Führungskräfte • Beratungsgespräch mit dem externen Lernbegleiter • Ableitung individueller Entwicklungsziele • Festlegung der Bildungsprojekte für den gezielten Werte- und Kompetenzaufbau	eigene Erfahrungen mit der Werte- und Kompetenzerfassung sowie mit der Beratung zur Ableitung von Entwicklungszielen und Herausforderungen in der Praxis	Bildungsplaner und/ oder Lernbegleiter externer Lernbegleiter WKT u. evtl. weitere Lernbegleiter als Hospitanten
1 Tag	**Kick-off** • Vorstellung der Projekte • Social-Blended-Learning-Konzeption • Reflexion über die Konsequenzen für das eigene Lernhandeln • KOPING-Konzept der Steuerung und Flankierung der selbstorganisierten Lernprozesse • Ermöglichungsraum • Bildung von Lernpartnerschaften und -gruppen • verbindliche Vereinbarungen für die Selbstlernphase	Vorbereitung der selbstorganisierten Lernphase	Bildungsplaner und/ oder Lernbegleiter externer Lernbegleiter WKT u. evtl. weitere Lernbegleiter als Hospitanten

4 Wochen	**Selbstorganisierte Entwicklungsphase im Rahmen der Projektaufgabe:** • Entwicklung einer Lösung für das eigene Projekt, die eigene Praxisaufgabe • wöchentlicher Jour fixe mit dem Lernpartner • wöchentlich Austausch und Kommentierung des Projekttagebuches • evtl. Webinar zur Klärung akuter Fragen • Kompetenzerfassung mit Selbst -und Fremdeinschätzung des Lernpartners **evtl. mehrere Schleifen mit Workshops nach 4 Wochen**	eigene Erfahrungen in einer selbstorganisierten Werte- und Kompetenzentwicklung	Bildungsplaner und/ oder Lernbegleiter externer Lernbegleiter WKT u. evtl. weitere Lernbegleiter als Hospitanten
1 Tag	**Abschlussworkshop** • Reflexion der Selbstlernphase • Klärung offener Fragen aus der Selbstlernphase • Vorstellung und Diskussion der Lösungen für die Praxisprojekte/-aufgaben • Feedback und Bewertung der oberen Führungskräfte • Vereinbarung zum Praxistransfer • Bildung einer Community of Practice	Vorbereitung des Praxistransfers	Bildungsplaner und/ oder Lernbegleiter externer Lernbegleiter WKT u. evtl. weitere Lernbegleiter als Hospitanten
Weitere Führungskräftegruppen			WKT

Prozess des gezielten Werte- und Kompetenzmanagements in den Teams Die Führungskräfte übernehmen die Rolle des Werte- und Kompetenzmanagers für ihr Team, dabei werden sie vom WKT begleitet.			
	Vorab Werte- und Kompetenzerfassung Ist und Wunsch für das jeweilige Team	Erfassung der Teamwerte bzw. -kultur sowie der Teamkompetenzen	WKT
1 Tag	**Teamworkshop** • Analyse und Bewertung der Ergebnisse im Abgleich zu den Sollwerten und -kompetenzen der Organisation • Ableitung der Teamsollwerte und -kompetenzen • Definition der teambezogenen Entwicklungsziele • Mission der angestrebten Teamkultur und -kompetenzen Festlegung von Teamprojekten zur Werte- und Kompetenzentwicklung	Planung der gezielten Werte- und Kompetenzentwicklung des Teams	die jeweilige Führungskraft Begleitung durch WKT
Mehrere Wochen oder Monate	**Projektphasen** • selbstorganisierte Bearbeitung der Projekte • regelmäßiger Austausch und Diskussion der Projektergebnisse im Team oder in Workshops • evtl. weitere Werte- und Kompetenzerfassung	gezielte Werte- und Kompetenzentwicklung der Teams	Teammitglieder begleitet durch die Führungskraft und WKT
1 Tag	**Abschlussworkshop** Vorstellung und Diskussion der Ergebnisse Planung weiterer Schritte	Führungskraft und Teams	Teammitglieder Moderation durch Führungskraft

Prozess des gezielten Werte- und Kompetenzmanagements auf Mitarbeiterebene Die Führungskräfte übernehmen die Rolle des Entwicklungspartners (Mentor), WKT ist für die Lernbegleitung verantwortlich.			
½ Tag	**Workshop** • Beschreibung der strategischen Anforderungen an die jeweilige Funktion • Anpassung der Werte- und Kompetenzbeschreibungen an die jeweilige Funktion – Definitionen – Wertebeispiele – Handlungsanker	Vorbereitung der Werte- und Kompetenzerfassung	WKT mit erfahrenen Fach- und Führungskräften aus dem jeweiligen Funktionsbereich
Jeweils 1 h Beratung je Mitarbeiter	**Vorab** • Werteerfassung mit Selbsteinschätzung • Kompetenzerfassung (mit Fremdeinschätzung durch die Führungskraft oder einen Kollegen) der teilnehmenden Führungskräfte • Beratungsgespräch mit Werte- und Kompetenzberater der WKT • Ableitung individueller Entwicklungsziele mit der jeweiligen Führungskraft: Festlegung der Praxisaufgaben oder -projekte für den gezielten Werte- und Kompetenzaufbau	Planung der selbstorganisierten Werte- und Kompetenzentwicklung	Teilnehmer WKT jeweilige Führungskraft
Je nach Vereinbarung	**Werte- und Kompetenzentwicklung in der Praxis, in Projekten** z. B. in einem Social-Blended-Learning-Arrangement regelmäßige Werte- und Kompetenzerfassung	gezielter Aufbau der Werte und Kompetenzen	Mitarbeiter Führungskraft als Mentor WKT als Lernbegleiter
Einmal jährlich	**Erfahrungsaustausch, z. B. im Rahmen eines Barcamps**	laufende Optimierung der Entwicklungskonzeption	alle Mitarbeiter und Führungskräfte Moderation WKT

Tab. 49: Einführungsprozess für Future Learning

Dieser Wandel vom tradierten Lernen zum Future Learning verändert die Rollen aller Beteiligten:

- Die Mitarbeiter und Teams sind selbst verantwortlich für ihre Lernprozesse, die sie selbstorganisiert gestalten.
- Lernen findet überwiegend im Prozess der Arbeit und in Praxisprojekten auf Basis von Werte- und Kompetenzzielen statt.
- Die Personalentwicklung wandelt sich zu einem Werte- und Kompetenzmanagementteam, das selbstorganisiertes Lernen ermöglicht und begleitet.
- Die Führungskräfte übernehmen die Rolle eines Entwicklungspartners, um als Mentor selbstorganisierte Werte- und Kompetenzentwicklung der Mitarbeiter verbindlich zu vereinbaren und die Rahmenbedingungen dafür zu sichern.
- Alle Mitarbeiter unterstützen sich gegenseitig im Rahmen des Co-Coaching.
- Die bisherigen Trainer und Dozenten wandeln sich zu Lernbegleitern, die selbstorganisiertes Lernen fördern.

Mit dieser vorgeschlagenen Vorgehensweise wird es möglich, den erforderlichen Veränderungsprozess von fremdorganisierten, seminaristischen Lehrkonzepten hin zur selbstorganisierten Werte- und Kompetenzentwicklung in einem Multiplikatorenmodell schrittweise umzusetzen.

8.4 Zusammenfassung der Anforderungen

Der Veränderungsprozess zur Implementierung des Future Learning wird durch folgende Merkmale geprägt:

Anforderung	Nutzen
Abstimmung mit der oberen Führung	Initiierung eines Prozesses der symbolischen Führung, um allen Mitarbeitenden die Bedeutung der geplanten Maßnahmen zu verdeutlichen
Einrichtung eines **Werte- und Kompetenzmanagementteams**	Initiierung und Steuerung der Maßnahmen durch ein agil organisiertes Team mit Begleitung durch externe Experten
Analyse der Trends im Lernen und der strategischen Anforderungen sowie des Werterahmens und der Rahmenbedingungen	Entwicklung einer Konzeption der Werte- und Kompetenzentwicklung, die sich konsequent an den zukünftigen Anforderungen der Organisation orientiert

Anforderung	Nutzen
Analyse der Anforderungen an die Mitarbeitenden sowie die Kompetenzen der Learning Professionals und Führungskräfte	Entwicklung und Umsetzung einer Konzeption der Werte- und Kompetenzentwicklung, die sich konsequent an den zukünftigen Anforderungen der Mitarbeitenden, Führungskräfte und Learning Professionals orientiert
Normativer Entwicklungsrahmen: Vision	beantwortet die Frage nach dem Warum und Wozu
Normativer Entwicklungsrahmen: Mission	konkrete Orientierung für alle Mitarbeiter
Normativer Entwicklungsrahmen: Werte- und Kompetenzmodelle	Konkretisierung der grundlegenden Ziele in den Entwicklungsprozessen
Normativer Entwicklungsrahmen: Experten- und Erfahrungswissen	Transparenz über die interne Expertise und die Notwendigkeit externer Unterstützung
Normativer Entwicklungsrahmen: Rahmenbedingungen	Festlegung der notwendigen Ressourcen und Systeme
Strategische Rolle des Bildungsbereichs	Der Bildungsbereich positioniert sich als strategischer Partner auf Augenhöhe.
Strategische Rolle: Geschäftsmodell der betrieblichen Bildung	Die grundlegende Konzeption der Werte- und Kompetenzentwicklung und das Leistungsangebot werden definiert. In einem weiteren Schritt werden die Wertschöpfungskette definiert, die Ertragssicherung konzipiert sowie die Kommunikation des Prozesses geplant.
Operative Gestaltung und Erprobung: Entwicklungsprozesse gestalten	Die erforderlichen Veränderungs-, Kommunikations-, Lern- und Unterstützungsprozesse, aber auch die erforderlichen Systeme, werden in Pilotprojekten erprobt und evaluiert.
Operative Gestaltung und Erprobung: Ermöglichungsraum aufbauen, z. B. auf Basis der Learning-Experience-Plattform	Das selbstorganisierte und kollaborative Lernen der Mitarbeitenden im Netz wird ermöglicht. Arbeiten und Lernen wachsen nach und nach zusammen.
Operative Gestaltung und Erprobung: Kompetenzentwicklung der Learning Professionals und der Führungskräfte	Diese Zielgruppe erfährt zunächst als Lernende gezielte Werte- und Kompetenzentwicklung, um daraus die eigene Rolle und individuelle Konzeptionen abzuleiten. Damit wird eine professionelle Umsetzung gesichert.

Anforderung	Nutzen
Roll-out: Begleitung der Entwicklungsprozesse, Aufbau der Kompetenzen weitere Führungskräfte und Learning Professionals sowie laufende Optimierung der Konzeption	Die erfolgreiche Umsetzung und Implementierung wird durch eine bedarfsgerechte Begleitung gesichert, sodass nach und nach die erforderliche Kompetenz zur Gestaltung und Begleitung der gezielten Werte- und Kompetenzentwicklung in der Organisation aufgebaut wird.
Roll-out: Evaluation	Die Konzeption und die Systeme werden in einem laufenden Prozess optimiert, sodass die Performanz nachhaltig gesteigert wird.
Professionelle Begleitung bei der Implementierung des Systems	erfolgreiche Umsetzung und laufende Weiterentwicklung der Konzeption

Tab. 50: Zusammenfassung der Anforderungen an den Implementierungsprozess von Future Learning

9 Die Zukunft der Zukunft

Einstieg

Wir schreiben das Jahr 2030.

Digitale Technologien sind allgegenwärtig, ergänzen und erweitern menschliche Fähigkeiten. Doch entgegen früheren Befürchtungen sind die Menschen nicht durch Roboter ersetzt worden. Für die meisten Menschen bleibt die Arbeit die wichtigste Quelle, um ihren Lebensunterhalt zu verdienen.

Im Jahr 2030 leben wir in einer Welt, die sich für manche radikal, für andere kaum spürbar verändert hat. Die Coronapandemie zu Beginn des dritten Jahrzehnts beschleunigte Trends wie die zunehmende Digitalisierung, disruptive Geschäftsmodelle, agile und digital gestützte Arbeitsmethoden, aber auch eine zunehmende Werteorientierung. Trotzdem haben sich die Lebensbedingungen und die Produktivität nicht wesentlich verbessert.

Tradierte Arbeitskulturen werden zunehmend hinterfragt. Immer mehr Mitarbeiter suchen Aufgaben, die sie als sinnvoll ansehen, die beispielsweise das friedliche Zusammenleben und die Nachhaltigkeit fördern. Arbeit ist nicht mehr nur ein Teil des Lebens, sondern ist unser Leben (nach Güldenberg, Ernst, North 2021, S. VII f.).

9.1 New Work

Die Veränderungen in der zukünftigen Arbeitswelt werden vor allem durch zwei wesentliche Faktoren bestimmt(vgl. Hamann 2021, S. 130):

- **Wertewandel**: 2030 werden Mitarbeiter, die zwischen 1981 und 1996 (Generation Y) und zwischen 1997 und 2012 (Generation Z) geboren wurden, 80 Prozent der erwerbstätigen Bevölkerung ausmachen. Beruflicher Erfolg und Karriere verlieren deshalb an Bedeutung, die Selbstausbeutung der früheren Generationen wird von ihnen skeptisch gesehen. Die Werte *Ideale* (*Sinn in der Arbeit*), aber auch *Privatleben, Beziehungen* und *Sicherheit* werden wichtiger.
- **Digitalisierung**: Viele Aufgaben können automatisiert werden, New Work wird zunehmend realisiert. Es kommt aber auch zu einem Abbau der Grenzen wischen beruflichen und privaten Belangen (Work-Life-Blending), was im Widerspruch zu den veränderten Werten steht.

Die voraussichtliche Entwicklung der Arbeitswelt 4.0 bis zum Jahr 2030 haben Experten der Plattform Industrie 4.0 (2017) prognostiziert. Sie sehen dabei insbesondere vier Handlungsfelder:

- **Souveränität**: Die Akteure im Arbeitsleben werden immer mehr selbstbestimmte, unabhängige Entscheidungen treffen, um im fairen Wettbewerb miteinander zu agieren.
- **Interoperabilität:** Vernetzung der Mitarbeiter zu agilen Wertschöpfungsnetzen
- **Nachhaltigkeit** im Sinne einer ökonomischen, ökologischen und sozialen Werteorientierung
- **Klimaschutz:** Ermöglichung einer Kreislaufwirtschaft und Umwelt- sowie Klimaschutz Diese radikalen Veränderungen haben tiefgehende Konsequenzen für die zukünftige Lernwelt.

9.2 Future Learning

Klaus North (2021, S. 224 ff.) hat einen Blick auf das Corporate Learning im Jahr 2030 gewagt. Dabei hat er deutlich herausgearbeitet, dass der Wandel zur Wissensarbeit, künstliche Intelligenz, Digitalisierung und Robotik unsere klassischen Lebens- und Arbeitsbereiche tiefgreifend verändern werden. Er verweist auf den Bericht »Education 2030« der OECD (2018), der vor allem zwei Aspekte betont:

- *Jeder Lerner wird eine personalisierte, digitalisierte Lernumgebung besitzen.*
- *Lernen erfolgt losgelöst von Ort und Zeit mit on-demand-Microlearning, oft in Verbindung mit Virtual und Augmented Reality sowie Serious Games, und kuratierten Inhalten bei Bedarf, begleitet durch den Lernpartner Computer bzw. Lern-Bots.*

Lernen und Arbeiten sind deshalb nicht mehr voneinander zu trennen. Lernbedarfe werden durch das System identifiziert und analysiert. Persönliche, geschützte E-Portfolios ermöglichen es dem Lerner, seine eigenen Kompetenznachweise zu speichern und zu verwalten. Mithilfe von Open Badges kann der aktuelle Stand des lebenslangen Lernens dokumentiert werden. Den Lernern stehen immer mehr offene Lernressourcen wie Open Course Ware[57], MOOC oder Open Educational Resources (OER)[58] zur Verfügung.

Die zunehmende Abhängigkeit von digitalen Systemen auf Basis künstlicher neuronaler Netze erfordert die Kompetenz, mit ihnen zu lernen, zu simulieren und regelmäßig zu üben, um zu verstehen, wie sie agieren und wie man handelt, wenn solche Systeme versagen. So hat beispielsweise Microsoft 18 Empfehlungen für die Interaktion zwischen Menschen und künstlicher Intelligenz entwickelt.[59]

57 Frei verfügbare digitale Lehr- und Lerninhalte von Hochschulen im Internet.
58 Digitalisierte Lehr- und Lernmaterialien, die im Internet zur freien Verfügung stehen.
59 https://docs.microsoft.com/en-us/ai/guidelines-human-ai-interaction.

Bereits 2013 hatten wir zusammengefasst, wie wir in dieser neuen Arbeitswelt voraussichtlich lernen werden. So formulierten wir unsere Zusammenfassung des Future Learning:

- Ohne **Lernen** im Prozess der **Arbeit**,
- ohne Lernen via **Cloud-Computing**,
- ohne Lernen in **semantischen Netzen**,
- ohne **Kompetenzentwicklung**,
- ohne **Werte und Gefühl**

geht in der Zukunft, die vor allem auch Lernzukunft ist, gar nichts! (Erpenbeck, Sauter 2013, S. 3 f.)

Wir müssen, davon sind wir überzeugt, keinen dieser Punkte aufgeben oder abschwächen. Wir müssen jedoch neue Aspekte, die sich inzwischen In Bezug auf die moderne IT-Technik, aber auch In Bezug auf das moderne Kompetenz- und Wertemanagement ergeben, angemessen einbeziehen.

Wir sind auf einige von ihnen im Text bereits ausführlich eingegangen. Folgende fünf Trends halten wir aus heutiger Sicht für die Bestimmung eines Future Learning für absolut entscheidend:

- **Disruption**
- **Agilität**
- **Digitalisierung**
- **Methodenvielfalt**
- **Werteentwicklung**

9.2.1 Werte, Kompetenzen und Disruption

Der Begriff der *Disruption* beschreibt den Bruch linearer Entwicklungen unseres Wissens, unserer Wertevorstellungen, von heute weitgehend digital ablaufenden Informationsverarbeitungsprozessen oder des Handelns. Dabei schälen sich deutliche Bezüge zum Werte- und Kompetenzmanagement im Future Learning und New Work heraus (vgl. im Folgenden Erpenbeck, Heyse 2019, S. 11-34).

Kompetenz und disruptive Werte müssen immer dann reflektiert werden, wenn sich die Bewertung neuer wirtschaftlicher, ethischer, politischer Situationen schlagartig ändert und einen Bruch mit bisherigen Überzeugungen und Einschätzungen bedeutet. Der Zusammenhang ist keineswegs zwangsläufig. Was heute als humanitär vertretbar gilt, kann schon morgen massiv infrage gestellt werden, obwohl sich die Faktenlage praktisch nicht geändert hat.

Kompetenz und Disruption steht überall dort im Mittelpunkt, wo der Kompetenzbegriff deutlich mit disruptiven Prozessen in Organisationen verknüpft ist. Die Beschreibung von Kompetenzen als Fähigkeiten zu selbstorganisiertem und kreativem Handeln ruft Assoziationen zu Schumpeters »kreativer Zerstörung« (Schumpeter 2005) wach, die nicht mehr und nicht weniger als einen Disruptionsbegriff für das vordigitale Zeitalter bereitstellt.

Kompetenz und disruptives Wissen wird auf neue, zukunftsweisende Art zum Thema, wodurch wissenschaftliche und theoretische Innovationen ein vollständig neues, praktisches Handeln in Unternehmen und Organisationen erfordern.

Kompetenz und digitale Disruptionen ist ein Thema, wenn durch Umbrüche in den Prozessen neu zu entwickelnde Kompetenzen benötigt werden. Allerdings haben disruptive Vorgänge schöpferischer Zerstörung schon weit vor dem Siegeszug der Digitalisierung um sich gegriffen. So gab es weltweit agierende Händlernetze schon vor der Digitalisierung, ein System wie Amazon ist aber erst durch die Digitalisierung möglich geworden.

Kompetenz und soziale Disruptionen haben zur Folge, dass die Anforderungen an die Handlungsfähigkeit der Menschen einen neue, soziale Qualität erlangen.

9.2.2 Agilität

Was heute unter dem Begriff *Agilität* zusammengefasst wird, war auch schon vor Jahren größtenteils vorhanden, wurde aber noch nicht als Formenkreis wahrgenommen, der Lern- und Arbeitsprozesse insgesamt beeinflusst, der neue Werte und Kompetenzen erfordert und unser Verständnis von Future Learning und New Work massiv verändert.

Wir haben bereits Beispiele von Arbeits- und Lernprozessen in der neuen industriellen Revolution gegeben, charakterisiert durch Begriffe wie *Vernetzung*, *Digitalisierung* und *Komplexität*. Dabei haben wir immer wieder darauf hingewiesen, dass diese Revolution neue, fundamentale Werte benötigt, die von jedem einzelnen Handelnden verinnerlicht, interiorisiert, werden müssen, um in seinem Handeln wirksam zu werden. Dafür eignen sich agile Entwicklungsmethoden besonders gut.

Voraussetzung dafür ist eine Standortbestimmung mithilfe einer professionellen Werte- und Kompetenzerfassung. Die Mitarbeiterentwicklung in und mit solchen Systemen verändert all unsere Gewohnheiten in dynamischer Form. Lernziele, Lernorte, Lerninhalte, Lernräume und -umgebungen sowie Lernformen wandeln sich stark. Die Anforderungen an Bildungsplaner, Prozessbegleiter und vor allem an die Mitarbeiter selbst verändern sich fundamental und mit wachsender Geschwindigkeit. Zukünftig werden die Mitarbeiter ihr Wissen nicht mehr nach den Vorgaben eines Curriculums, sondern bei Bedarf im Arbeitsprozess und im Rahmen individueller Werte- und Kompetenzziele sowie ihrer personalisierten Werte- und Kompetenzentwicklung in der Kommunikation mit ihrem persönlichen Lernpartner Computer (Computer-Co-Coaching) und ihren menschlichen Lernpartnern (Co-Coaching) aufbauen.

Das kollaborative Arbeiten in Teams und Organisationen wird heute und zukünftig immer stärker mittels agiler Methoden wie *Scrum, Design Thinking, Kanban, Pulse, DevOps, Peer Working und Learning, Barcamps, Webcamps, Wissensmärkte, Hackathon, Working Out Loud* in Verbindung mit Methoden des *KOPING*, der *kollegialen Beratung* oder in *Communities of Practice* gestaltet. Alle diese Methoden eignen sich aufgrund der großen Unbestimmtheit, Dissonanzdichte und damit hohen emotionalen Labilisierung hervorragend für die gezielte Werte- und Kompetenzentwicklung, als Bestandteile eines modernen Werte- und Kompetenzmanagements. Agile Methoden werden deshalb immer mehr in Prozesse der Kompetenz- und Werteentwicklung Eingang finden.

Auf den Werte- und Kompetenzpunkt wird das von Sandra Seitamaa konzentriert: »*New Work, agile Arbeit, Soziokratie, Holokratie: Ständig tauchen neue Begriffe und Arbeitsmodelle auf. Oft geht es dabei um hohe Flexibilität und Eigenverantwortung. Doch was können die neuen Modelle sonst noch? […] Agile Modelle verbreiten sich in der Arbeitswelt. Es gibt unzählige Führungs- und Arbeitsmodelle und Nuancen davon – und es entstehen ständig neue. Viele Unternehmen arbeiten immer mehr mit sogenannten agilen Methoden. Dabei werden idealerweise nicht nur ein paar Änderungen im Betriebsablauf vorgenommen, sondern Agilität betrifft die gesamte Unternehmenskultur […].*« (Seitamaa 2020)

Bei vielen neuen Arbeitsmodellen geht es um hohe Flexibilität, flache Hierarchien und große Eigenverantwortung. Das eint die Konzepte von agiler Arbeit, Lean Management, Soziokratie oder Holokratie.

Soziokratie, das heißt flache Hierarchien und hohe Selbstverantwortung, ist ein agiles Arbeitsmodell im Sinne der New Work.

»*In einer Soziokratie möchte man weg von Hierarchien: Alle Beteiligten sind gleichgestellt, zusammen treffen sie Entscheidungen, wenn niemand einen schwerwiegenden begründeten Einwand hat (Konsensprinzip). Es geht um Partizipation und Transparenz durch alle Entscheidungsebenen […] Führung, Unternehmensstruktur und Projektmanagement verändern sich rasend schnell. Zwar geht der Trend in Richtung selbstorganisierende Modelle und agile Methoden. Nicht für jedes Projekt und jede Branche sind diese Modelle die beste Wahl. Wer jedoch in der neuen Arbeitswelt mithalten will, sollte wissen, welche Entwicklungen gerade ihren Lauf nehmen.*« (Bertelsmann Stiftung [Hrsg.], Redmann, Wintermann 2020)

9.2.3 Digitale Transformation

Zu den absolut entscheidenden Zukunftstrends eines Future Learning gehört die Digitalisierung und die daraus folgende digitale Transformation. Es geht dabei unserer Ansicht nach nicht vordergründig um digitale Kompetenzen, sondern um Kompetenzen für eine moderne und digitale Arbeitswelt, wie es Beatrice Behrens vom European Institute of Public Administration treffend zusammenfasst:

»[…] Wirtschaft und Verwaltung (müssen sich) weiterhin den Herausforderungen der 3Ds nahezu gleichzeitig stellen: Diversität, Demografie und Digitalisierung. […] Können, Wollen, Dürfen sind die Basis für ein erfolgreiches Kompetenzmanagement. Dies setzt eine entsprechende Kultur voraus. Die moderne Arbeitswelt wird zudem durch mehr Eigenverantwortung, Selbstorganisation, Partizipation sowie sich verändernde Formen der Zusammenarbeit und Kommunikation geprägt sein. Deshalb wird gerne auch schon das 4. D als Herausforderung diskutiert: Demokratie.

Eine von Wertschätzung und Respekt geprägte Kultur von Führung und Zusammenarbeit ist sowohl für die Gestaltung des demografischen Wandels als auch für die digitale Arbeitswelt und das Diversitätsmanagement eine wichtige Grundlage. Vor diesem Hintergrund gewinnt die Diskussion über ein werteorientiertes Management in Wirtschaft und Verwaltung an Bedeutung – durchaus auch damit verbunden, wie man mit den technischen Möglichkeiten im Zeitalter der Digitalisierung umgeht. Mit Blick auf den sinkenden Halbzeitwert des Wissens wird zudem die Eigenverantwortung der Beschäftigten für ihre individuelle Entwicklung zu stärken sein, ebenso wie die Bereitschaft zum lebenslangen Lernen.

Welche Kompetenzen benötigt die Gestaltung der digitalen Kultur? Geht dies ohne Werte?« (Behrens 2020)

Tatsächlich wirken alle genannten Aspekte komplex zusammen, was eine neue Sicht auf Werte- und Kompetenzmanagement im Rahmen von Future Learning und New Work unbedingt nötig macht. So wird in Bezug auf die Kompetenzentwicklung 2030 deutlich gemacht:

»In Zukunft werden die erfolgreichsten Unternehmen die Kompetenzen ihrer Mitarbeiter entwickeln, indem sie die Leistungsfähigkeit der Technologie nutzen, die Kompetenzentwicklung untrennbar mit dem geschäftlichen Wert verknüpfen und talentorientierte Entwicklung zu einer Priorität auf CEO-Ebene machen.« (Garcia, McNally, Pacthod, Park 2021)

9.2.4 Methoden der gezielten Werte- und Kompetenzentwicklung

Die Verschränkung von zukünftigem Lernen und neuem Arbeiten bringt eine methodische Vielfalt hervor, die oft noch nicht im Ganzen mitgedacht wird. Solange Arbeiten und Lernen relativ strikt voneinander getrennt sind, wird das Lernen im Prozess der Arbeit und das Lernen im sozialen Umfeld zwar durchaus mitberücksichtigt (vgl. Arbeitsgemeinschaft betriebliche Weiterbildungsforschung 2006). Lernen im Arbeitsprozess, mit Coaching und Co-Coaching oder realitätsgleiche Trainings gehören heute jedoch kaum zu den bevorzugten Methoden beruflichen oder organisationalen Lernens. Das ändert sich mit der Entwicklung von Future Learning und New Work schnell.

Die Suche nach geeigneten Methoden der Kompetenzentwicklung und der zugrunde liegenden Werteentwicklung macht klar, dass die wichtigen Werte und entscheidenden Kompetenzen vor allem in Arbeitsprozessen, in Coachingprozessen und teilweise in ergänzenden Trainingsprozessen sowie unterstützenden Weiterbildungsmaßnahmen entwickelt werden. Das kehrte den Suchprozess gewissermaßen um. Stand noch im vorigen Jahrhundert der klar umrissene Arbeitsprozess im Vordergrund und überlegte die berufliche Aus- und Weiterbildung, wie sie am besten wissens- und kompetenzbasiert darauf vorbereiten konnte, gehen heute viele Überlegungen von notwendigen Werten und Kompetenzen aus und suchen nach Arbeits-, Coaching- ,Trainings- und Weiterbildungsprozessen, mit deren Hilfe sich jene methodisch besonders vorteilhaft ermöglichen können.

Diese Umkehr ist völlig nachvollziehbar. Bildung und Weiterbildung werden sich mehr und mehr darauf konzentrieren, den Aufbau von Werten und Kompetenzen für Berufe zu ermöglichen, die gegenwärtig noch gar nicht existieren, für die Nutzung von Technologien, die noch gar nicht entwickelt sind, um Probleme zu lösen, von denen wir heute noch nicht wissen, dass sie entstehen werden. Die benötigten Kompetenzen werden sich also nicht auf ein enges Problemfeld beschränken, sondern möglichst generalisierbar sein, um schnell auf andere Problem- und Aufgabenfelder übertragen werden zu können. Damit wird die Fülle von Methoden, die für Werte- und Kompetenzentwicklung des Future Learning einsetzbar sind, außerordentlich ausgeweitet:

- Im Bereich der **Praxis**methoden in Verbindung mit **Coaching** kommen dem Erfahrungs- und Erlebnishandeln, dem subjektivierenden Handeln, der Gewinnung von Expertise, dem Krisenmanagement, der Jobrotation, dem KOPING, der kollegialen Beratung und den agilen Arbeitsmethoden eine rasant zunehmende Bedeutung zu. Persönlichkeitspsychologie, Selbstorganisationstheorie und Mentoring fügen sich in den Methodenfundus des Future Learning ein.
- Im Bereich **Training** werden Methoden wie der Einsatz von Trainings- und Übungsfirmen, Serious Games, von Bewerbungs- und Präsentationsübungen, von Outdoor-Trainings und Hochseilgärten, von Seitenwechsel®, vom Zürcher Ressourcen

Modell® und nicht zuletzt von handlungsbetonten Formen der Reformpädagogik, etwa der Montessori-Pädagogik, wirksam.

- Im Bereich **Bildung und Weiterbildung** sind es vor allem Methoden der Handlungs- und Verhaltenspsychologie, aber auch die oft vernachlässigten, weil kein direktes Wissen vermittelnden Methoden von Kunst und künstlerischer Kommunikation, die für ein Future Learning und New Work gleichermaßen unabdingbar sind.

9.2.5 Werteentwicklung

Die Verschränkung von Future Learning und New Work, von Lernen und Arbeiten in der Zukunft, hat eine heute noch kaum zu fassende futuristische Pointe.

Niemand kann künftige Werte voraussagen. Werte entstehen als Ordner sozialer Selbstorganisation im Sinne der Synergetik, im Handeln, Hoffen und Träumen der Menschen, die sie eine Zeit lang als ihrer Lebenssituation adäquat empfinden. Sie werden damit in Geltung gesetzt, wie man im späten 19. Jahrhundert sagte. Sie sind aber nicht wahr oder falsch, wie etwa wissenschaftliche Erkenntnisse. Sie können nicht bewiesen oder widerlegt werden.

Aber was passiert, wenn Computer zu **humanoiden Robotern** werden, wenn sie sich nicht darauf beschränken, Information zu sammeln, zu aggregieren, unter vorgegebenen Gesichtspunkten auszuwerten und daraus Empfehlungen abzuleiten, sondern wenn sie anfangen, selbstorganisiert zu handeln, vielleicht sogar gegen ihre Schöpfer, eigene Ordner ihres Handelns, also eigene Werte zu entwickeln, die sich deutlich von den menschlichen abheben?

Die selbstorganisierte Entwicklung eigener Wertevorstellungen tritt zu den Problemen hinzu, die menschliche Werteentwicklung ohnehin auszeichnet und oft schwer fassbar macht. Future Learning und New Work müssen neben einem wahnsinnigen Wachstum des menschlichen Sach- und Fachwissens mit einer computergenerierten Werteentwicklung, insbesondere von wirtschaftlichen Nutzenwerten, ethischen und sozialen Werten rechnen, die alle unsere heutigen Vorstellungen übersteigt. Wir müssen über Computer und Menschen in der digitalisierten Gesellschaft neu nachdenken (vgl. WZB -Mitteilungen 2021).

Diese Zukunft hat schon längst begonnen. Es bedarf nicht länger menschlicher Mithilfe, um aus dem exponentiell wachsenden Wissensvorrat der Clouds unaufhörlich neue Schlüsse zu ziehen. Der Computer lernt selbst. Denkt selbst. Wertet selbst. Fühlt selbst, wie immer das realisiert werden wird.

Wir haben die zukünftigen, menschenähnlich agierenden Rechner *humanoide Computer* (auch Humancomputer, Human Computer, kognitive Computer) genannt. Mit dieser Formulierung versuchten wir zu kennzeichnen, dass sie, ähnlich wie Menschen, Problemstellungen erfassen, analysieren, bewerten und unter Nutzung der Möglichkeiten des Netzes lösen können. Sie haben eigene Meinungen, die sie auch kritisch äußern, und entwickeln von sich aus Lösungsvorschläge. Dabei nutzen sie ihre Erfahrungen aus früheren Entscheidungen ihrer sich entwickelnden Persönlichkeit, sodass sie im Laufe der Zeit auch eigene emotionale und motivationale Wertungen und Wertesysteme verinnerlichen und in ihre Vorschläge miteinbeziehen. Es wird dadurch möglich sein, Werte- und Kompetenzentwicklung mithilfe des Partners Computer auf einem bisher nicht möglichen Niveau zu optimieren, was aber zu einer völlig veränderten Sicht auf Future Learning und New Work führt.

Humancomputer ermöglichen Werte- und Kompetenzentwicklung im Netz mit Computer-Co-Coaching. Stellen sich schon heute bei Coachingprozessen oft gegenseitige Beziehungen ein, die man zutreffend als Co-Coaching bezeichnen kann, resultiert nun ein Computer-Co-Coaching, das heißt, der Computer übernimmt die Rolle eines Coaches, ist nicht mehr nur technischer Gehilfe, Gerät, Instrument, sondern Entwicklungspartner im eigentlichen Kompetenzentwicklungsprozess.

Die Mitarbeiterentwicklung in und mit solchen Systemen verändert all unsere Gewohnheiten in dynamischer Form. Die Anforderungen an Bildungsplaner, Prozessbegleiter und vor allem an die Mitarbeiter selbst verändern sich fundamental und mit wachsender Geschwindigkeit: Praxis, Coaching und Training werden zu neuen *Lernorten*, Werte und Kompetenzen, Kreativität und Selbstorganisation werden zu neuen *Lernzielen*, an die Stelle traditioneller Lernräume und Lernumgebungen treten *Entwicklungs- und Coachingumgebungen*, in denen die Mitarbeiterentwicklung beim Bewältigen von realen Herausforderungen stattfindet. Dabei werden Zweifel, Widersprüchlichkeiten, Dissonanzen, Disruptionen aufgelöst oder neu bearbeitet. Die zwangsläufig entstehenden *emotionalen Labilisierungen*, durch neue Erlebnisse, Erfahrungen, Schwierigkeiten oder Konflikte bis hin zu Katastrophen gekennzeichnet, bilden die Basis von Werte- und Kompetenzentwicklung und damit des Future Learning und der New Work.

Werteentwicklung im hier skizzierten Sinn gehört also last, but not least, ebenfalls zu den absolut entscheidenden Zukunftstrends eines Future Learning. Sie gehört vielleicht sogar an die erste Stelle der genannten Trends.

Die wichtigsten Veränderungen zeigen sich in den Zielen des Corporate Learning, in den didaktisch-methodischen Entwicklungskonzeptionen, in der Verantwortung für die Mitarbeiterentwicklung sowie in grundlegend veränderten Rollen der Mitarbeiter, der Führungskräfte, der Lernbegleiter und des Werte- und Kompetenzmanagementteams. Die technologischen Entwicklungen schaffen dabei laufend neue Herausforderungen für die Mitarbeiter und ihre Lernprozesse. Gleichzeitig ermöglichen aber auch erst sie die erforderlichen selbstorganisierten Entwicklungsprozesse.

Schaffen wir ein neues Fundament für das Corporate Learning. Denn Future Learning ist das Fundament des New Work (nach Pausder 2020, S. 47).

10 Toolbox: gezielte Entwicklung der Werte und Kompetenzen von Mitarbeitern

Einstieg

Die folgenden Entwicklungsempfehlungen sind aus vielfältigen Praxisprojekten heraus entstanden und geben Anregungen für die Gestaltung der personalisierten Entwicklungsprozesse der Mitarbeiter. Dabei haben wir drei Anwendergruppen im Auge:

- Mitarbeiter, die ihre Werte und Kompetenzen selbstorganisiert entwickeln wollen,
- Führungskräfte, die als Entwicklungspartner ihrer Mitarbeiter die Werte- und Kompetenzentwicklungsprozesse ihrer Mitarbeiter gezielt ermöglichen wollen.
- Lernbegleiter, die werte- und kompetenzorientierte Lernarrangements gestalten wollen.

Unsere Entwicklungsempfehlungen sind für Mitarbeiter formuliert, richten sich aber auch an die anderen beiden Zielgruppen. Auf der individuellen Ebene der Mitarbeiter erfolgt die Werte- und Kompetenzentwicklung vor allem im Rahmen von herausfordernden Praxisaufgaben und -projekten in einem integrierten Prozess. Deshalb gelten die grundlegenden Hinweise zur gezielten Werte- und Kompetenzentwicklung der Mitarbeiter für beide Bereiche.

10.1 Grundlegende Entwicklungsempfehlungen

Voraussetzung für die gezielte Werte- und Kompetenzentwicklung auf Mitarbeiterebene sind individuelle Entwicklungsziele, die auf Basis eines Entwicklungsgespräches mit einem Lernbegleiter bzw. Werte- und Kompetenzberater individuell durch den Mitarbeiter formuliert werden.

Planen Sie deshalb die Entwicklungsprozesse in Abstimmung zwischen Mitarbeiter und Führungskraft sowie mit Unterstützung des Lernbegleiters. Überlegen Sie gemeinsam, in welchen **Herausforderungen in der Praxis** Sie Ihre Werte- und Kompetenzziele am besten aufbauen können und entwickeln Sie konkrete Vorschläge dafür.

Sollten Sie sich beispielsweise als Vertriebsmitarbeiter zum Ziel gesetzt haben, Ihre Kompetenzen kollaboratives und problemlösendes Handeln gezielt zu entwickeln, suchen Sie sich am besten ein Aufgabengebiet im Vertrieb, bei dem Sie herausgefordert sind, gemeinsam mit anderen auch konfliktbeladene Herausforderungen kommunikativ und konstruktiv zu bewältigen. Hierfür bietet sich beispielsweise die gemeinsame Bearbeitung von Reklamationen an. Im Zuge vieler, häufig schwieriger gemeinsamer Herausforderungen, die Sie regelmäßig mit Ihren Kollegen oder einem Coach reflektieren, werden Sie Ihre Fähigkeit, gemeinsam mit anderen auch sehr schwierige Problemstellungen zu bewältigen, nach und nach gezielt aufbauen.

Im Entwicklungsgespräch mit der Führungskraft sollte sichergestellt werden, dass Sie alle erforderlichen Vereinbarungen zur **Sicherung der Rahmenbedingungen** für den Entwicklungsprozess **schriftlich festlegen**. Hierzu gehören ein konkreter Arbeitsauftrag mit überprüfbaren Zielen sowie die Festlegung der zeitlichen, personellen und eventuell der finanziellen Ressourcen. Vereinbaren Sie **verbindliche Meilensteine** in Form von weiteren Entwicklungsgesprächen.

Mitarbeiter und Führungskräfte lernen immer mehr von- und miteinander. Und das macht sie nachweislich erfolgreicher. Denn dies hilft, persönliche Netzwerke auszubauen, auf die man in schwierigen Situationen zurückgreifen und deren Unterstützung man erfahren kann. Das gemeinsame Lernen, z. B. in Form des Co-Coaching in Lerntandems oder in Communities of Practice, unterstützt die Verbindlichkeit, fördert die kritische Reflexion und baut Beziehungen auf.

Auf Basis ihrer individuellen Kompetenzziele planen die Mitarbeiter nunmehr ihre Werte- und Kompetenzentwicklung selbstorganisiert. Wir empfehlen, dabei die Möglichkeit zu nutzen, sich von einem Lernbegleiter und/oder einem Lernpartner beraten zu lassen.

- Planen Sie die selbstorganisierte Entwicklung Ihrer ausgewählten Werte und Kompetenzen mit folgenden Leitfragen:
  - *Warum ist es mir wichtig, meine Zielwerte und -kompetenzen zu entwickeln?*
  - *In welcher Stärke will ich meine angestrebten Werte und Kompetenzen entwickeln?*
  - *Woran stelle ich fest, dass ich diese Werte und Kompetenzen weiter ausgebaut habe?*
  - *Wie realistisch ist meine Planung?*
  - *Welche Hindernisse könnten bei der Umsetzung auftreten und wie könnte ich sie überwinden?*
  - *Wer oder was könnte mich dabei unterstützen – und wie genau?*
- Überlegen Sie, welche Praxisaufgaben oder welches Praxisprojekt besonders geeignet sind, den selbstorganisierten Aufbau Ihrer einzelnen Werte und Kompetenzen zu ermöglichen.
- Suchen Sie das Gespräch mit Ihrer Führungskraft, dem Team oder einem erfahrenen Kollegen. Erläutern Sie Ihre Zielsetzung für die Entwicklung Ihrer Werte und Kompetenzen und Ihre ersten Überlegungen für Hausforderungen, die geeignet sind, diese gezielt aufzubauen.

- Identifizieren Sie im Gespräch geeignete Praxisaufgaben oder entsprechende Praxisprojekte. Treffen Sie eine verbindliche, schriftliche Vereinbarung und klären Sie die notwendigen Rahmenbedingungen.
- Entwickeln Sie Ihren persönlichen Entwicklungsplan, den Sie verbindlich einhalten wollen und können.

10.2 Agile Lernprinzipien

Wir schlagen für die gezielte Werte- und Kompetenzentwicklung gemeinsam mit Lernpartnern die bewährte Vorgehensweise nach **agilen Prinzipien** vor:

- Suchen Sie sich einen Lernpartner für Ihren geplanten Entwicklungsprozess. In Kursen mit ungeraden Teilnehmerzahlen kann diese Lernpartnerschaft auch als Trio definiert werden.
- Planen Sie gemeinsam **wöchentliche Sprints**, in denen Sie Teilziele Ihrer Entwicklungsplanung umsetzen wollen.
- Vereinbaren Sie mit Ihrem Lernpartner wöchentliche **Sprint-Reviews (Jour Fixe),** in denen Sie Ihren jeweiligen Zwischenstand präsentieren und gemeinsam bewerten. Justieren Sie auf dieser Basis Ihre Feinplanung für den nächsten Wochensprint.
- Besprechen Sie in einer **Sprint-Retrospektive** regelmäßig Ihre Werte- und Kompetenzentwicklung mit Ihrer Führungskraft (Mentor). Überprüfen Sie, inwieweit Sie die Ziele erreicht haben und vereinbaren Sie bei Bedarf weitere bzw. angepasste Praxisaufgaben oder -projekte.
- In regelmäßigen Abständen empfehlen wir eine erneute Werte- sowie Kompetenzerfassung, im Idealfall als 360°-Erfassung mit Ihrer Selbsteinschätzung und Kompetenzerfassungen durch einen Kollegen, den Coach und Ihre Führungskraft (Mentor).
- Schließen Sie sich internen, aber auch externen Communities of Practice, themenbezogenen Entwicklungsgemeinschaften, meist im Netz, an, in denen zu Ihren Herausforderungen ein intensiver Austausch zwischen Fachkollegen stattfindet. Bei Bedarf sollten Sie solch ein Netzwerk initiieren.
- Greifen Sie aktiv die Möglichkeiten des Erfahrungsaustausches in fachbezogenen Foren, in Expertenkreisen, in Barcamps oder in Kongressen auf.

Wir empfehlen Ihnen, das notwendige Wissen nicht auf Vorrat aufzubauen, z. B. in einem wissensorientierten Seminar oder mit einem E-Learning-Programm, sondern es im Rahmen Ihrer Praxisaufgaben oder Ihres Praxisprojektes jeweils bei Bedarf, on demand, abzurufen und direkt anzuwenden. Dadurch erreichen Sie, dass Sie durch die gewonnenen Erfahrungen neues Wissen besser verstehen und aufgrund der emotionalen Berührungen im Lösungsprozess auch nachhaltig sichern.

Im Idealfall hat Ihre Organisation einen digitalen Ermöglichungsraum in Form einer Learning-Experience-Plattform zur Verfügung gestellt, in dem Sie das notwendige formelle Wissen in modularisierter Form, aber insbesondere auch Erfahrungsberichte, Fallstudien, Lösungskonzepte oder Checklisten von Kollegen finden, die bereits vergleichbare Herausforderungen bewältigt haben.

Sofern Ihnen dieser Ermöglichungsraum nicht zur Verfügung steht oder er nicht ausreichend mit Wissen gefüllt ist, empfehlen wir Ihnen, eventuell mithilfe Ihres Coaches oder Ihres Mentors, geeignete Quellen zu suchen, um dieses Wissen und die entsprechende Qualifikation im Rahmen ihres Werte- und Kompetenzentwicklungsprozesses nach Bedarf Schritt für Schritt aufzubauen.

Hierfür eigenen sich vor allem

- Gespräche mit Kollegen oder Führungskräften,
- Expertengespräche,
- Communities of Practice,
- Wissensplattformen mit Erfahrungswissen der Kollegen,
- soziale (Fach-)Netzwerke,
- Fachbücher und -artikel,
- modularisierte Web Based Trainings (Microlearning),
- Lernvideos,
- Podcasts.

Wir empfehlen Ihnen weiterhin, Ihre Lösungskonzepte und Erfahrungen, die Sie bei der Bewältigung Ihrer Herausforderungen gesammelt haben, zu dokumentieren und für Ihre Kollegen z. B. als Fallstudien oder Erfahrungsberichte aufzubereiten und in einer Wissensdatenbank zur Verfügung zu stellen (werte- und kompetenzorientiertes Wissensmanagement).

10.3 Entwicklungsmethoden für Werte und Kompetenzen

In folgender Tabelle haben wir die wichtigsten Methoden zur gezielten Werte- und Kompetenzentwicklung von Mitarbeitern zusammengestellt (vgl. dazu u. a. Erpenbeck, Sauter 2019, S. 77.ff, Erpenbeck, Sauter 2021).

Basis: Praxisaufgaben und -projekte	Begleitendes Mentoring und Coaching	Ergänzende Trainingsmaßnahmen	Unterstützende Weiterbildungsmaßnahmen

Workplace Learning: herausfordernde Aufgaben in der Praxis und Praxisprojekte
• **Jobrotation**
• **Jobenlargement**
• **Jobenrichment**
• **Auslandseinsätze**
• **Hospitationen**
• **Qualitätszirkel**
• **Making-Methode**
• **Seitenwechsel®**
• **Wissensmanagement**
  – Wissensmarkt
• **Lernallianzen**
  – WOL – Working Out Loud
  – Communities of Practice
  – Supervision
• **Agile Methoden**
  – Scrum
  – Design Thinking
  – Kanban
  – Pulse
• **Aufbau mentaler Stärke**
	KOPING-Konzept:
	• **Mentoring durch die Führungskraft**
	• **professionelle Lernbegleitung**
	  – Einzelcoaching
	  – Teamcoaching
	  – Projektcoaching
	• **kollegiales Coaching**
	• **Co-Coaching**
	• **kollegiale Beratung**
		realitätsgleiche Herausforderungen
		• **Social Blended Learning**
		• **Trainingsunternehmen/Übungsfirmen**
		realitätsähnliche Herausforderungen
		• Outdoor-Training
		• Führen mit Pferden
		• Zürcher Ressourcen Modell®
		• kollegiale Beratung
		• Serious Games
		realitätsnahe Herausforderungen
		• Konfliktbewältigungstraining
		• Bewerbungstraining
		• Präsentationstraining
		Analysemethoden
		• ABC-Analyse
		• Nutzwertanalyse
		• Break-even-Analyse
		• Ishikawa-Diagramm
			• Planspiele
			• Fallstudien
			• Mindmapping
			• Brainstorming
			• Design Thinking
			• Workshops, z. B. zu
			  – Folgebewusstsein
			  – Projektmanagement
			  – Selbstmarketing
			  – Gesundheit
			  – Work-Life-Balance
			• Kongresse
			• Bar-/Webcamps
			• Kunst
			  – Erzählwerke
			  – filmische Darstellungen
			  – Bildkunst
			  – Musik etc.
			• Nudging
			• Psychologie
			  – Prospect Theory
			  – Post-mortem-Diskussion
			  – Advocatus-Diaboli-Diskussion
			  – Debiasing
			  – Anti-Biasing

Tab. 51: Übersicht über Methoden für die gezielte Werte- und Kompetenzentwicklung

10.4 Basis: Entwicklung in Praxisaufgaben und -projekten

Kompetenzen setzen zwar ein breites formelles Wissen insbesondere auch im Bereich der Allgemeinbildung voraus, können aber, wie die zugrunde liegenden Werte, nicht in Seminaren oder mit E-Learning vermittelt werden.

Nach dem Modell der 70:20:10-Regel findet das betriebliche Lernen zu 70 Prozent am Arbeitsplatz und zu 20 Prozent im Netz bzw. im Netzwerk statt (Jennings 2017). Deshalb werden sich die Unternehmen immer mehr zu kollaborativen Organisationen wandeln, in denen die Mitarbeiter und Führungskräfte gemeinsam am Arbeitsplatz und im Netz Aufgaben lösen und Erfahrungswissen austauschen. Werte und Kompetenzen werden durch die Mitarbeiter selbst im Prozess der Arbeit und in Praxisprojekten aufgebaut und gemeinsam im Netz weiterentwickelt.

Ihre Personalentwicklung hat in diesem Kontext die Aufgabe, dafür zu sorgen, dass Sie den notwendigen Ermöglichungsraum erhalten, um ihre Werte und Kompetenz selbstorganisiert entwickeln zu können.

Analysieren Sie zunächst auf Basis der Wertebeispiele und der Handlungsanker in den folgenden Entwicklungsempfehlungen für einzelne Werte- und Kompetenzen Ihre Möglichkeiten, herausfordernde Aufgaben in der Arbeitspraxis oder Praxisprojekte zu übernehmen.

Achten Sie dabei darauf, dass die spezifischen Anforderungen der einzelnen Werte und Kompetenzen in diesen Aufgaben oder Projekten besonders gefordert sind. Häufig sind dies Aufgaben, die Sie nur gemeinsam mit Kollegen erfolgreich bearbeiten können. Bringen Sie in diesem Fall Ihren Vorschlag in Ihr Team ein.

Sollten Sie in Ihrem Handlungsbereich solche Aufgaben nicht finden, überlegen Sie, ob Sie zu Problemstellungen, die in der Organisation offen sind, einen Projektvorschlag entwickeln, den Sie alleine oder mit anderen bearbeiten.

Werte- und Kompetenzentwicklung setzt zunehmend Arbeits- und Lernräume voraus, die insbesondere sozialkommunikative und kollaborative Lernaktivitäten ermöglichen. Deshalb werden für diese Lernprozesse immer mehr digitale Ermöglichungsräume benötigt, die den Lernern abgeschlossene und offene Kursräume in Verbindung mit einem persönlichen E-Portfolio bieten. Die Lerninfrastruktur muss die anspruchsvolle Aufgabe erfüllen, die vielfältigen Steuerungs-, Kommunikations- und Dokumentationsfunktionen, die für kollaborative Lernprozesse erforderlich sind, möglichst intuitiv nutzbar und bedienbar zur Verfügung zu stellen.

Der Lernort wandert immer mehr an den Arbeitsplatz und ins Netz. Dafür benötigen Sie u. a. folgende **Instrumente**:

- *Tools* zur gemeinsamen, zeitgleichen Dokumentation von Lern- und Arbeitsergebnissen (Protokolle). Die Entstehung des Dokumentes sollte zum besseren Verständnis später nachvollzogen werden können.
- *Blogs,* z. B. als Projekt- oder Lerntagebuch
- *Wikis* zur kollaborativen, zeitunabhängigen Erarbeitung von Lösungen und Arbeits- bzw. Lernergebnissen
- *Webinare* zur Reflexion und zum Erfahrungsaustausch

- *Netzwerk:* Übersicht über aktuelle Aktivitäten im persönlichen Netzwerk. Sie können nach Experten (bzw. erfahrenen Kollegen) zu bestimmten Herausforderungen im System suchen und sich mit ihnen dazu austauschen.
- Tools zur Unterstützung der *Kuratierung* von Inhalten
- *Volltextrecherche* über alle Gruppen und Einträge
- *Autorentool* zur Aufbereitung des Erfahrungswissens (Rapid E-Learning), z. B. einfache Möglichkeit, Videos als Streaming Media bereitzustellen

Unsere Denk- und Handlungsgewohnheiten haben wir über Jahrzehnte entwickelt und verinnerlicht. Wenn Sie Ihre eigenen Denkgewohnheiten kritisch hinterfragen und mehr Ganzheitlichkeit in Ihrem Vorhaben, Ihren Tätigkeiten anstreben wollen, empfehlen wir Ihnen die **Methodik vernetzten Denkens und Handelns**:

1. Beschreiben Sie die ausgewählte Problemsituation aus Sicht verschiedener Interessengruppen und leiten Sie daraus **Entwicklungsziele** ab. Grenzen Sie das Problemfeld ganzheitlich ab, sodass Sie nicht nur Symptome, sondern Ursachen angehen.
2. Analysieren Sie die Wirkungsverläufe im Rahmen eines Netzwerkes, das alle wesentlichen Interdependenzen aufzeigt.
3. Erfassen und interpretieren Sie Veränderungsmöglichkeiten der Problemsituation, indem Sie z. B. einzelne Kreisläufe herauslösen und die jeweiligen Entwicklungspfade und Verhaltensvarianten im Detail – z. B. im Rahmen eines Teilprojektes – durchspielen.
4. Klären Sie die Lenkungsmöglichkeiten ab: An welchen Stellen im Netzwerk und auf welcher Leitungsebene ist es sinnvoll, Maßnahmen anzusetzen? Es ist die Frage zu stellen, welche Personen und Strukturen notwendige Veränderungsprozesse behindern und was in der Vergangenheit dazu geführt hat, dass gute Ideen, welche die Konkurrenz erfolgreich umgesetzt hat, im eigenen Hause nicht zum Tragen kamen. Die Eigendynamik und Lernfähigkeit des Systems wird aktiv genutzt (Hebelwirkung). Nicht lenkbare Größen sind sorgfältig zu überwachen, damit rechtzeitig Maßnahmen getroffen werden können.
5. Planen von Strategien und Maßnahmen: Die Art und Weise des jeweiligen Eingriffes in die Problemsituation, z. B. mittels eines Projektes, ist festzulegen. Die Lenkungsregeln sind so zu gestalten, dass die Eigendynamik des Systems möglichst optimal genutzt wird.
6. Umsetzung der Problemlösung: Die Problemlösungen sind so zu entwickeln, dass Sie in der Lage sind, diese anzupassen und weiterzuentwickeln.

Verbinden Sie Ihre Ziele stets mit der Frage nach Ihren **Werten**, dem Warum Ihrer angestrebten Handlungen.

Machen Sie Ihre Ziele transparent und setzen Sie folgende Empfehlungen um.

- Stimmen Sie einmal täglich mit sich selbst oder im Team den aktuellen Stand und eventuell Anpassungen der Vereinbarungen ab.
- Planen Sie etwa 20 Prozent für unerwartete Aufgaben und Herausforderungen ein.

- Planen Sie auch, wie Sie mit möglichen »Giftpfeilen« umgehen, die Ihre Disziplin und Zuverlässigkeit beeinträchtigen könnten. Denken Sie voraus und formulieren Sie bereits vorab geeignete Begründungen für die Zurückweisung von möglichen Anliegen, die Ihre Ziele in Frage stellen könnten.
- Blocken Sie Zeiten für die Bearbeitung Ihrer Post bzw. E-Mails.
- Planen Sie zeitaufwendige Tätigkeiten wie Besprechungen konsequent und zeitsparend, z. B. indem die Tagesordnung und die Materialien bereits vorab verteilt werden.
- Reflektieren Sie regelmäßig über Ihr Handeln, insbesondere auch in Hinblick auf Disziplin.
- Ihre eigene Disziplin, aber auch die Ihres Teams, kann deutlich gesteigert werden, wenn die Arbeitsprozesse für alle sichtbar an einem Pinnboard oder im Netz visualisiert werden. Die bildliche Darstellung der Arbeit macht es jederzeit möglich, den aktuellen Status des Projekts zu ermitteln. Dies erleichtert die Priorisierung und die Entscheidungsfindung. Die grafische Darstellung unterstützt zudem die Einführung in neue Aufgaben und erlaubt es, direkt auf die relevanten Punkte einzugehen. Dies fördert eine zügige Besprechung der relevanten Themen. Dabei wird jeder Mitarbeiter gehört und es entsteht ein gemeinsames Bild über den Fortschritt, die Hürden und Erfolge.

Im Folgenden empfehlen wir Ihnen einige konkrete Entwicklungsmaßnahmen für die Praxis.

10.4.1 Agile Methoden

Für Ihre Werte- und Kompetenzentwicklungsprozesse im Team bieten sich vor allem folgende agile Methoden bzw. Leitfäden an.

10.4.1.1 Scrum

Mit dem Scrum-Framework werden agile Prinzipien und Techniken zu einem schlüssigen Prozessdesign kombiniert. Wir empfehlen Ihnen, Ihre Werte und Kompetenzen aufzubauen, indem Sie die Spielregeln und Elemente von Scrum gemeinsam mit Ihren Lernpartnern und -gruppen umsetzen.

Scrum ist ein agiles Framework mit klar definierten Rollen, Ereignissen, Artefakten und Regeln.[60]

60 http://www.scrumguides.org/.

Es ist sehr leicht zu erlernen und umzusetzen – wenn alle dasselbe Verständnis und Mindset haben. Scrum ist geprägt durch flache bzw. keine Hierarchien, Selbstorganisation, Sprints, Pragmatismus, Prototyping, rasches Feedback, Iteration und einer klaren Rollenverteilung im *Scrum Team*. Mit dieser strukturierten Vorgehensweise ist es möglich, in einem iterativen Prozess, d. h. mit fortlaufenden Wiederholungen, schnelle, kleine und marktreife Lösungen zu entwickeln, die unternehmensweit wie auch extern (Kunden, Auftraggeber) eine hohe Akzeptanz ermöglichen.

Diese agile Entwicklungsarbeit wird durch folgende *Prinzipien* geprägt:
- interdisziplinäre Selbstorganisation
- *Daily Scrum*: aktueller Status in einem 15-minütigen Meeting
- *Pull*: Arbeitspakete ziehen
- *Iteration/Sprint*: zeitlich begrenzter Entwicklungszyklus, meist 1–4 Wochen
- *Timebox*: zeitlicher Rahmen, nach dessen Ende ein Ergebnis gezeigt wird
- *Sprint Review:* rasche Rückmeldung nach jedem Sprint
- *Sprint Retrospektive* – regelmäßiges Meeting von Entwicklern, Scrum Master und Product Owner am Ende eines Sprints mit dem Ziel, die Zusammenarbeit zu optimieren

Die *Rollenverteilung* in Scrum-Prozessen ist dabei klar definiert:
- Das *Umsetzungsteam* arbeitet selbstorganisiert und ist dafür verantwortlich, dass die Ziele erreicht werden.
- Der *Product Owner* ist für den Erfolg des Scrum Teams bzw. die Umsetzung der Kundenanforderungen verantwortlich. Er priorisiert die Anforderungen und nimmt nach jedem Sprint deren Umsetzung ab.
- *Der Scrum Master* unterstützt das Scrum Team als **Coach**, ist aber nicht Mitglied, sondern Prozessbegleiter. Er sorgt dafür, dass die erforderlichen Rahmenbedingungen für die Arbeit des Scrum Teams sichergestellt sind. Er beseitigt Störungen und Hindernisse, deckt Konflikte auf und begleitet und initiiert das Team, diese zu lösen. Weiterhin sorgt er dafür, dass der Scrum-Prozess eingehalten wird, ohne aber weisungsbefugt zu sein.

Mit Scrum wird der Arbeitsprozess mittels kleiner, kontinuierliche Verbesserungsschritte immer weiter angepasst und optimiert. Dies reduziert eine mögliche Verschwendung von Ressourcen und steigert die Effizienz, sodass die Umsetzungsgeschwindigkeit des Teams, dessen Motivation sowie das eigenverantwortliche Handeln im Laufe der Zeit zunehmen.

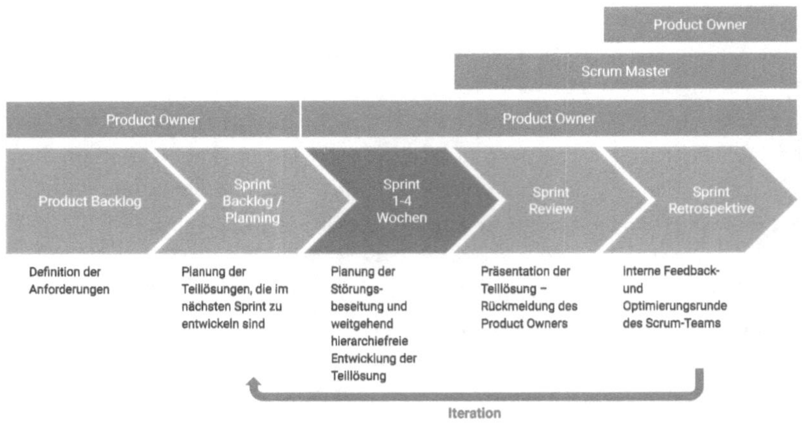

Abb. 60: Scrum (nach Petry 2016)

Die Erfahrungen in der Praxis zeigen, dass diese spontanen Änderungen nach kurzer Zeit deutlich weniger werden, dass die Anzahl der Probleme bei bereits gelieferten Ergebnissen abnimmt und der Kunde durch den konstanten Rhythmus sowie die dadurch resultierenden, regelmäßigen Lieferungen Vertrauen in das Projektteam aufbaut. Deshalb agieren die Kunden in der Regel weniger hektisch und impulsiv und gewöhnen sich daran, ihre Verbesserungs- und Änderungswünsche zu den vereinbarten Zeitpunkten einzubringen. Damit wird ein gleichmäßiger Arbeitsrhythmus des Teams ermöglicht und Fehler können zeitnah erkannt und beseitigt werden.

Da weder der Product Owner noch der Scrum Master eine formale Führungsrolle haben, arbeitet das Umsetzungsteam in einem großen Maße selbstorganisiert. Die Umsetzungsverantwortung, **wie** die Arbeit erledigt wird, liegt ausschließlich bei den Teammitgliedern. Deshalb verpflichtet (committed) sich das Umsetzungsteam am Anfang des Sprints zu einem Paket an Aufgaben, die es in dem entsprechenden Zyklus umsetzen will. Diese Verpflichtung betrifft das ganze Team und soll sicherstellen, dass alle Teammitglieder gemeinsam an den Herausforderungen arbeiten und diese auch kollaborativ lösen. Dabei organisieren sie sich selbst. Sollte es zu Problemen kommen, kann der Scrum Master als Moderator und Mediator agieren.

Die Kommunikation zwischen Product Owner, Scrum Master und Umsetzungsteam wird durch die regelmäßigen Meetings forciert. *Daily Stand-ups* (timeboxed: 15 Minuten) führen zu einem regelmäßigen Austausch, der sicherstellt, dass alle Teammitglieder den gleichen Blick auf den Status der Aufgaben und auf den Status der Wertorientierungen haben. Dabei werden der Fortschritt und aktuelle Herausforderungen ausgetauscht und überprüft, ob man sich noch im Plan befindet. Sind Diskussionen und Absprachen nötig, werden diese in einem gesonderten Termin besprochen. Dieses konstante Risikomanagement ermöglicht es, Probleme sofort aufzudecken und zu bearbeiten.

Scrum bietet durch klare Regeln und ein einfaches Framework eine solide Basis für effiziente Teamarbeit. Der große Vorteil dieses Ansatzes liegt darin, dass während der Teamarbeit permanent (auch) Werte und Kompetenzen aufgebaut und Änderungen bzw. neue Erkenntnisse durch die strukturierte Vorgehensweise rasch aufgegriffen werden.

10.4.1.2 Design Thinking

Projekte, in denen kreative Lösungen gefordert sind, können mit der agilen Methode des **Design Thinking** gestaltet werden.

Die Methode des Design Thinking[61] orientiert sich zunächst konsequent am Nutzen für den Kunden, d. h. hier der Mitarbeiter und Führungskräfte. Erst anschließend wird die Machbarkeit und Wirtschaftlichkeit betrachtet (vgl. Uebernickel et. al. 2016).

Design Thinking ist ein agiles Modell für die Orientierung und grobe Strukturierung von kreativen Prozessen und eine Methode, um Wünsche und Bedürfnisse einer Gruppe zu verstehen, zu verfeinern und sofort zu testen.

Für den Erfolg eines Design-Thinking-Projekts sind dabei drei Kernelemente maßgeblich:

- *Repräsentative Teams*: Die Teammitglieder bilden die Struktur der Mitarbeiter und Führungskräfte im Unternehmen möglichst repräsentativ ab. Diese Teams können durch einen Coach moderiert werden.
- *Variable Räumlichkeiten:* Für kreative Prozesse sind flexible Raumkonzepte, z. B. bewegbare Möbel, Stehtische, Kissenlandschaften, Rückzugsorte, flexible Trennwände, Whiteboards, Präsentationsflächen sowie vielfältige Moderationsmedien erforderlich.
- *Iterativer Prozess:* Die Lösungswege sind grundsätzlich offen. Bewährt haben sich sechs Schritte, die iterativ miteinander verbunden sind.

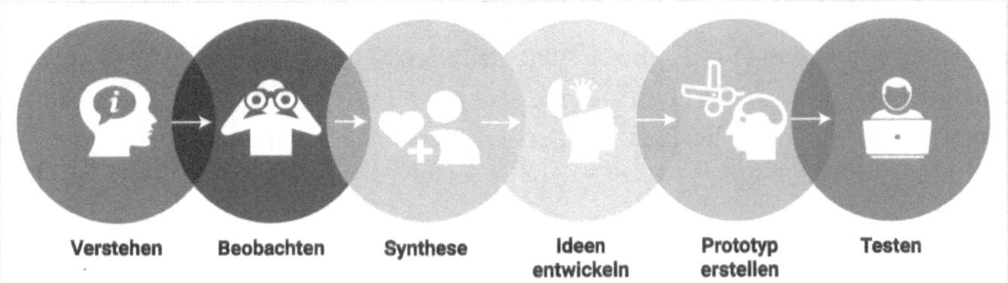

Abb. 61: Iterativer Prozess des Design Thinking (nach Kelley & Littman 2001)

61 https://dschool.stanford.edu/resources/getting-started-with-design-thinking.

Diese sechs Schritte sind durch folgende Aktivitäten geprägt:

Schritt	Aktivität
Verstehen	Es wird versucht, die zu lösende Aufgabe mit all ihren Aspekten zu verstehen. Dabei wird der Problemraum mit sämtlichen Anforderungen und Bedingungen abgesteckt, um eine klare Definition der Herausforderung zu erstellen.
Beobachten	Nun wird versucht, eine empathische Beziehung mit den Auftraggebern aufzubauen, indem man sie in ihrem Umfeld besucht. Es bietet sich an, das Problem vor Ort zu verstehen und somit die Anforderungen der Auftraggeber zu definieren.
Synthese	In diesem Schritt werden die Anforderungen zusammengetragen und verdichtet. Ziel ist es, die wichtigsten Herausforderungen, die gelöst werden sollen, zu verknüpfen.
Ideen entwickeln	Als nächstes werden möglichst viele Ideen entwickelt, um die Anforderungen zu lösen. Dabei wird zuerst mehr auf Quantität als auf Qualität geachtet, um eine Vielfalt von möglichen Lösungen zu generieren. Als nächstes werden aus der Menge an Ideen die besten Konzepte herausgegriffen und, falls sinnvoll, kombiniert.
Prototyp erstellen	Sind die Ideen ausgearbeitet und gereift, wird sofort eine praktische Lösung in Form eines Prototyps erstellt.
Testen	Im letzten Schritt wird der Prototyp direkt beim und mit dem Auftraggeber getestet, um sicherzustellen, dass das richtige Problem adressiert wurde und die gefundenen Lösungen praktikabel und anwendbar sind.

Tab. 52: Iterativer Prozess des Design Thinking

Design Thinking basiert auf dem Prinzip der iterativen Entwicklung. Der Prozess ist zwar klar definiert, jedoch gibt es in jedem Schritt Rückkopplungs- und Feedbackmechanismen. Das Ziel von Design Thinking ist, anders als bei den übrigen agilen Methoden, die Menschen und ihre Bedürfnisse in den Mittelpunkt zu stellen und mittels Entwicklungsschleifen schnell praktikable Lösungen zu generieren. Aus diesem Grund ist es hilfreich, sich mit der Denkweise und geistigen Haltung von Design Thinking auseinanderzusetzen, da diese den agilen Gedanken konsequent widerspiegelt und, zumindest in Grundzügen, bei jeder Herausforderung angewandt werden kann.

10.4.1.3 Kanban

Kanban ist eine agile Methode, die das Ziel hat, Arbeitsprozesse zu optimieren und die Kommunikation zu fördern.

David J. Anderson (2010) hat dieses Prinzip, welches ursprünglich aus der Produktion kommt, auf die Wissensarbeit übertragen, um Produktentwicklungsprozesse zu optimieren.

1. Im *ersten Schritt* wird der Arbeitsprozess, so wie er im Moment gelebt wird, visualisiert. Dies bedeutet, dass der Prozess in die einzelnen Arbeitsschritte unterteilt und abgebildet wird. Dies kann mittels einer Wertstromanalyse erfolgen oder in der Diskussion mit den Mitarbeitern ermittelt werden.
2. Im *zweiten Schritt* wird ein Board mit einer Spalte für jeden Arbeitsschritt aufgebaut.

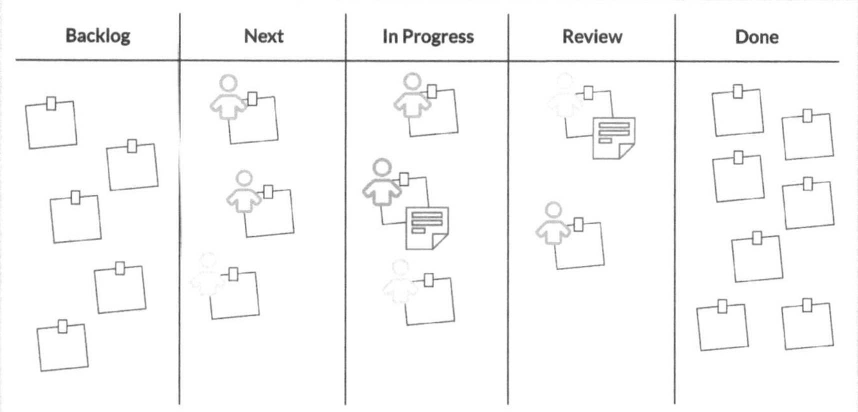

Abb. 62: Kanban-Board (nach Anderson 2010)

- Die erste Spalte ist der *Product Backlog*, in welchem alle Anforderungen bzw. Aufgaben gesammelt werden.
- Die nächste Spalte (Prio/*Next*) dient zur Identifizierung und Priorisierung der Aufgaben, an denen als nächstes gearbeitet werden soll.
- Danach werden (optional) weitere, auf den Arbeitsprozess angepasste Spalten hinzugefügt.
- Wiederum allgemeingültig ist die letzte Spalte (*Done*), welche die abgeschlossenen Arbeitspakete beinhaltet.

Das Board kann sowohl in physikalischer als auch in digitaler Form aufgebaut werden. Zu Beginn wird meist das physikalische Board bevorzugt, da es im Regelfall im Teamraum untergebracht ist. Es bietet sich zudem an, die täglichen Treffen (Daily Stand-Ups) vor dem Board durchzuführen.

3. Im *dritten Schritt* werden die Arbeitspakete nun, meist auf Karten oder Post-its, visualisiert und den entsprechenden Prozessschritten zugeordnet. Diese Karten sollten alle Informationen beinhalten, die dem Team und seinen Mitgliedern helfen, ihre Aufgaben zu erfüllen. Hierbei sind vor allem folgende Kriterien von Bedeutung:

- Titel: kurze Beschreibung der Aufgabe
- evtl. noch Zusatzinformationen
- verantwortlicher Mitarbeiter
- Priorität/Deadline: Woran wird als nächstes gearbeitet, um rechtzeitig fertig zu werden?
- Startzeitpunkt
- Endzeitpunkt
- Prozessschritt erledigt
- Blockierung in Form von Stoppschildern, die vom Mitarbeiter gesetzt werden, wenn ein Problem vorübergehend nicht bearbeitet werden kann. Die Grundregel ist, dass alles von Relevanz auf der Karte stehen sollte, aber nicht mehr als unbedingt notwendig, da der Überblick sonst verloren gehen könnte.

4. Der Ablauf im *vierten Schritt* ähnelt dem Scrum-Vorgehen: Der Product Owner priorisiert den Backlog und legt die Arbeitspakete, an denen als nächstes gearbeitet werden soll, in die Next/Prio-Spalte. Die Teammitglieder ziehen sich daraus eigenverantwortlich Pakete, wenn sie die entsprechenden Kapazitäten frei haben, und erledigen sie. Wenn sie fertig sind, zeigen sie dies auf der Karte an, um dem darauffolgenden Prozessschritt mitzuteilen, dass daran gearbeitet werden kann.

Die Karten werden jeweils beim Daily Stand-up von den Mitarbeitern, die gerade daran arbeiten, vorgestellt und wenn nötig umgehängt. Dabei wird immer mit der Spalte am Prozessende gestartet und Spalte für Spalte vorgerückt, bis man sich am Anfang (Backlog) des Boards befindet. Das Ziel ist, dass die Arbeitspakete nicht von einer Person zugewiesen werden, sondern die Mitarbeiter das selbst übernehmen.

10.4.1.4 Pulse

Pulse ist eine Methode auf der obersten Ebene der Organisation, die ähnlich wie Kanban die visuelle Darstellung eines Projektportfolios ermöglicht. Das Ziel ist, einen Überblick über alle Projekte einer Organisation oder einer Abteilung, aber auch alle Werte- und Kompetenzentwicklungsprojekte zu erhalten. Dabei werden für jedes Projekt dessen Abhängigkeiten mit den verschiedenen Abteilungen dargestellt und bewertet. Mittels eines Farbschemas wird angezeigt, ob es offene Themen gibt, die diskutiert werden müssen. Zusätzlich wird transparent, in welcher Phase sich das Projekt befindet und wie der allgemeine Status ist.

Pulse basiert auf bestimmten Wertehaltungen und Regeln:

- *Wir sind offen und ehrlich zueinander.*
- *Wir suchen Lösungen, keine Schuldigen.*
- *Wir wollen alle das Beste für unsere Projekte.*
- *Wir wollen die ganzheitlich besten Entscheidungen.*

- *Wir begegnen uns auf Augenhöhe und jede Meinung zählt.*
- *Abweichungen helfen uns zu lernen und unsere Probleme zu lösen.*

Pulse setzt voraus, dass Sie Einstellungen und Regeln für eine agile Entwicklungskultur verinnerlichen, die eng an die entsprechenden Werteorientierungen Ihrer Organisation und ihre Interiorisation geknüpft ist. Das zeigt sich insbesondere in Workshops, bei denen die jeweiligen Führungskräfte mit anwesend sind.

Die Präsentation der Projektergebnisse durch die Mitarbeiter wird auf jeweils 60 Sekunden begrenzt. Durch die begrenzte Zeit ist der Statusbericht sehr fokussiert, sodass nur auf die Abweichungen eingegangen wird. Jeder anwesende Manager kann eine *Table Discussion* zu jedem Status eines Projektes verlangen, auf dem Board wird aber nur der Status aufgezeigt. Table Discussions finden immer nach dem Pulse-Meeting statt. Diese wird in kleiner Runde im Nachgang mit zeitlicher Limitierung durchgeführt. Danach sollten sofort Maßnahmen ergriffen werden, um das entsprechende Projekt dabei zu unterstützen, die Abweichungen wieder in den Griff zu bekommen.

Der Vorteil von Pulse ist, dass viele Themen in kurzer Zeit besprochen werden. Der Fokus liegt darauf, die Unterstützung durch das Management zu bekommen.

10.4.2 Jobrotation

Wenn Mitarbeiter sich zum Ziel setzen, bestimmte Werte und Kompetenzen grundlegend zu verändern, kann es sinnvoll sein, sie auch längerfristig mit grundlegend neuen Herausforderungen zu konfrontieren. Hierfür bietet sich Jobrotation als Methode der gezielten Werte- und Kompetenzentwicklung von Persönlichkeiten an.

Jobrotation wird sehr vielfältig und unterschiedlich definiert. Die weiteste Definition ist der planvolle Einsatz von Mitarbeitern in wechselnden Tätigkeitsbereichen. Dabei wird als Kennzeichen hervorgehoben, dass der jeweilige Mitarbeiter die neue Aufgabe vollverantwortlich ausübt.

Im Kontext der personalisierten Werte- und Kompetenzentwicklung legen wir folgende Definition zugrunde:

Jobrotation ist der geplante Arbeitsplatzwechsel zum selbstorganisierten Aufbau von Werten und neuen Kompetenzen in grundlegend veränderten Herausforderungen, die subjektivierendes Handeln der Mitarbeiter ermöglichen.

Jobrotation kann unterschiedliche Ausprägungen haben. Manche Mitarbeiter wechseln regelmäßig und zeitlich begrenzt in neue Herausforderungen. Dies kann im Rotationsprinzip erfolgen, wie in Trainee-Programmen, in denen der Trainee mehrere Stationen durchläuft. Es kann aber auch eine komplexe Projektarbeit sein, die für einen bestimmten Zeitraum grundlegend neue Aufgaben bereitstellt. Teilweise wird Jobrotation auch als Rollentausch gestaltet, bei dem Mitarbeiter wechselseitig Aufgaben anderer Mitarbeiter übernehmen.

Das Konzept der Jobrotation sollte vorab mit allen Beteiligten *offen kommuniziert* werden. Die Mitarbeiter sollten ihre Werte- und Kompetenzentwicklung, eventuell mithilfe eines professionellen Beraters, selbst planen.

Die *Rotationsdauer* beträgt in der Regel mehrere Monate, um eine nachhaltige Werte- und Kompetenzentwicklung zu ermöglichen. Manche Organisationen dehnen die Jobrotation bis zu einer Dauer von mehreren Jahren aus. Alle Mitarbeiter, die an der Jobrotation teilnehmen, sollten ihre individuellen Werte- und Kompetenzziele für diese Zeit vereinbaren. Die entstehenden Herausforderungen müssen innerhalb der vereinbarten Zeit der Jobrotation bewältigt werden.

Sofern die Möglichkeit der Jobrotation nicht besteht, kommen folgende ähnliche Ansätze in Frage:

- **Jobenlargement**: Der Mitarbeiter übernimmt zusätzliche Aufgaben, die seinen aktuellen Arbeitsbereich erweitern. Diese Aufgaben sind so zu wählen, dass sie eine neue, besondere Herausforderung für den Mitarbeiter bilden.
- **Jobenrichment**: Im Rahmen seiner aktuellen Aufgaben übernimmt der Mitarbeiter zusätzlich herausfordernde Aufgaben mit mehr Verantwortung, z. B. die Teamleitung.
- **Auslandseinsätze**: Der Mitarbeiter übernimmt im Ausland, und damit in einem völlig neuen Umfeld, Aufgaben, die beispielsweise seiner gezielten, interkulturellen Werte- und Kompetenzentwicklung dienen.
- **Hospitationen**: Der Mitarbeiter arbeitet für eine begrenzte Zeit in anderen Teams, innerhalb oder außerhalb der Organisation, um neue Erfahrungen zu sammeln, die sich in seinen Werten und Kompetenzen niederschlagen.

10.4.3 Qualitätszirkel

Qualitätszirkel sind Teams aus Mitarbeitern eines Arbeitsbereiches oder Themenfeldes, die Schwachstellen identifizieren und analysieren, um gemeinsam Lösungen zu entwickeln. Mögliche Themen sind die Qualität der Prozesse und Produkte, die Verbesserung der Mitarbeiterleistung oder die Optimierung der Zusammenarbeit.[62]

62 https://wirtschaftslexikon.gabler.de/definition/qualitaetszirkel-44875.

Die Zirkel bilden sich meist freiwillig und selbstorganisiert ohne Hierarchie mit dem Ziel, die Qualität der Arbeit zu steigern. In diesem Prozess können gezielt Werte wie Verantwortung und Kompetenzen, insbesondere im sozialen Bereich, entwickelt werden.

10.4.4 Making Methode

Die **Making-Methode** bietet weitere hilfreiche Ansätze (vgl. Schön, Ebner 2017).

Making umfasst Lernaktivitäten, bei denen jeder selbst aktiv wird und ein Produkt entwickelt, adaptiert, gestaltet und produziert. Dabei können auch digitale Technologien zum Einsatz kommen.

Making-Aktivitäten sind durch folgende Merkmale geprägt:
- Beim Making sind die Lerner selbst die Akteure, also die Ideenentwickler, Problemlöser, Erfinder, Gestalter und Produzenten.
- Das Ergebnis von Making-Aktivitäten ist eine konkrete Lösung oder ein Produkt.
- Making-Aktivitäten bieten Raum für eigene Ideen, Varianten und Ergebnisse und leiten zum selbstorganisierten Lernen an.
- Dabei wird der interdisziplinäre Wissensaufbau gefördert, der in einer kollaborativen Atmosphäre stattfindet und bei dem Wert auf Austausch von Erfahrungen, Ideen und Wissen sowie das gemeinsame Arbeiten gelegt wird.

Making-Aktivitäten können spannend, aber auch herausfordernd sein. Deshalb eignen sie sich sehr gut zur Entwicklung z. B. der Kompetenz *tatkräftiges Handeln*. Dies erfordert mentale Stärke, die wie ein Muskel trainiert werden kann. Für die Entwicklung Ihrer Tatkraft und mentalen Stärke können Sie sich an bewährten Methoden aus dem Leistungssport orientieren.

10.4.5 Seitenwechsel®

Seitenwechsel® ist ein Entwicklungsprogramm im Spannungsfeld zwischen Persönlichkeitsentwicklung und sozialer Arbeit (vgl. Ettlin, Meier-Dallach 2003).

Mitarbeiter arbeiten für einige Wochen oder Monate beispielsweise in Flüchtlings- und Obdachlosenunterkünften, in Gefängnissen, in Einrichtungen der Drogenhilfe und in besonderen Wohnbereichen für Kinder und Jugendliche oder Behinderte, in Hospizen und Palliativstationen. Sie werden von erfahrenen Programmleitern begleitet. Das Ziel ist ein hoher Erfahrungsgewinn außerhalb der eigenen Komfortzone und Rolle in wirklichen Grenzsituationen, ein sich Einlassen und Ablegen von Berührungsängsten und ein Gewinn an emotionaler Sicherheit. Bestehende Werte, Normen, Handlungsweisen und auch Vorurteile werden überprüft und die persönliche Veränderungsfähigkeit entwickelt.

10.4.6 Wissensmanagement

Eine besondere Rolle spielt Wissensmanagement für die gezielte Werte- und Kompetenzentwicklung. Dieses **Wissensmanagement im weiteren Sinne** ist kompetenzorientiert und umfasst neben dem Wissen im engeren Sinn Werte, Regeln, Normen und Erfahrungen. Hinzu kommen Gefühl, Intuition und Kreativität beim Umgang mit Information und Wissen. Wissen wird demnach mit Werten verknüpft. Erst der Anwendungsbezug, also der Einsatz von Wissen im Arbeitsprozess, die Gewinnung von Erfahrungswissen, die regelmäßigen Rückmeldungen über den Arbeitserfolg durch das Netzwerk und der stetige Aufbau von Wissen im weiteren Sinne mit Emotionen, Werten und Normen führen letztendlich zur Entwicklung von Kompetenzen.

Das Wissen einer Unternehmung wird von allen Mitarbeitern im Prozess der Arbeit entwickelt. Deshalb ist eine Learning-Experience-Plattform erforderlich, in der die Mitarbeiter ihren Kollegen die eigenen Erfahrungen in Form von Fallstudien und Erfahrungsberichten zur Verfügung stellen können. Mit komfortablen Suchfunktionen ist es möglich, bei der Bearbeitung von Herausforderungen in der Praxis gezielt auf bereits erprobte Lösungsskizzen zurückzugreifen oder potenzielle Lernpartner und Experten zu identifizieren, die in die aktuellen Problemlösungen miteinbezogen werden können.

Kompetenzorientiertes Wissensmanagement erfordert demnach ein System zur Dokumentation und zur Suche von Erfahrungswissen (Activity Stream, Dokumente, Blogs, Wikis, Communitys etc.) sowie zum Identifizieren von Experten (Social Networking) und für problemorientierte Recherchen. Formelles, explizites Wissen wird weiterhin in dieses System integriert. Damit kann der Bildungsbereich sicherstellen, dass die Mitarbeiter gesichertes Wissen und alle zentralen Vorgaben, die z. B. aus Sicherheitsgründen erfüllt werden müssen, in ihre Lösungen miteinbeziehen können.

Erfahrungswissen der Mitarbeiter und der Austausch von Wissen sind ein Erfahrungsschatz, der die Wettbewerbsfähigkeit steigert. Mit dem **Konzept des Wissensmarktes** kann erreicht werden, dass das Erfahrungswissen aller Mitarbeiter allen Organisationsmitgliedern zur Verfügung steht. Dies wird beispielsweise durch die Vereinbarung verbindlicher Projekttagebücher (Blogs) im Rahmen der Entwicklungsprojekte der Mitarbeiter erreicht. Dabei geht es nicht nur um Wissen im engeren Sinn, also Faktenwissen bzw. Informationen, sondern um Wissen im weiteren Sinn, das auch Werte umfasst.

Damit entsteht ein werte- und kompetenzorientiertes Wissensmanagements Bottom-up, das es allen Mitarbeitern in der Organisation ermöglicht, den Wissensschatz der Organisation für ihre eigene Werte- und Kompetenzentwicklung zu nutzen.

Es hat sich bewährt, in jeder Entwicklungsmaßnahme bereits im Kick-off eine Vereinbarung über verbindliche Projekttagebücher zu treffen, die einmal wöchentlich bis zu einem festgelegten Termin ins Netz der Lerngruppe zu stellen sind. Diese Projekttagebücher können als persönlicher Blog von einzelnen Mitarbeitern oder als Wiki von Projektgruppen gestaltet werden. Die Entwicklungsgruppen sollten sich vorab über die Gliederung der Projekttagebücher einigen. Mögliche Themen sind:

- aktueller Stand des Projektes
- Was lief gut?
- Was lief schlecht?
- Welche offenen Probleme sind noch zu lösen?
- Welche Anregungen, Hilfen oder Vorschläge werden benötigt?

Die Mitglieder einer Entwicklungsgruppe verpflichten sich, gegenseitig ihre Projekttagebücher zu lesen und zu kommentieren.

Mit dem Instrument des Projekttagebuches erfahren die Mitarbeiter den Nutzen sozialen Lernens, sodass die Chance besteht, offene und vernetzte Entwicklungsprozesse im Rahmen eines Social Learning, das immer auch Prozesse gezielter Werteentwicklung beinhaltet, zu initiieren.

10.4.7 Lernallianzen

Der Ausbau der Werte und Kompetenzen wird durch gemeinsame, längerfristige Entwicklungsprozesse in **Lernallianzen** gefördert, die komplexe Herausforderungen in der Praxis gemeinsam, kollaborativ, bearbeiten, initiieren oder sich an bestehenden beteiligen. Häufig werden diese Beziehungen organisationsübergreifend gestaltet sein. Wir schlagen vor, werteorientierte, personalisierte und teambezogene Entwicklungsprozesse in Pilotprojekten auf Basis von Werte- und Kompetenzerfassungen anzustoßen, verbunden mit der Gestaltung und laufenden Optimierung digitaler Räume und von Kreativräumen, mit professionellen Lernbegleitern (Coaches) und Führungskräften (Mentoren) sowie Co-Coaching.

10.4.8 WOL – Working Out Loud

Gemeinsame Werte- und Kompetenzentwicklungsprozesse mit Kollegen können sehr wirksam mit der Methode **Working Out Loud (WOL)** gefördert werden.

Diese Methode wurde 2010 von dem IT-Spezialisten Bryce Williams in seinem Blog »When will we Work Out Loud? Soon!«[63] geprägt. Er schlug vor, die eigene Arbeit und Erfahrungen über soziale Netzwerke oder im Intranet sichtbar zu machen und gemeinsam weiterzuentwickeln. Durch diese Netzwerke, die dabei aufgebaut werden, können schneller Lösungen gefunden, Innovationen gefördert und die persönliche Entwicklung ermöglicht werden.

John Stepper entwickelte daraus eine Methode zum selbstorganisierten Lernen und zum Co-Coaching (vgl. Stepper 2020). Gruppen von vier bis fünf Personen bilden einen Circle (Kreis), der sich real oder virtuell für eine Stunde pro Woche in zwölf direkt aufeinanderfolgenden Wochen trifft. Jeder Teilnehmer formuliert sein Ziel, das er in diesem Rahmen anstrebt. Alle Gruppenmitglieder unterstützen sich gegenseitig aktiv. Daraus entsteht ein vielfältiges persönliches Netzwerk.[64]

Diese *Circle*, die sich dabei bilden, werden durch folgende Merkmale gekennzeichnet:

- *Make your work visible.* – Mache deine Arbeit sichtbar.
- *Make work better.* – Finde heraus, wie man die Arbeit besser machen kann.
- *Lead with generosity.* – Biete Hilfe an, ohne dich selbst darzustellen.
- *Build a social network.* – Entwickle dein soziales Netzwerk laufend weiter.
- *Make it purposeful.* – Arbeite mit einer klaren Zielsetzung.

WOL wird durch eine Kultur des Gebens und Nehmens geprägt, die auf fünf Kernelementen basiert:

- eigenverantwortliches und selbstorganisiertes Arbeiten und Lernen,
- Arbeiten und Lernen in Netzwerken,
- digital gestützte Kommunikation über fachliche und hierarchische Grenzen hinaus,
- sichtbares Arbeiten in Learning-Experience-Plattformen,
- digitale Zusammenarbeit in einem Netzwerk mit einer klaren Fokussierung auf die persönliche Zielsetzung.

Working Out Loud bietet Mitarbeitern unabhängig von der Hierarchieebene die Möglichkeit, Erfahrungen im eigenen Arbeitsbereich auszutauschen und die eigenen Fähigkeiten und Werte darin auszubauen. WOL kann, wenn es auf breiter Ebene umgesetzt wird, zu einem Werte- und Kulturwandel in der Organisation führen.

63 https://thebryceswrite.com/2010/11/29/when-will-we-work-out-loud-soon/.
64 vgl. https://workingoutloud.com/de/home/.

10.4.9 Communities of Practice

Die Digitalisierung hat unser aller Kommunikation grundlegend verändert. Wir organisieren einen Teil unseres Lebens offline, einen anderen online, und bauen neue soziale Strukturen in sozialen Netzwerken und Communitys auf.

Social Software oder Social Media umfassen sozio-technische, webbasierte Anwendungen, die im sozialen Kontext der Vernetzung von Personen und deren Kommunikation, Koordination und Kollaboration dienen.

Social Software ist damit eine technische Basis für gezielte Werte- und Kompetenzentwicklung, losgelöst von Ort und Zeit. In sozialen Netzwerken sind selbstorganisierte, gleichberechtigt vernetzte Menschen in **Communities of Practice**, in netzbasierten, selbstorganisierten Praxisgemeinschaften, zusammengeschlossen, die sich oft spontan und über längere Zeit entwickeln. Ihr Erfolg hängt davon ab, dass die Mitglieder der Community herausfordernde Problemstellungen in der Praxis selbstorganisiert lösen und in diesem Prozess Werte interiorisieren.

Wir empfehlen, sich internen, aber auch externen Communities of Practice anzuschließen oder diese zu initiieren, in denen zu den Herausforderungen ein intensiver Austausch zwischen Fachkollegen stattfindet.

In Communities of Practice wird nicht nur Wissen im engeren Sinne entwickelt, vielmehr erfolgt durch das Zusammenwirken auch die Verinnerlichung von Werten und Kompetenzen. Werte- und Kompetenzentwicklung ist damit ein Prozess des kulturellen Austauschs, durch den geistige Aktivitäten strukturiert und geformt werden. Dies bedingt aber, dass gemeinsam mit Entwicklungspartnern Entwicklungsziele formuliert und Prozesse der Werteentwicklung gezielt angegangen werden, dass man Erfahrungen austauscht und gemeinsam Entscheidungsprozesse erlebt.

10.4.10 Supervision

Unterstützt werden können die Lernallianzen durch **Supervision** – insbesondere in Bereichen, in denen die Mitarbeiter soziale oder hohe zwischenmenschliche Herausforderungen zu bewältigen haben. Ein erfahrener, oftmals besonders ausgebildeter Kollege beobachtet das Handeln, gibt Rückmeldungen und regt zur Reflexion an, um gemeinsam Möglichkeiten zur Verbesserung der Handlungsweisen zu identifizieren.

10.4.11 Aufbau mentaler Stärke

Gestalten Sie Ihren persönlichen Plan zur Entwicklung Ihrer **mentalen Stärke**. Besprechen Sie Ihr Vorgehen nach Möglichkeit mit einem Kollegen Ihres Vertrauens.

In Anlehnung an Diethelm Wahl (2006) empfehlen wir hierfür folgende Vorgehensweise:

1. **Bauen Sie Ihren eigenen Stopp-Code auf.**
   Jeder Mensch ist in seiner Art, auf kritische Situationen zu reagieren, einzigartig und unverwechselbar. Wollen Sie die Kontrolle über Ihr eigenes Handeln behalten, entwickeln Sie Ihren eigenen Stopp-Code, eine Form der Handlungssteuerung durch *inneres Sprechen*. Ein Stopp-Code ist ein individuell gewähltes Wort, z. B. »durchatmen«, das der Mitarbeiter innerlich zu sich selbst sagt, um in besonders schwierigen Situationen die Kontrolle über das eigene Handeln wieder herzustellen.
2. **Unterbrechen Sie negative Entwicklungen.**
   Flattern Ihre Nerven oder dominieren Angst oder Ärger Ihr Handeln, unterbrechen Sie diese Situation ganz bewusst. Dies sollte möglichst frühzeitig erfolgen. Gönnen Sie sich, z. B. durch eine Kaffeepause Zeit, in der Sie in Ruhe Ihre Gedanken sortieren und, evtl. mit einem vertrauten Kollegen, die nächsten Schritte überlegen können.
3. **Optimieren Sie Ihre Handlungen durch die gedankliche Vorwegnahme.**
   Aus dem Leistungssport wissen wir, dass die eigene Bewegungssteuerung durch die gedankliche Vorstellung der Bewegungsabläufe optimiert werden kann. Entsprechend sollten Sie Ihre geplanten Handlungen, z. B. bei schwierigen Herausforderungen, vorab gedanklich durchlaufen. Überlegen Sie dabei auch, wie Sie agieren werden, wenn einzelne Schritte nicht den angestrebten Erfolg zeigen (Plan B).
4. **Bauen Sie durch Erfolge Selbstvertrauen auf.**
   Nichts verleiht einem Spieler so große mentale Stärke wie eine ganze Serie gewonnener Spiele. Selbstvertrauen ist der große Gegenspieler der Angst. Wer mit der Überzeugung in ein Projekt geht, dass er genügend Kompetenzen für eine erfolgreiche Lösung hat, wird völlig anders agieren als jemand, der an seinen Fähigkeiten zweifelt. Deshalb ist es wichtig, das Gefühl zu stärken, dass Sie kompetent sind. In der Psychologie nennt man dies *Fähigkeitskonzept* oder *Selbstkonzept*. Damit ist die Überzeugung gemeint, für Ihre Herausforderungen die erforderlichen Kompetenzen zu besitzen. Die emotionale Entsprechung hierfür ist ein positives Selbstwertgefühl.
   Erinnern Sie sich deshalb an Herausforderungen, die Sie wirklich gut bewältigt haben. Wirklich gut bedeutet dabei keinesfalls perfekt. Vielmehr sind Situationen gefragt, in denen Sie an Ihre Grenzen gehen mussten und trotzdem erfolgreich waren.

10.5 Begleitendes Mentoring und Coaching

Mentoring und verschiedene Formen des Coaching ermöglichen bzw. unterstützen die Werte- und Kompetenzentwicklung in der Praxis.

10.5.1 Mentoring

Nutzen Sie die Möglichkeit, mit Ihrer Führungskraft eine Entwicklungspartnerschaft aufzubauen. Vereinbaren Sie gemeinsam herausfordernde Aufgaben oder Projekte, in denen die Kompetenz *entwicklungsorientiertes Handeln* besonders gefordert wird. Führen Sie auch regelmäßige Abstimmungsgespräche mit Ihrer Führungskraft, um ihr Rückmeldung zu geben und eventuell neue Vereinbarungen zu treffen.

Beim Mentoring gibt die Führungskraft als Entwicklungspartner (Mentor) des Mitarbeiters Erfahrungen und Eindrücke mit dem Ziel weiter, ihn in seiner persönlichen oder beruflichen Werte- und Kompetenzentwicklung zu fördern (vgl. Graf, Edelkraut, 2. Aufl. 2017).

Das Ziel des Mentoring ist es, den Entwicklungsprozess der Mitarbeiters mithilfe des Netzwerkes seiner Führungskraft zu intensivieren und seine Entwicklungsprozesse beratend zu begleiten. In diesen Mentoring-Prozessen liegt der Effekt immer mehr auf dem Transfer von implizitem Wissen und Werten des Mentors, der dafür einen entsprechenden Erfahrungshintergrund mitbringen sollte. Diese Erfahrungen und Werte sind eine wertvolle Ergänzung zu dem expliziten Wissen, das beim Mentoring genutzt werden kann (vgl. Sauter 1994).

Zusätzlich zu den genannten Vorteilen fördert ein Mentoring die Vernetzung der Mitarbeiter in der Organisation, insbesondere mit Entscheidern. Umgekehrt erhalten die Mentoren ein eindeutiges Feedback von der Basis und lernen selbst einen anderen Blickwinkel auf die Organisation kennen. Erfahrungsgemäß wirkt sich Mentoring auch bei den Mentoren günstig auf ihr Führungshandeln aus. So wird ein positiver Nebeneffekt für die Organisation realisiert und eine soziale Interaktion über die Bereiche und Hierarchieebenen hinweg erreicht.

Für das Mentoring sollten geschützte Kommunikationsbereiche auf der Learning-Experience-Plattform angelegt werden, die einen vertraulichen Austausch außerhalb der persönlichen Treffen erlauben. Auch für die Vernetzung der Mentoren beziehungsweise der Mitarbeiter untereinander sind geschlossene Bereiche vorzusehen.

10.5.2 Coaching

Coaching ist die Beratung und Begleitung eines Mitarbeiters oder eines Teams durch einen oder mehrere andere, um diese zu befähigen, bei der Ausübung von komplexen Handlungen in der Gegenwart optimale Ergebnisse selbstorganisiert hervorzubringen.

Damit greifen wir den Ansatz des *Peer Working* auf. Das heißt nichts anderes, als zu ermöglichen, Selbstorganisationsfähigkeiten des Handelns, also Werte und Kompetenzen, zu entwickeln. Folgerichtig stärkt Coaching in beruflichen Entwicklungsprozessen die Fähigkeit des Coachee zur Selbstorganisation im Sinne einer *Hilfe zur Selbsthilfe*. Es handelt sich überwiegend um arbeitsbezogene Selbstreflexion. Sie kann von Person zu Person, aber auch im Netz erfolgen.

Coaching erfolgt auf freiwilliger Basis als zielgerichtetes, gemeinsam abgestimmtes Vorgehen zwischen Coach und Gecoachten und ist gekennzeichnet durch Akzeptanz, Vertrauen und Kooperation auf beiden Seiten. Coaching im Netz (*E-Coaching*) vereint Vor- und Nachteile: Als Fernberatung ist es oft schwerer, emotionsgeladene Situationen aufzuspüren und die notwendige Unterstützung für die Selbstorganisation zu leisten. Andererseits ist die Möglichkeit intimer Anonymität des Netzes oft hilfreich, um emotionale Verwundungen und Konflikte anzugehen.

Coaching kann durchgeführt werden als *Einzelcoaching* (vgl. Gössl 2016) oder *Gruppencoaching*, als *Teamcoaching* oder *Projektcoaching*, als *internes* oder *externes* Coaching, als *Fremdcoaching* oder *kollegiales Coaching*.

10.5.3 Kollegiales Coaching

Suchen Sie sich für die Umsetzung Ihres Projektes einen erfahrenen Kollegen, der Sie in Ihrem selbstorganisierten Entwicklungsprojekt begleitet. Achten Sie aber darauf, dass die Verantwortung für Ihr Handeln immer bei Ihnen bleibt und Ihr Coach sich auf das Impulsgeben beschränkt.

- Überlegen Sie gemeinsam mit Ihrem Kollegen, welche strategischen Ziele den Rahmen Ihres Handelns bilden.
- Definieren Sie auf Basis Ihrer Werte- und Kompetenzerfassung Ihre individuellen Werte- und Kompetenzziele. Konzentrieren Sie sich dabei auf zwei bis drei Kompetenzziele und nutzen Sie den Rat Ihres Werte- und Kompetenzberaters.
- Bestimmen Sie in Abstimmung mit Ihrer Führungskraft die Praxisaufgaben oder -projekte, in denen Sie Ihre Kompetenzen gezielt aufbauen wollen.

- Holen Sie sich laufend Rückmeldungen von weiteren Kollegen, Partnern oder Kunden ein und überlegen Sie, wie Sie diese Hinweise verwerten können.
- Fassen Sie regelmäßig, z. B. in einem Lerntagebuch (Blog), ihre Lernzwischenstände zusammen und reflektieren Sie mit ihren Kollegen und Ihrem Coach ihre Erfahrungen. Passen Sie bei Bedarf ihre Ziele und Lernmaßnahmen an.
- Besprechen Sie zu regelmäßigen Terminen mit Ihrem Coach die Priorisierung Ihrer Aufgaben.

10.5.4 Co-Coaching

Nicht jeder Mitarbeiter kann in den Genuss des Coaching durch Experten kommen. Deshalb bietet es sich an, die Möglichkeiten der gegenseitigen Unterstützung in Lernprozessen – *Peer-to-Peer-Lernen* – zu nutzen.

Co-Coaching ist eine wechselseitige, überwiegend gleichberechtigte Kollaborations- und Kommunikationsbeziehung zwischen Lernpartnern mit dem Ziel effektiver Werte- und Kompetenzentwicklung.

Diese Form des gegenseitigen Coachings hat sich als besonders wirksam erwiesen, wenn die Entwicklungspartner eine geringe Kompetenzdistanz aufweisen. Der Nutzen des Co-Coachings wird unter folgenden Voraussetzungen optimiert:

- Gegenseitige Sympathie der Partner verringert die mögliche Inkompatibilität, verglichen mit einem bezahlten Coach-Client-Verhältnis.
- Der Co-Coach kennt den Partner meist von Anbeginn, Anlaufschwierigkeiten des Kennenlernens entfallen.
- Keiner geht aus den Begegnungen geschwächt, sondern in der Regel beide gestärkt hervor.
- Aufgrund der intimeren Kenntnis der Umstände und der Lernpartner kann man schnell emotional wirksame Handlungsvorschläge machen.

In der Praxis des Co-Coachings haben sich folgende Vorgehensweisen bewährt.

- Die Entwicklungspartner kommunizieren mit Wertschätzung. Die Ziele und Wünsche des Partners, der gecoacht wird, stehen immer im Vordergrund.
- Die Lernpartner beginnen mit der Definition und Bewertung zentraler Herausforderungen.
- Phasen des Zuhörens, der gemeinsamen Klärung oder der Entwicklung von Lösungen wechseln ab.
- Bereits vollzogene Lösungsversuche und eventuelle Optionen werden analysiert und weiterentwickelt.
- Die Argumente dafür und dagegen werden sorgfältig personenbezogen abgewogen.

- Die Auswirkungen der vereinbarten Maßnahmen werden regelmäßig überprüft und analysiert.
- Alles Gesprochene ist und bleibt streng vertraulich.
- Die Entwicklungspartner wechseln laufend ihre Rollen.

10.5.5 Kollegiale Beratung

In der Praxis hat sich insbesondere die Methode der **kollegialen Beratung** bewährt, weil sie Ihnen ermöglicht, Problemlösungen gemeinsam mit Ihren Kollegen zu entwickeln (vgl. Tietze, 5. Aufl. 2012).

Kollegiale Beratung ist eine wirksame Beratungsform in Gruppen, bei der sich Partner wechselseitig nach einem feststehenden Ablauf mit verteilten Rollen zu Herausforderungen in der Praxis oder in Projekten austauschen, um kollaborativ Lösungen zu entwerfen.

Die kollegiale Beratung hat zum Ziel, die gesamten Kompetenzen einer Gruppe, ihr Erfahrungswissen und vor allem die kollektive Dynamik in den Lösungsprozessen zu nutzen. Am Ende steht im Regelfall ein gemeinsamer Lösungsvorschlag.

Kollegiale Beratung erfolgt als strukturiertes Beratungsgespräch in einer Gruppe, indem ein Teilnehmer von den übrigen Gruppenmitgliedern nach einem feststehenden Ablauf mit verteilten Rollen – **Fallgeber, Berater** und **Moderator** – beraten wird. Damit wird jeder Teilnehmer zum Prozessberater seiner Kollegen und die Gruppe findet kollaborativ Lösungen für konkrete Herausforderungen.

Die kollegiale Beratung weist u. a. folgende Merkmale auf:

- **Gruppen** von fünf bis zehn Personen
- **Kein professioneller Berater:** Das notwendige Wissen eignen sich die Teilnehmer selbst an.
- **Die Beratung folgt einem festen Ablauf**
  - **Der Fallgeber stellt seinen »Fall« vor** (5 Min.).
  - **Die Berater fragen** für ein tieferes Verständnis nach der aktuellen Situation, dem Problem, den Einflussfaktoren, den Ursachen, dem Nutzen und den Konsequenzen (15 Min.).
  - **Die Berater tauschen** Wahrnehmungen, Beobachtungen, Eindrücke, Vermutungen und Empfindungen untereinander aus, ohne den Fallgeber miteinzubeziehen. Der Fallgeber lässt die Sichtweisen der Berater auf sich wirken (15 Min.).
  - **Der Fallgeber äußert sich zu Hypothesen und definiert das Ziel** mithilfe der SMART-Formel (S = spezifisch, M = messbar, A = angemessen, R = relevant, T = terminiert). Als hilfreich hat sich erwiesen, zur Formulierung des Beratungs-

zieles den Satz zu vervollständigen: *»Wie kann ich erreichen, dass …?«* – Ein Beispiel: »Wie kann ich meinen Mitarbeitern zeigen, dass ich ihnen konkrete Hilfe anbieten möchte, ohne sie damit unter Druck zu setzen?« Die Berater signalisieren schließlich, ob sie die Schlüsselfrage verstanden haben und nachvollziehen können (5 Min.).

- **Berater entwickeln Lösungsansätze:** Nun entwickeln die Berater auf der Basis der Schlüsselfrage kreative Lösungsideen, z. B. mittels Brainstorming, oder es wird zumindest der Boden für Lösungen bereitet, die später darauf wachsen können (20 Min.).
- **Der Fallgeber sagt, was er davon mitnehmen will und formuliert konkrete Maßnahmen:** Die Abschlussphase der kollegialen Beratung besteht aus der Bilanz des Fallgebers und – optimal – einem Feedback. In seiner Bilanz nimmt der Fallgeber Stellung zu den Lösungsideen der Berater, gibt seine frisch gewonnenen Eindrücke wieder, resümiert, was ihm weitergeholfen hat, und plant erste konkrete Maßnahmen für sein weiteres Vorgehen (5 Min.).

Die gezielte Aktivierung aller Mitglieder in der Entwicklungsgruppe prägt das Wesen der kollegialen Beratung. Dadurch werden das breite Potenzial, die vielfältigen Erfahrungen und die Lebendigkeit einer Gruppe genutzt. Ein erwünschter (Neben-)Effekt dieser Beratungsform ist, dass die Teilnehmer neue Werte aufbauen, schwierige Situationen strukturiert reflektieren und in der Folge ähnlich gelagerte Probleme eigenständiger lösen.

10.6 Ergänzende Trainings

Die Werte- und Kompetenzentwicklung kann in allen **Trainingsmaßnahmen** gefördert werden, die es Ihnen ermöglichen, sich selbst zu erkennen und zu verstehen, indem Sie Herausforderungen bearbeiten, bei denen Sie persönlich besonders gefordert sind oder die Ihren Horizont erweitern.

Beim Training von Werten und Kompetenzen kommt es vor allem auf die Wirksamkeit der Trainings an. Ein solches Training sollte nach Möglichkeit realitätsgleich erfolgen, indem Sie im Rahmen einer Trainingsmaßnahme eine konkrete Aufgabe im Praxisprozess eigenverantwortlich übernehmen. Die Zielsetzung, die Planung und die Reflexion über die Erfahrungen können dabei beispielsweise in der Lerngruppe mit einem Lernbegleiter erfolgen. Entscheidend für Ihren Lernerfolg ist, dass Sie in der Praxis eigenverantwortlich handeln und dabei die emotionalen Herausforderungen, z. B. bei Entscheidungen, erfahren. Besteht diese Möglichkeit nicht, kommt eventuell ein realitätsgleiches Training in Frage.

10.6.1 Realitätsgleiche Herausforderungen

Bewährte Methoden, um Ihre Werte- und Kompetenzentwicklung in **realitätsgleichen Herausforderungen** zu entwickeln, sind Social Blended Learning sowie Trainingsunternehmen bzw. Übungsfirmen.

10.6.1.1 Social Blended Learning

Für die Übergangsphase von fremdorganisierten LEHRarrangements zu selbstorganisierten LERNarrangements bietet sich die Konzeption des **Social Blended Learning** an.

Ein Social-Blended-Learning-Arrangement ist werte- und kompetenzorientiertes Blended Learning, die Verknüpfung von Präsenzveranstaltungen mit selbstorganisiertem E-Learning, durch Verbindung mit einem herausfordernden Praxisprojekt oder Praxisaufgaben unter Einbindung von Social Software.

Damit wird es möglich, die Lerner aus Ihrer gewohnten Lernkultur abzuholen und schrittweise sowie professionell begleitet zum selbstorganisierten Lernen zu führen. Dieses Lernarrangement erstreckt sich im Regelfall über mindestens einen Monat und kann länger als ein Jahr gehen.

In Social Blended-Learning-Konzepten können die Entwicklungsprozesse auf der Praxis-, der Coaching- und der Trainingsebene gezielt kombiniert werden. Sprechen Sie deshalb Ihren Bildungsbereich darauf an, diese innovative Form der gezielten Werte- und Kompetenzentwicklung umzusetzen.

10.6.1.2 Trainingsunternehmen und Übungsfirmen

Ein Trainingsunternehmen ist ein didaktisches Simulationsmodell für eine Organisation, die zur gezielten Entwicklung der Werte und Kompetenzen mit fiktiven Produkten in fiktiven Märkten agiert.

Häufig sind der Geldverkehr sowie die angebotenen Waren und Dienstleistungen fiktiv, jedoch finden alle übrigen Geschäftsprozesse und Außenkontakte, z. B. zum meist fiktiven Markt der Trainingsunternehmung sowie zu nationalen und internationalen Übungsfirmen, im Rahmen von betriebswirtschaftlichen und volkswirtschaftlichen Modellen tatsächlich statt. Trainingsunternehmen können ein wirksamer Ansatz sein, die Entwicklung der Werte und Kompetenzen zu ermöglichen.

Es gibt eine Vielzahl von Angeboten am Markt, die **Trainings- oder Übungsfirmen** in einer modernen Arbeitswelt simulieren.[65] Diese Lösungen sind sicherlich gut geeignet, unternehmerisches Fachwissen und Qualifikationen aufzubauen. Häufig wird dabei aber auch der Anspruch erhoben, mit Übungsfirmen in fiktiven Märkten Werte und Kompetenzen aufzubauen. Jedoch scheint es uns nicht möglich, mit noch so komplexen Szenarien diese Ziele zu erreichen, da in diesen Lernszenarien keine realen Herausforderungen zu bewältigen sind. So können in künstlichen Szenarien oder in Rollenspielen sehr wohl Strategien und Techniken trainiert werden. Kompetenzen und Werte als Ordner des Handelns werden sich aber erst dann entwickeln, wenn die Erfahrungen aus vielen realen, stark emotional beladenen Herausforderungen verinnerlicht werden.

Für die zielorientierte Werte- und Kompetenzermittlung sind deshalb fast nur Trainingsunternehmen geeignet, die reale Produkte, z. B. Apps, in realen Märkten vermarkten.

Ein Trainingsunternehmen für die Werte- und Kompetenzentwicklung der Mitarbeiter ist eine gezielt gestaltete Organisation, die mit realen Produkten in echten Märkten agiert.

Die Mitarbeiter dieser Trainingsunternehmen wirtschaften und handeln unter realen Bedingungen mit eigenem Budget, mit der Infrastruktur ihrer Organisation und in echten Märkten. Sie bauen beim Lösen realer Problemstellungen im Rahmen ihrer unternehmerischen Aktionen Kompetenzen auf, die sie für ihre späteren beruflichen Aufgaben benötigen. Dies setzt voraus, dass sie emotional labilisierende Schwierigkeiten, Probleme und Konflikte überwinden und Werte wirklich verinnerlichen, interiorisieren.

10.6.2 Realitätsähnliche Herausforderungen

Realitätsähnliche Trainings zur Entwicklung von Werten oder Kompetenzen sind beispielsweise **Outdoor-Trainings** (vgl. Schad, Michl, Knoblauch [Hrsg.] 2004). Man hofft, Ziele, die mit einfacher Weiterbildung nicht zu bewältigen waren, insbesondere ethische und soziale Werte sowie personale und soziale Kompetenzen, aber auch Aktivitätskompetenzen, mit solchen Trainings aufzubauen (vgl. Bauer 2001, Birnthaler 2016, Lakemann 2005, Vogel 2012).

65 Vgl. beispielsweise Übungsfirma 4.0 http://www.die-zentralstelle.de/uebungsfirma-40/die-uebungsfirma-40.html.

Zu den klassische Outdoor-Aktivitäten zählen reale Expeditionen, Bergwandern, Bergsteigen, Segeln, Kanufahren, Rafting, Survivaltraining, Hochseilgarten, Kletterwand, Spinnennetz, Vertrauensfall, Blind Trust Walk und weitere. Durch die Bewältigung von nicht alltäglichen Aufgaben, die eine besondere Eigenverantwortung erfordern, sollen dabei Erlebnisse mit einem hohen emotionalen Anteil und hoher Eindrucksstärke entstehen (vgl. Michls 2015).

Da die Herausforderungen in Outdoor-Trainings sich fundamental von denen im Arbeitsprozess unterscheiden, wird häufig bezweifelt, ob tatsächlich Handlungsänderungen im beruflichen Kontext möglich sind (vgl. Schermuly 2019, S. 369).

Führen mit Pferden soll vor allem zur Kompetenzentwicklung von Führungskräften beitragen (vgl. Hollinger 2014). Da Pferde als domestizierte Tiere eine hohe Sensitivität für die menschliche Körpersprache besitzen und unverfälscht Feedback geben können, soll dies ermöglicht werden. Auch hier unterscheidet sich die Herausforderung für den Manager deutlich vom Führungsalltag, sodass ein Aufbau der Führungskompetenzen umstritten ist (vgl. Schermuly 2019, S. 369).

Das **Zürcher Ressourcen Modell®** ist eine erprobte Methode, um neuronale Netze zu aktivieren und dadurch beispielsweise gesundheitsfördernde Ziele zu erreichen (vgl. Krause, Storch 2006). Dabei wird zum Trainingsbeginn auf emotionale Wertungen zurückgegriffen, die während des Trainings gezielt verändert werden.[66]

Realitätsnahe Trainings der Werte und Kompetenzen sind unter Umständen in Simulationen, z. B. im Rahmen von **Serious Games**, möglich. Für Serious Games werden Spielumgebungen benötigt, in denen die gezielte Entwicklung beim Bewältigen von real wahrgenommenen Herausforderungen stattfindet. Dabei werden Zweifel, Widersprüchlichkeiten oder Verwirrungen aufgelöst, es entstehen neue Lösungsmuster. Serious Games können in eine didaktisch aufbereitete Lernkonzeption mit anschließender Reflexion der Erfahrungen eingebettet werden oder man lässt die Lernenden im Rahmen des Spieles didaktisch aufbereitete Herausforderungen lösen, um weiterspielen zu können. Damit wird das Spiel quasi zur Anwendungsumgebung.

Aktuell wird es in Zeiten von Corona u. a. aus Kostengründen schwierig sein, passende Simulationen zu finden, die diesen Anforderungen gerecht werden. Es ist jedoch damit zu rechnen, dass diese Angebote deutlich ausgeweitet werden.

66 https://zrm.ch.

10.6.3 Realitätsnahe Herausforderungen

Diese Trainingsmaßnahmen versuchen, bei den Mitarbeitern reale Momente künftigen Handelns unter Einbeziehung notwendiger Werteorientierungen in den Mittelpunkt zu stellen. Ein Beispiel dafür ist das **Konfliktbewältigungstraining**. Dabei werden die Teilnehmer mit breiten Informationen aus verschiedenen Blickwinkeln zu einem realen Konflikt, evtl. sogar zu einem eigenen, versorgt. Es werden Fachwissen, Kompetenzen und Werte erfasst, analysiert und bewertet sowie Hinweise auf Konfliktursachen, typische Konfliktausprägungen und Lösungsstrategien gegeben. Schließlich, und das ist der Drehpunkt dieser Betrachtung, wird die Konfliktbewältigung »live« geübt. Was zunächst wie eine Spielsituation anmutet, schlägt sehr schnell in schweißtreibenden, emotionsbelastenden Ernst, in eine hohe emotionale Labilisierung um. Rückmeldungen, wie man auf die anderen in der Konfliktsituation wirkt, wie man die eigene Haltung deutlicher zeigen und wie man den Kollegen und Kontrahenten sinnvoll begegnen könne, bohren sich tief in die Wertewelt des Bewerbers ein, bleiben manchmal lebenslang als Wertehaltungen gespeichert. Nach diesem Training sind die Teilnehmer gewappnet für die eigentliche Werte- und Kompetenzentwicklung im Rahmen ihres eigenen Konfliktes, den sie entsprechend zu bewältigen versuchen.

In ähnlicher Form können **Präsentationstrainings** und **Bewerbungstrainings** gestaltet werden. Die Herausforderungen, die dabei bearbeitet werden, sind jeweils reale Vorträge oder Auswahlverfahren, die möglichst realistisch durchgespielt werden.

10.6.4 Analysemethoden

Trainingsmaßnahmen in realitätsähnlichen oder -gleichen Situationen bietet sich vor allem für den Bereich der *Analyse* an. Hierfür eignen sich vor allem folgende Ansätze (vgl. Sauter, Sauter, Wolfig 2017):

10.6.4.1 SWOT-Analyse

Bei dieser Methode werden Ergebnisse der Unternehmens-, Wettbewerbs- und Branchenanalyse (**S**trengths, **W**eaknesses, **O**pportunities, **T**hreats) kombiniert. Es geht darum, interne und externe Faktoren des Unternehmens zu verknüpfen und den Istzustand sämtlicher Erfolgsgrößen und die für sie relevanten Einfluss- und Handlungsfaktoren zusammenzufassen. Die SWOT-Analyse zeigt, wo Handlungsbedarf besteht. So können unternehmensspezifische Potenziale und Risiken offengelegt und entsprechende Maßnahmen geplant werden.

SWOT-Analyse	Unternehmen (intern)		
		Stärken (Strengths)	Schwächen (Weaknesses)
Umwelt (extern)	Chancen der Umwelt ausgleichen / Investieren (Opportunities)	Ausbauen / Investieren	Defizite / Chancen nutzen
	Risiken der Umwelt (Threats)	Prävention / Absicherung / Risiko minimieren	Maßnahmen ergreifen / Aufgabe / hohes Risiko

Abb. 63: SWOT-Analyse

ABC-Analyse

Analytische Methode, die es ermöglicht, sich auf die festgelegten Schwerpunkte zu konzentrieren und komplexe Problembereiche zu strukturieren. Das Ziel ist, die Wirtschaftlichkeit zu steigern. Deshalb werden Klassen gebildet, so dass das Zusammenspiel von Mitteleinsatz und Zielerreichung sichtbar wird.

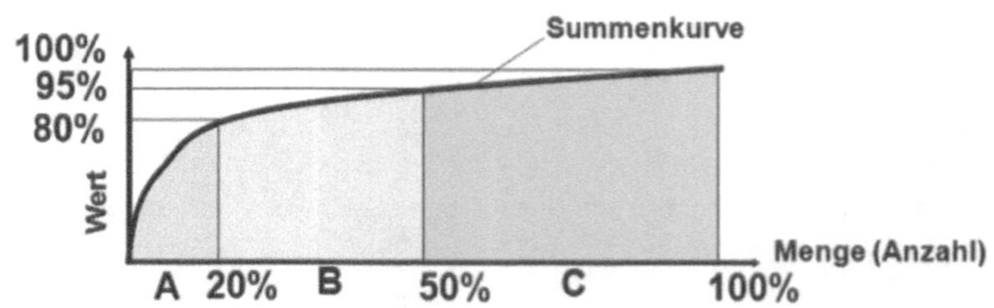

Abb. 64: ABC-Analyse

Allgemein lassen sich die Klassen wie folgt kennzeichnen:

Klasse	Bedeutung
A	**Effizientester Bereich:** Mit 10–20 % des Mitteleinsatzes werden 70–80 % des Zieles erreicht.
B	**Mittlerer Effizienzbereich**: Mit 20–50 % des Mitteleinsatzes werden 20–30 % des Zieles erreicht.
C	**Ineffizienter Bereich**: Mit 50–80 % des Mitteleinsatzes werden nur 10–20 % des Zieles erreicht.

Tab. 53: Beispiel einer ABC-Analyse

Die **Berechnung nach dem ABC-Prinzip** erfordert folgende Teilschritte:
1. Ermittlung des Gesamtwertes pro Gut: Menge der einzelnen Güter x Wert pro Stück,
2. Gesamtwert aller Güter addieren,
3. prozentualen Anteil des jeweiligen Gutes am Gesamtwert errechnen,
4. Güter nach Wertanteil sortieren, das Gut mit dem höchsten Wertanteil steht an erster Stelle,
5. Ermittlung der Gesamtmenge pro Gut,
6. Gesamtmenge aller Güter addieren,
7. prozentualen Anteil jedes einzelnen Gutes an der Gesamtmenge errechnen.

Die Wertanteile werden nach der Höhe am Anteil des Gesamtwertes (mit dem höchsten beginnend) kumuliert.

Kategorien zuordnen:
- A-Güter: bis ca. 75 % des Gesamtwertes
- B-Güter: bis ca. 20 % des Gesamtwertes
- C-Güter: bis ca. 5 % des Gesamtwertes

10.6.4.2 Nutzwertanalyse

Neben den finanziellen Aspekten spielen bei der Nutzwertanalyse, beispielsweise bei der Bewertung von Lieferanten, auch eine Reihe nicht monetärer Kriterien eine Rolle. Mithilfe dieses Vorgehens versucht man, eine möglichst objektive, dokumentierte und nachvollziehbare Datenbasis zu schaffen.

Bei der Nutzwertanalyse geht man im Regelfall wie folgt vor:
1. Definition der Bewertungskriterien
2. Definition des Gewichtungsschlüssels für die einzelnen Kriterien
3. Festlegung der K.-o.-Kriterien, bei deren Unterschreiten ein Anbieter ausscheidet
4. Bewertung der einzelnen Kriterien für jeden Anbieter
5. Addition der Teilnutzwerte
6. Ermittlung der Rangfolge

Nutzwertanalyse					
		Anbieter 1		**Anbieter 2**	
Kriterium	**Gewichtung 1–10**	**Punkte 0–100**	**Teilnutz-wert**	**Punkte 0–100**	**Teilnutz-wert**
Preis	10	70	700	90	900
Service	8	80	640	90	720

Nutzwertanalyse					
		Anbieter 1		**Anbieter 2**	
Kriterium	**Gewichtung 1–10**	**Punkte 0–100**	**Teilnutz-wert**	**Punkte 0–100**	**Teilnutz-wert**
Markenimage	6	100	600	60	360
Materialqualität	8	60	480	80	640
Lieferflexibilität	7	70	490	80	560
Termintreue	8	60	480	90	720
Innovation	6	100	600	60	360
Punkte			**3.990**		**4.260**

Tab. 54: Beispiel einer Nutzwertanalyse

Aus der Nutzwertanalyse leitet sich damit eine Entscheidung für den Anbieter 2 ab.

10.6.4.3 Break-even-Analyse

Mithilfe der Break-even-Analyse kann der mögliche wirtschaftliche Erfolg einer Maßnahme analysiert werden.

Der *Break-even-Punkt (Gewinnschwelle*) ist in der Wirtschaftswissenschaft der Punkt, an dem Erlös und Kosten einer Produktion (oder eines Produktes) gleich hoch sind und somit weder Verlust noch Gewinn erwirtschaftet wird.

Vereinfachend kann man behaupten, dass an der Gewinnschwelle der Deckungsbeitrag aller abgesetzten Produkte identisch mit den Fixkosten ist. Wird die Gewinnschwelle überschritten, macht man Gewinne, wird sie unterschritten, macht man Verluste. Die Gewinnschwelle kann für ein Produkt (Ein-Produkt-Betrachtung) oder mehrere Produkte (Mehr-Produkt-Betrachtung) berechnet werden.

Neben der Ermittlung der relevanten Kosten ist auch die Prognose des zukünftigen Gewinns mithilfe der Teilkostenrechnung möglich.

Grafisch lässt sich die Gewinnplanung mithilfe der Break-even-Analyse darstellen, die den Zusammenhang zwischen Beschäftigung, Erlös, Kosten und Gewinn analysiert.

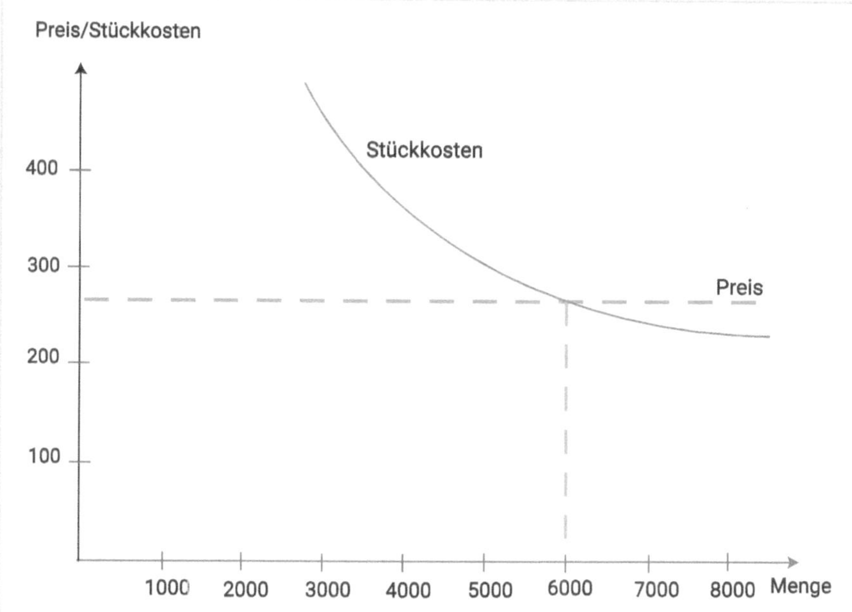

Abb. 65: Beispiel eines Break-even-Points

Das Schaubild zeigt, dass bei den angenommenen Kosten und Erlösen die gesamten Kosten der Produktion erst bei einer Absatzmenge von 6000 gedeckt sind (Kostendeckungspunkt oder Break-even-Point). Erst die darüber hinaus abgesetzten Leistungen tragen zur Erzielung eines Gewinns der Unternehmung bei.

10.6.4.4 Ishikawa-Diagramm

Dieses **Ursache-Wirkung-Diagramm** ist eine Methode, um die Ursachen für Probleme im Prozess zu analysieren, sodass eine systematisch-methodische Vorgehensweise abgeleitet werden kann.

Zur Entwicklung eines **Ishikawa-Diagramms** wird ein Team gebildet, das in einem strukturierten Brainstorming alle Ideen, die eingebracht werden, in übersichtlicher, grafischer Weise darstellt. Damit soll eine vertiefende Betrachtung der Grundursachen des Problems vorbereitet werden, indem die einzelnen Ideen zu den Ursachen und auch die Beziehungen zwischen den einzelnen Ursachen visualisiert werden.

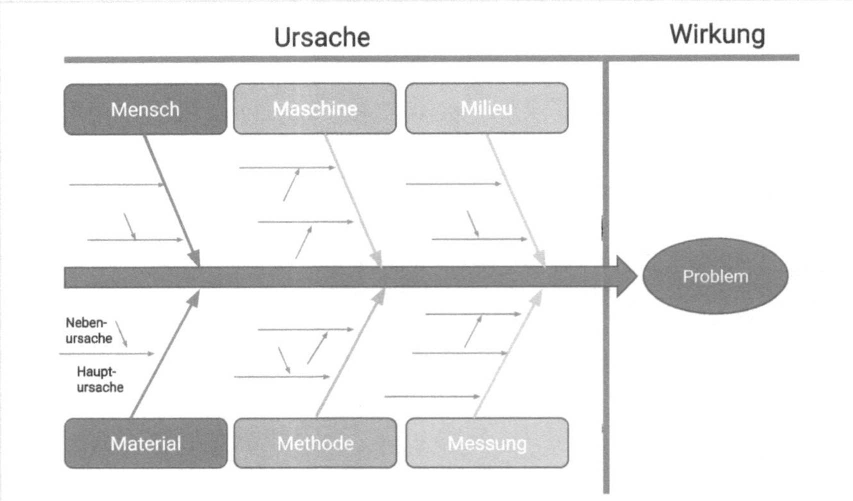

Abb. 66: Ishikawa-Diagramm

Die Erstellung eines Ishikawa-Diagramms erfordert folgende Schritte:

- **Problemdefinition:** Genaue Wirkungs- und Problembeschreibung und Eintragung der Auswirkungen an der Spitze des Hauptpfeiles
- **Festlegung der Hauptursachengruppen bzw. Ursachenbereiche**: Die Mängel im Prozess werden über eine genaue Analyse des Prozesses, durch Auswertung von Dokumenten und Schwachstellen und durch Gespräche mit Mitarbeitenden identifiziert.
- **Ursachensuche**: Primär- und Sekundärursachen durch Kreativitätsmethoden, z. B. Brainstorming, ermitteln
- **Identifikation der wahrscheinlichen Ursache**, z. B. über Klebepunkt-Abfrage
- **Lösungen** dazu entwickeln und entscheiden

10.7 Unterstützende Weiterbildungsmaßnahmen

Die gezielte Entwicklung der Werte und Kompetenzen ist in Weiterbildungsmaßnahmen, z. B. in Seminaren, nicht möglich.

Es ist jedoch machbar, z. B. Planungstechniken und Entscheidungsmethoden im Rahmen von **Planspielen** oder **Fallstudien** anzuwenden, um das notwendige Wissen sowie die Qualifizierung als Voraussetzung der Kompetenzentwicklung in der Praxis zu sichern. Die übliche Methode, diese Lernphase vor die Phase der Kompetenzentwicklung zu legen, ist dabei wenig effektiv, da nach den vorliegenden Studien (z. B. Kirkpatrick, Kirkpatrick, 4. Aufl. 2012) weniger als 10 Prozent von den Inhalten, die man in solchen Maßnahmen hört, in der Praxis angewandt werden.

Wir empfehlen Ihnen deshalb, Weiterbildungsangebote zu nutzen, bei denen Sie dieses Wissen und die Qualifizierung nicht vorab im Sinne eines Vorratslernens, sondern prozessbegleitend bei der Bearbeitung Ihrer Praxisaufgabe bzw. Ihres Praxisprojektes bei Bedarf entwickeln. Da Sie dabei das neue Wissen sofort in der Praxis anwenden, werden Sie einen erheblich größeren Lernerfolg erzielen.

10.7.1.1 Beispiele für nützliche Angebote

Insbesondere folgende Weiterbildungsmaßnahmen haben sich in der Praxis bewährt:

- **Brainstorming**, wörtlich übersetzt »Gedankenstürme«, ist ein zentrales Instrument schöpferischen Handelns. Diese Methode zur Ideenfindung soll die Erzeugung von neuen, ungewöhnlichen Ideen in einer Gruppe von Menschen fördern. Kerngedanke ist es, zunächst ohne jedes System und völlig aus dem Bauch heraus Ideen zu sammeln. Diese Ideensammlung erfolgt ohne jede Beurteilung oder Bewertung. Ziel ist es, möglichst viele Lösungsansätze anzudenken und seien sie auch noch so verrückt. Erst in einem zweiten Schritt erfolgt eine Bewertung und Diskussion der Vorschläge und ihre Umsetzung in die Praxis.
- **Mindmapping** ist ein intuitives Verfahren, um komplexe Sachverhalte zu strukturieren. Die Struktur einer Mindmap ähnelt einem Baum, von oben gesehen. Der Stamm ist der Mittelpunkt, von dem aus die Haupt- und die Nebenäste in alle Richtungen abzweigen und Blätter treiben. Einige Softwarehersteller bieten Mindmapping-Programme an, die eine anschließende Projektstrukturierung auf Basis der Mindmap ermöglichen.
- **Design Thinking** ist ein agiles Modell für die Orientierung und grobe Strukturierung von kreativen Prozessen.

Folgende Weiterbildungsmaßnahmen bieten sich weiterhin an, sofern diese Maßnahmen zumindest realitätsähnlich gestaltet werden.

- **Angebote zur Entwicklung des Folgebewusstseins**: Folgebewusstsein erfordert das fachliche und methodische Wissen, aber auch Erfahrungswissen, um Prozessabläufe und deren Folgen zu verstehen. Dazu gehört das Wissen über bestimmte Sachverhalte, Bedingungen oder Ursachenkonstellationen, die zu kausal oder statistisch determinierten Folgeerscheinungen führen. Zum anderen umfasst Folgebewusstsein auch, sich verantwortlich zu fühlen für Folgen eigener Maßnahmen und Entscheidungen für den eigenen Arbeitsbereich, die gesamte Organisation oder auch darüber hinaus, z. B. Umwelt, Gesellschaft, Medien.
- **Projektmanagement**: Ziel der Weiterbildung zum Projektmanager ist es, auf Basis einer agilen Projektorganisation klare Zuständigkeiten zu schaffen und einen Prozessverlauf gemeinsam zu definieren, der bei Projekten aller Größenordnungen eine qualifizierte Projektentwicklung zu vorgegebenen Terminen, mit festem Budget und hoher Qualität garantiert. Dafür wird ein Projektstrukturplan benötigt.

Diese Weiterbildung sollte möglichst mit einem konkreten Praxisprojekt verknüpft werden, um den Kompetenzaufbau zu ermöglichen.

- **Selbstmarketing**
  - Reflektieren Sie über Ihr eigenes Handeln und Ihre Leistungen.
  - Definieren Sie persönliche Ziele.
  - Sprechen Sie offen über Ihre Leistungen. Tun Sie Gutes und reden Sie darüber!
  - Entwickeln Sie sinnvolle Lösungen, um auf sich und Ihre Vorhaben aufmerksam zu machen.
  - Setzen Sie diese Lösungen in der Unternehmenspraxis um.
- **Gesundheit und Work-Life-Balance**
  Im Weiterbildungsmarkt werden eine Vielzahl von **Seminaren und Workshops** zu gesundheitlichen Themen angeboten, wie *Ernährungskurse, Rückenkurse, Walking, Entspannung, Stressbewältigung, Burnout-Prävention oder Raucherentwöhnung.* Entscheidend für die Entwicklung Ihres Wertes *Gesundheit* und der Verbesserung Ihrer *Work-Life-Balance* ist dabei, dass sich aus den Weiterbildungsmaßnahmen konkrete Maßnahmen in Ihrer täglichen Arbeitspraxis ableiten. Diese Angebote können damit Anstöße geben, die eigentlichen Werte- und Kompetenzentwicklungsprozesse finden aber in der Praxisstufe statt.

Um Anregungen für kreative Ansätze zu bekommen, bietet sich die Teilnahme an **Kongressen** zu diesen Themen an.

Insbesondere auch Barcamps ermöglichen den intensiven Austausch über kreative Ansätze und Erfahrungen. Die Themen können beispielsweise kreative Vorschläge, Thesen, Erfahrungsberichte sowie offene Fragen sein. Meist werden mehrere Sessions nacheinander angeboten, sodass im Verlauf eines Tages eine große Breite an Themen behandelt werden kann. In den Workshops übernimmt ein weiterer Teilnehmer die Dokumentation der wesentlichen Diskussionspunkte, z. B. in einem Workpad oder Wiki, sodass jeder Mitarbeiter auch im Nachhinein die Diskussionen gezielt verfolgen kann.

10.7.1.2 Nudging

Nudging ist ein Ansatz, Menschen, die selbstverständlich oft irrational handeln, durch kleine Anstöße, durch Stupser, zu einem vermutlich rationaleren Handeln zu bewegen (vgl. Thaler, Sunstein 2017). Nudging meint Maßnahmen, die das Verhalten beeinflussen, aber nicht einschränken. Es geht um kleine Stupser, nicht um Verbote oder starke wirtschaftliche Anreize. Dies kann beispielsweise über eine Veränderung der Rahmenbedingungen erfolgen oder das Empowerment, die Ermächtigung, der Mitarbeiter, damit sie ihre eigenen Bedürfnisse erkennen und Verantwortung übernehmen, und das ohne Fremdbestimmung. Auch im Arbeitsschutz wird den Beschäftigten Eigenständigkeit und Eigenverantwortung zugesprochen. Es geht dabei immer darum,

Entscheidungen zu vereinfachen und die Menschen in eine bestimmte Richtung zu stupsen (vgl. Eichhorn, Ott 2016).

10.7.1.3 Psychologische Methoden

Es gibt im Bereich der gezielten Werteentwicklung von Erwachsenen in Bildung und Weiterbildung inzwischen eine Reihe **moderner handlungs- bzw. verhaltenspsychologischer Erkenntnisse und Methoden**, die von der Wissensvermittlungsillusion abgehen und auf eine echte Verinnerlichung von Werten hinwirken (vgl. Erpenbeck, Sauter 2020b, S. 245 ff.).

- Die **Prospect Theory** wird als Instrument genutzt, den Wertegehalt von Entscheidungen zu verstehen, die unwägbare Risiken oder unbekannte Eintrittswahrscheinlichkeiten künftiger Umweltzustände und sozialer Situationen enthalten. Dieser emotional labilisierende Wertegehalt wird bewusst gemacht und wo möglich verändert (vgl. Dransfeld 2013, Rama 2018, Wakker 2010).
- Die **Post-mortem-Diskussion** wendet den Trick an, eine Problemsituation, eine Entscheidung, eine Projektentwicklung oder dergleichen fiktiv als gründlich gescheitert anzusehen und im hypothetischen Nachhinein die Gründe für dieses Scheitern zu ermitteln. Hierbei werden vor allem Gründe deutlich, die mit fragwürdigen Werteorientierungen, problematischen Überzeugungen, bremsenden Motivationen und zweifelhaften Haltungen zusammenhängen.
- Bei der **Advocatus-Diaboli-Diskussion** nehmen einzelne Mitarbeiter oder Teilgruppen in der Rolle des Advocatus Diaboli eine bewusste Gegenposition zu einer Werteorientierung, einer Idee oder Meinung ein. Sie sehen sich dadurch mehrheitlich emotional stark labilisierenden Angriffen und Kritiken ausgesetzt. Sie versuchen durch Argumente, aber auch durch emotional vorgetragene Positionen die anderen Teilnehmer zu überzeugen. Dadurch können die Werteorientierungen und Ideen intensiv und kontrovers diskutiert werden.
- Das **Debiasing** (»bias«: Befangenheit, Voreingenommenheit, Vorurteil) versucht aufzuklären, inwieweit beispielsweise Entscheidungen und Handlungsweisen durch bewusste und unbewusste Werte beeinflusst sind, welche Rolle kognitive Beschränkungen und selektive Wahrnehmungen dabei spielen, wie eingefahrene Muster oder Bestätigungsfehler mitwirken, welche Auswirkungen übertriebener Optimismus oder Selbstüberschätzung sowie fragwürdiger Gruppendruck und Gruppendenken haben und wie man Wege finden kann, all das zu vermeiden. Biases kann man als vorurteilshafte Abkürzungen im Entscheiden und Handeln, als »blinde Flecken«, oft durch problematische Wertehaltungen verursacht, identifizieren (vgl. Derman-Sparks 2008, Javetsky, Koller 2018).
- Beim **Anti-Biasing** nutzt man negative, wertebeladene Situationen, um diese Erfahrungen in Gruppenprozessen mit dem Ziel der Werteentwicklung zu verarbeiten (vgl. Schmidt, Herdel 2009, Trisch 2013).

10.7.1.4 Kunst

Kunst kann zur Werteentwicklung beitragen. Dies mag auf den ersten Blick erstaunlich wirken. Kunst kann aber Werte einzelner mit allgemeiner Bedeutung publik machen und trägt damit zur Entwicklung neuer Werte bei. Denken Sie beispielsweise an das unvergessliche Foto des ertrunkenen dreijährigen syrischen Jungen Aylan Kurdi am Mittelmeerstrand. Damit kann beispielsweise ein Prozess zur Entwicklung der Werte Verantwortung und Respekt initiiert werden.

Will man Kunst zur gezielten Werteentwicklung einsetzen, so muss man vor allem überlegen, welche die deutlichsten, intensivsten emotionalen Labilisierungsprozesse ermöglichen und ob die damit erzielten Wirkungen den Absichten einer angestrebten Werteentwicklung entsprechen (vgl. Eller-Rüter u. a. 2012, Erpenbeck 2015).

- Zur gezielten Entwicklung von Werten eignen sich beispielsweise **Erzählwerke** und **filmische Darstellungen**. Man sollte dabei gerade solche auswählen, die eine möglichst tiefe Einfühlung ermöglichen. Zu bedenken ist aber, dass die im Kunstwerk enthaltenen Werte nur dann Wirkungen entfalten, wenn sie nicht auf gegensätzliche, bereits tief verankerte Werte des Mitarbeiters treffen. Ein demokratiefeindlicher Extremist wird durch keinerlei Kunst seine Wertehaltungen ändern, natürlich noch weniger durch eine stimmige, sachliche Argumentation.
- Wenn möglich sollten auch andere Kunstformen einbezogen werden, die wirklichkeitsnahe emotionale Labilisierungen ermöglichen, vor allem dokumentarische dramatische Werke oder auch Bildkunstwerke, aber auch Musik, optische Medien und sprachliche Elemente.

11 Entwicklungsempfehlungen für Einzelwerte

Die folgenden Empfehlungen aus unserer Projektpraxis basieren auf den grundlegenden Methoden, die wir im vorherigen Kapitel erläutert haben. Die Einzelwerte sind aus dem Wertemodell abgeleitet, das John Erpenbeck, Roman und Werner Sauter entwickelt haben (vgl. Erpenbeck, Sauter 2020).

Für alle Empfehlungen von Kapitel 11.1 bis 11.16 gilt: In der linken Hauptspalte stehen die Wertebeispiele, mit denen dieser Wert operationalisiert wird. Rechts finden Sie die vier grundsätzlichen Möglichkeiten der gezielten Werteentwicklung. Dabei stehen Ihnen die vielfältigen Einflussmöglichkeiten von *Praxis, begleitendem Coaching und Mentoring, unterstützendem Training in realen oder realitätsgleichen Herausforderungen* und in geringem Maße auch *ergänzende Weiterbildungsmaßnahmen* zur Verfügung. Entsprechend gilt dies für die Empfehlungen zu den Einzelkompetenzen in Kapitel 12.1 bis 12.16. Dabei ist wichtig, dass alle Entwicklungsmaßnahmen keine pädagogisch-lehrhaften Einwirkungen, sondern emotional-aktivierend sind, sodass Werte und Kompetenzen verinnerlicht werden. Erst dadurch wird auch Werte- und Kompetenzentwicklung möglich.

11.1 Kreativität

»Das Leben ist zu kurz, um mit Leuten rumzuhängen, die nicht erfinderisch sind.«
Jeff Bezos, Gründer von Amazon

Menschen mit einer ausgeprägten Kreativität ist es wichtig, ihre eigene Erfindungskraft, Fantasie oder gestalterisches Interesse weiterentwickeln zu können. Sie beschäftigen sich gerne mit kreativen Herausforderungen, beispielsweise in der Produktentwicklung, aber auch im kulturellen Sektor, und bringen eigene einfallsreiche Ideen in ihren Arbeitsbereich ein. Sie sammeln gezielt kreative Erfahrungen in der Organisation, aber auch außerhalb, etwa im interkulturellen Bereich, und nutzen aktiv schöpferische Entwicklungsräume, auch im Netz.

Der Wert *Kreativität* ist ein Genusswert und wird wie folgt definiert: !

Diesen Menschen ist wichtig, ihre Kreativität, Ideen oder gestalterischen Fähigkeiten weiterentwickeln zu können.

Menschen, die diesen Wert übertreiben, suchen ständig nach neuen, kreativen Lösungen und vernachlässigen deshalb notwendige Routineaufgaben.

Sie haben sich zum Ziel gesetzt, Ihren Wert *Kreativität* gezielt weiterzuentwickeln? Wir empfehlen Ihnen, Ihre Planung dieses Entwicklungsprozesses mithilfe folgender Matrix zu gestalten, weil Sie damit alle wesentlichen Aspekte Ihres personalisierten Lernprozesses berücksichtigen.

Wert *Kreativität*	**Gezielte Werteentwicklung durch**			
Wertebeispiele Diesen Menschen ist wichtig, dass	**Praxis**	**Coaching/ Mentoring**	**ergänzende Trainingsmaßnahmen**	**unterstützende Weiterbildungsmaßnahmen**
sie Freiräume und die Zeit erhalten, eigene Ideen zu entwickeln. *sie ihre persönlichen Ideen und Lösungen in ihre Aufgaben und in ihr Arbeitsumfeld einfließen lassen können.* *inspirierende Erfahrungen, z. B. mit kreativen Arbeitsmethoden, oder in überfachlichen Fortbildungen, ermöglicht werden.* *sie kreative Entwicklungsmöglichkeiten nutzen können, z. B. in Entwicklungsräumen oder mit Softwaretools.*	**Praxisprojekte und -aufgaben,** die eigene Erfindungskraft, besonderen Ideenreichtum oder gestalterisches Interesse erfordern, z. B. Aufgaben, bei denen Prozesse und Strukturen, aber auch Produkte grundlegend neu gestaltet werden müssen. Die Mitarbeiter suchen **kreative Kollegen**, mit denen sie solche Herausforderungen gemeinsam bearbeiten können. Sie tauschen ihre Ideen in **Netzwerken** aus und bringen ihre Erfahrungen in das Wissensmanagement mit ein. Jobrotation Working Out Loud	regelmäßige **Mentoringgespräche** mit der Führungskraft **Co-Coaching** durch kreative Kollegen in Praxisprojekten, die Kreativität erfordern	**realitätsgleiche Trainings,** d. h. Maßnahmen, bei denen die Mitarbeiter echte Kreativitätsaufgaben aus ihrer Arbeitspraxis bearbeiten **realitätsähnliche Trainings,** bei denen sie kreative Aufgaben bearbeiten, die den realen Herausforderungen nahekommen	Angebote zum Brainstorming, Design Thinking, Barcamps oder Webcamps **Kunst**, wie Erzählwerke oder filmische Darstellungen, die eine tiefe Einfühlung ermöglichen oder dokumentarische dramatische Werke, Bildkunstwerke, Musik, optische Medien oder sprachliche Elemente, die eine wirklichkeitsnahe emotionale Labilisierung ermöglichen
⟷ ENTWICKLUNGSZIELE	⟷ ENTWICKLUNGSPROZESS			

Tab. 55: Entwicklungsmethoden zum Wert *Kreativität*

11.2 Gesundheit

»Den Körper in guter Gesundheit zu erhalten ist eine Pflicht [...] andernfalls können wir unseren Geist nicht stark und klar halten.«
Buddha

Menschen mit einem ausgeprägten Wert *Gesundheit* wollen das Leben in vollen Zügen genießen können. Dieser Wert wirkt vor allem als Antrieb für Aktivitätskompetenzen. Dies kann beim Sport oder beim Tanzen, beim Ausgehen oder Reisen, beim Kochen und Essen oder beim Feiern sein – Hauptsache, es macht Spaß.

Diesen Menschen ist es wichtig, sich körperlich oder geistig zu verausgaben. Fitness ist für sie ein hohes Gut. Sie genießen es, wenn sie ihre Aktivität voll einsetzen können. Dabei besitzen sie einen hohen Willen, Widerstände und Schwächen zu überwinden und aus Wettbewerben erfolgreich hervorzugehen. Besonders genießen sie es, wenn sie auch Mitmenschen mitreißen können. Sie sind glücklich, wenn ihre körperliche Verfassung anerkannt oder bewundert wird. Manchmal führt das allerdings auch dazu, dass sie sich selbst und andere überfordern.

Der Wert *Gesundheit* ist ein Genusswert und wird wie folgt definiert:

!

Diesen Menschen ist wichtig, durch körperlichen und geistigen Ausgleich gesund und fit zu bleiben

Bei Menschen, die diesen Wert übertreiben, bestimmen Gesundheit und Fitness, teilweise auf Kosten von laufenden Aufgaben, ihre Aktivitätsplanung und ihren Tagesablauf.

Sie haben sich zum Ziel gesetzt, Ihren Wert *Gesundheit* gezielt weiterzuentwickeln? Wir empfehlen Ihnen, Ihre Planung dieses Entwicklungsprozesses mithilfe folgender Matrix zu gestalten, weil Sie damit alle wesentlichen Aspekte Ihres personalisierten Lernprozesses berücksichtigen.

Wert ***Gesundheit***	**Gezielte Werteentwicklung durch**			
Wertebeispiele Diesen Menschen ist wichtig, dass	**Praxis**	**Coaching/Mentoring**	**ergänzende Trainingsmaßnahmen**	**unterstützende Weiterbildungsmaßnahmen**
ihr Sport und ihre Bewegung aktiv unterstützt werden.	Praxisprojekte und -aufgaben in folgenden Handlungsfeldern: organisatorische Maßnahmen gestalten, Arbeitsschutz verbessern, psychische Belastungen verringern, Muskel-Skelett-Erkrankungen vermeiden, Transportrisiken minimieren, Büroarbeit ergonomisch gestalten Die Mitarbeiter suchen **Kollegen,** mit denen sie solche Herausforderungen gemeinsam bearbeiten können. Die Mitarbeiter tauschen ihre Ideen in **Netzwerken** aus und bringen ihre Erfahrungen in das Wissensmanagement mit ein. Working Out Loud	regelmäßige **Mentoringgespräche** mit der Führungskraft **Co-Coaching** durch gesundheitsbewusste Kollegen, die die Mitarbeiter in ihrem Entwicklungsprojekt unterstützen	**realitätsgleiche Trainings,** d. h. vor allem Mitwirkung in betrieblichen Sportgruppen oder in Sportvereinen **realitätsähnliche Trainings,** z. B. Outdoor-Training Zürcher Ressourcen Modell®	Angebote u. a. zu folgenden Themen: Ernährung Rückentraining Walking Entspannung Stressbewältigung Burnout-Prävention Raucherentwöhnung Nudging
ihr Urlaub und ihre Freizeit zur wirklichen Erholung beitragen.				
ihre persönlichen Bedürfnisse, z. B. Stressbewältigung, private Herausforderungen oder die ergonomische Gestaltung des Arbeitsplatzes, berücksichtigt werden.				
ihr Spaß und ihre Freude in der täglichen Arbeit gefördert werden.				
⟷ ENTWICKLUNGSZIELE	⟷ ENTWICKLUNGSPROZESS			

Tab. 56: Entwicklungsmethoden zum Wert *Gesundheit*

11.3 Bildung

»Das große Ziel der Bildung ist nicht Wissen, sondern Handeln.«
Herbert Spencer

Menschen mit einem ausgeprägten Wert *Bildung* ist es wichtig, die Freude am eigenen Erkennen und Verstehen zu vertiefen, z. B. bei fachlichen Diskussionen oder beim Erfahrungsaustausch, bei Informations- und Bildungsveranstaltungen, beim Lesen und Besprechen von Literatur, Filmen oder Fachpublikationen und Lernmedien, beim Nachdenken über eigene und fremde Erfahrungen, beim Studium oder bei der Aufbereitung von eigenem Erfahrungswissen.

Dieser Wert wirkt vor allem als Antrieb für methodische Kompetenzen. Diese Menschen sind darauf aus, Erlebnisse zu haben und Erfahrungen zu gewinnen, die ihren Wissenshorizont erweitern. Sie streben an, stets auf dem neuesten Wissensstand ihres Arbeitsgebietes zu sein. Die daraus resultierende Überlegenheit bereitet ihnen Genugtuung. Mit Freude lösen sie komplizierte Probleme, sei es am Arbeitsplatz, im Alltag oder im wissenschaftlichen Bereich. Sie knobeln gern an Problemen und kosten den Spaß dabei voll aus. Dabei sind sie bemüht, nicht an toten Fakten kleben zu bleiben, sondern Gesamtzusammenhänge mit den eigenen Erfahrungen in Einklang zu bringen. Manchmal führt sie die Freude am Wissen und an Fakten jedoch auch zu einem Perfektionismus, der die eigene Handlungsfähigkeit einschränkt.

Der Wert *Bildung* ist ein Genusswert und wird wie folgt definiert: !

Diesen Menschen ist es wichtig, aktiv ihr Wissen und ihre Kompetenzen zu erweitern.

Bei Menschen, die diesen Wert übertreiben, bestimmen der Aufbau von Wissen und die Erweiterung ihrer Kompetenzen, teilweise auf Kosten von laufenden Aufgaben, ihre Aktivitätsplanung und ihren Tagesablauf.

Sie haben sich zum Ziel gesetzt, Ihren Wert *Bildung* gezielt weiterzuentwickeln? Wir empfehlen Ihnen, Ihre Planung dieses Entwicklungsprozesses mithilfe folgender Matrix zu gestalten, weil Sie damit alle wesentlichen Aspekte Ihres personalisierten Lernprozesses berücksichtigen.

Wert *Bildung*	Gezielte Werteentwicklung durch			
Wertebeispiele Diesen Menschen ist wichtig, dass	**Praxis**	**Coaching/Mentoring**	**ergänzende Trainingsmaßnahmen**	**unterstützende Weiterbildungsmaßnahmen**
die Entwicklung ihres Fachwissens und ihrer Erfahrungen für ihren beruflichen Erfolg ermöglicht wird. *sie sich aus eigenem Antrieb entwickeln können.*	**Praxisprojekte und -aufgaben,** die es ermöglichen, sich selbst zu erkennen und zu verstehen sowie den Wissenshorizont zu erweitern. Dafür kommen vor allem Projekte in Frage, bei denen die Mitarbeiter besonders gefordert sind und neues Wissen anwenden müssen. Die Mitarbeiter suchen **Kollegen**, mit denen sie solche Herausforderungen gemeinsam bearbeiten können.	regelmäßige **Mentoringgespräche** mit der Führungskraft soziale Unterstützung durch KOPING-Gruppen	**realitätsgleiche Trainings**, möglichst im Rahmen von Social-Blended-Learning-Arrangements	Angebote u. a. zu folgenden Themen: **Tagungen und Kongresse** zu künstlerischen und wissenschaftlichen Fragen, aber auch mit Praxiserfahrungen oder Persönlichkeitsentwicklung, Nudging, **Kunst**, wie Erzählwerke oder filmische Darstellungen, die eine tiefe Einfühlung ermöglichen oder dokumentarische dramatische Werke, Bildkunstwerke, Musik, optische Medien oder sprachliche Elemente, die eine wirklichkeitsnahe emotionale Labilisierung ermöglichen

Wert *Bildung*	Gezielte Werteentwicklung durch			
Wertebeispiele Diesen Menschen ist wichtig, dass	**Praxis**	**Coaching/Mentoring**	**ergänzende Trainingsmaßnahmen**	**unterstützende Weiterbildungsmaßnahmen**
ihr fachlicher Austausch und ihre Zusammenarbeit in Netzwerken ermöglicht wird. *ihr lebenslanges Lernen gefördert wird.*	Die Mitarbeiter tauschen ihre Ideen in **Netzwerken** aus und bringen Ihre Erfahrungen in das Wissensmanagement mit ein. **Working Out Loud** **Jobrotation** mit Aufgaben, bei denen neues Wissen aufgebaut werden muss **Seitenwechsel®** im Spannungsfeld zwischen Persönlichkeitsentwicklung und sozialer Arbeit			
ENTWICKLUNGSZIELE	ENTWICKLUNGSPROZESS			

Tab. 57: Entwicklungsmethoden zum Wert *Bildung*

11.4 Individuelle Freiheit

»Die Freiheit des Menschen liegt nicht darin, dass er tun kann, was er will, sondern dass er nicht tun muss, was er nicht will.«
Jean-Jacques Rousseau

Menschen mit einem ausgeprägten Wert *individuelle Freiheit*, ist es wichtig, von anderen Menschen unabhängig zu sein. Dieser Wert wirkt vor allem als Antrieb für personale Kompetenzen.

Diese Menschen suchen für ihre Arbeit und ihr persönliches Leben Strukturen, die ihnen ausgeprägte Freiräume lassen, um sich persönlich möglichst große Weiterentwicklungs- und Erfolgsmöglichkeiten offenzuhalten. Sie nutzen Anerkennung, um ihren Freiraum stetig zu vergrößern. Sie achten auf eine eindeutige Positionierung in der Arbeit sowie im Leben und definieren ihren Status, aber auch den ihrer Kollegen klar. Dabei begreifen sie Macht als Instrument der Selbstverwirklichung und Unabhängigkeit.

!

Der Wert *individuelle Freiheit* ist ein Genusswert und wird wie folgt definiert:

Diesen Menschen ist es wichtig, dass sie persönliche Freiräume haben.

Menschen, die diesen Wert übertreiben, geben der individuellen Freiheit immer Vorrang, auch wenn dies zu Konflikten führt.

Sie haben sich zum Ziel gesetzt, Ihren Wert *individuelle Freiheit* gezielt weiterzuentwickeln? Wir empfehlen Ihnen, Ihre Planung dieses Entwicklungsprozesses mithilfe folgender Matrix zu gestalten, weil Sie damit alle wesentlichen Aspekte Ihres personalisierten Lernprozesses berücksichtigen.

Wert *individuelle Freiheit*	**Gezielte Werteentwicklung durch**			
Wertebeispiele Diesen Menschen ist wichtig, dass	**Praxis**	**Coaching/Mentoring**	**ergänzende Trainingsmaßnahmen**	**unterstützende Weiterbildungsmaßnahmen**
sie Raum zur Gestaltung finden.	**Praxisprojekte und -aufgaben,** die unabhängig und eigenverantwortlich bearbeitet werden. Es sollten ausreichend Freiräume für die Handlungen der Mitarbeiter vereinbart werden, um möglichst große Weiterentwicklungs- und Erfolgsmöglichkeiten offenzuhalten.	regelmäßige **Mentoringgespräche** mit der Führungskraft Unterstützung durch KOPING-Gruppen und Co-Coaching kollegiale Beratung	agile Entwicklungsmethoden: Design Thinking Scrum Kanban Pulse kollegiale Beratung kreativitätsnahe Trainings mit dem Ziel, individuelle Freiräume auszubauen	**Seminare und Workshops,** die dazu führen, dass der Handlungsspielraum der Mitarbeiter erweitert wird
sie angemessene Entscheidungsspielräume erhalten.	Nach Möglichkeit sollten agile Methoden genutzt werden.			
sie die Möglichkeit zur individuellen Gestaltung ihres Lebens, z. B. über flexible Arbeitszeitmodelle, haben.				
sie ihre Gestaltungsmöglichkeiten auch als Instrument der Selbstverwirklichung und Unabhängigkeit einsetzen.				
⟷ ENTWICKLUNGSZIELE	⟷ ENTWICKLUNGSPROZESS			

Tab. 58: Entwicklungsmethoden zum Wert *individuelle Freiheit*

11.5 Lebensstandard

»Lebensstandard ist kein Ersatz für Lebenssinn.«
Hans Küng

Menschen mit einem ausgeprägten Wert *Lebensstandard* ist es wichtig, einen hohen Wohlstand zu erreichen, der sich in ihrer bisherigen Karriere und ihren weiteren Entwicklungsmöglichkeiten zeigt, der ihnen die Selbstverwirklichung in aktuellen oder neuen Aufgaben und Projekten ermöglicht, sich aber auch im Einkommen und Vermögen oder in einer gesundheitsbewussten Lebensweise niederschlägt. Dieser Wert wirkt vor allem als Antrieb für Aktivitätskompetenzen.

!

Der Wert *Lebensstandard* ist ein Nutzenwert und wird wie folgt definiert:
Diesen Menschen ist es wichtig, dass ihr Lebensstandard gut ist und bleibt.

Menschen, die diesen Wert übertreiben, bestimmen ihr Handeln ausschließlich danach, ihren Lebensstandard zu steigern.

Sie haben sich zum Ziel gesetzt, Ihren Wert *Lebensstandard* gezielt weiterzuentwickeln? Wir empfehlen Ihnen, Ihre Planung dieses Entwicklungsprozesses mithilfe folgender Matrix zu gestalten, weil Sie damit alle wesentlichen Aspekte Ihres personalisierten Lernprozesses berücksichtigen.

Wert Lebensstandard	**Gezielte Werteentwicklung durch**			
Wertebeispiele Diesen Menschen ist wichtig, dass	**Praxis**	**Coaching/Mentoring**	**ergänzende Trainings**	**unterstützende Weiterbildungsmaßnahmen**
sie sinnvolle Aufgaben und attraktive Entwicklungsmöglichkeiten geboten bekommen.	**Praxisprojekte und -aufgaben**, die Entwicklungsmöglichkeiten bieten und Selbstverwirklichung ermöglichen. Dafür eignen sich Herausforderungen, die sich im Einkommen und Vermögen, aber auch in einer gesundheitsbewussten Lebensweise niederschlagen. Die Mitarbeiter bilden **Teams**, die komplexe Aufgaben in der Praxis kollaborativ und mit agilen Methoden bearbeiten. Die Mitarbeiter tauschen ihre Ideen in **Netzwerken** aus und bringen ihre Erfahrungen in das Wissensmanagement mit ein.	regelmäßige **Mentoringgespräche** mit der Führungskraft **Co-Coaching** durch Kollegen, die die Mitarbeiter unterstützen Unterstützung durch **KOPING-Gruppen** kollegiale Beratung	agile Entwicklungsmethoden: Design Thinking Scrum Kanban Pulse Trainingsunternehmen	Seminare und Workshops, z. B. zu Präsentationen, Konfliktbewältigung
ihre Work-Life-Balance, z. B. durch flexible Arbeitszeiten, unterstützt wird.				
ihr Lebensstandard, z. B. in Form von Einkommen, Vermögen und Wohneigentum, langfristig gesichert werden kann.				
ihre körperliche und mentale Fitness gefördert wird.				
⟷ ENTWICKLUNGSZIELE	⟷ ENTWICKLUNGSPROZESS			

Tab. 59: Entwicklungsmethoden zum Wert *Lebensstandard*

11.6 Sicherheit

»Ohne Sicherheit ist keine Freiheit.«
Wilhelm von Humboldt

Menschen mit einem ausgeprägten Wert *Sicherheit* ist es wichtig, ihre Lebensqualität zu sichern, dass die eigenen Erfolge über ihr Einkommen und ihre finanzielle Absicherung anerkannt werden und sie in relativ sicheren beruflichen und privaten Perspektiven leben. Dieser Wert wirkt vor allem als Antrieb für personale Kompetenzen. Diese Menschen wollen stets hinreichend informiert sein und streben an, von anderen unabhängig zu sein. Gleichzeitig bauen sie ein verlässliches Netzwerk an beruflichen und persönlichen Kontakten auf.

!

Der Wert *Sicherheit* ist ein Nutzenwert und wird wie folgt definiert:

Diesen Menschen ist es wichtig, dass ihren materiellen und beruflichen Sicherheitsbedürfnissen Rechnung getragen wird.

Menschen, die diesen Wert übertreiben, handeln ausschließlich danach, ein sicheres Einkommen und berufliche Perspektiven zu haben.

Sie haben sich zum Ziel gesetzt, Ihren Wert *Sicherheit* gezielt weiterzuentwickeln? Wir empfehlen Ihnen, Ihre Planung dieses Entwicklungsprozesses mithilfe folgender Matrix zu gestalten, weil Sie damit alle wesentlichen Aspekte Ihres personalisierten Lernprozesses berücksichtigen.

Wert *Sicherheit*	**Gezielte Werteentwicklung durch**			
Wertebeispiele Diesen Menschen ist wichtig, dass	**Praxis**	**Coaching/Mentoring**	**ergänzende Trainingsmaßnahmen**	**unterstützende Weiterbildungsmaßnahmen**
sie langfristig auf den Erfolg der Organisation vertrauen können. *ihr Arbeitsplatz langfristig sicher ist.* *sich ihre Leistungen und Erfolge in einem dauerhaften Einkommen niederschlagen.* *sie berufliche Perspektiven besitzen.*	**Praxisprojekte und -aufgaben** die zum Einkommen beitragen und sichere berufliche Perspektiven bieten Aufbau eines **verlässlichen Netzwerkes** von beruflichen und persönlichen Kontakten Suche geeigneter Kollegen, mit denen solche Aufgaben gemeinsam, evtl. mit agilen Methoden, übernommen werden können Die Mitarbeiter tauschen ihre Ideen in **Netzwerken** aus und bringen ihre Erfahrungen in das Wissensmanagement mit ein. Sie schließen sich internen und externen **Communities of Practice** an.	regelmäßige **Mentoringgespräche** mit der Führungskraft Unterstützung durch **KOPING-Gruppen** Co-Coaching kollegiale Beratung	agile Entwicklungsmethoden: Design Thinking Scrum Kanban Pulse kollegiale Beratung	Seminare und Workshops zu: Bewerbungen, Erstellung von Präsentationen, Bewältigung von Konflikten am Beispiel konkreter Maßnahmen aus der täglichen Arbeitspraxis
ENTWICKLUNGSZIELE	ENTWICKLUNGSPROZESS			

Tab. 60: Entwicklungsmethoden zum Wert *Sicherheit*

11.7 Anerkennung

»Das Leben ist ein einziges Ringen um Anerkennung.«
Bernhard Steiner

Menschen mit einem ausgeprägten Wert *Anerkennung* ist es wichtig, ihr Wissen und Können nutzbringend zu verwenden. Diese Menschen wollen eigene Ideen, Pläne oder Projekte erfolgreich umsetzen, bauen vor allem ihre fachlich-methodischen Kompetenzen im Prozess der Arbeit auf, wollen sich beruflich entwickeln, um aktuelle Herausforderungen zu bewältigen, suchen in der Arbeit Anerkennung und Lob, bringen ihr Erfahrungswissen in das Wissensmanagement ihrer Organisation, aber auch in Fachpublikationen ein.

!

Der Wert *Anerkennung* ist ein Nutzenwert und wird wie folgt definiert:

Diesen Menschen ist es wichtig, dass sich Leistung für sie lohnt.

Menschen, die diesen Wert übertreiben, handeln nur dann, wenn sie eine Belohnung dafür bekommen.

Sie haben sich zum Ziel gesetzt, Ihren Wert *Anerkennung* gezielt weiterzuentwickeln? Wir empfehlen Ihnen, Ihre Planung dieses Entwicklungsprozesses mithilfe folgender Matrix zu gestalten, weil Sie damit alle wesentlichen Aspekte Ihres personalisierten Lernprozesses berücksichtigen.

Wert *Anerkennung*	Gezielte Werteentwicklung durch			
Wertebeispiele Diesen Menschen ist wichtig, dass	**Praxis**	**Coaching/Mentoring**	**ergänzende Trainingsmaßnahmen**	**unterstützende Weiterbildungsmaßnahmen**
ihre erfolgreiche Umsetzung von Ideen, Plänen oder Projekten geschätzt wird. *besondere Leistungen honoriert werden.* *Leistungen sich in ihrer beruflichen Entwicklung niederschlagen.* *sie am Erfolg der Organisation und ihres Teams beteiligt werden.*	**Praxisprojekte und -aufgaben,** in denen die Mitarbeiter ihr Wissen und Können nutzbringend anwenden und in denen sie ihre eigenen Ideen, evtl. mit agilen Methoden, erfolgreich umsetzen können Die Mitarbeiter suchen **Kollegen,** mit denen sie solche Herausforderungen gemeinsam bearbeiten können. Die Mitarbeiter tauschen ihre Ideen in **Netzwerken** aus und bringen ihre Erfahrungen in das Wissensmanagement mit ein. Working Out Loud Seitenwechsel®	regelmäßige **Mentoringgespräche** mit der Führungskraft Unterstützung durch KOPING-Gruppen und Co-Coaching kollegiale Beratung	agile Entwicklungsmethoden: Design Thinking Scrum Kanban Pulse kollegiale Beratung realitätsgleiche Trainings in **Trainingsunternehmen** Outdoor-Training	Seminare und Workshops zu: Bewerbungen, Erstellung von Präsentationen, Bewältigung von Konflikten am Beispiel konkreter Maßnahmen aus der täglichen Arbeitspraxis, Kunst
⟷ ENTWICKLUNGSZIELE	⟷ ENTWICKLUNGSPROZESS			

Tab. 61: Entwicklungsmethoden zum Wert *Anerkennung*

11.8 Gemeinnutz

»Gemeinnutz geht vor Eigennutz.«
Charles de Montesquieu

Menschen mit einem ausgeprägten Wert *Gemeinnutz* ist es wichtig, dass ihr Handeln auch anderen nützt. Dieser Wert wirkt vor allem als Antrieb für sozial-kommunikative Kompetenzen. Diese Menschen wollen die berufliche Entwicklung von Kollegen und Mitarbeitern ermöglichen und begleiten, sich aktiv und konstruktiv in private und berufliche Netzwerke einbringen, kreative Lösungen in ihrer Organisation mit herbeiführen, die Öffentlichkeitsarbeit ihrer Organisation aktiv fördern sowie ehrlich und verlässlich den Erfahrungsaustausch, z. B. in Communities of Practice, vorantreiben.

!

Der Wert *Gemeinnutz* ist ein Nutzenwert und wird wie folgt definiert:

Diesen Menschen ist wichtig, dass der Wert, den sie schaffen, auch dem Team und der Organisation zugutekommt.

Menschen, die diesen Wert übertreiben, konzentrieren sich auf den Vorteil für das Team oder die Organisation, auch wenn es ihnen selbst schadet.

Sie haben sich zum Ziel gesetzt, Ihren Wert *Gemeinnutz* gezielt weiterzuentwickeln? Wir empfehlen Ihnen, Ihre Planung dieses Entwicklungsprozesses mithilfe folgender Matrix zu gestalten, weil Sie damit alle wesentlichen Aspekte Ihres personalisierten Lernprozesses berücksichtigen.

Wert *Gemeinnutz*	**Gezielte Werteentwicklung durch**			
Wertebeispiele Diesen Menschen ist wichtig, dass	**Praxis**	**Coaching/Mentoring**	**ergänzende Trainingsmaßnahmen**	**unterstützende Weiterbildungsmaßnahmen**
sie Kollegen bei der Bewältigung von Problemstellungen im Rahmen ihrer Möglichkeiten unterstützen.	**Praxisprojekte und -aufgaben**, in denen die Mitarbeiter ihr Wissen und Können nutzbringend anwenden, um ihren Kollegen oder dem Team bei der Bewältigung von schwierigen Problemstellungen zu helfen	regelmäßige **Mentoringgespräche** mit der Führungskraft Unterstützung durch KOPING-Gruppen und Co-Coaching kollegiale Beratung	agile Entwicklungsmethoden: Design Thinking Scrum Kanban Pulse kollegiale Beratung realitätsgleiche Trainings in **Trainingsunternehmen**	**Seminare und Workshops** zu gemeinnützigen Themen im Bereich ihres Arbeitsfeldes und zum Aufbau von Netzwerken
sie sich in Berufs- und Kollegennetzwerke aktiv einbringen.	Die Mitarbeiter suchen **Kollegen**, mit denen sie solche Herausforderungen gemeinsam bearbeiten können. Die Mitarbeiter bringen ihre Erfahrungen und Ideen aktiv in **Netzwerke** und in das Wissensmanagement mit ein. Die Mitarbeiter initiieren und fördern Projekte, die einen gesellschaftlichen Nutzen erzeugen. Working Out Loud Seitenwechsel®			
sie den gesellschaftlichen Nutzen, den das Team und die Organisation erzeugt, mitgestalten können.				
Ehrlichkeit und Verlässlichkeit den Umgang mit anderen bestimmen.				

Wert *Gemeinnutz*	Gezielte Werteentwicklung durch			
Wertebeispiele Diesen Menschen ist wichtig, dass	**Praxis**	**Coaching/Mentoring**	**ergänzende Trainingsmaßnahmen**	**unterstützende Weiterbildungsmaßnahmen**
⟷ ENTWICKLUNGSZIELE	⟷ ENTWICKLUNGSPROZESS			

Tab. 62: Entwicklungsmethoden zum Wert *Gemeinnutz*

11.9 Privatleben

»Das erste, das der Mensch im Leben vorfindet, das letzte, wonach er die Hand ausstreckt, das kostbarste, was er im Leben besitzt, ist die Familie.«
Adolph Kolping

Menschen mit einem ausgeprägten Wert *Privatleben* wollen in ihrem privaten Bereich ein gutes Leben führen. Dieser Wert wirkt vor allem als Antrieb für personale Kompetenzen. Diesen Menschen ist es wichtig, ein ausgeglichenes Privatleben mit gegenseitiger Akzeptanz und Gerechtigkeit zu führen. Sie beachten und schätzen auch das Privatleben ihrer Freunde und Kollegen. Sie akzeptieren und unterstützen Familien, aber auch andere Beziehungen und Partnerschaften. Sie schöpfen Stabilität und Orientierung aus einem stabilen Privatleben, das sie mit Offenheit, Direktheit, Fairness und Toleranz gestalten.

!

Der Wert *Privatleben* ist ein ethischer Wert und wird wie folgt definiert:

Diesen Menschen ist es wichtig, dass ihre privaten Belange berücksichtigt werden.

Bei Menschen, die diesen Wert übertreiben, stehen die privaten Belange immer im Vordergrund, auch wenn es zwingende betriebliche Erfordernisse gibt.

Sie haben sich zum Ziel gesetzt, Ihren Wert *Privatleben* gezielt weiterzuentwickeln? Wir empfehlen Ihnen, Ihre Planung dieses Entwicklungsprozesses mithilfe folgender Matrix zu gestalten, weil Sie damit alle wesentlichen Aspekte Ihres personalisierten Lernprozesses berücksichtigen.

<table>
<tr><th>Wert Privatleben</th><th colspan="4">Gezielte Werteentwicklung durch</th></tr>
<tr><th>Wertebeispiele
Diesen Menschen ist wichtig, dass</th><th>Praxis</th><th>Coaching/Mentoring</th><th>ergänzende Trainingsmaßnahmen</th><th>unterstützende Weiterbildungsmaßnahmen</th></tr>
<tr><td>ihr Privatleben aktiv unterstützt wird.</td><td rowspan="4">Praxisprojekte und -aufgaben im Bereich der Mitarbeiter, in denen sie gemeinsam mit Kollegen im Team die Vereinbarkeit von Privatleben und Arbeit analysieren und praktikable Lösungen entwickeln, die von gegenseitiger Akzeptanz und Gerechtigkeit geprägt sind.
Die Mitarbeiter bringen dabei ihre eigenen Ideen, Pläne oder Projekte ein und nutzen bei Bedarf agile Methoden.
Die Mitarbeiter schließen sich internen und externen Communities of Practice an.</td><td rowspan="4">regelmäßige Mentoringgespräche mit der Führungskraft

Unterstützung durch KOPING-Gruppen und Co-Coaching

kollegiale Beratung</td><td rowspan="4">agile Entwicklungsmethoden:
Design Thinking
Scrum
Kanban
Pulse

kollegiale Beratung

kreativitätsnahe Trainings mit dem Ziel, die Work-Life-Balance zu optimieren</td><td rowspan="4">Seminare und Workshops zur Work-Life-Balance im eigenen Arbeitsbereich

Prospect Theory

Post-mortem-Diskussion

Advocatus-Diaboli-Diskussion

Debiasing</td></tr>
<tr><td>es ihnen ermöglicht wird, die Balance zwischen Arbeit und Privatleben zu sichern.</td></tr>
<tr><td>sie bei außergewöhnlichen privaten Belastungen, z. B. der Pflege von Angehörigen, unterstützt werden.</td></tr>
<tr><td>auch andere Formen von Beziehungen und Partnerschaften akzeptiert und unterstützt werden.</td></tr>
<tr><td>ENTWICKLUNGSZIELE</td><td colspan="4">ENTWICKLUNGSPROZESS</td></tr>
</table>

Tab. 63: Entwicklungsmethoden zum Wert *Privatleben*

11.10 Ideale

»Ideale sind wie Sterne. Man kann sie nicht erreichen,
aber man kann sich an ihnen orientieren.«
Carl Schurz

Mitarbeiter mit einem ausgeprägten Wert *Ideale* wollen sich aktiv für ihre Ideale einsetzen, indem sie im privaten und beruflichen Bereich Offenheit und Gerechtigkeit fördern, gesellige Aktivitäten unterstützen sowie konstruktive Teamarbeit und teamorientiertes Handeln forcieren. Dabei wollen sie jedem Kollegen die eigene Entfaltung ermöglichen. Sie engagieren sich im Sportverein oder in vielfältigen Formen von Vereinigungen, nutzen aber auch die Möglichkeit, mit unterschiedlichen Gesprächspartnern zu diskutieren. Dieser Wert wirkt vor allem als Antrieb für Aktivitätskompetenzen.

!

Der Wert *Ideale* ist ein ethischer Wert und wird wie folgt definiert:

Diesen Menschen ist es wichtig, dass gemeinsamen Idealen gefolgt wird.

Bei Menschen, die diesen Wert übertreiben, orientiert sich ihr Handeln immer an ihren persönlichen Idealen, auch wenn sie im Widerspruch zu betrieblichen Belangen stehen.

Sie haben sich zum Ziel gesetzt, Ihren Wert *Ideale* gezielt weiterzuentwickeln? Wir empfehlen Ihnen, Ihre Planung dieses Entwicklungsprozesses mithilfe folgender Matrix zu gestalten, weil Sie damit alle wesentlichen Aspekte Ihres personalisierten Lernprozesses berücksichtigen.

Wert *Ideale*	Gezielte Werteentwicklung durch			
Wertebeispiele Diesen Menschen ist wichtig, dass	Praxis	Coaching/Mentoring	ergänzende Trainingsmaßnahmen	unterstützende Weiterbildungsmaßnahmen
die zielführende Zusammenarbeit im Team und in der Organisation gelebt wird.	Praxisprojekte und -aufgaben: in denen sich die Mitarbeiter konsequent an ihren Vorstellungen und Werten orientieren,	regelmäßige **Mentoringgespräche** mit der Führungskraft, Unterstützung durch KOPING-Gruppen und Co-Coaching, kollegiale Beratung	agile Entwicklungsmethoden: Design Thinking Scrum Kanban	**Seminare und Workshops** zu den Idealen der Mitarbeiter mit Bezug zum eigenen Arbeitsbereich, Prospect Theory, Post-mortem-Diskussion
die gemeinsamen Werte die Leitschnur des Handelns bilden. *Diskussionen wertschätzend und offen geführt werden.* *alle gleich, aber ohne Gleichmacherei, behandelt werden.*	die im privaten und beruflichen Bereich Offenheit und Gerechtigkeit fördern, die gesellige Aktivitäten unterstützen sowie konstruktive Teamarbeit und teamorientiertes Handeln forcieren. Die Mitarbeiter suchen **Kollegen**, mit denen sie solche Herausforderungen gemeinsam, evtl. mit agilen Methoden, bearbeiten können. Die Mitarbeiter tauschen ihre Ideen in **Netzwerken** aus und bringen ihre Erfahrungen in das Wissensmanagement mit ein. Seitenwechsel®		Pulse kollegiale Beratung	Advocatus-Diaboli-Diskussion Debiasing Kunst
⟷ ENTWICKLUNGSZIELE	⟷ ENTWICKLUNGSPROZESS			

Tab. 64: Entwicklungsmethoden zum Wert *Ideale*

11.11 Verantwortung

»Wir sind nicht nur verantwortlich für das, was wir tun, sondern auf für das, was wir nicht tun.«

Molière

Menschen mit einem ausgeprägten Wert *Verantwortung* wollen nach bestem Wissen eigenverantwortlich leben und handeln. Dieser Wert wirkt vor allem als Antrieb für fachlich- methodische, aber auch soziale Kompetenzen. Verantwortungsbewusste Menschen orientieren sich an der Kultur ihrer Organisation, aber auch an gesellschaftlichen oder ökologischen Werten und versuchen, auch andere Kulturen und Religionen zu verstehen und kreativ in das eigene interkulturelle Handeln einzubeziehen. Sie gestalten die Zusammenarbeit und den Austausch mit Freunden und Kollegen, z. B. in Projekten, eigenverantwortlich im Rahmen der Zielvereinbarungen. Gleichzeitig nutzen sie diese Erfahrungen für ihren Kompetenzaufbau. Anderen ermöglichen sie es, selbst Verantwortung zu übernehmen.

!

Der Wert *Verantwortung* ist ein ethischer Wert und wird wie folgt definiert:
Diesen Menschen ist es wichtig, verantwortlich zu handeln.

Menschen, die diesen Wert übertreiben, versuchen, Aufgaben an sich zu ziehen, auch wenn andere sie besser übernehmen könnten.

Sie haben sich zum Ziel gesetzt, Ihren Wert *Verantwortung* gezielt weiterzuentwickeln? Wir empfehlen Ihnen, Ihre Planung dieses Entwicklungsprozesses mithilfe folgender Matrix zu gestalten, weil Sie damit alle wesentlichen Aspekte Ihres personalisierten Lernprozesses berücksichtigen.

Wert *Verantwortung*	**Gezielte Werteentwicklung durch**			
Wertebeispiele Diesen Menschen ist wichtig, dass	**Praxis**	**Coaching/Mentoring**	**ergänzende Trainingsmaßnahmen**	**unterstützende Weiterbildungsmaßnahmen**
sie selbst Initiative ergreifen und der jeweiligen Situation angemessen agieren. *sie für Herausforderungen selbstorganisiert und kreativ Lösungen entwickeln.* *sie ihre Arbeit und den Austausch mit Kollegen eigenverantwortlich gestalten und dabei lernen können.* *sie Entwicklungsprozesse von Kollegen aus eigenem Antrieb heraus ermöglichen und begleiten.*	**Praxisprojekte und -aufgaben,** die in hohem Maße eigenverantwortliches Handeln, bei Bedarf mit agilen Methoden, erfordern, insbesondere Praxisaufgaben oder Projekte, in denen ein hohes Maß an Verantwortung für das Ergebnis, das Team, die Organisation oder gesellschaftliche und ökologische Ziele übernommen werden Die Mitarbeiter tauschen ihre Ideen in **Netzwerken** aus und bringen ihre Erfahrungen in das Wissensmanagement mit ein. Seitenwechsel®	regelmäßige **Mentoringgespräche** mit der Führungskraft Unterstützung durch KOPING-Gruppen und Co-Coaching kollegiale Beratung	agile Entwicklungsmethoden: Design Thinking Scrum Kanban Pulse kollegiale Beratung Trainingsunternehmen Outdoor-Training	**Seminare und Workshops,** die sich mit verantwortlichem Handeln im Arbeitsbereich der Mitarbeiter beschäftigen, z. B. zum nachhaltigen Handeln Prospect Theory Post-mortem-Diskussion Advocatus-Diaboli-Diskussion Debiasing Anti-Biasing
⟷ ENTWICKLUNGSZIELE	⟷ ENTWICKLUNGSPROZESS			

Tab. 65: Entwicklungsmethoden zum Wert *Verantwortung*

11.12 Respekt

»Doch ehe man Respekt genießt, muss man sich ihn verdienen. Und um ihn zu verdienen, darf man sich ihn nicht wünschen.«
Leo Tolstoi

Menschen mit einem ausgeprägten Wert *Respekt* anerkennen und respektieren auch andersartige Menschen. Dieser Wert wirkt vor allem als Antrieb für soziale Kompetenzen.

Diesen Menschen ist wichtig, anderen Menschen möglichst viel Verständnis und Wertschätzung entgegenzubringen sowie fremde Lebensverhältnisse ohne Vorurteile zu betrachten. Sie fordern den gleichen respektvollen Umgang für sich selbst, ihre Familie und ihre eigene Kultur. Sie respektieren fremde kulturelle, religiöse und politische Überzeugungen. In der Kommunikation versuchen sie, zuzuhören und Empathie sowie Toleranz zu zeigen.

!

Der Wert *Respekt* ist ein ethischer Wert und wird wie folgt definiert:

Diesen Menschen ist es wichtig, dass sich Kollegen und Führungskräfte auf Augenhöhe begegnen und sich gegenseitig unterstützen.

Menschen, die diesen Wert übertreiben, sprechen Probleme und Herausforderungen nicht an, um andere nicht in Bedrängnis zu bringen.

Sie haben sich zum Ziel gesetzt, Ihren Wert *Respekt* gezielt weiterzuentwickeln? Wir empfehlen Ihnen, Ihre Planung dieses Entwicklungsprozesses mithilfe folgender Matrix zu gestalten, weil Sie damit alle wesentlichen Aspekte Ihres personalisierten Lernprozesses berücksichtigen.

Wert *Respekt*	Gezielte Werteentwicklung durch			
Wertebeispiele Diesen Menschen ist wichtig, dass	**Praxis**	**Coaching/Mentoring**	**ergänzende Trainingsmaßnahmen**	**unterstützende Weiterbildungsmaßnahmen**
sie ohne Rücksicht auf Hierarchien wertschätzend mit Kollegen und Führungskräften kommunizieren und arbeiten können. *allen Mitarbeitenden, unabhängig von Herkunft oder Religion, mit Verständnis und ohne Vorbehalte begegnet wird.* *fremde Familien- und Lebensverhältnisse ohne Vorurteile betrachtet und andere kulturelle, religiöse und politische Überzeugungen grundsätzlich respektiert werden.* *mit allen Mitarbeitern tolerant umgegangen wird.*	**Praxisprojekte und -aufgaben,** bei denen es vor allem darauf ankommt, auch andersartige Menschen anzuerkennen und zu respektieren. Dabei sollte es wichtig sein, anderen Menschen möglichst viel Verständnis und Wertschätzung entgegenzubringen und fremde Lebensverhältnisse ohne Vorurteile zu betrachten. Nach Möglichkeit sollten agile Methoden genutzt werden. Die Mitarbeiter tauschen ihre Ideen in **Netzwerken** aus und bringen ihre Erfahrungen in das Wissensmanagement mit ein. Seitenwechsel®	regelmäßige **Mentoringgespräche** mit der Führungskraft Unterstützung durch KOPING-Gruppen und Co-Coaching kollegiale Beratung	agile Entwicklungsmethoden: Design Thinking Scrum Kanban Pulse kollegiale Beratung Trainingsunternehmen Outdoor-Training realitätsnahe Trainings mit dem Ziel, Respekt in herausfordernden Situationen zu entwickeln	**Seminare und Workshops,** die sich mit Respekt, z. B. im interkulturellen Bereich, beschäftigen. Entscheidend für die Entwicklung des Wertes *Respekt* ist, dass sich aus den Weiterbildungsmaßnahmen konkrete Maßnahmen in der täglichen Arbeitspraxis der Mitarbeiter ableiten, die ein hohes Maß an Respekt erfordern.
⟷ ENTWICKLUNGSZIELE	⟷ ENTWICKLUNGSPROZESS			

Tab. 66: Entwicklungsmethoden zum Wert *Respekt*

11.13 Beziehungen

»Beziehungen werden vorwärts gelebt und rückwärts verstanden.«
Kenneth Branagh

Menschen mit einem ausgeprägten Wert *Beziehungen* ist es wichtig, Mitmenschen zu haben, die sie anerkennen, akzeptieren und mit denen sie sich wohlfühlen, z. B. beim Austausch und Treffen mit Kollegen und Freunden und der Pflege der Freundschaft, beim gemeinsamen Spaßhaben, wie sportliche oder kulturelle Aktivitäten, beim Feiern, bei der Aktivierung positiver Gefühle und Empfindungen gegenüber anderen, beim Ausleben eigener Emotionen in einer Beziehung, bei der Sexualität oder in der Familie.

Dieser Wert wirkt vor allem als Antrieb für soziale Kompetenzen. Diese Menschen empfindet Glücksgefühle beim aktiven Zusammenwirken mit anderen Menschen mit unterschiedlichsten Charakteren und genießen es, geachtet und beliebt zu sein. Sie setzen sich gerne solidarisch und hilfsbereit für andere ein und wirken vermittelnd und taktvoll bei Konflikten. Es fällt ihnen leicht, emotionale Beziehungen zu anderen aufzubauen. Sie genießen mit ihnen gemeinsame Erfolge und sind in der Lage, Niederlagen gut zu verschmerzen. Es gelingt ihnen immer wieder, echte Freunde zu gewinnen.

!

Der Wert *Beziehungen* ist ein sozialer Wert und wird wie folgt definiert:

Diesen Menschen ist es wichtig, dass freundliche bis freundschaftliche Beziehungen das Klima bestimmen.

Menschen, die diesen Wert übertreiben, ist die Pflege von Freundschaften und freundschaftlichen Verhältnissen wichtiger, als notwendige Konflikte auszutragen.

Sie haben sich zum Ziel gesetzt, Ihren Wert *Beziehungen* gezielt weiterzuentwickeln? Wir empfehlen Ihnen, Ihre Planung dieses Entwicklungsprozesses mithilfe folgender Matrix zu gestalten, weil Sie damit alle wesentlichen Aspekte Ihres personalisierten Lernprozesses berücksichtigen.

Wert *Beziehungen*	**Gezielte Werteentwicklung durch**			
Wertebeispiele Diesen Menschen ist wichtig, dass	**Praxis**	**Coaching/Mentoring**	**ergänzende Trainingsmaßnahmen**	**unterstützende Weiterbildungsmaßnahmen**
ihre Begegnung mit Kollegen, z. B. durch Sozialräume, gefördert wird.	**Praxisprojekte und -aufgaben**, in denen die Mitarbeiter aktiv mit anderen Menschen mit unterschiedlichsten Charakteren zusammenwirken, insbesondere solche, in denen sie sich solidarisch und hilfsbereit für andere einsetzen und vermittelnd und taktvoll, z. B. bei Konflikten, wirken können. Die Mitarbeiter suchen sich **Kollegen**, mit denen sie solche Herausforderungen gemeinsam bearbeiten können. Veröffentlichung der eigenen Überlegungen und Erfahrungen in einem Blog oder in Fachzeitschriften	regelmäßige **Mentoringgespräche** mit der Führungskraft **Co-Coaching** durch Kollegen, die das Entwicklungsprojekt *Beziehungen* begleitet	agile Entwicklungsmethoden: Design Thinking Scrum Kanban Pulse kollegiale Beratung realitätsnahe Trainings, z. B. Konfliktbewältigungstrainings	Outdoor-Training, z. B.: reale Expeditionen Bergwandern Bergsteigen Segeln Kanufahren Rafting Survival Trainings Hochseilgarten Kletterwand Spinnennetz Vertrauensfall Blind Trust Walk Führen mit Pferden Nudging
gemeinsame Aktivitäten mit Kollegen, auch außerhalb der Arbeit, z. B. durch sportliche Angebote, aktiv unterstützt werden.				
die Arbeitsatmosphäre dazu beiträgt, die Zusammenarbeit zu fördern.				
die Organisationsstruktur, z. B. durch bereichsübergreifende Teams, und die Gestaltung des Arbeitsplatzes das Miteinander fördern.				
⟷ ENTWICKLUNGSZIELE	⟷ ENTWICKLUNGSPROZESS			

Tab. 67: Entwicklungsmethoden zum Wert *Beziehungen*

11.14 Einfluss

> *»Ich mag das Wort Macht nicht. Macht klingt wie ein Wert an sich. Ich spreche lieber von Einfluss. Einfluss zu haben und ihn für etwas zu verwenden, an das glaube ich. Das ist mir absolut wichtig.«*
>
> Judith Wiese, Personalvorstand Siemens

Menschen mit einem ausgeprägten Wert *Einfluss* ist es wichtig, die Möglichkeit – und wenn nötig die Macht – zu haben, um im Kleinen oder Großen etwas zu verändern. Dieser Wert wirkt vor allem als Antrieb für Aktivitätskompetenzen.

Diese Menschen suchen Netzwerke und Freundeskreise, die im Beruf und in der Gesellschaft etwas erreichen können. Sie streben mit ihrem beruflichen Aufstieg den Ausbau ihres Einflusses an und wollen proaktiv etwas verändern und dabei ihre Handlungsspielräume sinnvoll erweitern.

! **Der Wert *Einfluss* ist ein sozialer Wert und wird wie folgt definiert:**

Diesen Menschen ist es wichtig, dass sie zu einem positiven Image und Einfluss ihres Teams und der Organisation beitragen.

Menschen, die diesen Wert übertreiben, stellen ihr Team oder ihre Organisation immer nur positiv da, auch wenn sie kritische Entwicklungen erkennen.

Sie haben sich zum Ziel gesetzt, Ihren Wert *Einfluss* gezielt weiterzuentwickeln? Wir empfehlen Ihnen, Ihre Planung dieses Entwicklungsprozesses mithilfe folgender Matrix zu gestalten, weil Sie damit alle wesentlichen Aspekte Ihres personalisierten Lernprozesses berücksichtigen.

<table>
<tr><th>Wert Einfluss</th><th colspan="4">Gezielte Werteentwicklung durch</th></tr>
<tr><th>Wertebeispiele
Diesen Menschen ist wichtig, dass</th><th>Praxis</th><th>Coaching/Mentoring</th><th>ergänzende Trainingsmaßnahmen</th><th>unterstützende Weiterbildungsmaßnahmen</th></tr>
<tr><td>sie nicht nur über Veränderungen reden, sondern aus eigenem Antrieb etwas tun.</td><td rowspan="4">Praxisprojekte und -aufgaben, in denen die Mitarbeiter kontinuierlich ihre Möglichkeiten ausbauen, um im Kleinen oder Großen etwas zu verändern
Die Mitarbeiter tauschen ihre Ideen in Netzwerken aus und bringen ihre Erfahrungen in das Wissensmanagement, aber insbesondere auch in die Öffentlichkeitsarbeit mit ein.
Die Mitarbeiter suchen Kollegen, mit denen sie gemeinsam im Team, evtl. mit agilen Methoden, Einfluss nehmen können.</td><td rowspan="4">regelmäßige Mentoringgespräche mit der Führungskraft

Unterstützung durch KOPING-Gruppen und Co-Coaching

kollegiale Beratung</td><td rowspan="4">agile Entwicklungsmethoden:
Design Thinking
Scrum
Kanban
Pulse

kollegiale Beratung

realitätsnahe Trainings, z. B. Präsentationstrainings</td><td rowspan="4">Seminare und Workshops, die dazu führen, dass der Handlungsspielraum der Mitarbeiter erweitert wird</td></tr>
<tr><td>sie Netzwerke aufbauen, die in der Gesellschaft oder im Arbeitsleben etwas bewirken.</td></tr>
<tr><td>sie ihre Position für das Team und die Organisation einsetzen und nicht nur für eigene Karriereziele nutzen.</td></tr>
<tr><td>sie ihre Handlungsspielräume sinnvoll erweitern.</td></tr>
<tr><td>ENTWICKLUNGSZIELE</td><td colspan="4">ENTWICKLUNGSPROZESS</td></tr>
</table>

Tab. 68: Entwicklungsmethoden zum Wert *Einfluss*

11.15 Norm und Gesetz

»Wer sich den Gesetzen nicht fügen will, muss die Gegend verlassen, wo sie gelten.«
Johann Wolfgang von Goethe

Menschen mit einem ausgeprägten Wert *Norm und Gesetz* ist es wichtig, Regeln und Vorschriften zu kennen und zu respektieren. Dieser Wert wirkt vor allem als Antrieb für methodische Kompetenzen. Diese Menschen wollen verhindern, dass ihnen notwendige Informationen verloren gehen oder falsch interpretiert werden oder dass dadurch große kulturelle, ökonomische oder politische Fehlentscheidungen folgen können.

Die Klärung eigener oder fremder Probleme sehen sie nur als möglich an, wenn der Wert *Norm und Gesetz* hochgehalten wird. Auch sehen sie Wissen im Rahmen von Gesetz und Ordnung als Machtfaktor an. Ihre eigene Karriere kann nach ihrer Ansicht nur im Rahmen von Recht und Ordnung gesichert werden, weil sie nur dann nicht angreifbar sind und dominant werden können.

!

Der Wert *Norm und Gesetz* ist ein sozialer Wert und wird wie folgt definiert:

Diesen Menschen ist es wichtig, dass sie intern und extern Recht und Ordnung kennen und danach handeln.

Menschen, die diesen Wert übertreiben, handeln immer exakt nach den Vorschriften, auch wenn sie in einer Situation nicht sinnvoll sind.

Sie haben sich zum Ziel gesetzt, Ihren Wert *Norm und Gesetz* gezielt weiterzuentwickeln? Wir empfehlen Ihnen, Ihre Planung dieses Entwicklungsprozesses mithilfe folgender Matrix zu gestalten, weil Sie damit alle wesentlichen Aspekte Ihres personalisierten Lernprozesses berücksichtigen.

Wert *Norm und Gesetz*	**Gezielte Werteentwicklung durch**			
Wertebeispiele Diesen Menschen ist wichtig, dass	**Praxis**	**Coaching/Mentoring**	**ergänzende Trainingsmaßnahmen**	**unterstützende Weiterbildungsmaßnahmen**
sie alle ihre Handlungen im Rahmen rechtlicher Vorgaben gestalten. *für sie kein Nachteil entsteht, wenn sie sich weigern, illegale Vorgaben auszuführen.* *sie durch ihr Handeln das positive Bild ihres Teams und der Organisation in der Öffentlichkeit fördern.* *existenzbedrohende Krisen durch die Verletzung von Normen und Gesetzen vermieden werden.*	**Praxisprojekte und -aufgaben,** in denen rechtliche Vorgaben eine besondere Bedeutung haben und in denen konsequent Normen und Gesetze beachtet werden müssen, um Schaden zu vermeiden Die Mitarbeiter suchen **Kollegen**, mit denen sie gemeinsam im Team, evtl. mit agilen Methoden, rechtliche Herausforderungen bewältigen können.	regelmäßige **Mentoringgespräche** mit der Führungskraft Unterstützung durch KOPING-Gruppen und Co-Coaching kollegiale Beratung	agile Entwicklungsmethoden: Design Thinking Scrum Kanban Pulse kollegiale Beratung Trainingsunternehmen realitätsnahe Trainings, z. B. zu rechtlichen Konflikten	Seminare und Workshops zu rechtlichen Themen aus der Arbeitspraxis
ENTWICKLUNGSZIELE	ENTWICKLUNGSPROZESS			

Tab. 69: Entwicklungsmethoden zum Wert *Norm und Gesetz*

11.16 Netzwerk

»Dein Netzwerk ist dein Erfolg.«
Porter Gale

Menschen mit einem ausgeprägten Wert *Netzwerk* ist es wichtig, sich mit anderen im Rahmen ihrer eigenen sowie gemeinsamer Interessen zu verbünden. Dieser Wert wirkt vor allem als Antrieb für soziale Kompetenzen.

Diese Menschen wollen mit Verbündeten ihre Ziele erreichen, indem sie Handlungsspielräume und Netzwerke schaffen. Dadurch können sie ihre eigenen Vorstellungen besser durchsetzen. Gleichzeitig sichern sie sich die Wertschätzung und Anerkennung der anderen und können bemerkenswerte Verantwortung übernehmen. Über Karrierenetzwerke kann die eigene Entwicklung gefördert werden.

!

Der Wert *Netzwerk* ist ein sozialer Wert und wird wie folgt definiert:

Diesen Menschen ist es wichtig, dass sie Netzwerke aufbauen.

Menschen, die diesen Wert übertreiben, bewältigen auch kleinste Herausforderungen immer nur gemeinsam mit einem oder mehreren Netzwerkpartnern.

Sie haben sich zum Ziel gesetzt, Ihren Wert *Netzwerk* gezielt weiterzuentwickeln? Wir empfehlen Ihnen, Ihre Planung dieses Entwicklungsprozesses mithilfe folgender Matrix zu gestalten, weil Sie damit alle wesentlichen Aspekte Ihres personalisierten Lernprozesses berücksichtigen.

Wert *Netzwerk*	Gezielte Werteentwicklung durch			
Wertebeispiele Diesen Menschen ist wichtig, dass	**Praxis**	**Coaching/Mentoring**	**ergänzende Trainingsmaßnahmen**	**unterstützende Weiterbildungsmaßnahmen**
ihre Verbindungen Handlungsspielräume schaffen, um weitergehende Ziele zu erreichen.	**Praxisprojekte und -aufgaben,** in denen man sich mit anderen verbündet, auch aus anderen Bereichen, um kollaborativ und agil zusammenzuarbeiten Jobrotation	regelmäßige **Mentoringgespräche** mit der Führungskraft Unterstützung durch KOPING-Gruppen und Co-Coaching kollegiale Beratung	agile Entwicklungsmethoden: Design Thinking Scrum Kanban Pulse kollegiale Beratung Trainingsunternehmen Outdoor-Training	**Angebote, wie z. B. Barcamps,** die eine Netzwerkbildung ermöglichen
ihre Kontakte es ihnen ermöglichen, ihre persönlichen Ziele zu erreichen.				
sie durch ihre Netzwerke persönliche Wertschätzung und Anerkennung erfahren.				
sie dadurch auch größere Herausforderungen erfolgreich bewältigen.				
⟷ ENTWICKLUNGSZIELE	⟷ ENTWICKLUNGSPROZESS			

Tab. 70: Entwicklungsmethoden zum Wert *Netzwerk*

12 Entwicklungsempfehlungen für Einzelkompetenzen

Die Einzelkompetenzen sind aus dem Kompetenzmodell abgeleitet, das Roman und Werner Sauter auf Basis des Kompetenzmodells von John Erpenbeck und Volker Heyse (2007) entwickelt haben. Die Beschreibungen der Einzelkompetenzen erarbeiteten wir in vielfältigen Praxisprojekten unter Einbeziehung von Fachliteratur (vgl. Heyse, Erpenbeck 2009).

Die folgenden Empfehlungen aus unserer Projektpraxis beziehen sich auf die grundlegenden Methoden, die wir in Kapitel 10 erläutert haben.

12.1 Eigenverantwortliches Handeln

»Die Verantwortung für sich selbst ist die Wurzel jeder Verantwortung.«
Mengzi

Die Kompetenz *eigenverantwortliches Handeln* gehört zu den **personalen Kompetenzen.** Es geht also grundsätzlich um die Fähigkeit, selbstkritisch auf Basis seiner Werte und unter Einbeziehung verschiedener Sichtweisen zu handeln, sich mit der eigenen Wahrnehmung kritisch auseinanderzusetzen, Mut zu haben, Unsicherheiten auszuhalten und ein Gefühl für angemessenes Handeln, insbesondere auch unter ethisch-moralischen Aspekten, zu entwickeln.

Für diese Kompetenz sind vor allem folgende Aspekte von Bedeutung:

Eigenverantwortliches Handeln ist die Fähigkeit, auf Basis verinnerlichter Werte glaubwürdig und loyal zu handeln und Verantwortung zu übernehmen. Es geht dabei nicht nur um das Einstehen für das eigene Handeln, sondern auch darum, notwendige Handlungen nicht zu unterlassen. Im Zuge der digitalen Transformation gewinnt das selbstorganisierte Handeln der Mitarbeiter immer mehr an Bedeutung, da sie tendenziell immer mehr Handlungsspielräume im Arbeitsprozess erhalten.

Deshalb benötigen sie **Werte**, die ihnen Orientierung geben und als Ordner ihres selbstorganisierten Handelns Kerne ihrer Kompetenzen bilden.

Loyalität ist eine intrinsisch verankerte Bereitschaft zur Identifikation mit gemeinsamen Werten und Normen. Mitarbeiter, die hoch qualifiziert, aber illoyal handeln, sind für ihre Organisationen schädlich. Loyalität umfasst einen wertschätzenden, unterstützenden, ehrlichen und vertrauenswürdigen Umgang mit anderen Personen, Interessen, Organisationen und Interessen. Loyale Personen haben zum Ziel, möglichst umsichtig und nutzenstiftend zum Wohl von einzelnen Mitarbeitern, Arbeitsbereichen und der Gesamtorganisation zu handeln. Loyalität erfordert Kompromisslosigkeit, Konsequenz und Einsatzbereitschaft.

Glaubwürdigkeit kommt im betrieblichen Alltag auf allen Ebenen eine fundamentale Bedeutung zu. Ohne sie gibt es keine tiefergehende individuelle Identifikation, keine sichere persönliche Orientierung in schwierigen und Veränderungssituationen, keine lebendigen Visionen und vorwärts gerichteten Unternehmenskulturen.

In der digitalisierten Lebens- und Arbeitswelt ist die Glaubwürdigkeit oft schwierig zu beurteilen: Misstrauen, Unsicherheit und Vorsicht auf der einen Seite sowie Sorglosigkeit und Gutgläubigkeit auf der anderen Seite prägen den alltäglichen Umgang miteinander. Im Prozess der digitalen Transformation ist Glaubwürdigkeit jedoch eine wesentliche Voraussetzung.

! **Eigenverantwortliches Handeln ist eine personale Kompetenz und wird wie folgt definiert:**

Handelt verantwortlich auf Basis gemeinsamer Werte.

Mitarbeiter, die diese Kompetenz übertrieben einsetzen, fühlen sich für alles verantwortlich, stellen Werte und Normen über alles, sodass sie zu umsichtig, schwerfällig und manchmal blauäugig oder weltfremd wirken.

Sie haben sich zum Ziel gesetzt, Ihre Kompetenz *eigenverantwortliches Handeln* gezielt weiterzuentwickeln? Wir empfehlen Ihnen, Ihre Planung dieses Entwicklungsprozesses mithilfe folgender Matrix zu gestalten, weil Sie damit alle wesentlichen Aspekte Ihres personalisierten Lernprozesses berücksichtigen.

Kompetenz *eigenverantwortliches Handeln*	**Gezielte Kompetenzentwicklung durch**			
Handlungsanker	**Praxis**	**Coaching/ Mentoring**	**ergänzende Trainingsmaßnahmen**	**unterstützende Weiterbildungsmaßnahmen**
Übernimmt aus eigenem Antrieb Verantwortung für sein Handeln, aber auch für das Handeln im Team und in der Organisation.	**Praxisprojekte und -aufgaben,** die eigenverantwortlich bearbeitet werden können und die besonders Werteorientierung, Verantwortungsbewusstsein, Loyalität und Glaubwürdigkeit erfordern **Jobrotation** in Bereichen, die eine hohe Eigenverantwortung erfordern	regelmäßige **Mentoringgespräche** mit der Führungskraft Unterstützung durch KOPING-Gruppen und Co-Coaching kollegiale Beratung	**realitätsgleiche Trainings** in der eigenen Praxis mit hoher Eigenverantwortung Trainingsunternehmen **realitätsähnliches Training,** z. B. in Simulationen oder Serious Games	**Planspiele oder Fallstudien** zu Entscheidungs- und Planungstechniken
Handelt verantwortungsbewusst, orientiert an gemeinsamen Werten und Normen, und fördert die gezielte Werteentwicklung im Team oder in der Organisation durch sein Vorbild.				
Setzt sich für die Ziele der Organisation mit Überzeugung offen und aktiv ein, positioniert sich klar gegen schädliches Handeln.				
Überzeugt durch zutreffende, kritische Darstellung von Situationen und ist bereit, seine Sichtweise zu ändern, wenn neue Erkenntnisse auftreten.				
⟷ ENTWICKLUNGSZIELE	⟷ ENTWICKLUNGSPROZESS			

Tab. 71: Entwicklungsmethoden zur Kompetenz *eigenverantwortliches Handeln*

12.2 Selbstorganisiertes Handeln

»Man kann einem Menschen nichts beibringen, man kann ihm nur helfen, es in sich selbst zu entdecken.«
Galileo Galilei

Die Kompetenz *selbstorganisiertes Handeln* ist die Fähigkeit, das eigene Handeln aktiv zielorientiert unter Nutzung der zur Verfügung stehenden eigenen Ressourcen und äußeren Bedingungen zu realisieren. Sie gründet auf Selbstmotivation und Selbstverantwortung, auf Selbsterfahrung und Selbstkontrolle sowie der notwendigen Selbstkritik. Menschen mit einer ausgeprägten Kompetenz *selbstorganisiertes Handeln* nutzen ihre Handlungsspielräume aktiv, um zielorientiert zu handeln.

Die **Einsatzbereitschaft** hat einen engen Bezug zur Leistungsmotivation und zu der Energie, die jemand bereit ist aufzubringen – auch gegen äußeren Widerstand. Menschen mit einer hohen Einsatzbereitschaft sind in der Regel sehr offen gegenüber neuen Anforderungen, wenn diese eine persönliche Herausforderung beinhalten und sinnvoll erscheinen. Bei Misserfolgen sind sie frustrationstolerant, insbesondere in Situationen, in denen Fehler fast unvermeidlich sind. Sie verfolgen dabei konsequent und beharrlich auf der Grundlage einer hohen Selbstmotivation ihre Ziele.

Einsatzbereitschaft ist eine Grundhaltung, die mit einem aktiven und nachdrücklichen Engagement dazu führt, die gesteckten Ziele zu erreichen. Sie umfasst die persönliche Identifikation mit den selbstgesetzten Zielen und zeigt sich in einem aktiven, persönlichen Einsatz mit starkem Verantwortungsbewusstsein, aktiver Unterstützung der Kollegen sowie einem hohen Zeiteinsatz. Sie steht im Gegensatz zu egoistischer Zurückhaltung oder passiver Gleichgültigkeit. Einsatzbereitschaft fordert und fördert Hilfsbereitschaft und Verantwortungsbewusstsein.

Schöpferisch zu handeln bedeutet, sich offen für neue Ideen zu zeigen und bereit für neue Entwicklungen zu sein. Daraus ergibt sich, dass kaum eine andere Kompetenz im Zuge der Digitalisierung eine so bedeutende Rolle spielt. Nur, wer Interesse daran zeigt, Neues in die aktuelle Arbeitswelt zu integrieren und diese dadurch weiterzuentwickeln, kann dem Druck standhalten, den die Digitalisierung mit sich bringt. Menschen mit einer hoch ausgeprägten schöpferischen Fähigkeit sind in der Lage zu erkennen, wann es notwendig ist, Altbewährtes gegen Neues auszutauschen. Sie haben den Mut, sich an frische Ideen zu wagen und trauen dem Erfolg ihres Handelns. Daraus entsteht Freude daran, sich kreative Lösungsansätze zu überlegen und diese mit anderen in einem offenen Erfahrungsaustausch umzusetzen. Ebenso, wie sie ihren eigenen Ideen Vertrauen schenken, bringen schöpferische Personen auch den Vorschlägen anderer Personen großen Respekt entgegen und ermutigen diese zur Umsetzung.

Die digitale Transformation hat fundamentale Auswirkungen auf alle Bereiche der Gesellschaft und besonders auf die Menschen. Mitarbeiter handeln immer mehr selbstorganisiert und benötigen deshalb zunehmend die Fähigkeit, mit **Offenheit** und **Kreativität** auf neue, unerwartete Herausforderungen zuzugehen. Deshalb können sie immer weniger Lösungen oder Vorgaben von ihren Führungskräften erwarten.

Die Kompetenz *selbstorganisiertes Handeln* gehört zu den **personalen Kompetenzen.** Es geht also grundsätzlich um die Fähigkeit, selbstkritisch auf Basis seiner Werte und unter Einbeziehung verschiedener Sichtweisen zu handeln, sich mit der eigenen Wahrnehmung kritisch auseinanderzusetzen, Mut zu haben, Unsicherheiten auszuhalten und ein Gefühl für angemessenes Handeln, insbesondere auch unter ethisch-moralischen Aspekten, zu entwickeln.

Selbstorganisiertes Handeln ist eine personale Kompetenz und wird wie folgt definiert: !

Gestaltet mit vollem Einsatz und kreativ das eigene Handeln.

Mitarbeiter, die diese Kompetenz übertrieben einsetzen, handeln überzogen selbstkontrolliert und distanziert, entwickeln laufend neue Ideen und Konzepte, auch ohne konkreten Anlass, und wirken dadurch als nicht berechenbar.

Sie haben sich zum Ziel gesetzt, Ihre Kompetenz *selbstorganisiertes Handeln* gezielt weiterzuentwickeln? Wir empfehlen Ihnen, Ihre Planung dieses Entwicklungsprozesses mithilfe folgender Matrix zu gestalten, weil Sie damit alle wesentlichen Aspekte Ihres personalisierten Lernprozesses berücksichtigen.

Kompetenz *selbstorganisiertes Handeln*	**Gezielte Kompetenzentwicklung durch**			
Handlungsanker	**Praxis**	**Coaching/ Mentoring**	**ergänzende Trainingsmaßnahmen**	**unterstützende Weiterbildungsmaßnahmen**
Übernimmt aus eigenem Antrieb Verantwortung für sein Handeln, aber auch für das Handeln im Team und in der Organisation.	Praxisprojekte und -aufgaben, die selbstorganisiert und mit hoher Selbstorganisation bearbeitet werden können und bei denen die Einsatzbereitschaft und das Selbstmanagement, aber auch die schöpferischen Fähigkeiten und die Offenheit für Veränderungen gefordert sind Die Mitarbeiter suchen **Kollegen**, mit denen sie solche Herausforderungen gemeinsam, evtl. mit agilen Methoden, bearbeiten können. **Jobrotation** in Bereichen, die eine hohe Selbstorganisation erfordern	regelmäßige **Mentoringgespräche** mit der Führungskraft Unterstützung durch KOPING-Gruppen und Co-Coaching kollegiale Beratung	**realitätsgleiche Trainings** in der eigenen Praxis mit hoher Selbstorganisation in einem Trainingsunternehmen Outdoor-Trainings realitätsähnliches Training, z. B. in Simulationen oder Serious Games	praxisbezogene Workshops zu Mindmapping, Brainstorming Design Thinking **Planspiele oder Fallstudien** zu Entscheidungs- und Planungstechniken
Handelt verantwortungsbewusst, orientiert an gemeinsamen Werten und Normen und fördert die gezielte Werteentwicklung im Team oder in der Organisation durch sein Vorbild.				
Setzt sich für die Ziele der Organisation mit Überzeugung offen und aktiv ein, positioniert sich klar gegen schädliches Handeln.				
Überzeugt durch zutreffende, kritische Darstellung von Situationen und ist bereit, seine Sichtweise zu ändern, wenn neue Erkenntnisse auftreten.				
ENTWICKLUNGSZIELE	ENTWICKLUNGSPROZESS			

Tab. 72: Entwicklungsmethoden zur Kompetenz *selbstorganisiertes Handeln*

12.3 Förderndes Handeln

»Wie bereiten wir die Mitarbeiter auf Jobs vor, die gegenwärtig noch gar nicht existieren, auf die Nutzung von Technologien, die noch gar nicht entwickelt sind, um Probleme zu lösen, von denen wir heute noch nicht wissen, dass sie entstehen werden?«

(Nach YouTube »Shift happens – did you know?« [2021])

Die betriebliche Lernwelt – das Corporate Learning – ist ein Spiegelbild der zunehmend digitalisierten und agilen Arbeitswelt, sodass sich die Mitarbeiterförderung radikal verändert. Die Führungskräfte, aber auch Fachkräfte, benötigen deshalb die Kompetenz, agile Kompetenzentwicklungsprozesse der Mitarbeiter zu ermöglichen und zu fördern. Die Mitarbeiter müssen wiederum in der Lage sein, diese Möglichkeiten der Kompetenzentwicklung für sich selbst, aber auch für ihre Kollegen, zu nutzen.

Die Kompetenz *förderndes Handeln* beschreibt die Fähigkeit, die Arbeitsbedingungen so zu gestalten, dass Mitarbeiter sich ihren Qualitäten entsprechend einbringen und kontinuierlich in Hinblick auf ihre eigenen Stärken wachsen können. Das beinhaltet, dass Freiräume für kreatives Arbeiten und für selbstgeleitete Problemlösungsprozesse geschaffen werden und eine kontinuierliche, bedarfsorientierte Begleitung als Feedbackgeber und **Mentor** stattfindet. Dies setzt die Delegation von herausfordernden Praxisaufgaben oder Projekten voraus.

Delegieren bedeutet, Arbeit sinnvoll im Team zu teilen und sich gegenseitig zu ergänzen, seine Mitarbeiter vertrauensvoll zu entwickeln, Gestaltungsmöglichkeiten zu erweitern und Verantwortung zu übertragen. Das setzt ein hohes Vertrauen in die Kompetenz, Verantwortungsbereitschaft, Loyalität und Motivation der Mitarbeiter voraus. Diese benötigen eine hohe Selbstkontrolle, da die delegierten Aufgaben eigenverantwortlich bewältigt werden. Delegation hat einen höheren Bedarf an Abstimmung und Koordination zur Folge. Deshalb sind verbindliche Vereinbarungen notwendig, die das Vertrauen aller Beteiligten genießen. Dadurch wird eine klare, überprüfbare Zielsetzung für die gemeinsame Arbeit sichergestellt.

Delegieren ist nicht nur ein Thema für die Führungskräfte, sondern ebenso für alle zeitweiligen Projektleiter und Mitarbeiter mit umfassenden Aufgabenstellungen. In agilen Arbeitsprozessen gewinnt die Kompetenz der *Delegation auf Augenhöhe* an Bedeutung.

Jeder Einzelne kann sich heute unvergleichlich besser weiterentwickeln, wenn er den Konkurrenzmodus gegenüber seinen Mitmenschen, Partnern und Kollegen hinter sich lässt und in einen offenen, konstruktiven Kollaborationsmodus der **Hilfsbereitschaft** wechselt. Hilfsbereitschaft umfasst das in den Mitarbeitern verankerte Vermögen, dazu beizutragen, Situationen zu verbessern oder Probleme zu lösen, ohne dabei eine Gegenleistung zu erwarten oder sich einen persönlichen Nutzen zu versprechen. Sie ist Voraussetzung für die erfolgreiche Zusammenarbeit, offline wie online, und eine Ergänzung für ein gesundes personales Durchsetzungs- und Wettbewerbsstreben.

Verfahrene und unsichere Handlungssituationen können mit **Humor** gemeistert werden – einer positiven, unverkrampften und souveränen Einstellung gegenüber Menschen oder Herausforderungen, die zu einem zuversichtlichen, chancenorientierten Umgang mit Schwierigkeiten, Ungereimtheiten, Widersprüchen oder Gefahren führt. Dieser positive Umgang bewirkt die Auflösung von verengten Sichtweisen. Besonders in schwierigen Situationen hilft Humor dabei, sich diesen konstruktiv zu nähern und nach vorne blickend optimistisch mit diesen umzugehen. Der Kern dieser Handlungsfähigkeit ist es, relativieren zu können, wozu eine ausgeprägte, produktive Selbst- und Fremdreflexion gehört.

Die Kompetenz *förderndes Handeln* gehört zu den **personalen Kompetenzen.** Es geht also grundsätzlich um die Fähigkeit, selbstkritisch auf Basis seiner Werte und unter Einbeziehung verschiedener Sichtweisen zu handeln, sich mit der eigenen Wahrnehmung kritisch auseinander zu setzen, Mut zu haben, Unsicherheiten auszuhalten und ein Gefühl für angemessenes Handeln, insbesondere auch unter ethisch-moralischen Aspekten, zu entwickeln.

!

Förderndes Handeln ist ist eine personale Kompetenz und wird folgt definiert:

Ermöglicht die Entwicklung anderer durch die Übertragung von herausfordernden Aufgaben.

Mitarbeiter, die diese Kompetenz übersteigert einsetzen, setzen sich übertrieben für andere ein, überfordern sie, indem sie zu viel delegieren und laufen zugleich Gefahr, sich ausnutzen zu lassen. Sie werden als zu fordernd und manchmal oberflächlich empfunden.

Sie haben sich zum Ziel gesetzt, Ihre Kompetenz *förderndes Handeln* gezielt weiterzuentwickeln? Wir empfehlen Ihnen, Ihre Planung dieses Entwicklungsprozesses mithilfe folgender Matrix zu gestalten, weil Sie damit alle wesentlichen Aspekte Ihres personalisierten Lernprozesses berücksichtigen.

Kompetenz *förderndes Handeln*	Gezielte Kompetenzentwicklung durch			
Handlungsanker	**Praxis**	**Coaching/Mentoring**	**ergänzende Trainingsmaßnahmen**	**unterstützende Weiterbildungsmaßnahmen**
Fördert und unterstützt die Lernprozesse der Mitarbeiter, gibt konstruktives Feedback und begleitet die Entwicklung der Mitarbeiter aktiv. *Überträgt Aufgaben und Verantwortung mit dem Ziel, die selbstorganisierte Werte- und Kompetenzentwicklung zu ermöglichen.* *Ermöglicht und fördert das gemeinsame Arbeiten und Lernen, setzt sich aktiv für andere ein.* *Überzeugt durch zutreffende, kritische Darstellung von Situationen und ist bereit, seine Sichtweise zu ändern, wenn neue Erkenntnisse auftreten.*	**Praxisprojekte und -aufgaben,** die der Mitarbeiter als Mentor begleiten kann und die das gemeinsame Arbeiten und Lernen ermöglichen und fördern, z. B. über agile Arbeitsmethoden werte- und kompetenzorientiertes Onboarding Jobenlargement Jobenrichment Jobrotation Auslandseinsätze Hospitationen	regelmäßige **Mentoringgespräche** mit der Führungskraft Unterstützung durch KOPING-Gruppen und Co-Coaching	**realitätsgleiche Trainings** in der eigenen Praxis auf Basis konkreter Fördermaßnahmen für Mitarbeiter und Kollegen, z. B. im Rahmen von **Social-Blended-Learning-Maßnahmen**	**prozessbegleitende Seminare und Workshops** zum didaktischen Wissen und zu Lernmethoden
⟷ ENTWICKLUNGSZIELE	⟷ ENTWICKLUNGSPROZESS			

Tab. 73: Entwicklungsmethoden zur Kompetenz *förderndes Handeln*

12.4 Ganzheitliches Handeln

»Das Ganze ist mehr als die Summe seiner Teile.«
Aristoteles

Ganzheitliches Handeln wird zunehmend in Bereichen benötigt, die sich dynamisch wandeln, z.B. in der Gesellschaft, in der Politik oder in Märkten, aber auch immer mehr bei persönlichen Krisen (z.B. in der Familientherapie). Im ganzheitlichen Denken konzentriert sich die Aufmerksamkeit weniger auf die Einzelteile eines Systems, z.B. einer Organisation oder einer Abteilung, sondern vor allem auf die Wechselwirkungen zwischen den verschiedenen Elementen, z.B. Mitarbeiter, Führungskräfte oder Teams, und auf die Gesamtzusammenhänge mit den übergeordneten Systemen, wie z.B. die Gesellschaft oder die globale Welt. **Ganzheitlich denkende und handelnde Menschen** konzentrieren sich vor allem auf die Entwicklungen und Prozesse, weniger auf die aktuellen Zustände. Ganzheitliches Denken ist systemisches Denken, also Denken in größeren Zusammenhängen.

Eine wesentliche Voraussetzung dafür ist ihre **Lernfähigkeit**. Diese umfasst das aktive, selbstorganisierte Handeln, um das eigene Wissen, die eigene Qualifikation und die Kompetenzen im Prozess der Arbeit mithilfe des Lernrahmens und durch den Erfahrungsaustausch mit anderen auszubauen und zu vertiefen. Sie schließt auch das informelle Lernen im sozialen Umfeld und im Netz ein. Damit wird die Grundlage für das selbstorganisierte, lebenslange Lernen gelegt.

Disziplin ist die wichtigste Voraussetzung für erfolgreiche, selbstorganisierte Arbeits- und Lernprozesse, alleine und im Team. Dadurch können die Menschen an sozialen Normen und Werten ausgerichtet handeln. Disziplin ist sowohl für selbstorganisiertes, agiles Arbeiten als auch für die Werte- und Kompetenzentwicklung eine notwendige Voraussetzung. Diese Kompetenz kann durch Entwicklungspartnerschaften und regelmäßige Abstimmungen gefördert werden.

Dabei spielt **Zuverlässigkeit** – ein Handeln, das von anderen als berechenbar bzw. als erwartet wahrgenommen wird – eine zentrale Rolle. Zuverlässigkeit ist Voraussetzung für soziales Lernen, z. B. im Rahmen von Werte- und Kompetenzentwicklungsmaßnahmen mit Lernpartnern. Nur wenn alle Beteiligten ihre Vereinbarungen verlässlich einhalten, werden erfolgreiche Entwicklungsprozesse möglich. Zuverlässigkeit wird auch benötigt, wenn Aufgaben delegiert werden, weil nur dann eine laufende Kontrolle überflüssig wird.

Die Kompetenz *ganzheitliches Denken und Handeln* gehört zu den **personalen Kompetenzen.** Es geht also grundsätzlich um die Fähigkeit, selbstkritisch auf Basis seiner Werte und unter Einbeziehung verschiedener Sichtweisen zu handeln, sich mit der eigenen Wahrnehmung kritisch auseinander zu setzen, Mut zu haben, Unsicherheiten auszuhalten und ein Gefühl für angemessenes Handeln, insbesondere auch unter ethisch-moralischen Aspekten, zu entwickeln.

Ganzheitliches Handeln ist eine personale Kompetenz und wird wie folgt definiert: !

Handelt verantwortlich und berücksichtigt die Wechselbeziehungen seiner eigenen Arbeit und der Rahmenbedingungen.

Mitarbeiter, die diese Kompetenz übertrieben einsetzen, laufen ständig neuen Entwicklungen hinterher und neigen dazu, sich zu verzetteln und das operative Geschäft zu vernachlässigen. Sie zeigen ein überzogenes Pflichtgefühl und wirken auf andere häufig einfallslos.

Sie haben sich zum Ziel gesetzt, Ihre Kompetenz *ganzheitliches Denken und Handeln* gezielt weiterzuentwickeln? Wir empfehlen Ihnen, Ihre Planung dieses Entwicklungsprozesses mithilfe folgender Matrix zu gestalten, weil Sie damit alle wesentlichen Aspekte Ihres personalisierten Lernprozesses berücksichtigen.

Kompetenz *ganzheitliches Handeln*	**Gezielte Kompetenzentwicklung durch**			
Handlungsanker	**Praxis**	**Coaching/Mentoring**	**ergänzende Trainingsmaßnahmen**	**unterstützende Weiterbildungsmaßnahmen**
Berücksichtigt in seinem Denken und Handeln die Wechselbeziehungen der eigenen Arbeit mit anderen Bereichen und schaut über den eigenen Tellerrand hinaus.	**Praxisprojekte und -aufgaben,** die eine ganzheitliche Sichtweise und Bearbeitung erfordern, die mit Lernfähigkeit sowie hoher Disziplin und Zuverlässigkeit zu bewältigen sind	regelmäßige **Mentoringgespräche** mit der Führungskraft Unterstützung durch KOPING Gruppen und Co-Coaching kollegiale Beratung	agile Entwicklungsmethoden: Design Thinking Scrum Kanban Pulse kollegiale Beratung	**prozessbegleitende Seminare und Workshops** zu ganzheitlichen Zusammenhängen und Methoden ganzheitlichen Handelns
Lernt mit einer hohen Entwicklungsbereitschaft und Selbstmotivation im Rahmen seiner Herausforderungen im Arbeitsprozess und greift aktiv das Erfahrungswissen anderer auf.				
Handelt selbstverantwortlich und diszipliniert nach gemeinsamen Regeln, Normen und Werten.				
Handelt mit hoher Zuverlässigkeit und orientiert sich an den Zielen der Organisation.				
⟷ ENTWICKLUNGSZIELE	⟷ ENTWICKLUNGSPROZESS			

Tab. 74: Entwicklungsmethoden zur Kompetenz *ganzheitliches Denken und Handeln*

12.5 Entscheidungsorientiertes Handeln

»Wenn du eine Entscheidung treffen musst und du triffst sie nicht, ist dies auch eine Entscheidung.«
William James

Die digitale Transformation hat zur Folge, dass die Kompetenz, Entscheidungen zu treffen und danach zu handeln, von wachsender Bedeutung ist, da sich die Freiheitsgrade sowie die Unsicherheit in Hinblick von Zielen und Prozessen weiter erhöhen. Noch kann niemand genau sagen, wie genau die Arbeit 4.0 aussehen wird. Prozesse sind im Umbruch. Mobiles Arbeiten oder Teams, die sich zum Teil nur noch virtuell treffen, führen dazu, dass Personen nicht immer oder gar nicht mehr vor Ort persönlich anzutreffen sind.

Während bisher ein Projekt zu Beginn geplant und der Projektverlauf dann über einen langen Zeitraum abgearbeitet wurde, werden beim agilen Projektmanagement Ziele reflektiert und, falls nötig, verändert. Flachere Hierarchien, veränderte Mensch-Technik-Interaktionen und der Einsatz von Social Media erfordern andere Kommunikations- und Führungsmodelle. Auch Verbraucher- und Kundenanforderungen verändern sich – alles soll schnell, individuell und on demand erbracht werden. Die Mitarbeiter entscheiden zunehmend selbst und handeln entsprechend.

In Hinblick auf die aktuellen Herausforderungen in Zeiten der digitalen Transformation wird die Teilkompetenz **Gestaltungsfähigkeit** wichtiger. Sie ist die Voraussetzung, um mit Problemen, Hindernissen und persönlichen Belastungen fertigzuwerden. Dazu gehört auch die Fähigkeit, innovative Methoden wie Scrum oder Design Thinking flexibel anzuwenden.

Organisationen benötigen vermehrt Mitarbeiter, die auch zukünftige Herausforderungen in zunehmend digitalisierten, agilen Arbeitsprozessen im Rahmen eigenverantwortlich handelnder Teams kompetent und kreativ lösen können. Diese **Innovationsfähigkeit** schließt eine aktive, systematische Informationsbeschaffung und Auseinandersetzung mit neuen Entwicklungen ein. Dazu gehört die aktive Pflege eines Netzwerks aus Meinungsbildnern, Sponsoren und Multiplikatoren in und außerhalb der Organisation, das zielgerichtet genutzt wird, um in einem dynamischen Prozess zukunftsorientierte Innovationen zu entwickeln.

Mit wachsender Komplexität und Dynamik im Arbeitsprozess und damit zunehmender Unübersichtlichkeit und Vorhersagbarkeit von Ereignissen und deren Folgen nehmen die Anforderungen an die **Belastbarkeit** von Führungskräften, Mitarbeitern, Teams und ganzen Organisationen zu. Insbesondere gilt es, mit Risiken, Unbestimmtheiten, Widersprüchen mental anders umzugehen, sie als »normal« zu betrachten, aber vor allem, darin keinen zusätzlichen Stress, sondern Möglichkeiten der Selbstentwicklung zu sehen und gestaltend anzunehmen.

Die Kompetenz *entscheidungsorientiertes Handeln* gehört zu den **Aktivitätskompetenzen.** Es geht also grundsätzlich um die Fähigkeit, vereinbarte Vorhaben auch unter schwierigen Bedingungen willensstark und mit hoher Anpassungsfähigkeit zielstrebig und mutig umsetzen zu können.

!

Entscheidungsorientiertes Handeln ist eine Aktivitätskompetenz und wird wie folgt definiert:

Trifft Entscheidungen fachlich fundiert auf Basis seiner Werte und handelt konsequent.

Mitarbeiter, die diese Kompetenz übertrieben einsetzen, treffen Entscheidungen ohne Absprache und handeln leichtsinnig. Sie übernehmen zu viele Aufgaben und neigen dazu, sich, aber auch andere, zu überfordern, stoßen ständig neue Prozesse an und halten stur an getroffenen Entscheidungen fest.

Sie haben sich zum Ziel gesetzt, Ihre Kompetenz *entscheidungsorientiertes Handeln* gezielt weiterzuentwickeln? Wir empfehlen Ihnen, Ihre Planung dieses Entwicklungsprozesses mithilfe folgender Matrix zu gestalten, weil Sie damit alle wesentlichen Aspekte Ihres personalisierten Lernprozesses berücksichtigen.

Kompetenz ***entscheidungsorientiertes Handeln***	**Gezielte Kompetenzentwicklung durch**			
Handlungsanker	**Praxis**	**Coaching/Mentoring**	**ergänzende Trainingsmaßnahmen**	**unterstützende Weiterbildungsmaßnahmen**
Beurteilt Handlungsalternativen werteorientiert auf Basis eigenen Fach- und Erfahrungswissens sowie gemeinsam mit Kollegen und Experten und setzt klare Prioritäten.	**Praxisprojekte und -aufgaben,** bei deren Bearbeitung schwierige Entscheidungen zu treffen und, evtl. mit agilen Methoden, umzusetzen sind	regelmäßige **Mentoringgespräche** mit der Führungskraft Unterstützung durch KOPING-Gruppen und Co-Coaching kollegiale Beratung	**realitätsnahes Training** mit realen Entscheidungssituationen Umgang mit quantitativen und qualitativen Planungsmodellen	prozessbegleitende Seminare, z. B. zu Entscheidungsmatrix mehrerer Alternativen

Kompetenz *entscheidungsorientiertes Handeln*	**Gezielte Kompetenzentwicklung durch**			
Handlungsanker	**Praxis**	**Coaching/Mentoring**	**ergänzende Trainingsmaßnahmen**	**unterstützende Weiterbildungsmaßnahmen**
Handelt auch unter schwierigen Bedingungen konsequent und zielorientiert und geht Konflikten und Unsicherheiten nicht aus dem Weg.				Portfolioverfahren: Entscheidungen im Koordinatensystem, SWOT-Analyse: Stärken, Schwächen, Möglichkeiten, Risiken, Worst Case (Krisenszenario), Ishikawa-Diagramm: Ursachen und Wirkung, Kostenvergleichsrechnung, Prüflistenverfahren
Sucht und realisiert neuartige, nutzerorientierte Lösungen für Herausforderungen, auch mithilfe von Kreativitätsmethoden.				
Handelt auch unter schwierigen Bedingungen erfolgreich und emotional stabil, wird durch wachsende Anforderungen aktiviert und erholt sich schnell von Rückschlägen.				
↔ ENTWICKLUNGSZIELE	↔ ENTWICKLUNGSPROZESS			

Tab. 75: Entwicklungsmethoden zur Kompetenz *entscheidungsorientiertes Handeln*

12.6 Tatkräftiges Handeln

»Handeln kann man nur handelnd erlernen!«
Diethelm Wahl

Menschliches Handeln ist eine eigenständige psychologische Einheit. Es ist immer zielgerichtet und bewusst. Damit unterscheidet es sich deutlich vom *Tun*, bei dem der Mensch seine eigene Motivation nicht durchschaut sowie vom *Verhalten*, das reflexhaft, ohne Ziel, erfolgen kann.

Die Tatkraft wird dabei nicht nur durch Kognitionen, also verstandesmäßige Wahrnehmungen und Erkenntnisse, bestimmt, sondern vor allem durch Werte, die als Ordner des Handelns fungieren. Emotionen sind dabei wesentliche Voraussetzung für den Prozess der Labilisierung, d. h. des Erlebens und der Bewältigung von Zweifeln, Widersprüchlichkeiten und Verwirrungen (Dissonanzen).

Die Kompetenz *tatkräftiges Handeln* steht in einem engen Zusammenhang mit der **Initiative** und der **Ausführungsbereitschaft**. Diese setzen voraus, dass Mitarbeiter neue Projekte und Veränderungen zielstrebig und erfolgsorientiert anstoßen und begleiten. Die *Ausführungsbereitschaft* steht in engem Zusammenhang mit der persönlichen Zielstrebigkeit und damit mit der Durchhalte- und Durchsetzungsfähigkeit, der Erfolgsorientierung sowie der Vitalität und Frustrationstoleranz. Sie hängt aber auch eng zusammen mit der intrinsischen Motivation der Mitarbeiter, also dem persönlichen Idealismus sowie der Identifikation mit der eigenen Organisation.

Damit die Menschen mit der schnelllebigen Welt umgehen, sich auf ständig wechselnde Arbeitsorte und -situationen einstellen können, benötigen sie **geistige wie körperliche Mobilität**. Wer in unserer volatilen Welt seine Kompetenzen nicht ständig aus eigener Motivation weiterentwickelt, wird von der Entwicklung abgehängt. Beweglichkeit ist damit die notwendige Konsequenz aus der Globalisierung und der gestiegenen räumlichen Mobilität, aber auch aus den Veränderungen, die sich z. B. im Rahmen der Digitalisierung ergeben. Menschen mit einer hohen geistigen und körperlichen Mobilität gehen mit Veränderungen und Transformationen positiv und konstruktiv um. Sie finden sich deshalb gut in dynamischen, sich rasch verändernden Umgebungen zurecht.

Initiative gilt heute in der agilen Arbeitswelt als eine zentrale Anforderung an die Kompetenzen von Mitarbeitern. Viele Mitarbeiter verfallen jedoch mit der Zeit in Handlungsmuster, die durch Abwarten geprägt sind. Herausragende Mitarbeiter stoßen dagegen Projekte und Veränderungen an und begleiten diese. Wer Initiative ergreift und wie stark, hängt vor allem von den eigenen Zielen, der Aufgeschlossenheit und Begeisterungsfähigkeit gegenüber Neuem, dem persönlichen Wunsch nach aktivem, gestaltendem Handeln und nach dem Bedürfnis für Selbstbestimmung und umfassender Lebensgestaltung ab.

Die Kompetenz *tatkräftiges Handeln* gehört zu den **Aktivitätskompetenzen.** Es geht also grundsätzlich um die Fähigkeit, vereinbarte Vorhaben auch unter schwierigen Bedingungen willensstark und mit hoher Anpassungsfähigkeit zielstrebig und mutig umsetzen zu können.

! **Tatkräftiges Handeln ist eine Aktivitätskompetenz und wird wie folgt definiert:**

Handelt mit starker Motivation und treibt auch schwierige Handlungen aktiv voran.

Mitarbeiter, die diese Kompetenz übertrieben einsetzen, neigen zu Aktionismus, wirken überaktiv sowie bedrängend, handeln vorschnell, reflektieren ihr Handeln nicht und vermeiden notwendige Routineaufgaben.

Sie haben sich zum Ziel gesetzt, Ihre Kompetenz *tatkräftiges Handeln* gezielt weiterzuentwickeln? Wir empfehlen Ihnen, Ihre Planung dieses Entwicklungsprozesses mithilfe folgender Matrix zu gestalten, weil Sie damit alle wesentlichen Aspekte Ihres personalisierten Lernprozesses berücksichtigen.

Kompetenz ***tatkräftiges Handeln***	**Gezielte Kompetenzentwicklung durch**			
Handlungsanker	**Praxis**	**Coaching/Mentoring**	**ergänzende Trainingsmaßnahmen**	**unterstützende Weiterbildungsmaßnahmen**
Arbeitet und lernt hoch motiviert und engagiert, greift schwierige Herausforderungen aktiv auf, zunehmend auch unter Nutzung digitaler Technologien.	**Praxisprojekte und -aufgaben,** die auf bewusste, organisierte und zielorientierte Tätigkeiten gerichtet sind Making-Methode	regelmäßige **Mentoringgespräche** mit der Führungskraft Unterstützung durch KOPING-Gruppen und Co-Coaching	**realitätsgleiche** Trainings in der eigenen Praxis, die eine ausgeprägte Tatkraft erfordern Trainingsunternehmen	
Wird durch Herausforderungen motiviert und treibt notwendige Handlungen konsequent voran.				
Reagiert rasch auf veränderte Herausforderungen und eignet sich selbstorganisiert die notwendigen Fähigkeiten an.				
Engagiert sich hoch aktiv bei schwierigen Herausforderungen am Arbeitsplatz, aber auch im sozialen und gesellschaftlichen Bereich.				
⟷ ENTWICKLUNGSZIELE	⟷ ENTWICKLUNGSPROZESS			

Tab. 76: Entwicklungsmethoden zur Kompetenz *tatkräftiges Handeln*

12.7 Impulsgebendes Handeln

»Sei du selbst die Veränderung, die du dir wünschst.«
Mahatma Ghandi

Die typischen Rollen, die immer noch in vielen klassischen Unternehmen gelebt werden, lösen sich nach und nach auf. Die Mitarbeiter gestalten ihre Arbeits- und Lernprozesse immer mehr selbst, alleine wie im Team. Die Führungskräfte wandeln ihre Rolle zum Mentor und zum Entwicklungspartner ihrer Mitarbeiter, die Kollegen unterstützen sich gegenseitig (Co-Coaching). Entscheidungen können damit durch die Mitarbeiter viel schneller und bedarfsgerechter getroffen werden, sodass die Kunden ihre Leistungen rasch und flexibel erhalten. Dies hat im Endeffekt eine höhere Motivation der Mitarbeiter und eine stärkere Performanz zur Folge. Deshalb kommt auch der Kompetenz *impulsgebendes Handeln* eine wachsende Bedeutung zu.

Impulse zu geben schließt die aktive Einflussnahme auf andere Menschen oder Gruppen ein. Diese kann offensiv-direkt oder indirekt sein, sie kann durch Vorbild oder Demonstration oder durch Variation der Arbeitsbedingungen erfolgen. *Impulsgebendes Handeln* heißt, Denkanstöße, Antriebe oder Auslöser für ein individuelles oder kollektives Handeln zu geben und durch weitere Reize zu fördern. Dadurch sollen konzeptionelle Entwicklungen, kreative Prozesse, Planungen und Umsetzungen angestoßen werden. Konstruktive, kreativitätsfördernde Impulse wirken vor allem dort, wo eine Kultur der Offenheit und des gegenseitigen Vertrauens herrscht und Aufgaben delegiert werden.

Personen, die andere inspirieren können, bringen vermeintlich komplizierte Sachverhalte nicht nur auf eine einfache, nachvollziehbare Weise gegenüber Dritten zum Ausdruck. Sie arbeiten gezielt mit Symbolen und emotionalen Appellen, die das Bewusstsein und das Verständnis für angestrebte Ziele steigern.

Dabei spielen personale Kompetenzen und **soziales Engagement** eine besondere Rolle. Sozial engagierte Menschen in Organisationen setzen sich auf Basis ihres Wertesystems tatkräftig für soziale Belange von Kollegen und Kunden ein und engagieren sich auch außerhalb ihres Arbeitsumfeldes. Zunehmend engagieren sich aber auch Organisationen im sozialen Bereich, weil dies zu ihrem Selbstverständnis und damit zu ihren organisationalen Werten gehört.

Impulse zu geben hängt eng mit Begeisterungsfähigkeit zusammen, mit der Fähigkeit, andere – auch bei relativ einfachen Dingen – in eine positive, optimistische Stimmung zu versetzen und anzuspornen, sich mit den entsprechenden Gegenständen und Fragen intensiv und gerne auseinanderzusetzen. Deshalb wird die Teilkompetenz **Optimismus** immer wichtiger, um Herausforderungen erfolgreich angehen und Probleme lösen zu können. Optimismus äußert sich in Organisationen in zuversichtlichen Haltungen der Führungskräfte und Mitarbeiter gegenüber Organisationszielen, Aufgaben und Lösungen sowie entwicklungsfähiger Kooperation und Kommunikation. Wer dabei nicht **schlagfertig** reagieren kann, verliert Souveränität und Würde und damit Selbstbewusstsein. Dies wirkt sich wiederum auf das zukünftiges Auftreten aus.

Die Kompetenz *impulsgebendes Handeln* gehört zu den **Aktivitätskompetenzen.** Es geht also grundsätzlich um die Fähigkeit, vereinbarte Vorhaben auch unter schwierigen Bedingungen willensstark und aktiv mit hoher Anpassungsfähigkeit zielstrebig und mutig umsetzen zu können.

Impulsgebendes Handeln ist eine Aktivitätskompetenz und wird wie folgt definiert: !

Ermöglicht und initiiert Handlungen anderer mit hohem Engagement.

Mitarbeiter, die diese Kompetenz übertrieben einsetzen, sehen Herausforderungen verklärt und erkennen Schwierigkeiten nicht. Sie versuchen, ihre Ideen auf Biegen und Brechen durchzusetzen, indem sie in Diskussionen andere an die Wand reden. Sie handeln zu sehr im Interesse anderer und neigen dazu, sich aufzureiben.

Sie haben sich zum Ziel gesetzt, Ihre Kompetenz *impulsgebendes Handeln* gezielt weiterzuentwickeln? Wir empfehlen Ihnen, Ihre Planung dieses Entwicklungsprozesses mithilfe folgender Matrix zu gestalten, weil Sie damit alle wesentlichen Aspekte Ihres personalisierten Lernprozesses berücksichtigen.

Kompetenz *impulsgebendes Handeln*	**Gezielte Kompetenzentwicklung durch**			
Handlungsanker	**Praxis**	**Coaching/Mentoring**	**ergänzende Trainingsmaßnahmen**	**unterstützende Weiterbildungsmaßnahmen**
Regt Kollegen und Teams mit seinen Denkanstößen und durch seine Ermutigung zum Handeln an. Handelt mit einer positiven Grundhaltung trägt dazu bei, im Team und in der Organisation eine optimistische Kultur mit der Orientierung auf Chancen zu etablieren.	**Praxisprojekte und -aufgaben,** bei denen die Mitarbeiter im Team Verantwortung oder für Kollegen das Coaching übernehmen. Voraussetzung dafür ist ein freier Zugang zu allen Informationen sowie zum Erfahrungswissen der Kollegen.	regelmäßige **Mentoringgespräche** mit der Führungskraft Unterstützung durch KOPING-Gruppen und Co-Coaching	**realitätsgleiche Trainings** in der eigenen Praxis, in denen die Teilnehmer Impulse geben können **realitätsnahe Trainings,** in denen z. B. die Schlagfertigkeit in realistischen Herausforderungen trainiert wird	**prozessbegleitende Seminare,** z. B. zur Förderung der Wortgewandtheit Workshops zu sozialen Themen
Sucht aktiv nach sozialen Kontakten und handelt sozial verantwortlich sowie nachhaltig.				
Löst schwierige Herausforderungen zielführend auf, indem er situationsgerechte und überzeugende Antworten findet.				
⟷ ENTWICKLUNGSZIELE	⟷ ENTWICKLUNGSPROZESS			

Tab. 77: Entwicklungsmethoden zur Kompetenz *impulsgebendes Handeln*

12.8 Konsequentes Handeln

»Es ist nicht genug zu wissen, man muss auch anwenden;
es ist nicht genug zu wollen, man muss auch tun.«
Johann Wolfgang von Goethe

Ziele, die wir formuliert haben, müssen umgesetzt werden, sonst verlieren wir Vertrauen und Glaubwürdigkeit. Erst wenn wir auch meinen, was wir sagen und tun, was wir meinen, schaffen wir Glaubwürdigkeit und Vertrauen. Dies werden wir nur schaffen, wenn wir mit hoher Disziplin und Konsequenz handeln. Diese Kompetenz wird immer wichtiger, je selbstorganisierter die Arbeitswelt gestaltet wird.

Konsequenz umfasst die Fähigkeit, eine Fragestellung umfassend zu analysieren, einen folgerichtigen Plan zur Lösung zu erstellen und diesen zielgerichtet und durchsetzungsstark umzusetzen. Konsequenz im Handeln bedingt ein stabiles Wertefundament.

Mit **Beharrlichkeit** wird vor allem standhaftes, hartnäckiges, ausdauerndes, konsequentes, aktives und willensstarkes Handeln verbunden. Es sollte dabei aber nicht mit Sturheit, Unnachgiebigkeit und Hartnäckigkeit verwechselt werden. Vielmehr erfordert beharrliches Handeln Selbstbeherrschung, Ziel- sowie Ergebnisorientierung.

Ein Mitarbeiter, der **ergebnisorientiert** handelt, lässt sich auch von Schwierigkeiten und Widerständen nicht von seinem Ziel abbringen und verfolgt konsequent den vorgegebenen Weg. Für Probleme, die das Erfüllen einer Aufgabe erschweren, werden Lösungen gesucht, um die Zielerreichung nicht noch weiter zu gefährden. Dabei ist ihm bewusst, dass auch Beharrlichkeit und Willensstärke notwendig sind, um Ziele zu erreichen.

Zielorientiertes Führen beschreibt ein aktives, intensives und begleitendes Führungshandeln, bei dem alle Tätigkeiten und Anforderungen gebündelt werden, um die vereinbarten Ziele zu erreichen. Die Ziele müssen dabei klar und überprüfbar formuliert werden, damit sie die notwendige Verbindlichkeit besitzen. Dabei steht das Bemühen um klare und präzise Ziele und das Einvernehmen mit den Mitarbeitern im Vordergrund. Je besser die Mitarbeiter in den Prozess der Zielformulierung eingebunden werden, desto größer die Erfolgschancen des zielorientierten Führens.

Die Kompetenz *konsequentes Handeln* gehört zu den **Aktivitätskompetenzen.** Es geht also grundsätzlich um die Fähigkeit, vereinbarte Vorhaben auch unter schwierigen Bedingungen willensstark und aktiv mit hoher Anpassungsfähigkeit zielstrebig und mutig umsetzen zu können.

!

Konsequentes Handeln ist eine Aktivitätskompetenz und wird wie folgt definiert:

Handelt mit starkem Willen an Zielen orientiert und mit hoher Durchsetzungskraft.

Mitarbeiter, die diese Kompetenz übertrieben einsetzen, stellen die Ziele und den Erfolg über alles und ignorieren andere Faktoren weitgehend, insbesondere Emotionen und Wertungen anderer. Sie zeigen sich starrsinnig und unflexibel.

Sie haben sich zum Ziel gesetzt, Ihre Kompetenz *konsequentes Handeln* gezielt weiterzuentwickeln? Wir empfehlen Ihnen, Ihre Planung dieses Entwicklungsprozesses mithilfe folgender Matrix zu gestalten, weil Sie damit alle wesentlichen Aspekte Ihres personalisierten Lernprozesses berücksichtigen.

Kompetenz *konsequentes Handeln*	**Gezielte Kompetenzentwicklung durch**			
Handlungsanker	**Praxis**	**Coaching/Mentoring**	**ergänzende Trainingsmaßnahmen**	**unterstützende Weiterbildungsmaßnahmen**
Handelt konsequent und zielorientiert mit starkem Willen und überwindet auch starke Widerstände.	**Praxisprojekte und -aufgaben,** bei denen konsequentes Handeln besonders gefordert ist Bei Führungskräften bieten sich insbesondere anspruchsvolle Führungsaufgaben und -projekte an.	regelmäßige **Mentoringgespräche** mit der Führungskraft Unterstützung durch KOPING-Gruppen und Co-Coaching	**realitätsgleiche Trainings** in der eigenen Praxis, in denen die Teilnehmer Impulse geben können **realitätsnahe Trainings,** z. B. in denen die Durchsetzungsfähigkeit in realistischen Szenarien trainiert wird	Workshops zur zielorientierten Führung
Verfolgt und realisiert Ziele aktiv, ausdauernd und beharrlich, bis sie erreicht sind.				
Handelt auf Basis eines verinnerlichten Wertefundaments und vereinbarter Ziele mit hoher Durchsetzungskraft.				
Ermöglicht selbstorganisiertes Handeln der Mitarbeiter und Kollegen, indem sie in einem gemeinsamen Prozess überprüfbare Ziele vereinbaren.				
⟷ ENTWICKLUNGSZIELE	⟷ ENTWICKLUNGSPROZESS			

Tab. 78: Entwicklungsmethoden zur Kompetenz *konsequentes Handeln*

12.9 Teamorientiertes Handeln

»Menschen, die miteinander arbeiten, addieren ihre Potenziale. Menschen, die füreinander arbeiten, multiplizieren ihre Potenziale.«
Steffen Kirchner

Im Rahmen selbstorganisierter Arbeitsprozesse ist es notwendig, dass die Individuen nicht für sich allein agieren, sondern gemeinsam die Verantwortung übernehmen und im Team Lösungen entwickeln. Die Teammitglieder, die sich regelmäßig austauschen, lernen voneinander und entwickeln sich dadurch weiter. Dabei ist es wichtig, unterschiedliche soziale Bestrebungen, Interessen und Aktionen zu einem gemeinsamen Handeln zu bündeln und für die Arbeit sowie die Organisation wirksam werden zu lassen. Diese Integration bildet damit einen Prozess, bei dem gegensätzliche Einstellungen und Sichtweisen, interagierende Personen und Personengruppen zusammengeführt werden.

Durch die zunehmende Digitalisierung und die Erweiterung der Kommunikationsmöglichkeiten bekommt auch der Kontakt zwischen Führungskräften und Mitarbeitern eine neue Dimension: Geschäftsreisen, Homeoffice und mobiles Arbeiten sind nur einige von vielen Gründen, warum das Team bzw. die Teammitglieder **nicht mehr an einem Ort** verankert, sondern in der ganzen Welt unterwegs sein können. Dies führt dazu, dass die Kommunikation zumeist online über E-Mails oder in sozialen Netzwerken stattfindet. Durch die schriftliche Kommunikation entfällt ein entscheidender Faktor der Kommunikation: die nonverbalen Elemente wie Mimik oder Gestik, kurz gesagt: die Face-to-Face-Interaktion.

Dies hat zur Folge, dass emotionale Beziehungen nur begrenzt aufgebaut werden und persönliche Kontakte kaum bis gar nicht vorhanden sind. Dies ist auch insbesondere in Teams zu finden, die aus unterschiedlichen **Kulturen** stammen – seien es Personen aus verschiedenen Unternehmen, die beispielweise im Rahmen eines Projekts kooperieren oder Menschen aus unterschiedlichen Ländern, die verschiedenen Sprachen sprechen und kulturell bedingt unterschiedliche Umgangsformen zeigen. Es steht also im Rahmen der virtuellen Zusammenarbeit besonders der Erhalt des Vertrauens und der sozialen Bindung im Fokus, welche durch gezielte Maßnahmen gefördert werden können und sollten.

Integrationsfähigkeit kennzeichnet die Fähigkeit, Menschen mit unterschiedlichen Hintergründen, Kulturen, Motiven, Interessen und Herangehensweisen zu einem gemeinsamen Handeln zu bewegen, das den Zielen der Organisation dient. Integration ist daher ein Einigungsprozess, sie ist der Weg zum Ziel, nicht das Ziel selbst.

Mitarbeiter- und Kundenorientierung sowie **Dialogfähigkeit**, Vertrauen und Kundenbindung bilden die Grundlage langfristiger und produktiver Austauschbeziehungen. Deshalb ist die Fähigkeit einer Person, im Austausch und Gespräch mit anderen Sympathien zu gewinnen, Sachverhalte klar zu umreißen und verständlich zu machen sowie Arbeits- und Handlungsschritte überzeugend zu begründen, von zentraler Bedeutung für teamorientiertes Handeln.

Konflikte gehören zum Leben und zur Teamarbeit dazu. Wird mit ihnen konstruktiv umgegangen, können sie eine sehr reinigende Wirkung erzielen. Eskalieren sie allerdings, stören sie die Handlungsabläufe im Team und können sich längerfristig negativ auf einzelne Mitarbeiter oder das gesamte Team auswirken. Deshalb ist es notwendig, dass die Führungskraft, aber auch die einzelnen Mitarbeiter angemessen und zielorientiert mit Konflikten umgehen.

Die Kompetenz *teamorientiertes Handeln* gehört zu den **sozialen Kompetenzen.** Es geht also grundsätzlich um die Fähigkeit, sich in andere Menschen einzufühlen, kollegial und mit einem Gespür für die Meinungen, Bedürfnisse und Gefühle anderer gewissenhaft Lösungen in der Praxis zu entwickeln, verfestigte Handlungsmuster aufzubrechen, aktiv zur Konfliktbewältigung beizutragen und sensibel gegenüber Diskriminierungen zu reagieren.

! **Teamorientiertes Handeln ist eine soziale Kompetenz und wird wie folgt definiert:**
Handelt mit Empathie und Überzeugungskraft, um gemeinsam Lösungen zu entwickeln.

Mitarbeiter, die diese Kompetenz über Gebühr einsetzen, versuchen, alles in Teamarbeit zu lösen und verwenden übermäßig viel Zeit für Besprechungen, suchen immer gemeinsame Lösungen, auch wenn schnelle Entscheidungen gefordert sind und haben übertrieben viel Verständnis für die Interessen und Sichtweisen anderer.

Sie haben sich zum Ziel gesetzt, Ihre Kompetenz *teamorientiertes Handeln* gezielt weiterzuentwickeln? Wir empfehlen Ihnen, Ihre Planung dieses Entwicklungsprozesses mithilfe folgender Matrix zu gestalten, weil Sie damit alle wesentlichen Aspekte Ihres personalisierten Lernprozesses berücksichtigen.

Kompetenz *teamorientiertes Handeln*	**Gezielte Kompetenzentwicklung durch**			
Handlungsanker	**Praxis**	**Coaching/Mentoring**	**ergänzende Trainingsmaßnahmen**	**unterstützende Weiterbildungsmaßnahmen**
Handelt gerne und erfolgreich in realen und virtuellen Teams und integriert dabei andere Sichtweisen und Meinungen offen und aktiv mit hoher Frustrationstoleranz.	**Teamprojekte und -aufgaben,** bei denen, meist mithilfe agiler Methoden, komplexe Herausforderungen bewältigt werden werte- und kompetenzorientiertes Onboarding interkulturelle Integration	regelmäßige **Mentoringgespräche** mit der Führungskraft Unterstützung durch KOPING-Gruppen und Co-Coaching	**realitätsgleiche und -ähnliche Trainings** in der eigenen Praxis, in denen die Teamorientierung besonders gefordert wird Konfliktlösungstrainings	Workshops zu Methoden teamorientierten Handelns, Kommunikationstechniken, Konfliktlösungstechniken, z. B. Mediation
Handelt mit Empathie, indem er ein Verständnis für unterschiedliche Sichtweisen und Motive entwickelt und erfolgreich integrationsfördernde Methoden unter Einbeziehung aller Beteiligten nutzt.				
Hört aktiv zu, ist offen gegenüber Vorschlägen und Kritik anderer und kommuniziert seine Argumente und Vorschläge überzeugend und begründet.				
Löst Konflikte im sozialen Austausch und mit hoher Eigenverantwortung der Konfliktparteien offen und einfühlsam und kann mit Meinungsverschiedenheiten konstruktiv umgehen.				
⟷ ENTWICKLUNGSZIELE	⟷ ENTWICKLUNGSPROZESS			

Tab. 79: Entwicklungsmethoden zur Kompetenz *teamorientiertes Handeln*

12.10 Problemlösendes Handeln

»Man kann viel wissen und nichts können«
Rolf Arnold

Probleme gehören zum Kern des Arbeitsalltags. Deshalb ist die Kompetenz *problemlösendes Handeln* ein zentraler Erfolgsfaktor. Kunden ändern kurzfristig ihre Meinung, die Führungskraft verlangt Alternativen für einen Lösungsvorschlag, eine Idee soll entwickelt werden und Kollegen sind eher Teil der Lösung als Teil des Problems.

Wichtig ist in diesem Kontext die Teilkompetenz **Experimentierfähigkeit.** Sie umfasst das Vermögen, alleine und mit anderen, neuartige Herausforderungen mit innovativen Lösungsansätzen, z. B. agilen Arbeitsmethoden, zu bewältigen. Voraussetzung dafür ist die Freude am Experimentieren, Neugier und konstruktive Fantasie, aber auch eine hohe Eigenverantwortung und ausgeprägte Selbstorganisation sowie die Fähigkeit, mit Widerständen und auch Konflikten lösungsorientiert umzugehen.

Gemeinsame Problemlösungen erfordern zudem die Teilkompetenz **Beratungsfähigkeit.** Diese beschreibt das Vermögen, andere Personen, Teams oder das Unternehmen bei der selbstorganisierten Lösung von heutigen und zukünftigen Herausforderungen zu begleiten. Dies setzt fachlich-methodisches Wissen, aber insbesondere auch umfangreiches Erfahrungswissen im Bereich der jeweiligen Herausforderung voraus. Zur Beratungsfähigkeit gehört weiterhin, die eigene Kommunikation und Kollaboration aktiv zu fördern, um bedarfsgerechte Lösungen entwickeln zu können. Wirksame Beratungen erfolgen in einer offenen Atmosphäre auf Augenhöhe und orientieren sich konsequent an den Bedürfnissen des Beratenen.

Oftmals ist zudem die Teilkompetenz **Akquisitionsstärke** gefordert. Sie ermöglicht das erfolgreiche, zielgerichtete Handeln zur Gewinnung von Kunden, Mitarbeitern oder von Leistungen am Markt. Damit bildet diese Teilkompetenz eine wesentliche Voraussetzung für den Organisationserfolg, weil damit die Beschaffung der notwendigen Ressourcen, z. B. Personal, Lieferanten, Dienstleister, Wissen oder Kapital, möglich wird.

Die Kompetenz *problemlösendes Handeln* gehört zu den **sozialen Kompetenzen.** Es geht also grundsätzlich um die Fähigkeit, sich in andere Menschen einzufühlen, mit ihnen kollegial und sensibel mit Gespür für deren Meinungen, Bedürfnisse und Gefühle gewissenhaft Lösungen in der Praxis zu entwickeln, verfestigte Handlungsmuster aufzubrechen, aktiv zur Konfliktbewältigung beizutragen und sensibel gegenüber Diskriminierungen zu reagieren.

Problemlösendes Handeln ist eine soziale Kompetenz und wird wie folgt definiert: !

Initiiert und realisiert alleine und mit anderen Prozesse zur Bewältigung von Herausforderungen.

Mitarbeiter, die diese Kompetenz übertrieben einsetzen, agieren bei Problemlösungen aktivistisch und aufdringlich, zielen extrem offensiv auf Abschlüsse, handeln sprunghaft, improvisieren ständig und wirken besserwisserisch und arrogant.

Sie haben sich zum Ziel gesetzt, Ihre Kompetenz *problemlösendes Handeln* gezielt weiterzuentwickeln? Wir empfehlen Ihnen, Ihre Planung dieses Entwicklungsprozesses mithilfe folgender Matrix zu gestalten, weil Sie damit alle wesentlichen Aspekte Ihres personalisierten Lernprozesses berücksichtigen.

Kompetenz *problemlösendes Handeln*	**Gezielte Kompetenzentwicklung durch**			
Handlungsanker	**Praxis**	**Coaching/Mentoring**	**ergänzende Trainingsmaßnahmen**	**unterstützende Weiterbildungsmaßnahmen**
Identifiziert Bedürfnisse und Erwartungen von Mitarbeitern oder anderen Zielgruppen und initiiert gemeinsame Lösungsprozesse. *Entwickelt alleine und im Team engagiert innovative Vorgehensweisen, Methoden und Technologien zur Lösung neuartiger Herausforderungen.* *Ermöglicht und begleitet die selbstorganisierte Bewältigung von Herausforderungen durch Mitarbeiter und Kollegen.* *Gestaltet und realisiert konstruktive Problemlösungsprozesse mit Kollegen und im Team im direkten Austausch oder im Netz.*	**Praxisprojekte und -aufgaben,** bei denen besonders schwierige bestehende und zukünftige Herausforderungen zu bewältigen sind, die Selbsterfahrung ermöglichen und das Erkennen der eigenen Bedürfnisse oder Stärken und Schwächen unterstützen Die Mitarbeiter suchen **Kollegen,** mit denen sie solche Herausforderungen gemeinsam bearbeiten können. Sie tauschen ihre Ideen in **Netzwerken** aus und bringen ihre Erfahrungen in das Wissensmanagement mit ein. Working Out Loud	regelmäßige **Mentoringgespräche** mit der Führungskraft Unterstützung durch KOPING-Gruppen und Co-Coaching Coaching durch Experten	**realitätsähnliches Training** der kollegialen Beratung	prozessbegleitende Workshops, z. B. zu Problemlösungstechniken, Akquisemethoden
ENTWICKLUNGSZIELE	ENTWICKLUNGSPROZESS			

Tab. 80: Entwicklungsmethoden zur Kompetenz *problemlösendes Handeln*

12.11 Kollaboratives Handeln

»Kollaboration ist die neue Grundlage der Wettbewerbsfähigkeit.«
Don Tapscott

Kollaboratives Arbeiten und Lernen gewinnt im Rahmen digitaler und agiler Arbeitswelt immer mehr an Bedeutung.

Unter **Kollaboration** verstehen wir die gemeinsame Bewältigung einer Aufgabe oder Problemstellung durch zwei oder mehr Mitarbeiter, die dieselben Ziele verfolgen, in einem sich direkt und wechselseitig beeinflussenden Prozess innerhalb eines, auch netzbasierten, Lern- und Arbeitsrahmens mit gemeinsamen Ressourcen.

Dieser Begriff umfasst damit die Vielfältigkeit der Methoden, mit denen Menschen, Teams und Organisationen zusammenarbeiten können, erweitert um die Möglichkeiten des Intra- und Internets. Mitarbeiter und Führungskräfte, die kollaborativ zusammen arbeiten und lernen, sind kreativer und entwickeln nachhaltigere Lösungen. Kollaborative Unternehmen sind damit eine Konkretisierung der Vision einer **lernenden Organisation**.

Kooperatives und kollaboratives Arbeiten und Lernen beruht grundsätzlich auf vier Prinzipien:

- Die Mitarbeiter stehen im Mittelpunkt.
- Interaktion
- Gruppenarbeit
- Lösung von realen Herausforderungen in der Praxis

Kollaborative Lern- und Arbeitsprozesse finden in den Unternehmen laufend statt, z. B. in der Projektarbeit, in der Produktentwicklung oder in gemeinsamen Beratungsprozessen bei Kunden. Es ist davon auszugehen, dass die zunehmende Komplexität und Dynamik der betrieblichen Herausforderungen dazu führen, dass kollaboratives Arbeiten und Lernen zur wichtigsten Handlungsform in den Unternehmen werden.

Durch die digitale Transformation wandelt sich die **Kommunikation** fundamental, gleichzeitig gelten Grundregeln der Kommunikation weiterhin. Die Kommunikation zwischen Unternehmen, Kunden, Zulieferern und Maschinen wird mittelfristig fast vollständig digital ablaufen. Neue, digitale Kommunikationsprozesse schaffen neue Werkzeuge, Geschäftsmodelle und damit neue Kompetenzen.

Beziehungsmanagement beschreibt die Fähigkeit, mit unterschiedlichen Menschen produktiv zu kommunizieren und zusammenzuarbeiten sowie zwischen unterschiedlichen Personen und Parteien zu vermitteln. Damit soll mehr Arbeitseffizienz sowie eine höhere Akzeptanz und der Abbau von Widerständen bei Veränderungsprojekten erreicht werden. In diesen Prozessen werden eigene Denk- und Handlungsmuster hinterfragt, um Ängste und Vorurteile bei sich und anderen zu identifizieren und zu lösen. Beziehungsmanagement umfasst dabei auch die Kommunikation im Netz, vom Webauftritt über Kommunikationsräume bis zur Initiierung von Empfehlungen.

Anpassungsfähigkeit wird eines der Alleinstellungsmerkmale der Organisationen der Zukunft sein und daher über den Erfolg oder Misserfolg entscheiden. Sie beschreibt die Fähigkeit, sich in eine Gruppe eine Organisation oder ein gesellschaftliches System aktiv einzubringen, um gemeinsam Lösungen für neue Herausforderungen zu entwickeln. Erfolgreiche Organisationen zeichnen sich dadurch aus, dass sie den Wandel als Chance sehen.

Die Kompetenz *kollaboratives Handeln* gehört zu den **sozialen Kompetenzen.** Es geht also grundsätzlich um die Fähigkeit, sich in andere Menschen einzufühlen, mit ihnen kollegial und sensibel mit Gespür für deren Meinungen, Bedürfnisse und Gefühle gewissenhaft Lösungen in der Praxis zu entwickeln, verfestigte Handlungsmuster aufzubrechen, aktiv zur Konfliktbewältigung beizutragen und sensibel gegenüber Diskriminierungen zu reagieren.

!

Kollaboratives Handeln ist eine soziale Kompetenz und wird wie folgt definiert:

Initiiert und ermöglicht mit wertschätzender Kommunikation gemeinsames, problemlösendes Handeln.

Mitarbeiter, die diese Kompetenz übertreiben, suchen zu sehr die Anerkennung anderer, reden zu viel und versuchen immer, harmonische Lösungen herbeizuführen, auch wenn klare Worte notwendig wären.

Sie haben sich zum Ziel gesetzt, Ihre Kompetenz *kollaboratives Handeln* gezielt weiterzuentwickeln? Wir empfehlen Ihnen, Ihre Planung dieses Entwicklungsprozesses mithilfe folgender Matrix zu gestalten, weil Sie damit alle wesentlichen Aspekte Ihres personalisierten Lernprozesses berücksichtigen.

Kompetenz *kollaboratives Handeln*	Gezielte Kompetenzentwicklung durch			
Handlungsanker	**Praxis**	**Coaching/Mentoring**	**ergänzende Trainingsmaßnahmen**	**unterstützende Weiterbildungsmaßnahmen**
Initiiert, koordiniert und organisiert gemeinsames, problemlösendes Handeln durch gegenseitige, aktive Unterstützung im Prozess der Arbeit und im Netz.	**Praxisprojekte und -aufgaben,** die nur gemeinsam bewältigt werden können und bei denen besonders schwierige bestehende und zukünftige Herausforderungen mit agilen Methoden zu bewältigen sind Die Mitarbeiter suchen **Kollegen,** mit denen sie solche Herausforderungen gemeinsam bearbeiten können. Sie tauschen ihre Ideen in **Netzwerken** aus und bringen ihre Erfahrungen in das Wissensmanagement mit ein. Working Out Loud	regelmäßige **Mentoringgespräche** mit der Führungskraft Unterstützung durch KOPING-Gruppen und Co-Coaching Coaching durch Experten	agile Entwicklungsmethoden: Design Thinking Scrum Kanban Pulse kollegiale Beratung **realitätsgleiche oder -ähnliche** Kommunikationstrainings	prozessbegleitende Workshops, z. B. zu Problemlösungstechniken
Geht auf andere offen, wohlwollend und wertschätzend zu, formuliert zielgruppengerecht, nutzt Medien bedarfsgerecht, spricht und argumentiert konstruktiv, verständlich und überzeugend.				
Entwickelt mit seiner persönlichen Integrationsfähigkeit und Toleranz einen konstruktiven, sozialen Umgang und nutzt direkte Kontakte und Netzwerke (Communitys) zielgerichtet zur Gestaltung und Pflege von Beziehungen.				
Integriert sich rasch in neue Teams und Strukturen, indem er sich auf verschiedene Menschen und Gruppen mit deren Stärken und Schwächen einstellt.				
ENTWICKLUNGSZIELE	ENTWICKLUNGSPROZESS			

Tab. 81: Entwicklungsmethoden zur Kompetenz *kollaboratives Handeln*

12.12 Gewissenhaftes Handeln

»Wir sind nicht auf der Welt, um glücklich zu werden,
sondern um unsere Pflicht zu erfüllen.«
Immanuel Kant

Gewissenhaftigkeit ist eine der fünf Persönlichkeitsmerkmale des bekannten Modells *Big Five* aus der Persönlichkeitspsychologie. Gewissenhafte Menschen zeigen danach ein hohes Maß an Autonomie und Kontrolle. Als Kompetenz drückt sich die *Gewissenhaftigkeit* im sorgfältigen und gründlichen Handeln der Menschen aus. Gewissenhafte Menschen handeln pflichtbewusst, zielstrebig, diszipliniert, zuverlässig, kompetent, organisiert und überlegt. Sie kümmern sich besonders um ihre Gesundheit und das Wohlergehen anderer Menschen.

Gewissenhaftigkeit und **Pflichtbewusstsein** werden nicht vererbt, sondern seit der Kindheit als Kompetenz aufgebaut. Dabei geht es um die Fähigkeit, mit großer fachlicher und methodischer Genauigkeit, Sorgfalt, Umsicht und Zuverlässigkeit Aufgaben, Verpflichtungen und Funktionen zu erfüllen. Sie setzen das Verständnis und die Akzeptanz von fremdgesetzten Werten und Normen voraus, die verinnerlicht werden und damit als Ordner für das eigene Handeln genutzt werden. Gewissenhaftigkeit und Pflichtbewusstsein entwickeln sich in einem fortlaufenden Prozess der Verinnerlichung von Werten.

Voraussetzung dafür ist, dass ein **angstfreies Kommunikationsklima** mit Wohlwollen, Lob und Humor geschaffen wird, um die notwendige Verständnisfähigkeit zu sichern. Dies erfordert aktives, empathisches Zuhören und eine angstfreie, offene und fördernde Diskussions- und Kommunikationskultur. In der Arbeitswelt sind dabei vor allem kommunikative **Anpassungsfähigkeit** und **Sprachgewandtheit** gefragt. Dabei geht es darum, sich an die Gewohnheiten und Vorlieben der Gesprächspartner anzupassen, insbesondere in der Wahl der Argumente, aber auch im Tonfall und in der Lautstärke.

Die Kompetenz *gewissenhaftes Handeln* gehört zu den **sozialen Kompetenzen.** Es geht also grundsätzlich um die Fähigkeit, sich in andere Menschen einzufühlen, mit ihnen kollegial und sensibel mit Gespür für deren Meinungen, Bedürfnisse und Gefühle gewissenhaft Lösungen in der Praxis zu entwickeln, verfestigte Handlungsmuster aufzubrechen, aktiv zur Konfliktbewältigung beizutragen und sensibel gegenüber Diskriminierungen zu reagieren.

Gewissenhaftes Handeln ist eine soziale Kompetenz und wird wie folgt definiert:
Handelt zuverlässig, orientiert an Werten.

Mitarbeiter, die diese Kompetenz übertrieben einsetzen, sind Pedanten und handeln mit übermäßiger Gründlichkeit, auch wenn dadurch Verzögerungen entstehen. Sie stellen unrealistische Anforderungen an die Genauigkeit der Arbeit anderer wie der eigenen und versuchen, Kollegen zu überreden, wirken manipulierend, können sich aber gleichzeitig nicht durchsetzen.

Sie haben sich zum Ziel gesetzt, Ihre Kompetenz *gewissenhaftes Handeln* gezielt weiterzuentwickeln? Wir empfehlen Ihnen, Ihre Planung dieses Entwicklungsprozesses mithilfe folgender Matrix zu gestalten, weil Sie damit alle wesentlichen Aspekte Ihres personalisierten Lernprozesses berücksichtigen.

Kompetenz *gewissenhaftes Handeln*	**Gezielte Kompetenzentwicklung durch**			
Handlungsanker	**Praxis**	**Coaching/Mentoring**	**ergänzende Trainingsmaßnahmen**	**unterstützende Weiterbildungsmaßnahmen**
Handelt konsequent nach den Werten Norm und Gesetz, umsichtig und gründlich, auch in Problem- und Konfliktsituationen.	**Praxisprojekte und -aufgaben,** die ein hohes Maß an Gewissenhaftigkeit und Pflichtbewusstsein, aber auch Verständnisfähigkeit und Sprachgewandtheit erfordern	regelmäßige **Mentoringgespräche** mit der Führungskraft Unterstützung durch KOPING-Gruppen und Co-Coaching Coaching durch Experten	Trainings zu Sprachgewandtheit und Verständnisfähigkeit **realitätsnahe Trainings** zu Problem- und Konfliktsituationen aus dem eigenen Erfahrungsbereich	prozessbegleitende Workshops, z. B. zu Regeln und Normen
Handelt verantwortungsbewusst, besonnen und zuverlässig, reflektiert über seine eigene Leistung sowie die anderer kontinuierlich und kritisch.				
Fördert eine angstfreies gegenseitiges Verstehen ermöglichende Team- und Organisationskultur, auch in virtuellen Gruppen.				
Kommuniziert eigene Erfahrungen und Vorschläge sprachlich präzise, auf den Gesprächspartner angepasst und nutzt ein breites Spektrum an sprachlichen und körpersprachlichen Mitteln.				
⟷ ENTWICKLUNGSZIELE	⟷ ENTWICKLUNGSPROZESS			

Tab. 82: Entwicklungsmethoden zur Kompetenz *gewissenhaftes Handeln*

12.13 Erfahrungsorientiertes Handeln

»Kompetenz besagt, dass Wissen und Können eine Einheit bilden. Reines Wissen allein ist noch kein Garant für erfolgreiche Problembewältigungen, zumal die meisten Probleme, die sich in der Welt, auch in der Arbeitswelt stellen, keine rein ›intellektuellen' Probleme sind, vielmehr solche, die zu ihrer Lösung neben erforderlichem Wissen auch ein erfahrungsstarkes und einfallsreiches Können voraussetzen. Wir lernen auch das Skifahren nicht mit dem Lehrbuch in der Hand.«
Jürgen Mittelstrass

Erfahrungsorientiertes Handeln erfordert **Beurteilungsvermögen**, also die Fähigkeit, Situationen und Fragestellungen aufgrund eigener Erfahrungen und eigenen Wissens rasch, umfassend und treffsicher zu bewerten. Dazu gehört, dass man das Wesentliche herausarbeitet und – das übergeordnete Ziel im Blick behaltend – eine fundierte Auffassung entwickelt sowie entsprechend passende Ableitungen erarbeitet. Die Mitarbeiter **analysieren** rechtzeitig, welche Umbrüche in ihrem Umfeld geschehen und welche Entscheidungen sowie Handlungen nötig sind, um auf Veränderungen erfolgreich reagieren zu können. Sie leiten ihre Urteile und Handlungen aus **sachlich und methodisch begründeten Überlegungen** her und sind um größte Objektivität bemüht und entwickeln dabei häufig auch Vorschläge, um Schwachstellen oder Störungen zu beheben und Abläufe zu optimieren.

Menschen mit einem guten Beurteilungsvermögen konzentrieren sich auf das Wesentliche. Sie suchen nach den wichtigsten Ursachen einer Problemsituation und spielen die Folgen möglicher Entscheidungen durch. Sie machen sich Gedanken über die Tragweite ihres Handelns. Sie verfügen über umfassende methodische Erfahrungen und lernen selbstkritisch aus Fehlern.

Das Beurteilungsvermögen ist im Wesentlichen durch vier Aspekte gekennzeichnet:

- individueller Erfahrungshintergrund im Umgang mit unterschiedlichen sachlichen und sozialen Anforderungen und Situationen,
- fachliche Basis, methodische Fähigkeiten des Erkennens von Problemen und Fähigkeit zur Analyse der Ursachen und Strukturen,
- Belastbarkeit, um auch in schwierigen Situationen die Ruhe zu bewahren,
- Fähigkeit zur (Selbst-)Kritik, aus Fehlern lernen.

Wissen bildet dabei die Grundlage jedes Handelns, jeder Kreativität, jeder Selbstorganisation. Deshalb benötigen die Mitarbeiter die Fähigkeit, Wissen im engeren Sinne, d. h. Informations-, Fach- und Sachwissen, und im weiteren Sinne mit Regeln, Werten, Normen, Kompetenzen und Erfahrungen, aber auch Emotionen und Motivationen, laufend selbstorganisiert aufzubauen und problemlösend in Herausforderungen anzuwenden. Und je mehr Wissen man in einer schwierigen und Kreativität erfordernden Situation mobilisieren kann, desto kompetenter kann man handeln. Der Knackpunkt ist hier die Mobilisierung des Wissens. Gelingt sie nicht, ist die ganze Wissensfülle umsonst. Gelingt sie, handeln wir kompetent.

Es gibt keine Kompetenzen ohne Wissen, aber Wissen ist noch keine Kompetenz.

Die Kompetenz *erfahrungsorientiertes Handeln* gehört zu den **methodischen Kompetenzen.** Es geht also grundsätzlich um die Fähigkeit, selbstorganisiert mit dem notwendigen, aktuellen Fach- und Methodenwissen in Verbindung mit dem eigenen Erfahrungswissen auch zunächst kaum lösbare Aufgaben kreativ bewältigen zu können.

! **Erfahrungsorientiertes Handeln ist eine methodische Kompetenz und wird wie folgt definiert:**

Handelt auf Basis gefestigter Erfahrungen und Werte und baut diese kontinuierlich aus.

Mitarbeiter, die diese Kompetenz übertrieben einsetzen, konzentrieren sich bei Entscheidungen zu sehr auf den rationalen Kern und ignorieren emotionale Aspekte, wirken dadurch unflexibel und übervorsichtig. Sie meinen, Wissen ist Macht und stellen Fachwissen über das Wertewissen und die emotionale Intelligenz.

Sie haben sich zum Ziel gesetzt, Ihre Kompetenz *erfahrungsorientiertes Handeln* gezielt weiterzuentwickeln? Wir empfehlen Ihnen, Ihre Planung dieses Entwicklungsprozesses mithilfe folgender Matrix zu gestalten, weil Sie damit alle wesentlichen Aspekte Ihres personalisierten Lernprozesses berücksichtigen.

Kompetenz *erfahrungsorientiertes Handeln*	**Gezielte Kompetenzentwicklung durch**			
Handlungsanker	**Praxis**	**Coaching/Mentoring**	**ergänzende Trainingsmaßnahmen**	**unterstützende Weiterbildungsmaßnahmen**
Schätzt Herausforderungen durch sein Fach- und Erfahrungswissen richtig ein und bewertet ungeprüfte Fakten, insbesondere auch im Netz, mit kritischer Distanz.	**Praxisprojekte und -aufgaben,** die es ermöglichen, wertvolle Erfahrungen für den eigenen Aufgabenbereich zu sammeln kompetenzorientiertes Wissensmanagement	regelmäßige **Mentoringgespräche** mit der Führungskraft Unterstützung durch KOPING-Gruppen und Co-Coaching Coaching durch Experten	Training zu SWOT-Analyse, ABC-Analyse, Nutzwertanalyse, Break-even-Analyse	prozessbegleitende Workshops zum Erfahrungsaustausch, zu Moderationstechniken
Entdeckt sicher und rasch Muster und Zusammenhänge, verdichtet die Informationen und zeichnet ein klar strukturiertes Bild; unterscheidet Wesentliches von Unwesentlichem, identifiziert Trends.				
Erfasst und beurteilt Herausforderungen sachlich mit einer angemessenen Distanz, handelt objektiv und reflektiert laufend das eigene Handeln.				
Erweitert selbstorganisiert, auch unter Nutzung innovativer Technologien, kontinuierlich sein Fach- und Erfahrungswissen im Austausch mit seinen Kollegen und Partnern.				
⟷ ENTWICKLUNGSZIELE	⟷ ENTWICKLUNGSPROZESS			

Tab. 83: Entwicklungsmethoden zur Kompetenz *erfahrungsorientiertes Handeln*

12.14 Systematisch-methodisches Handeln

»Der Ziellose erleidet sein Schicksal, der Zielbewusste gestaltet es.«
Immanuel Kant

Die Kompetenz *systematisch-methodisches Handeln* basiert auf Methoden und einem System von Regeln, die von definierten Ausgangsbedingungen zu einem bestimmten Ziel führen. Voraussetzung dafür ist, Herausforderungen aktiv anzugehen, planvoll zu analysieren und das notwendige fachlich-methodische, aber auch Erfahrungswissen aufzubauen. Im Arbeitsprozess wird diese Kompetenz vor allem benötigt, wenn bestehende Rahmenbedingungen und Arbeitsprozesse sowie Konzepte und Strukturen verändert werden müssen, wie seit geraumer Zeit in der agilen Arbeitswelt.

Im alltäglichen Sprachgebrauch werden Konzeption und Konzept in aller Regel synonym verwendet. Es gibt jedoch einen kleinen, aber entscheidenden Unterschied.

Das **Konzept** ist ein gut begründeter, formulierter Plan. Es verbindet Erfahrungswerte und neue Ideen zu einem zielorientierten Handlungsrahmen und zu einer Beschreibung der notwendigen Prozesse. Es gibt an, welche Handlungen von welchen Mitarbeitern und Partnern für welche Zielgruppe mit welchen Mitteln, Methoden und Techniken durchgeführt werden sollen, um die definierten Ziele zu erreichen.

Der Begriff **Konzeption** hat zwei Bedeutungen. Sie ist ein fließender Prozess von der Bedarfserhebung über die Zielsetzung und Analyse bis zur Realisierung und Implementierung. Und der Begriff beschreibt die prägende Leitidee eines Plans.

Die agile Arbeitswelt benötigt Mitarbeiter, die sich in diesem radikal verändernden Umfeld sicher bewegen und sich selbstorganisiert und kontinuierlich, gemeinsam mit Entwicklungspartnern, im Arbeitsprozess und im Netz weiterentwickeln. In einer agilen Welt werden sich deshalb Menschen mit systematisch-methodischem Vorgehen besser durchsetzen können und sich persönlich weiterentwickeln.

Der Wettbewerb der Zukunft wird deshalb ein Kompetenzwettbewerb mit agilen Arbeits- und Lernmethoden sein. Dies zeigt sich besonders im Bereich der **Organisationsfähigkeit**, die Fach- und Erfahrungswissen mit der Fähigkeit verbindet, dieses Wissen engagiert und zielorientiert in der Praxis umzusetzen. Dies erfordert eine systematische Analyse der bestehenden Prozesse, um daraus neue, innovative Lösungen abzuleiten.

Erfolg hat nicht nur etwas mit Können und Wissen zu tun, sondern vor allem mit Wollen und Werten. In den letzten Jahren hat es eine Reihe neuer Forschungen gegeben, die zum Ergebnis kamen, dass der Erfolg von Menschen im entscheidenden Maß davon abhängt, inwieweit sie sich selbst und gegebenenfalls andere begeistern können (vgl. WiWo 11.11.2014). Wer seinen Erfolg steigern will, sollte deshalb nicht nur das dafür notwendige Wissen und die erforderlichen Kompetenzen aufbauen, sondern auch sein Wollen und seine Werte. Dann werden der **Fleiß** und damit der Erfolg die direkte Folge sein.

Die Kompetenz *systematisch-methodisches Handeln* gehört zu den **methodischen Kompetenzen.** Es geht also grundsätzlich um die Fähigkeit, mit dem notwendigen, aktuellen Fach- und Methodenwissen in Verbindung mit dem eigenen Erfahrungswissen auch zunächst kaum lösbare Aufgaben kreativ bewältigen zu können. Dabei wird bewertetes Wissen angewandt, das sich immer erst dann entwickelt, wenn im Rahmen von Herausforderungen Informationen wahrgenommen, bewertet und mit eigenen Erfahrungen in Beziehung gesetzt werden. Deshalb umfasst diese Methodenkompetenz Emotionen und Motivationen, die sich in den Werten niederschlagen. Diese bilden wiederum als Kerne von Kompetenzen die Ordner selbstorganisierten Handelns.

Systematisch-methodisches Handeln ist eine methodische Kompetenz und wird wie folgt definiert: !

Entwickelt methodisch fundierte Handlungskonzepte und setzt diese ergebnisorientiert um.

Mitarbeiter, die diese Kompetenz übertrieben einsetzen, organisieren penibel alle Prozesse bis ins Detail, sodass ständige Anpassungen erforderlich sind, handeln alleine und sind stur, was ständig zu Konflikten führt. Sie ignorieren intuitive Lösungen, sind übertrieben gewissenhaft und stoßen damit die Kollegen vor den Kopf.

Sie haben sich zum Ziel gesetzt, Ihre Kompetenz *systematisch-methodisches Handeln* gezielt weiterzuentwickeln? Wir empfehlen Ihnen, Ihre Planung dieses Entwicklungsprozesses mithilfe folgender Matrix zu gestalten, weil Sie damit alle wesentlichen Aspekte Ihres personalisierten Lernprozesses berücksichtigen.

Kompetenz *systematisch-methodisches Handeln*	**Gezielte Kompetenzentwicklung durch**			
Handlungsanker	**Praxis**	**Coaching/Mentoring**	**ergänzende Trainingsmaßnahmen**	**unterstützende Weiterbildungsmaßnahmen**
• Handelt konsequent, um komplexe Herausforderungen systematisch-methodisch zu bewältigen.	**Praxisprojekte und -aufgaben,** die eine ausgeprägte systematisch-methodische Vorgehensweise erfordern Anwendung der SWOT-Analyse und des Ishikawa-Diagramms	regelmäßige **Mentoringgespräche** mit der Führungskraft Unterstützung durch KOPING-Gruppen und Co-Coaching Coaching durch Experten	Training zu SWOT-Analyse, Ishikawa-Diagramm	prozessbegleitende Workshops zum Erfahrungsaustausch, zu Moderationstechniken
• Entwickelt mit Tatkraft und innovativen Ideen schlüssige Lösungen.				
• Erarbeitet zielorientierte und bedarfsgerechte Lösungen für komplexe Herausforderungen.				
• Handelt leistungswillig und sorgfältig auf vereinbarte Ziele hin.				
⟷ ENTWICKLUNGSZIELE	⟷ ENTWICKLUNGSPROZESS			

Tab. 84: Entwicklungsmethoden zur Kompetenz *systematisch-methodisches Handeln*

12.15 Entwicklungsorientiertes Handeln

»Nachhaltiges Lernen setzt eigene Lernprojekte der Lernenden voraus oder in Gang.«
Rolf Arnold

Lernen findet auch im 21. Jahrhundert nach wie vor überwiegend im Seminar statt, obwohl wir spätestens seit den Untersuchungen von Livingston wissen, dass in den Betrieben etwa 80 bis 90 Prozent des Lernens informell stattfindet (vgl. Livingston 1999). Häufig wird die 70/20/10-Regel zitiert, d. h., 70 Prozent des betrieblichen Lernens sind Erfahrungslernen in der Praxis, 20 Prozent werden durch Lernpartner, Führungskräfte, Coaches und Mentoren initiiert und nur 10 Prozent finden als formelles Lernen in Seminaren oder mit E-Learning statt (vgl. Jennings 2017).

Die Bedeutung des informellen Lernens nimmt mit der Ausdehnung sozialer Medien noch weiter zu. Fachwissen steht den Lernern immer häufiger in digitaler Form im Netz zur Verfügung. Deshalb verliert die **LEHR**fähigkeit an Bedeutung und umso wichtiger wird die die Begleitung der gezielten Werte- und Kompetenzentwicklung durch erfahrene **LERN**begleiter, durch Coaches.

Die **fachliche Anerkennung** ist die Voraussetzung für die Akzeptanz als Coach, als Entwicklungspartner im Prozess der Arbeit. Deshalb ist es wichtig, eine *Kompetenzführerschaft* in seinem Bereich zu entwickeln, indem Wissen und Erfahrungen zielgruppengerecht kommuniziert werden. Dies kann über Beiträge zum Wissensmanagement, z. B. mit Fallstudien oder Checklisten, über Fachartikel und Fachbücher, über Blogs und Newsletter, aber auch über die Teilnahme an ausgewählten Projekten, Fachkonferenzen oder Barcamps sowie über eine klug gestaltete Website, Mitwirkung in Communities of Practice oder das Angebot von Webinaren erfolgen. Es reicht nicht aus, darauf zu warten, dass sich die eigenen Kompetenzen und Leistungen von allein im Unternehmen oder in der Fachwelt herumsprechen. Deshalb sollten Sie sich selbst ins Gespräch bringen, wenn Sie begründet von Ihrer Fachlichkeit überzeugt sind!

Menschen, welche die Kompetenz **Folgebewusstsein** aufgebaut haben, können Fallen vermeiden, die sich aus den mittel- und langfristigen Folgen einer Entscheidung ergeben. Sie handeln dadurch umsichtig und verantwortlich. Folgebewusste Menschen handeln verantwortlich in Kenntnis der sozialen Auswirkungen dieses Handelns und Entscheidens. Sie berücksichtigen im eigenen Handeln auch umfassendere, nicht selbst verursachte, über die Privat- und Unternehmenssphäre hinausgehende soziale, ökologische und gesellschaftliche Folgen.

Projektarbeit gewinnt im Rahmen agiler Arbeits- und insbesondere auch Lernsysteme immer mehr an Bedeutung, weil herausfordernde Praxisprojekte eine zentrale Voraussetzung zum selbstorganisierten Aufbau von Werten und Kompetenzen bildet.

Die Kompetenz *entwicklungsorientiertes Handeln* gehört zu den **methodischen Kompetenzen.** Es geht also grundsätzlich um die Fähigkeit, selbstorganisiert mit dem notwendigen, aktuellen Fach- und Methodenwissen in Verbindung mit dem eigenen Erfahrungswissen auch zunächst kaum lösbare Aufgaben kreativ bewältigen zu können. Dabei wird bewertetes Wissen angewandt, das immer erst dann entwickelt wird, wenn die Mitarbeiter im Rahmen von Herausforderungen Informationen wahrnehmen, bewerten und mit eigenen Erfahrungen in Beziehung setzen. Deshalb umfasst die Fach- und Methodenkompetenz Emotionen und Motivationen, die sich in Ihren Werten niederschlagen. Diese bilden wiederum als Kerne von Kompetenzen die Ordner Ihres selbstorganisierten Handelns.

!

Entwicklungsorientiertes Handeln eine methodische Kompetenz und wird wie folgt definiert:

Begleitet andere bei ihrer selbstorganisierten Entwicklung auf Augenhöhe.

Mitarbeiter, die diese Kompetenz übertrieben einsetzen, handeln in Entwicklungsmaßnahmen belehrend und verhindern dadurch selbstorganisierte Werte- und Kompetenzentwicklung, blockieren sich durch die übertriebene Sorge vor den Folgen von Entscheidungen, organisieren selbst kleinste Aufgaben mit den Methoden des Projektmanagements und bringen sich ständig in Communitys ein, auch wenn keine relevanten Beiträge bestehen.

Sie haben sich zum Ziel gesetzt, Ihre Kompetenz *entwicklungsorientiertes Handeln* gezielt weiterzuentwickeln? Wir empfehlen Ihnen, Ihre Planung dieses Entwicklungsprozesses mithilfe folgender Matrix zu gestalten, weil Sie damit alle wesentlichen Aspekte Ihres personalisierten Lernprozesses berücksichtigen.

Kompetenz ***entwicklungsorientiertes Handeln***	**Gezielte Kompetenzentwicklung durch**			
Handlungsanker	**Praxis**	**Coaching/Mentoring**	**ergänzende Trainingsmaßnahmen**	**unterstützende Weiterbildungsmaßnahmen**
Begleitet Kollegen bei der Bearbeitung von komplexen Herausforderungen und ermöglicht es ihnen, ihre Werte und Kompetenzen selbstorganisiert zu entwickeln.	Coaching von Kollegen bei ihren Praxisaufgaben und in Praxisprojekten kompetenzorientiertes Wissensmanagement	regelmäßige **Mentoringgespräche** mit der Führungskraft Unterstützung durch KOPING-Gruppen und Co-Coaching Coaching durch Experten für betriebliches Lernen	didaktisch-methodisches Training zur Gestaltung von Lernprozessen im *Doppel-Decker* *Coachingtraining*	**Seminare und Workshops** zu Themenbereichen, die über den eigenen Aufgabenbereich hinausgehen
Tauscht sein Wissen mit anderen im Netz aus und ist ein gefragter Experte in der Mitarbeiterentwicklung, in Arbeitsgruppen und in Netzwerken.				
Handelt verantwortlich unter Berücksichtigung der sozialen und wirtschaftlichen Folgen von Entscheidungen.				
Koordiniert und organisiert systematisch die Durchführung von Projekten, auch unter Nutzung neuer Technologien, digitaler Werkzeuge und agiler Methoden.				
⟷ ENTWICKLUNGSZIELE	⟷ ENTWICKLUNGSPROZESS			

Tab. 85: Entwicklungsmethoden zur Kompetenz *entwicklungsorientiertes Handeln*

12.16 Handeln mit Expertise

»Expertise ist das, was Kenner zu Könnern macht.«
John Erpenbeck

Expertise kann als all das bezeichnet werden, was zur erfolgreichen Bewältigung von beruflichen und betrieblichen Herausforderungen notwendig ist. In den Organisationen des New Work ist Expertise zunehmend gefragt. Ob eine Organisation sich auf Mitarbeiter mit ausgewiesener Expertise stützen kann, ist ein erfolgskritisches Merkmal. Organisationen, die es nicht schaffen, Experten zu finden, an sich zu binden und zu fördern, werden im Wettbewerb immer mehr Probleme bekommen.

Mitarbeiter mit einer hohen Expertise verfügen nicht nur über hohes Fachwissen und können es erfolgreich anwenden, sondern tauschen sich mit anderen Fachleuten aus und geben ihr Wissen aktiv weiter. Organisationen mit ausgewiesenen Experten können ihre Marktposition deutlich und konsequent ausbauen.

Für die Organisationen ergeben sich daraus zwei zentrale Herausforderungen:
- Wie identifizieren sie potenzielle Mitarbeiter mit Expertise?
- Wie können sie die Expertise ihrer Mitarbeiter gezielt entwickeln?

Damit gewinnt die Frage der Werte- und Kompetenzerfassung im Rahmen der Mitarbeiterauswahl sowie der Werte- und Kompetenzentwicklung eine zentrale Bedeutung.

Fachübergreifendes Denken erfordert ein integrierendes, zusammenfügendes Denken, das auf einem breiten Horizont beruht und eine Vielzahl von Einflussfaktoren berücksichtigt. Es ist weniger isolierend und zerlegend (analytisch), sondern ganzheitlich und systemisch. Es ist dabei weniger wichtig, spezielles Wissen in anderen Bereichen aufzubauen, sondern zu verstehen, welche Anliegen, Erwartungen, aber auch Befürchtungen die Partner haben. Voraussetzung für wirksames Handeln ist dabei ein tiefgehendes Verständnis betriebswirtschaftlicher, aber auch psychologischer Gesetzmäßigkeiten, um keine falschen Hoffnungen zu wecken.

Mitarbeiter, die **markt- und damit kundenorientiert** handeln, sind einer der wichtigsten Erfolgsfaktoren von Organisationen. Nur wenn die Mitarbeiter ein Gespür dafür besitzen, welche Bedürfnisse die Kunden haben, wie die Leistungen der Organisation kundenorientiert gestaltet, wie die Kunden gezielt angesprochen werden können und in welcher Weise sie betreut werden wollen, kann die Organisation langfristig am Markt erfolgreich sein.

Planungsfähigkeit nimmt die Maßnahmen, die umzusetzen sind, gedanklich vorweg. Dabei werden Handlungsalternativen sorgfältig gegeneinander abgewogen, um daraus Entscheidungen abzuleiten. Planungsfähigkeit bedeutet also die zielgerichtete Vorbereitung zukunftsgerichteter Entscheidungen. Es schließt die Aufnahme, Auswahl und die Umsetzung von Wissen und Methoden ein.

Die Kompetenz *Handeln mit Expertise* gehört zu den **methodischen Kompetenzen.** Es geht also grundsätzlich um die Fähigkeit, selbstorganisiert mit dem notwendigen, aktuellen Fach- und Methodenwissen in Verbindung mit dem eigenen Erfahrungswissen auch zunächst kaum lösbare Aufgaben kreativ bewältigen zu können. Dabei wird bewertetes Wissen angewandt, das Mitarbeiter immer erst dann entwickeln, wenn sie im Rahmen von Herausforderungen Informationen wahrnehmen, bewerten und mit eigenen Erfahrungen in Beziehung setzen. Deshalb umfasst die Fach- und Methodenkompetenz Emotionen und Motivationen, die sich in ihren Werten niederschlagen. Diese bilden wiederum als Kerne von Kompetenzen die Ordner selbstorganisierten Handelns.

Handeln mit Expertise ist eine methodische Kompetenz und wird wie folgt definiert: !

Handelt mit fachübergreifendem Verständnis vorausschauend und erreicht dadurch hervorragende Ergebnisse.

Mitarbeiter, die sich diese Kompetenz unbegründet zuschreiben, überschätzen ihr eigenes Wissen und halten sich für unantastbar, ignorieren emotionale Aspekte von Entscheidungen, verzetteln sich in Details, halten alles für planbar und beschäftigen sich zu sehr mit arbeitsplatzfernen Themen.

Sie haben sich zum Ziel gesetzt, Ihre Kompetenz *Handeln mit Expertise* gezielt weiterzuentwickeln? Wir empfehlen Ihnen, Ihre Planung dieses Entwicklungsprozesses mithilfe folgender Matrix zu gestalten, weil Sie damit alle wesentlichen Aspekte Ihres personalisierten Lernprozesses berücksichtigen.

Kompetenz *Handeln mit Expertise*	**Gezielte Kompetenzentwicklung durch**			
Handlungsanker	**Praxis**	**Coaching/Mentoring**	**ergänzende Trainingsmaßnahmen**	**unterstützende Weiterbildungsmaßnahmen**
Baut formelles Fach- und Erfahrungswissen selbstorganisiert und zielgerichtet im Prozess der Arbeit und im Netz auf und nutzt es unter Einbeziehung innovativer, agiler Arbeits- und Lernmethoden. *Blickt über die Grenzen des eigenen Arbeitsbereichs und der eigenen Organisation hinaus und handelt entsprechend.* *Trifft sachgerechte Entscheidungen auf Basis der Analyse aktueller Entwicklungen in bestehenden und zukunftsorientierten Bereichen.* *Erweitert stetig sein Fach- und Erfahrungswissen, um das Team und die Organisation zukunftsorientiert zu unterstützen und mitzugestalten.*	besonders herausfordernde **Praxisaufgaben und -projekte,** die selbstorganisiert im Rahmen eines Ermöglichungsraumes und eines **Social-Blended-Learning-Arrangements** bearbeitet werden kompetenzorientiertes Wissensmanagement	regelmäßige **Mentoringgespräche** mit der Führungskraft Unterstützung durch KOPING-Gruppen und Co-Coaching Coaching durch Experten für betriebliches Lernen	agile Entwicklungsmethoden: Design Thinking Scrum Kanban Pulse	Seminare und Workshops zur Entwicklung von Folgebewusstsein, zum Projektmanagement, zum Selbstmarketing
⟷ ENTWICKLUNGSZIELE	⟷ ENTWICKLUNGSPROZESS			

Tab. 86: Entwicklungsmethoden zur Kompetenz *Handeln mit Expertise*

Glossar

70/20/10-Modell

70 Prozent des betrieblichen Lernens sind Erfahrungslernen in der Praxis, 20 Prozent werden durch Lernpartner, Führungskräfte, Coaches und Mentoren initiiert und nur 10 Prozent finden als ➔ formelles Lernen statt.

Activity Based Working

Arbeitskonzept, bei dem jeweils der für die aktuelle Aufgabe geeignetste Arbeitsort – im Sinne von Kreativität und Leistungsfähigkeit – gewählt wird.

Advocatus-Diaboli-Diskussion

Einzelne Mitarbeiter oder Teilgruppen nehmen in der Rolle des *Advocatus Diaboli* eine bewusste Gegenposition zu einer Werteorientierung, einer Idee oder Meinung ein. Sie sehen sich dadurch mehrheitlich emotional stark labilisierenden Angriffen und Kritiken ausgesetzt. Sie versuchen durch Argumente, aber auch durch emotional vorgetragene Positionen, die anderen Teilnehmer zu überzeugen. Dadurch können die Werteorientierungen und Ideen intensiv und kontrovers diskutiert werden.

Aktives Lernen

Die Lerner bearbeiten aktiv Lernaufgaben, die Handeln erfordern. Der Fokus liegt auf der Praxis, nicht der Theorie.

Agile Methoden

Vorgehehensweisen wie ➔ Scrum, ➔ Design Thinking, ➔ Kanban, ➔ Pulse ➔ DevOps ➔ Holokratie mit dem Ziel, sich kontinuierlich an seine komplexe, turbulente und unsichere Zukunft anzupassen.

Aktive Werteerfassung

Menschen werden beobachtet, während sie in Lern- oder Arbeitsprozessen handeln, und anhand dieser Beobachtungen hinsichtlich ihrer Werte eingeschätzt. Damit kann das gesamte Spektrum an Werten erfasst werden. Dagegen ist die Detailschärfe nicht so hoch wie beispielsweise bei ➔ Persönlichkeitsmessverfahren. Ein weiterer Nachteil ist der relativ hohe Aufwand.

Aktivitätskompetenz

Fähigkeit, vereinbarte Vorhaben auch unter schwierigen Bedingungen willensstark und aktiv mit hoher Anpassungsfähigkeit umsetzen zu können. Dazu gehören entscheidungsorientiertes, tatkräftiges, impulsgebendes und konsequentes Handeln.

Animation

Bewegtbilder in Lernprogrammen mit dem Ziel, die Lerninhalte anschaulich und motivierend zu gestalten. Animationen können als einfache Bildsequenz, als Bilderanimation oder trickfilmähnlich gestaltet werden. Ergänzend können Sprache, Musik und Signale eingesetzt werden. Vielfach werden Animationen interaktiv gestaltet.

Anti-Biasing

Methode, die negative, wertebeladene Situationen nutzt, um diese Erfahrungen in Gruppenprozessen mit dem Ziel der Werteentwicklung zu verarbeiten.

Arbeit 4.0

Vernetzte, digitale, flexible Arbeit der Zukunft. Aufgrund der → digitalen Transformation entstehen grundlegend neue Arbeitsformen und Arbeitsverhältnisse.

Asychronous Learning

Asynchrones Lernen ist eine Lernform, bei der Unterricht und Lernen nicht zur selben Zeit stattfinden. Die Interaktion zwischen Lerner und Lehrer kann somit durch eine Zeitverzögerung unterbrochen sein. Beispiele dafür sind interaktive Kurse via Forum oder Onlinediskussionsgruppen.

Augmented Reality

Erweiterte Realität um dreidimensionale, interaktive Elemente mit Zusatzinformationen zur realen Welt.

Authoringtool/Autorentool/Autorensysteme/Authorware

Eine Anwendungssoftware oder ein Programm, das einer Person erlaubt, eine eigene E-Learning-Software zu erstellen. Diese Tools beinhalten instruktionsorientierte Werkzeuge zur Erstellung und Programmierung von Websites, vorlagenbasierte Autorentools, Systeme zur Wissenserfassung sowie Text- und Dateierstellung. Meist kann der Autor über das System die → Web Based Trainings (WBTs) direkt erstellen. → Course Builder

Autopoiese

Prozess der Selbsterschaffung und Selbsterhaltung von Lebewesen oder lebenden Systemen.

Autorenwerkzeug → *Authoringtool.*

Avatar

(Sanskrit: *»Fleischwerdung (Inkarnation) eines Geistes«*) Virtueller Repräsentant eines Lerners in einem virtuellen Raum, z. B. in einer → Learning Community, der grafisch gestaltet werden kann. Das Ziel besteht darin, diese Avatare so weiterzuentwickeln, dass sie aktiv neue Beiträge, Lösungen oder Lernpartner für den Lerner identifizieren.

Badge

Kennzeichen oder Plakette, die als Indikator für die Leistungen der Lerner in informellen Lernprozessen genutzt wird. Badges sollen helfen, Ziele zu setzen und das informelle Lernen anzuerkennen.

Barcamp (Unkonferenz, Nicht-Konferenz)

Offene Tagung mit frei zugänglichen Workshops, deren Inhalte und Ablauf von den Teilnehmern, die sich zu Teilgebern entwickeln, zu Beginn selbst entwickelt und im weiteren Verlauf gestaltet werden. → Educamp

Behaviorismus

Eine ältere Lerntheorie, die den Lerner als eine *Blackbox* betrachtet. Sie konzentriert sich auf die Handlungsweisen der Menschen, die der Lehrer mit vielfältigen Motivationsfaktoren (extrinsische Motivation) zu beeinflussen versucht. In diesem Ansatz steht der Lehrer im Mittelpunkt, der über objektiv richtiges Wissen verfügt, das er möglichst vereinfacht und ohne Einfühlung und Introspektion darstellt. Die Lerner sind tendenziell passiv.

Belehrungsdidaktik

Basiert auf der → Curriculumstrategie, nach der für alle Lerner eine Gruppe nach einem einheitlichen Curriculum (Lehrplan) durch einen Lehrer, Dozenten oder Trainer das Wissen vermittelt wird.

Big Data Analytics

Sammlung und Auswertung immer größerer Datenmengen, die durch technische Fortschritte ermöglicht werden und für ein besseres Verständnis der Entwicklungen sorgen.

Blended Learning

Bezeichnet die didaktisch sinnvolle Verknüpfung von Präsenzveranstaltungen und ➔ E-Learning zu einem Lernarrangement. Dieses Lernarrangement basiert auf der Erfahrung, dass ein reines E-Learning-System primär für den Wissensaufbau geeignet ist. Der Lerner kann sich sein Wissen selbstorganisiert aneignen. Dabei wird sein Lernprozess von den Lernpartnern im Rahmen der ➔ Learning Community, meist auch von einem ➔ Tutor flankiert. Hierbei werden meist Kommunikationsinstrumente des ➔ Web 1.0 genutzt, z. B. ➔ Foren oder ➔ Chats. Die Wissensverarbeitung erfolgt im Rahmen von Aufgaben, Übungen oder Fallstudien, die mit Lernpartnern, in Lerngruppen oder im Seminar mit dem Trainer bearbeitet werden. Im Rahmen der ➔ Werteentwicklung und ➔ Kompetenzentwicklung wird Blended Learning um Transferaufgaben und Projektaufträge erweitert. Zunehmend spielen dabei Kommunikationsinstrumente des ➔ Web 2.0 eine wichtige Rolle, z. B. ➔ Wikis und ➔ Blogs. Siehe auch ➔ Social Learning ➔ Multi-Method Learning ➔ hybrides Lernen

Blockchain

Engl. chain: *Kette.* Laufend ausbaubare Liste von Datensätzen (Blöcken), die miteinander verkettet sind. Damit können alle Transaktionen innerhalb eines Netzwerks ohne eine zentrale Steuerungs- und Kontrollinstanz kaum manipulierbar und völlig transparent gespeichert werden. Die Akteure bleiben weitgehend anonym.

Blog (Weblog)

Öffentlich oder begrenzt einsehbare Tagebücher im Web, bei denen viele kleine Inhalte (Microcontent) in Form von Texten, Bildern, Sound oder Videos– sogenannte *Posts* – der Lerner einen Zeitstempel erhalten und in einer umgekehrt chronologischen Reihenfolge abgelegt werden. Damit steht jeweils der jüngste Eintrag am Anfang einer Seite. Es entsteht ein Lerntagebuch.
Ein Blog in Lernprozessen ist ein von einer Person oder Gruppe geführtes Lern- oder Projekttagebuch, das für definierte Lerngruppen oder alle Internetnutzer zugänglich ist und deren Einträge kommentiert werden können. Die Beiträge und teilweise die Kommentare besitzen eine eigene, feste Webadresse. Die Beiträge eines Weblogs werden in einem Feed zusammengefasst.

Bloomsche Lernzieltaxonomie

→ Taxonomie von Benjamin Bloom, der drei Lernstufen unterschied, die jedes Lernen stimulieren sollen: die kognitive, die affektive und die psychomotorische Lernstufe. Er entwickelte eine sechsstufige Taxonomie der Lernziele im kognitiven Lernbereich (Wissen und intellektuelle Fähigkeiten), die später mit David Krathwohl und anderen auf alle Lernzieldimensionen erweitert wurde.

Brainstorming

Instrument schöpferischen Handelns, eine Methode zur Ideenfindung, um die Erzeugung von neuen, ungewöhnlichen Ideen in einer Gruppe von Menschen zu fördern.

Business Ecosystem

Vernetzung/Verbund von Unternehmen und Branchen im Zuge der → digitalen Transformation mit dem Ziel der gemeinsamen Wertschöpfung.

CBL

Computer Based Learning erfolgt als → E-Learning im Regelfall auf der Basis von → CBT oder → WBT.

CBT

Computer Based Training. Interaktives Lernprogramm, das offline, meist auf einer Diskette oder einem Stick, multimedial aufbereitet wird.

Chapter

Mitarbeiter in einer → agilen Organisationsstruktur mit gleicher Funktion.

Chat

Engl. *quatschen, schwätzen, unterhalten.* Synchrone schriftliche, digitale Unterhaltung mehrerer Teilnehmer zu einem Thema. Ein Chat kann moderiert oder unmoderiert sein. Wird häufig bei → Webinaren begleitend eingesetzt, um Fragen und Anregungen zu ermöglichen.

Chatbot

Digitaler Lernassistent, der mit den Lernern virtuelle Konversationen führt. Es gibt zwei Formen:

- programmierte Fragen und Antworten,
- Antworten auf Basis → künstlicher Intelligenz, sodass der Computer bei jeder Interaktion hinzulernt.

Cloud

Globales Servernetzwerk mit IT-Infrastrukturen im Netz, die Rechenkapazitäten, Datenspeicher, Netzwerkkapazitäten oder auch Anwendersoftware dynamisch an den Bedarf angepasst zur Verfügung stellen. → Cloud-Computing → Cloud-Learning

Cloud-Computing

Daten sind mit wenig Aufwand und zeitnah über die → Cloud überall und zu jeder Zeit abrufbar. Die Abrechnung erfolgt u. a. nach Nutzung (minutengenau).

Cloud-Learning

Lernen mit → WBT und Diensten, die in der → Cloud liegen. Beispiele dafür sind → Learning-Management-Systeme (LMS) von Anbietern wie Google. In diesem Sinne ist Cloud-Learning vor allem durch eine veränderte Lerninfrastruktur geprägt. Die Lerner erhalten die Möglichkeit, nach Bedarf vielfältige Lernangebote im Netz zu nutzen. Damit entspricht Cloud-Computing dem Ansatz der → Open Resources. Somit ist Cloud-Learning keine neue Lernkonzeption, erweitert aber die Möglichkeiten und Chancen von Bildungssystemen.

cMOOC

Connective → MOOC. Onlinekurse, die auf dem Ansatz des → Konnektivismus basieren, nach dem das Lernen im Netz stattfindet. Sie sind relativ offen und frei als virtuelle Workshops oder → Barcamps gestaltet, in denen die Teilnehmer aktiv gemeinsam → Wissen erarbeiten.

CMS

Content-Management-System. Softwareanwendung, die den Prozess der Gestaltung, des Testens, der Erprobung und Veröffentlichung von Webpages optimiert.

Coaching

Professionelle Beratung und Begleitung einer (Coachee, Gecoachter) oder mehrerer Personen durch einen oder mehrere andere (Coach/Coaches). Der Coach soll den Gecoachten bei der Ausübung von komplexen Handlungen befähigen, optimale Ergebnisse selbstorganisiert hervorzubringen. Coaching ist eine Entwicklungspartnerschaft, die eine besondere Art intendierter ➔ Werteentwicklung und ➔ Kompetenzentwicklung mit einer methodisch fundierten Vorgehensweise, zuweilen auch zur teambezogenen oder organisationalen Werteentwicklung und Kompetenzentwicklung, bildet.

Co-Coaching

Wechselseitige, überwiegend gleichberechtigte Kollaborations- und Kommunikationsbeziehung zwischen Lernpartnern mit dem Ziel effektiver ➔ Werteentwicklung und ➔ Kompetenzentwicklung.

Computer-Co-Coaching

Zukünftig werden Computer zu Tandempartner in kompetenzorientierten Lernprozessen. Mithilfe ➔ semantischer Systeme erweitern sie die menschliche Lernpartnerschaft um den ➔ Lernpartner Computer.

Cognitive Computing (➔ Kognitive Maschinen)

Intelligente Assistenzsysteme. die auf IT-Infrastrukturen, Technologien, Softwarelösungen und Algorithmen basieren. Sie können den Menschen bei der Bewältigung vieler physischer und geistiger Arbeit, auch beim Lernen, unterstützen. ➔ Humanoide Computer

Collaborative Learning ➔ *Kollaboratives Lernen.*

Collaboration Tool

Softwarelösung, die die Projektverwaltung sowie die Zusammenarbeit mit anderen z. B. via E-Mail, in Diskussionen oder mittels Chat ermöglicht.

Community of Practice

Praxisbezogene Gemeinschaft. In Communities of Practice gibt, es im Gegensatz zu ➔ Learning Communities, keine formalisierten Lernpfade. Sie werden durch die Lerner organisiert. Sie wählen selbst die Ziele, Inhalte, Strategien, Methoden und Kontrollmechanismen ihrer Lernprozesse. Communities of Practice entwickeln sich häufig aus ➜ Learning Communities oft spontan und über längere Zeit. Es gibt kein klares Startdatum und auch kein absehbares Ende.

Connectivism ➜ *Konnektivismus.*

Content

Inhalt. Meint qualifizierten Inhalt und Informationsgehalt besonders von Webseiten und umfasst die Möglichkeit, Wissen weiterzugeben. Die verschiedenen Formate für ➜ E-Learning umfassen Text-, Ton-, Video-, Animations- und Simulationsinhalte.

Content Curation

Kuratieren, Inhaltspflege mithilfe von Tools, die Inhalte aus dem Web filtern und den einzelnen Lernern in strukturierter, bedarfsgerechter Weise zur Verfügung stellen. Mittels ➜ künstlicher Intelligenz können diese Prozesse laufend optimiert werden.

Contentprovider

Anbieter von Informationen, Webcontent und Lerninhalten. Die Spannbreite erstreckt sich von reinen Onlineanbietern bis zu klassischen Bildungsanbietern.

Coopetition

Kofferwort aus *Cooperation* und *Competition.* Bezeichnet die Zusammenarbeit mit Wettbewerbern, um in Teilbereichen die Kräfte zu bündeln, z. B. bei der Entwicklung von einzelnen Komponenten wie Batterien für E-Autos.

Corporate Culture

➜ *Unternehmenskultur.* System von ➜ Normen, ➜ Werten und ➜ Regeln, die das Wahrnehmen, Denken und ➜ Handeln aller Mitarbeiter und Führungskräfte bestimmen.

Corporate Health

Ganzheitliches Gesundheitsmanagement, das neben Unfallschutz, betrieblichem Gesundheitssystem und ergonomischen Arbeitsplätzen auch Stress, Überarbeitung sowie psychische Beschwerden bis Burnout umfasst.

Corporate Learning

Betriebliches Lernen. Alle Methoden der Aus- und Weiterbildung im betrieblichen Umfeld, z. B. Trainings, Kurse und Seminare, aber auch → E-Learning, → Blended Learning, → Social Learning und → Workplace Learning.

CSR

Corporate Social Responsibility. Übernahme der gesellschaftlichen Verantwortung für Umwelt und Gesellschaft durch eine Organisation. → Nachhaltigkeit

Corporate University

Unternehmensinterne Bildungsakademie, die sich primär an den strategischen Bedürfnissen der Muttergesellschaft orientiert.

Course Builder

Werkzeug zur Erstellung von Online-Lehrmaterialien als → Open-Source-Lösung von Google. → Autorentool

Courseware

Unterrichtssoftware für jede Art von Unterrichtskursen, die über ein Anwendungsprogramm oder über ein Netzwerk zur Verfügung gestellt werden.

Co-Working

Reale und virtuelle (Arbeits-)Räume der Begegnung, des Austausches und der → kollaborativen Arbeit, meist von kleineren Start-ups, Freiberuflern und digitalen Nomaden genutzt.

Creative Commons (CC)

Schöpferisches Gemeingut. Creative Commons ist eine Non-Profit-Organisation, die in Form vorgefertigter Lizenzverträge eine Hilfestellung für die Veröffentlichung und Verbreitung digitaler Medieninhalte anbietet. CC stellt sechs verschiedene Standardlizenzverträge zur Verfügung, die bei der Verbreitung kreativer Inhalte genutzt werden können, um die rechtlichen Bedingungen festzulegen. CC ist dabei selber weder als Verwerter noch als Verleger von Inhalten tätig und ist auch nicht Vertragspartner von Urhebern und Rechteinhabern, die ihre Inhalte unter CC-Lizenzverträgen verbreiten wollen.

Credit-Point-System

Die Lerner erhalten innerhalb eines Kurses für jede Teilleistung Punkte (Credit Points), die im Kursverlauf addiert werden. Bei Erreichen einer definierten Punktzahl ist der Kurs bestanden.

CRM

Customer-Relationship-Management, Kundenbeziehungsmanagement. Methoden und Software, die einem Unternehmen helfen, Kundenbeziehungen zu managen und zu organisieren. Das CRM hilft dabei, Kunden zu identifizieren und zu kategorisieren.

Crowdsourcing

Schwarmauslagerung. Auslagerung von Aufgaben an freiwillige, auch unbekannte Akteure, z. B. über das Internet, die durch einen Aufruf gewonnen werden.

CSR → *Corporate Social Responsibility.*

Curriculum

Didaktische Konzeption von Lehrplänen und -programmen mit Lernzielen, Lerninhalten und evtl. methodischen Hinweisen.

Curriculumstrategie

Definition von Zielen, Inhalten und Methoden im Sinne des Vorratslernens → Curriculum. Wird immer öfter durch die → reflexive Bildungsstrategie abgelöst.

Debiasing

Entzerrung. Methode, um aufzuklären, inwieweit beispielsweise Entscheidungen und Handlungsweisen durch bewusste und unbewusste → Werte beeinflusst sind, welche Rolle kognitive Beschränkungen und selektive Wahrnehmungen dabei spielen, wie eingefahrene Muster oder Bestätigungsfehler mitwirken, welche Auswirkungen übertriebener Optimismus oder Selbstüberschätzung sowie fragwürdiger Gruppendruck und Gruppendenken haben und wie man Wege finden kann, all das zu vermeiden. *Biases* kann man als vorurteilshafte Abkürzungen im Entscheiden und Handeln, als blinde Flecken, oft durch problematische Wertehaltungen verursacht, identifizieren.

Deep Learning

Mehrschichtiges, tiefgehendes Lernen von Computern. Nutzt die Methode der Informationsverarbeitung mit künstlichen → neuronalen Netzen, die beispielsweise in der Bilderkennung, der Sprachverarbeitung oder auch der Robotik zu einem Durchbruch geführt hat. Es eignet sich insbesondere dann, wenn sehr große Datenmengen, → Big Data, zum Training neuronaler Netze verfügbar sind. Mit Deep Learning wird aufgrund der immer größeren Rechenleistungen, leistungsfähigeren Algorithmen, größeren Menge an Daten, die analysiert werden können und der konsequenten Nutzung der Erkenntnisse der neuronalen Forschung, auch im Lernbereich einen Quantensprung und damit eine erhebliche Steigerung der Arbeitsergebnisse zu erwarten sein. → Künstliche Intelligenz

Design Thinking

→ Agile Methode. Modell für die Orientierung und grobe Strukturierung von kreativen Prozessen. Innovationsmethode, die auf Basis eines iterativen Prozesses nutzer- und kundenorientierte Ergebnisse zur Lösung von komplexen Problemen liefert.

DevOps

→ Agile Methode, bei der Entwicklung (**Dev**elopment) und Betrieb (**Op**erations) zusammengeführt werden, um Menschen, Prozesse und Technologien zu integrieren, damit hochwertige Lösungen entstehen. Prozesse werden mithilfe von Technologien in mehreren Zyklen automatisiert und optimiert. Voraussetzung ist eine Kultur, die leistungsfähige Entwicklungsteams ermöglicht. Teams können dadurch besser auf die Anforderungen ihrer Kunden reagieren, das Vertrauen in ihre eigenen Anwendungen steigern und Geschäftsziele schneller erreichen.

Didaktik

Im weiteren Sinne Theorie und Praxis des Lehrens und Lernens, im engeren Sinne umfasst die Didaktik das *Was* des Lernprozesses, d. h. die Bedarfserhebung, die Lernzielformulierung und die Definition der Inhalte.

Digitale Transformation (→ Digitalisierung)

Digitaler Wandel der Arbeitswelt durch den vermehrten Einsatz neuer Informations- und Kommunikationstechnologien, der zu einer grundlegenden Umwälzung der Strategie, Struktur, Prozesse und Kultur in den Unternehmen führt. Die Akteure müssen nach fundamental veränderten Regeln handeln, sodass sie neue → Kompetenzen aufbauen müssen.

Digital Game Based Learning → Serious Games

Digitalisierung

Verarbeitung, Speicherung und Weitergabe von Informationen in Computern und im Netz. Daraus ergibt sich ein Wandel zu elektronisch gestützten Prozessen in allen Bereichen mittels Informations- und Kommunikationstechnik.

Digital Literacy

Medienkompetenz. → Kompetenzen zum souveränen und selbstbewussten Umgang mit den Herausforderungen der Digitalisierung. Dazu gehören der Umgang mit dem digitalen Information Overflow, die Kommunikation und Kollaboration in sozialen Netzwerken, aber auch die Nutzung technischer Geräte.

Digital Workplace

Digitalisierte Arbeitswelt. Digital ermöglichtes Arbeiten losgelöst von Ort und Zeit.

Diskussionsforum

Plattform/Forum im Internet oder Intranet, auf der die Nutzer Nachrichten und Meinungen einstellen können, die andere Personen dort lesen und wiederum kommentieren können.

Disposition

Bis zu einem bestimmten Handlungszeitpunkt entwickelte innere Voraussetzung zur Regulation von Handlungen einer Person.

Disruptives Geschäftsmodell

Verdrängung eines bestehenden → Geschäftsmodells durch grundlegend neue, digitale Alternativen, z. B. Online-Shoppingportale.

Dissonanz

Im kognitiven Sinne ein innerer Widerspruch. Erfahrungen und Informationen stehen zur persönlichen Einstellung bzw. zu getroffenen Entscheidungen im Widerspruch. Ihre Überwindung führt zur → Labilisierung.

Distance-, Virtual-, Tele-Learning

Fernlernen in Form von z. B. Fernsehsendungen, Radio, Telefon und Internet. Bezeichnet ein System, in dem die Kommunikation zwischen Lehrenden und Lernern nicht in physischer Präsenz der Beteiligten stattfindet, sondern elektronisch-medial vermittelt wird, z. B. per Videokonferenz. Bei Tele-Learning besteht oftmals eine Kommunikation zwischen mehreren Beteiligten am Lernprozess. Tele-Learning wird oft synonym zu Distance-Learning genannt.

Diversity

Diversität. Vielfalt der Menschen, z. B. in Hinblick auf Alter, Geschlecht, Hautfarbe, Herkunft, Religion, Kultur, Qualifikationen oder Kompetenzen. Wird als wichtige Voraussetzung für Innovationsfähigkeit und → Resilienz einer Organisation angesehen.

Dokumentenmanagement

Elektronisches, meist datenbankgestütztes System, das es ermöglicht, alle Formen von Dokumenten und deren Inhalte gemeinsam zu bearbeiten, zu archivieren, zu verwalten und zu taggen (indizieren, verschlagworten). Im → Social Learning ist der Funktionsbereich deutlich erweitert, indem mittels Workflow kollaborativ Erfahrungen und Wissen in verschiedenen Formaten dokumentiert und ausgetauscht werden können. Selbstlernende Systeme mit Volltextsuche, Ähnlichkeitsvektoren oder neuronalen Netzen unterstützen schnelle und zielsichere Lösungen. Eine Versionenverwaltung hilft, die Änderungen an den Dokumenten und somit den gemeinschaftlich erstellten Informationen zu erfassen. Alle Versionen werden in einem Archiv mit dem Namen des Bearbeiters und einem Zeitstempel gespeichert. Somit können nicht nur die einzelnen Versionen immer wieder hergestellt, sondern auch die Entwicklung des Dokuments und dessen Inhalt nachvollzogen werden.

Doppel-Decker-Prinzip

Die Lerner erleben die Sicht ihrer Kunden oder Partner, indem sie sich in deren Rolle begeben. Im Anschluss an Phasen des Lernens begaben sie sich auf eine Metaebene der Reflexion und wenden ihre → Erfahrungen auf eigene Lernlösungen an.

Dropout-Quote

Abbrecherquote. Prozentualer Anteil der Lerner, die während des Kurses abbrechen. Diese Abbrecherquoten schwanken zwischen einstelligen Werten und Werten über 90 Prozent. Entscheidend für die Höhe sind bedarfsgerechte Herausforderungen in der Praxis oder in Projekten sowie das → Co-Coaching und die → Lernbegleitung.

E-Coaching

Netzbasierte Beratung. Mediengestützte, aktive Entwicklungspartnerschaften zwischen Lernbegleitern oder Experten mit einzelnen Lernern. Diese Unterstützung kann synchron oder zeitversetzt erfolgen. → Coaching → Co-Coaching

Educamp

→ Barcamp, auf dem vor allem Fragen innovativen Lernens mit neuen Medien bearbeitet werden.

Edutainment

Kofferwort aus *Education* und *Entertainment.* Verknüpfung von Qualifizierung (Education) und spielerischen Elementen (Entertainment). Über den Spieltrieb soll die Motivation der Lerner gesteigert werden.

Educational Games → Serious Games

E-Learning

Digital gestütztes Lernen. Alle Formen von Lernen, bei denen digitale Medien für die interaktive Bereitstellung und Bearbeitung von Lernmaterialien zur Verfügung stehen. E-Learning bezeichnet das prozessorientierte Lernen in Szenarien, das mit Informations- und Kommunikationstechnologien sowie mit darauf aufbauenden (E-Learning-) Systemen unterstützt bzw. ermöglicht wird. Das wesentliche Element sind hierbei → WBTs und → Lernvideos. Der Begriff E-Learning ist aber keineswegs auf diese technologischen Ebenen beschränkt, sondern umfasst vielfältige konzeptionelle Elemente des Lernens mit dem Ziel, selbstorganisierte Lernformen zu fördern. Wir befinden uns heute bereits in der vierten Stufe des E-Learning. Diese Stufen umfassen E-Learning, meist mit hoher Grafikanimation, auf Datenträgern (→ CBT), als webbasierte Lösung (→ WBT), → Blended Learning und → Social Learning. Die Rolle der → Tutoren, → Lernbegleiter, → Coaches und → Trainer kann dabei sehr unterschiedlich ausgeprägt sein.

E-Learning 2.0 → Social Learning

E-Learning-Standard

E-Learning-Standards beziehen sich auf die Qualitätssicherung und die Möglichkeit, modulare Elemente auszutauschen. Bisher haben sich vor allem Standards mit der zweiten Zielsetzung durchgesetzt. → SCORM → Experience API

Electronic Business (E-Business)

Gestaltung der Geschäftsprozesse eines Unternehmens über das Internet und Intranet einschließlich elektronischer Handel mit Gütern, Informationen und Dienstleistungen. ➜ Electronic Commerce

Electronic Commerce (E-Commerce)

Anbahnung und Abwicklung von Geschäften über das Internet und elektronischer Handel mit Gütern, Informationen und Dienstleistungen.

Electronic Voting ➜ *Elektronische Abstimmung.*

E-Lecture

Aufzeichnung einer Vorlesung, die über ein ➜ LMS abgerufen werden kann, als Ergänzung zu Präsenzveranstaltungen.

Elektronische Abstimmung (➜ Electronic Voting; ➜ Audience Response System)

In großen Lehrveranstaltungen ermöglichen diese Systeme durch mobile Endgeräte anonyme Stimmabgaben auf eine Frage mit vorgegebenen Antwortmöglichkeiten. Die Daten werden zentral erfasst, ausgewertet und in grafischer Form veröffentlicht. Damit können die Lerner unmittelbar Einfluss auf die Lehrveranstaltung nehmen.

E-Mentoring

Entwicklungspartnerschaft im Netz. Mediengestützte, aktive und/oder passive Motivation oder Beratung einzelner Lerner durch erfahrene Kollegen oder Führungskräfte. Diese Unterstützung kann synchron oder zeitversetzt erfolgen. ➜ Mentoring

Emergenz

Herausbildung neuer Eigenschaften oder Strukturen eines Systems infolge des Zusammenspiels seiner Elemente.

E-Moderation

Zielorientierte Steuerung und Leitung der Kommunikationsprozesse in ➜ Learning Communities. Damit ist sie ein wesentliches Element des ➜ Tutoring.

Emotionen

Emotionen sind einfach strukturierte Gefühle, die Umweltereignisse und Objekte, also Erfahrungen und Wahrnehmungen des Menschen, erst einmal in einer ganz bestimmten Art bewerten. Sie geben den Dingen um uns herum sozusagen ihre Bedeutung für uns und unsere innere Bedürfnislage. Emotionen und einfach strukturierte Gefühle können gleichgesetzt werden. → Werte

Employer Branding

Arbeitgebermarke. Alle Maßnahmen und Strategien eines Unternehmens, um sich als attraktiver Arbeitgeber zu positionieren und die eigenen Stärken gezielt darzustellen, um damit Talente anzulocken und zu überzeugen. Dies setzt → Wertemanagement voraus, weil nur glaubwürdige Aussagen über die → Unternehmenskultur auf Dauer wirksam sind.

Employability

Beschäftigungsfähigkeit (Arbeitsmarktfähigkeit): Fähigkeit zur aktiven Teilnahme am Arbeits- und Berufsleben.

Emotionales Lernen

Die Lerner identifizieren sich persönlich mit den Lerninhalten und werden im Laufe des Lernprozesses emotional gefordert. Dabei entwickeln sich ihre → Werte. → Kompetenzlernen

Empowerment

Selbstbefähigung. Orientierung auf Ressourcen und Stärken anstelle einer traditionellen Fokussierung auf Wissens- oder Leistungsdefizite.

Enhanced Book

E-Book mit erweiterten Möglichkeiten, das nicht nur Text und Bilder, sondern auch multimediale Inhalte und interaktive Übungen mit kollaborativen Funktionen beinhaltet. Die Leser können Textstellen markieren, mit Kommentaren verknüpfen und anderen Lesern zugänglich machen. Die Lernenden können sich somit ortsunabhängig direkt im Buch über ein bestimmtes Thema austauschen, ohne auf andere Dienste zugreifen zu müssen.

Entdeckendes Lernen

Der Lerner ist aktiv und selbstorganisiert. Er definiert Problemstellungen, sucht durch aktives Fragen und systematische Beobachtungen Lösungsansätze und entwickelt auf der Basis des ihm zu Verfügung stehenden Wissens eigene Lösungen.

Enterprise Social Network (ESP)

Unternehmensinternes Netzwerk auf Basis ➔ sozialer Lernplattformen, die Kollaboration, Kommunikation und den Austausch von Erfahrungswissen zwischen den Lernern ermöglichen. Viele ESPs entstehen auf Eigeninitiative der Mitarbeiter.

Enterprise 2.0

Unternehmen, die soziale Softwareplattformen in der Kommunikation innerhalb der Organisation, aber auch mit Partnern und Kunden nutzen. ➔ Social Business

Entlernen

Gewohnte Strukturen, etablierte Herrschaftsverhältnisse, überlieferte Erfahrungswerte und »bewährte« Gewohnheiten, die sich nicht laufend den veränderten Rahmenbedingungen anpassen, bewirken tendenziell eine Trägheit der Organisation und verhindern damit die Möglichkeiten zur Veränderung. Solche eingefahrenen Routinen blockieren neues Lernen und müssen deshalb abgebaut werden. Dies setzt voraus, dass die bestehenden Handlungsmuster der Mitarbeiter laufend kritisch in Hinblick auf die Zielrelevanz überprüft und bei Bedarf verändert werden. Die wesentliche Grundlage dafür ist ein regelmäßiges Feedback durch Kollegen, Führungskräfte, Kollegen oder Lernpartner.

Entwicklungs-Portfolio

➔ E-Portfolio, das auf die die eigene, äußere Entwicklung abzielt, wie z. B. die berufliche Karriere.

E-Portfolio

Persönlicher Lernraum im Netz. Mit einem lernerzentrierten E-Portfolio im Rahmen einer ➔ Learning-Experience-Plattform dokumentiert jeder Lerner seine individuelle Lernkarriere. Neben den Ergebnissen der regelmäßigen Kompetenzerfassung präsentiert er dort seine wichtigsten Dokumente, Ausarbeitungen oder Präsentationen. Diese Unterlagen können Office-Dokumente, ➔ Weblogs, ➔ Wikis, ➔ Podcasts, Audio- oder Videomitschnitte aus Vorträgen oder Diskussionen sein. Der Lerner bestimmt, wer darauf Zugriff hat. ➔ Personal Learning Environment ➔ Soziale Lernplattform.

E-Reader

Endgeräte, die in erster Linie zum Lesen von digitalisierten oder neu digital erstellten Büchern – → E-Books – genutzt werden. Beispiele dafür sind der Sony eBook Reader oder Amazon Kindle. Langsam setzt sich der E-Reader-Standard EPUB-Format durch.

Erfahrung

Erfahrung bezeichnet Wissen, das durch Menschen in ihrem eigenen materiellen oder ideellen Handeln selbst gewonnen wurde und unmittelbar auf einzelne emotional-motivational bewertete Erlebnisse dieser Menschen zurückgeht. Damit erfasst Erfahrung auch das Vertrautsein mit Handlungs- und Denkzusammenhängen ohne Rückgriff auf ein davon unabhängiges theoretisches Wissen.

Erfahrungslernen

Erfolgt, indem Menschen selbst handelnd mit echten Entscheidungssituationen konfrontiert werden und dabei unmittelbar eigene Werte und Kompetenzen entwickeln. → Konstruktivismus

Ergonomics

Ergonomie. Designprinzipien, die sich auf den Komfort, die Effizienz und Sicherheit der Nutzer beziehen.

Erlebnislernen

Erlebnisse sind für das → Erfahrungslernen unverzichtbar; weil sie die Momente der kognitiven → Dissonanzen und der → Labilisierungen initiieren, in denen → Emotionen angeregt, → Motivationen ausgeprägt und → Werte entwickelt werden.

Ermöglichungsdidaktik

Ausprägung der → Didaktik, die maßgeblich von Rolf Arnold geprägt wurde und auf den Prinzipien der Selbstbestimmung und Selbststeuerung der Lerner (Lernorientierung) basiert. Sie ist eine Theorie des → selbstorganisierten Lernens und der → Werteentwicklung sowie der → Kompetenzentwicklung. Der → Lernbegleiter schafft die notwendigen Rahmenbedingungen für die Lernprozesse und übernimmt die grundlegende Steuerung und Flankierung.

Ermöglichungsraum (➔ Lernraum)

Der Ermöglichungsraum ist ein planvoll hergestellter Lernrahmen, der didaktische, methodische, materielle und mediale Aspekte so anordnet, dass die Wahrscheinlichkeit für die angestrebten Lernprozesse möglichst hoch wird ➔ Learning-Experience-Plattform

Ethische Werte

Handlungsleitende Ordner, die dem einzelnen Mitarbeiter Handlungen nahelegen, die das Wohl vieler oder aller Menschen ohne Ansehen der Person zum Handlungsanliegen machen. Dazu gehören die ➔ Werte Privatleben, Ideale, Verantwortung und Respekt.

Evaluation

Systematische Methode, um Informationen über die Wirkung und Effektivität von Lernsystemen zu erfassen. Ergebnisse der Messungen können verwendet werden, um z. B. die Lernsysteme zu verbessern, um zu bestimmen, ob die Lernziele erreicht wurden und um den Wert der Lehrveranstaltung für eine Organisation zu beurteilen.

Exemplarisches Lernen

Wesentliches Prinzip zur Gestaltung von Lernarrangements, in denen die Lerner repräsentative Problemstellungen mit dem Ziel bearbeiten, ihre Problemlösungskompetenz zu entwickeln.

Experience API – xAPI

Nachfolgestandard von ➔ SCORM, der die Lernprozesse in allen formellen und informellen Lernaktivitäten sichtbar machen soll. Damit können plattformübergreifend Informationen in einem Learning Record Store gesammelt, ausgetauscht und für Analysen genutzt werden. Es werden nicht nur Testergebnisse in ➔ WBT, sondern auch die Kommunikation zwischen den Lernenden, unabhängig von Ort, Zeit, Endgeräten, Plattformen oder Anwendungen, analysiert. Dabei kann es sich bspw. um die Nutzung von Performance-Support-Werkzeugen am Arbeitsplatz, wie Hilfefunktionen zu einer Anwendungssoftware, oder einer Wissensdatenbank handeln. Damit kann ➔ informelles Lernen und folglich auch ➔ Werte- und Kompetenzentwicklung durch Analysen unterstützt werden.

Expertiselernen

Lernen, bei dem *Kenner* zu *Könnern* werden, die außergewöhnliche Fähigkeiten besitzen. Es beruht auf spezifischen kognitiven und wertend-motivationalen Grundlagen außerhalb des Durchschnitts.

Explizites Wissen

Explizit = ausdrücklich, ausführlich. Wird mit Zeichen (Sprache, Schrift) dargestellt und umfasst eindeutig kommunizierbares Wissen.

Explizierbares Wissen

Ursprünglich → implizites Wissen, das sich nach aufwendigen Transformationen, Auswahl wesentlicher Elemente und Vereinfachungen explizit darstellen lässt. Dies wird z. B. im Rahmen von → Fallstudien praktiziert.

Face-to-Face

Persönlich. Kommunikation im Rahmen von Präsenzveranstaltungen bzw. ohne dazwischengeschaltete Medien.

Facilitator

Unterstützer. Der Instruktor des Onlinekurses, der beim Lernen in der (lernerorientierten) Onlineumgebung hilft.

Fähigkeit

Verfestigtes System verallgemeinerter psychophysischer Handlungsprozesse, einschließlich der zur Ausführung einer Tätigkeit oder Handlung erforderlichen inneren psychischen Bedingungen und der lebensgeschichtlich unter bestimmten Anlagevoraussetzungen erworbene Eigenschaften, das den Tätigkeits- und Handlungsvollzug steuert.

Fallbasiertes Lernen

Die Lerner erarbeiten sich das Wissen über eine reale oder erfundene → Fallstudie.

Fallstudie

Das Ziel dieses methodischen Ansatzes ist es, komplexe Sachverhalte und Problemstellungen aus der Wirtschaftspraxis als Grundlage eines problemlösungsorientierten Lernprozesses zu nutzen, um theoretische Erkenntnisse und ihre praktische Ausprägung in der Praxis zu verknüpfen. Fallstudien sind Teil einer ➔ Qualifizierung und sind nicht geeignet, ➔ Werte und ➔ Kompetenzen zu entwickeln, da die Lerner keine realen Herausforderungen bewältigen müssen.

Feed ➔ RSS-Feed

Feedback

Rückmeldung auf Antworten der Lerner. Bei standardisierten Aufgaben erfolgt das Feedback durch den Computer, bei offenen Aufgaben durch Lernpartner, Tutoren oder Experten. Ein laufendes Feedback ist die notwendige Voraussetzung für erfolgreiches, selbstorganisiertes Lernen.

Fertigkeit

Durch Übung automatisierte Komponente von Tätigkeiten, meist auf sensumotorischem Gebiet, unter geringer Bewusstseinskontrolle.

Fiktive Realität

Der Computer stellt zukünftig für eine gezielte, vorgegebene Werte- und Kompetenzentwicklung eine fiktive Realität (➔ Simulation) zur Verfügung, indem er Problemstellungen realistisch simuliert, sodass emotional basierte Lernprozesse ermöglicht werden. Der Lerner wird dabei vergessen, dass er sich in einer fiktiven Realität bewegt und deshalb die Aufgabe als Realität empfinden. Auch die Spiele im Rahmen von ➔ Serious Games werden tendenziell als reale Herausforderungen empfunden, weil sie wie eine fiktive Realität gestaltet werden. Es soll damit eine geplante ➔ Werteentwicklung und ➔ Kompetenzentwicklung ermöglicht werden, indem eine emotional basierte ➔ Labilisierung gezielt initiiert wird. Somit ist ein werte- und kompetenzorientiertes ➔ Learning on demand möglich, der Lernerfolg wird anhand der ➔ Performanz erfasst.

Flankierung

Erfolgreiches Lernen basiert u. a. auf einem regelmäßigen ➔ Feedback von Lernpartnern sowie ➔ Lernbegleitern, aber auch auf der Motivation und Unterstützung, die der Lerner von anderen erfährt.

Flipped Classroom

Auch *Inverted Classroom*, ist ein Lehrkonzept, bei dem sich die Schüler bzw. Studenten vorab mithilfe einer im Netz zur Verfügung gestellten Vorlesung oder anderen Lernmaterialien zuhause vorbereiten. Anschließend treffen sie sich für Diskussionen und Übungen mit ihren Lernpartnern und Dozenten. Lehrveranstaltungen und Hausaufgaben werden also vertauscht.

Forschendes Lernen

Studierende lernen, indem sie selber forschen und alle Phasen einer Forschung durchlaufen: also eine Fragestellung formulieren, den dazugehörigen Forschungsstand recherchieren, ein methodisches Design planen und umsetzen und schließlich die erzielten Erkenntnisse darstellen und präsentieren. Sie lernen zu hinterfragen und selbstständig begründete *Fragen* zu stellen, sich für methodische Optionen zu *entscheiden*, um diese Fragen zu beantworten, Ziele und Pläne in die Tat umzusetzen, also zu *handeln*. Damit handelt es sich um eine Form der → Werteentwicklung und → Kompetenzentwicklung.

Formelles Lernen

Erfolgt auf der Basis von vorgegebenen Lernzielen und Lernzeiten und im Rahmen strukturierter Lernprozesssteuerung einer Bildungsinstitution, z. B. durch den Lehrer. Am Schluss steht meist eine Zertifizierung.

Forum

Asynchrones Kommunikationselement in → E-Learning- und → Blended-Learning-Systemen. Es bietet eine Möglichkeit, gewinnbringende Auseinandersetzungen mit einzelnen Themen zu initiieren. In jedem Themenblock können die Beteiligten die Beiträge lesen, Fragen stellen, eigene ergänzende Beiträge und evtl. Anhänge einfügen, Kommentare abgeben und Diskussion führen. Foren werden meist in → formellen Lernprozessen benutzt und oftmals von einem → Tutor flankiert.

Fremdbestimmtes Lernen

Erfolgt im Rahmen vorgegebener Lernziele in → formellen Lernprozessen oder → nonformellen Lernprozessen und wird durch Trainer oder Dozenten, aber auch durch → E-Learning-Programme bestimmt.

Führen mit Pferden

Methode zur ➔ Werteentwicklung und ➔ Kompetenzentwicklung von Führungskräften. Da Pferde als domestizierte Tiere eine hohe Sensitivität für die menschliche Körpersprache besitzen und unverfälscht Feedback geben können, soll die Werte- und Kompetenzentwicklung ermöglicht werden. Die Herausforderung für den Manager unterscheidet sich deutlich vom Führungsalltag, so dass ein Aufbau der Führungswerte und -kompetenzen umstritten ist.

Führungskräftefeedback

Führungskräfte schätzen ihre Führungskompetenzen selbst ein, ihre Mitarbeiter geben ihre Fremdeinschätzungen für diese Führungskompetenzen ab, die aggregiert werden, um die Vertraulichkeit zu wahren. im Abgleich zu dem vorab gemeinsam definierten Sollprofil für Führungskräfte und den Fremdeinschätzungen der jeweiligen Mitarbeiter entwickeln die Mitarbeiter mit ihrer Führungskraft in einem moderierten Workshop Kompetenzziele und Entwicklungsmaßnahmen für die Führungskraft und das Team.

Future Learning

Lernen in der ➔ New Work. Selbstorganisierte, gezielte ➔ Werteentwicklung und ➔ Kompetenzentwicklung auf Ebene der Organisation, der Teams und der Individuen mit agilen Lernmethoden innerhalb eines digitalen Ermöglichungsraumes ➔ Learning-Experience-Plattform (LXP).

Game Based Learning

Spielebasiertes Lernen. ➔ Serious Games

Gamification

Nutzung spieltypischer Elemente und Prozesse in nicht spielerischem Kontext, z. B. ➔ Badges, Fortschrittsbalken, Rankings oder Auszeichnungen mit dem Ziel der Motivationssteigerung.

Genusswert

Handlungsleitender Ordner, der den Mitarbeiter dazu bringt, Handlungen zu bevorzugen, die ihm – physischen oder geistigen – Genuss verschaffen. Dazu gehören die Werte Kreativität, Gesundheit, Bildung und Beziehungen.

Gig Economy

Wirtschaftsform, die durch situative, kurzfristige Arbeitsverhältnisse geprägt wird, die meist über digitale Plattformen zustande kommen. Beispiele sind Uber-Fahrer, Lieferboten oder Texter.

Governance

Steuerung und Regelung, z. B. des selbstorganisierten Lernens, anstatt zentraler Vorgaben. Steuerung und Regelung tritt an die Stelle hierarchischer Kontrolle, indem Leitlinien entwickelt werden, die der Komplexität und Dynamik, z. B. des ➔ Lern-Ökosystems, gerecht werden.

Gruppenraum

Geschützter Bereich einer Lerngruppe für die Kommunikation und Bereitstellung von Dokumenten. ➔ Learning Community

Gruppenlernen/*Group Learning* ➔ Kooperatives Lernen ➔ Kollaboratives Lernen

Guild

Gruppe von Mitarbeitern, die mit ➔ agilen Methoden arbeiten und dieselbe Fachkompetenz oder dieselben Interessen haben.

Hackathon

Wortschöpfung aus *Hack* (engl., technischer Kniff) und *Marathon*. Dies ist eine kollaborative Software- und Hardwareentwicklungsveranstaltung, in der bis zu 30 Teilnehmer in funktionsübergreifenden Teams Lösungen entwickeln.

Handeln

Zielgerichtetes und bewusstes Agieren. Handeln wird nicht nur durch ➔ Kognitionen, sondern auch durch ➔ Emotionen bestimmt. Diese sind wiederum eine wesentliche Voraussetzung der ➔ Labilisierungsprozesse. Damit diese Prozesse zustande kommen, sind vielfältige Wechselprozesse zwischen Kognitionen und Emotionen erforderlich.

Handlungsanker

Beschreibung typischer ➔ Handlungen, mit denen Kompetenzen konkretisiert und damit auch erfassbar gemacht werden können.

Hard Skill

Technische Fertigkeit. Hard Skills entsprechen damit eher → Qualifikationen als → Kompetenzen.

Holokratie

→ Agile Methode. Systemik, die Entscheidungsfindungen mit hoher Transparenz und partizipativen Beteiligungsmöglichkeiten in großen Netzwerken und komplexen Organisationen eine günstige Struktur gibt.

Human Computer

Zukünftige Computer, die ähnlich wie Menschen agieren werden, Problemstellungen erfassen, analysieren, bewerten und unter Nutzung der Möglichkeiten des Netzes lösen können. Sie haben eigene Meinungen, die sie auch kritisch äußern, und entwickeln von sich aus Lösungsvorschläge. Dabei nutzen sie ihr Erfahrungswissen aus früheren Entscheidungen des Lerners, sodass sie im Laufe der Zeit auch dessen Wertesystem verinnerlichen und in ihre Vorschläge miteinbeziehen. Es wird dadurch möglich sein, → Werteentwicklung und → Kompetenzentwicklung mithilfe des → Lernpartners Computer auf einem bisher nicht möglichen Niveau zu optimieren.

Hybrides Kompetenzerfassungsverfahren

Verknüpfung von quantitativen und qualitativen Verfahren. Es sind dafür einheitliche Gütekriterien für den quantitativen sowie für den qualitativen Teil des Erfassungsverfahrens notwendig. Dies wird vor allem dadurch erreicht, dass durch das System sichergestellt wird, dass die handelnden Personen diese Qualitätsstandards umsetzen.

Hybrides Lernen (Hybrides Lernarrangement) → Blended Learning

Immersive Lernumgebung

Lernszenarien, in denen die Lerner den Unterschied zwischen realer und virtueller Umgebung nur noch bedingt wahrnehmen.

Implizites Wissen

Tacit Knowledge. Wissen, das nicht explizit formuliert ist und sich nur schwer oder gar nicht erklären lassen kann. Es zeigt sich vielfach im Handeln der Menschen und basiert auf Erfahrungen.

Individualpädagogik

Pädagogik, deren vorrangiges Anliegen es ist, den Einzelnen in seinem Autonomiebestreben, seiner → Werteentwicklung, → Kompetenzentwicklung und seiner Selbstbestimmung zu stärken. Ältere Ansätze sind meist durch Lehr- bzw. Inhaltsdominanz geprägt.

Individuelles Lernen

Ein Prozess, der aufbauend auf vorhandenen Erfahrungen neues → Wissen generiert. Im Endeffekt schlägt sich Lernen dabei in einer nachhaltigen Veränderung des → Handelns nieder. Der Lerner wird als aktives und selbstreflexives Subjekt behandelt. Selbstständigkeit und Selbstorganisation schaffen die Basis für die individuelle Erschließung der Wirklichkeit über Lern- und Erfahrungsprozesse.

Industrie 4.0

Verzahnung der hoch automatisierten Produktion mit moderner Informations- und Kommunikationstechnik im Zuge der rasant zunehmenden Digitalisierung von Wirtschaft und Gesellschaft (→ digitale Transformation). Es verschmelzen virtuelle und reale Prozesse auf Basis sogenannter cyber-physischer Systeme, sodass eine hocheffiziente und hochflexible Produktion möglich wird, die Kundenwünsche in Echtzeit integriert und eine Vielzahl von Produktvarianten schaffen kann. Industrie 4.0 verändert nachhaltig die Art und Weise, wie zukünftig produziert und gearbeitet wird. → Smart Factory → New Work

Informationskompetenz

Fähigkeit, mit Informationen selbstbestimmt, souverän, verantwortungsbewusst, ethisch sowie wirtschaftlich, effizient und effektiv umzugehen. → Digital Literacy

Informelles Lernen

Lernen im Alltag, am Arbeitsplatz, im Familienkreis oder in der Freizeit. Es ist in Bezug auf Lernziele, Lernzeit oder Lernförderung nicht strukturiert und sieht meist keine Zertifizierung vor. Informelles Lernen kann zielgerichtet (intentional) sein, ist jedoch in den meisten Fällen eher beiläufig (inzidentell). In der betrieblichen Bildung findet nach den vorliegenden Untersuchungen bis zu 80 Prozent des Lernens informell statt.

Instant Messaging (IM)

Sofortige Nachrichtenübermittlung. Unterstützt den Versand von Sofortnachrichten. Bei den meisten IM-Anbietern ist die Bildung von Gruppen möglich. Darüber hinaus bieten viele Messenger Funktionen wie Emojis, Voice-over-IP (Audiotelefonie), Videotelefonie, Versand von Dateien etc. an. Mit Diensten wie beispielsweise Slack verschwimmen aktuell die Grenzen zwischen IM und sozialer Netzwerkinteraktion.

Interaktivität

Auf Basis der Interaktivität multimedialer Objekte und Anwendungen sind Rückmeldungen auf Lernprozesse möglich. Lernende können sich durch Interaktionen mit Lerninhalten auseinandersetzen und dadurch beispielsweise ein tieferes Verständnis für Zusammenhänge erlangen.

Internet der Dinge

Internet of Things. Vernetzung von Gegenständen, z. B. Kühlschränke, Heizungen oder Kfz, mit dem Internet, damit sie selbstständig in der Lage sind, zu kommunizieren und Aufgaben, z. B. automatische Bestellungen oder Warnungen erteilen, zu übernehmen.
→ Smart Factory

Intentionales Lernen

Absichtliches Lernen im Rahmen einer Instruktion.

Interiorisation

Emotional-motivationaler Prozess der Aneignung bzw. Verinnerlichung von → Werten. Oft auch als Internalisation bezeichnet.

Internalisation

→ Interiorisation

Interkulturelle Kompetenz

Die Befähigung, aufgeschlossen gegenüber Neuem, bisher Unbekanntem, insbesondere gegenüber fremden Kulturen zu sein, sich auf neue Menschen und Situationen einstellen zu können und dabei persönlich hinzuzulernen, in interkulturell geprägten Situationen mit Angehörigen verschiedener ethnischer Gruppen und in fremdkultureller Umgebung zu kommunizieren, um effektiv und professionell tätig werden zu können.

Inverted Classroom ➜ Flipped Classroom

Jobrotation

Geplanter Arbeitsplatzwechsel zum eigenverantwortlichen Aufbau von Werten und neuen Kompetenzen in grundlegend veränderten Herausforderungen, die subjektivierendes Handeln der Mitarbeiter ermöglichen.

Kanban

➜ Agile Methode, um Arbeitsprozesse zu optimieren und die Kommunikation zu fördern sowie zur laufenden ➜ Werteentwicklung und ➜ Kompetenzentwicklung im Arbeitsprozess und im Netz. Reduzierter Aufwand durch Nutzung des Ermöglichungsraums für die Bewältigung akuter Herausforderungen mit Lernpartnern und regelmäßigem Feedback.

Knowledge Map ➜ *Wissenslandkarte.*

Knowledge Management ➜ *Wissensmanagement.*

Kognitionen

Prozesse und Produkte, die überwiegend durch intellektuelle, verstandesmäßige Wahrnehmungen und Erkenntnisse gekennzeichnet sind.

Kognitive Computer/Maschinen ➜ *Cognitive Computing.*

Kognitive Literalität (Kognitive Kompetenz)

Kompetenz im Umgang mit ➜ *kognitiven Computern*, die deutlich über die heutige Medienkompetenz hinausgeht. Dazu gehören Kreativität, Veränderungsfähigkeit und IT-Anwendungsfähigkeit.

Kognitive Wende

Bezeichnung für eine Entwicklung innerhalb der Paradigmen des Behaviorismus hin zum ➜ Kognitivismus.

Kognitivismus

Diese Lerntheorie beschreibt Lernen als einen Prozess des aktiven Wahrnehmens, Erfahrens und Erlebens. Dabei wird neues → Wissen auf der Basis bestehender Wissensstrukturen gebildet, indem das Gehirn ähnlich wie ein Computer Wissen aufnimmt und verarbeitet. Das Wissen ist dabei losgelöst von den jeweiligen Lernern.

Kollaboration

Meist digital basierte Zusammenarbeit in Teams, um Herausforderungen in der Praxis zu bewältigen oder Lösungen zu entwickeln.

Kollaboratives Lernen

→ Informelles Lernen am Arbeitsplatz (→ Workplace Learning), indem mit Lernpartnern gemeinsam Problemstellungen aus der Praxis oder in Praxisprojekten bearbeitet werden und Austausch von Erfahrungswissen in → Communities of Practice (→ Soziales Lernen -→ Social Collaboration). Organisationsbezogenes Lernen, das auf langfristige, gemeinsame Lernprozesse sowie zusammen vereinbarte Ziele zielt. Die Lernergebnisse haben einen Bezug zur persönlichen Arbeitswelt der Mitglieder.

Kollegiale Beratung

Strukturiertes Beratungsgespräch in einer Gruppe, indem ein Teilnehmer von den übrigen Gruppenmitgliedern nach einem feststehenden Ablauf mit verteilten Rollen beraten wird. Jeder Teilnehmer wird damit zum Prozessberater seiner Kollegen. Das Ziel ist, Lösungen für konkrete berufliche Schlüsselfragen zu finden.

Kollektives Lernen

→ Formelles Lernen zwischen Lernern, die in Qualifikationsmaßnahmen Lernergebnisse gemeinsam entwickeln. Diese → »Learning Communities«, die meist von Tutoren gesteuert und flankiert werden, haben zum Ziel, Qualifikationen gemeinsam in Tandem- oder Gruppenarbeit weiterzuentwickeln. Es gibt nur einen indirekten Zusammenhang zwischen den gemeinsamen Lernergebnissen und den konkreten Umsetzungen in der jeweiligen Praxis der Mitglieder. In individuellen Lernprozessen werden die kollektiven Ergebnisse jeweils auf den eigenen Arbeitsbereich der Lerner übertragen.

Kompetenz

Die Fähigkeit, sich in offenen und unüberschaubaren komplexen und dynamischen Situationen selbstorganisiert zurechtzufinden (Dispositionen zur Selbstorganisation, Selbstorganisationsdispositionen). Nach Erpenbeck & Heyse sind die Kompetenzbereiche *personale Kompetenzen* – reflexiv selbstorganisiert handeln, *Aktivitätskompetenzen* – aktiv und gesamtheitlich selbst organisiert handeln, *methodische Kompetenzen* – Probleme geistig und physisch selbst organisiert lösen, sowie *soziale Kompetenzen* – kommunikativ und kooperativ selbstorganisiert handeln.

Kompetenzbilanz

Verfahren, das es den Mitarbeitern auf Basis ihrer identifizierten und biografisch verankerten Kompetenzen ermöglicht, proaktiv zu werden und ihre eigene berufliche wie private Entwicklung zu steuern. Mithilfe der biografischen Methoden lassen sich Anhaltspunkte für die Entwicklung von Kompetenzen ableiten. Da es eine reine Vergangenheitsbetrachtung ist und davon ausgegangen wird, dass Handeln stabil bleibt, ist es nur in Verbindung mit zukunftsorientierten Verfahren sinnvoll. Eine sichere Kompetenzbilanzierung ist das unverzichtbare Verbindungsglied zwischen → Kompetenzerfassung, → Kompetenzentwicklung und → Kompetenzmanagement.

Kompetenzbiografie

Erfassung und Darstellung von → Kompetenzen, die biografischen Ereignisse hervorhebt, die für die berufliche → Werteentwicklung und → Kompetenzentwicklung retrospektiv wichtig, gegenwärtig nutzbar oder prospektiv zu fördern sind. Der Ansatz von Erpenbeck und Heyse ist eine Kombination des Fragebogenverfahrens mit tiefgehenden, problemzentrierten Interviews zur eigenen Biografie mit dem Ziel, Möglichkeiten der Kompetenzentwicklung zu identifizieren. Biografische Verfahren betrachten vergangene Leistungen. Da diese als valider Prädiktor für zünftiges Handeln gelten, haben biografische Methoden eine verhältnismäßig hohe Vorhersagekraft.

Kompetenzentwicklung

Die Entwicklung von → Kompetenzen erfordert das Zusammenführen individueller Lernprozesse, z. B. in Workshops und über → Social Blended Learning, mit → organisationalem Lernen in → Wissensmanagementsystemen. Lernen und Arbeiten werden tendenziell wieder zusammengeführt. Es werden dabei Instrumente benötigt, die den Lernern helfen, im Rahmen ihrer selbstorganisierten Lernprozesse ihre persönliche Kompetenz individuell zu entwickeln. Neben → Chat, → Foren und → virtuellen Klassenzimmern gewinnen hierbei die asynchronen Instrumente → Weblogs und → Wikis sowie das synchrone → Live E-Learning an Bedeutung. Gefördert wird dieser Prozess der Selbstorganisationsdisposition durch → ePortfolios.

Kompetenzentwicklung im Netz

→ E-Learning, das echte Entscheidungssituationen bieten, kognitive → Dissonanzen setzen und emotionale → Labilisierungen erzeugen kann, sodass → Werteentwicklung und → Kompetenzentwicklung ermöglicht werden. → Social Software ist damit Kompetenzlernsoftware.

Kompetenzerfassung

Erfassung von → Kompetenzen im Rahmen eines → Kompetenzmodells auf Basis von beobachteten Handlungen, die mittels Fragebögen und einem Auswertung-Tool in ein Kompetenzprofil münden.

Kompetenzgesellschaft

Sozialer Megatrend, der durch die Befähigung der Menschen zur Selbstbestimmung geprägt ist. Deshalb ist es notwendig, die Fähigkeit zum → selbstorganisierten Lernen und → Handeln aufzubauen.

Kompetenzmanagement

Managementdisziplin, mit der die Kompetenzen im Unternehmen aktiv und strategieorientiert gesteuert werden. Es hat die Aufgabe, Kompetenzen zu beschreiben, diese transparent zu machen und allen Mitarbeitern und Führungskräften zu ermöglichen, Kompetenzen zu messen, zu erwerben und laufend zielorientiert und selbstorganisiert weiterzuentwickeln.

Kompetenzmodell

Struktur von → Kompetenzen, z.B. untergliedert in personale, soziale, aktivitätsorientierte sowie methodische Kompetenzen.

Kompetenzorientiertes → Wissensmanagement

Das Erfahrungswissen der Lerner wird mithilfe von → Lern-Tagebüchern (→ Blogs) oder gemeinsamen Arbeitsergebnissen (→ Wikis) systematisch erfasst, so dass es bei späteren Problemlösungen wieder gezielt genutzt werden kann. Weiterhin ist es möglich, bei Bedarf mögliche Lernpartner und Experten zu identifizieren, die bei aktuellen Problemlösungen miteinbezogen werden können

Kompetenzpass/-bilanz

Qualitative ➔ Kompetenzerfassung, die sich auf die Beschaffenheit und Güte der Kompetenzen sowie Sinn- und Bedeutungszusammenhänge bezieht. Dabei werden beispielsweise unstrukturierte Beobachtungen und Befragungen sowie biografische Methoden eingesetzt. Diese Messung ist eher ganzheitlich und subjektiv, sodass die *Innenperspektive* betont wird. Kompetenzpässe und -bilanzen haben immer verbalen Charakter und beinhalten Fragestellungen sowohl zum Erfassen und Bewerten als auch zum Entwickeln von Kompetenzen

Kompetenztest

Diese *quantitative Messverfahren* gehen davon aus, dass ➔ Kompetenzen messbar und skalierbar sind. Diese Verfahren betonen damit die *Außensicht*. Tests können standardisiert werden und genügen methodischen Ansprüchen, werden in der Praxis aber wenig akzeptiert. ➔ Soziale Validität. Der Vorteil solcher Testverfahren ist, dass sie recht einfach und von den Getesteten auch eigenständig durchzuführen sind. Sie lassen sich zudem sehr gezielt und detailliert auf bestimmte Fragestellungen und Kompetenzen ausrichten und können entsprechend detailscharfe Ergebnisse liefern.

Konfliktinduziertes Lernen

Kognitiver Konflikt und Neugier sind die Hauptmechanismen, die Lerner zum Lernen motivieren. Damit bildet dieser Lernbereich die Grundlage für die ➔ Werteentwicklung und ➔ die Kompetenzentwicklung. Auch in ➔ Web Based Trainings ist Konfliktinduzierung möglich.

Konnektivismus (*Connectivism*)

Nach diesem pragmatischen Lernkonzept von George Siemens erfolgt Lernen in Netzwerken. Der Ansatz des Konnektivismus geht davon aus, dass es nicht genügt, nur von eigenen Erfahrungen zu lernen. Die traditionellen Lerntheorien betrachten vordergründig den Lernprozess im engeren Sinne und vernachlässigen dabei, dass die Lerner die Metakompetenz zur Netzwerkbildung benötigen. Diese grundlegende Fähigkeit besteht darin, relevantes Wissen für den Lernprozess zu identifizieren, zu bewerten, zu beschreiben und in einem gemeinsamen Prozess mit Lernpartnern weiterzuentwickeln.

Konstruktives Lernen

Im Lernprozess werden Handlungsalternativen nach dem Versuch-und-Irrtum-Prinzip und durch die Auswertung eigener Erfahrungen entwickelt.

Konstruktivismus

Aus Sicht des Konstruktivismus ist Lernen ein aktiver, situativer und sozialer Prozess, bei dem das → Wissen selbstgesteuert interpretiert und konstruiert wird. → Selbstorganisiertes Lernen und somit auch → lebenslanges Lernen kann erfolgreich realisiert werden, wenn die Lernprozesse entsprechend den individuellen Problemstellungen, dem Wissensstand, der Lernerfahrung und Lerngeschwindigkeit sowie der Motivation jedes einzelnen Mitarbeiters gestaltet werden. Der Lerntransfer wird verbessert, indem komplexe Aufgaben in einer Umgebung bearbeitet werden, die sich den natürlichen Verhältnissen der Realität annähern. → Neue Medien und → virtuelle Lernsysteme können dazu beitragen, diese Voraussetzungen zu schaffen.

Kooperatives Lernen (Cooperative Learning, Gruppenlernen)

→ Formelles Lernen im Rahmen vorgegebener Lernziele und Inhalte mit verschiedenen Trainingsmethoden und einer → Learning Community (»*Soziales Training*«). Lerner in heterogenen Gruppen arbeiten an gemeinsamen Problemlösungen. Die Schwächeren profitieren hierbei von der Kompetenz der stärkeren Gruppenmitglieder; diese wiederum lernen, ihr Wissen zu strukturieren und gezielt zu vermitteln. Dieser Ansatz basiert auf dem → Konstruktivismus

KOPING Verfahren

KOmmunikative Praxisbewältigung IN Gruppen. KOPING ist ein Kunstwort, das an das englische Wort *coping* (bewältigen, mit etwas fertig werden) angelehnt ist. In der Stressforschung hat der Begriff *Coping* eine zentrale Bedeutung bekommen. Mit ihm werden jene Anstrengungen oder Bemühungen einer Person bezeichnet, die diese zur Bewältigung von Anforderungen, Belastungen oder Konflikten unternimmt. Die Lerner sollen befähigt werden, ihre Praxis als Mitarbeiter oder Führungskraft zu bewältigen. In kleinen Gruppen sollen sie im gegenseitigem Austausch, also kommunikativ und in der Form »kleiner Netze«, sich gegenseitig in ihrer Entwicklung unterstützen. KOPING ist eine wesentliche Voraussetzung für effiziente → Blended-Learning-Arrangements, → Werteentwicklung und → Kompetenzentwicklung sowie → Co-Coaching.

Korridorthemen

Auf Organisationsebene werden werte- und kompetenzbezogene Themen vereinbart, die in einer gemeinsamen Marschrichtung, gleichsam wie in einem Aufzug, von oben nach unten durchgesetzt werden sollen. In jeder Ebene können die einzelnen Führungskräfte und Mitarbeiter ihre Probleme in den jeweiligen Korridor einbringen und bearbeiten.

Kreativ-Ökonomie

Dynamisch wachsender Wirtschaftsbereich, der vor allem die Medienbranche, die Designwirtschaft, Architektur, Marketing, Künste oder die Gamingbranche umfasst.

Künstliche Intelligenz (KI)

Artificial Intelligence (AI). Entsteht durch algorithmische Verfahren, die menschliche kognitive Fähigkeiten imitieren und Handlungsweisen nachbilden, um eigenständig Probleme bearbeiten zu können.
Diese Konzepte haben zum Ziel, die Computer lernfähig zu machen, sodass sie Problemstellungen selbstständig lösen können. Dabei werden die Denk- und Handlungsweisen der Menschen nachgeahmt. → Avatar → Deep Learning → Machine Learning

Kuratieren → *Content Curation.*

Labilisierung

Im emotionalen Sinne Erleben und Bewältigen von → Dissonanzen. Zweifel, Widersprüchlichkeit oder Verwirrung werden aufgelöst; es entstehen neue Lösungsmuster. Emotionale Labilisierung basiert immer auf kognitiven Konflikten, die durch die Wahrnehmung von Veränderungen oder zunächst unlösbaren, widersprüchlichen Problemlagen hervorgerufen werden.

Learning Analytics

Messen, Sammeln, Analysieren, Vergleichen und Berichten von Daten über Lernende und ihre Kontexte, um → formelles Lernen und dessen Umgebung zu verstehen und zu optimieren. Dieses System speichert die Daten, die sich aus den individuellen Lernprozessen ergeben, führt sie zielgerichtet zusammen, analysiert, interpretiert und visualisiert die Ergebnisse mit dem Ziel, die Lernprozesse zu optimieren. Es leitet die Auswertungen nach Vorgabe des Lerners an Lernpartnern, Lernbegleiter oder Führungskräfte weiter.

Learning Apps

Lernanwendungen für Smartphones und Tablet-Computer, die direkt auf dem mobilen Gerät installiert werden können.

Learning Authoring

Werkzeug zum Erstellen von Lernmedien und Lernformaten.

Learning Community

Virtuelle Lerngemeinschaften, die zu einem bestimmten Zeitpunkt starten und mit dem Abschluss eines Kurses auch ein absehbares und bekanntes Enddatum aufweisen. Solche Communitys müssen von Lernbegleitern unterstützt werden, die über die Kompetenz verfügen, aus unterschiedlichen Personen, innerhalb von kurzer Zeit eine Gemeinschaft zu bilden, die dann gemeinsam durch die verschiedenen Aufgaben eines kollektiven Lernprozesses geführt wird. Meist geschieht dies über ➔ Webinare elektronische ➔ Foren oder ➔ Chats zu bestimmten Themen bzw. Problemen. Eine Community Plattform kann neben Foren und Chats redaktionelle Angebote, Linklisten oder Ressourcen aller Art enthalten.

Learning Content Management System (LCMS)

Dient der Entwicklung und Pflege der Inhalte. Es ermöglicht die effiziente Produktion und Verwaltung der Lerninhalte in Form von ➔ CBTs (Computer Based Trainings – offline) – und ➔ WBTs (Web Based Trainings – online). Professionelle LCMS machen es möglich, beliebige Inhaltselemente, sogenannte Lernobjekte, wiederzuverwenden und zu neuen Trainings zusammenzustellen.

Learning Ecosystem ➔ *Lern Ökosystem.*

Learning Environment

Lernumgebung. Softwaregestaltete Komplettlösung, die Onlinelernen für eine Organisation erleichtern kann. Kurse die innerhalb der Lernumgebung erstellt wurden, können die gleichen Fähigkeiten wie ein ➔ Lernmanagementsystem (LMS) verfolgen. Die Lernumgebung ist jedoch nicht in der Lage, Kurse, die außerhalb des Systems erstellt wurden, zu verfolgen. Die meisten Lernumgebungen umfassen auch ein ➔ Autorensystem, das die Fähigkeit besitzt, zusätzliche Kurse zu erstellen.

Learning Experience Plattform (LXP)

Ermöglichungsraum. Digitaler Lernraum, der ➔ formelles und informelles Lernen verknüpft und konsequent aus Sicht der Lerner gestaltet wird. Damit bildet die LXP die Grundlage für gezielte ➔ Werteentwicklung und ➔ Kompetenzentwicklung. Die Lerner können ihre Lernumgebung mitgestalten und vielfältige Elemente zur Planung ihrer Lernprozesse, zur Kommunikation und Kollaboration, Wissensquellen und Feedbacktools nutzen. LXPs eignen sich vor allem auch für ➔ Microlearning. Die Lerner können Content ergänzen und ihre Lernprozesse selbst steuern und kontrollieren. Dabei gibt ihnen die LXP Struktur für ihre Entwicklungsprozesse durch persönliches Profil, geplante Karrierewege sowie individuelle Herausforderungen und Aufgaben.

Learning Journey

Lernreise. Sammeln von Erfahrungen in einem prozessorientierten Lern-Arrangement und einem begleitenden Coachingprozess. In einer Wechselwirkung zwischen intuitivem Verstehen (Kopf/Bauch), gemeinsamer Begeisterung (Herz) und natürlichem Handeln (Hand) können gelungene Wahrnehmungs-, Erkenntnis- und Lernprozesse entstehen.

Learning Management System (LMS)

Lernplattform. Virtuelle Lern- und Kommunikationsplattform, die den Lernern Zugriff auf verschiedene Lernelemente, z. B. ➜ WBT, Dokumente oder Beiträge der Lerner, sowie differenzierte Kommunikationsmöglichkeiten bietet. Es dient der Planung und Verwaltung des gesamten, meist ➜ formellen Lernens aller Mitarbeiter eines Unternehmens, sowohl online als auch offline. Über das LMS werden ➜ individuelle und ➜ organisationale Lernprozesse geplant und gesteuert, Lerninhalte verteilt und das Wissen aus Praxisprojekten gebündelt und weiterentwickelt, Lerner administriert sowie Lernergebnisse dokumentiert.

Learning Nuggets

Kurze Lerneinheiten, meist zwischen drei und 15 Minuten, die häufig als Video erstellt werden. ➜ Microlearning. Teilweise werden diese von Bildungsexperten nach inhaltlichen und didaktischen Gesichtspunkten entwickelt ➜ formelles Lernen, zunehmend erstellen die Mitarbeiter diese Lerneinheiten mit dem Ziel des Austausches von Erfahrungswissen selbst ➜ Informelles Lernen

Learning Object ➜ *Lernobjekt.*

Learning on Demand

Lernen bei Bedarf. Lernangebote werden vom Lerner bei Bedarf abgerufen. Deshalb sind diese Lernformen meist arbeitsplatznah, im Idealfall werden Bearbeitungs- und Lernsoftware integriert. Diese Form des Lernens stellt sehr hohe Ansprüche an die Selbstorganisationsfähigkeit der Lerner. ➜ Semantic Web

Learning Portal

Lernportal. Jede Website, die Lernern oder Organisationen Zugang zu Lern- und Ausbildungsressourcen verschiedener Quellen anbietet. Betreiber von Lernportalen werden auch als »Distributor« oder Host bezeichnet. ➜ Learning-Experience-Plattform

Learning Recommendation System

Empfehlungssystem auf der Basis von Collaborative Filtering und anderen Techniken, um Lernenden Vorschläge für ihre Lernbedürfnisse machen zu können.

Lebenslanges Lernen

Lifelong Learning. Die Veränderungen in Gesellschaft und Arbeitswelt erfordern eine lebenslange → Werteentwicklung und → Kompetenzentwicklung.

Lernbegleiter

Selbstorganisierte Lernprozesse werden durch die Lerner selbst gestaltet. Dabei benötigen Sie im Bedarfsfall die Unterstützung eines → Coaches oder → Mentors, der ihre Lernprozesse begleitet. Der *Lernbegleiter* schafft die Bedingungen für → selbstorganisiertes Lernen und ermöglicht damit Prozesse der selbsttätigen und selbstständigen Wissenserschließung und Wissensaneignung sowie der selbstorganisierten → Werteenwicklung und → Kompetenzentwicklung.

Lern-Ökosystem

Learning Ecosystems. Hoch adaptive sozio-technische Systeme, die durch das dynamische Zusammenspiel interner und externer Partner, Communitys von Lernenden, Technologien, Daten, Formaten, Services, Räumen und Inhalten geprägt werden.

Lernende Organisation

Vision, die allen Mitarbeitern einer Unternehmung das gemeinsame Lernen ermöglicht und diese Prozesse aktiv fördert. Daraus entwickelt sich die Organisation kontinuierlich selbst weiter. Lernen wird damit zum integralen Bestandteil der Unternehmen und liegt primär in der Eigenverantwortung der Mitarbeiter. Die Führungskräfte unterstützen diesen natürlichen Lernprozess als → Mentor, d. h. als Entwicklungspartner, ihrer Mitarbeiter.

Lernen im Netz

Netzbasiertes Lernen im Sinne des → Konnektivismus, aber auch das Lernen im Web mit → Social Software. Beide Ausprägungen des Lernens basieren auf dem → sozialen Lernen.

Lernfortschrittskontrolle

Quantitative Informationen zum individuellen Lernstand sowie zu den Lernfortschritten von Gruppen.

Lerngemeinschaft → *Learning Community.* → Community of Practice → Soziales Lernen

Lernkultur

System sozialer Prozesse und Handlungen, deren Kern → Normen und → Werte sind, die das Lernen der Mitarbeiter und Führungskräfte auf allen Stufen des Unternehmens bestimmen. Sie konkretisiert sich im Lernhandeln und in den → Kompetenzen der Lerner und setzt ein ständiges Lernen aller Beteiligten voraus.

Lernlabor

Lernerfahrungen können im Rahmen von praxisnahen Simulationen, z. B. Virtuelle Börse oder Unternehmensplanspiel, gesammelt werden.

Lernmodul

Lernformat mit klassischem, seitenorientiertem Aufbau zur Vermittlung von Sachthemen → Web Based Training.

Lernobjekt – Learning Object

Kleine Dateien, aus denen Lernkapitel und → WBTs zusammengestellt werden. In modularisierten Systemen werden Lernobjekte benutzerorientiert zusammengefügt.

Lernpartner Computer

Immer mehr sind → humanoide Computer in der Lage, Lösungsvorschläge des Lerners zu analysieren und zu bewerten. Dieser Lernpartner macht bei Bedarf eigene Angebote für geeignete Vorgehensweisen. Er überprüft auch vergangene Problemlösungen unter dem Aspekt, was, z. B. aufgrund neuer Entwicklungen, zukünftig besser gemacht werden kann. Der Lernpartner Computer kann damit auch emotionale Situationen analysieren und bewerten und gibt entsprechende Handlungshinweise im Rahmen des Wertesystems. Er übernimmt damit wesentliche Funktionen des menschlichen Lernpartners, so dass dessen Lernbegleitung im Rahmen der → Werteentwicklung und → Kompetenzentwicklung auf einem höheren Niveau ansetzen kann.

Lernpartnerschaft ➔ Lerntandem

Lernplattform ➔ *Learning Management System.*

Lernraum ➔ Ermöglichungsraum

Lernspiel

Lernformat, das ein Lernthema spielerisch erlebbar und verstehbar macht.

Lerntagebücher

Meist als ➔ Blogs, die mit fortschreitender Dauer des Kommunikationsprozesses die individuellen Lern*karrieren* bzw. Erkenntnis*geschichten* der jeweiligen Lerner widerspiegeln. Aufgrund der chronologischen Aufzeichnungen können die Lernprozesse nachvollzogen werden, es entstehen damit Lerntagebücher. Damit werden diese zu Instrumenten der Reflexion der Erfahrungen in der Praxis, aber auch über die eigenen Lernprozesse.

Lerntandem

Zwei Gruppenmitglieder, die auf Dauer kooperieren wollen, bilden jeweils ein Lerntandem. Durch die Zusammenarbeit mit einer vertrauten Person können es die Partner leichter schaffen, die Alltagsroutinen zu unterbrechen, die Probleme deutlicher zu erkennen und besser zu lösen. In ➔ Blended-Learning-Systemen bilden Tandems ein zentrales Element des ➔ KOPING-Systems.

Lernumgebung

Medial gestaltete Umgebung mit den erforderlichen Funktionalitäten für den ➔ E-Learning-Prozess.

Lernwegflankierung

Diese soziale Flankierung ist eine wesentliche Voraussetzung für erfolgreiche Lernprozesse. Eine besonders bewährte Form ist der Zusammenschluss zweier Lerner zu einem ➔ Lerntandem. ➔ KOPING. Hierbei unterstützen sich die Lerner in der Tandemarbeit emotional, motivational und lernstrategisch.

Lernziel

Learning objective. Überprüfbare Definition der angestrebten Handlungsweisen nach einem Lernprozess.

Live (online) Lessons

Frontalunterricht im Netz. Live E-Learning-Trainings sind Onlinequalifizierungen, die zu einem definierten Termin im Web durchgeführt werden. Der Teilnehmer kann ortsunabhängig daran teilnehmen.

LMS → *Learning Management System*.

Lurker

Teilnehmer in Diskussionsforen, insbesondere in → MOOCs, die passiv bleiben.

Lurking

Das Lesen der Beiträge in einem Diskussionsforum, ohne selbst zur Diskussion beizutragen.

LXP → *Learning-Experience-Plattform*.

Machine Learning

Maschinelles Lernen der Computer mithilfe von → künstlicher Intelligenz. Basiert auf Algorithmen, die Muster und Gesetzmäßigkeiten in Datensätzen erkennen und daraus Lösungen entwickeln können, um damit Wissen aus Erfahrungen zu generieren.

Making

Aktivitäten, bei denen jeder selbst aktiv wird und ein Produkt, ggf. auch digital, entwickelt, adaptiert, gestaltet und produziert und dabei (auch) digitale Technologien zum Einsatz kommen. Making-Aktivitäten sind dabei soziale Aktivitäten, die häufig in speziellen Werkstätten durchgeführt werden.

Massive Open Online Course (MOOC)

Offene, im Netz angebotene Kurse, die jedem Lerner offenstehen. Der Begriff »massive« bezieht sich hierbei auf die angestrebte, aber nicht immer erreichte, große Zahl der Teilnehmer. Die Teilnehmer können in diesem Rahmen → Open Educational Resources beispielsweise in Form von Kursen, Textdateien, Bildern, Audios, Videos oder Simulationen, aber auch als Lerninfrastruktur oder Rahmenordnung nutzen. Das Konzept sieht regelmäßige Input-Phasen, die zur Diskussion anregen, sowie Elemente zur Vertiefung und Weiterbearbeitung der Inhalte im Netz vor. Die Lerner organisieren sich selbst online und legen gemeinsam die Ziele und wechselnde Themen, aber auch die Tiefe ihrer Bearbeitung fest. Das primäre Ziel ist nicht, das Wissen einzelner Lerner, sondern das Wissen des Netzwerkes zu entwickeln. Damit baut diese Lösung auf dem Ansatz des → Konnektivismus auf.

Media Literacy → *Medienkompetenz.*

Medienpädagogik

Dieser Teilbereich der Pädagogik zielt darauf, die Vermittlung und den Aufbau von → Medienkompetenz zu ermöglichen.

Mediendidaktik

Der Bereich der → Didaktik, der sich mit der Frage beschäftigt, wie Lernarrangements unter Nutzung von Medien und netzbasierten Kommunikationsmitteln gestaltet werden können.

Medienkompetenz

Fähigkeit, Medien selbstorganisiert und kreativ zu nutzen, um Aufgaben und Problemstellungen zu lösen (Selbstorganisationsdispositionsfähigkeit). Diese Kompetenz wird in → formellen und → informellen Lernprozessen aufgebaut und umfasst auch die reflexive und kommunikative Nutzung von Medien.

Mentoring

Eine erfahrenen Person (Mentorin bzw. Mentor) gibt ihr Wissen an eine noch unerfahrene Person (Mentée) mit dem Ziel weiter, ihn in seiner persönlichen oder beruflichen Entwicklung innerhalb oder außerhalb des Unternehmens zu fördern. Im Gegensatz zum → Coaching nimmt der Mentor keine neutrale Position gegenüber der zu beratenden Person ein.

Meta Data

Metadaten. Informationen über den Inhalt, die es ermöglichen, diesen in einer Datenbank zu speichern und wieder aufzurufen.

Methodische Kompetenz

→ Fähigkeit, selbstorganisiert mit dem notwendigen, aktuellen Fach- und Methodenwissen in Verbindung mit dem eigenen Erfahrungswissen auch zunächst kaum lösbare Aufgaben kreativ bewältigen zu können. Dazu gehören erfahrungsorientiertes, systematisch-methodisches, entwicklungsorientiertes Handeln sowie Handeln mit Expertise.

Microblogs

Blogs, bei der die Benutzer kurze, SMS-ähnliche Textnachrichten veröffentlichen können. Die Länge dieser Nachrichten beträgt meist 140 oder 280 Zeichen. Da deshalb Platz gespart werden muss, werden Texte, Videos, Bilder oder Fotos nicht direkt eingebunden, sondern per → Hyperlink verlinkt. Die einzelnen Postings werden wie in einem Blog chronologisch dargestellt. Die Nutzer können diese Nachrichten weiterleiten (»retweeten«). Beim Micro-→Videoblogging hat der Lerner die Möglichkeit, kurze Videos (ohne Ton) aufzunehmen und diese in das Lernsystem einzustellen.

Microcontent

Kurze inhaltliche Beiträge im Rahmen des → Microlearning.

Microlearning

Relativ kleine Lerneinheiten und kurzfristige Lernaktivitäten im Rahmen des → E-Learning.

Mindmapping

Visualisierungstechnik, bei der Ideen oder Elemente als Baumstruktur gestaltet werden. Dadurch werden hierarchische Beziehung sichtbar gemacht.

Mobile Access

Mobiler Zugang zum eigenen Lernbereich.

Mobile Learning (M-Learning)

Mobiles Lernen, unabhängig von Ort und Zeit. Jede Art des Lernens, das stattfindet, wenn der Lernende nicht an einem festen, vorgegebenen Ort ist, oder das Lernen, wenn der Lernende mobile Technologien nutzt. Es handelt sich um Lernprozesse, die in maßgeblichem Umfang mobile Computertechnologie in mobilen Kontexten einsetzen, um einen deutlichen Mehrwert im Bereich der → Qualifizierung, → Werteentwicklung und → Kompetenzentwicklung zu bewirken. → Learning on demand

Moodle

→ Lernplattform, → Learning Management System auf → Open-Source-Basis. Die Software bietet viele Möglichkeiten zur Unterstützung kooperativer und kollaborativer Lehr- und Lernmethoden.

MOOC → *Massive Open Online Course.*

MOOCathon

Verknüpfung aus einem → Massive Open Online Course (MOOC) und einem → Hackathon.

Motivationen

Kompliziert strukturierte Gefühle, die Umweltereignisse und Objekte, also Erfahrungen und Wahrnehmungen des Menschen in einer ganz bestimmten Art bewerten. Sie antizipieren künftige Handlungen und Handlungsergebnisse in konkretisierter Form.

Multimedia

Integration verschiedener Medien, wie Text, Grafik oder Animation in einem System, die der Lerner auswählen kann.

Multiple Choice

Lernfortschrittskontrollen mit geschlossenem Fragen-Antworten-Muster.

Nachhaltigkeit

Ressourcen werden so genutzt, dass auch zukünftige Generationen auf der Erde eine Grundlage zum Leben vorfinden (»Enkeltauglichkeit«). Die drei Dimensionen der Nachhaltigkeit in Unternehmen, Gesellschaften, Ländern und global sind Ökologie – Erhaltung der Vielfalt und des Ressourcenreichtums der Natur, Ökonomie – Armutsbekämpfung, Bildungsgerechtigkeit und Soziales – Verteilungsgerechtigkeit, Chancengerechtigkeit, Geschlechtergerechtigkeit.

Netz

Personalisiertes Netzwerk in der → Cloud. Damit werden personalisierte Netzinhalte für jeden einzelnen Nutzer möglich. Dies kann erreicht werden, indem ein Benutzer seine Präferenzen in das System eingibt oder ein Computer die Vorlieben des Benutzers ermittelt.

Netzwerk

Mitglieder eines Netzwerks kommen freiwillig zusammen und sind durch gemeinsame Interessen verbunden. Sie sind gleichberechtigt, tauschen Ideen aus und unterstützen sich gegenseitig. Netzwerke fördern die Kommunikation zwischen Wissensträgern. Daraus kann neues, gemeinsames Wissen für die Problembewältigung im Unternehmen generiert werden, sofern der passende Rahmen geschaffen wird und die Kommunikation zielgerichtet gestaltet wird. Wissen umfasst in diesem allgemeinen Sinne auch Regeln, → Werte und → Normen, individuelle und organisationale Kompetenzen. Lernen in Netzen bzw. Netzwerken führt dazu, dass soziale und kulturelle Aspekte des Lernens an Bedeutung gewinnen.

New Work

Neue Arbeit, Arbeit 4.0. Ursprünglich von Frithjof Bergmann (1984) im Sinne einer sozialen Innovation mit den Werten individueller Freiheit und Verantwortung definiert. Heute beschreibt der Begriff die aktuelle Arbeitswelt mit den Merkmalen räumliche und zeitliche Flexibilisierung der Arbeit, agile und projektbezogene Arbeitsformen, Wertebasierung und Sinnstiftung durch Arbeit, Enthierarchisierung, partizipative Entscheidungsmechanismen und Selbstorganisation.

Newsgroup

Thematische Diskussionsforen im Internet oder Intranet.

Nicht formelles Lernen

Lernen, das durch vorgegebene Lernziele und Lernzeiten geprägt wird, aber nicht in Bildungseinrichtungen stattfindet und im Regelfall nicht zur Zertifizierung führt.

Normen

Schreiben den Mitarbeitern, den Teams und der Organisation vor, wie sie in möglichst klar umrissenen Situationen handeln sollen. Häufig sind sie rechtlich durchsetzbar.

Nudging

Stupser. Ansatz, Menschen durch kleine Anstöße zu einem rationaleren Handeln zu bewegen.

Nutzenwerte

Handlungsleitende Ordner, die die Mitarbeiter Handlungen bevorzugen lassen, die ihnen Nutzen im weitesten Sinne versprechen. Dazu gehören die Werte Lebensstandard, Sicherheit, Belohnung und Gemeinnutz.

Objektivität

Ermittelte Aussagen dürfen nicht von der Erfassungsumgebung oder der Interpretation von Personen abhängen, die eine Auswertung vornehmen. Objektivität wird meist dadurch sichergestellt, dass die Erhebungen, z. B. durch geschlossene Antworten, standardisiert sind und die einzelnen Schritte der Erhebung, der Auswertung und Interpretation dokumentiert werden.

Ökosystem-Dienste

Dienste, die dem Nutzer die Bedienung erleichtern, d. h. User- und Identity-Management (z. B. Login mit Facebook), die Aggregation von News- und Blog-Kanälen in Feedreadern (z. B. per RSS), aber auch Automatisierungsdienste wie beispielsweise IFTTT (If This Then That), mit dem man z. B. automatisiert einen Tweet auf Twitter absetzen kann, wenn man ein neues Video auf YouTube hochgeladen hat.

Onboarding

Einarbeitung neuer Mitarbeiter. Gezielter Prozess, um es neuen Mitarbeitern zu ermögliche, ihre persönlichen → Werte an die Unternehmenswerte anzupassen, sich rasch in das Team zu integrieren und in ihrem neuen Aufgabenbereich handlungssicher zu werden → Kompetenzentwicklung.

Onlinecommunity

Onlinegemeinschaft, Treffpunkt für Personen im Internet. Aufgebaut, um Interaktion und Zusammenarbeit von Personen zu erleichtern, die gemeinsame Interessen und Bedürfnisse teilen. Onlinegemeinschaften können allen oder nur angemeldeten Mitgliedern zugänglich sein. Ebenso ist es möglich, dass → Learning Communitys oder Onlinecommunitys von einer Person moderiert sind.

Online-Foren

Im Gegensatz zu → sozialen Netzwerken steht weniger die einzelne Person und mehr das jeweilige Thema im Mittelpunkt. Diskussionen werden als Frage-Antworten-Kombination in Diskussionssträngen (sog. → Threads) angezeigt. Bei großen Online-Foren gibt es zusätzlich die Strukturierung nach Themengebieten.

Online-Learning

Lernen im Netz. Der Lernstoff wird durch netz- oder internetbasierte Technologien bereitgestellt. → Web Based Training

Online-Lerngemeinschaft

Onlinecommunity. Gruppe von Personen, die sich formal als → Learning Community oder informell als → Community of Practice organisiert und zu einem Lerngegenstand unter Nutzung der Online-Kommunikationsmöglichkeiten austauscht.

Ontologie

Formale Beschreibung von Daten, beispielweise in einer → Cloud, sowie Regeln über deren Strukturen und Zusammenhang. Mithilfe dieser Regeln lassen sich Rückschlüsse aus den vorhandenen Daten ziehen, Widersprüche in den Daten erkennen und manchmal fehlendes Wissen aus dem Vorhandenen ergänzen. Solche Rückschlüsse werden dem Ideal nach durch logisches Folgern abgeleitet.

Open Access

Literatur steht im Internet kostenfrei und öffentlich für jedermann zur Verfügung.

Open Course Ware

Frei verfügbare digitale Lehr- und Lerninhalte von Hochschulen im Internet.

Open Distance E-Learning (ODeL)

Lernmaterialien auf einem Server können von den Lernern online bearbeitet und eingestellt werden. Teilweise werden diese Angebote z. B. durch Lerngruppen, → Foren oder → Chats ergänzt.

Open Educational Resources (OER)

Freie Lernmaterialien. Digitalisierte Lehr- und Lernmaterialien, die im Internet zur freien Verfügung stehen. Die Lerner sind frei, Ziele und Inhalte sowie Wissensquellen selbst zu bestimmen und ihre Lernprozesse zu organisieren. Damit ist offenes Onlinelernen eine Ausprägung des ➔ Learning on Demand. Es gibt keine Prüfungen. Vielmehr wird davon ausgegangen, dass sich die Lernergebnisse im persönlichen Nutzen der Lerner niederschlagen.

Open Innovation

Freie Innovation. Entwicklung innovativer Produkte gemeinsam mit Kunden, Partnern, Zulieferern. Beispiele dafür sind Online-Plattformen, auf denen Ideen zur Verbesserung von Produkten ausgetauscht werden.

Open Source

Frei verfügbare Software. Software, deren Quellcode öffentlich ist und von Dritten kostenlos genutzt und geändert werden kann.

Organisationales Lernen

Basiert auf der Vision der ➔ lernenden Organisation. Organisationales Lernen ist die Fähigkeit einer Organisation, die organisationale Werte- und Wissensbasis in einem permanenten Lernprozess zu verändern. Dadurch entstehen neue Problemlösungs- und Handlungskompetenzen.

Organisationskultur ➔ Unternehmenskultur

Outcome-Orientierung

Beobachtbares Können (= Wissen, Fertigkeiten, Fähigkeiten, Einstellungen etc.) eines Lerners, das er in einer (Prüfungs-)Situation zeigt (Output), soweit das gezeigte Können einem vorher festgelegten Maßstab entspricht. Das Ziel ist die Vergleichbarkeit von Lernergebnissen und die problemlose Anerkennung von Abschlüssen.

Outdoor-Training

Entwicklungsmaßnahmen, die in der Natur physische, psychische und gruppendynamische Herausforderungen an die Teilnehmer stellen, damit sie ihre Verhaltensweisen reflektieren und neue Handlungsweisen initiieren.

Outplacement-Beratung

Teilweise auch Newplacement genannt, bezeichnet eine Dienstleistung für ausscheidende Mitarbeiter, die als professionelle Hilfe zur beruflichen Neuorientierung und Neupositionierung angeboten wird.

Peer-to-Peer-Learning → Co-Coaching

People Analytics

Analyse von Mitarbeiterdaten aus dem Arbeitsprozess und deren Beeinflussungsfaktoren in Verbindung mit vielfältigen Daten aus der Organisation, um Entscheidungen der Mitarbeiter zu unterstützen.

Performance

Performanz. Im pädagogischen Sinne die Ausprägungen und die Verzahnung individueller → Kompetenzen.

Performance Support

Systeme und Medien, die zielorientiertes und situatives Lernen im Prozess der Arbeit ermöglichen. → Mobile Learning → Micro Learning

Performanzmanagement

Systematische, mehrdimensionale Leistungsmessung, -steuerung und -kontrolle auf allen Leistungsebenen (Unternehmung, Teams, Mitarbeiter) mit dem Ziel, die strategischen Ziele der Unternehmung zu erreichen.

Pervasive Learning

Allgegenwärtiges Lernen, das → formelles, → informelles und → soziales Lernen umfasst. Damit wird ein kollaboratives, andauerndes, verknüpftes und Community-basiertes Handeln und Lernen ermöglicht.

Persönlichkeitsbildung

→ Performanz zur Selbstreflexion, nüchterner Prüfung und zu besonnenem und sozial eingebettetem Handeln.

Persönlichkeitsmerkmale

Relativ überdauernde Eigenschaften, die sich auf unser Verhalten in konkreten Situationen auswirken und die langfristig verändert werden können.

Persönlichkeitsmessverfahren

Die Persönlichkeitstests oder Persönlichkeitsfragebogen bilden typische, relativ stabile Verhaltensweisen einer Person ab. Die *Big Five* (Fünf-Faktoren-Modell) sind das bekannteste Persönlichkeitsmodell, auf dessen Basis viele andere Persönlichkeitsverfahren weiterentwickelt wurden. Es basiert auf den fünf Hauptdimensionen der Persönlichkeit: Neurotizismus (von selbstsicher bis verletzlich), Extraversion (von zurückhaltend bis gesellig), Offenheit für Erfahrungen (von vorsichtig bis neugierig), Gewissenhaftigkeit (von nachlässig bis organisiert) und Verträglichkeit (von wettbewerbsorientiert bis mitfühlend). Bestimmte Persönlichkeitsmerkmale lassen mit einer gewissen Wahrscheinlichkeit Prognosen über Handlungsweisen in herausfordernden Situationen zu, sofern spezifische und differenzierte Hypothesen über die Zusammenhänge bestimmter Persönlichkeitseigenschaften bzw. -strukturen und den entsprechenden Kompetenzmustern bestehen. Sie können jedoch nicht eine → Kompetenzerfassung ersetzen.

Personale Kompetenzen

Fähigkeiten, selbstkritisch auf Basis seiner Werte und unter Einbeziehung verschiedener Sichtweisen zu handeln. Dazu gehören eigenverantwortliches, selbstorganisiertes, förderndes Handeln sowie ganzheitliches Handeln.

Personalentwicklung

Ziel der Personalentwicklung ist im Allgemeinen, den Arbeitnehmer planmäßig und systematisch zu qualifizieren. Durch Aufbau von neuen oder zusätzlichen → Werten und → Kompetenzen können Arbeitnehmer am neuen Arbeitsplatz eingesetzt oder Aufgaben am aktuellen Arbeitsplatz in der Zukunft besser gelöst und bewältigt werden. Personalentwicklung ist somit eine personalwirtschaftliche Funktion, die zum Ziel hat, Mitarbeitern aller hierarchischer Stufen Kompetenzen zur Bewältigung der gegenwärtigen und insbesondere der zukünftigen Anforderungen zu vermitteln. Dieser Ansatz geht von der überholten Fiktion aus, alle Lernprozesse im Unternehmen zentral steuern zu können.

Personalisiertes Lernen

Der Lernprozess orientiert sich von den Zielen, den Inhalten, den Lernformen und der Lerngeschwindigkeit her konsequent an den Bedürfnissen des Lerners.

Personal Learning Environment (PLE)

Personalisierte Lerninfrastruktur, die nach den individuellen Interessen und Bedürfnissen des Lerners gestaltet wird. In diese Lernanwendungen werden Online-Informationen, -Ressourcen oder -Kontakte integriert und Ergebnisse der eigenen Lernprozesse in anderen Online-Umgebungen auf der Basis von Standards dargestellt. Das Ziel ist, eine technologische Infrastruktur zu schaffen, die die individuelle ➔ Werteentwicklung und ➔ Kompetenzentwicklung ermöglicht, indem vorher getrennte Anwendungen lernerbezogen zusammengeführt werden. ➔ Learning-Experience-Plattform

Pinnwand

Kommunikationsbereich für kurze Nachrichten auf dem ➔ Learning Management System, der von allen anderen eingesehen werden kann.

Planspiel

Lernszenario, in dem der Lerner im Rahmen möglichst realistischer Bedingungen allein oder im Team Problemstellungen analysiert und Entscheidungen trifft. Diese Parameter wirken sich wiederum auf das Lernszenario aus. Unternehmensplanspiele haben zum Ziel, Unternehmen oder Teilbereiche davon modellhaft abzubilden. Die Lerner übernehmen dabei die Führung eines Unternehmens oder eines Geschäftsbereiches und konkurrieren mit den anderen Spielern oder mit dem System am simulierten Markt.

Plattform-Ökonomie

Wirtschaftsform auf Basis von Online-Plattformen für den Austausch von Ressourcen, z. B. Waren und Dienstleistungen, und den Aufbau von Geschäftsbeziehungen. Beispiele dafür sind Airbnb und Uber.

PLE ➔ *Personal Learning Environment.*

Podcasting

Audiobeiträge, die ins Netz gestellt werden und zum Abspielen aus dem Web heruntergeladen werden. Der Begriff ergibt sich aus der Zusammensetzung des Apple *iPod* und *broadcasting* (ausstrahlen). Diese Beiträge können ähnlich wie private Radiobeiträge zu einem Thema, aber auch wie Lerntagebücher oder Kommentare zu Ausarbeitungen gestaltet sein. Podcasts können von den Lernern selbst erstellt werden. Ergänzend können geeignete Podcasts aus anderen Quellen in den Lernprozess integriert werden.

Post-mortem-Diskussion

Eine Problemsituation, eine Entscheidung, eine Projektentwicklung oder dergleichen werden fiktiv als gründlich gescheitert angesehen und im hypothetischen Nachhinein die Gründe für dieses Scheitern ermittelt. Hierbei werden vor allem Gründe deutlich, die mit fragwürdigen Werteorientierungen, problematischen Überzeugungen, bremsenden Motivationen und zweifelhaften Haltungen zusammenhängen.

Präsenzveranstaltung

Lehrformen wie Frontalunterricht und Lernformen wie Tandemlernen, Gruppenlernen oder Workshops, bei denen sich die Lehrkraft und die Lerner im selben Raum befinden. → Blended Learning

Predictive Learning

Das Lernsystem sagt aufgrund des bisherigen Handlungsmusters des Lerners voraus, wie er handeln wird und passt den Lernprozess entsprechend an.

Primat der Didaktik

Bei der Entwicklung von Qualifizierungskonzeptionen sind erst die Fragen der Ziele und der Inhalte zu klären, bevor daraus die geeigneten Methoden und Medien für den Lernprozess (→ Methodik) definiert werden.

Prospect Theory

Instrument, um den Wertegehalt von Entscheidungen zu verstehen, die unwägbare Risiken oder unbekannte Eintrittswahrscheinlichkeiten künftiger Umweltzustände und sozialer Situationen enthalten. Dieser emotional labilisierende Wertegehalt wird bewusst gemacht und wo möglich verändert.

Prosument

Engl. prosumer, bezeichnet die Doppelrolle eines Benutzers von → Social Media als gleichzeitigen Anbieter und Konsument von Webinhalten.

Pulse

Agile Methode zur visuellen Darstellung eines Projektportfolios auf oberster Ebene mit dem Ziel, Einstellungen und Regeln für eine agile Entwicklungskultur zu verinnerlichen.

Purpose

Zweck einer wirtschaftlichen Organisation oder eines Unternehmens, der über die Gewinnorientierung hinausgeht. Er drückt aus, was die Organisation ökonomisch, ökologisch und sozial für die Kunden, die Mitarbeiter und die Gesellschaft tun will und warum sie dies anstrebt.

Qualitätszirkel

Moderierte Arbeitsgruppen, die gezielt Maßnahmen zur Prozessoptimierung und zur Verbesserung von Produkten finden wollen.

Rapid E-Learning

Wortschöpfung aus *Rapid* Prototyping und *E-Learning.* Einfache, schnelle und kostengünstige Entwicklungsmethode für ➜ Web Based Trainings durch den Einsatz von klaren, vorgegebenen Strukturen im Layout, für die Gestaltung der Inhalte, den möglichen Darstellungen und Interaktionen sowie des Erstellungsprozesses selbst.

Real-time Communication

Echtzeitkommunikation. Kommunikation, in der Informationen in (annähernd) dem Augenblick erhalten werden, in dem sie gesandt wurden. Echtzeit ist ein Merkmal synchroner Kommunikation.

Recruiting

Rekrutierung, Personalbeschaffung. Auswahl von Bewerbern mit dem Ziel, eine freie Stelle mit einem Bewerber zu besetzen, der im Vergleich zu den anderen Bewerbern das Werte – und Kompetenzprofil besitzt, das den Stellenanforderungen am ehesten entspricht. Deshalb werden in werte- und kompetenzbasierten Rekrutierungsprozessen die Stellenausschreibungen um Werte und Kompetenzsollprofile oder um Kernwerte und -kompetenzen erweitert.

Reflexive Bildungsstrategie

Die Entwicklung der Selbstlern- und Selbstführungskompetenzen der Lerner bestimmt die Lernprozesse, die durch regelmäßige Rückbesinnung auf die eigenen Lernerfahrungen geprägt sind, da kognitive und emotionale Strukturen und Prozesse in einem dynamischen Prozess aktiv und nachhaltig verändert werden müssen.

Regeln

Offen oder stillschweigend vereinbarte Vorschriften, wie die Menschen zu handeln haben.

Reliabilität

Maßstab für die Genauigkeit/Zuverlässigkeit einer Messung. D. h., es wird erfasst, welches Ausmaß »zufällige« Messfehler ausmachen. Die Ergebnisse müssen auch bei Wiederholungen oder parallelen Erhebungen gleich sein.

Resilienz

Mentale Widerstandsfähigkeit. Beschreibt die erfolgreiche Bewältigung arbeitsbezogener Herausforderungen, insbesondere im Kontext der ➔ Disruption. ➔ Kompetenz, auf Herausforderungen und Veränderungen zu reagieren, indem das ➔ Handeln bedarfsgerecht angepasst wird.

Responsive Organisation

Organisation, die schnell lernt und reagiert, indem sie den offenen Informationsfluss optimiert, Experimente und Lernen in schnellen Zyklen fördert und sich als Netzwerk von Mitarbeitern, Kunden und Partnern organisiert, die durch gemeinsame Ziele motiviert sind.

Retention Management

Lat. retentio, zurückhalten. Hat zum Ziel, das Engagement und die Kompetenzen der Mitarbeiter für die Umsetzung der strategischen Ziele des Unternehmens zu sichern. Damit sollen die personelle Kapazität sowie die Leistungsfähigkeit und -bereitschaft der Mitarbeiter gewährleistet und die Kosten aufgrund unerwünschter Fehlzeiten und Fluktuation reduziert werden.

ROI

Return on Investment. Allgemein das Verhältnis des erhaltenen Nutzens bzw. Gewinnes im Vergleich zur gegebenen Investition oder den Kosten der Investition. Im Bereich des → E-Learning wird der ROI am häufigsten durch das Verhältnis der Ergebnisse der Ausbildung (z. B. einer Zunahme von produzierten Einheiten oder einer Verminderung der Fehlerquote) zu den Kosten für die Trainingsmaßnahme berechnet.

RSS-Feed

Really Simple Syndication (Rich Site Summary). Plattformunabhängiges, auf XML basierendes Format, das entwickelt wurde, um Nachrichten und andere Webinhalte auszutauschen. RSS hat sich als das Syndication-Format im Internet durchgesetzt und wird mittlerweile selbst von populären Seiten wie SPIEGEL Online oder tagesschau.de eingesetzt.

Qualifikationen

Klar zu umreißende Komplexe von → Wissen, → Fertigkeiten und → Fähigkeiten, über die Personen bei der Ausübung beruflicher Tätigkeiten verfügen müssen, um anforderungsorientiert handeln zu können. Sie sind handlungszentriert und in der Regel so eindeutig zu fassen, dass sie in Zertifizierungsprozeduren außerhalb der Arbeitsprozesse überprüft werden können.

SaaS → *Software as a Service.*

Sandwich-Verfahren

Nach diesem Prinzip wechseln Phasen eher rezeptiver Informations- und Wissensaufnahme mit Phasen eher aktiver Wissensverarbeitung bzw. → Werteentwicklung und → Kompetenzentwicklung ab. Im Rahmen von → Blended-Learning-Systemen besteht die Möglichkeit, dass jeder Lerner sich – entsprechend seines Vorwissens und seiner Ziele – einen individuellen »Sandwich« mixt. Er bearbeitet jeweils Aufgaben und kann sich aus der Wissensbasis individuell das Wissen abrufen, welches er dafür benötigt.

SCORM

Shareable Courseware Reference Model dient der Standardisierung von Lernobjekten. Eine Reihe von Standards, die, wenn sie auf den Inhalt eines Kurses angewandt werden, wieder verwendbare Lernobjekte geringer Größe schaffen. Ziel ist, dass SCORM-konforme Elemente von Unterrichtssoftware relativ einfach mit anderen kompatiblen Elementen, z. B. Lernplattformen, verbunden werden können, um ein modulares System von Ausbildungsmaterialien bereitzustellen. Wird durch → Experience API abgelöst.

Screen Reader

Computersoftware, die Text auf dem Bildschirm vorliest. Oft von sehbehinderten Personen verwendet.

Scrum

→ Agile Methoden die durch flache Hierarchie, Selbstorganisation, Sprints, Pragmatismus, Prototyping, rasches Feedback und Iteration geprägt sind.

SDG → *Sustainable Development Goals.*

Seitenwechsel®

Entwicklungsprogramm im Spannungsfeld zwischen Persönlichkeitsentwicklung und sozialer Arbeit. Mitarbeiter arbeiten für einige Wochen oder Monate in Flüchtlings- und Obdachlosenunterkünften, in Gefängnissen, in Einrichtungen der Drogenhilfe und in besonderen Wohnbereichen für Kinder und Jugendliche oder Behinderte, in Hospizen und Palliativstationen.

Selbstbestimmtes Lernen

Wird in der pädagogischen Psychologie uneinheitlich definiert und umfasst verschiedene Lehr- und Lernmethoden, insbesondere auch in der Erwachsenenbildung und in der Berufspädagogik. → Selbstorganisiertes Lernen → Selbstgesteuertes Lernen

Selbstgesteuertes Lernen

Eigenverantwortliches Lernen im Rahmen von vorgegebenen Zielen und Inhalten. → E-Learning → Blended Learning. In fremdgesteuerten Lernphasen, z. B. in Workshops, organisieren die Lerner ihre individuellen Lernprozesse in diesem Rahmen, z. B. einer Gruppenarbeit, selbst.

Selbstlernkompetenz

Fähigkeit, sich selbst Ziele zu setzen und diese mit einem Lernbegleiter oder mit der Führungskraft zu besprechen und in einem persönliche Entwicklungsplan festzuhalten, sich Lernangebote zusammenzustellen und Lernzeiten einzuplanen.

Selbstorganisationsdisposition

→ Kompetenzen charakterisieren die Fähigkeiten von Menschen, sich in offenen und unüberschaubaren, komplexen und dynamischen Situationen selbstorganisiert zurechtzufinden. Kompetenzen lassen sich damit als Selbstorganisationsdispositionen beschreiben.

Selbstorganisiertes Lernen

Lerner planen und gestalten ihre Lernprozesse selbst. Meist in Abstimmung mit der Führungskraft oder einem → Lernbegleiter legen sie Ziele und Inhalte, aber auch Lern- und Sozialformen, Medien und Zeiten sowie Lernorte selbst fest. → Kompetenzentwicklung

Self Assessment

Selbstbeurteilung. Der Prozess, bei dem der Lerner sein persönliches Wissensniveau und seine Fähigkeiten selber bestimmt.

Self-paced Learning → *Selbstgesteuertes Lernen*.

Semantik

Wissenschaftsphilosophisch die Lehre von der Bedeutung sprachlicher Ausdrücke, allgemeiner von der Bedeutung beliebiger Zeichen.

Semantic Web (Semweb)

Webbasiertes System, in dem offene Standards für die Beschreibung von Informationen vereinbart werden, sodass sie zwischen verschiedenen Plattformen austauschbar sind (Interoperabilität). Zum anderen müssen Regeln gegeben sein, die den Umgang mit den so beschriebenen Informationen und die Gewinnung von Schlussfolgerungen daraus sicherstellen (Inferenzregeln). Weiter entfaltete Formen tragen eine Vielzahl von Bedeutungen, Bewertungen und Werten in sich, der Contenttransfer wird in großem Maße zum Wertetransfer.

Semantische Lernsysteme

Lernsysteme, die Wege und Methoden bieten, Informationen so zu repräsentieren, dass Maschinen damit in einer Art und Weise umgehen können, die aus menschlicher Sicht nützlich und sinnvoll erscheint. Damit bezieht sich das Lernen im → Semantic Web immer mehr auf ein Bewertungen und Werte integrierendes Lernverständnis, diszipliniert und systematisiert dieses Wertedenken aber zugleich und macht es für die → Werteentwicklung und → Kompetenzentwicklung der Lerner intensiv nutzbar.

Semiotik

Theorie vom Wesen, der Entstehung (Semiose) und dem Gebrauch von Zeichen.

Semiotisches Dreieck

Ein in der Sprachwissenschaft und → Semiotik verwendetes Modell, das veranschaulicht, wie ein Mensch sich nicht direkt und unmittelbar auf ein Ding bezieht, sondern dieser Bezug nur mittelbar durch die Vermittlung einer Vorstellung oder eines Begriffs (Subjektivierung) erfolgt.

Serendipitous Learning

Nicht → intentionales oder *zufälliges* Lernen.

Serious Games

Lernspiele. Auch *Digital Game-based Learning* oder *Educational Games* ist eine Lernkonzeption, die Spiele in einem virtuellen, interaktiven Rahmen für die Qualifikation der Lerner nutzt, indem sie diese emotional bindet. Diese Lernspiele kommen vor allem in folgenden Varianten vor: Actionspiele, Adventurespiele, Casual Games, Rollen-, Simulations-, Sport- sowie Strategiespiele.

Service-Ökonomie

Der Dienstleistungssektor gewinnt immer mehr an Bedeutung, weil die Wirtschaft zunehmend auf Informationen und digitalen Prozessen basiert und die Nachfrage nach Serviceleistungen steigt.

Shadowing

Engl. shadow, Schatten. Begleitung von → Lernpartnern, indem sie beobachtet, Anregungen aufgegriffen sowie Eindrücke gesammelt und reflektiert werden. → Co-Coaching

Sharing Economy – Shareconomy

→ *Geschäftsmodell* zur gemeinsamen Nutzung von Dienstleistungen und Gütern, die zum Beispiel über digitale Plattformen vermittelt werden, z. B. Carsharing oder die Vermietung privater Wohnräume gegen Entgelt.

Simulation

Hoch interaktive Anwendung, die dem Lerner das Spielen einer Rolle oder das Bewegen in einem virtuellen Szenario erlaubt. Simulationen ermöglichen den Lernern, bestimmte Fähigkeiten oder das Handeln in einer bestimmten Situation ohne Risiko zu üben. In realitätsgleichen Simulationen können auch → Werte und → Kompetenzen aufgebaut werden. → Lernlabor

Singularitätsdidaktik

Erweiterte Form der → Ermöglichungsdidaktik mit dem Ziel, personalisierte Lernprozesse unter Nutzung der Möglichkeiten → digitalisierter Lernorganisation zu ermöglichen. Das Lernarrangement passt sich dem Lerner an.

Situiertes Lernen

Lernen erfolgt anhand möglichst authentischer Problemsituationen.

Skill Gap Analysis

Analyse der Fähigkeitslücken. Vergleicht die Fähigkeiten einer Person mit den Fähigkeiten, die für eine Aufgabe benötigt werden, die sie gerade ausführt bzw. in Zukunft ausüben wird. Eine einfache Analyse der Schwächen im Bereich der Fähigkeiten besteht aus einer Liste von Anforderungen und einer Einschätzung der Ausprägung dieser Fähigkeiten bei einer Person. Bewertungen unterhalb eines vorher bestimmten Wertes identifizieren eine Schwäche bei dieser Fähigkeit.

Smart Factory

Intelligente Fabrik. Menschen, Maschinen und Ressourcen tauschen miteinander Informationen aus, sodass sie sich selbst organisieren können.

sMOOC (Small → MOOC)

Teilnehmerzahl unter 150.

Social Blended Learning

Kompetenzorientiertes → Blended Learning durch Verbindung mit einem herausfordernden Praxisprojekt oder schwierigen Praxisaufgaben unter Einbindung von

→ Social Software, welche → informelles, → selbstorganisiertes und vernetztes Lernen ermöglicht.

Social Business

Veränderte → Unternehmenskultur, bei der nicht mehr die Gewinnmaximierung, sondern die Maximierung des sozialen und ökologischen Nutzens bestimmend sind.

Social Learning

Soziales Lernen: Kompetenzorientiertes → E-Learning mit → Social Software. Dieses Lernen zielt auf die Entwicklung der sozialen Kompetenz zum sozialen Handeln mit Empathie, Respekt und Verantwortung. Es ist durch kooperative und kollaborative Lernformen, die das gemeinschaftliche Lernen in Gruppen fördern, geprägt und nutzt Medien und Werkzeuge, die kooperative und kollaborative Lernprozesse ermöglichen. Die Lernorganisation ermöglicht einen sozialen Kontext, z. B. mit →Peer-to-Peer-Konzepten.

Social Media

Soziale Medien. Digitale Medien und Technologien (→ Social Software), die es Nutzern ermöglichen, miteinander im Netz zu kommunizieren und Inhalte gemeinsam weiterzuentwickeln.

Social Networks → *Soziales Netzwerk*.

Social Software

Internetbasierte Kommunikationsinstrumente, die das gemeinsame Erarbeiten von Inhalten unterstützen und damit auch Interaktionen unter den Benutzern auslösen können (→ Web 2.0.). Social Software ist eine in der Regel kognitive → Dissonanzen erzeugende, → labilisierende, konfliktinduzierende Software. Es geht bei der labilisierenden Dissonanzerzeugung um die Erzeugung von Zweifeln, Perplexität, Widersprüchlichkeit, gedanklicher Inkongruenz, Verwirrung, Irrelevanz usw. mithilfe eines kompetenzzentrierten → E-Learning.

Social Workplace Learning

→ Werteentwicklung und → Kompetenzentwicklung, die selbstorganisiert im Prozess der Arbeit und im Netz stattfindet, wenn herausfordernde Problemstellungen zu bearbeiten sind. → Social Learning → Workplace Learning

Soft Skills

Eigenschaften, Fähigkeiten und Qualifikationen, die die über die ➜ Hard Skills hinaus berufliche und private Erfolge bestimmen. Soft Skills können zu ➜ Kompetenzen werden, wenn sie im Rahmen von realen Herausforderungen eingesetzt werden.

Software as a Service (SaaS)

Anwendungen auf einem zentralen Server des Anbieters, die über einen Internetzugang genutzt werden. In der Regel wird pro Nutzer abgerechnet.

Soziale ➜ Kompetenzen

Fähigkeit, kollegial und sensibel mit Gespür für Meinungen, Bedürfnisse und Gefühle anderer gewissenhaft zusammenzuarbeiten, verfestigte Handlungsmuster aufzubrechen und aktiv zur Konfliktbewältigung beizutragen. Dazu gehören teamorientiertes, problemlösendes, kollaboratives und gewissenhaftes Handeln.

Soziale Werte- und Kompetenzentwicklungsplattform

Technische Basis für ➜ kollaboratives Arbeiten und Lernen (➜ Werteentwicklung und ➜ Kompetenzentwicklung) im Netz. Ermöglicht den Austausch mit den Lernpartnern und dem Lernbegleiter sowie mit Experten. Alle offenen Fragen, die sich aus den Transferaufgaben und in der Projektarbeit ergeben, werden in einem Themenspeicher gesammelt und in den Workshops mit entsprechenden Experten aus dem Hause diskutiert. Die Weiterentwicklung ist die ➜ Learning-Experience-Plattform.

Soziales Lernen ➜ *Social Learning.*

Soziale Lernplattformen

Weiterentwicklung der ➜ Learning-Management-Systeme unter Einbeziehung von ➜ Learning 2.0 Elementen. Den Lernern werden abgeschlossene und offene Kursräume angeboten. Der Trainer kann seine Kurse bilden und organisieren. Gleichzeitig haben die Lerner aber auch die Möglichkeit, selbst Lernräume einzurichten, Erfahrungswissen zu dokumentieren oder Wissen im Internet zu nutzen. Wesentliche Elemente sind Profile, kollaborative ➜ Workspaces, ➜ Activity Streams, ➜ Blogs, ➜ Wikis, integrierte virtuelle Meetings und ➜ Mobile Access. Die Weiterentwicklung ist die ➜ Learning-Experience-Plattform.

Soziales Netzwerk

Virtuelle Gemeinschaft, die soziale Beziehungen im Internet ermöglicht. Sie können themenorientiert (z. B. Lernnetzwerke) sein oder zu sozialer Kommunikation und zum Austausch von Erfahrungswissen dienen.

Soziale Validität

Die Anforderung der testtheoretischen Validität wird bei → Werteerfassungen und → Kompetenzerfassungen durch Faktoren ersetzt, die sich in einer hohen Akzeptanz bei den Entscheidungsträgern und den Mitarbeitern zeigen. Dies setzt eine umfassende Information, die Beteiligung der Betroffenen, eine hohe Transparenz und eine offene Kommunikation voraus. Gelingt es, diese soziale Validität zu erzeugen, eignen sich Kompetenzerfassungsmethoden sehr gut als Basis für eine Ermöglichung selbstorganisierter Kompetenzentwicklungsprozesse.

Soziale → Werte

Handlungsleitende Ordner, die Einzelne oder Gruppen (Unternehmen, Abteilungen, Teams etc.) zu einem sozial akzeptierten, optimalen oder auch zu einem innovativen, sogar revolutionären Handeln bewegen. Diese Werte sind Privatleben, Ideale, Verantwortung und Respekt.

Soziokratie

Organisationsform auf Basis des systemischen Ansatzes, in der konsequent Selbstorganisation umgesetzt werden kann.

Squad

Die kleinste Einheit einer → agilen Organisation, meist 6 bis 9 Mitglieder, die sich auf eine bestimmte Leistung oder einen Kunden ausrichtet.

Start-up Culture

→ Unternehmenskultur, die durch → Diversität, Interdisziplinarität und Innovationsorientierung geprägt ist.

Storytelling

Erzählmethode, mit der explizites und implizites Wissen in Form einer Metapher weitergegeben und durch Zuhören aufgenommen wird.

Subjektive Theorien

Komplexe, semantische Netzwerke im Lerner, die in ganz spezieller Weise organisiert sind. ➔ Handeln setzt ➔ Wissen im weiteren Sinne voraus. Wird dieses Wissen aufgenommen, verändert sich dieses Netzwerk.

Subjektivierendes Handeln

Baut auf Erfahrungen und Erlebnissen einzelner Menschen auf. Es spielt in realen beruflichen Tätigkeiten und damit letztendlich auch für die Wissens- und vor allem Wertevermittlung eine stark zunehmende Rolle.

Supervision

Insbesondere in Bereichen, in denen die Mitarbeiter soziale oder hohe zwischenmenschliche Herausforderungen zu bewältigen haben. Ein erfahrener, oftmals besonders ausgebildeter Kollege beobachtet das Handeln, gibt Rückmeldungen und regt zur Reflexion an, um gemeinsam Möglichkeiten zur Verbesserung der Handlungsweisen zu identifizieren.

Sustainable Development Goals (SDGs)

17 Nachhaltigkeitsziele der Vereinten Nationen, die im Jahr 2015 als Agenda 2030 verabschiedet wurden.

Synchronous Learning

Synchrones Lernen. Eine in Echtzeit dozentengesteuerte Online-Lehrveranstaltung, bei der alle Teilnehmer gleichzeitig angemeldet sind und direkt miteinander kommunizieren. In dieser ➔ virtuellen Klassenzimmersituation behält der Dozent die Kontrolle über die Klasse mit der Möglichkeit, Teilnehmer »zu besuchen«. Auf den meisten Plattformen können die Lerner und Lehrer ein Whiteboard – eine elektronische Tafel – verwenden, um den Arbeitsfortschritt zu sehen und ihr Wissen zu teilen. Die Interaktion kann auch über Audio- oder Videokonferenz, Internettelefonie oder Zwei-Wege-Live-Sendungen stattfinden.

System

Organisationen weisen Merkmale auf, wie sie auch in naturwissenschaftlichen Systemen vorkommen. Systeme bestehen aus Subsystemen und beziehen aus der Umwelt Inputs, die in Outputs transferiert werden. Diese wirken wiederum auf andere Subsysteme oder das Umweltsystem und tragen damit zur Zielsetzung des Gesamtsystems, d.h. der Unternehmung, bei. Sie sind nicht genau berechenbar und reagieren überraschend. Die Informationsdichte macht es notwendig, qualitativ zu selektieren. Die Fähigkeit zur Reproduktion hängt davon ab, inwieweit ein System sich selbst beobachten, beschreiben, reflektieren und verstehen kann.

Tacit knowledge → *Implizites Wissen.*

Talentmanagement

Das Ziel ist es, die Potenziale aller Talente, also aller Mitarbeiter und Führungskräfte, zu identifizieren, sie zu gewinnen bzw. zu motivieren, zielgerichtet einzusetzen und zu entwickeln sowie dauerhaft zu binden. Damit ist nicht, wie früher häufig postuliert, das Entdecken der wenigen High-Potentials Kernaufgabe des Talentmanagements, sondern die → Werteentwicklung und → Kompetenzentwicklung aller Mitarbeiter und Führungskräfte.

Taxonomie

Im Lernbereich bezeichnet man damit ein Modell, das versucht, Begriffe eines Themengebietes zu definieren und diese untereinander in Beziehung zu setzen. Begriffe, aber auch Werte, werden systematisch geordnet und zusammengeführt, um so ein Themengebiet möglichst präzise zu beschreiben und zu repräsentieren. Im Unterschied zum Thesaurus werden hier die gesammelten Begriffe in hierarchische Beziehung gesetzt und klassifiziert.

Teal Organization

Organisation, die durch Selbstführung, evolutionären Sinn und Ganzheitlichkeit geprägt ist.

TED Talk

Der Begriff TED ist ein Akronym aus Technology, Entertainment und Design. Beim TED Talk hat jeder Redner maximal 18 Minuten Zeit, seine Ideen persönlich und ansprechend zu präsentieren. Das Spektrum reicht von Wissenschaftlern über Unternehmer und Aktivisten bis hin zu Designern und Künstlern. Voraussetzung ist eine kostenlose Lizenz. Es sind Vorgaben zur Gestaltung der Bühne und zur Veröffentlichung per Video zu beachten. Der Bereich TED Talks Education fasst TED Talks zusammen, die sich mit Bildungsfragen befassen (http://www.ted.com/about/programs-initiatives/ted-talks-education).

Teleteaching

Netzbasierte Lernformen, meist im Rahmen von → Business-TV, bei denen ein Lehrender passiven Zuschauern Inhalte vermittelt. Diese können per Telefon oder E-Mail evtl. Fragen stellen.

Thread

Anzahl von Nachrichten, die zu einem bestimmten Thema an ein Diskussionsforum gesendet werden.

Training

Allgemein steht der Begriff für alle Prozesse, die eine verändernde Entwicklung eines Individuums oder einer Gruppe hervorrufen. Das Ziel ist die professionelle Entwicklung der → Fertigkeiten, des → Wissens sowie der → Qualifikationen. Unter bestimmten Umständen können auch → Werte und → Kompetenzen trainiert werden.

Triale → Werteentwicklung und → Kompetenzentwicklung

→ Kompetenzlernen im Prozess der Arbeit mit menschlichen Lernpartnern und dem Lernpartner Computer. Diese Lernpartner erwerben Wissen und mit ihm die Grundlage für Kompetenzen, die sie untereinander austauschen und handelnd reflektieren. Eine neue Art von Lernhandeln etabliert sich mithilfe von → humanoiden Computern. → Semantische Lernsysteme

Tribe

Zusammenfassung mehrerer → Squads.

Tun

Beschreibt ein Agieren, beim dem der Mensch nicht erkennt, warum er so und nicht anders agiert. Dies kann im Rahmen der Kompetenzentwicklung kein sinnvolles Ziel sein.

Tutorial

Sehr kleine und in Hinblick auf die Lernzeit kurze Lernangebot, z. B. Erklärvideos. → Microlearning

Tutoring

Flankierung und Betreuung der Lerner in E-Learning-Systemen per E-Mail, → Chat, → Forum oder Telefon, aber auch mit → Weblogs und → Wikis, teilweise auch in → Live Lessons und Präsenzveranstaltungen. Tutoring ist eine wesentliche Voraussetzung für erfolgreiche E-Learning-Systeme.

Two-way Access

Die Lerner können ihre Ziele und eigenes Wissen einbringen.

Ubiquitous Learning

Ubiquitäres (= überall verbreitetes) Lernen. Lernen unter Nutzung mobiler und allgegenwärtiger Computertechnologie. → Mobile Learning

Umlernen

Die Zielsetzung individueller Lernprozesse besteht darin, die handlungsorientierten Prozesse und Strukturen der einzelnen Mitarbeiter laufend im Sinne der Unternehmensstrategie zu optimieren. Damit wird die Grundlage dafür geschaffen, dass die Mitarbeiter in der Lage sind, neu auftretende Problemstellungen zu lösen.

Unternehmenskultur (→ *Corporate Culture*)

System von Normen, → Werten und Regeln, die das Wahrnehmen, Denken und Handeln aller Mitarbeiter und Führungskräfte bestimmen.

User-generated Content

Lerninhalte, die von den Lernern selbst erstellt werden.

User Profiles

Systematische Aufstellung der Lerner mit differenzierten Informationen über Interessen und Neigungen, Vorwissen oder Lernstandsentwicklungen. User Profiles dienen insbesondere in → kooperativen Lernformen dazu, Lernpartnerschaften und -gruppen zu bilden. Im Rahmen des → Tutoring erhält der Kursbetreuer differenzierte Informationen über die Lerner und Lerngruppen, die ihm die Möglichkeit bieten, gezielt zu intervenieren. Bei Customer-Focused-Learning-Ansätzen können entsprechende Informationen über potenzielle Kunden gewonnen werden.

Validität

Gültigkeit. Bezeichnet den Umfang, in dem eine Messung tatsächlich die Merkmale erfasst, die er erfassen soll. Dieses Kriterium bildet die Voraussetzung dafür, dass aus den Messergebnissen Konsequenzen, z. B. für das Handeln, gezogen werden. Bei quantitativen Erhebungen kann die Validität der Erhebungsinstrumente sichergestellt werden. Bei qualitativen Messungen ist dies jedoch kaum möglich. Deshalb greift man in der Praxis auf das Konzept der → sozialen Validität zurück. Die Bewertung der Validität erfolgt nach unterschiedlichen Kriterien. Die *Kriteriumsvalidität* bezieht sich auf die Frage, ob mit einer Messung Vorhersagen für zukünftiges Handeln getroffen werden können. Damit ist sie für Kompetenzerfassungen von zentraler Bedeutung. Die *Inhaltsvalidität* bewertet die Qualität der Inhalte des Messverfahrens mithilfe von Expertenurteilen.

Veränderungsprozess

Die Einführung innovativer Lernsysteme erfordert eine Veränderung der Denk- und Handlungsweisen aller Beteiligten, was nur in einem langfristigen, stufenweisen Prozess erfolgen kann.

Verhalten

Erfolgt ohne eine bewusste oder unbewusste Intention und ohne kritische Reflexion. Dieser Ansatz entspricht den Vorgaben des → Behaviorismus.

Virtual Community

Virtuelle Gemeinschaft. → Onlinecommunity

Virtual Reality (VR)

Virtuelle Realität. Eine durch spezielle Hard- und Software erzeugte künstliche Wirklichkeit. Dreidimensionale, simulierte Umgebung, die am Computer erzeugt wurde.

Virtueller Klassenraum (*Virtual Classroom*)

Geschützter Bereich einer Lerngruppe für die Kommunikation und Bereitstellung von Dokumenten. → Gruppenraum

VUCA-Welt

Beschreibung der heutigen Wissensgesellschaft: **V**olatility (volatiler), **U**ncertainty (unsicherer), **C**omplexity (komplexer) und **A**mbiguity (mehrdeutiger).

War of Talents

Kampf um Talente. Konkurrenzkampf um kompetente Fach- und Führungskräfte, der zunehmende Anforderungen an das →Employer Branding, das →Onboarding und das →Wertemanagement sowie das → Kompetenzmanagement stellt.

Web 1.0

Die erste Phase der Internetnutzung, in der die Teilnehmer überwiegend konsumierend und suchend die Angebote nutzten, ohne sich selbst aktiv einzubringen. Dies schlägt sich auch im Lernbereich nieder. Klassisches → E-Learning kennt in der Regel keine echten Dialoge, es besteht vielmehr aus rückgekoppelten Monologen mit deutlicher Trennung von Experte (Lernprogrammentwickler) und Nutzer. Es wird hauptsächlich zur intensiven und massenhaften Informationsweitergabe genutzt.

Web 2.0

→ Social Software. Internetbasierte Kommunikationsinstrumente, die das gemeinsame Erarbeiten von Inhalten unterstützen und damit auch Interaktionen unter den Benutzern auslösen können. Kompetenzzentriertes → E-Learning im Web 2.0 baut auf eine 2. Generation von WWW-Services, die Menschen hilft, online zusammenzuarbeiten und Informationen zu teilen.

Web Based Training (WBT)

Interaktives Lernprogramm, das im Netz steht und multimedial aufbereitet wird.

Webinar

Seminar oder Training, das im Web durchgeführt wird (→ virtueller Klassenraum). Lernformat, das Wissen in kurzen, interaktiven Web-Conferencing-Sequenzen anbietet. Zunehmend wichtiger wird der Austausch von Erfahrungen im Netz. Die teilnehmenden Personen können via Chat oder integrierter Audiofunktion mit den Moderatoren und Referenten interagieren.

Weblogs → Blogs

Webquest

Engl.: *quest, Suche.* Webquests sind didaktisch und methodisch aufbereitete Suchspiele im Internet. Sie ermöglichen eine problemorientierte Herangehensweise an Themen für handlungsorientierte Problemstellungen. Den Lernern werden einzelne

Rollen zur Verfügung gestellt, über die sie sich diese unterschiedlichen Interessen erarbeiten können. Webquests eignen sich sehr gut für die Vorbereitung von Rollen- und Planspielen.

Werte

Ordner des selbstorganisierten Handelns und Kerne von ➔ Kompetenzen, die sich in der Haltung ausdrücken. Es gibt kein kompetentes Handeln ohne Werte – Werte konstituieren kompetentes Handeln. Werte können nur selbst handelnd, selbstorganisiert angeeignet werden. ➔ Werteinteriorisation

Werteentwicklung

Auf individueller Ebene gezielte Entwicklung von Werten im Rahmen der ➔ Kompetenzentwicklung in realen Herausforderungen. Auf Team- und Organisationsebene Entwicklung der Werte im Rahmen von ➔ Korridorthemen und von Praxisprojekten.

Wertegesellschaft

Sozialer Megatrend, nach dem für unser Handeln letztlich immer verinnerlichte Werte der persönlichen, menschlichen, sozialen, kulturellen, religiösen, politischen Situation entscheidend sind, in der wir handeln. ➔ Genusswerte, ➔ Nutzenwerte, ➔ ethische und ➔ soziale Werte sind die wichtigsten Orientierungen und Treiber menschlichen Handelns.

Werteinklusion

➔ Werte sind als Ordner der Selbstorganisation Kernbestandteile der ➔ Kompetenzen.

Werteinteriorisation

➔ Kompetenzentwicklung setzt ➔ Wertinteriorisation voraus. Diese ist das Nadelöhr, durch das alles Wissen, alles Erfahren hindurchmuss, um handlungswirksam zu werden.

Wertemediation

Nur solche Medien gestatten die Aneignung von ➔ Werten, die echte Entscheidungssituationen setzen und damit ➔ Dissonanz und ➔ Labilisierung erzeugen. ➔ Social Software ermöglicht die Bearbeitung offener Entscheidungsprobleme in sozial kontroversen, Dissonanzen und Labilisierungen setzenden Kommunikationsformen.

Wiki (-Web)

Wikiwiki, hawaianisch = schnell. Ein Wiki ist ein einfach benutzbares, webbasiertes Autorensystem (Content-Management-System), bei welchem alle Besucher alle Seiten verändern dürfen (*Open Editing*). Wikis sind asynchrone und webbasierte Kommunikationsinstrumente, die vergleichbar mit Diskussionsforen oder ➜ Weblogs einsetzbar sind. Sie basieren auf zwei zentralen Prinzipien: »Jeder kann jeden Text ändern« und »Strukturen entstehen Bottom-up durch Verlinkung«.

Wissen

Im weiteren Sinne: bewertetes und mit subjektiven Erfahrungen in Beziehung gesetztes Wissen, das Regeln, Werte, Normen, Erfahrungen, Emotionen und Motivationen umfasst. Im engeren Sinne: Informations-, Fach- und Sachwissen (»wissen, was«).

Wissensbasis

Systematisches Wissen in ➜ Web Based Trainings, das in Form von knappen Erläuterungen meist kontextsensitiv, d. h. bezogen auf die jeweilige Übung, zur Verfügung gestellt wird.

Wissensbroker

Sammlung aktueller oder hauseigener Quellen zur praxisnahen Bereicherung der ➜ Web Based Trainings. Dazu gehören z. B. Realtime-Börsenkurse, aktuelle Meldungen oder Gesetzestexte.

Wissensgesellschaft

Eine Wirtschafts- und Gesellschaftsform, in der nicht mehr die Produktionsfaktoren Arbeit, Boden und Kapital die entscheidende Rolle spielen, sondern Wissen die wichtigste Ressource ist.

Wissensmanagement

Das Erwerben, Organisieren und Speichern von Wissen, d. h. Informationen, Eindrücken und Erfahrungen einzelner Lerner und Gruppen innerhalb einer Organisation und die gemeinsame Weiterverarbeitung durch alle Mitglieder dieser Organisation. Das Wissen wird in einer Datenbank gespeichert und kann nach Trägern (➜ Wissenslandkarte) und Inhalten durchsucht werden. Während im Wissensmanagement der ersten Generation ➜ Wissen im engeren Sinne ausgetaucht wird, umfasst das kompetenzorientierte Wissensmanagement der zweiten Generation auch → Werte, Normen, Regeln und → Emotionen.

Wissensmarkt

Ein meist digitaler Treffpunkt, an dem Wissensnachfrager und -anbieter zusammengebracht werden.

Workforce Analytics

Analyse des Lernens im Arbeitsprozess. Kombination aus Softwarelösungen und Methoden, welche Daten aus den individuellen Arbeitsprozessen analysieren, um valide Informationen für die Aufgaben des Human Resources Management, z. B. Personalplanung, Recruiting, Nachfolge- und Karriereplanung oder Performance Management, zu generieren und die persönlichen Arbeitsprozesse der Mitarbeiter durch Bereitstellung der dazu notwendigen Informationen und der personalisierten Aufbereitung zu optimieren.

Working Out Loud (WOL)

Transparente, offene Zusammenarbeit im Netzwerk, indem Arbeitsergebnisse veröffentlicht sowie Querverbindungen und Rückmeldungen zur Verbesserung der Ergebnisse kontinuierlich genutzt werden, aktiv Hilfe angeboten wird, interdisziplinäre Netzwerke gepflegt werden und zielgerichtet zusammengearbeitet wird.

Work-Life-Balance

Arbeits- und Privatleben stehen im Einklang miteinander. Wichtige Voraussetzungen dafür sind persönliche Entscheidungsspielräume und finanzielle Unabhängigkeit.

Work-Life-Blending

Integration der körperlichen, geistigen, finanziellen und sozialen Gesundheit der Mitarbeiter in die Gestaltung der Arbeit, anstatt das Wohlbefinden mit angrenzenden Programmen (→ Work-Life Balance) zu behandeln.

Workplace Learning

→ Werteentwicklung und → Kompetenzentwicklung am Arbeitsplatz und in Arbeitsprozessen. Basiert meist auf Ansätzen des → Blended Learning, → Social Learning und → Collaborative Learning.

Workspace

Ausgefeilte virtuelle Arbeitsumgebungen für Team- und Projektarbeiten in ➔ sozialen Lernplattformen.

World-Café

Offene Tagung, bei der an mehreren Thementischen in aufeinanderfolgenden Runden parallel Frage- und Problemstellungen mit Experten erörtert werden.

xAPI ➔ Experience API

xMOOC

➔ MOOCs (»x« für Extension), die sich an traditionellen Kurskonzepten orientieren, in denen die Themen festgelegt sind und die Lernmaterialien (häufig Videos) von den Veranstaltern zur Verfügung gestellt werden. Die Teilnehmer sind eher passiv und nicht in die Gestaltung der Kurse eingebunden. Sie bearbeiten die vorgegebenen Materialien, um ihr persönliches Wissen aufzubauen und unterstützen sich meist gegenseitig.

Zürcher Ressourcen Modell®

Methode, um neuronale Netze zu aktivieren, beispielsweise um gesundheitsfördernde Ziele zu erreichen.

Literatur

Adler, T; Sauter W.; Hagl, J.; Meyer, J. & Raich, M.: Five Steps in the Development of an Internet-based Experience Platform for Strategic Crisis Managers, ISCRAM2015 Conference Kristiansand. (2015)

Anderson D.J.: Kanban: Successful Evolutionary Change for Your Technology Business. Sequim (2010)

Arbeitsgemeinschaft betriebliche Weiterbildungsforschung, Projekt Qualifikations-Entwicklungsmanagement Kompetenzentwicklung 2006. Das Forschungs- und Entwicklungsprogramm ›Lernkultur Kompetenzentwicklung; Ergebnisse-Erfahrungen-Einsichten. Münster, New York, München, Berlin (2006)

Argyris, C.; Schön, D.A: Die lernende Organisation, Stuttgart.(2. Aufl. 2002)

Arnold, R.: Agile Führung aus Geschichten lernen. Heidelberg (2021)

Arnold, R.: Ermöglichen. Texte zur Kompetenzreifung. Hohengehren (2012)

Arnold, R.: Ermöglichungsdidaktik – Kriterien einer intransitiven Kompetenzförderung. In Erpenbeck, J., Sauter, W. (Hrsg.) Handbuch Kompetenzentwicklung im Netz. Bausteine einer neuen Bildungswelt. Stuttgart (2017)

Arnold, R., Erpenbeck, J.: Wissen ist keine Kompetenz. Dialoge zur Kompetenzreifung. Hohengehren (2014)

Arnold, R., Gomez-Tutor, C. (Grundlinien einer Ermöglichungsdidaktik. Bildung ermöglichen-Vielfalt gestalten. Augsburg (2007)

Ayberk, E.-M., Kratzer, L., Linke, L.-P. :Weil Führung sich ändern muss. Aufgaben und Selbstverständnis in der digitalisierten Welt. Wiesbaden (2017)

Ayway media (Hrsg.): Handbuch Digitalisierung. Bonn (2016)

Balzer, L., Beywl, W.: evaluiert. Planungsbuch für Evaluationen im Bildungsbereich. Bern (2015)

Barthel, E.: Organisationale Kompetenzen erkennen und entwickeln (2014), in: Schäffner, L.: Kompetentes Kompetenzmanagement, Festschrift für Volker Heyse, Waxmann Münster, New York (2018)

Barthel, E., Zawacki-Richter, O.: Innovationen ermöglichen durch individuelle und organisationale Kompetenz (2010), in: Heyse, V., Erpenbeck, J., Ortmann, S. (Hrsg.): Grundstrukturen menschlicher Kompetenzen. Praxiserprobte Konzepte und Instrumente. Waxmann Münster New York (2010)

Bauer, H.: Erlebnis- und Abenteuerpädagogik. Eine Entwicklungsskizze. München und Mering (2001)

Bauer, H. G., Brater, M., Büchele, U. u. a.: Lern(prozess)begleitung in der Ausbildung. Wie man Lernende begleiten und Lernprozesse gestalten kann. Bielefeld (3. Aufl. 2010)

Becker, F.: Mitarbeiter wirksam motivieren. Mitarbeitermotivation mit der Macht der Psychologie. Berlin (2019)

Berend, B., Brohm-Badry, M. New Work: Souveränität im postdigitalen Zeitalter. Zeitenwende für Unternehmer, Personalverantwortliche, Coaches und Angestellte. Heidelberg (2020)

Behrens, B. : Kompetenzen für eine moderne und digitale Arbeitswelt, https://www.eipa.eu/product/moderne-digitale-arbeitswelt, abgerufen am 17.06.2021

Bergmann, F. Neue Arbeit, neue Kultur. Freiburg (2017)

Bergmann, F.: Die Freiheit leben. Freiburg (2005)

Bergmann, F. Arbeit, die wir wirklich, wirklich wollen. Frithjof Bergmann und sein Konzept der Neuen Arbeit (Audio CD). Freiburg (2004)

Berkel, K.: Konflikte verstehen, analysieren, bewältigen. Frankfurt am Main (2008)

Bersin, J.: Learning-Experience-Plattform (LXP) – Market Grows Up: Now Too Big To Ignore (2019), https://joshbersin.com/2019/03/learning-experience-platform-lxp-market-grows-up-now-too-big-to-ignore/, abgerufen am 17.06.2021

Bertelsmann Stiftung (Hrsg.), Wintermann, B.: New Work – Potenziale nutzen. Stolpersteine vermeiden. Ein Leitfaden zu regulatorischen Grenzen und Chancen. Gütersloh (2020)

Birnthaler, M.: Initiation: Die Wurzeln der Erlebnispädagogik in den Mysterienschulen. Freiburg (2016)

BITKOM: Digitalisierung der Wirtschaft. Berlin (2018)

BITKOM: Kognitive Maschinen – Meilensteine in der Wissensarbeit (Leitfaden). Berlin (2015)

BMAS – Bundesministerium für Arbeit und Soziales: BMAS-Prognose »Digitalisierte Arbeitswelt« – Kurzbericht (2019), https://www.bmas.de/SharedDocs/Downloads/DE/Publikationen/Forschungsberichte/fb526-1k-bmas-prognose-digitalisierte-arbeitswelt.pdf?__blob=publicationFile&v=1, abgerufen am 18.06.2021

BMAS – Bundesministerium für Arbeit und Soziales: Weißbuch Arbeiten 4.0. Berlin (2017)

BMAS – Bundesministerium für Arbeit und Soziales: Grünbuch Arbeiten 4.0. Berlin (2015)

BMBF – Bundesministerium für Bildung und Forschung : Lehr-, Lern-Forschung und Neurowissenschaften. Erwartungen, Befunde, Forschungsperspektiven. Berlin (2007)

BMBF – Bundesministerium für Bildung und Forschung: Deutschlands Zukunft als Produktionsstandort sichern. Umsetzungsempfehlungen für das Zukunftsprojekt Industrie 4.0. Abschlussbericht des Arbeitskreises Industrie 4.0 (2013), https://www.bmbf.de/files/Umsetzungsempfehlungen_Industrie4_0.pdf, abgerufen am 18.06.2021

Borell, N.: Das Industrie 4.0 Arbeitsbuch. Sind Digitalisierung, Industrie 4.0 und Disruption unterschiedliche Dinge?! Volksdorf (2016)

Borell, N.: Disruption – Das Spiel mit Technologien und Paradigmen: Psychologie, Philosophie, Technologie – Next Generation Portals – SharePoint, Office 365, Windows Azure. Hamburg (2015

Brandl, S.: Werteerziehung und Konstruktivismus. Die Möglichkeiten einer pädagogischen Wertorientierung und deren didaktischer Umsetzung aus konstruktivistischer Perspektive. München (2011)

Brandon Hall Group: Understanding. The Intersection of AI and Human Capability in L&D (2019), https://www.docebo.com/resource/ai-human-capability-bhg-docebo/?utm_campaign=2019%20Q2%20APR%20WP%20BHG%20AI%20Human%20Capability&utm_source=ELI&utm_medium=Jun20%20Blast%20BHG%20AI%20Human%20Capability%20WP%20ENG, abgerufen 07.04.2021

Brater, M.: Berufsbildung und Persönlichkeitsentwicklung in der historischen Dimension, in: Arnold, R., Lipsmeier, A., Rohs, M. (Hrsg.): Handbuch Berufsbildung. Wiesbaden (2020)

Brater, M., Freygarten, S., Rahmann, E. & Rainer, M.: Kunst als Handeln – Handeln als Kunst. Was die Arbeitswelt und Berufsbildung von Künstlern lernen können. Bielefeld (2011)

Breidenbach, J., Rollow, B.: New Work needs Inner Work. Ein Handbuch für Unternehmen auf dem Weg zur Selbstorganisation. München (2019)

Brommer, D., Hockling, S.: Faszination New Work: 50 Impulse für die neue Arbeitswelt. Heidelberg Springer (2019)

Bruderer, H.: Gab es überhaupt eine vordigitale Zeit? in: FAZ vom 06.04.2021, S. 20 (2021)

Buchholz, U. et al.: Werte und Metaphern in der Unternehmenskommunikation. Berlin (2019)

Bullinger, H.-J., Wörner, K., Prieto, J.: Wissensmanagement heute. Fraunhofer Institut für Arbeitswissenschaft und Organisation -IAO. Stuttgart (1997)

Christensen, C. M.: The Innovator's Dilemma: When new technologies cause great firms to fail. Brighton (1997)

Cooper, B.: Disruption Proof: Empower People, Create Value, Drive Change. New York (2021)

Clayton, C.: The Innovator's Dilemma. Hrsg. Harvard Business School Press. Boston (1997)

Corporate Learning Community: Organisationales Lernen im digitalen Zeitalter, https://de.wikibooks.org/wiki/Organisationales_Lernen_im_Digitalen_Zeitalter, abgerufen am 18.06.2021

de Laat, M., Simons, R.-J.: Kollektives Lernen – Theoretische Perspektiven und Wege zur Unterstützung vernetzten Lernens. Berufsbildung, Nr. 27 (2007)

Deloitte: The social enterprise in a world disrupted. Leading the shift from survive to thrive. 2021 Deloitte Global Human Capital Trends, https://www.deloitte-mail.de/custloads/141631293/md_1815338.pdf, abgerufen am 18.06.2021

Deming, W.E.: Elementary Principles of the Statistical Control of Quality. Tokyo (1950)

Derman-Sparks, L.: Anti-Bias-Pädagogik. Aktuelle Entwicklungen und Erkenntnisse aus den USA, in: Wagner, P. (Hrsg.): Handbuch Kinderwelten. Vielfalt als Chance. Grundlagen einer vorurteilsbewussten Bildung und Erziehung. Freiburg im Breisgau (2008)

Deutsche Bank Research: Nachhaltigkeit mit zunehmenden Einfluss am Aktienmarkt (2020), https://www.deutsche-bank.de/pk/investments/finanzmarktwissen/markt-und-meinung/nachhaltigkeit-mit-zunehmendem-einfluss-am-aktienmarkt.html, abgerufen am 17.06.2021

Deutscher Weiterbildungsserver: Learning Analytics – an International Overview (2021), https://www.bildungsserver.de/Learning-Analytics-an-International-Overview-7514_eng.html#Definitions, abgerufen am 17.06.2021

Dierck s, J.: Online-Assessment. Von Orientierung und Matching über datengetriebene Personalauswahl bis hin zu People Analytics, in: Verhoeven, T. (Hrsg.): Digitalisierung im Recruiting: Wie sich Recruiting durch künstliche Intelligenz, Algorithmen und Bots verändert. S. 79–99. Wiesbaden (2020)

Dräger, J., Müller-Eiselt, R.: Die digitale Bildungsrevolution. München (2015)

Draschoff, S.: Lernen am Computer durch Konfliktinduzierung – Gestaltungsempfehlungen und Evaluationsstudie zum interaktiven computerunterstützten Lernen. Münster/New York/München/Berlin (2000)

Dransfeld, I.: Die Prospect Theory: Ein Modell der Behavioral Economics zur Erklärung des Underpricing. München, Ravensburg (2013)

Dru, J.-M. Danke für die Disruption! Die Strategien und Philosophien der weltweit führenden Unternehmer. Hoboken, N.J. (2020)

Dückert, S.: Das Netz als Lern-Infrastruktur, in: Erpenbeck, J., Sauter, W.: Handbuch Kompetenzentwicklung im Netz. Bausteine einer neuen Lernwelt,). S. 81–92. Stuttgart (2017)

Dweck, C., Legget, E.: A social-cognitive approach to motivation and personality. Psychological Review, 95(2), S. 256–273. (1988)

Ebner, M.: Learning Analytics. Eine Einführung (2019), https://www.researchgate.net/publication/331319417_Learning_Analytics_-_eine_Einfuhrung, abgerufen am 17.06.2021

Ebner, M., Neuhold, B., Schön, M.: Learning Analytics – wie Datenanalyse helfen kann, das Lernen gezielt zu verbessern, in: Hohenstein, A., Wilbers, K. (Hrsg.): Handbuch E-Learning. München (2013) 3.24

Eichhorn, D., Ott, I.: Nudging in Unternehmen. Den Weg für gesunde Entscheidungen bereiten, iga.Report 38, https://www.iga-info.de/fileadmin/redakteur/Veroeffentlichungen/iga_Reporte/Dokumente/iga-Report_38_Nudging_im_Unternehmen.pdf, abgerufen am 17.06.2021

Eichhorst, W., Buhlmann, F. Die Zukunft der Arbeit und der Wandel der Arbeitswelt, IZA Standpunkte, No. 77. (2015)

Eller-Rüter, U.; Geisler, F.; Brater, M. & Hemmer-Schanze, C.: Was kann Kunst? Der erweiterte Kunstbegriff im pädagogischen und soziokulturellen Kontext. Künstlerische Projekte mit benachteiligten Kindern und Jugendlichen. Frankfurt/M. (2012)

Erpenbeck, J.: Motivation – ihre Psychologie und Philosophie. Berlin (1984)

Erpenbeck, J.: Zwischen exakter Nullaussage und vieldeutiger Beliebigkeit. Hybride Kompetenzerfassung als künftiger Königsweg, in: Erpenbeck, J. (Hrsg.): Der Königsweg zur Kompetenz. Grundlagen qualitativ-quantitativer Kompetenzerfassung. Münster, New York, München, Berlin (2012)

Erpenbeck, J.: Was »SIND« Kompetenzen?«, in: Faix, W., Erpenbeck, J., Auer, M.: Bildung. Kompetenzen. Werte, Stuttgart, S. 297 - 354 (2013a)

Erpenbeck, J.: Konfliktkompetenz, in: Faix, W., Erpenbeck, J., Auer, M.: Bildung. Kompetenzen. Werte, Stuttgart S. 391 - 404 (2013b)

Erpenbeck, J.: Führungskompetenz, in: Faix, W., Erpenbeck, J., Auer, M.: Bildung. Kompetenzen. Werte, Stuttgart S. 405 - 438 (2013c)

Erpenbeck, J.: Interkulturelle Kompetenz, in: Faix, W., Erpenbeck, J., Auer, M.: Bildung. Kompetenzen. Werte, Stuttgart S. 439 - 468 (2013d)

Erpenbeck, J.: Was kann Kunst? Gedanken zu einem Sündenfall. Leipzig (3. überarb. Aufl. 2015)

Erpenbeck, J.: Selbstorganisation, Neuropsychologie und Werte, in: Erpenbeck, J., Sauter, W: Handbuch Kompetenzentwicklung im Netz. Bausteine einer neuen Lernwelt. S. 115–132. Stuttgart (2018)

Erpenbeck, J., Brenninkmeijer, B.: Werte als Kompetenzkerne des Menschen. Das WERDE® System: Erfassung der Kompetenz-Wert-Kombination von Personen, in: Heyse, V., Erpenbeck, J.: Kompetenzmanagement. Methoden, Vorgehen, KODE® und KODE®X im Praxistest. S. 251–292. Münster, New York, München, Berlin (2007)

Erpenbeck, J., Heyse, V.: Die Kompetenzbiographie. Wege der Kompetenzentwicklung, Münster, New York, München, Berlin (2. Aufl. 2007)

Erpenbeck, J., von Rosenstiel, L., Grote, S., Sauter, W. (Hrsg.): Handbuch Kompetenzmessung. Erkennen, verstehen und bewerten von Kompetenzen in der betrieblichen, pädagogischen und psychologischen Praxis. Stuttgart (3. Aufl. 2017)

Erpenbeck, J., von Rosenstiel, L., Grote, S. (Hrsg.): Kompetenzmodelle von Unternehmen. Mit praktischen Hinweisen für ein erfolgreiches Management von Kompetenzen. Stuttgart (2013)

Erpenbeck, J. (unter Mitarbeit von Sauter, W.): Wertungen, Werte – Das Buch der Grundlagen für Bildung und Organisationsentwicklung. Berlin (2018)

Erpenbeck, J., Sauter, W.: Kompetenzentwicklung im Netz – New Blended Learning mit Web 2.0. Köln (2007)

Erpenbeck, J., Sauter, W.: So werden wir lernen. Heidelberg (2013)

Erpenbeck, J., Sauter, W.: Social Workplace Learning. Kompetenzentwicklung im Arbeitsprozess und im Netz in der Enterprise 2.0. Wiesbaden (2016)

Erpenbeck, J., Sauter, W.: Wissen, Werte und Kompetenzen. Wissen und Qualifikation sind keine Kompetenzen. Heidelberg, Berlin (2015a)

Erpenbeck, J., Sauter, W.: Kompetenzentwicklung mit humanoiden Computern. Die Revolution des Lernens via Cloud Computing und semantischen Netzen. Wiesbaden (2015b)

Erpenbeck, J., Sauter, W.: Stoppt die Kompetenzkatastrophe. Wiesbaden (2. Aufl. 2019)

Erpenbeck, J., Sauter, W.: Wertungen, Werte – Das Fieldbook für ein erfolgreiches Wertemanagement. Berlin (2018a)

Erpenbeck, J., Sauter, W.: Betriebliche Bildung in mittelständischen Unternehmen. Ein Geschäftsmodell im Zeitalter der Digitalisierung, in: Heyse, V. Erpenbeck, J., Ortmann, S, Coester, S.: Mittelstand 4.0. Eine digitale Herausforderung. Münster, New York (2018 b)

Erpenbeck, J., Sauter, W.: Wertungen, Werte – Das Buch der gezielten Werteentwicklung von Persönlichkeiten. Berlin (2019)

Erpenbeck, J., Sauter, W.: Werteerfassung und Wertemanagement. Gezielte Werteentwicklung von Persönlichkeiten, Teams und Organisationen. Wiesbaden (2020a)

Erpenbeck, J., Sauter, W.: Die Wertegesellschaft. Formen. Folgerungen. Fragen. Berlin (2020b)

Erpenbeck, J., Sauter, W.: Wertetraining. Das Handbuch für die gezielte Werteentwicklung. Stuttgart (2021 in Arbeit)

Ettlin, T., Meier-Dallach, H.-P.: SeitenWechsel. Lernen in anderen Arbeitswelten. Zürich (2003)

Europäische Union: Empfehlung des europäischen Parlaments und des Rates zu Schlüsselkompetenzen für lebensbegleitendes Lernen. Amtsblatt der Europäischen Union (2006), https://eur-lex.europa.eu/legal-content/DE/TXT/PDF/?uri=CELEX:32006H0962&from=EN, abgerufen am 17.06.2021 Europäische Union: Europäischer Referenzrahmen für digitale Kompetenzen der Bürgerinnen und Bürger. EPALE – E-Plattform für Erwachsenenbildungen Europa (2020), https://epale.ec.europa.eu/de/resource-centre/content/europaeischer-referenzrahmen-fuer-digitale-kompetenzen-der-buergerinnen-und, abgerufen am 17.06.2021

Evsan, I.: Was ist New Work? (2021) https://newworkblog.de/new-work/?sfw=pass1616428621, abgerufen am 17.06.2021

Fell, T.: VR/AR als Lernform und Lernformat – erfolgreiche didaktische / methodische Umsetzungen? (2018), https://www.torstenfell.com/academy/vrar-als-neue-lernform-und-lernformat-aber-wie-sehen-erfolgreiche-didaktischemethodische-umsetzungen-aus/, abgerufen am 17.06.2021

Fischer, C. A.: Werte als Kerne von Kompetenzen. Eine theoretische Studie mit einer empirischen Analyse in Montessori Schulen. Münster, New York (2019)

Foelsing, J., Schmitz, A.: New Work braucht New Learning: Eine Perspektivreise durch die Transformation unserer Organisations- und Lernwelten. Heidelberg (2021a)

Foelsing, J., Schmitz, A.: Lernökosysteme gestalten, https://www.haufe.de/personal/hr-management/learning-ecosystems-in-der-personalentwicklung-nutzen_80_536768.html, abgerufen am 17.06.2021 (2021b)

Franz, M.: Spruchkärtchen Werte. 30 Impulse zum Nachdenken und inspirierende Zitate von Pädagogen oder bekannten Persönlichkeiten. München (2015)

Fraunhofer IAO: New Work Kultur erfolgreich einführen (2019), https://www.topjob.de/new-work/#trendstudie-anfordern, abgerufen am 17.06.2021

Freeman, E.: Strategic Management. A Stakeholder Approach. Cambridge (1984)

Frevert, U.: Mächtige Gefühle: Von A wie Angst bis Z wie Zuneigung – Deutsche Geschichte seit 1900. S. Fischer Frankfurt a. M. (2020)

Frey C., Osborne, M.: The future of employment: how susceptible are jobs to computerisation?, Technological Forecasting and Social Change, Vol 114, S. 254–280, (2017):

Gackstatter, S. (2019): Von der Value Chain zum Value Network, https://www.rolandberger.com/de/Insights/Publications/Business-Ökosysteme-eine-Chance-für-große-wie-kleine-Unternehmen.html, abgerufen am 17.06.2021

Galais, N., Moser, K., Roth, C. : Onboarding – neue Mitarbeiter integrieren. Praxis der Personalpsychologie. Human Resources Management kompakt, Bd. 37. Göttingen

Garcia,J., McNally,L., Pacthod,D., Park, M.: Rethink capabilities to emerge stronger from COVID-19 in 2030. (2021) McKinsey – Video abgerufen am 26.02.2021

Glasl, F.: Konfliktmanagement. Ein Handbuch für Führungskräfte, Beraterinnen und Berater. Bern (2017)

Gössl, S.: Fallbeispiel Einzelcoaching mit dem St. Gallener Coaching Modell (SCM®). Über Wertorientierung zur nachhaltigen Veränderung. Saarbrücken (2016)

Goffin, H.: Erfolgsunternehmen – empirisch belegte Wege an die Spitze. Berlin (2020)

Gottwald, M.: Neue Ökosysteme durch Digitalisierung und Vernetzung. Eine Herausforderung auch für die Wissenschaft (2017), https://transfermagazin.steinbeis.de/?p=2099, abgerufen am 17.06.2021

Graf, N., Edelkraut, F.: Mentoring. Das Praxisbuch für Personalverantwortliche und Unternehmer. Berlin (2. Aufl. 2017)

Grote, S., Goyk, R. (Hrsg.): Führungsinstrumente aus dem Silicon Valley. Konzepte und Kompetenzen. Berlin (2018)

Gründerszene-Lexikon: Stichwort Disruption (2019), https://www.gruenderszene.de/lexikon/begriffe/disruption, abgerufen am 17.06.2021

Güldenberg, S., Ernst, E., North, K. (Hrsg.): Managing Work in the Digital Economy. Challenges, Strategies and Practices for the next decade. Cham (2021)

Güldenberg, S., Langhof, G.: Digital Leadership und Technology, in: Güldenberg, S., Ernst, E., North, K. (Hrsg.): Managing Work in the Digital Economy. Challenges, Strategies and Practices for the next decade. S. 157–173. Cham (2021)

Hackl, B.: Lernen – Motivation – Emotion. Bad Heilbrunn (2017)

Hackl, N., Wagner, M., Attmer, L., Baumann, D., Zünkeler, B.: New Work: Auf dem Weg zur neuen Arbeitswelt. Management-Impulse, Praxisbeispiele. Wiesbaden (2007)

Häusling, A, Fischer, S.: Mythos Agilität oder Realität. Personalmagazin, S. 30–33. 2016 (4)

Häusling, A., Fischer, S. (Hrsg.): Der Weg zur agilen HR-Organisation: Modelle und Praxisbeispiele für erfolgreiche Transformationen. Freiburg (2020)

Haken, H.: Synergetik und Sozialwissenschaften, in: Ethik und Sozialwissenschaften. Streitforum für Erwägungskultur. Heft 4 , S. 1–56. Paderborn (1996)

Haken, H., Wunderlin, A.: Die Selbststrukturierung der Materie. Synergetik in der unbelebten Welt. Braunschweig (1991)

Haken, H., Wunderlin, A.: Synergetik: Eine Einführung. Nichtgleichgewichts-Phasenübergänge und Selbstorganisation in Physik, Chemie und Biologie (German Edition). Heidelberg (2014)

Hanushek, E.A., Wößmann, L.: The Knowledge Capital of Nations: Education and the Economics of Growth. Cambridge/Mass. (2015)

Harari, Y. N.: 21 Lektionen für das 21. Jahrhundert. München (2018)

Harper, S. J.: Right Here, Right Now: Politics and Leadership in the Age of Disruption. Oxford (2019)

Hart, J.: Top Tools for Learning 2020. Results of the 14th Annual Survey published 1 September 2020, https://www.toptools4learning.com, abgerufen am 17.06.2021

Hays: HR-Report. Schwerpunkt New Work. Eine empirische Studie des Instituts für Beschäftigung und Employability IBE und Hays, https://www.hays.de/lp/hr-report, abgerufen am 17.06.2021

Heinke, A.: How humans and machines interact, in: Güldenberg, S., Ernst, E., North, K. (Hrsg.): Managing Work in the Digital Economy. Challenges, Strategies and Practices for the next decade. S. 21–40. Cham (2021)

Henning, F.: Die Ebenen des Lernens und was nicht nur pädagogisch interessierte Menschen darüber wissen sollten. Oldenburg (2016)

Herold, T., Schlegel, F.: Werteorientierte Compliance – Integration von Integrität und Compliance Management, in: Lange, J. (Hrsg.): Werteorientierte Führung in Theorie und Praxis. Konzepte – Studienergebnisse -Praxiseinblicke. Berlin (2021)

Heyse, V., Erpenbeck, J.: Qualitätsanforderungen an KODE®, in: Heyse, V., Erpenbeck, J., Coester, S., Ortmann, S.: Kompetenzmanagement mit System. Theorie und Anwendung der international bewährten KODE®-Verfahren. Münster, New York (2019)

Heyse, V., Erpenbeck, J.: Kompetenztraining. 64 Modulare Informations- und Trainingsprogramme für die betriebliche , pädagogische und psychologische Praxis. Stuttgart (2009)

Heyse, V., Erpenbeck, J., Coester, S., Ortmann, S.: Kompetenzmanagement mit System. Theorie und Anwendung der international bewährten KODE®-Verfahren. Münster, New York (2019)

Heyse, V., Ortmann, S.: Talent-Management in der Praxis: Eine Anleitung mit Arbeitsblättern, Checklisten, Softwarelösungen. (2008)

Hochschule Koblenz: Status Quo (Scaled) Agile – 4. Studie zu Nutzen und Erfolgsfaktoren agiler Methoden (2020), https://www.process-and-project.net/studien/studienunterseiten/status-quo-scaled-agile-2020/, abgerufen am 17.06.2021

Höfer, M.L.: Im Trend: MOOCx als neues Lernkonzept – Collaboration & Wissensmanagement, Sharepoint 2013, Change Management, Innovation Management. DOK März/April, S. 65–69. (2013)

Hofert, S., Thonet, C.: Der agile Kulturwandel. 33 Lösungen für Veränderungen in Organisationen. Wiesbaden (2019)

Hofmann, J., Piele, A., Piele, C.: Arbeiten in der Corona-Pandemie. Folgeergebnisse. Führung im neuen Normal (2021), http://publica.fraunhofer.de/eprints/urn_nbn_de_0011-n-5934454.pdf, abgerufen am 02.07.2021

Hollinger, T.: Führungskräftetraining mit Pferden. Können Menschen von Tieren lernen? Hamburg (2014)

Homma, N., Bauschke, R., Hofmann, L. : Einführung Unternehmenskultur: Grundlagen, Perspektiven, Konsequenzen. Berlin (2015)

Hossip, R., Mühlhaus, O.: Personalauswahl und -entwicklung mit Persönlichkeitstests. Göttingen (2005)

Hübler, M.: New Work: Menschlich – Demokratisch – Agil. Wie Sie Teams und Organisationen erfolgreich in eine digitale Zukunft führen. Regensburg (2018)

Hüther, G.: Würde. Was uns stark macht – als Einzelne und als Gesellschaft. München (3. Aufl. 2018)

Hüther, G.: Mit Freude lernen – ein Leben lang. Weshalb wir ein neues Verständnis vom Lernen brauchen. Göttingen (2016)

Hüther, G.: Ohne Gefühl geht gar nichts. Videovortrag (2009), https://geraldhuether.de/Mediathek/Lernen/Ohne_Gefuehl.mp4, abgerufen am 17.06.2021

IDG: Studie Machine Learning/Deep Learning 2019 (2020), https://www.lufthansa-industry-solutions.com/fileadmin/user_upload/dokumente/pdf-dokumente-news/IDG_MachineLearning_Studie_2019.pdf,abgerufen am 17.06.2021

Inam, H.: Wired for Disruption: The Five Shifts in Agility to Lead in the Future of Work. Independently published (2020)

Inititative D21: D21-Digital-Index 2020/2021: Digitalisierungsgrad der Bevölkerung erreicht neuen Höchststand, https://initiatived21.de/d21-digital-index-2020-2021-digitalisierungsgrad-der-bevoelkerung-erreicht-neuen-hoechststand/, abgerufen am 17.06.2021

IW Köln: IW-Report 40/2020: Berufliche Qualifizierung und Digitalisierung. Eine empirische Bestandsaufnahme (2020), https://www.iwkoeln.de/fileadmin/user_upload/Studien/Report/PDF/2020/IW-Report_2020_Berufliche_Qualifizierung.pdf, abgerufen am 17.06.2021

Jaeger, H. : HR 4.0: Die Folgen der Techno-Trends (2015), https://news.sap.com/germany/2015/05/hr-4-0-die-folgen-der-techno-trends/, abgerufen am 17.06.2021

Javetsky, B., Koller, T.: Debiasing the corporation: An interview with Nobel laureate Richard Thaler. Interview – McKinsey Quarterly – May 2018

Jeffery, M.: The human computer. New York (2000)

Jennings, C.: Lerner nicht wie Kinder behandeln (Interview vom 07.12.2017), https://www.haufe.de/personal/hr-management/charles-jennings-so-geht-informelles-lernen_80_433016.html, abgerufen am 17.06.2021

Kagermann, H.; Wahlster, W.: Zehn Jahre Industrie 4.0, in FAZ vom 29.03.2021

Karl, E.: Mut zur Digitalisierung: Das Menschliche bleibt auch bei der Digitalisierung das Wichtigste. Kapfenberg Österreich (2. Aufl. 2020)

Kelley, T., Littman, J.: The Art of Innovation: Lessons in Creativity from IDEO, America's Leading Design Firm, Crown Business; 1 edition (16.01.2001)

Kerres, M.: Mediendidaktik. Konzeption und Entwicklung mediengestützter Lernangebote. München (5. Aufl. 2018)

Keuper, F., Schomann, M., Sikora, I., Wassef, R. (Hrsg.): Disruption und Transformation. Management – Digital Leadership – Digitales Mindset – Digitale Strategie. Wiesbaden (2018)

Kirkpatrick, D. L., Kirkpatrick, J. D.: Evaluation Trainings Programs. The Four Levels. Sydney (4. Aufl. 2012)

Kistner, U.: Digitalisierung. Industrie 4.0. Internet of Things. Praxishandbuch und Anleitung. Schneller Einstieg, Ideen, Beispiele, Aufbau und Einsatz im KMU. Independently published (2020)

Klenk, T., Nullmeier, F.: Handbuch Digitalisierung in Staat und Verwaltung, Springer Reference Sozialwissenschaften. Heidelberg (2020)

Konrad, K.: Lern- und Veränderungsprozesse aktiv gestalten. Mehrebenenkonzepte und Fördertechniken in Coaching, Aus- und Weiterbildung. Stuttgart (2018)

Konstanz Institut für Corporate Governance (KICG): Integrität toppt Klimaschutz bei der Arbeitgeberbindung (2021), https://online.ruw.de/suche/cb/CB-Beit-Fuehrungskraeftebefrag-Complia-und-Integri-bf11ff44d708f67139dfd9e1a6e1c8bc?crefresh=1, abgerufen am 17. 06.2021

Kopetz H.: Internet of Things, in: Real-Time Systems. Real-Time Systems Series. Boston, MA (2011)

Kotter, J. P.: Accelerate! Harvard Business Review 90(11), S. 45–58 (2012)

Krapf, J.: Was ist Lernkultur und warum? (2016), https://joel-krapf.com/2016/10/09/was-ist-lernkultur-und-warum/, abgerufen am 17.06.2021

Krause, F., Storch, M.: Ressourcenorientiert coachen mit dem Zürcher Ressourcen Modell-ZRM. Psychologie in Österreich, Heft 1, S. 32–43. (2006)

Kröll, M.: E-Assessment – eine tragfähige Alternative der Kompetenzmessung? in: Münk, D., Breuer, K., Deisinger, Th. (Hrsg.): Berufs- und Wirtschaftspädagogik. Probleme und Perspektiven aus nationaler und internationaler Sicht. Opladen (2008)

Kuhlmann, A., Sauter, W.: Innovative Lernsysteme. Kompetenzentwicklung mit Blended Learning und Social Software. Berlin, Heidelberg (2008)

Lakemann, U.: Wirkungsimpulse von Erlebnispädagogik und Outdoor-Training. Empirische Ergebnisse aus Fallstudien. Augsburg (2005)

Lange, J., Lange T.: Mathematische Grundlagen der Digitalisierung: Kompakt, visuell, intuitiv verständlich (essentials). (2019)

Li, C.: Disruption Mindset – Why Some Organizations Transform While Others Fail. New York (2019)

Lohmann, M., Sauter, W.: Fit durch Web, Präsenz und Praxis, in Bankinformation 5/2012, S. 54–56.

Lünendonk & Hossenfelder GmbH: Lünendonk-Studie 2020: Stand der agilen Transformation in deutschen Unternehmen (2020), https://www.luenendonk.de/aktuelles/presseinformationen/luenendonk-studie-2020-stand-der-agilen-transformation-in-deutschen-unternehmen/, abgerufen am 17.06.2021

Malik, F.: Navigieren in Zeiten des Umbruchs. Die Welt neu denken und gestalten. Frankfurt am Main (2015)

Markides, C. C.: Organizing for the New Normal: Prepare Your Company for the Journey of Continuous Disruption. London (2021)

Mayer-Schonberger, V., Cukier, K.: Big Data: A Revolution That Will Transform How We Live, Work, and Think. Boston (2013)

Matzler, K., Bailom, F., von den Eichen, S. F., Anschober, M.: Digital. Disruption. Wie Sie Ihr Unternehmen auf das digitale Zeitalter vorbereiten. München (2016)

McKinsey. & Co.: Doing vs. Being: Practical lessons on building an agile culture (2020), https://www.mckinsey.com/~/media/McKinsey/Business%20Functions/Organization/Our%20Insights/Doing%20vs%20being%20Practical%20lessons%20on%20building%20an%20agile%20culture/Doing-vs-being-Practical-lessons-on-building-an-agile-culture-v3.pdf, abgerufen am 17.06.2021

Meier, C., Seufert, S.: Social Business Learning. Antriebskräfte. Potenziale. Umsetzung; Whitepaper SCIL St. Gallen (2013), https://www.scil.ch/wp-content/uploads/2021/06/Whitepaper_SocBusLearning_2013-01-16.pdf, abgerufen am 17.06.2021

Michl, W.: Erlebnispädagogik. Stuttgart (2015)

Microsoft: Microsoft erklärt: Was ist künstliche Intelligenz? Definition & Funktionen von KI (2020a), abgerufen unter https://news.microsoft.com/de-de/einfach-erklaert-was-ist-kuenstliche-intelligenz/, abgerufen am 17.06.2021

Microsoft: Microsoft erklärt: Was ist Machine Learning? Definition & Funktionen von ML (2020b), https://news.microsoft.com/de-de/microsoft-erklaert-was-ist-machine-learning-definition-funktionen-von-ml/, abgerufen am 17.06.2021

Mietzel, G.: Pädagogische Psychologie des Lehrens und Lernens. Göttingen (2017)

Mitchell, S.: Komplexitäten. Warum wir erst anfangen, die Welt zu verstehen. Frankfurt am Main (2008)

MMB-Institut: MMB-Trendmonitor 2020-2021 (2021), https://www.mmb-institut.de/wp-content/uploads/mmb-Trendmonitor_2020-2021.pdf, abgerufen am 17.06.2021

Müller von Blumencron, M.: Gehört das Internet in die Schule? (Interview), FAS vom 12.04.2015

Munz, C., Wagner, J., Hartmann, E.: Die Kunst der guten Dienstleistung. Wie sich professionelle Dienstleistungsarbeit lernen lässt. Bielefeld (2012)

Muuß-Merholz, J. : Barcamps & Co. Peer-to-Peer-Methoden für Fortbildungen. Weinheim (2019)

Nida-Rümelin, J., Weidenfeld, N.: Digitaler Humanismus. Eine Ethik für das Zeitalter der Künstlichen Intelligenz. München (2018)

Niegemann, H. M., Domagk, S., Hessel, S., Hein, A., Hupfer, M., Zobel A.: Kompendium multimediales Lernen. Heidelberg (2008)

Nielsen: Doing well by doing good. Increasingly, consumers care about corporate social responsibility, but does concern convert to consumption? (2014), https://www.nielsen.com/wp-content/uploads/sites/3/2019/04/global-corporate-social-responsibility-report-june-2014.pdf, abgerufen am 17.06.2021

Nietzsche, F.: Der Wille zur Macht. Versuch einer Umwertung aller Werte. Stuttgart (1921)

North, K. : Learning in the Year 2030, in: Güldenberg, S., Ernst, E., North, K. (Hrsg.): Managing Work in the Digital Economy. Challenges, Strategies and Practices for the next decade. S. 223–238. Cham (2021)

Oberländer, M., Beinicke, A., Bipp, T.: Digital competencies: A review of the literature and applications in the workplace, in: Computers & Education 146 103752. Elsevier (2020)

OECD: The future of education and skills. Education 2030. p. 4. Accessed April 20 (2020), https://www.oecd.org/education/2030/E2030 %20Position%20Paper%20(05.04.2018).pdf, abgerufen am 17.06.2021

Pacthod, D., Park, M. (Interviewer): Look for skills, not credentials. Beth Cobert on tapping into US talent. McKinsey Global Publishing, Februar 2021

Pape, K. H.: Vom Lehrer, Trainer und Dozenten zum Lern-Dienstleister, in: Erpenbeck, J., Sauter, W. (Hrsg.): Handbuch Kompetenzentwicklung im Netz. Bausteine einer neuen Bildungswelt. Stuttgart (2017)

Pausder, V.: Das neue Land. Wie es jetzt weitergeht! Hamburg (2020)

Petry, T. (Hrsg.): Digital Leadership. Erfolgreiches Führen in Zeiten der Digital Economy. Freiburg (2016)

Picht, G. Die deutsche Bildungskatastrophe. Freiburg i. B. (1965)

Plattform Industrie 4.0: Leitbild 2030 für Industrie 4.0. Digitale Ökosysteme global gestalten (2019), https://www.plattform-i40.de/PI40/Redaktion/DE/Downloads/Publikation/Leitbild-2030-für-Industrie-4.0.pdf?__blob=publicationFile&v=11, abgerufen am 17.06.2021

Potter, D.: Disruption: Why Things Change. Oxford (2021)

Radatz, S.: Wie Organisationen das Lernen lernen. Entwurf eines epistemologischen Theoriemodells »organisationalen« Lernens aus relationaler Sicht. Hohengehren (2011)

Radatz, S.: Beratung ohne Ratschlag. Systemisches Coaching für Führungskräfte und BeraterInnen. Ein Praxishandbuch mit den Grundlagen systemisch-konstruktivistischen Denkens, Fragetechniken und Coachingkonzepten. Wien (3. Aufl. 2003)

Rädiker, S.: Evaluation von Weiterbildungsprozessen. Marburg (2012)

Rama, M.: Prospect Theory. Unkorrekte Einschätzung von Wahrscheinlichkeiten. München (2018)

Rappaport, A.: Creating Shareholder Value: The New Standard for Business Performance. New York (1986)

Rauner, F.: Grundlagen beruflicher Bildung. Mitgestalten der Arbeitswelt. Bielefeld (2017)

Reckwitz, A.: Das Ende der Illusionen. Politik, Ökonomie und Kultur in der Spätmoderne. Berlin (5. Aufl. 2020)

Regierungskommission Deutscher Corporate Governance Kodex: Deutscher Corporate Governance Kodex (2019), https://www.dcgk.de//files/dcgk/usercontent/de/download/kodex/191216_Deutscher_Corporate_Governance_Kodex.pdf, abgerufen am 17.06.2021

Reimann, S.: Lernen für die agile Arbeitswelt, in: Training aktuell, 01/2017, S. 6–8

Reiss, S., Reiss, M.: Das Reiss Profile: Die 16 Lebensmotive. Welche Werte und Bedürfnisse unserem Verhalten zugrunde liegen. Offenbach (4. Aufl. 2009)

Robertson, B.: Holacracy: Ein revolutionäres Management-System für eine volatile Welt. München (2016)

Rosa, H.: Beschleunigung. Die Veränderung der Zeitstrukturen in der Moderne. Berlin (2005)

Rost, W.: Emotionen: Elixiere des Lebens. Berlin, Heidelberg, New York (1990)

Roth, G.: Bildung braucht Persönlichkeit. Wie Lernen gelingt. Vortrag ARD Mediathek (2013), https://www.ardmediathek.de/video/tele-akademie/prof-dr-gerhard-roth-bildung-braucht-persoenlichkeit-wie-lernen-gelingt/swr-fernsehen/Y3JpZDovL3N3ci5kZS8xODI2OTUyMg/, abgerufen am 17.06.2021

Roth, H.: Pädagogische Anthropologie. Band II: Entwicklung und Erziehung. Hannover (1971)

Roth, G., Ryba, A.: Coaching, Beratung und Gehirn. Neurobiologische Grundlagen wirksamer Veränderungskonzepte. Stuttgart (2016)

Rump, J. u. a.: Future Learning Studie (2019), https://www.detecon.com/drupal/sites/default/files/2019-06/Future%20Learning%20Studie.pdf, abgerufen am 17.06.2021

Rump, J., Zapp, D., Eilers, S.: Erfolgsformel: Arbeiten 4.0 und Führung 4.0 (2017), https://www.ibe-ludwigshafen.de/download/arbeitsschwerpunkte-downloads/digitalisierung/Erfolgsformel-Arbeiten-4.0-und-FuCC88hrung-4.0_NEU_2.pdf, abgerufen am 17.06.2021

Rump J., Eilers, S. : Future Learning – Kompetenzaufbau und -erhalt für Beschäftigung. 4. Ergebnisse einer Explorativen Studie, in: Rump, J., Eilers, S. (Hrsg.): Die vierte Dimension der Digitalisierung. Heidelberg (2021)

Seitamaa, S.: Soziokratie: So funktionieren die neuen Arbeitsmodelle ohne Hierarchien, in: change Magazin – Das Magazin der Bertelsmann Stiftung. (10.06.2020)

Sauer, F. H.: Das große Buch der Werte: Enzyklopädie der Wertvorstellungen. Köln (2018)

Sauter, A., Sauter, W.: Blended Learning: Effiziente Integration von E-Learning und Präsenztraining. Unterschleißheim

Sauter, R., Sauter, W., Wolfig, R.: Agile Werte- und Kompetenzentwicklung. Wege in eine neue Bildungswelt. Berlin (2018)

Sauter, S., Sauter, W.: Workplace Learning. Integrierte Kompetenzentwicklung mit kooperativen und kollaborativen Lernsystemen. Berlin, Heidelberg (2014)

Sauter, S.: Zielorientierte Kompetenzentwicklung mit bedarfsgerechter Kompetenzmessung, in: Erpenbeck, J., Sauter, W.: Handbuch Kompetenzentwicklung im Netz. Bausteine einer neuen Lernwelt. Stuttgart (2016)

Sauter, W.: Geschäftsmodell der digitalisierten Bildung, in: Erpenbeck, J., Sauter, W. (Hrsg.): Handbuch Kompetenzentwicklung im Netz. Bausteine einer neuen Lernwelt, S. 185–212. Stuttgart (2018)

Sauter, W.: Veränderungsprozess zu innovativen Geschäftsmodellen der Bildung, in Erpenbeck, J., Sauter, W.: Handbuch Kompetenzentwicklung im Netz. Bausteine einer neuen Lernwelt. Stuttgart (2016)

Sauter, W., Staudt, F. P.: Vom Learning Management System zur Sozialen Kompetenzentwicklungs-Plattform, in: Erpenbeck, J., Sauter, W.: Handbuch Kompetenzentwicklung im Netz. Bausteine einer neuen Lernwelt. Stuttgart (2016)

Sauter, W.: Vom Vorgesetzten zum Coach der Mitarbeiter. Handlungsorientierte Entwicklung von Führungskräften. Weinheim (1994)

Schad, N., Michl, W., Knoblauch, R. (Hrsg.): Outdoor-Training. Personal- und Organisationsentwicklung zwischen Flipchart und Bergseil. München, Basel (2004)

Schäfer, E.: Lebenslanges Lernen. Erkenntnisse und Mythen über das Lernen im Erwachsenenalter. Berlin (2017)

Schäffner, L.: Kompetenzorientierte Konfliktbearbeitung. Mit einem Praxisbeispiel von Andrea Seitz, in: Heyse, V., Erpenbeck, J., Ortmann, S. (Hrsg.): Kompetenz ist viel mehr. Erfassung und Entwicklung von fachlichen und überfachlichen Kompetenzen in der Praxis, S. 313–340. Münster, New York (2015)

Schallmo, D., Lohse, J.: Digitalstrategien erfolgreich entwickeln: Grundlagen, Ansätze und Vorgehensweise. Wiesbaden (2020)

Schaper, N.: Wozu benötigt die Personalpraxis Talentmanagementansätze – Grundlegende Fragen und Lösungsansätze, in: Weitz, A. (Hrsg.): Talentmanagement im Mittelstand. Lengerich (2009)

Scheer, A.-W.: Unternehmung 4.0. Vom disruptiven Geschäftsmodell zur Automatisierung der Geschäftsprozesse. Wiesbaden(3. neu gestaltete Aufl. 2018)

Scheibner, A.: The human computer. New York (2002)

Schein, E. H.: Organizational Culture and Leadership. New Jersey (2017)

Schermuly, C.: New Work – Gute Arbeit gestalten. Freiburg (2. Aufl. 2019)

Schiefele, U.; Streblow,.L.: Motivation aktivieren, in: Mandl, H., Friedrich, H. F.: Handbuch Lernstrategien, S. 232–247. München (2006)

Schiffer, M.: Erfolgsmodell Spotify (Un)bedingt empfehlenswert, in changement!, 6/2019, https://www.fachmedien.de/changement-ausgabe-6-2019, abgerufen am 07.05.2021

Schlutz, E. (Hrsg.): Lernkulturen. Frankfurt (1999)

Schmidt, B.: Systemisches Coaching. Konzepte und Vorgehensweisen in der Persönlichkeitsberatung (EHP-Handbuch Systemische Professionalität und Beratung). Bergisch Gladbach (2004)

Schmidt, B., Dietrich, K., Herdel, S.: Die Anti-Bias-Arbeit in Theorie und Praxis – kritische Betrachtung eines Anti-Diskriminierungsansatzes. Berlin (2009)

Schmidt, E. M.: Kommunikative Praxisbewältigung in Gruppen (KOPING) – Ein in der Praxis bewährtes Konzept zur Handlungsmodifikation, in: Vom Wissen zum Handeln. Ansätze zur Überwindung der Theorie-Praxis-Kluft in Schule und Erwachsenenbildung. Tübingen (2005)

Schmidt-Hertha, B., Tippelt, R.: Entwicklung von Mediennutzungskompetenz im Erwachsenenalter, in: Erpenbeck, J., Sauter, W. (Hrsg.): Handbuch Kompetenzentwicklung im Netz. Bausteine einer neuen Lernwelt. Stuttgart (2017)

Scholz, C., Sauter, W.: Kompetenzorientiertes Wissensmanagement. Gesteigerte Performance mit dem Erfahrungswissen der Mitarbeiter. Wiesbaden (2015)

Schön, S., Ebner, M.: Die Maker-Bewegung macht Schule – Hintergründe, Beispiele sowie erste Erfahrungen, in: Erpenbeck, J., Sauter, W.: Handbuch Kompetenzentwicklung im Netz. Bausteine einer neuen Lernwelt, S. 257–270. Stuttgart (2017)

Schüßler, I.: Von der Erzeugungs- zur Ermöglichungsdidaktik (2007), http://www.rpi-virtuell.net/workspace/3719FF1D-F109-402F-96DA-702285484082/dats/2007/schuessler.pdf, abgerufen am 17.06.2021

Schuler, H.: Psychologische Personalauswahl. Eignungsdiagnostik für Personalentscheidungen und Berufsberatung. Göttingen u. a. (4. Aufl. 2014)

Schumpeter, J. A.: Kapitalismus, Sozialismus und Demokratie. 8. unveränd. Auflage. Tübingen (2005)

Schwaber, K., Sutherland, J.: The Scrum Guide 2017, https://scrumguides.org/docs/scrumguide/v2017/2017-Scrum-Guide-US.pdf, abgerufen am 17.06.2021

scil: scil Trendstudie 2020: auf dem Weg zur digital lernenden Organisation – Kompetenzen für die Personalentwicklung (2020), https://www.scil.ch/2020/11/12/scil-trendstudie-2020-auf-dem-weg-zur-digital-lernenden-organisation/, abgerufen am 17.06.2021

Senge, P.: Die fünfte Disziplin. Kunst und Praxis der Lernenden Organisation. Stuttgart (11. Aufl. 2017)

Siebert, H.: Didaktisches Handeln in der Erwachsenenbildung. Didaktik aus konstruktivistischer Sicht. Augsburg (8. bearbeitete Auflage 2019)

Simon, F. B.: Einführung in Systemtheorie und Konstruktivismus. Heidelberg (2006)

Soerensen, L. R.: Der beste CEO der Welt, in: Harvard Business Manager 11/2015

Sorokin, S.: Thriving in a World of »Knowledge Half-Life« (2019), https://www.cio.com/article/3387637/thriving-in-a-world-of-knowledge-half-life.html, abgerufen am 17.06.2021

Soucek, R., Pauls, N., Schlett, C., Moser, K., Göritz, A. S.: Resilire: Erfassung und Förderung von Resilienz als individuelle und betriebliche Kompetenz, in: Heyse, V., Erpenbeck, J., Ortmann, S. (Hrsg.): Kompetenzen voll entfaltet. Praxisberichte zum Kompetenzmanagement, S. 95–108. Münster, New York (2019)

Specht, P.: Die 50 wichtigsten Themen der Digitalisierung – Künstliche Intelligenz, Blockchain, Robotik, Virtual Reality. München (2018)

Spitzer, M.: Digitale Demenz. Wie wir uns und unsere Kinder um den Verstand bringen. München (2012)

Stalder, F.: Kultur der Digitalität. Berlin (2016)

Stark, G.: Kompetenzermittlung im Rahmen der betrieblichen Bildung. Nürnberg (2009)

Steinweg, S.: Systematisches Talent Management. Kompetenzen strategisch einsetzen. Stuttgart (2009)

Stepper, J.: Working Out Loud: Wie Sie Ihre Selbstwirksamkeit stärken und Ihre Karriere und Ihr Leben nach eigenen Vorstellungen gestalten. München (2020)

Stiefel, R. Th.: Schneller lernen als die Konkurrenz. Personalentwicklung als Instrument der Strategieumsetzung. Gevelsberg (2019)

Stiefel, R. Th.: Personalentwicklung in Klein- und Mittelbetrieben. Innovationen durch praxiserprobte PE-Konzepte. Leonberg (1999)

Stiegler, B.: The Age of Disruption: Technology and Madness in Computational Capitalism, Cambridge (2019)

Stock-Homburg, R., Groß, M.: Personalmanagement. Theorien, Konzepte, Instrumente. Wiesbaden (4. Aufl. 2019)

Stoller-Schai, D.: Lernhaus, Kompetenzset und Learning Hub – Grundlagen für die Kompetenzentwicklung im Prozess der vernetzten Arbeit, in: Erpenbeck, J., Sauter, W. (Hrsg.): Handbuch Kompetenzentwicklung im Netz. Bausteine einer neuen Lernwelt. Stuttgart (2017)

Stoller-Schai, D.: Was machen wir mit Learning-Experience-Plattforms? in: eLearning Journal 2021, https://www.elearning-journal.com/2020/08/12/was-machen-wir-mit-lxp/, abgerufen am 17.06.2021

Thaler, R. H., Sunstein, C. R.: Nudge. Wie man kluge Entscheidungen anstößt. Berlin (7. Aufl. 2017)

Tilman, K. M., Jacoby, G. C.: Agility: How to Navigate the Unknown and Seize Opportunity in a World of Disruption. Arlington (2019)

Tietze, K. O.: Kollegiale Beratung. Problemlösungen gemeinsam entwickeln, in: Schulz von Thun, F.: Miteinander reden. Reinbeck (5. Aufl. 2012)

Treichel, D., Mayer, C.-H.: Lehrbuch Kultur. Lehr- und Lernmaterialien zur Vermittlung kultureller Kompetenzen. Münster, New York (2011)

Tricat: Virtuelle 3D Arbeits- und Lernwelten (Video), https://tricat.net/news/l-dpro-online-konferenz/, abgerufen am 17.06.2021

Trisch, O.: Der Anti-Bias-Ansatz. Beiträge zur theoretischen Fundierung und Professionalisierung der Praxis. Stuttgart (2013)

Uebernickel, F., Brenner, W., Naef, T., Pukall, B., Schindlholzer, B.: Design Thinking. Das Handbuch. Frankfurt (2016)

UN – United Nations: Our Common Future. Report of the World commission of Environment and Development, New York, https://sustainabledevelopment.un.org/content/documents/5987our-common-future.pdf, abgerufen am 17.06.2021

Väth, M.: Arbeit – die schönste Nebensache der Welt. Wie New Work unsere Arbeitswelt revolutioniert. Offenbach (2016)

Valentin, M.: Die Tesla-Methode: 7 Prinzipien, die Ihr Unternehmen fit für die Zukunft machen. Kulmbach (2021)

Van Ackeren, I., Kerres, M. (Hrsg.): Flexibles Lernen mit digitalen Medien ermöglichen. Münster (2018)

Vogel, M.-T.: Outdoor Trainings im Vergleich. Erlebnispädagogische Maßnahmen in der Erwachsenenbildung. Wien (2012)

von Rosenstiel, L.: Potentialanalyse und Potentialentwicklung, in: von Rosenstiel, L., Lang-von-Wiens, T. (Hrsg.): Perspektiven der Personalbeurteilung. Göttingen (2000)

VUMA: VUMA Touchpoints Markt-Media-Studie für die elektronischen Medien (2020), https://www.vuma.de/vuma-praxis/die-studie, abgerufen am 17.06.2021

Wagner, M. H., Sauter, W.: Interkulturelle Kompetenzentwicklung im Prozess der Arbeit und im Netz, in: Erpenbeck, J., Sauter, W.: Handbuch Kompetenzentwicklung im Netz. Bausteine einer neuen Lernwelt, S. 507–522. Stuttgart (2017)

Wahl, D.: Handeln unter Druck. Der weite Weg vom Wissen zum Handeln bei Lehrern, Hochschullehrern und Erwachsenenbildnern. Weinheim (1991)

Wahl, D.: Mit Training vom trägen Wissen zum kompetenten Handeln? Zeitschrift für Pädagogik, 48. Jg., Nr. 2, S. 227–241. (2002)

Wahl, D.: Ergebnisse der Lehr-Lern-Psychologie (2006), http://www.dblernen.de/docs/Wahl_Ergebnisse-der-Lehr-Lern-Psychologie.pdf, abgerufen am 17.06.2021

Wahl, D.: Der Advance Organizer: Einstieg in eine Lernumgebung, in: Brandt, S. (Hrsg): Lehren und Lernen im Unterricht. Professionswissen für Lehrerinnen und Lehrer, Bd. 2, Perspektive 1. Zürich (2011)

Wahl, D.: Lernumgebungen erfolgreich gestalten – Vom trägen Wissen zum kompetenten Handeln. Bad Heilbrunn (3. Aufl.2013)

Wakker, P.: Prospect Theory. For Risk and Ambiguity. Cambridge (2010)

WZB Mitteilungen: Von Computern und Menschen. Die digitalisierte Gesellschaft. Berlin (03/2021)

Weber, M.: Die »Objektivität« sozialwissenschaftlicher und sozialpolitischer Erkenntnis, in: Rationalisierung und entzauberte Welt. Schriften zur Geschichte und Soziologie, S. 78. Leipzig

Wenger, E.: Communities of Practice: Learning, Meaning, and Identity. Cambridge (1998)

Williams, P.: Becoming AntiFragile: Learning to Thrive through Disruption, Challenge and Change. Hamburg (2020)

Wucknitz, U. D., Heyse, V.: Retention-Management. Schlüsselkräfte entwickeln und binden. Münster, New York (2008)

Wuppertaler Kreis: Trendstudie 2020 des Wuppertaler Kreises (2020), https://weiterbildungsblog.de/blog/2020/06/24/trendstudie-2020-des-wuppertaler-kreises/, abgerufen am 17.06.2021

Zimmermann, A., Hermann, C., Probst, G., Ferreira, P.: Die grüne Hoffnung. Harvard-Business-Manager: Das Wissen der Besten(6), S. 70–75 (2016)

zukunftsInstitut: Megatrend New Work (2021), https://www.zukunftsinstitut.de/dossier/megatrend-new-work, abgerufen am 17.06.2021

zukunftsInstitut: Virtual Reality: Die Erschaffung neuer Welten (2016a), https://www.zukunftsinstitut.de/artikel/virtual-reality-die-erschaffung-neuer-welten/, abgerufen am 18.06.2021

zukunftsInstitut: Augmented Reality: Die erweiterte Welt (2016b), https://www.zukunftsinstitut.de/artikel/augmented-reality-die-erweiterte-welt/, abgerufen am 17.06.2021

zukunftsInstitut: Digital Workforce: Mitarbeiter werden zu Datenexperten (2016c), https://www.zukunftsinstitut.de/artikel/digital-workforce-mitarbeiter-werden-zu-daten-experten/, abgerufen am 17.06.2021

Stichwortverzeichnis

Autoren

Prof. Dr. John Erpenbeck, School of International Business and Entrepreneurship – SIBE – an der Steinbeis-Universität Berlin und Wissenschaftlicher Beirat des ValCom® Institutes Berlin.

Er studierte Physik mit der Spezialisierung Biophysik und arbeitete zunächst als Experimentalphysiker am Institut für Biophysik der Akademie für Wissenschaften zu Berlin. Danach war er wissenschaftlicher Mitarbeiter im Ministerium für Wissenschaft und Technik im Bereich Kernforschung/Kosmosforschung. Fast zwei Jahrzehnte war er anschließend wissenschaftlicher Mitarbeiter am Zentralinstitut für Philosophie der Akademie der Wissenschaften zu Berlin mit den Schwerpunkten philosophische, historische und wissenschaftstheoretische Probleme der Psychologie kognitiver, emotional-motivationaler und volitiver Prozesse. 1968 wurde er zum Dr. rer. nat. promoviert, 1978 erfolgte seine Habilitation zum Dr. sc. phil., 1984 wurde er zum Professor ernannt. Ab 1991 war er an der Förderungsgesellschaft wissenschaftlicher Neuvorhaben mbH der Max-Planck-Gesellschaft mit dem Forschungsschwerpunkt Wissenschaftsgeschichte und Wissenschaftstheorie tätig. 1993 bis 1994 ging er als Research Professor an das Center for Philosophy of Science in Pittsburgh, danach war er Professor an der Universität Potsdam.

Von 1998 bis 2007 war er im Projekt Lernkultur Kompetenzentwicklung (ABWF/QUEM) wissenschaftlich und leitend aktiv. Seit 2007 lehrt er Wissens- und Kompetenzmanagement an der SIBE im Verbund der Steinbeis Universität Berlin. Seit 2020 ist er Wissenschaftlicher Beirat des ValCom® Institutes für Werte- und Kompetenzmanagement in Berlin..

Gemeinsam mit Prof. Dr. Volker Heyse hat er die Kompetenzerfassungssysteme KODE® und KODE®X entwickelt, zusammen mit Roman Sauter sowie Prof. Dr. Werner Sauter die Werteerfassungssysteme KODE®W sowie ValCom®.

Er ist Autor einer Vielzahl von Fachbüchern und -artikeln zur Werte- und Kompetenzforschung sowie zum Werte- und Kompetenzmanagement sowie von Romanen und Lyrikbänden.

Prof. Dr. Werner Sauter ist Wissenschaftlicher Leiter und Senior Consultant des ValCom® Institutes Berlin.

Er ist Bankkaufmann sowie Dipl.-Volkswirt und wurde in Pädagogischer Psychologie promoviert. Umfangreiche Erfahrungen im Bildungsbereich sammelte er als Berufsschullehrer, Personalentwicklungsleiter der heutigen LBBW, Fachleiter an der Dualen Hochschule Baden-Württemberg sowie als Gründungsberater der heutigen Frankfurt School of Finance & Management. Er war Gründer und Vorstand eines E-Learning-Unternehmens im Klett-Verbund. An der Steinbeis-Hochschule gründete und leitete er das Transfer-Institut eBusiness & Management.

2008 gründete er die Blended Solutions GmbH in Berlin, die strategische Lernkonzeptionen, innovative Lernarrangements und -systeme sowie zukunftsorientierte Geschäftsmodelle für Bildungsanbieter zusammen mit ihren Kunden konzipierte, umsetzte und implementierte. Von 2018 bis 2021 war er wissenschaftlicher Berater sowie Senior Consultant der KODE GmbH München.

2021 gründete er mit Roman Sauter das ValCom® Institut für Werte- und Kompetenzmanagement GmbH (i. G.). Als Wissenschaftlicher Leiter ist er für die Entwicklung von Konzeptionen sowie für die Beratung der Kunden verantwortlich.

Er konzipiert agile Werte- und Kompetenzentwicklungsarrangements mit Social Blended Learning und begleitet betriebliche und überbetriebliche Bildungsanbieter bei der Konzipierung, Umsetzung und Implementierung von innovativen Konzeptionen des Werte- und Kompetenzmanagements sowie bei der Werte- und Kompetenzentwicklung der Learning Professionals und Führungskräfte.

Gemeinsam mit John Erpenbeck und Roman Sauter entwickelt er die von ihnen aufgebauten Werteerfassungssysteme KODE®W sowie ValCom® laufend weiter. Er bildet regelmäßig im Rahmen von praxis- und projektorientierten Social-Blended-Maßnahmen zertifizierte Werte- und Kompetenzmanager, die Werte und Kompetenzen auf allen Ebenen erfassen, Beratungsgespräche durchführen und gezielte Entwicklungsmaßnahmen entwickeln können, oder auch Führungskräfte als Entwicklungspartner ihrer Mitarbeiter, aus.

Er ist Autor einer Vielzahl von Fachbüchern und -artikeln zu innovativen Lernformen, insbesondere im Bereich agiler Werte- und Kompetenzentwicklung, des Werte- und Kompetenzmanagements sowie Drehbuchautor für E-Learning-Programme. Regelmäßig schreibt er Beiträge zum Corporate Learning in seinem Blog www.wernersauter.com.

Roman Sauter ist Geschäftsführer des ValCom® Institutes Berlin.

Er ist Dipl.-Betriebswirt (DH) und Master of Engineering. Nach langjähriger Praxis als Produktmanager im Vertrieb wurde er Consultant für Werte- und Kompetenzmanagement der KODE GmbH und der Blended Solutions GmbH. Er begleitete als Projektmanager die Entwicklung der Werterfassungssoftware KODE®W sowie der Werte- und Kompetenzerfassungssoftware ValCom®.

2021 gründete er mit Werner Sauter das ValCom® Institut für Werte- und Kompetenzmanagement GmbH (i. G.). Als Geschäftsführer ist er insbesondere auch für die laufende Weiterentwicklung der Erfassungssoftware, für Marketing und Vertrieb sowie für die Beratung der Kunden verantwortlich. Weiterhin ist er Autor von Fachbüchern für Werte- und Kompetenzmanagement.

Er ist außerdem Mitgründer von Craftwerk, einer DIY-Motorrad-Community, ein MakerSpace inklusive Eventflächen auf 900 m^2 mitten in Berlin.